U0231372

《化工过程强化关键技术丛书》编委会

编委会主任：

费维扬　清华大学，中国科学院院士

舒兴田　中国石油化工股份有限公司石油化工科学研究院，中国工程院院士

编委会副主任：

陈建峰　北京化工大学，中国工程院院士

张锁江　中国科学院过程工程研究所，中国科学院院士

刘有智　中北大学，教授

杨元一　中国化工学会，教授级高工

周伟斌　化学工业出版社，编审

编委会执行副主任：

刘有智　中北大学，教授

编委会委员（以姓氏拼音为序）：

陈光文　中国科学院大连化学物理研究所，研究员

陈建峰　北京化工大学，中国工程院院士

陈文梅　四川大学，教授

程　易　清华大学，教授

初广文　北京化工大学，教授

褚良银　四川大学，教授

费维扬　清华大学，中国科学院院士

冯连芳　浙江大学，教授

巩金龙　天津大学，教授

贺高红　大连理工大学，教授

李小年　浙江工业大学，教授

李鑫钢　天津大学，教授

刘昌俊　天津大学，教授

刘洪来　华东理工大学，教授

刘有智　中北大学，教授

卢春喜　中国石油大学（北京），教授

路　勇　华东师范大学，教授

吕效平　南京工业大学，教授

吕永康　太原理工大学，教授

骆广生　清华大学，教授

马新宾　天津大学，教授

马学虎　大连理工大学，教授

彭金辉　昆明理工大学，中国工程院院士

任其龙　浙江大学，中国工程院院士

舒兴田　中国石油化工股份有限公司石油化工科学研究院，中国工程院院士

孙宏伟　国家自然科学基金委员会，研究员

孙丽丽　中国石化工程建设有限公司，中国工程院院士

汪华林　华东理工大学，教授

吴　青　中国海洋石油集团有限公司科技发展部，教授级高工

谢在库　中国石油化工集团公司科技开发部，中国科学院院士

邢华斌　浙江大学，教授

邢卫红　南京工业大学，教授

杨　超　中国科学院过程工程研究所，研究员

杨元一　中国化工学会，教授级高工

张金利　天津大学，教授

张锁江　中国科学院过程工程研究所，中国科学院院士

张正国　华南理工大学，教授

张志炳　南京大学，教授

周伟斌　化学工业出版社，编审

"十三五"国家重点出版物
出版规划项目

化工过程强化关键技术丛书

中国化工学会 组织编写

无机膜与膜反应器

Inorganic Membranes and Membrane Reactors

邢卫红 陈日志 姜 红 等著

化学工业出版社

·北京·

《无机膜与膜反应器》是《化工过程强化关键技术丛书》的一个分册。

膜技术已广泛应用于资源、能源、环境和传统产业改造等领域，成为节能减排的共性技术之一。无机膜具有耐高温、化学稳定性好等优点，特别适用于过程工业物质高效分离。膜反应器是将反应过程与膜分离过程耦合在一起，具有节省投资、降低能耗、提高产品收率等优势。

《无机膜与膜反应器》在介绍无机膜技术与膜反应器进展的基础上，着重阐述了面向液相反应过程进行陶瓷膜材料设计与制备方法；以加氢、氧化、沉淀等反应为例，给出了不同类型的液相催化膜反应器及其工程化应用结果；针对气相反应过程，主要介绍了几种气体分离无机膜的制备方法及其应用研究；简要介绍了无机膜生物反应器及其应用，并且探讨了无机膜反应器未来发展方向。

《无机膜与膜反应器》凝结了南京工业大学膜科学技术研究所在无机膜与膜反应器领域20多年的研究经验以及国家自然科学基金、国家重点基础研究发展计划（973）、国家高技术研究发展计划（863）、国家科技支撑计划、国家重点研发计划等项目成果，提供了大量基础研究和工程应用数据，可供高等院校、研究院所化学、化工、材料、环境等相关专业的本科生、研究生作教材使用，也可供相关领域企业科技工作人员参考。

图书在版编目（CIP）数据

无机膜与膜反应器／中国化工学会组织编写；邢卫红等著．—北京：化学工业出版社，2019.8
（化工过程强化关键技术丛书）
国家出版基金项目 “十三五”国家重点出版物出版规划项目
ISBN 978-7-122-34333-8

Ⅰ．①无…　Ⅱ．①中…　②邢…　Ⅲ．①膜-分离-化工过程②生物膜反应器　Ⅳ．①TQ028.8②X7

中国版本图书馆CIP数据核字（2019）第071257号

责任编辑：杜进祥　郭乃铎　徐雅妮　　文字编辑：向　东
责任校对：张雨彤　　装帧设计：关　飞

出版发行：化学工业出版社（北京市东城区青年湖南街13号　邮政编码100011）
印　　装：中煤（北京）印务有限公司
710mm×1000mm　1/16　印张$29\frac{1}{2}$　字数583千字　2020年5月北京第1版第1次印刷

购书咨询：010-64518888　售后服务：010-64518899
网　　址：http://www.cip.com.cn
凡购买本书，如有缺损质量问题，本社销售中心负责调换。

定　　价：198.00元
版权所有　违者必究

作者简介

邢卫红，女，1968 年 12 月生，博士，二级教授，博士生导师，国家杰出青年基金项目获得者，何梁何利基金科学与技术创新奖获得者，南京工业大学副校长，国家特种分离膜工程中心主任。2002 年毕业于南京化工大学化学工程专业，获博士学位。主要从事膜材料及膜应用开发等方面的研究工作。系统开展了陶瓷膜反应器研制及工程应用研究，建立了 30 余项膜反应器工程，实现了在环己酮肟、对氨基苯酚、盐水精制等生产过程的工业化应用；开发出膜法制浆造纸废水零排放技术工艺包，建成了全球首套 4 万吨 / 日膜法制浆造纸废水零排放示范工程，实现了零排放和水的全回用，并已成功推广应用。先后主持国家重点科技攻关、国家自然科学基金重点、国家“863”重点等科研项目，研究成果获得包括国家技术发明二等奖、国家科技进步二等奖和江苏省科学技术一等奖等在内的 27 项国家和省部级奖项，发表 SCI 论文 219 篇，申请发明专利 182 项（授权发明专利 104 项，美国专利 3 项，欧洲专利 1 项），其中 PCT 9 项，主持编写了多项有关膜技术的行业标准。兼任“十三五”大气污染成因与治理重点专项专家组专家、“十二五”国家科技重点专项（高性能膜材料专项）专家组专家、“十二五”863 计划新材料技术领域“高性能膜材料的规模化关键技术”重大项目总体专家组专家、中国膜工业协会副理事长、中国化工学会化工过程强化专业委员会副主任委员、中国石油和化学工业联合会专家委员会委员、全国分离膜标准化技术委员会副主任委员、中国海水淡化与水再利用学会理事会副理事长等。被聘为江苏特聘教授，入选“万人计划”首批科技创新领军人才、“百千万人才工程”国家级人才、教育部新世纪优秀人才计划、江苏省“333 高层次人才培养工程”第一层次培养对象，获得中国石油和化学工业联合会赵永镐科技创新奖、中国化工学会会士、首届江苏省专利发明人奖、江苏省十大杰出专利发明人、江苏省优秀教育工作者、中国石化协会有突出贡献的中青年专家等荣誉称号。

丛书序言

化学工业是国民经济的支柱产业，与我们的生产和生活密切相关。改革开放 40 年来，我国化学工业得到了长足的发展，但质量和效益有待提高，资源和环境备受关注。为了实现从化学工业大国向化学工业强国转变的目标，创新驱动推进产业转型升级至关重要。

“工程科学是推动人类进步的发动机，是产业革命、经济发展、社会进步的有力杠杆”。化学工程是一门重要的工程科学，化工过程强化又是其中的一个优先发展的领域，它灵活应用化学工程的理论和技术，创新工艺、设备，提高效率，节能减排、提质增效，推进化工的绿色、低碳、可持续发展。近年来，我国已在此领域取得一系列理论和工程化成果，对节能减排、降低能耗、提升本质安全等产生了巨大的影响，社会效益和经济效益显著，为践行“绿水青山就是金山银山”的理念和推进化工高质量发展做出了重要的贡献。

为推动化学工业和化学工程学科的发展，中国化工学会组织编写了这套《化工过程强化关键技术丛书》。各分册的主编来自清华大学、北京化工大学、中北大学等高校和中国科学院、中国石油化工集团公司等科研院所、企业，都是化工过程强化各领域的领军人才。丛书的编写以党的十九大精神为指引，以创新驱动推进我国化学工业可持续发展为目标，紧密围绕过程安全和环境友好等迫切需求，对化工过程强化的前沿技术以及关键技术进行了阐述，符合“中国制造 2025”方针，符合“创新、协调、绿色、开放、共享”五大发展理念。丛书系统阐述了超重力反应、超重力分离、精馏强化、微化工、传热强化、萃取过程强化、膜过程强化、催化过程强化、聚合过程强化、反应器（装备）强化以及等离子体化工、微波化工、超声化工等一系列创新性强、关注度高、应用广泛的科技成果，多项关键技术已达到国际领先水平。丛书各分册从化工过程强化思路出发介绍原理、方法，突出应用，强调工程化，展现过程强化前后的对比效果，系统性强，资料新颖，图文并茂，反映了当前过程强化的最新科研成果和生产技术水平，有助于读者了解最新的过程强化理论和技术，对学术研究和工程化实施均有指导意义。

本套丛书的出版将为化工界提供一套综合性很强的参考书，希望能推进化工过程强化技术的推广和应用，为建设我国高效、绿色和安全的化学工业体系增砖添瓦。

中国科学院院士：费维扬

中国工程院院士：舒兴田

2019年3月

序

膜分离技术已经成为解决水资源、能源、传统工业升级改造、环境污染治理、民生健康、军民融合等领域重大问题的共性技术之一，在促进我国经济快速增长、产业技术进步与增强国际竞争力等方面发挥着重要作用。

膜分离技术与反应技术耦合构成的膜反应器一直是研究热点。膜与生物反应耦合构成的膜生物反应器已经得到广泛应用，很多学者也已总结成书；膜与化学反应耦合构成的膜反应器，也有专家学者进行了进展梳理、分析并编撰成书。如 José G. Sanchez Marcano（法）和 Theodore T. Tsotsis（美）于 2002 年出版的“Catalytic Membranes and Membrane Reactors”，主要介绍了膜反应器的基本原理以及与传统反应器在建模和应用等方面的比较；Enrico Drioli 和 Lidietta Giorno（意）于 2012 年出版的“Chemical and Biochemical Transformations in Membrane Systems”，着重综述膜反应器在生物系统中的分子分离与化学转化相结合方面的进展。邢卫红教授等撰写的该书具有鲜明特点，着重介绍的是建立在无机材料科学基础上的无机膜及其与化学反应过程耦合构成的无机膜反应器，既包含了无机膜的设计与制备，又涵盖了利用无机膜的微结构，实现产物 / 催化剂的原位分离、反应物的可控输入、相间传递的强化等膜技术，更重要的是结合加氢、氧化、沉淀、生物等反应过程，介绍了膜反应器将间歇反应过程变为连续反应过程，如环己酮氨肟化、盐水精制等已实现百万吨级以上的推广应用，在学术界和工业界引起广泛关注和重视。

该书是南京工业大学膜科学技术研究所邢卫红教授等继《高性能膜材料与膜技术》后的又一力作，总结了在徐南平院士带领下，20 多年来团队围绕无机膜与膜反应器开展的系统研究和工程化实践成果，展现出利用无机膜技术实现化学工业流程再造的可行性。该书贯穿了从基础研究到工程化的研究思路，通过面向化学反应过程的无机膜设计与制备、无机膜反应器中分离过程与反应过程匹配关系的研究，解决了膜反应器放大的工程问题，既有很高的学术价值，又对工程应用有很好的指导意义。我相信这部著作的出版，对促进无机膜乃至有机膜的发展，拓展膜反应器的应用领域有着非常重要的推动作用。

中国工程院院士：高从堦

于浙江工业大学

2019 年 8 月 30 日

序

在化工与石油化工领域，反应与分离是其重要的组成部分，反应效率、分离效率决定了化工产品生产的物耗、能耗及其生态环境状况，将反应过程与分离过程耦合是化工领域重要的发展方向。催化剂的超细化、纳米化，制备工艺的绿色化是催化领域的研究重点；膜分离技术是最近20年快速发展的高新技术，已经在催化剂生产过程中得到应用，推进了催化剂的绿色生产。

2001年，中国石化设立“十条龙”项目开发己内酰胺的全套生产工艺，我组织钛硅催化剂的研发与产业化，闵恩泽院士负责全部工艺开发，其中环己酮氨肟化是核心工艺之一，存在催化剂与反应物的连续分离的技术难点。南京工业大学膜科学技术研究所团队采用陶瓷膜技术与钛硅催化剂反应过程耦合，实现了反应－分离的连续化进行，确保了全套生产工艺的稳定推进，目前已推广应用数十万吨/年的生产规模。

在阅读了这本书后，我了解到南京工业大学陶瓷膜及其膜反应器技术在加氢、羟基化、氨肟化、沉淀反应等方面均有很好的工程应用；不仅陶瓷膜技术取得了长足的发展，而且分子筛膜、碳化硅膜、钙钛矿膜等无机膜均取得了重要的进展，在气相反应中无机膜反应器也展现出广阔的前景。这本书既是南京工业大学膜科学技术研究所20年来在无机膜和膜反应器领域若干新进展和新成果的总结，也反映出“顶天立地”的科研思路；既有原创性的基础理论研究，又有科研成果的工程化应用；既注重理论与实践的结合，又强调了实用性和系统性，对学术研究和工程实施均有重要指导意义。

非常高兴的是在徐南平院士的指导下，邢卫红教授等一批中青年学者茁壮成长，衷心祝愿膜科学技术研究所在今后的学术研究和工程应用中能够取得更大的成绩，也祝愿读者们能有所得，共同推进无机膜与膜反应器技术在更多领域“开花结果”。

中国工程院院士：舒兴田

于中国石油化工股份有限公司石油化工科学研究院

2019 年 8 月 28 日

前言

膜是一种具有选择性分离功能的新材料，膜技术是以膜为核心的高效分离技术，具有节约能耗和环境友好的特点。膜从材料上可分为无机膜、有机膜、有机无机复合膜等，无机膜主要有陶瓷膜、钙钛矿膜、分子筛膜、碳化硅膜、金属膜等，具有高温稳定性、化学稳定性、机械稳定性等优点，特别适用于苛刻体系的物质分离。无机膜技术与反应过程耦合构成的膜反应器，同时兼有反应与分离功能，可将间歇反应过程变为连续反应过程，具有节省投资、降低能耗、提高产品收率的优势。根据反应体系的不同，膜反应器一般可分为液相催化膜反应器、气相催化膜反应器和膜生物反应器，可通过调整膜微结构和构型，选择适当的操作条件来提高反应器中反应的选择性和转化率。本书系统介绍了面向反应体系的无机膜设计与制备、膜反应器的构建与工程应用，重点阐述了膜的选择、膜反应器构型设计、反应－膜分离耦合规律、膜污染机理和膜污染控制方法等，旨在进一步推进无机膜与膜反应器技术的发展。无机膜反应器的工程化仍然存在很多科学、技术和工程问题，还需要长期深入研究，尤其是膜反应器在气相反应中的应用尚未取得工程突破，还需要同行们一起合作努力。

本书共分为 10 章：第一章绪论简要介绍了膜技术、膜反应器以及无机膜反应器的研究进展，展望了未来发展方向；第二章主要介绍了面向液相反应的陶瓷膜设计方法、制备技术以及陶瓷膜稳定性的控制方法；第三章主要介绍了不同液相陶瓷膜反应器的设计方法，重点涉及浸没式和气升式膜反应器的构建；第四～八章主要介绍了陶瓷膜反应器在加氢、羟基化、氨肟化、沉淀反应以及微纳粉体制备中的工程应用；第九章主要介绍了气相催化无机膜反应器，重点介绍分子筛膜、碳化硅膜以及钙钛矿膜材料的制备及典型气相催化膜反应器的应用研究；第十章主要介绍了无机膜生物反应器及其在废水处理和生物发酵过程中的应用。

参与本书撰写工作的还有金万勤教授、范益群教授、顾学红教授、仲兆祥教授、张广儒副教授、张峰副教授、邱鸣慧副教授、张春博士等，对他们的辛勤付出表示衷心的感谢！感谢谷和平教授在本书成稿过程中给予的帮助和审阅！本书内容主要来自南京工业大学膜科学技术研究所20多年来在无机膜与膜反应器领域取得的成果，在此对曾经参与研究工作的教师和学生表示衷心的感谢！在本书撰写中还引用了本领域科研工作者的相关研究工作成果，在此一并表示衷心的感谢！

特别感谢徐南平院士，本书中的研究工作均是在他指导下完成的；也是遵循了徐院士提出的“面向应用过程的膜设计、制备与应用”的学术思想，才实现了陶瓷膜反应器从基础研究走到工程化应用。

本书的研究工作得到国家自然科学基金、国家重点基础研究发展计划（973）、国家高技术研究发展计划（863）、国家科技支撑计划、国家重点研发计划等项目的支持，特此感谢！

本书只是我们研究成果的初步总结，研究工作中难免有片面观点，希望读者多提宝贵意见；我们尽所能呈现无机膜与膜反应器技术的研究进展，但限于时间和水平，书中也难免存在不足和疏漏之处，敬请读者批评指正。

著者

南京工业大学膜科学技术研究所

2019年8月于南京

目录

第五章　陶瓷膜反应器在羟基化反应中的应用 / 139

第六章　陶瓷膜反应器在氨肟化反应中的应用 / 181

第七章 陶瓷膜反应器在沉淀反应中的应用 / 251

第十章　无机膜生物反应器　/ 409

第一章 绪 论

化学工业在国民经济中占有重要地位，在化工产品生产过程中，物料分离的能耗一般约占总生产成本的60%以上，发展高效分离过程是实现化学工业节能减排的重要途径。膜分离技术作为一种新型的物料分离单元操作技术，具有高效、节能的优势，已广泛应用于国民经济各个领域。膜分离过程与反应过程集成构建膜反应器，应用于化学反应或生物化学反应过程中，降低物料分离能耗的同时，还能改变反应进程、提高反应效率，是化学工业短流程的重要发展方向。

第一节 膜技术简介

一、膜材料

膜是表面有一定物理或化学特性的薄的屏障物，它使相邻两个流体相之间构成了不连续区间并影响流体中各组分的透过速率。膜的种类十分丰富，通常具有不同的化学组成、孔道特点和表面性质。遵循不同的分类原则，有多种分类方法。根据分离层孔道的有无，将膜分为多孔膜和致密膜。以目前的表征手段无法检测到孔道的膜则为致密膜，而多孔膜根据孔径大小又分为大孔膜和微孔膜，孔径大于2nm的统称为大孔膜，孔径小于2nm的则是微孔膜[1]。根据材料不同，膜可分为无机膜、有机膜、有机无机复合膜等。无机膜主要是由无机材料制成，如陶瓷（氧化铝、氧化锆、氧化钛、氧化硅等）、分子筛、金属、炭等，有机膜是由有机聚合物制成，如醋酸纤维素、聚酰胺、聚醚砜、聚偏氟乙烯等，有机无机复合膜则是有机组分和无机组分复合而成的材料，如 PDMS/ 陶瓷复合膜等。膜一般为非对称结构，膜孔结构随孔深度而变化，由表面几纳米到几百微米的膜层及其下的支撑层构成。表面膜层具有分离功能；支撑层起支撑作用，孔隙大、厚度大，为膜层提供必要的机械强度；两层之间一般还存在过渡层。当膜材料具有足够的机械强度，能够满足自支撑的要求时，则可以制备均质膜，也称为对称膜。膜元件的几何结构主要包括板式、管式、中空纤维式以及卷式等。根据膜表面是否荷电，分为中性膜和荷电膜。荷电膜除了具有中性膜基于孔径大小的筛分作用之外，还具有独特的静电吸附和排斥作用，可以带正电或负电，或二者兼有。膜还可以是固相、液相甚至气相，目前使用的分离膜绝大多数是固相膜。此外，根据应用对象的不同，膜还可以被分为水处理膜、气体分离膜、特种分离膜等[2]。水处理膜是指用于地表水和污水净化处理的膜，是全球膜市场份额最大的一类膜材料；气体分离膜主要用于气体和气体分离、气体中杂质组分的脱除等；特种分离膜是指能够在高温、溶剂和化学反应等苛刻环境下，通过分离膜特殊的结构与性能，实现物质分离的薄膜材料。

二、膜过程

膜过程借助于膜的作用，在膜两侧给予某种驱动力（压力梯度、浓度梯度、电位梯度、温度梯度等）时，原料侧某组分选择性渗透而逐渐减少，渗透侧中此组分富集，以实现料液中不同组分的分离、纯化和浓缩。与精馏、蒸发等分离过程不同之处在于，膜分离通常不依赖于相变过程，可以在温和的条件下实现分子级别的分离，具有能耗低、成本低、分离效率高、环境友好等特点。

典型的膜过程有：电渗析、反渗透、纳滤、超滤、微滤、气体膜分离、膜蒸馏、渗透汽化、蒸气渗透、膜化学反应器、膜生物反应器、膜传感器、控制释放、正渗透、膜蒸馏、膜吸收、膜分散等。

三、膜应用

膜技术被誉为 21 世纪在过程工业中具有战略地位的新技术，已广泛应用于水资源、能源、生态环境、传统产业改造等领域中，在节能降耗、清洁生产和循环经济等方面发挥着重要作用。

在水资源领域，膜分离技术是解决缺水、保障饮水安全的有效工具，可应用于海水淡化、水质净化，以及城市废水资源化等方面。全球海水淡化日产水超过 8000 万吨，其中采用膜技术进行海水淡化已占 65% 以上，其淡化水的成本已小于 5 元 /t，全球已有 1/50 的人依赖海水淡化生存。针对不同水源的特点，选择微滤、超滤、纳滤或反渗透等不同的膜过程或将膜过程集成，可保障饮用水的安全和促进城市污水的回收利用。

在能源领域，膜分离技术在天然气的净化、煤的清洁利用、生物质能源等方面有着广泛的应用。将膜分离技术用于天然气脱二氧化碳，投资与操作费用只有氨吸收法的 50%。耐高温气体分离膜可以直接在高温条件下实现气体的反应和净化，成为煤清洁利用过程的核心技术之一。渗透汽化膜可使共沸体系的分离能耗下降 50%，成为低成本生物质能源如燃料乙醇生产的重要途径之一。

在生态环境领域，膜分离技术已在废水、废气处理等过程中发挥着关键作用，如化工、冶金、电力、石油等行业均已采用膜技术实现废水处理回用，主要工艺是物化处理 - 生化处理 - 超微滤膜 - 反渗透膜，得到 60% 左右的回用水，也有对高浓度废水进一步处理后进行电渗析膜脱盐再蒸发结晶，实现近零排放。疏水性的渗透汽化膜可以回收易挥发有机物达 95% 以上，减少对化石资源消耗的同时改善生态环境。膜分离技术用于工业尾气排放治理过程中，使 $PM_{2.5}$ 的脱除率大于 99.5%。

在传统产业改造领域，膜分离技术起到了节能降耗的关键作用。化学工业中恒沸体系的分离和物料脱水是典型的高能耗过程，渗透汽化膜分离技术可节能 50% 以上。发酵工业采用纳滤膜或反渗透膜用于生产过程脱水，与多效蒸发技术相比较，可以降低能耗 40% 左右。离子膜电解技术替代隔膜电解，使氯碱工业的能耗下降 50% 以上。

第二节 膜反应器技术简介

一、膜反应器的发展

膜反应器的概念始于 20 世纪 60 年代。Michaels 提出：若将具有分离功能的膜应用于化学工程，即把膜与反应器合于一体，同时兼有反应与分离功能的膜反应技术，可节省投资、降低能耗、提高收率，必将会产生新的化工过程 [3]。膜反应器的发展历程如图 1-1 所示。20 世纪 70 ～ 80 年代，膜反应器的应用主要是与反应的平衡限制相关，利用膜的选择渗透性，析出部分或者全部的产物来打破化学平衡，提高反应的转化率或收率。此类研究主要针对高温气相反应。受限于膜的制备技术，能够对气体具有高分离系数的主要是透氢、透氧致密膜。因此，膜反应的研究对象一般是气相的加氢、脱氢和氧化反应。其中，涉及氢传递的膜反应器，多采用金属钯膜以及钯银、钯镍等钯合金膜。涉及氧传递的膜反应，金属银及其与其他材料（如钒）的合金制备而成的膜是具有氧气传递选择性的材料之一，随后很多研究集

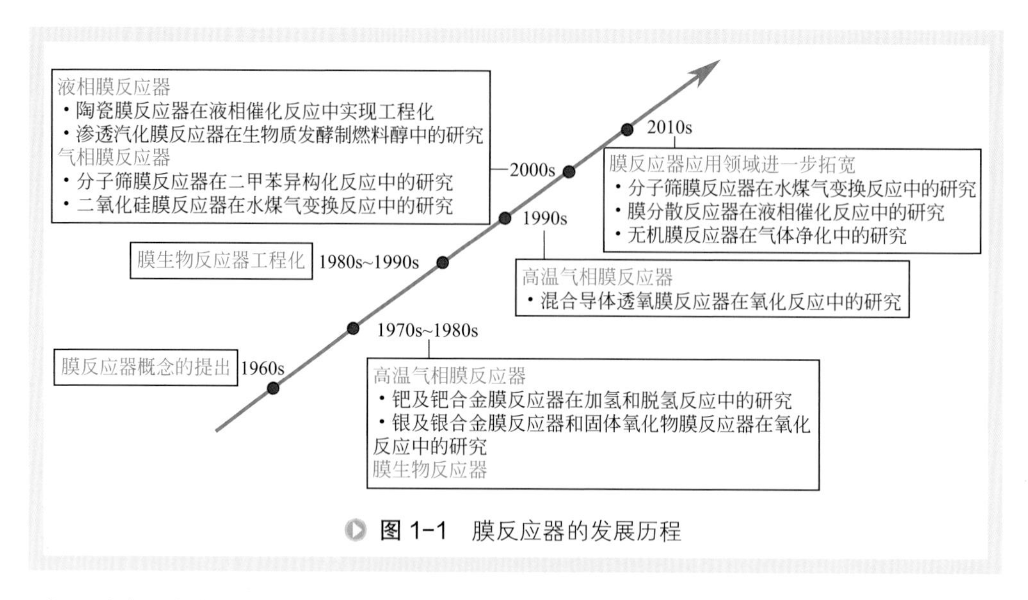

图 1-1 膜反应器的发展历程

中于致密固体氧化物膜应用于催化部分氧化反应领域，较早使用的是传统的固体氧化物电解质（PbO，Bi_2O_3 等），这些材料具有良好的氧离子流动性，但是缺乏足够的导电性。这一领域重大进展之一是 20 世纪 80 年代中期钙钛矿石和钙铁石的发现。另外，自 70 年代起，将反应与膜分离相结合的概念被应用于生物反应过程，膜生物反应器被深入研究，采用的多是有机膜，它可以连续移除代谢产物，保持较高的反应收率。到 80 年代末 90 年代初，膜生物反应器的商业化进程在环保领域陆续展开。90 年代左右，研究者致力于钙钛矿型致密透氧膜的制备，该膜具有优良的电子和离子传导能力和热稳定性，更适用于高温气体环境。随后采用该膜反应器在催化氧化反应领域展开研究。

2000 年之后，随着膜材料制备技术的发展，膜反应器技术的应用范围逐渐由高温气相反应扩展到中低温气相反应（如分子筛膜反应器应用于二甲苯异构化反应、二氧化硅膜应用于水煤气变换反应）以及液相催化反应过程中。具有高温下的长期稳定性、对酸碱及溶剂的优良化学稳定性、高压下的机械稳定性以及寿命长等一系列优点的陶瓷膜的开发，为膜反应器服役于高温高压、有机溶剂、强腐蚀性等苛刻环境提供了契机。超细纳米催化剂催化的液相催化反应中，利用陶瓷膜的选择渗透性，能够实现超细催化剂的原位分离，使过程连续化。2000 年，连续陶瓷膜反应器实现了在化工主流程中的首次应用[2]。渗透汽化膜材料的发展，为渗透汽化与发酵耦合构建的渗透汽化膜反应器用于生物质发酵制燃料醇过程打下了坚实的材料基础。

2010 年后，膜反应器的应用研究领域进一步拓宽，如分子筛膜反应器应用于水煤气变换反应、膜分散反应器应用于液相催化反应以及无机膜反应器在气体净化过程中的应用等。

二、膜反应器的分类

膜反应器分类标准众多，图 1-2 列举了几个典型的分类标准。根据膜的功能分类，将膜反应器分为萃取型、分布型和接触型膜反应器[4]。萃取型膜反应器是利用膜的选择渗透性移除部分或者全部的反应产物，可以有效促进产品的下游处理，打破热力学平衡对化学反应的限制，大幅度提高可逆平衡反应和慢速反应的转化率和选择性；可以用于连续催化反应过程中催化剂的回用。分布型膜反应器控制进料的浓度和进料的分布，达到强化气液相间传质、提高选择性以及反应安全性等目的。接触型膜反应器用于改善不同反应相之间的接触，在强化传质和消除孔内扩散方面展现优势，例如，在相转移催化反应过程中，膜可为膜的两侧分别进料的不互溶两相提供密切接触的介质。基于膜在催化过程中的作用也可以将膜反应器进行分类。若膜材料本身自带催化活性，被称为催化膜反应器；若膜仅提供分离的功能，反应功能由膜的内部或外部的催化剂来实现，催化剂被装填成固定床、流化床或者悬浮在反应器系统中，分别被称为固定床膜反应器、流化床膜反应器以及浆态床膜反应器，统称为惰性膜反应器。不同催化剂的性质也可以作为膜反应器分类的标准，如采用酶作为催化剂的膜反应器，称为酶膜反应器。根据膜材料的不同，还可以将膜反应器分为有机膜反应器、无机膜反应器和有机无机复合膜反应器。膜反应器技术首先是在研究开发相对成熟的有机膜领域得到发展，主要构建膜生物反应器和酶膜反应器，用于条件温和的生物反应过程中。无机膜起源于铀同位素的分离富集，膜材料主要有陶瓷膜、金属膜、分子筛膜等，均可以与反应耦合构成膜反应器。随着制备技术的发展，无机膜的分离性能不仅可以与有机膜相媲美，还具备高温下的长期稳定性、对酸碱及溶剂的优良化学稳定性、高压下的机械稳定性以及寿命长等一

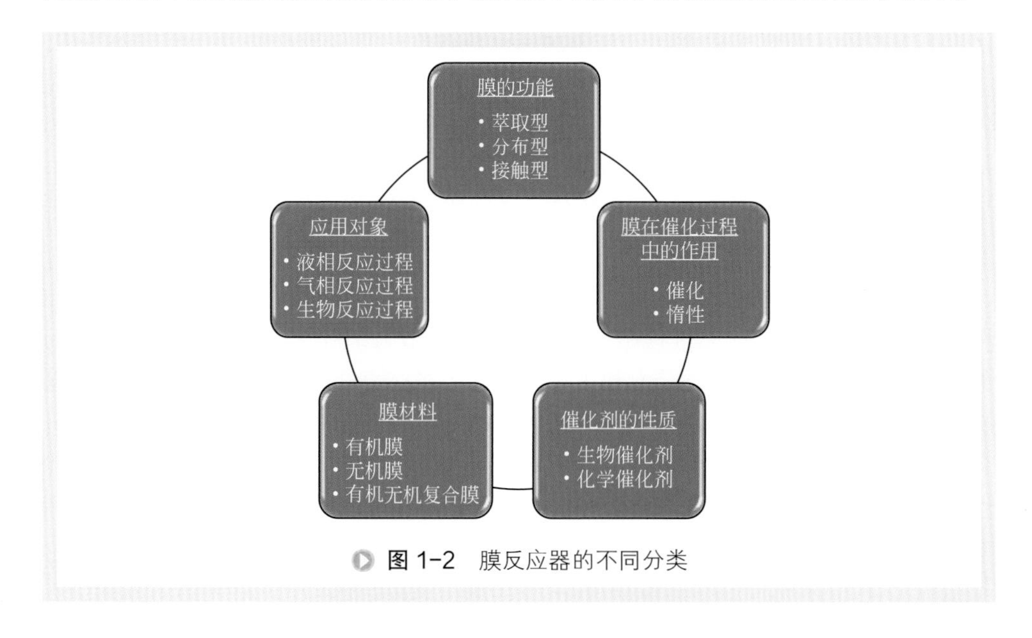

图 1-2 膜反应器的不同分类

系列优点，可以应用于有机膜无法涉及的领域，如高温气体分离、均相或非均相高温反应以及强腐蚀性等苛刻环境。根据应用对象的不同，又可以将膜反应器分为生物膜反应器、气相膜反应器和液相膜反应器。

本书重点介绍无机膜反应器，尤其是无机膜反应器在液相催化反应过程中的研究与应用进展。

第三节 无机膜反应器的研究进展

一、液相催化无机膜反应器

催化剂的超细化是催化领域的发展方向。一方面，基于无机材料的微滤膜/超滤膜的筛分机理，与超细催化耦合构建液相催化无机膜反应器，可以实现超细催化剂的循环使用；另一方面，基于膜的纳微孔道分散反应物料，也可以强化反应物的传质过程等。

目前，液相催化无机膜反应器的研究主要集中在光催化与催化反应领域。在光催化领域，主要是采用悬浮态的光催化剂进行有机物的降解，如二氧化钛等，然后在膜反应器中实现光催化剂的循环使用，研究主要集中在膜反应器构型设计、过程参数优化、膜污染控制等[5]。在催化反应领域，主要是针对加氢、氧化等反应体系，研制膜材料及膜反应器，探索反应过程与膜分离过程的匹配规律，建立过程优化控制方法等。南京工业大学建立了面向反应过程的陶瓷膜材料设计与制备方法，将反应动力学方程与膜微结构参数关联构建了膜反应器放大设计方法，针对膜反应器运行稳定性研究了膜污染机理及清洗策略，率先实现了陶瓷膜反应器在加氢、羟基化、氨肟化和盐水精制沉淀反应中的规模化应用，累计推广应用数千万吨级[6,7]。基于计算流体力学技术（CFD）优化设计大型膜反应器，拓展陶瓷膜反应器的应用是这方面的研究重点。

液相催化无机膜反应器还有另一个重要的研究方向是膜分散强化相间传质。如环己酮氨肟化制肟的反应过程中，采用陶瓷膜分散过氧化氢，可以在无溶剂参与下，其反应转化率和选择性与有叔丁醇溶剂时相当；膜分散结合液相沉淀法，可以制备获得具有一定单分散性且尺寸可控的微纳米材料。膜分散的强化效果在很多研究中均得到证实，但是如何从理论上解释膜元件及膜组件的优化设计仍然具有挑战性。另外，为了提高液滴或气泡大小的均匀性、增强反应效果，孔径分布窄、孔隙率低的膜制备也是值得研究的方向。

二、气相催化无机膜反应器

无机膜反应器的早期研究主要是利用膜的选择渗透性，析出部分或者全部的产物来打破化学平衡，提高反应的转化率。研究对象一般是高温气相反应，如加氢、脱氢和氧化反应。利用钯膜或钯合金膜的透氢特性，提供反应所需的高纯氢气或移出反应生成的氢气，从而提高加氢或脱氢反应的效率。氧化反应多采用混合导体透氧膜，氧渗透膜对氧具有绝对选择性，以其材料构建的混合导体氧渗透膜反应器可用于甲烷部分氧化（POM）、二氧化碳分解、水分解、氮氧化物分解以及制高纯氢等方面。这些膜对氢气或者氧气具有选择渗透性，但在高温条件下经过重复的升温、降温循环，易引起变脆、金属疲劳和不稳定。此外，反应体系中气相含硫、氯杂质，炭沉积以及添加的合金材料造成膜催化活性降低等问题，都限制了膜的工业使用。研究者一直致力于改进其性能和降低成本。

多孔镍膜、分子筛膜、氧化铝膜等多孔膜也可用来实现氢或氧的传递。如MFI型分子筛膜用于二甲苯异构化反应、高温水煤气变换反应等。相比于致密膜，多孔无机膜明显表现出较高的渗透性，但总的选择性较低。此类膜可通过调整孔径大小和孔径分布，使反应侧的气体浓度控制在各种浓度下，选择适当的操作条件来提高选择性。目前，该领域的研究主要集中在膜反应器的传热传质及放大、反应过程中膜失效机制及控制以及膜的制备成本等方面。

高温气固分离也是气相催化无机膜反应器的应用方向之一。将陶瓷膜与流化床反应器耦合，利用膜材料的选择筛分与渗透性能，在高温下实现气相产物与催化剂的原位分离，从而提高催化剂使用效率与反应效率、同时有效去除反应产物中的热粒子与焦油等杂质，减少 $PM_{2.5}$ 等超细颗粒物排放，实现产物净化与大气环境保护，在化工与石油化工领域显示出巨大的应用前景。目前，已被用于邻苯二甲酸酐、氯乙烯、丙烯腈以及苯胺等化工产品的制备研究，催化剂的回收率从旋风分离技术的99% 提高到膜分离的 99.999%，大量微纳米级催化剂的回收利用有效维持了催化剂活性，提高了反应效率。随着膜制备技术的发展、成熟，气相催化无机膜反应器在大气污染治理领域也得到了快速的发展。将分离功能与催化功能一体化，污染气体从膜层进入支撑层时，膜层起精密过滤功能，截留超细粉尘（如 $PM_{2.5}$），支撑层具有催化功能，对有毒有害气体催化降解，到达膜管内侧后即成为净化气体。膜材料高温稳定性、传递与反应协同机制、膜污染机理与控制等问题是无机膜反应器用于气固催化反应方向的研究重点。

三、无机膜生物反应器

膜分离过程与生物反应相耦合构成的膜生物反应器为废水处理过程提供了有效的过程控制，相比于传统的活性污泥法，在降低污泥含量以及水质、安全性、紧凑性上都有很大的提升。处理对象涉及众多废水，如高浓度有机废水、难降解的工业废水等。对于在温和反应条件下进行的生物处理过程，有机膜仍具有优势。但是对于环境苛刻的生化过程，陶瓷膜比有机膜更优，包括较高的透过通量和热稳定性，在化学清洗过程中更稳定等。尽管无机陶瓷膜生物反应器在废水处理过程中的应用得到了极大的关注，但其工业应用仍滞后。降低膜的生产成本、提高膜的装填面积以及控制膜的污染是该方向的研究重点。

将膜分离与发酵过程耦合也是生物化工领域的研究热点之一，如用于燃料乙醇、燃料丁醇、乳酸等生产过程。尽管研究工作已经取得很大进展，大规模工业化推广还有待继续推进。未来研究重点主要体现在如何进一步提高膜的通量和分离因子、控制膜污染、实现膜分离与发酵过程匹配、控制发酵周期和循环使用次数等。

第四节 应用前景与展望

全球范围内能源、环境和资源问题日趋紧张的态势，是节能、环保的膜与膜反应器科学与技术发展的外在推动力，而化学工程、催化反应、材料、生物等诸多学科的交叉与融合，则为实现膜与膜反应器的创新及变革提供了方法和路径。无机膜分离过程与催化反应过程相结合形成的无机膜反应器为物质的高效分离与转化过程带来了新的机遇。

无机膜具有高温稳定、耐酸碱以及寿命长等优点，已广泛应用于苛刻环境的物料分离过程。将无机膜与反应过程耦合构建无机膜反应器，实现分离过程与反应过程的连续进行，可以解决化工、能源、环境等领域流程过长、效率低下、能耗较高的问题。由于化学、生物反应众多且反应特性各异，必须根据反应体系的特性，选择和设计合适膜材料，优化膜反应器流程工艺，建立膜分离和反应过程的匹配关系，才能实现无机膜反应器大规模应用。

本书介绍了面向反应过程的无机膜材料的设计与制备方法，以分离功能最大化为目标函数，通过对膜性能与其微结构的关系研究达到对膜材料微结构与性能的控制，为无机膜反应器的应用推广奠定了坚实的膜材料基础；将无机膜的应用对象从单一的单元操作拓展到与反应过程的耦合，构建了膜反应器，创新性地提出了外置式膜反应器、浸没式膜反应器、一体式膜反应器、双膜式膜反应器、气升式膜反应器等多种设计构型；通过对反应机理和膜分离机理匹配关系的研究，建立了膜反应器的数学模型，构建了膜反应器的设计方法；分析了影响膜反应器稳定运行的主要因素，揭示了无机膜污染形成机理，开发出膜反应器中反应与膜分离的协同控制技术；针对典型的催化加氢、催化氧化和化学沉淀反应等过程，开发出具有自主知识产权的加氢膜反应器、催化氧化膜反应器和沉淀式膜反应器，实现了陶瓷膜反应器在对氨基苯酚、苯二酚、环已酮肟以及盐水精制等生产过程中的工程应用。陶瓷膜反应器工程应用的实践证明，可显著缩短化工生产流程、提高产品收率、降低生产成本、减少“三废”排放，具有资源节约、环境友好的特征。

尽管无机膜及膜反应器技术已取得很大的进展，但还有很多科学问题和技术问题，需要长期深入的研究，如建立膜纳微孔道中的传递规律模型、开发系列原创的制膜新技术等；还有很多工程化的问题有待突破，需要将膜分离技术引入过程工业主流程中，研发膜为“芯片”的流程再造技术，提高目标产品的生产效率，服务高质量发展。

（1）在膜传质机理上　尽管围绕物质在陶瓷超微滤膜孔中传递过程，已建立了相应的传质模型，将陶瓷膜过程从工艺设计推进到微结构的设计，实现了面向反应过程的陶瓷膜定量制备；但针对气相反应过程而言，由于气体分子在微孔膜材料孔道中的传质存在 Trade-off 效应，不能用已有的孔模型、溶解扩散等模型解释，因此未来需加大对与流体分子运动自由程相当的空间中传质行为的研究，建立分子在膜孔中的限域传质规律；借鉴“材料基因组”研究方法，通过分子模拟与实验相结合的手段，设计构建具有限域传质效应的膜结构，进一步完善面向应用过程的膜材料设计与制备的理论体系。

（2）在膜制备技术上　尽管利用化学工程学科的理论及方法指导无机膜材料的规模制备已取得了很大进展，开发出陶瓷膜、分子筛膜等若干重要膜材料的定量制备方法；但仍然需要对膜材料制备过程进行系统的化学工程研究，围绕孔径均一化、膜层超薄化、多功能化、制备工艺的绿色化等研究方向，在膜材料领域形成原创性的膜材料体系与专有的规模化制备技术，奠定膜材料产业化的技术基础。

（3）在膜反应器工程化上　尽管对陶瓷膜反应器在液相反应中已实现了工程化应用，但气相反应仍然没有取得工程突破，液相反应中的应用还需要进一步拓展，尤其是与生物反应的耦合过程仍然是陶瓷膜反应器中的研究重点。具体而言：

① 结合多相流体力学和反应动力学模型，对微观、介观和宏观尺度的膜及膜反应器中的传递和反应进行模拟研究，深入了解膜反应器内流体流动、反应与传递的多尺度特性，优化设计膜反应器。

② 针对石油化工、生物化工等领域重要反应体系，开展从催化剂（微生物）研发、反应器系统研制、工程设计、工艺包开发等贯通式研究，形成基于膜反应器的新型、绿色生产工艺。

③ 进一步拓展膜反应器的应用功能，如分布型膜反应器，研究膜层结构对分散、乳化等传质过程的影响规律，增强氢气、氧气等在反应体系中的传质过程，构建膜法氢分布器、膜法氧分布器、膜乳化反应器、高级氧化-膜催化耦合等新工艺，提高反应效率。基于计算流体力学优化设计膜分布元件与组件，研究传递与反应协同机制，是实现分布型膜反应器工业化应用的基础。

④ 研究兼具催化和分离功能的催化膜，利用原子层沉积、纳米修饰等技术，提高催化活性组分的负载量和气体分离性能，揭示膜材料的失效机理，推进催化膜在气相加氢、脱氢、氧化等反应过程中的应用；研究膜反应器协同脱除大气中VOC、NO_x、$PM_{2.5}$的技术，构建一体式催化膜反应器。

总之，以工程化应用需求为导向，通过无机膜设计、制备与应用的贯通式研究，提升膜的分离通量、降低膜反应器的成本、推进其规模化应用，是化工、石油化工、生物化工、环境治理等领域重要的发展方向。

参考文献

[1] 邢卫红，汪勇，陈日志，等．膜与膜反应器：现状、挑战与机遇 [J]．中国科学：化学，2014, 44(9): 1469-1480.

[2] 邢卫红，顾学红，等．高性能膜材料与膜技术 [M]．北京：化学工业出版社，2017.

[3] Michaels A S. New separation technique for the CPL [J]. Chem Eng Prog, 1968, 64: 34-43.

[4] Marcano J G S, Tsotsis T T. Catalytic membranes and membrane reactors [M]. Germany: Wiley-VCH, 2002.

[5] Mozia S. Photocatalytic membrane reactors(PMRs)in water and wastewater treatment. A review [J]. Sep Purif Technol, 2010, 73: 71-91.

[6] 邢卫红，金万勤，陈日志，等．陶瓷膜连续反应器的设计与工程应用 [J]．化工学报，2010, 61(7): 1666-1673.

[7] Jiang H, Meng L, Chen R Z, et al. Progress on porous ceramic membrane reactors for heterogeneous catalysis over ultrafine and nano-sized catalysts [J]. Chin J Chem Eng, 2013, 21(2): 205-215.

第二章 面向液相反应的陶瓷膜设计与制备

第一节 引言

尽管以膜材料为基础发展起来的膜分离过程在应用中获得了很大的成功，同时也展现出巨大的发展空间，但与传统分离技术理论（相平衡、均相传质）相比，膜分离技术理论基础的研究还处于发展阶段。膜材料的设计、制备过程中的经验性很强，大量的试验研究是进行材料筛选和研制的主要手段。如何将膜分离过程从以工艺设计为主推进到工艺与材料微结构同时设计，实现依据应用过程的需要进行膜材料的设计、制备和膜过程操作条件的优化，是推进膜应用发展的关键所在。

对于超细催化剂催化的液相反应而言，料液体系主要是刚性的微细颗粒与溶剂以及反应物的混合悬浮液，这类体系的颗粒粒径分布较宽，覆盖了纳米、亚微米和微米等尺度，当体系中悬浮粒子尺寸趋近亚微米尺度时，一般的过滤方法如板框过滤、重力沉降以及离心分离等很难取得好的效果。但膜技术可以在无相变条件下实现固液高效分离，特别是陶瓷膜以其优异的材料性能而能够用于高温、高压和强腐蚀等苛刻环境中，在化工与石油化工领域具有较广阔的应用前景。在含有超细催化剂的体系中，采用陶瓷膜进行固液分离，由于刚性颗粒催化剂的堵塞和在膜表面的吸附沉积，易产生严重的膜污染问题，导致了膜通量的持续下降。虽然通过膜过程工艺参数的优化设计和膜清洗的手段能够在一定程度上延缓膜通量的下降，但不能从根本上克服由于纳米粒子在膜孔内堵塞和膜面沉积引起的通量衰减问题。需要解决的是面向液相反应过程的陶瓷膜的设计、制备与应用问题，也就是获得膜材料的功能 - 结构 - 制备的关系。

徐南平[1]提出了面向应用过程的分离材料（陶瓷膜）设计与制备的理论框架

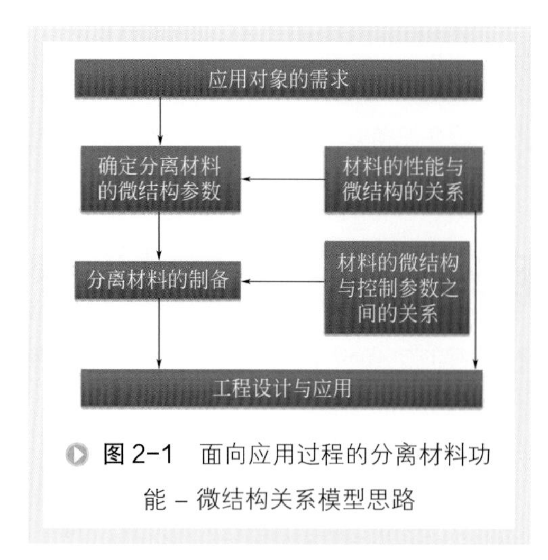

图 2-1　面向应用过程的分离材料功能 – 微结构关系模型思路

（见图 2-1）。其基本思路是根据应用体系建立多孔陶瓷膜的宏观性能与膜微结构之间的定量关系，在该关系模型的指导下，以分离功能最大化为目标，根据应用过程的实际情况来设计最优的陶瓷膜微结构，进一步定量定向制备出膜，然后进行过程操作参数的优化。显然，在这个过程中，两个关键科学问题需要解决：一是膜功能与微结构参数间的定量关系；二是膜材料微结构与膜制备过程中控制参数的定量关系。面向液相反应体系，只有根据体系中颗粒分布特征、体系溶液环境和操作条件等，以稳定通量最大为目标，对陶瓷膜微结构参数进行优化设计，才有可能最大限度地避免颗粒堵塞，提高膜分离效率。设计出所需要的膜后，还需要将化学工程方法引入膜材料的制备过程中，通过宏观制备工艺的控制实现膜材料微结构的定量控制，为膜材料的制备和加工及其工业放大提供理论指导和技术保障。

本章主要针对颗粒悬浮体系的陶瓷膜过滤过程建立渗透性能与陶瓷膜微结构之间的定量关系，构建面向液相反应体系膜功能与微结构关系模型，针对应用体系特性设计出合适的陶瓷膜。通过对膜制备过程中控制参数与膜微结构定量关系的研究，建立膜制备过程的数学模型，从而实现膜制备过程从以经验为主向定量、定向制备的转变，为陶瓷膜反应器的构建提供材料基础。

第二节　陶瓷膜的设计方法

对于微米级、亚微米级颗粒体系，已建立了陶瓷膜功能与微结构关系模型，在《面向应用过程的陶瓷膜材料设计、制备与应用》一书中已有详细阐述[1]。将膜污染过程分为堵塞和滤饼生长两个过程进行描述。在过滤开始阶段，膜通量由颗粒对膜孔的堵塞程度决定。由于颗粒对膜孔的堵塞，膜的孔隙率下降，导致其阻力迅速增大，直至滤饼层的形成，堵塞后的膜阻力趋于稳定，而后滤饼形成并随时间而变化。对于孔径均一的膜过滤具有一定粒径分布的颗粒体系，按照颗粒中粒径小于膜孔径的颗粒对堵塞产生的贡献，可以计算出堵塞后的膜孔隙率。考虑到实际用的分离膜均具有一定的孔径分布，将膜的孔径分布密度函数进行离散化，得到具有孔径分布的膜在过滤具有一定分布的颗粒体系时的堵塞阻力，从而模拟出膜的结构变化。对于滤饼形成阶段，该模型主要围绕微滤过程的流体中微米、亚微米级颗粒进行受力分析。颗粒在边界层中主要受到渗透曳力、错流曳力和内向升力作用，重力、浮力以及布朗力远小于其他力，基本可以忽略不计。通过边界层内的单颗粒受力分析，可以计算得到能发生沉降的临界沉降粒径值，从而判断哪些颗粒能够沉降在膜表面形成滤饼。此模型不仅可以计算膜通量随时间的变化，且能预测陶瓷膜结构参数对膜通量的影响。

对于纳米颗粒体系，在分析颗粒在膜面附近流体中的受力行为时，除了渗透曳力和内向升力外，还需考虑纳米颗粒的扩散行为，布朗力影响颗粒的沉积方式。对此，本节以纳米颗粒悬浮液体系分离为应用背景，以纳米镍催化剂模型体系为例，建立陶瓷膜功能与微结构之间的数学模型，预测陶瓷膜微结构参数对膜通量的影响，在此基础上使面向纳米颗粒分离体系过程的陶瓷膜设计成为可能[2]。

一、模型思路

在微米级颗粒体系模型中，引入布朗力的作用，当渗透曳力超过内向升力与布朗力之和时，颗粒开始沉积，通过计算可以得到沉降粒径范围。另外，纳米颗粒由于具有较高的表面能，所以不可避免地存在团聚。通过对团聚体的微结构特性进行详细分析，考虑团聚体内外的空隙，得到滤饼层总的空隙率。

模型假设：纳米镍的团聚体在过滤过程中稳定存在。

1. 纳米颗粒的团聚

纳米镍颗粒由于粒径较小，表面能较高，容易发生团聚。图 2-2 显示水悬浮液中颗粒粒径主要有两个分布峰，一个范围在 0.03 ～ 0.3μm 之间，另一个范围在

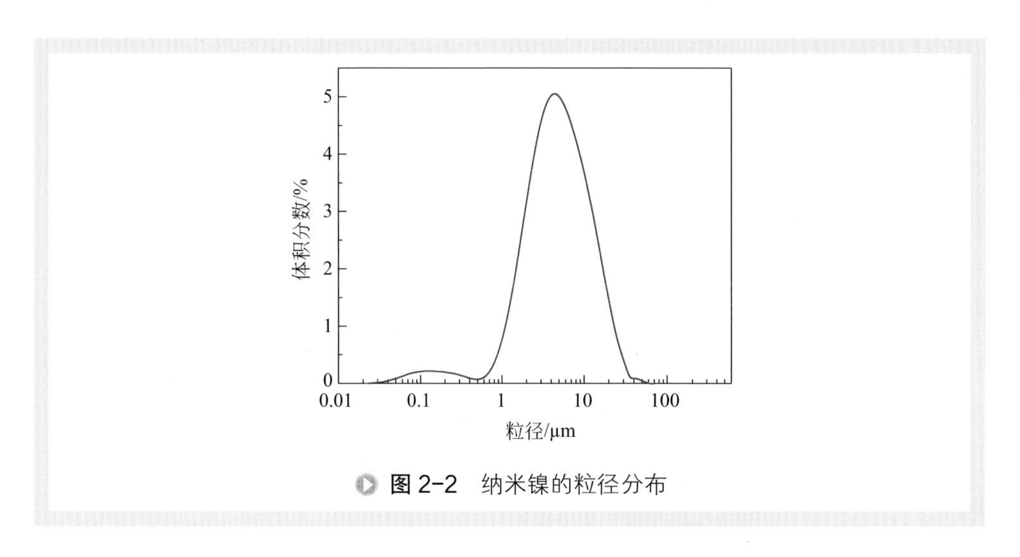

图 2-2 纳米镍的粒径分布

0.4 ～ 50μm 之间。前者主要是纳米级的初始颗粒（primary particle）和亚微米级的团聚体（aggregate），后者则主要是微米级的团聚体。

2. 镍悬浮液的分离

图 2-3 是孔径为 800nm 陶瓷膜的纯水膜通量和对镍颗粒的截留率。可以发现，采用陶瓷膜分离纳米镍，可以获得 100% 的截留率，但同时膜的通量随时间快速下降，说明截留的镍颗粒显著增加了过滤阻力。计算了不同孔径的膜的过滤阻力占比，如图 2-4 所示（阻力分析主要基于 Darcy 定律，污染总阻力表示为 $R_t=R_m+R_p+R_c$，其中 R_t、R_m、R_p 和 R_c 分别代表总阻力、膜阻力、堵塞阻力和滤饼阻力，m^{-1}）。结果表明膜面滤饼的形成是主要的膜污染原因，堵塞阻力不重要，其值不高于总阻力的 20%。这是由于镍颗粒的聚集，使得颗粒大于膜孔，从而被截留沉

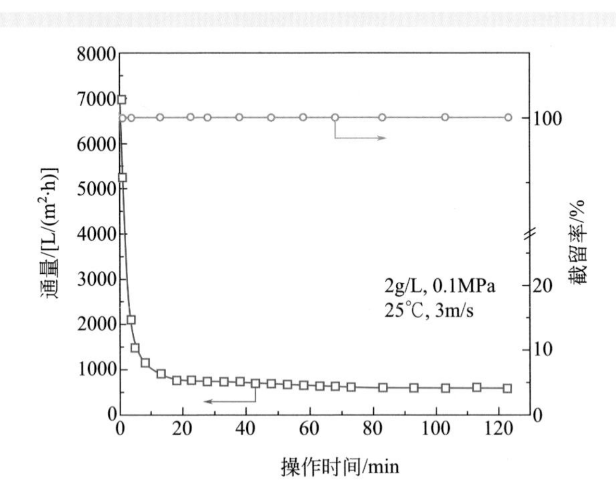

图 2-3　孔径为 800nm 陶瓷膜的纯水膜通量和对镍颗粒的截留率

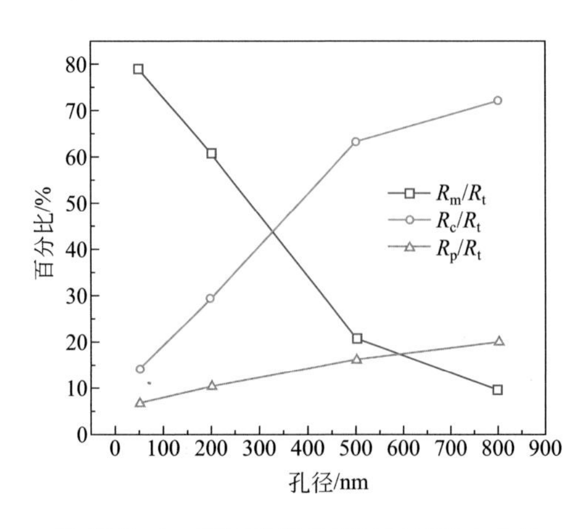

图 2-4　不同孔径的膜的过滤阻力占比

(a) ×10000倍

(b) ×40000倍

图 2-5 膜表面滤饼形貌

积在膜面上，一些穿透膜的颗粒同样被弯曲的膜通道截留。

纳米镍在陶瓷膜表面形成的滤饼层具有较大孔隙率，如图 2-5（a）所示，滤饼层中颗粒间的空隙较多。进行局部放大后［图 2-5（b）］可以发现，滤饼的空隙除了团聚体之间的空隙外，团聚体中也具有空隙。

3. 纳米颗粒团聚体的分形特征

按照 Sutherland 集团凝聚模型的基本构思，颗粒团聚体的形成过程是由初始粒子结成小的集团，小的集团又结成大的集团，然后结成更大的集团，这样一步一步成长为大的团聚体（图 2-6）。这一过程决定了团聚体在一定范围内具有自相似性和标度不变性，这正是分形（fractal）的两个重要特征。如图 2-7 所示，纳米镍团聚体具有类似图 2-6 的分形特征，纳米镍初始颗粒粒径约为 60nm，由这些初始颗粒组成了团聚体。

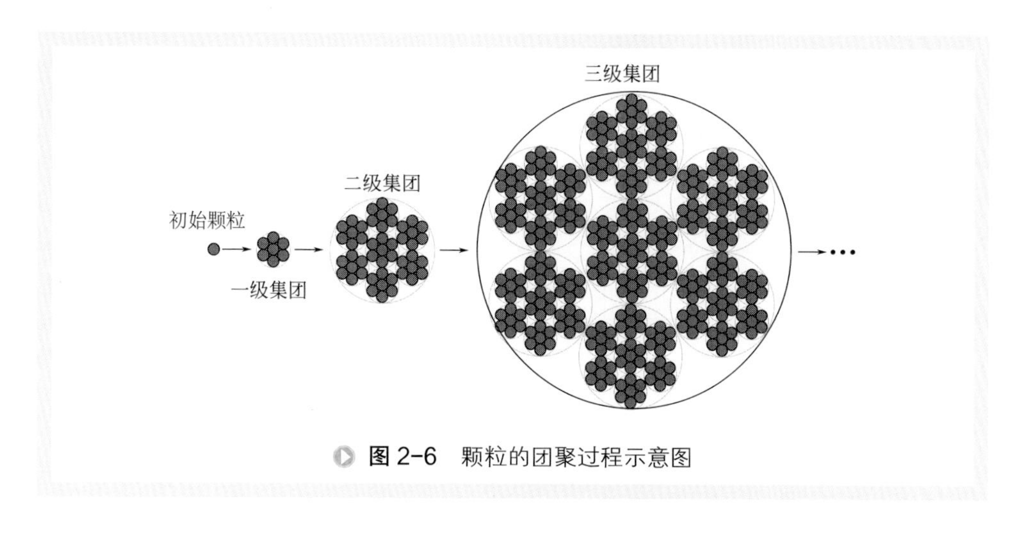

图 2-6 颗粒的团聚过程示意图

图 2-7　纳米镍团聚体的 SEM 图

因此，过滤过程中滤饼层的孔隙率应包括团聚体外的孔隙率及团聚体中的孔隙率，如图 2-8 所示，用以下方程表示[3]：

$$\varepsilon_{\mathrm{t}}=\varepsilon_{\mathrm{c}}+\varepsilon_{\mathrm{a}}(1-\varepsilon_{\mathrm{c}}) \tag{2-1}$$

式中　ε_{t}——滤饼总孔隙率；

ε_{c}——团聚体外的孔隙率；

ε_{a}——团聚体中的孔隙率。

其中 ε_{a} 可由下式求得[4]：

$$\varepsilon_{\mathrm{a}}=1-\left(\frac{r_{\mathrm{a}}}{r_{\mathrm{p}}}\right)^{D-3} \tag{2-2}$$

式中　r_{a}——团聚体的粒径，m；

r_{p}——组成团聚体初始颗粒粒径，m；

D——团聚体的分形维数。

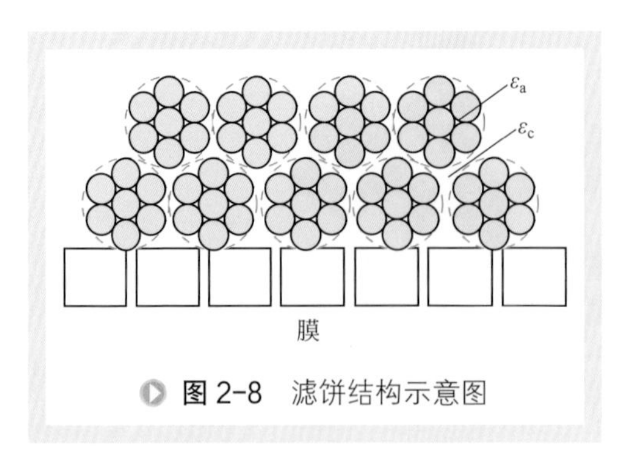

图 2-8　滤饼结构示意图

团聚体粒径和组成团聚体初始颗粒粒径这两种粒径可以由颗粒的粒径分布与电镜照片获得；分形维数 D 一般在 2 ～ 3 之间。分形维数与颗粒的团聚方式有较大关系，对于颗粒 - 团簇式团聚模式，结构紧密时其分形维数 D 为 2.9[5]，则 ε_{a} 约为 0.3，从而 $\varepsilon_{\mathrm{t}}=0.7\varepsilon_{\mathrm{c}}+0.3$。滤饼总孔隙率值在计算过程中，作为滤饼层微结构的特征数据引入。

二、模型建立

很多模型用于预测错流过滤过程中的通量，可以分为经验模型和物理模型两种[6]。但是，精确预测通量下降的物理模型的不足之处在于缺乏过滤过程中纳米颗粒的精确描述。基于实验结果，修正的孔堵塞 - 滤饼模型可以被用来预测通量的下降。此模型将膜过滤过程分为初始的膜孔堵塞和随后的滤饼形成两部分。在过滤初期，过滤速率由跨膜压差和膜阻力决定。滤液使颗粒对流传输至膜面以及堵孔。由于后续的颗粒传输和颗粒沉积，滤饼层生长，带来滤饼层阻力上升和过滤速率下降。

1. 膜孔堵塞过程

膜初始通量下降的原因部分归因于颗粒在膜孔的物理沉积造成的孔堵塞。孔堵塞本质上导致膜孔隙率 ε_m 的下降以及膜阻力的上升[7]。此模型将颗粒分为两部分，一部分粒径大于膜孔径的颗粒沉积于膜面，另一部分粒径小于膜孔径的颗粒造成堵孔。区分两部分颗粒的依据是颗粒粒径和膜孔的尺寸分布。

堵塞后膜阻力的理论计算方法为：

$$R_m = kR_{m0} \tag{2-3}$$

式中 R_m——孔堵塞后的膜阻力，m^{-1}；

k——堵塞因子；

R_{m0}——孔堵塞之前膜本身的阻力，m^{-1}。

堵塞因子的表达式为：

$$k = \frac{\alpha_m}{\alpha_{m0}} = \frac{(1-\varepsilon_m)^2 \varepsilon_{m0}^3}{\varepsilon_m^3 (1-\varepsilon_{m0})^2} \tag{2-4}$$

式中 α_{m0}——堵塞前膜比阻，m^{-2}；

α_m——堵塞后膜比阻，m^{-2}；

ε_{m0}——堵塞前膜孔隙率；

ε_m——堵塞后膜孔隙率。

从理论上讲，当颗粒尺寸的最小值大于膜的最大孔径时，过滤过程中膜孔不会发生孔内堵塞；而当膜的孔径分布与颗粒粒径分布发生交叉覆盖时，将发生膜孔堵塞，膜的孔隙率将相应降低。由于此处堵孔阻力不大于总阻力 R_t 的 20%，为了简化计算过程，认为堵塞后膜的孔隙率是不变的。所以，当膜用于过滤悬浮液，膜的孔隙率 ε_m 被定义为颗粒和膜孔径分布的函数[7,8]。

对于孔径均一的膜过滤具有一定粒径分布的颗粒体系，按照颗粒中粒径小于膜孔径的颗粒对堵塞产生的贡献，可以计算出堵塞后的膜孔隙率，如下式所示：

$$\varepsilon_{\mathrm{m}}=\left[1-\int_{r_{\min}}^{d_{\mathrm{m}}} q(x)\mathrm{d}x\right]\varepsilon_{\mathrm{m0}}=\left[1-Q(d_{\mathrm{m}})\right]\varepsilon_{\mathrm{m0}} \tag{2-5}$$

式中 d_{m}——平均孔径，m；

$r_{\min}$——最小颗粒尺寸，m；

$q(x)$——悬浮液中粒径分布密度，m^{-1}；

$Q(d_{\mathrm{m}})$——悬浮液中颗粒的质量分数。

从式（2-5）可以看出，当粒径大于孔径，$\varepsilon_{\mathrm{m}}=\varepsilon_{\mathrm{m0}}$ 且堵塞因子 $k=1$，代表没有堵塞现象发生。

考虑到实际用滤膜均具有一定的孔径分布，将膜的孔径分布密度函数进行离散化，得到具有孔径分布的膜在过滤具有一定分布的颗粒体系时的堵塞阻力，从而模拟出膜的结构变化。

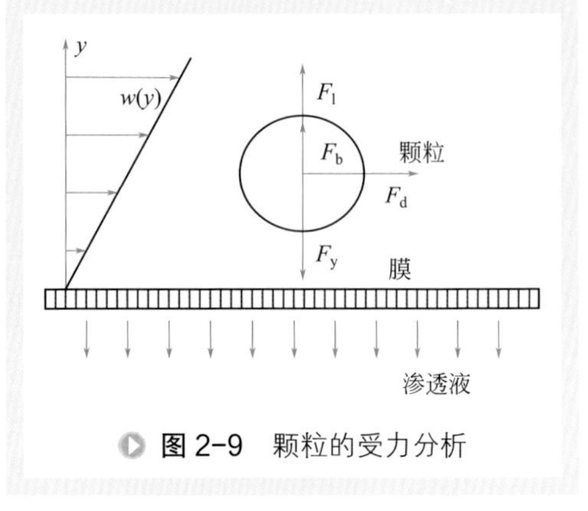

图 2-9 颗粒的受力分析

2. 滤饼形成过程

膜面边界层内的颗粒主要受到渗透曳力（F_{y}）、错流曳力（F_{d}）、内向升力（F_{l}）和布朗力（F_{b}）作用，重力和浮力基本可以忽略。如图 2-9 所示。

由于近壁面处的流体速率较低，渗透曳力可用 Stokes 方程来计算：

$$F_{\mathrm{y}}=3\pi\eta d_{\mathrm{p}}v \tag{2-6}$$

式中 F_{y}——渗透曳力，N；

η——液体的黏度，Pa・s；

d_{p}——颗粒直径，m；

v——渗透通量，m/s。

该式只适用于浓度非常小的颗粒悬浮液，对于浓度较高的悬浮液中颗粒所受曳力的计算，需在 Stokes 方程中引入校正因子 λ[9]：

$$F_{\mathrm{y}}=3\pi\eta d_{\mathrm{p}}v\lambda\left(x,\varphi_{\mathrm{s}}\right) \tag{2-7}$$

式中 $\lambda(x,\varphi_{\mathrm{s}})$——Stokes 方程中的浓度校正因子。

内向升力由膜面剪切流产生，根据实验和理论的考察得到如下关系式：

$$F_{\mathrm{l}}=0.761\frac{\tau_{\mathrm{w}}^{1.5}d_{\mathrm{p}}^{3}\rho^{0.5}}{\eta} \tag{2-8}$$

式中 F_{l}——内向升力，N；

τ_{w}——剪切力，N；

ρ——流体密度，kg/m^3。

布朗力可以由下式给出[10]：

$$F_b = \frac{kT}{\delta}\left(\frac{R_t d_p}{3} + 1.072^2\right)^{0.5} \quad (2\text{-}9)$$

式中 F_b——布朗力，N；

k——玻尔兹曼常数，$1.3806505 \times 10^{-23}$J/K；

T——温度，K；

δ——边界层厚度，m；

R_t——总阻力，m^{-1}。

当渗透曳力超过内向升力与布朗力之和时，即：$F_y \geqslant F_l + F_b$，颗粒开始沉积，代入计算可以得到沉降粒径范围。如果方程有一解，则代表小于此粒径的颗粒可以沉降；如果方程有两解，代表在此两解之间的颗粒可以沉降；如果无解，代表没有颗粒沉降。

由 Darcy 定律，渗透通量随时间（t）变化的表达式为：

$$v(t) = \frac{\Delta p}{\eta[R_m + R_L(t)]} \quad (2\text{-}10)$$

式中 v——渗透通量，m/s；

Δp——操作压力，Pa；

η——液体的黏度，Pa·s；

R_m——膜的阻力，m^{-1}；

R_L——沉积层阻力，m^{-1}。

沉积层阻力 R_L 由沉积层的高度 h 及其比阻 r_L 决定：

$$R_L(t) = \int_0^{h(t)} r_L(y)\mathrm{d}y \quad (2\text{-}11)$$

式中 h——沉积层高度，m；

y——离膜表面的距离，m；

r_L——沉积层比阻，m^{-2}。

沉积层的高度 h 可通过悬浮液中可沉积颗粒的质量 m 计算：

$$h(t) = \frac{m(t)}{\rho_s(1-\varepsilon_t)} = \frac{\int_0^t m(\tau)\mathrm{d}\tau}{\rho_s(1-\varepsilon_t)} \quad (2\text{-}12)$$

式中 m——沉积在膜表面的颗粒质量，kg；

ρ_s——颗粒密度，kg/m^3；

ε_t——滤饼总孔隙率。

悬浮液中可沉积在膜表面的颗粒质量 m 由过滤渗透通量 v 和可沉积颗粒的临界粒径或可沉降粒径范围计算。

沉积层的比阻可以由传统滤饼过滤中的 Carman-Konzeny 方程计算：

$$r_{\mathrm{L}}=\frac{160(1-\varepsilon_{\mathrm{t}})^{2}}{x_{\mathrm{m}}^{2}\varepsilon_{\mathrm{t}}^{3}} \tag{2-13}$$

式中 x_{m}——一定高度下滤饼层的平均粒径，m；

ε_{t}——总的滤饼层孔隙率，由式（2-1）和式（2-2）求出，通过计算团聚体外部和内部的孔隙率获得。

三、颗粒受力分析

根据临界沉降颗粒粒径判别表达式，联立式（2-7）～式（2-9）可以解得不同渗透通量下，可以沉降到膜面的颗粒临界粒径，结果如图 2-10 所示。

图 2-10 中给出了不同渗透通量时，颗粒受到的内向升力、布朗力和渗透曳力的变化情况。当过滤渗透通量为 800L/（m^2·h）时，两条线有 1 个交点，临界沉降粒径为 0.5μm 左右，处于微米级别范围，此时布朗力的影响较小，主要受渗透曳力和内向升力的影响；当过滤渗透通量为 150L/（m^2·h）时，两条线有 2 个交点，临界沉降粒径为 0.02μm 和 0.2μm，在此区间内的颗粒才能发生沉降，粒径大于 0.2μm 颗粒和粒径小于 0.02μm 的颗粒都不会发生沉降，此时布朗力的影响已经体现出来；当过滤渗透通量为 50L/（m^2·h）时，两条线无交点，颗粒受到的内向升力和布朗力之和大于渗透曳力，颗粒不发生沉降，此时由于扩散导致的布朗力的影响起到了决定性作用。

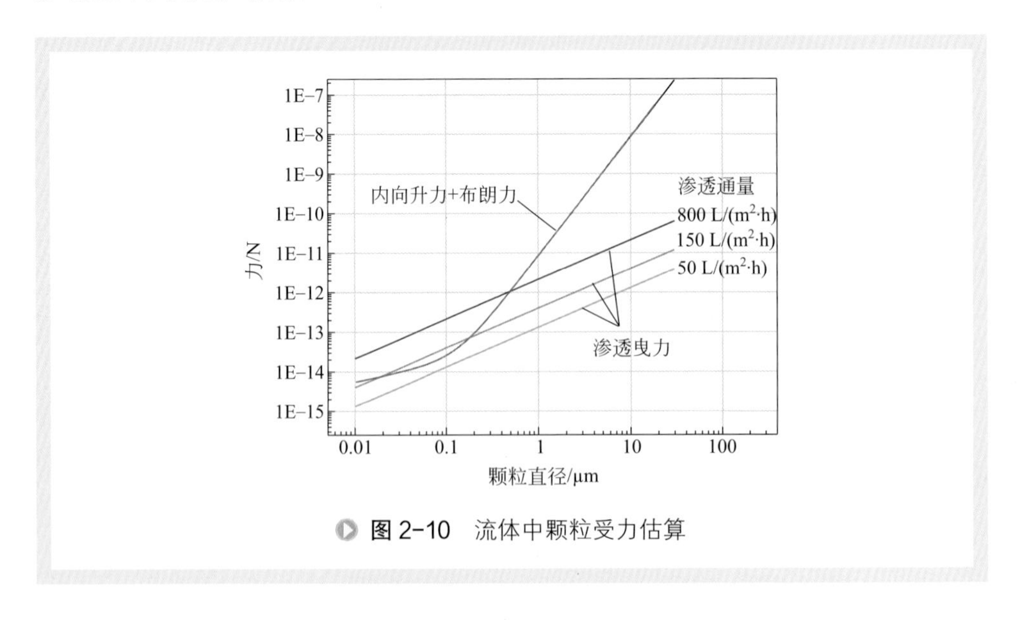

图 2-10　流体中颗粒受力估算

四、分离过程计算

经过模型的优化调试，采用纳米镍（粒径分布如图 2-2 所示）的水溶液进行过程模拟计算，并将计算结果与前期模型[8,11,12]进行比较，考察模型的准确性。图 2-11（a）是 50nm 孔径膜的通量随时间的变化，随着时间的增加膜过滤通量逐渐下降，修正后的模型预测值与实验值吻合度较好，反映了该体系过滤过程的实际情况。团聚颗粒沉积后，由于团聚颗粒彼此之间没有明确的界限，而且团聚颗粒内部也有空隙，所以整个滤饼可以看作由纳米级粒子构成。此滤饼与完全分散的纳米颗粒形成滤饼的区别在于其孔隙率较大。所以使用 Carman-Konzeny 计算其比阻时必须按照纳米粒子处理，以团聚前颗粒初始粒径、团聚体内外的总孔隙率代入计算。而修正前的模型把团聚粒子看成实心的微米颗粒，计算比阻时按照微米颗粒计算，不能反映过滤真实情况，所以计算结果偏大。

图 2-11（b）揭示了 800nm 大孔径膜进行过滤时通量随时间的变化规律。通量过滤开始时急剧下降，然后趋于稳定。由图 2-4 可知，该过滤过程中主要阻力来自滤饼，由于大孔径膜初始通量较大，所以颗粒所受的渗透曳力比较大，导致较多的团聚颗粒迅速在膜面沉积，因纳米镍粒度较小，滤饼比阻比较大，导致通量的急剧下降。实验数据与修正后的模型吻合较好，而与修正前的模型偏差较大。

图 2-12 显示了膜孔径大小对稳定通量的影响。如图 2-12（a）所示，在实验的膜孔径范围内，修正前的模型计算的稳定通量随膜孔径增加而急剧增加，与实验结果偏差较大。图 2-12（b）显示，修正后的模型计算的稳定通量与实验结果吻合较好。通量随孔径增加先增加后减小，在膜孔径为 250nm 左右，通量出现了一个最大值，即存在一个最优膜孔径[12]。

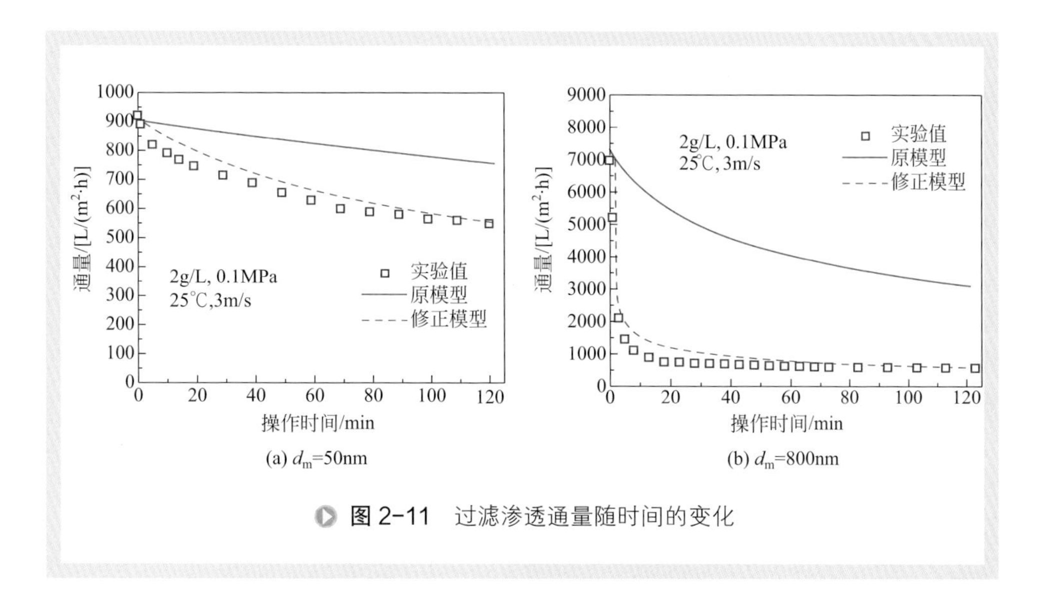

图 2-11 过滤渗透通量随时间的变化

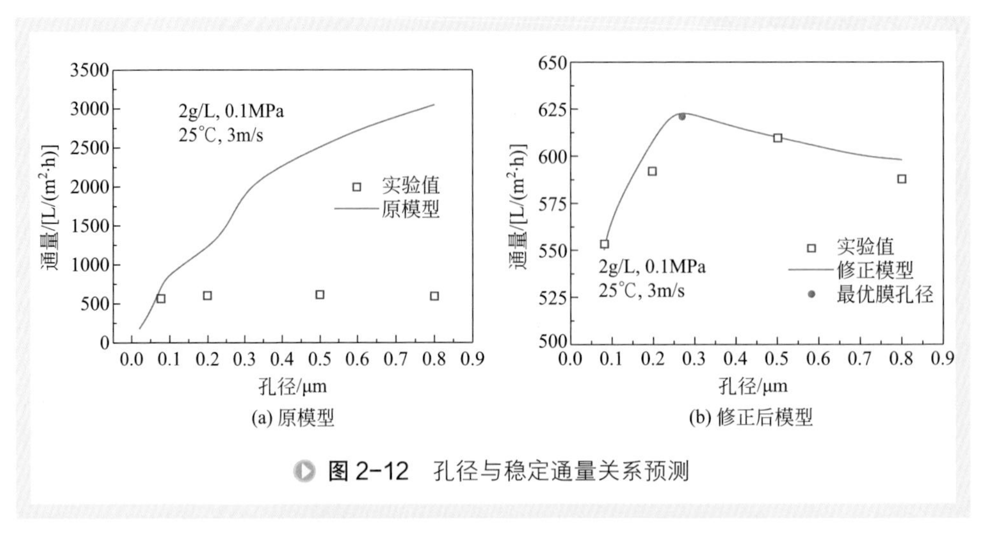

图 2-12　孔径与稳定通量关系预测

对于孔径较小的膜，因表面滤饼沉积少，膜孔堵塞概率低，通量衰减相对较低，稳定通量基本由初始通量决定，所以孔径越大的膜稳定通量也越大；对于孔径较大的膜，虽然初始通量较大，但是因为其表面滤饼沉积也比较多，同时膜孔堵塞的概率高，引起的通量衰减相应也比较大，抵消了初始通量的优势，从而出现膜孔径越大稳定通量反而越低的现象。修正后的模型因为能正确反映滤饼的结构和阻力，所以与实验结果吻合较好。

五、操作条件的优化

1. 操作压力

图 2-13（a）显示了操作压力对膜过滤稳定通量的影响（d_m=50nm）。膜过滤稳定通量随跨膜压力的增加而增加，说明膜过滤过程在实验压力范围内处于压力控制区，尚未进入压力对通量没有影响的质量传递控制区。模型计算结果与实验结果趋势类似，但是计算值略高于实验值，可能是操作压力对滤饼有一定的压实作用，模型中未能考虑该影响因素。

为验证操作压力对滤饼层的压密，采用多通道陶瓷膜进行的压力循环变化实验，过滤结束，排出料液，加入纯水，逐级增加跨膜压力（MPa）: 0.05、0.10、0.15、0.20、0.25、0.30、0.35，然后逐级降低跨膜压力（MPa）: 0.35、0.30、0.25、0.20、0.15、0.10、0.05，测定通量的变化。如图 2-14 所示，经过压力循环变化后，通量的终点 *C* 和起点 *A* 不能重合，*B* 与 *C* 之间基本呈直线，根据 Darcy 定律，*C* 点的污染阻力等于 *B* 点，而 *B* 点的阻力则大于 *A* 点，产生这种阻力变化是因为过滤压差对滤饼有一定压实作用，导致滤饼孔隙率有所降低。

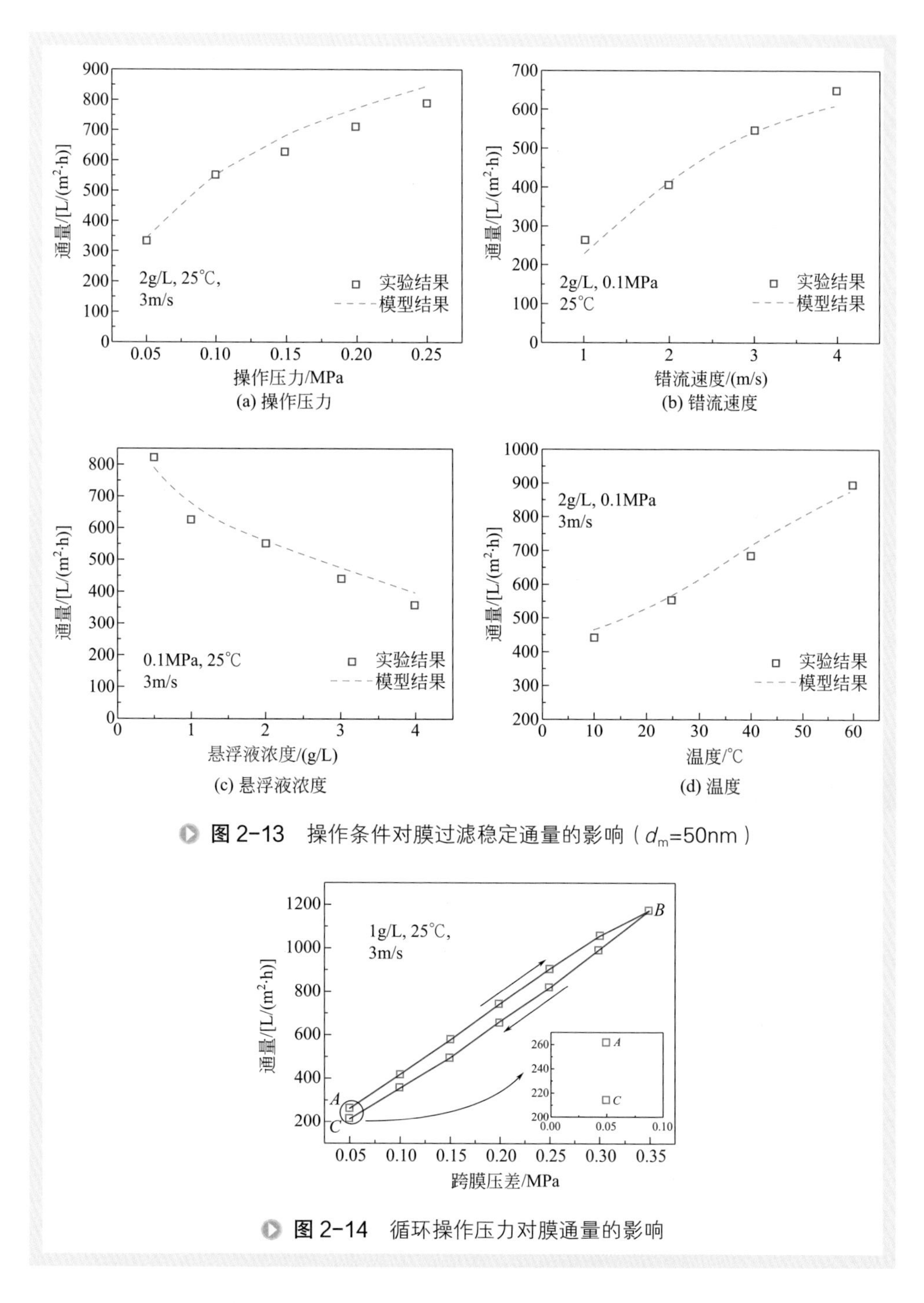

图 2-13　操作条件对膜过滤稳定通量的影响（d_m=50nm）

图 2-14　循环操作压力对膜通量的影响

2. 错流速率

图 2-13（b）显示了错流速率对稳定通量的影响。膜过滤稳定通量随着错流速

率增加而增加。这是因为高的错流速率在膜面产生高的剪应力，增加了颗粒所受的内向升力，从而导致较少的滤饼沉积，膜污染阻力降低，通量升高。所以，在实际操作过程中可以通过提高膜面流速来增加膜通量。如图 2-13（b）所示，模型计算结果与实验结果有较好的吻合，说明所建立的模型能够用于预测错流速率对膜分离过程的影响。

3. 悬浮液浓度

悬浮液中颗粒浓度对稳定通量的影响如图 2-13（c）所示，稳定通量随着悬浮液浓度的增加而下降。这是因为，浓度越高，所能沉积在膜面的颗粒越多，滤饼阻力相应增加，从而稳定通量下降。模型计算结果较好地反映了实验结果的变化趋势。

4. 温度

图 2-13（d）显示了料液温度对稳定通量的影响。通量随着温度的升高而升高，这主要是温度的升高导致了料液黏度的下降，过滤阻力降低。另外，温度升高也导致布朗扩散速率增加，颗粒从膜表面的反向迁移也有助于通量提高。模型计算结果与实验结果吻合较好。

第三节　陶瓷膜的制备技术

陶瓷膜的微观结构包括膜分离层的孔径及孔径分布、孔道的空间结构、膜厚度与表面性质等，具有不同微观结构的陶瓷膜，其物料分离性能差异很大[13～17]。陶瓷膜的宏观结构主要为几何构型。如何通过对膜制备过程控制参数的调控，实现膜及膜材料的制备从以经验为主向定量控制的转变，需要通过对膜制备过程中控制参数与膜微结构定量关系的研究，建立膜制备过程的数学模型。

一、陶瓷膜厚度的定量控制

厚度的控制对膜的质量影响很大，膜厚度直接与膜的渗透通量相关，相同条件下，膜厚度越大，过滤阻力越大，渗透通量越低。从渗透通量考虑，膜越薄越好，但膜厚度同时与膜的完整性关系密切，膜层涂覆太薄，将导致膜的完整性降低，而膜层过厚将有可能在热处理过程中产生开裂现象。膜厚度控制是陶瓷膜制备过程中最重要的控制指标之一。

关于陶瓷膜厚度的定量控制，《面向应用过程的陶瓷膜材料设计、制备与应用》

一书中以浸浆（slip-coating）成型法为例，详细介绍了成膜机理及其对应的数学推导过程，并研究了支撑体孔结构及表面粗糙度对成膜性能的影响，为陶瓷膜厚度的定量化控制提供了理论基础[1]。我们通过引入化学工程学科理论与实验相结合的模型化方法，建立起陶瓷膜厚度的定量控制模型[18,19]。以传统的毛细过滤理论为基础（图 2-15），在不忽视支撑体（底膜）的渗透性能（图 2-16）对膜厚度的影响的前提下，推导出由该机理所形成的膜厚与制膜液各物性参数和工艺参数间的数学关系。结合典型的薄膜形成理论方程式，建立起膜厚与膜制备过程控制参数间的定量关系模型。

$$L = k_1 e^{0.0989 w_s} \eta^{-0.2085} \gamma^{-1.4451} Q t^{1/2} + k_2 e^{0.0952 w_s} \eta^{-0.1887} \gamma^{-1.1241} [Q + 5987.1429] U^{2/3} \quad (2-14)$$

式中　L——膜厚度，m；

k_1，k_2——膜厚度模型中待定系数；

w_s——悬浮液固含量，%；

η——悬浮液的黏度，Pa・s；

γ——悬浮液表面张力，N・s；

Q——载体纯水通量，L/（m^2・h・Pa）；

t——时间，s；

U——载体相对于悬浮液的提升速率，m/s。

该膜厚度控制模型已经得到实验验证，当改变涂膜液中固含量时，由于固体对黏度也有较大影响，导致了涂膜液黏度的复杂变化，模型能够很好预测这一现象。

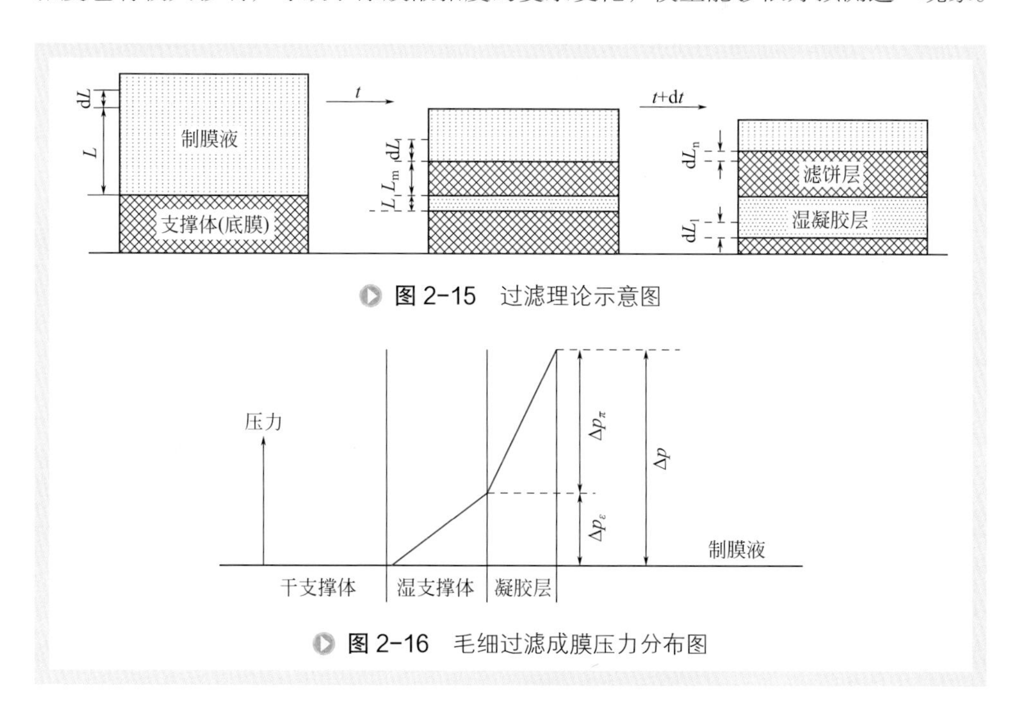

图 2-15　过滤理论示意图

图 2-16　毛细过滤成膜压力分布图

该数学模型已经用于指导陶瓷膜的工业化生产，实现根据支撑体的性能定量控制膜的厚度，从而生产出性能稳定的陶瓷膜。

此外，为降低错流过滤过程中沿程压力降导致的膜操作性能差异的问题，提出通过改变沿程膜厚度，使得沿程跨膜压差及渗透通量保持恒定。但是膜厚设计过程中所需的压力分布难以获得，压力沿程线性变化的假定所获得的膜厚度轴向变化不够准确。我们通过 CFD 模拟结合 Darcy 定律对恒通量膜的沿程膜厚度进行设计，同时考察操作条件与膜厚度的关系，从而获得不同操作参数下的恒通量膜的膜厚度，为陶瓷膜的设计制备提供了依据[20]。

二、陶瓷膜孔结构的定量控制

孔径分布是决定膜的渗透率和渗透选择性的关键因素。基于粒子堆积制备而成的陶瓷膜，孔结构非常复杂，膜孔相互交联，孔与孔之间四通八达，其三维空间结构是典型的无序状态。实际应用过程中，膜的优化选型是要在保证截留率的基础上使得所选孔径的膜的通量最高。影响膜孔径及分布的最主要因素是用于制膜的粒子的粒径大小及其分布。另外，热处理工艺条件对膜孔径变化也有影响。建立膜孔径的定量控制模型关键在于建立膜孔径与制膜粉体性质和烧结条件之间的函数关系，这是膜孔径设计的基础。

《面向应用过程的陶瓷膜材料设计、制备与应用》一书中详细介绍了对称结构的陶瓷支撑体层状结构模型以及非对称结构的陶瓷膜层状结构模型，为陶瓷膜孔径的定量化控制提供了指导意见[1]。采用固态粒子烧结法制备陶瓷膜的过程中，烧结对于膜的完整性和微观结构等重要的指标参数也有影响。烧结制度不仅决定着陶瓷膜的强度，而且控制合适的烧结温度和保温时间还可以调整膜层的孔径和孔隙率。

（一）烧结过程的影响

以对称膜和担载膜为研究对象，对陶瓷膜材料在烧结过程中的自由变化和受限变化行为进行研究。结合受限烧结理论和烧结初期的双球模型，考虑支撑体的限制作用对担载膜收缩行为的影响，建立多孔膜烧结过程中膜孔径、孔隙率等微结构参数随温度变化的计算模型，并以 Al_2O_3 体系对模型进行实验验证[21]。

1. 受限烧结理论基础

担载膜在烧结过程中，收缩会受到支撑体的限制作用，因此与对称结构陶瓷材料的烧结是不同的。如图 2-17 所示，对于对称膜的自由烧结，随着烧结温度的升高，在 x，y，z 三个方向同时发生连续的自由收缩，且收缩率 ε 相同，即 $\varepsilon_x=\varepsilon_y=\varepsilon_z=\varepsilon_f$，使膜孔径连续减小[22]。而对于担载膜，由于受到刚性支撑体的限制，收缩只发生在垂直于支撑体的厚度方向（z 向），而 x-y 方向上的收缩为

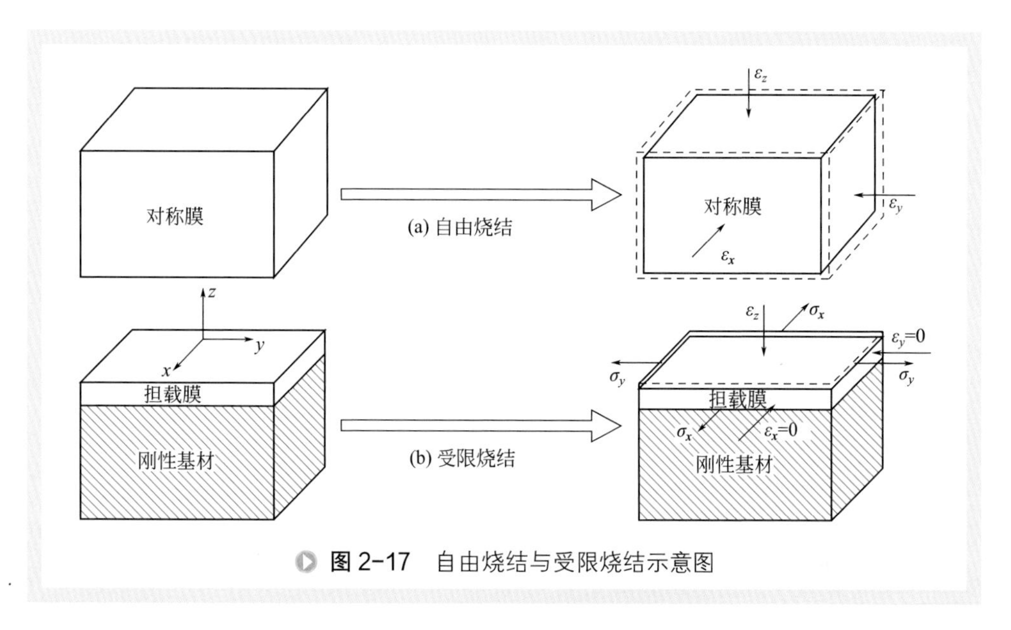

图 2-17　自由烧结与受限烧结示意图

0（$\varepsilon_x=\varepsilon_y=0$）。同时在平行于膜面方向上产生限制收缩的拉应力 $\sigma_x=\sigma_y$，从而改变了膜层的孔结构，使垂直于膜面（*x-y*）方向上的孔道有增大趋势，膜厚则因为 *z* 方向上的收缩而减小。

2. 基于受限烧结理论的膜孔结构演变模型

（1）模型假设　从 20 世纪 40 年代起，一些学者就对陶瓷材料的烧结机理进行了系统的研究。将陶瓷的固相自由烧结过程定义为三个阶段：烧结初期、烧结中期和烧结后期。陶瓷膜的烧结过程被认为发生在烧结初期，这一阶段界面即烧结颈的形成及增长是研究的核心问题。Kuczynski[23]、Kingery 等 [24] 相继提出了一些初期阶段的模型，其中以两球模型为代表，即将相互接触的颗粒抽象为两个等径的圆球，并假设两个球体之间中心距的变化等于烧结体的线性收缩，然后基于不同的物质迁移方式，推导出颈长生长动力学方程 [25]。而烧结颈部形成过程中，物质迁移的方式取决于颗粒大小、颈部曲率半径及体系的烧结温度和保温时间。研究表明：对于相互连接的两个颗粒，在颈部增长的过程中至少存在六种不同的迁移机制 [26]。当体积扩散、晶界扩散等方式控制物质迁移时，烧结颈部的增长伴随着收缩，如图 2-18（a）所示；而当表面扩散、蒸发 - 冷凝等方式控制物质迁移时，并没有收缩发生，如图 2-18（b）所示。

随着烧结温度的升高，相互接触的颗粒接触区域就存在过剩空位，空位浓度的变化，在一定范围内就有梯度存在，使空位流动，扩散发生。当颗粒不受位置限制时，只要扩散距离超过颗粒尺寸，必然会发生收缩。对称膜的烧结没有受到外力的限制，因此在颈部增长的同时，颗粒的中心距相互靠近 [如图 2-18（a）所示]，在三个方向上发生各向均等的自由收缩。而担载膜随着温度的升高发生受限烧结，膜

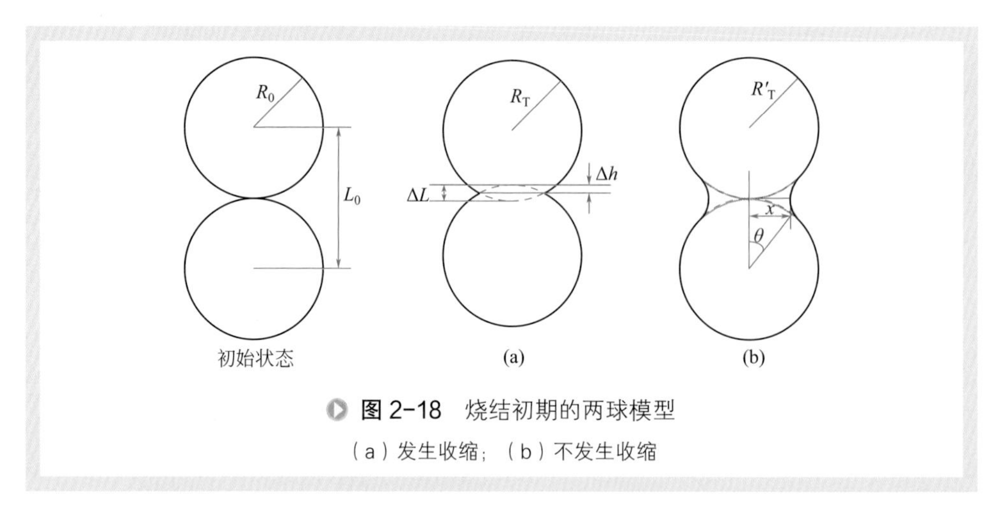

图 2-18　烧结初期的两球模型

（a）发生收缩；（b）不发生收缩

层在平行膜面的 x-y 方向上收缩完全受到多孔支撑体的限制，导致颗粒之间的距离无法改变。在这种情况下，通过原子（空位）的表面扩散形成颈，以降低烧结体系的表面能，而这个过程并没有收缩的发生 [如图 2-18（b）所示]。

根据上述分析，为建立对称膜和担载膜在烧结过程中的孔径、孔隙率演化模型，提出以下假设：

i. 颗粒为球形，球径均一，球半径为 R；

ii. 孔道为圆柱形，则孔径 $d_p=4V/A$[27]，其中 V 为孔体积，A 为孔表面积；

iii. 颗粒配位数为 c，当 $c=6$ 时，颗粒之间为简单的立方堆积，即 1 个颗粒与 6 个颗粒接触，如图 2-19 所示；

iv. 对称膜在三个方向上的收缩是均等的，如图 2-17（a）所示；

v. 担载膜收缩仅发生在厚度方向，在平行于膜面方向不发生形变，且由此受到的应力沿厚度方向是均匀的，如图 2-17（b）所示；

vi. 烧结过程发生在烧结初期，无相变出现。

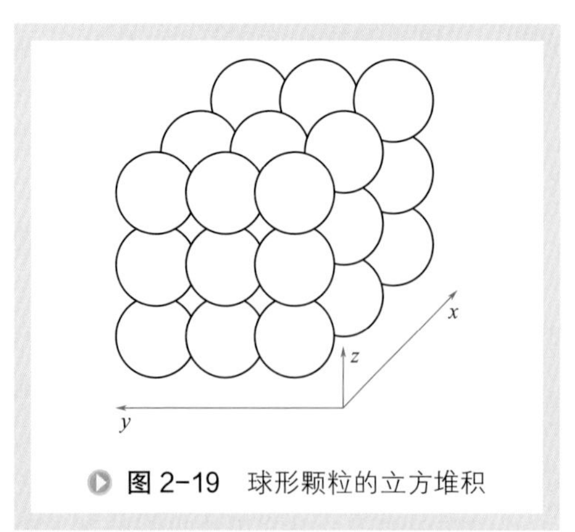

图 2-19　球形颗粒的立方堆积

以上假设成立的条件是堆积为均匀的，而膜材料的多样性和颗粒堆积的随机性决定了烧结体系复杂性，导致真实样品在烧结过程中局部收缩不均匀，这将影响模型对真实体系预测的准确性。尽管如此，考虑了烧结过程中支撑体限制作用的孔结构模型还是有助于实现受限烧结过程中的孔径预测，从而为担载膜孔径的定量控制提供必要的理论基础。

（2）孔径变化模型的建立　基于假设 iii，膜的堆积方式决定了颗粒的配位数，如果球形颗粒的配位数为 c，则每个颗粒与 c 个颗粒相邻。以立方堆积、颗粒配位数为 6 为例，初始堆积条件下的孔隙率（φ_0）、单位质量的孔体积（V_0）、孔比表面积（A_0）可以分别由以下方程计算得到：

$$1-\varphi_0=\frac{\frac{1}{(2R_0)^3}\times\frac{4}{3}\pi R_0^3}{1}=\frac{\pi}{6} \tag{2-15}$$

$$V_0=\frac{\varphi_0}{\rho(1-\varphi_0)} \tag{2-16}$$

$$A_0=\frac{\frac{1}{\rho}\times 4\pi R_0^2}{\frac{4}{3}\pi R_0^3}=\frac{3}{\rho R_0} \tag{2-17}$$

式中　φ_0——初始堆积条件下的孔隙率；

R_0——颗粒的初始粒径，m；

V_0——单位质量的孔体积，m^3；

ρ——材料的密度，kg/m^3；

A_0——孔比表面积，m^2/kg。

对称膜在烧结过程中，随着温度升高，收缩发生在三维方向上［图 2-17（a）］，每个球都与 c 个球接触，所以每个球的固 - 气表面便减少 c 个球冠，而颗粒之间中心距 Δh 减小。根据烧结前后固相体积不变，得到方程式（2-18），求解可以计算出烧结温度为 T 时，颗粒的当量半径 R_T，如方程式（2-19）：

$$\frac{4}{3}\pi R_T^3-c\pi\Delta h^2\left(R_T-\frac{\Delta h}{3}\right)=\frac{4}{3}\pi R_0^3 \tag{2-18}$$

式中　R_T——烧结温度为 T 时颗粒的当量半径，m；

c——颗粒的配位数；

Δh——颗粒之间中心距，m；

R_0——颗粒的初始粒径，m。

$$R_T^3=\frac{4R_0^3}{4-3cP^2+cP^3} \tag{2-19}$$

方程式（2-18）中 $\Delta h=(\Delta L/L_0)R_0$；方程式（2-19）中 $P=\frac{\Delta h}{R_T}$。进而根据烧结前后固相体积不变，烧结后的孔隙率、孔体积、孔比表面积可以分别由方程式（2-20）～式（2-22）计算：

$$\varphi_T = 1 - \frac{\frac{V_0}{\varphi_0}(1-\varphi_0)}{\frac{V_0}{\varphi_0}\left(1-\frac{\Delta L}{L_0}\right)^3} = 1 - \frac{1-\varphi_0}{\left(1-\frac{\Delta L}{L_0}\right)^3} \tag{2-20}$$

$$V_T = \frac{\varphi_T}{\varphi_0} \times \frac{1-\varphi_0}{1-\varphi_T} V_0 \tag{2-21}$$

$$A_T = \frac{\frac{1}{\rho}(4\pi R_T^2 - c2\pi R_T \Delta h)}{\frac{4}{3}\pi R_T^3} \tag{2-22}$$

式中　$\Delta L/L_0$——烧结体的收缩率；

V_T——烧结温度为 T 时单位质量的孔体积，m^3；

φ_T——烧结温度为 T 时的孔隙率；

A_T——烧结温度为 T 时的孔比表面积，m^2/kg；

ρ——材料密度，kg/m^3。

根据假设 ii，烧结后对称膜的堆积孔径可以通过方程式（2-23）计算：

$$d_p = \frac{4V_T}{A_T} = \frac{\frac{4}{3}R_T^2 \frac{\varphi_T}{1-\varphi_T}}{R_T - \frac{c}{2}\Delta h} \tag{2-23}$$

式中　d_p——烧结后膜层的堆积孔径，m。

对于担载膜，烧结过程受到刚性支撑体的限制，收缩仅仅发生在垂直膜面的方向上［图 2-17（b）］，因此每个球的固 - 气表面只减少 $c/3$ 个球冠，这样根据固相体积守恒得到方程式（2-24）：

$$\frac{4}{3}\pi R_T'^3 - \frac{c}{3}\pi \Delta h^2 \left(R_T' - \frac{\Delta h}{3}\right) = \frac{4}{3}\pi R_0^3 \tag{2-24}$$

因此一维收缩使颗粒的半径发生变化，当烧结温度为 T 时，当量半径 R_T' 可以由方程式（2-25）计算，同时担载膜孔隙率变化可以根据方程式（2-26）计算得到。

$$R_T'^3 = \frac{4R_0^3}{4 - cP^2 + \frac{c}{3}P^3} \tag{2-25}$$

$$\varphi_T' = 1 - \frac{\frac{V_0}{\varphi_0}(1-\varphi_0)}{\frac{V_0}{\varphi_0}\left(1-\frac{\Delta L}{L_0}\right)} = 1 - \frac{1-\varphi_0}{1-\frac{\Delta L}{L_0}} \tag{2-26}$$

式中　R'_T——担载膜烧结温度为 T 时的当量半径，m；

　　φ'_T——担载膜烧结温度为 T 时的孔隙率。

将方程式（2-26）代入方程式（2-21），可以得到烧结温度为 T 时单位质量的孔体积，如方程式（2-27）所示。很明显由于平行膜面方向的收缩受到限制，担载膜孔体积的减小仅来自 z 方向收缩的贡献，其程度比对称膜低得多，因此由方程式（2-27）计算得到的担载膜孔体积要比相同烧结温度下计算得到的对称膜孔体积大。而烧结温度为 T 时担载膜的比表面积可以根据两球模型的几何关系计算得到，如方程式（2-28）所示。比表面积的减小是因为颈增长，其在 z 方向上伴随着收缩[图 2-17（a）]，而在 x-y 方向上则由表面扩散控制，没有收缩发生[图 2-17（b）][27]。

$$V'_T = \frac{\varphi'_T}{\varphi_0} \times \frac{1-\varphi_0}{1-\varphi'_T} V_0 = \frac{\varphi'_T}{\rho\left(1-\varphi'_T\right)} \tag{2-27}$$

$$A'_T = \frac{\dfrac{1}{\rho}\left\{4\pi R_T'^2 - \dfrac{c}{3} 2\pi R'_T \Delta h - \dfrac{2c}{3} \times \left[2\pi R_T'^2 (1-\cos\theta) - \dfrac{\pi^2 x^3}{2R'_T}\right]\right\}}{\dfrac{4}{3}\pi R_T'^3} \tag{2-28}$$

$$\cos\theta = \frac{R'_T - \Delta h}{R'_T}，\quad x = \sqrt{R_T'^2 - \left(R'_T - \Delta h\right)^2} = R'_T \sin\theta$$

式中　V'_T——担载膜烧结温度为 T 时单位质量的孔体积，m^3；

　　A'_T——担载膜烧结温度为 T 时的孔比表面积，m^2/kg。

根据上述假设 ii，结合方程式（2-27）和方程式（2-28），可以计算得到担载膜在温度为 T 时烧结后的平均孔径，如方程式（2-29）所示：

$$d'_p = \frac{\dfrac{4}{3} R_T'^2 \dfrac{\varphi'_T}{1-\varphi'_T}}{R'_T - \dfrac{c}{2}\Delta h + \dfrac{c\pi}{12} R'_T \sin^3\theta} \tag{2-29}$$

式中　d'_p——担载膜烧结温度为 T 时的堆积孔径，m。

通过分析方程式（2-23）和方程式（2-29），不难看出，孔径的变化实际是由孔体积的变化和孔表面积的变化共同决定的。随着烧结温度的升高，孔体积和表面积均减小，当孔体积减小的程度比孔表面积减小的程度高时，孔径呈减小趋势；反之，当孔体积减小的程度比孔表面积减小的程度低时，孔径呈增大趋势。事实上，真实的体系堆积方式是随机的，比模型假设情况复杂得多，拉应力沿厚度方向也不是完全均匀分布。但是考虑支撑体的限制烧结所建立的担载膜孔径变化模型对实现孔径的模型化控制和定量制备具有实际意义。

3. 模型的验证

（1）实验方法

① 陶瓷膜的制备　以平均粒径 450nm、纯度 99.8% 的 $\alpha\text{-}Al_2O_3$ 粉体为原料，按一定顺序加入适量的去离子水、分散剂、黏结剂和消泡剂，剧烈搅拌 2h 使其混合均匀，超声 10min 后获得稳定的 $\alpha\text{-}Al_2O_3$ 制膜液，控制固含量（质量分数）为 10%，黏度约 6 ～ 8cP。采用管状多孔 $\alpha\text{-}Al_2O_3$ 为支撑体，平均孔径为 2 ～ 3μm，孔隙率约为 35%，外径 12mm，壁厚 2mm。将支撑体除尘、清洗和干燥后，在自制的涂膜装置上，采用浸浆法（dip-coating）在其内壁制备 $\alpha\text{-}Al_2O_3$ 担载膜，控制浸浆时间为 60s，形成的膜厚度约 20μm。由于多孔支撑体的表面粗糙度约为 2μm，因此 20μm 厚度的膜层可以完全覆盖多孔支撑体（图 2-20）。而且，制膜液中加入的黏结剂可以调节制膜液的黏度，增大氧化铝颗粒之间作用力，有效地防止小颗粒向大孔支撑体内渗。

将上述 $\alpha\text{-}Al_2O_3$ 制膜液加热搅拌至糊状，120℃干燥后研磨、筛分，得到的粉体采用干压成型法制备对称膜，厚度控制在 2.5mm。将担载膜和对称膜在相同的干燥条件和烧结制度下进行热处理，在 70℃和 120℃下各干燥 10h，然后在高温下烧结，升温速率控制在 2℃ /min，保温时间 2h，烧结温度为 1125 ～ 1325℃。

② 材料烧结性能测试　采用热膨胀仪（Netzsch DIL 402C，德国）测定膜片的收缩率与温度或时间的函数关系，得到膜材料的收缩率曲线，求导可以得到膜层的收缩速率曲线，如式（2-30）所示。测试样品尺寸为 2.5mm × 2.5mm × 2.5mm，样品以 2℃ /min 的升温速率升高到 1450℃。通过分析膜材料的烧结收缩率 ε 和烧结收缩速率 $\dot{\varepsilon}$ 随烧结温度的变化关系，可以了解膜材料的烧结性能。

$$\varepsilon = \Delta L / L_0 \qquad \dot{\varepsilon} = \mathrm{d}(\Delta L) / \mathrm{d}t \tag{2-30}$$

图 2-20　1225℃烧结后 $\alpha\text{-}Al_2O_3$ 担载膜的断面照片

③ 膜微结构表征　采用 Archimedes 法测定对称膜的孔隙率，用气体渗透法测定担载膜和对称膜的平均孔径，计算公式为：

$$r=\frac{8.48\mu\sqrt{R_gT}}{\sqrt{M}}\times\frac{\beta}{\alpha} \tag{2-31}$$

式中　r——平均孔径，m；

T——温度，K；

M——渗透气体摩尔质量，kg/mol；

μ——黏度，Pa・s；

R_g——气体常数，8.314J/（mol・K）。

α 和 β 分别代表纯努森扩散和纯黏性流扩散的贡献，可以通过渗透性（F/L）对平均压力（p_{av}）作线性回归得到：

$$F/L=Q/[S(p_h-p_l)]=\alpha+\beta p_{av} \tag{2-32}$$

式中　Q——气体渗透速率，mol/s；

S——膜渗透面积，m^2；

p_h，p_l——膜高压侧和低压侧的压力，Pa。

对于对称膜，可以通过直接拟合膜的气体渗透系数和膜两侧的平均压力得到平均孔径；但对于担载膜，支撑体的渗透阻力是不能忽视的，换句话说，通过直接拟合担载膜的实验数据得到的平均孔径是支撑体和膜层共同作用的结果，并不反映膜层的孔径。扣除支撑体的影响[28]，可以得到膜层的 β_m 和 α_m，进而得到相应膜层的平均孔径。结合环境扫描电镜（SEM）（Quanta 200，Philip，荷兰）观察膜的表面形貌和微观结构。

④ 膜渗透性能测试　采用错流过滤装置测定担载膜的纯水通量（PWF），操作条件：膜面流速 3.18m/s，跨膜压差 0.1MPa。在测定过程中，每个通量数据平行测定三次，结果取平均值，纯水均采用反渗透纯水，电导率为 4.5 ～ 6μS/cm。由于环境温度以及离心泵运行过程中产生热量，使得在测定过程中料液槽的纯水温度有所波动，为了便于比较，此处采用的纯水通量校正方程式（2-33）[29]，将纯水通量测定值统一校正到 25℃。

$$Q_{25}=Q_{平均}\times e^{\frac{1800}{T_{测量}+273.5}-\frac{1800}{25+273.5}} \tag{2-33}$$

（2）收缩性能分析　为了计算孔隙率和平均孔径，首先针对对称膜对材料的膨胀和收缩性能进行表征。图 2-21 反映了 α-Al_2O_3 材料以 2℃ /min 的速率在空气气氛中匀速升温至 1400℃的过程中收缩率（ε）及收缩速率（$\dot{\varepsilon}$）随温度的变化。由于测试样品由球形度高、粒径分布窄的 Al_2O_3 颗粒堆积形成，且为对称结构的材料，因此随着温度的升高，样品发生各向均等的自由烧结，其三个方向的收缩率相等。材料从 950℃开始发生收缩，收缩率随烧结温度的升高而增大，即对称膜的初

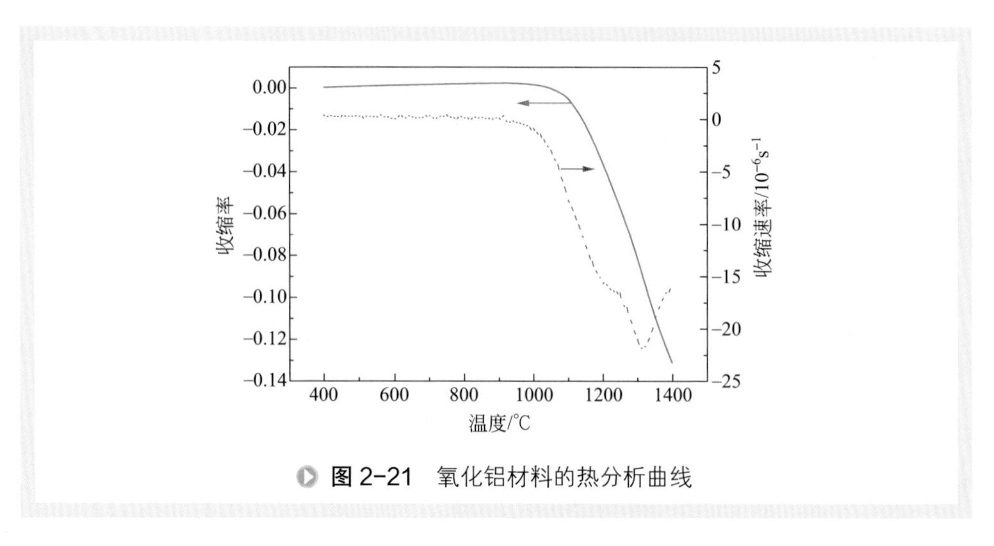

图 2-21 氧化铝材料的热分析曲线

始烧结温度是 950℃。收缩速率曲线是收缩率曲线对时间的微分，其最大值发生在 1300℃左右，达到 $-2.2\times10^{-5}s^{-1}$。

（3）孔隙率预测和验证　结合图 2-21 得到的收缩曲线（ε），对称膜和担载膜孔隙率随烧结温度的变化可以根据式（2-20）和式（2-26）计算，计算结果如图 2-22 所示。随着烧结温度从 800℃升高到 1400℃，模型计算得到的对称膜孔隙率由 0.47 降低至 0.2。采用阿基米德法对不同烧结温度制备的 α-Al_2O_3 对称膜进行孔隙率测试，结果如图 2-22 所示。实验值与计算结果吻合得很好，表明所建立的孔结构模型可以定量预测对称膜在烧结过程中孔隙率随烧结温度的变化。

担载膜的孔隙率很难通过实验方法直接测出，所以一般由相同材料、相同工艺制备的对称膜，由压汞法测定的孔隙率代替[30]。但是支撑体对膜层的限制作用改变了膜层在各个方向上的收缩行为，与对称膜自由烧结各向同性的收缩方式是不同

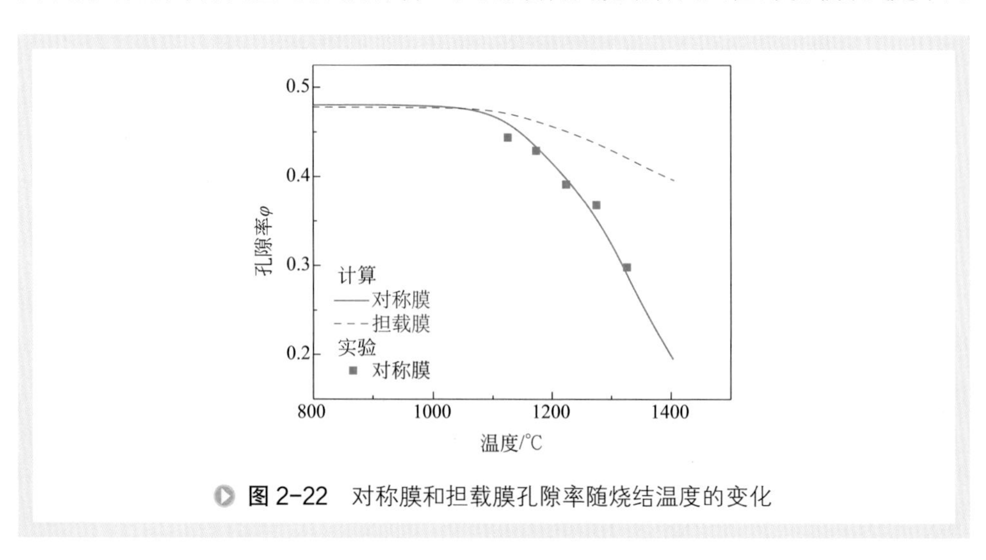

图 2-22 对称膜和担载膜孔隙率随烧结温度的变化

的，这必然使担载膜与对称膜在烧结后具有不同的孔结构，因此采用对称膜的数据代替担载膜显然是不合理的。从图 2-22 看出，考虑了受限烧结的孔结构模型计算得到的担载膜孔隙率较相同温度下烧结得到的对称膜的孔隙率高，并且随着烧结温度的升高，担载膜和对称膜的孔隙率差距越发明显。这是因为支撑体对膜层的限制作用使相同烧结温度下担载膜的体积收缩率仅为对称膜的 1/3 ～ 1/2，进而使担载膜孔隙率的损失明显降低。事实上，支撑体对膜层的限制烧结是不能忽视的，因此图 2-22 计算的担载膜孔隙率更为合理，而且比直接由对称膜测出的实验数据来代替更加接近真实值。

（4）孔径验证及预测　通常情况下，对称膜孔径采用压汞法测定，而担载膜的孔径采用气体泡压法表征，采用两种不同的方法表征孔径给模型的验证带来困难。但是无论采用压汞法还是泡压法都难以同时测定两种结构的膜孔径，因为对称膜渗透阻力过大，导致泡压法测定结果偏差很大，而担载膜独特的非对称结构使压汞法测定结果很难避免支撑体的影响，所以此处采用气体渗透法表征两种膜的孔径。图 2-23 首先给出了氧化铝对称膜和担载膜在不同温度下烧结后的气体渗透结果。对于对称膜，根据式（2-32），直接由图 2-23（a）中测定的渗透系数和平均压力线性回归，得到斜率 β 和截距 α，进而根据方程式（2-31）得到平均孔径。对于担载膜，图 2-23（b）测定的是支撑体 + 膜层复合结构的渗透系数和膜两侧的平均压力，需要扣除支撑体的贡献，因此，首先采用气体渗透法测定支撑体的 α_s 和 β_s，分别为 $\alpha_s=6\times10^{-5}$mol/（m^2•s•Pa）和 $\beta_s=2\times10^{-9}$mol/（m^2•s•Pa^2），然后结合担载膜的实验数据，扣除支撑体的影响得到膜层的 α_m 和 β_m，从而得到平均孔径。对称膜和担载膜的气体扩散系数 α、β 及其平均孔径均列于表 2-1。对称膜和担载膜的 α 和 β 值不在一个数量级上，这是由于渗透通量与膜厚有关，对称膜的厚度为 2.5mm，比担载膜 20μm 的厚度大得多，导致渗透阻力的增大和渗透系数的减小。但是膜厚

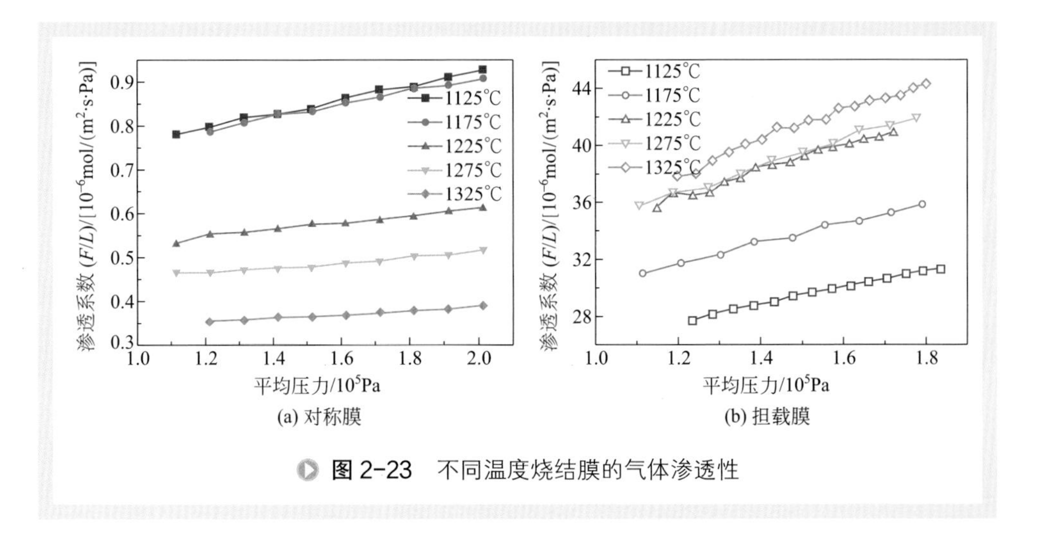

图 2-23　不同温度烧结膜的气体渗透性

对努森扩散和黏性流扩散的影响是同时发生且作用一致的，所以相同烧结温度时，对称膜 β/α 和担载膜 β_m/α_m 值趋于一致。气体渗透法测定的平均孔径与膜厚无关，且在一个数量级上，因此实验结果可以用来验证两种膜随烧结温度升高而产生的孔径变化趋势。

表 2-1　对称膜和担载膜 N_2 渗透通量拟合 α，β 及平均孔径（d_m）

膜	温度 /℃	α /[10^{-6}mol/(m^2·s·Pa)]	β /[10^{-11}mol/(m^2·s·Pa^2)]	α_m /[10^{-6}mol/(m^2·s·Pa)]	β_m /[10^{-11}mol/(m^2·s·Pa^2)]	d_m/nm
对称膜	1125	0.6015	0.1608			230
对称膜	1175	0.6127	0.1472			206
对称膜	1225	0.4491	0.0804			154
对称膜	1275	0.397	0.0573			124
对称膜	1325	0.3042	0.0408			116
担载膜	1125	20.514	5.9611	23.083	6.4287	242
担载膜	1175	23.185	7.082	27.641	7.996	252
担载膜	1225	25.462	9.106	29.806	10.046	292
担载膜	1275	25.219	9.4938	29.547	10.498	308
担载膜	1325	25.439	10.581	28.88	11.342	342

还可以看出，当烧结温度为 1125℃时，对称膜和担载膜的平均孔径分别为 230nm 和 242nm，也就是说，在较低的温度下烧结时，两种膜的平均孔径非常接近。这是因为尽管由不同的成型方式制备，但两种膜颗粒的堆积方式仍比较接近，在烧结前及烧结初始阶段具有相似的孔道结构。对比不同烧结温度下对称膜和担载膜的平均孔径可以看出，随着温度的升高，两种膜的平均孔径表现出不同的变化趋势。当烧结温度从 1125℃升高到 1325℃，对称膜的平均孔径从 230nm 降低至 116nm，相反担载膜的平均孔径从 242nm 升高至 342nm。这就表明，对称膜在烧结过程中没有外力限制，三维方向上发生的自由收缩使孔逐渐变小。而担载膜平行膜面方向的收缩受到支撑体的限制，使膜层的体积收缩率与对称膜的体积收缩率相比显著降低。另外，虽然支撑体对膜层的拉应力降低了担载膜的烧结推动力，但与温度升高提供的烧结推动力相比是很小的一部分，也就是说相同烧结温度下，烧结推动力使系统的表面能变化相近，对称膜和担载膜比表面积的减小程度基本一致。因此与对称膜相比，担载膜体积收缩率减小，而表面积的损失程度相近，导致孔径增大。

结合图 2-21 得到的收缩曲线和图 2-22 计算的孔隙率随温度变化的结果，对称膜和担载膜平均孔径随温度的变化可以根据式（2-23）和式（2-29）计算，结果如

图 2-24（a）所示。随着烧结温度的升高，计算结果表现出与实验值相同的趋势，即对称膜孔径减小，担载膜孔径增大。因此基于烧结初期两球模型的几何关系，考虑了支撑体限制烧结作用的孔结构变化模型可以准确地反映对称膜和担载膜的孔径变化趋势，为实现担载膜孔径的模型化控制提供了必要的理论基础。

尽管变化趋势一致，但是从图 2-24（a）中可以看出，实验值比模型计算值偏小，这很大程度上是由于模型采用的堆积方式为立方堆积（颗粒的配位数为 6），且孔被简化为圆柱形所造成的。事实上，实际的堆积方式比模型假设的立方堆积方式更加紧密，如果调整模型参数，将颗粒的配位数设为 8，得到预测结果如图 2-24（b）所示，计算结果更加接近实验值。随着温度的升高，对称膜的计算孔径比实验值大，而担载膜的计算孔径则比实验值小。换句话说，无论是对称膜还是担载膜，实验值随温度的变化程度都比模型计算值更加明显。这主要是因为模型没有考虑保温时间对烧结收缩的贡献，而且也忽略了担载膜受限烧结时垂直膜面方向的加速收缩。

图 2-25 是不同烧结温度下制备的担载膜的表面电镜照片，可以看到颗粒之间的颈部连接，且随着温度的升高，粒径和孔径都略有增大，这与实验及模型预测结果非常一致。同时，为了观察膜内部颗粒的颈部连接及膜层与支撑体界面处颗粒的接触情况，对 1225℃和 1325℃烧结的担载膜断面形貌进行 SEM 表征，结果如图 2-26 所示。未经过镶嵌、抛光的样品断面 SEM 照片可以看到明显的颈部连接，且随着烧结温度的升高，颈部连接略有增大。而经过镶嵌、抛光的样品断面 SEM 照片可以更明显地看出孔隙率和孔径的变化，1325℃下烧结的担载膜孔隙更少，而孔径更大。SEM 的观察结果也可以更加直观地表现出担载膜孔隙率和孔径随烧结温度的变化。

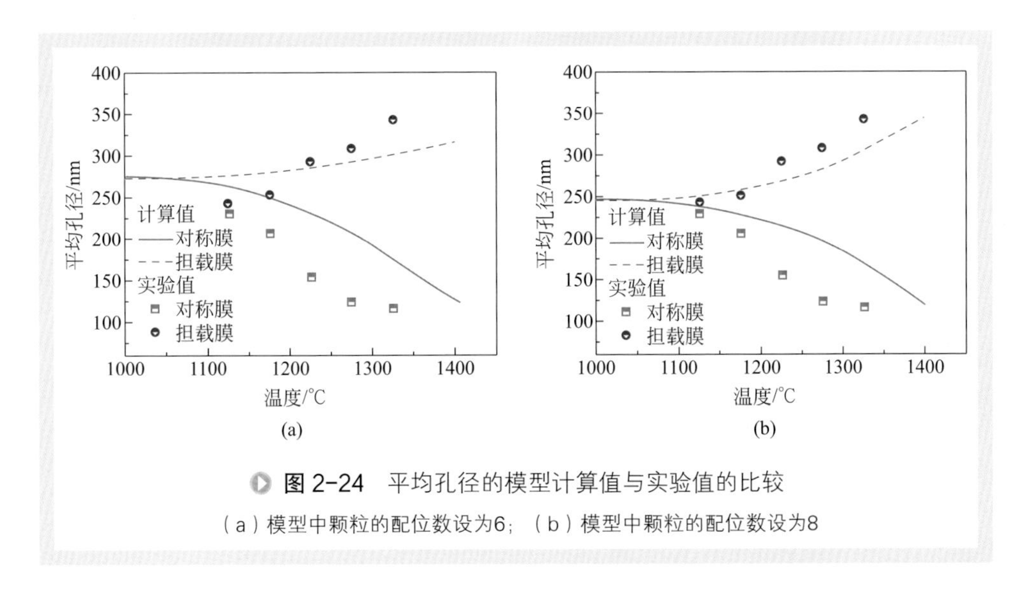

图 2-24　平均孔径的模型计算值与实验值的比较

（a）模型中颗粒的配位数设为6；（b）模型中颗粒的配位数设为8

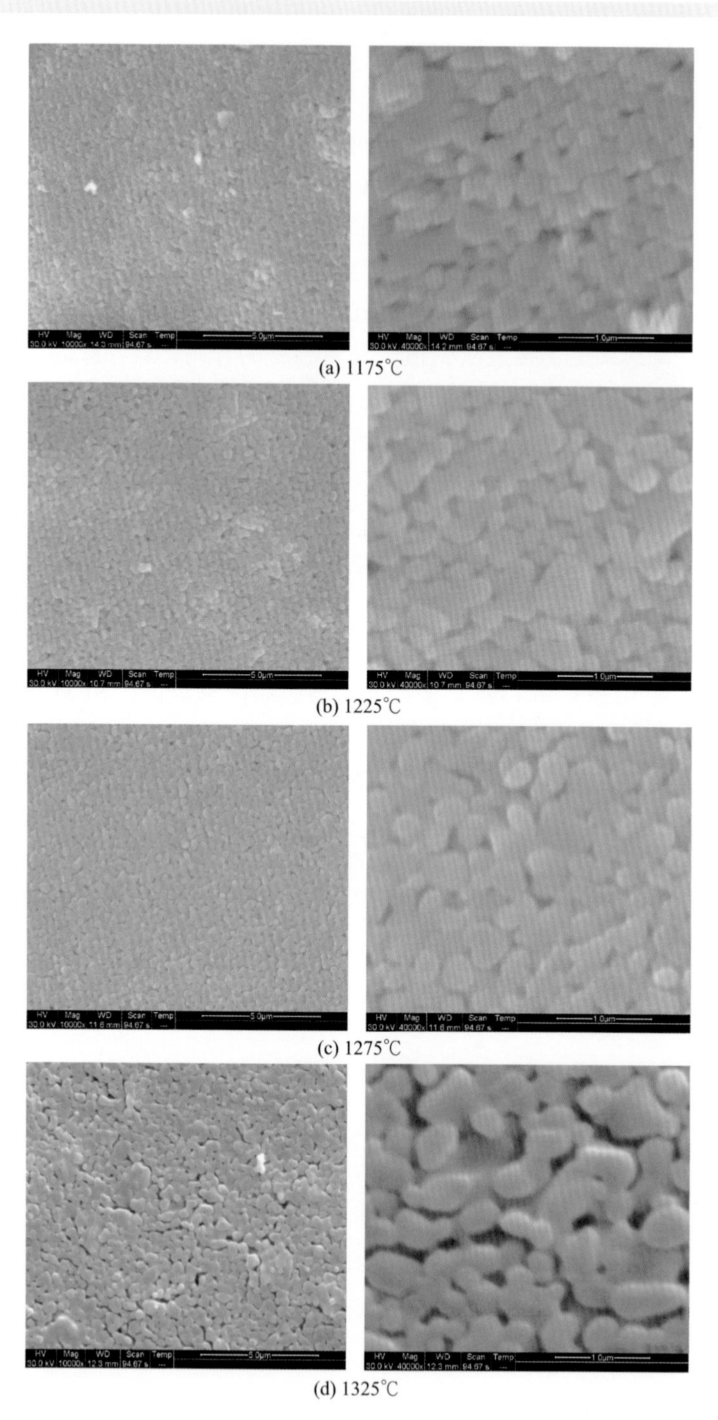

(a) 1175℃

(b) 1225℃

(c) 1275℃

(d) 1325℃

图 2-25 不同温度烧结的 α-Al_2O_3 担载膜的表面电镜照片

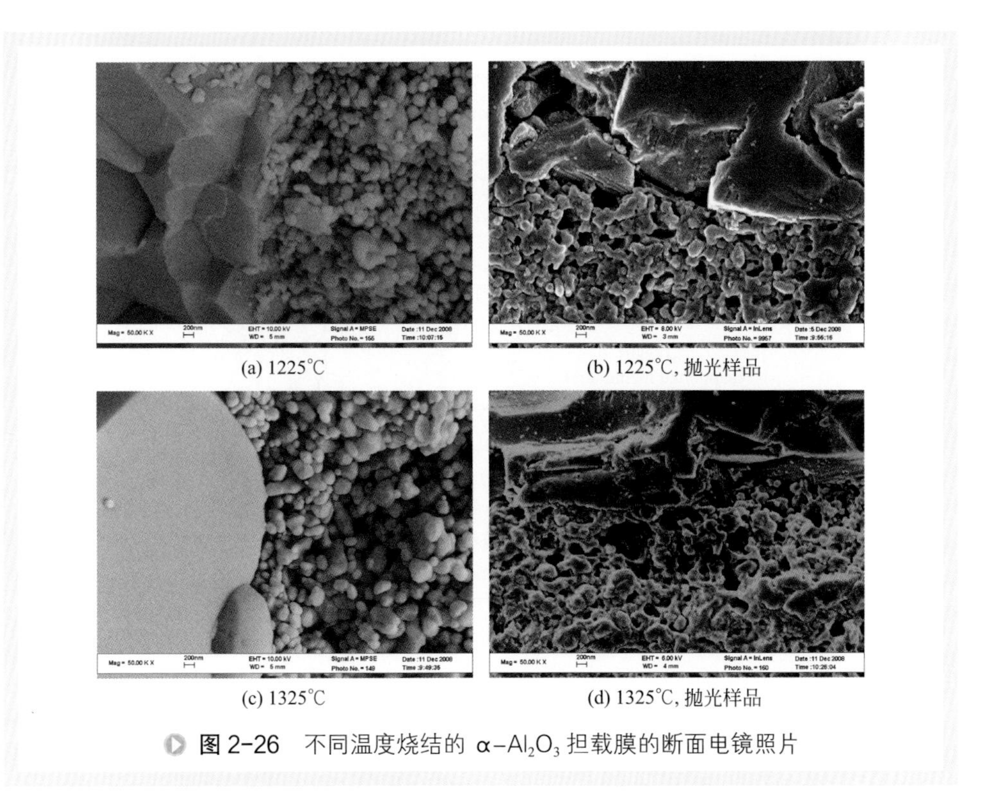

图 2-26 不同温度烧结的 $\alpha-Al_2O_3$ 担载膜的断面电镜照片

图 2-27 给出了担载膜在不同烧结温度下的纯水渗透通量，结果表明，随着烧结温度的升高，膜通量明显增大。这是因为多孔膜的纯水通量与其平均孔径、孔隙率、膜厚度、曲折因子等参数有关，其中孔径是最敏感的影响参数，担载膜孔径的增大导致了通量的提高。另外，随着烧结温度的升高，孔隙率必然减小，通

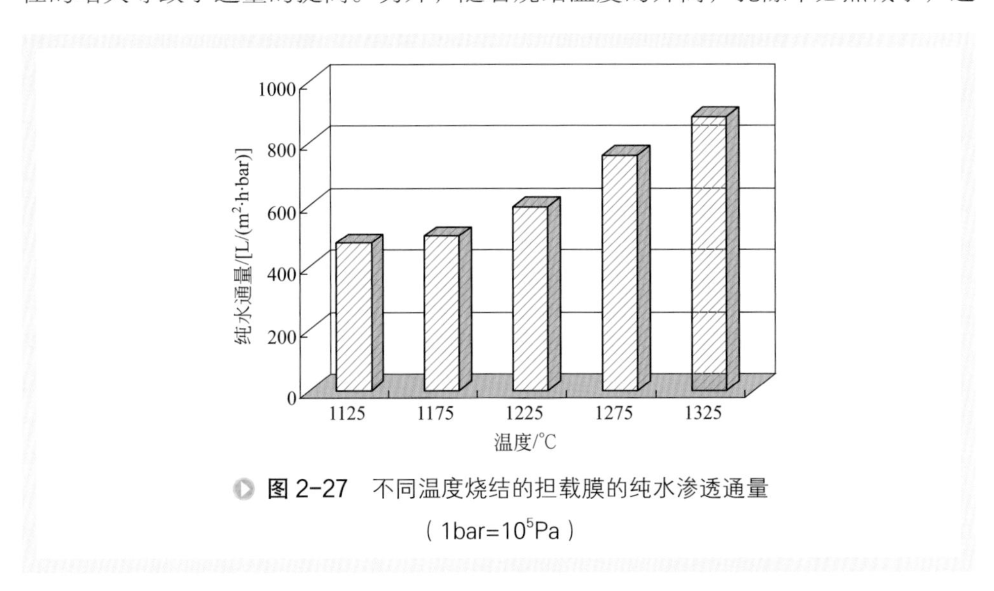

图 2-27 不同温度烧结的担载膜的纯水渗透通量

（1bar=10^5Pa）

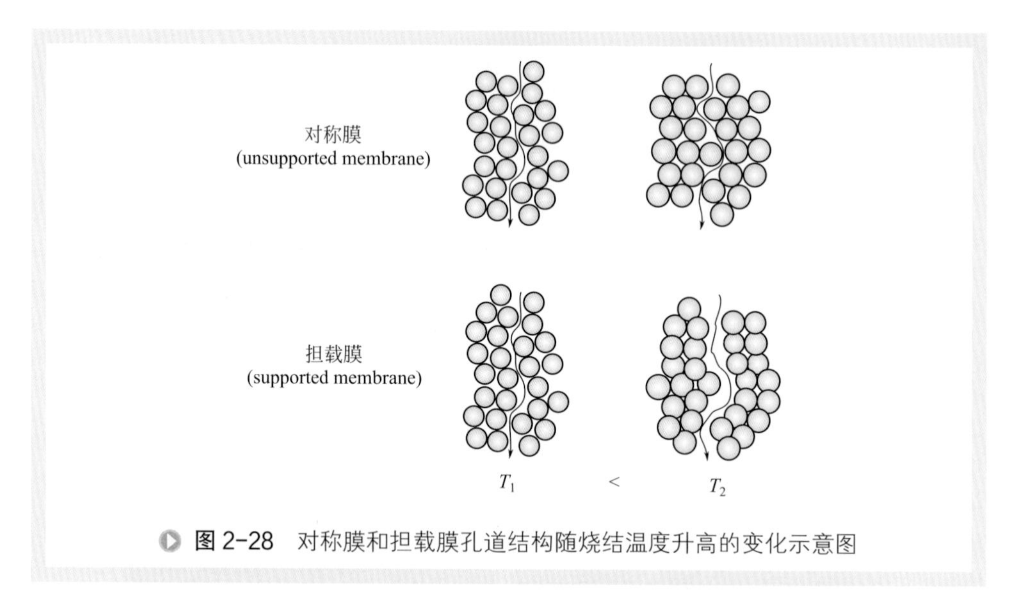

图 2-28 对称膜和担载膜孔道结构随烧结温度升高的变化示意图

量势必降低，而通量的明显提高也证明了担载膜孔隙率的损失程度较小，而孔径明显增加。

事实上，担载膜经过受限烧结后，孔道结构与自由收缩的对称膜完全不同。如图 2-28 所示，对称膜的曲折因子随烧结温度的升高而增大，而刚性支撑体限制了担载膜在平行膜面方向上的收缩，使孔道更加垂直于支撑体，曲折因子随之减小，通量随之增加。

（二）担载膜受限烧结孔结构模型的改进及普适性研究

由烧结引起的微结构变化是相当复杂的，与粒子的初始粒径及堆积方式、颈增长机制、烧结过程中的相变等因素有关。基于双球理论，结合薄膜材料受限烧结机理，建立起来的担载膜孔径、孔隙率等微结构参数的变化模型对陶瓷膜复杂的烧结过程进行简化，假设膜层由完全相同的圆球堆积形成，堆积的孔道为圆柱形，同时考虑支撑体的限制作用，收缩仅发生在厚度方向，在平行于膜面方向不发生形变，且由此受到的应力沿厚度方向是均匀的，这样所建立的模型可以较准确反映 Al_2O_3 担载膜在烧结过程中孔径的变化趋势[16]。

但是计算值与实验值仍然存在较大的偏差，原因有三点：①模型计算没有考虑保温时间的影响；②考虑支撑体的约束作用时，仅假设了平行于膜面的方向不收缩，而忽视了考虑垂直膜面方向的加速收缩；③没有考虑颗粒堆积初期可能形成的软团聚。因此，需要对模型的关键参数进行改进，具体研究思路如图 2-29 所示。

1. 模型关键参数的改进

（1）保温时间的影响　烧结过程中保温的作用是有利于膜结构的均匀化，一般

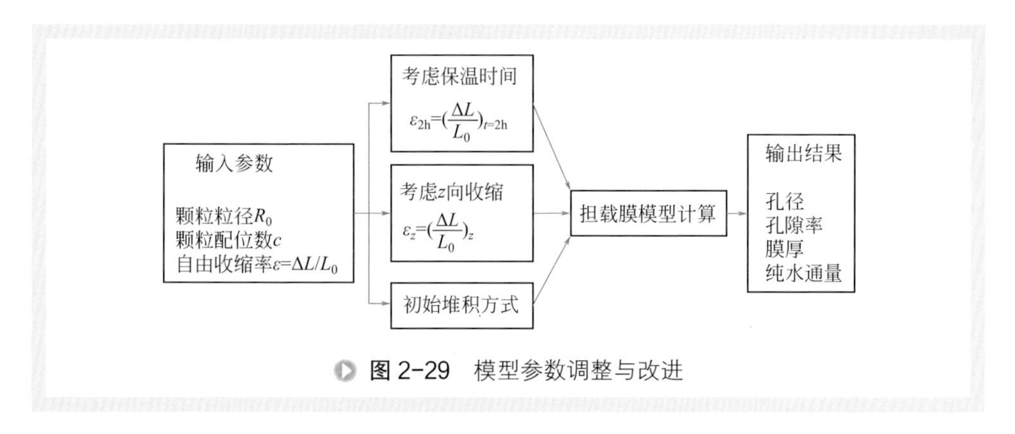

图 2-29　模型参数调整与改进

认为相对于烧结温度，保温时间的影响要小得多。但是保温时间的延长会使收缩率增大，从而对膜孔结构产生影响。方程式（2-34）是 Johnson 模型定义的烧结初期等温情况下，烧结收缩方程的对数形式，其中 A 和 B 由扩散机制决定，与材料物理性质及烧结温度有关。

$$\ln\frac{\Delta L}{L_0}=A\ln t+B \tag{2-34}$$

为了将保温时间的影响考虑进模型，先对 $\alpha\text{-}Al_2O_3$ 膜在 3 个不同温度下保温 2h 的收缩行为进行分析，图 2-30 给出了 $\alpha\text{-}Al_2O_3$ 膜材料分别在 1175℃、1225℃和 1275℃下保温 2h 的收缩曲线。从图中可见，随着保温时间的延长，膜的收缩率增大，且保温温度越高，收缩率增大得越明显。将此烧结收缩曲线转化为双对数坐标作图（图 2-31），拟合得到 3 组温度下的 A、B，结果列于表 2-2。由于是相同材料，A 和 B 只是温度的函数，通过 3 组数据拟合出 $A(T)$ 和 $B(T)$，代入方程式（2-34）

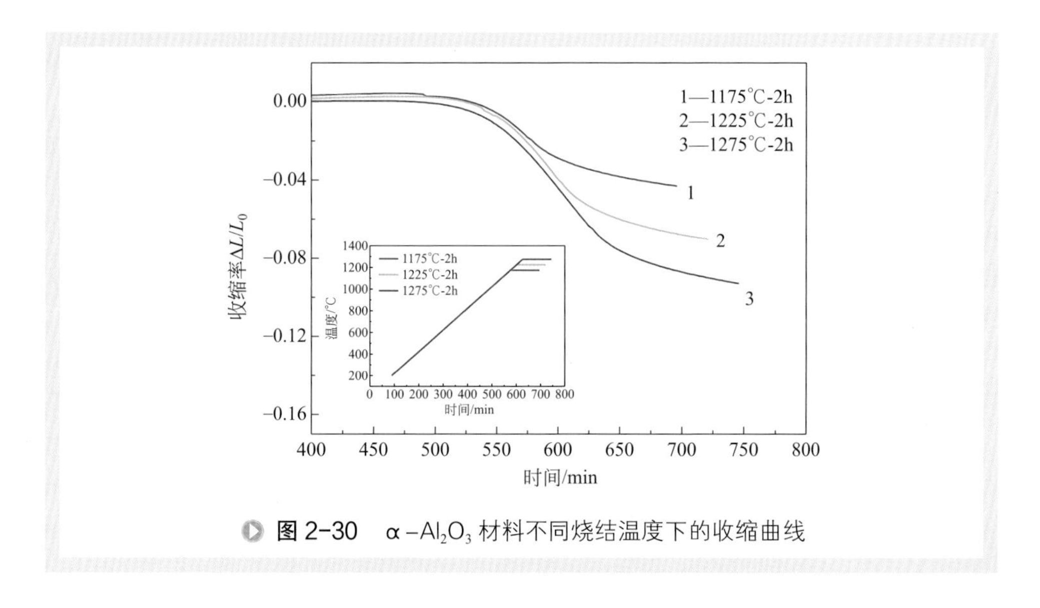

图 2-30　$\alpha\text{-}Al_2O_3$ 材料不同烧结温度下的收缩曲线

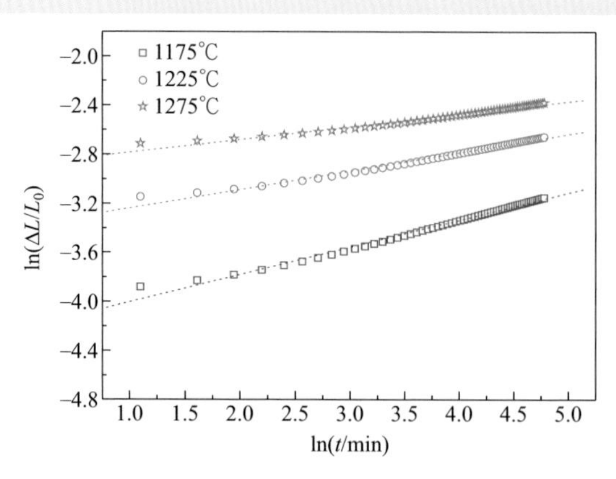

图 2-31 α-Al_2O_3 材料不同烧结温度下收缩率变化与保温时间的关系

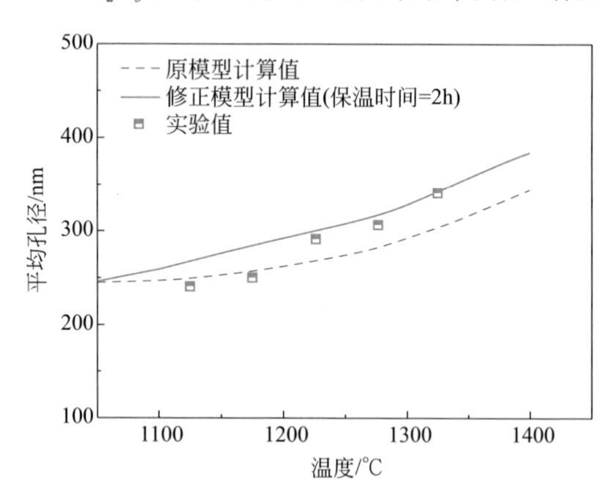

图 2-32 α-Al_2O_3 担载膜平均孔径随温度变化的模型计算与实验比较

可以得到不同温度下，收缩率与保温时间的函数关系式，进而计算出不同温度下保温 2h（t=120min）的收缩率曲线。

将考虑了保温时间的收缩率曲线代入方程式（2-29），计算得到保温 2h 的担载膜平均孔径随温度的变化，如图 2-32 所示。结果表明，改进后模型的计算值有不同程度的增大，且温度越高增大越明显，这是因为随着烧结温度的升高，支撑体对膜的应力作用增大，受限烧结的影响更明显。同时考虑了保温时间，对模型进行改进后，计算结果与实验值更加吻合。

表 2-2 参数 A 和 B 的关联结果

温度 /℃	A	B	相关度
1175	0.227	−4.223	0.995
1225	0.150	−3.386	0.993
1275	0.103	−2.885	0.989

（2）垂直膜面方向加速收缩的影响　支撑体的存在，不仅完全限制了膜层在 x-y 方向上的收缩，产生了平行膜面方向的拉应力，而且也会影响膜层在 z 方向的收缩行为，使其并不等于自由收缩率，从而直接影响膜厚，间接影响孔径等微结构参数。由于担载膜的膜层厚度非常薄，且与支撑体是一个整体，所以受限烧结时，在垂直膜面方向上的收缩率无法直接测定。Scherer 和 Garino[31] 建立的模型可以用来描述支撑体上膜层在烧结过程中受到的拉应力（σ）和收缩速率［$\dot{\varepsilon}=\mathrm{d}(\Delta L/L_0)/\mathrm{d}t$］的关系，代入边界条件，可以计算得到 z 方向的收缩速率：

$$\dot{\varepsilon}_z=\dot{\varepsilon}_{\mathrm{free}}[(1+N)/(1-N)] \tag{2-35}$$

方程式（2-35）中，N 是材料的物理参数，表示黏性泊松比，可以结合 $\dot{\varepsilon}_{\mathrm{free}}$ 和一组本构方程[31] 计算得到；$\dot{\varepsilon}_{\mathrm{free}}$ 为自由烧结时的收缩速率，可以由收缩率曲线对时间微分得到。这样再对 z 方向的收缩速率曲线进行积分，就可以得到 z 方向的收缩率曲线，由计算得到的 z 方向的收缩率作为模型的输入参数所获得的担载膜的孔径将更有意义。这样孔隙率、孔径、膜厚随烧结温度的变化则可以由方程式（2-36）、式（2-37）和式（2-38）计算得到。

$$\varphi_T=1-\frac{1-\varphi_0}{1-(\varepsilon_T)_z} \tag{2-36}$$

$$d_T=\frac{\dfrac{4}{3}R_T^2\dfrac{\varphi_T}{1-\varphi_T}}{R_T-\dfrac{c}{6}\Delta h_z-\dfrac{c}{3}\Delta h_{\mathrm{free}}+\dfrac{c\pi}{12}R_T\sin^3\theta} \tag{2-37}$$

$$L(T)=L_0\times(1-\varepsilon_z) \tag{2-38}$$

式中　ε_T——烧结温度为 T 时的收缩率；

Δh_z——z 方向颗粒之间中心距，m；

Δh_{free}——自由烧结时 z 方向颗粒之间中心距，m；

d_T——烧结温度为 T 时的堆积孔径，m；

ε_z——z 方向的收缩率。

根据方程式（2-35），计算担载膜受限烧结过程中，垂直膜面方向的收缩速率（$\dot{\varepsilon}$）随温度的变化曲线，并与对称膜自由烧结的线收缩速率和体积收缩速率进行比较，结果如图 2-33 所示。计算结果表明：由于平行膜面方向的收缩为零，担载膜垂直膜面方向（z 方向）的收缩速率比自由烧结时线收缩速率快，约为自由收缩速率的 2 倍。但是对称膜的体积收缩速率（$\Delta\dot{V}/V$）来自三个方向的贡献，而担载膜仅来自 z 方向的贡献，因此支撑体的限制作用使担载膜在烧结过程中的体积收缩比对称膜小，进而影响担载膜的孔结构。

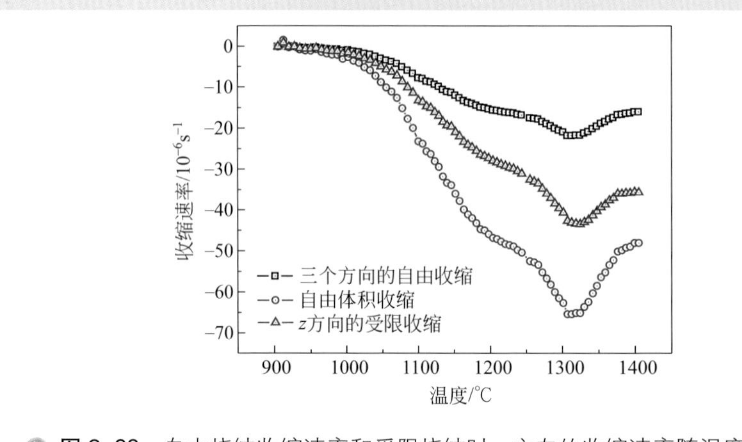

图 2-33　自由烧结收缩速率和受限烧结时 z 方向的收缩速率随温度的变化

图 2-34 对考虑 z 方向加速收缩情况下担载膜平均孔径的模型计算值与实验值进行了比较。从结果来看，尽管改进后的模型考虑了限制烧结对担载膜垂直膜面方向收缩行为的影响，但与原模型相比，计算值与实验结果的偏差并没有减小，也就是说垂直膜面方向的加速收缩对孔径的影响并不明显。事实上垂直膜面方向的收缩更多的是影响膜厚度，对孔径的作用体现在两方面，其一收缩率的增大使总孔体积减小；其二比表面积也会损失，最终使孔径的计算结果与原模型预测值相近。担载膜实际烧结过程中，平行膜面方向的收缩完全受到限制，垂直膜面方向的收缩加速也是必然的，因此考虑此因素，对模型进行完善是更加合理且必要的。

（3）初始堆积方式的影响　膜层初始孔隙率由颗粒的形状和堆积方式决定，而堆积方式通常可以通过颗粒的配位数来量化，因此当颗粒为圆球形时，初始孔隙率

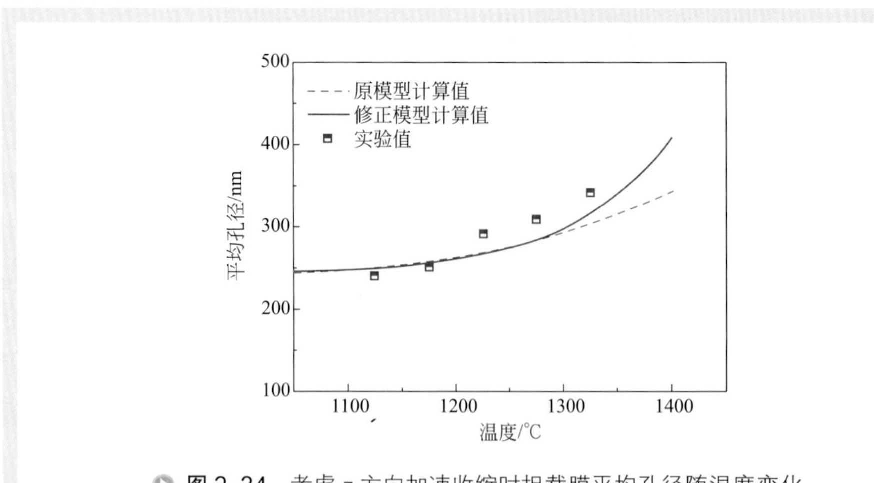

图 2-34　考虑 z 方向加速收缩时担载膜平均孔径随温度变化

与颗粒配位数 c 之间的关系可以通过式（2-39）的表达式计算[25]：

$$\varphi_0 = 1.072 - 0.1193c + 0.0043c^2 \tag{2-39}$$

对于一些由小粒子形成的软团聚体堆积而成的膜层，其初始孔隙率来自两部分的贡献，一是小粒子堆积形成的团聚体的孔隙率 φ_1；二是团聚体堆积形成的孔隙率 φ_2，而总孔隙率可以通过式（2-40）计算得到[3]：

$$\varphi_0 = \varphi_2 + (1 - \varphi_2) \times \varphi_1 \tag{2-40}$$

上一节中已经对初始颗粒配位数的影响进行了讨论，结果证明颗粒配位数为 8 比较合理。由于此 Al_2O_3 颗粒粒径分布窄，球形度高，且不易团聚，也就不需要考虑团聚体的作用，但是对于一些活性更高的材料，初始堆积时可能存在的软团聚是需要考虑的。

2. 受限烧结孔结构模型的普适性研究

（1）ZrO_2 担载膜的制备　在平均粒径为 250nm 的 ZrO_2 粉体中按一定顺序加入适量的去离子水、分散剂、黏结剂和消泡剂，剧烈搅拌 60 ～ 90min，超声 10min 后获得稳定的 ZrO_2 悬浮液，控制固含量为 10%，将制膜液在平均孔径为 0.5μm 的 α-Al_2O_3 管状支撑体（内径 8mm，外径 12mm，有效长度 110mm）上采用浸浆法制备 ZrO_2 担载膜，浸浆时间为 5 ～ 120s，所得的湿膜在一定的温度下干燥 24h，高温烧结，升温速率控制在 2℃ /min，保温时间 2h，烧结温度为 1050 ～ 1200℃。

（2）ZrO_2 膜材料的烧结性能分析　为了得到模型的输入参数 ε，首先对 ZrO_2 粉体制备的对称膜进行热分析表征。

图 2-35 反映了对称膜以 2℃ /min 的速率在空气气氛中匀速升温至 1400℃的过程中收缩率及收缩速率随温度的变化。从图中看出，粉体从 900℃开始发生收缩，

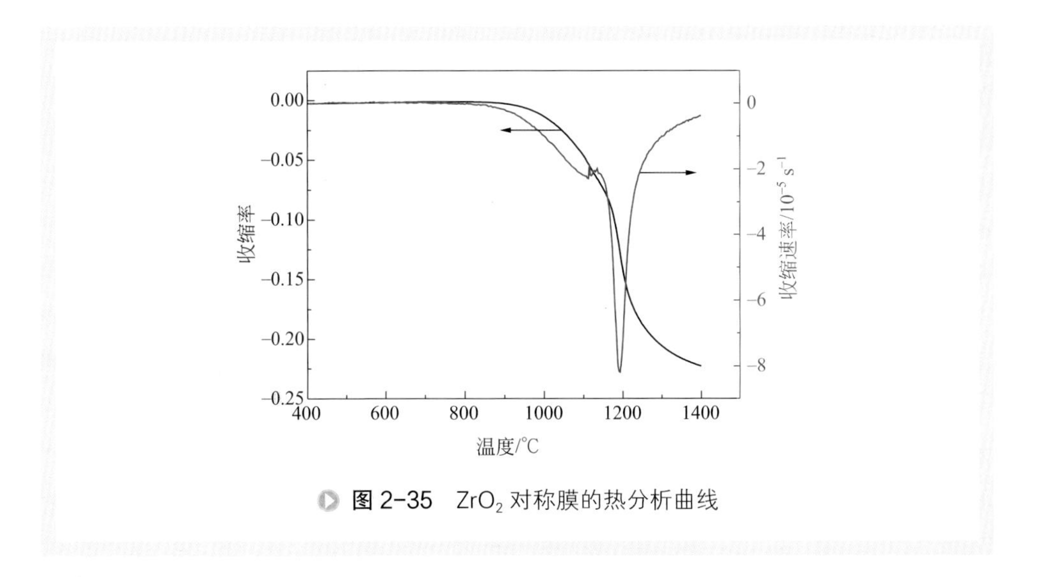

图 2-35　ZrO_2 对称膜的热分析曲线

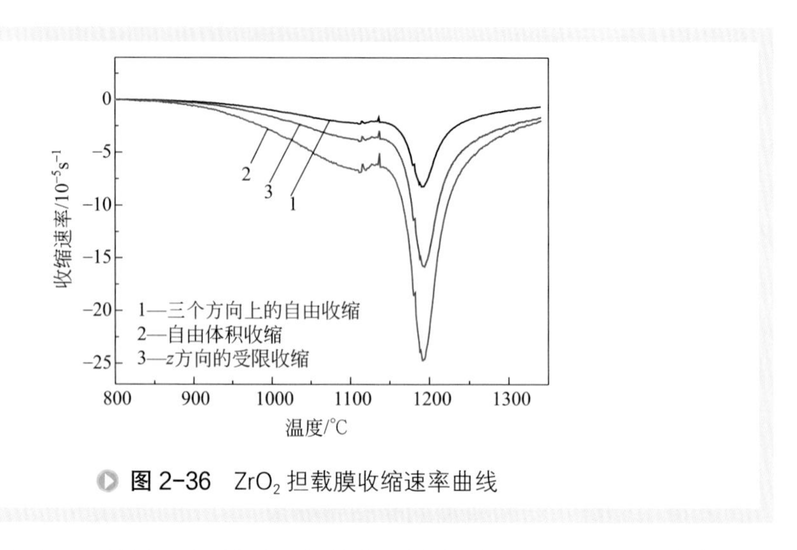

图 2-36 ZrO_2 担载膜收缩速率曲线

之后随烧结温度的升高而增大，即材料的初始烧结温度是 900℃。收缩速率曲线的最大值发生在 1200℃左右，达到 $-8.2\times10^{-5}s^{-1}$。结合图 2-35 的自由收缩速率曲线和方程式（2-35），可以得到 z 方向的收缩速率曲线（图 2-36），积分后得到 z 方向的收缩率曲线。结果表明，担载膜在烧结过程中 z 方向的收缩速率比自由烧结的收缩速率快，约为自由收缩速率的 2 倍，但由于担载膜的整体收缩均来自 z 方向的贡献，而对称膜则在三个方向同时发生相同程度的收缩，因此受限烧结实际上减小了膜的整体收缩，进而影响到烧结后担载膜微结构的变化。

（3）孔隙率的预测及验证　孔隙率由孔的大小、形状、数量等因素共同决定。担载膜的孔隙率是无法通过实验准确测定的，常用同样条件下制得的对称膜数据代替[30]。但由于受到支撑体的限制作用，担载膜的孔隙率和对称膜的孔隙率是存在差异的。图 2-37（a）首先比较了模型改进前后计算的对称膜孔隙率，并与 Archimedes 法测定的实验值进行了比较。结果表明原模型假设颗粒配位数为 8，计算得到的孔隙率比实验值低，而改进模型中，ZrO_2 膜被假设为由小粒子形成的团聚体堆积而成，小粒子以最紧密的堆积方式形成团聚体，即配位数为 12；而团聚体作为颗粒堆积形成膜的配位数为 8，这样根据方程式（2-39）和式（2-40）计算出团聚体内和团聚体间的孔隙率 φ_1、φ_2 分别为 0.260 和 0.393，总孔隙率为 0.55。根据改进模型计算的对称膜的孔隙率更接近实验值，特别是当烧结温度低于 1150℃时，团聚体中的孔隙处于连通状态，对总孔隙率的贡献明显。但当烧结温度达到 1200℃时，改进模型的计算值明显比实验值大。这一方面是因为随着烧结温度的升高，烧结进入中后期并逐渐致密化，模型已经不再适用；另一方面，孔被烧成独立的死孔，无法通过 Archimedes 法测出，而模型计算的则是总孔隙率，故比实验值高。

图 2-37（b）给出了原模型［方程式（2-26）］和改进模型［方程式（2-36）］

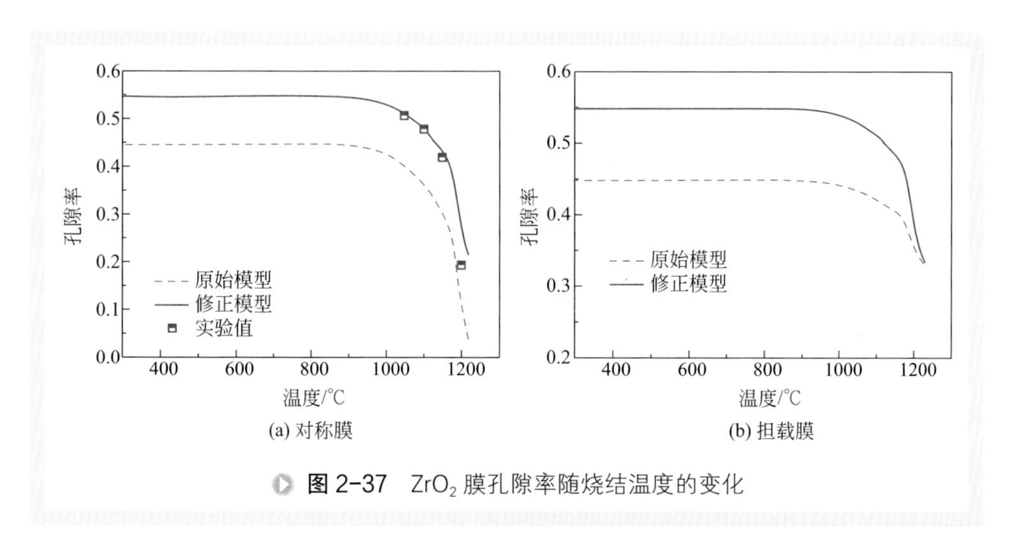

(a) 对称膜　　(b) 担载膜

图 2-37　ZrO_2 膜孔隙率随烧结温度的变化

对 ZrO_2 担载膜孔隙率随烧结温度变化的计算结果。担载膜的孔隙率无法通过实验验证，但从对称膜的实验结果看，改进模型的计算值与实验值更加吻合，表明改进后的初始堆积方式更加接近真实情况，能够更好地预测孔隙率随温度的变化。改进模型中的另一输入参数（ε_T）$_z$ 为烧结温度为 T 时、膜在 z 方向的收缩率，由图 2-36 的 z 方向收缩速率曲线积分得到。由于原模型以自由收缩率代替 z 方向的收缩率，忽略了膜 z 方向加速收缩的影响，所以计算得到的孔隙率随温度的变化比较缓慢。比较图 2-37（a）和（b）还可看出，在相同烧结温度时，担载膜的孔隙率比对称膜大，这是因为支撑体对膜的限制改变了膜层的收缩行为，使担载膜的体积收缩比自由收缩时小，从而减少了孔隙率的损失。

（4）孔径的预测及验证　孔径及其分布是膜最重要的微结构参数，对膜的渗透和分离性能有决定性的影响。结合积分得到的收缩率曲线和孔隙率计算曲线，根据方程式（2-37）计算得到 ZrO_2 担载膜平均孔径随温度的变化曲线，并与由原模型［方程式（2-29）］计算结果进行比较，如图 2-38 所示。结果表明与原模型相比，改进后模型的计算值与实验值很吻合，当烧结温度低于 1150℃时，改进模型基本可以准确预测实验结果，但当温度升高到 1200℃时，计算值明显偏大。这是因为随着温度的升高，烧结进入中期，颈部相互连接，孔径减小，而提出的基于烧结初期的双球理论计算模型，不适合中期烧结过程。膜的烧结一般控制在初期，因此在膜合适的烧结温度范围内，改进后的模型能够较好地预测平均孔径的变化。

将原模型和改进模型对 ZrO_2 担载膜平均孔径的预测值（x_p）与实验值（x_e）进行比较，结果列于表 2-3。对于不同烧结温度制备的担载膜，分别计算模型改进前后预测值的相对误差，并采用平均绝对百分误差（MAPE）计算模型的预测精度。

$$\mathrm{MAPE}=\frac{1}{n}\sum_{k=1}^{n}\left[\left|x_{\mathrm{p}}(k)-x_{\mathrm{e}}(k)\right|/x_{\mathrm{e}}(k)\right] \tag{2-41}$$

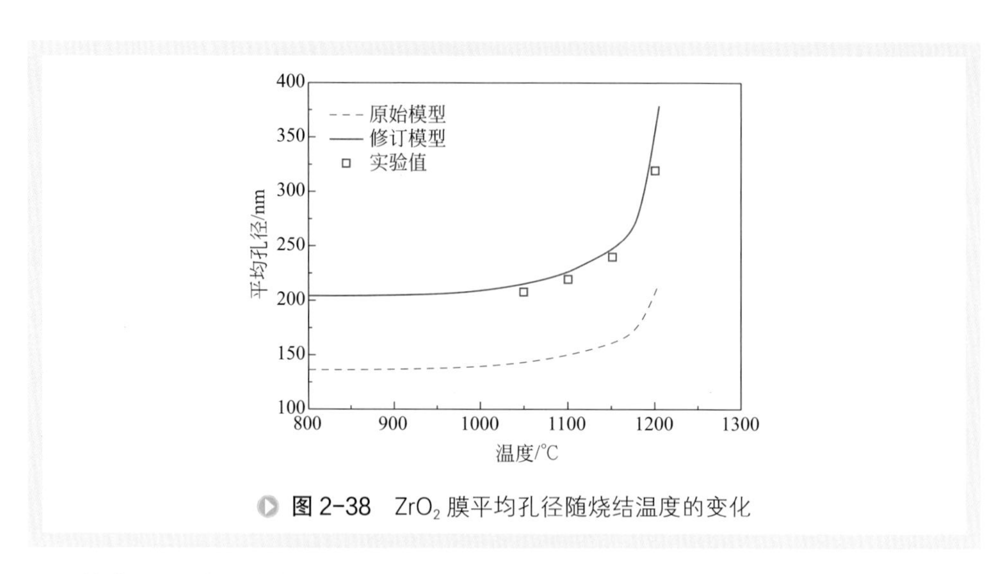

图 2-38 ZrO_2 膜平均孔径随烧结温度的变化

从表 2-3 可知，原模型预测值的 MAPE 为 32.8%，而改进后的 MAPE 为 4.51%，说明模型改进后可以减小预测误差，提高预测精度，为担载膜受限烧结过程中孔径的预测与定量控制提供了有效的工具。

表 2-3 模型改进前后预测值与实验值的比较

烧结温度 /℃	实验值	原模型计算值		改进模型计算值	
	孔径 /nm	孔径 /nm	误差 /%	孔径 /nm	误差 /%
1050	210	143	−31.9	215	2.38
1100	220	150	−31.8	226	2.73
1150	240	161	−32.9	247	2.92
1200	320	209	−34.7	352	10.0
MAPE			32.8		4.51

（5）通量的预测及验证　纯水通量反映膜的渗透性能，受到孔径、孔隙率、膜厚、曲折因子等微结构参数的综合影响。根据 Hagen-Poiseuille（H-P）方程，通量（J）可以根据方程式（2-42）计算：

$$J = \frac{\Delta p d^2 \varphi}{32 \mu L \tau} \tag{2-42}$$

式中 Δp——跨膜压差，0.1MPa；

μ——纯水的黏度，1mPa・s；

τ——曲折因子，对于粒子堆积形成的多孔膜，根据文献 [32] 设为 1.5；

L——膜厚，膜厚随烧结温度的变化可以根据方程式（2-38）计算得到；

d——孔径，m；

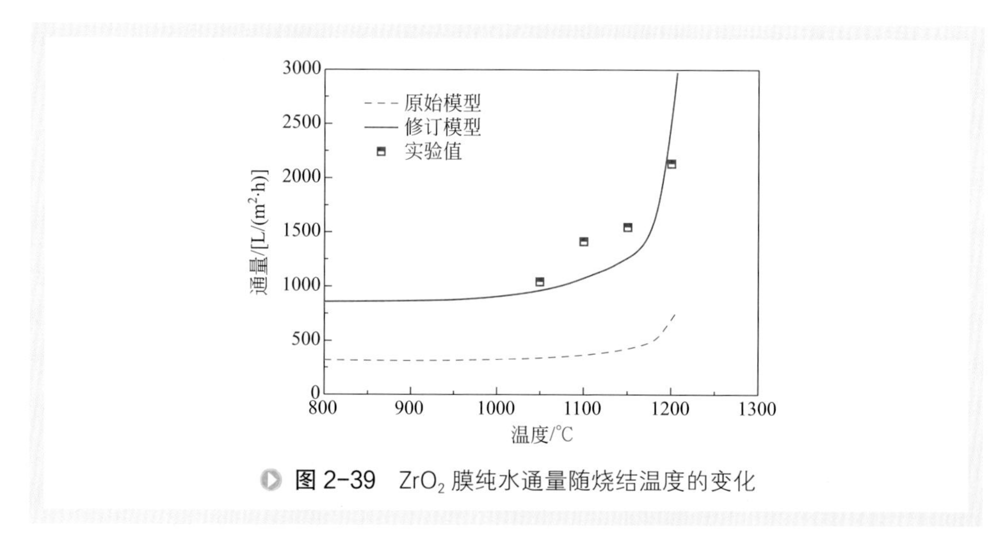

图 2-39 ZrO_2 膜纯水通量随烧结温度的变化

φ——孔隙率。

结合图 2-37 和图 2-38 计算得到的孔隙率、孔径变化曲线，可以由 H-P 方程预测不同烧结温度制备的担载膜的纯水通量，如图 2-39 所示。结果表明在合适的烧结温度范围内，采用改进后模型计算得到的孔隙率、孔径和膜厚代入 H-P 方程可以更准确地预测实验结果。通量对孔径最敏感 [33]，所以尽管改进后模型计算的孔隙率偏小，但是孔径计算值的增大导致通量计算值的急速增加，当烧结温度达到 1200℃时，计算值明显大于实验值，这是因为随着温度的升高，烧结进入中后期，基于烧结初期理论建立的担载膜孔径变化模型已经不再适用。

考虑颗粒堆积初期可能形成的软团聚、烧结过程中保温时间及垂直膜面方向的加速收缩对微结构的影响，对微结构预测模型进行了改进，并以 ZrO_2 担载膜为研究对象，考察烧结温度对担载膜微结构（孔径、孔隙率、膜厚和渗透性）的影响，对模型进行了验证，得出改进后的模型具有普适性。

三、陶瓷膜表面性质的控制

材料本身的特性决定了不同的膜材料具有不同的表面性质。必须进行膜表面性质对分离过程影响机理研究，才能针对实际应用体系的特性，以改善膜分离性能为目标对膜表面性质进行优化设计，并将优化的膜制备出来，这对提高膜的分离性能和膜污染的控制具有重要价值。

陶瓷膜表面性质主要包括表面粗糙度、表面亲疏水性以及表面荷电性等。调控的方法总体上可分为物理改性和化学改性两类。物理改性方法包括抛光打磨、涂覆、物理沉积、掺杂等，化学改性方法主要通过化学气相沉积、化学镀、化学接枝等方法将有机物通过稳定的化学键连接到陶瓷膜表面。近年来，原子层沉积

（atomic layer deposition，ALD）技术成为膜表面改性的一种有效方法[34～36]。它是基于表面自限制反应过程，在亚纳米尺度精确控制沉积层生长，在适宜的沉积层厚度下，通量和截留率同时大幅度增加。

1. 膜面粗糙度控制

膜表面粗糙度是影响过滤性能的一个重要因素，这是因为粗糙度的变化改变了污染物与膜的接触面积，以及其他性质，如疏水性、zeta 电位和流体力学等[37]，从而影响了膜分离性能。固体表面粗糙度控制方法主要有打磨法、刻蚀法、化学沉积法以及模板法等[38,39]。采用砂纸打磨以改变膜表面粗糙度获得了一系列不同粗糙度的陶瓷膜，用于纳米颗粒悬浮液的分离，发现存在一个最优的膜面粗糙度可以显著减少颗粒在膜面的滤饼形成，获得较高的膜通量（图 2-40）[40]。

打磨法虽然方便快捷，但是所获得的膜面形貌不均一。本团队开发了一种模板法制备不同表面粗糙度陶瓷膜的方法[41]。该法通过过滤的方式将聚甲基丙烯酸甲酯（PMMA）颗粒沉积到有机多孔介质表面形成模板，然后在模板上压制粉体制备陶瓷膜，在膜烧结制备过程中去除模板，而模板形貌被复制到陶瓷膜表面。表征显示模板法制得的陶瓷膜表面形貌均一，PMMA 粒径与膜面粗糙度值几乎呈线性关系，所以可以通过选择不同粒径的 PMMA 颗粒获得所需粗糙度的陶瓷膜。用具有不同表面粗糙度的陶瓷膜处理含油废水时，膜表面粗糙度越大，其通量衰减越快，而油滴平均粒径的改变，不影响这种趋势；随着乳化油粒径的增加，表面粗糙的膜的稳定通量变化较大，表面光滑的膜的稳定通量基本不变，因此，对于含有植物油废水的处理，表面光滑的膜有利于减小膜污染。

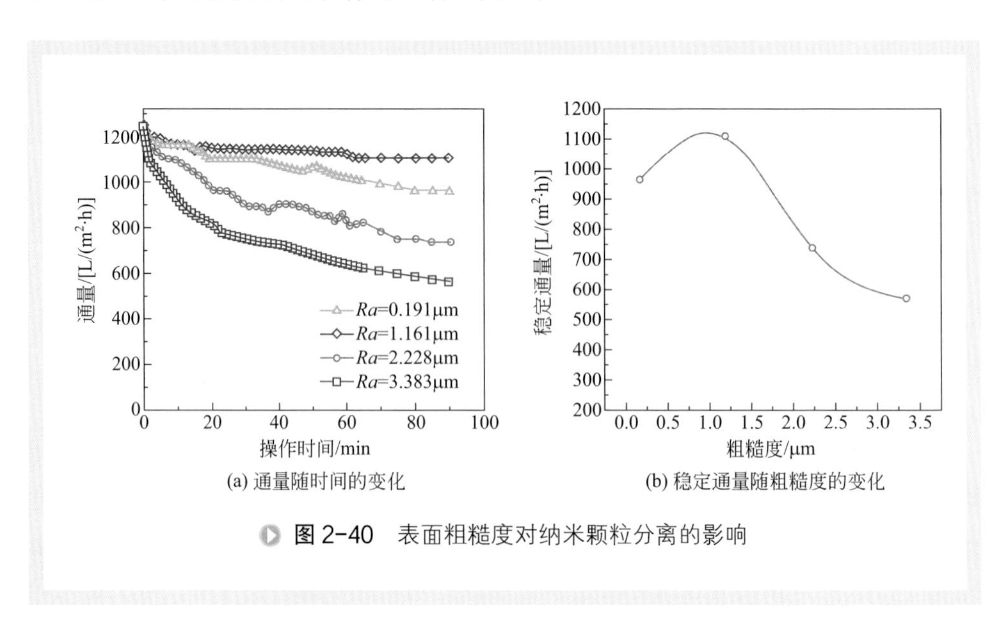

(a) 通量随时间的变化　(b) 稳定通量随粗糙度的变化

图 2-40　表面粗糙度对纳米颗粒分离的影响

2. 陶瓷膜表面改性

陶瓷膜由 Al_2O_3、ZrO_2、TiO_2、SiO_2 等金属氧化物高温烧结而成，属于亲水性材料。在某些非均相催化反应体系中，反应结束后的混合物有可能包含油水两相。利用疏水陶瓷膜的亲油性脱除油中的水分实现水相和油相的分离，陶瓷膜经疏水改性后可以获得稳定的疏水表面，使其具有较强的抗水污染能力，在含水油液体系的分离中保持稳定的高渗透通量和选择性。通过在膜表面引入一些疏水性基团或聚合物链的表面改性方法，可以增加陶瓷膜表面的疏水性。近年来，很多研究者利用硅烷偶联剂对陶瓷膜表面进行疏水改性。通过调控接枝分子的链长与官能团等特性获得特殊的表面性质以适应各种需求。利用硅烷偶联剂在陶瓷膜表面可以形成自组装单分子层，实现陶瓷膜表面的疏水改性。在处理含水油液时，相同的操作条件下，疏水改性陶瓷膜具有更高的油液通量（图 2-41）和水截留率（图 2-42），且疏水改性陶瓷膜具有更好的抗污染性能[42,43]。还有一些研究者致力于增强陶瓷膜表面亲水性，提高膜的水渗透性能，在水包油乳液等体系的分离中也能够增强陶瓷膜的抗污染能力[44,45]。

3. 陶瓷膜表面荷电性调节

陶瓷膜主要由金属氧化物（Al_2O_3、ZrO_2、TiO_2）等材料制备而成，膜表面的结构和组成都与体相不同，处于表面的原子或离子表现为配位上的不饱和性。对于金属氧化物表面，由于其表面被切断的化学键为离子键或强极性键，故易与极性很强的水分子结合，产生如图 2-43 所示的金属氧化物表面的水合作用和羟基化作用。水在金属氧化物表面解离吸附生成 OH^- 及 H^+，其吸附中心分别为表面金属离子及氧离子[46]。

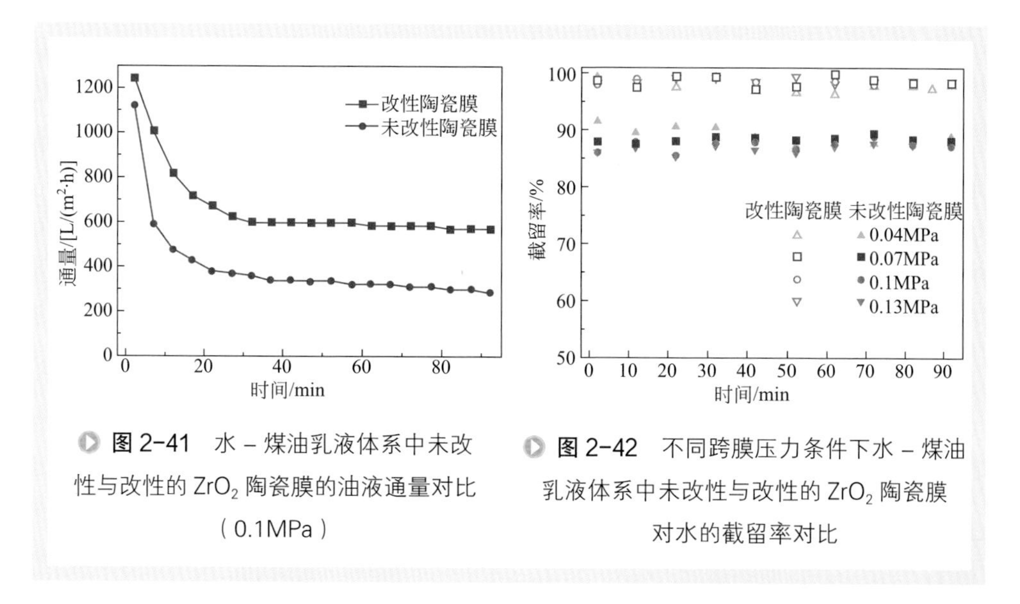

图 2-41 水 – 煤油乳液体系中未改性与改性的 ZrO_2 陶瓷膜的油液通量对比（0.1MPa）

图 2-42 不同跨膜压力条件下水 – 煤油乳液体系中未改性与改性的 ZrO_2 陶瓷膜对水的截留率对比

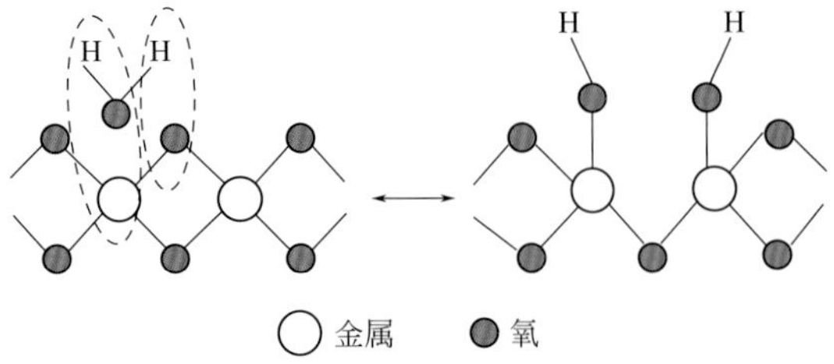

图 2-43 水合羟基化机理

陶瓷膜本身并不带电，在接触水溶液介质后，由于表面羟基基团的两性性质，随 pH 值变化，可以发生质子化而带正电荷或去质子化而带负电荷。如式（2-43）和式（2-44）所示[47]：

$$MOH_{surf} + H^+(aq) \rightleftharpoons MOH^+_{2\,surf} \tag{2-43}$$

$$MOH_{surf} \rightleftharpoons MO^-_{surf} + H^+(aq) \tag{2-44}$$

膜表面在溶液中荷电后，使得溶液中与膜接触界面附近的离子分布受到影响，为了补偿膜表面的电荷以保持溶液体系的电荷平衡，在静电场作用下，溶液中一部分带相反电荷的离子会趋向于膜表面，并集聚在距两相界面一定距离的溶液一侧界面区内，从而形成双电层结构[48,49]。在膜表面和溶液界面处的双电层中正负离子分布的状况有许多描述模型，这些模型经历了 Helmholtz 平板双电层模型、Gouy-Chapman 扩散双电层模型、Stern 双电层模型、Grahame 双电层模型的发展过程，目前被普遍接受的是 Grahame 双电层模型[50]。

膜表面的 ζ 电位是衡量膜表面荷电性质的重要参数，其与膜材质、溶液体系密切相关。目前，采用流动电位法测定多孔膜的 ζ 电位已被公认为是最方便、最实用、最可靠的方法。膜表面所带电荷的性质及其电性的强弱会对膜和流体之间的作用本质及大小产生影响，从而影响溶剂和溶质（或大分子 / 颗粒）通过膜的渗透通量，也是影响膜污染的重要因素。

当膜表面的 ζ 电位等于零时，所对应的 pH 值即为膜的等电点（isoelectric point，IEP），膜表面的 ζ 电位和等电点是衡量膜动电现象的重要参数。我们从膜表面荷电机理出发，考察等电点处 H^+ 浓度对复合膜表面电性质的影响，建立了复合膜的等电点预测公式[51]，如式（2-45）所示：

$$IEP = -\lg\left(\sum x_i 10^{-IEP_i}\right) \tag{2-45}$$

式中 IEP——等电点；

x_i——膜材料 i 的主体原子分数。

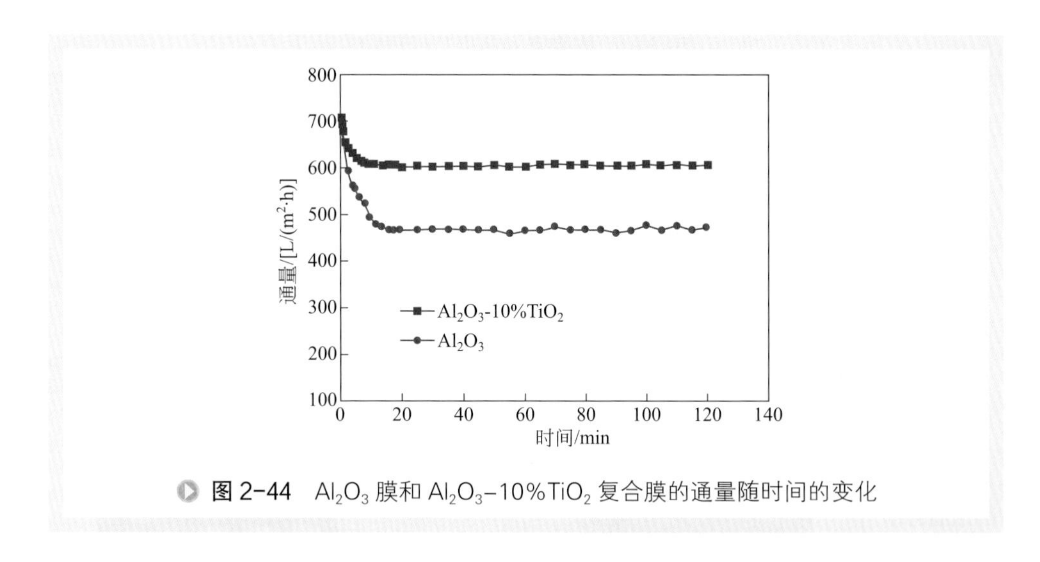

图 2-44　Al_2O_3 膜和 Al_2O_3-10%TiO_2 复合膜的通量随时间的变化

用此改进后的 Parks 方程来预测 Al_2O_3-TiO_2 复合膜的等电点，结果表明改进后的 Parks 方程与实验值吻合程度比 Parks 提出的方程好，能较好地描述出变化趋势。测定复合膜的纯水通量可以知道，对于相同孔径的两种膜，当有 5% 的 TiO_2 掺杂在 Al_2O_3 中，陶瓷膜的亲水性得到了提高，纯水通量可以提高约 26%。将 Al_2O_3-TiO_2 复合膜和平均孔径 0.2μm 的 Al_2O_3 膜用于考察含油废水处理过程中膜材质对过滤性能的影响，结果如图 2-44 所示。在相同操作条件下，Al_2O_3-10%TiO_2 膜稳定通量较大，Al_2O_3 膜最小。这是由于 Al_2O_3-10%TiO_2 复合膜表面与料液中的油滴表面都带有很强的负电荷，它们之间有很强的静电排斥力作用，可以减少油滴吸附或沉积在膜孔内壁或膜表面，抑制了膜表面污染层的形成，所以复合膜具有较高的稳定渗透通量 [52]。因此，根据膜材料的表面电性对膜渗透性能有较大影响的性质，调控改变膜材料的表面荷电特性，可以减轻分离过程中的膜污染。

四、陶瓷膜构型的控制

陶瓷膜的构型也是影响膜分离性能和投资成本的重要因素。从微观结构来看，陶瓷膜元件有对称和非对称两种结构，非对称膜元件具有较好的机械强度和较高的渗透通量，是目前工业化应用的主要形式。从几何构型来看，商品化的多孔陶瓷膜的构型主要有平板、管式和多通道三种。多通道陶瓷膜具有安装方便、易于维护、机械强度高等优点，适合于大规模的工业应用，已经成为工业应用的主要品种。表 2-4 中列出了一些陶瓷膜生产公司的产品构型，几乎所有商业化的陶瓷膜产品均为多通道构型，且绝大多数的通道是圆柱形。也有其他的构型，如 TAMI 公司的扇形通道。

表 2-4　陶瓷膜的典型几何结构

生产商	膜元件结构	生产商	膜元件结构
TAMI 工业，法国		Pall 公司，美国	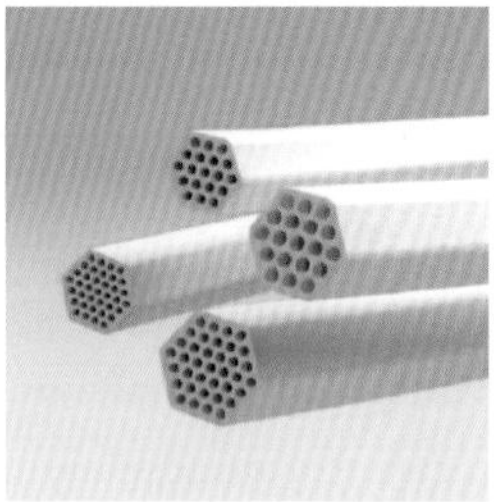
Lenntech，荷兰	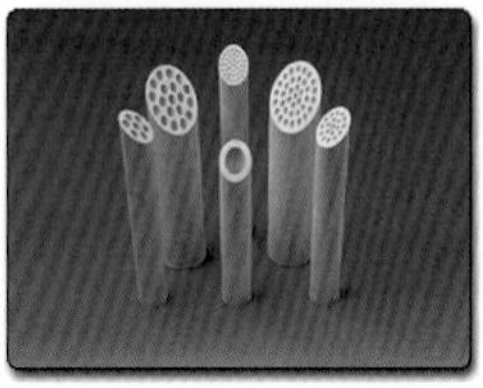	江苏久吾高科技股份有限公司，中国	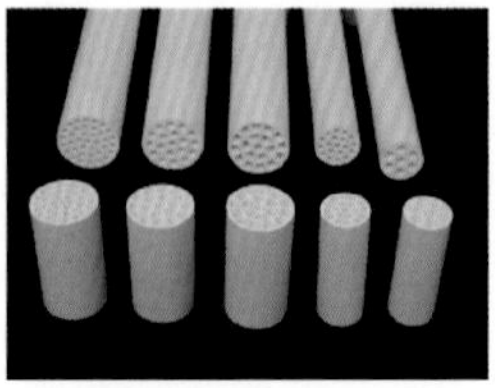
CeraMem®，美国	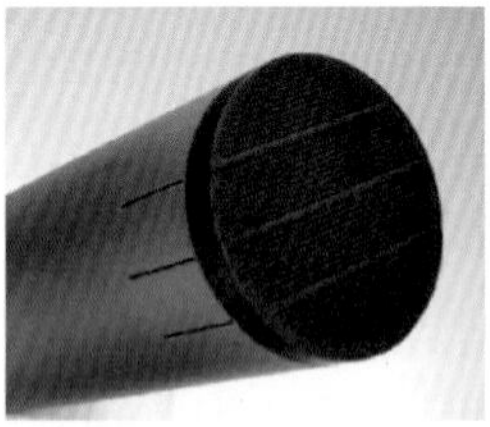	Novasep，法国	

由于多通道构型在流体渗透过程中，通道与通道之间是相互影响的，因此当处于非边缘通道中的流体渗透到陶瓷膜管的外侧（渗透侧），所经过的路程将远大于处于边缘通道中流体渗透经过的路程。这必然导致流体的渗透阻力增加，从而降低了多通道膜管的整体渗透性能。可见，陶瓷膜的膜面积 / 体积比与膜渗透通量之间是一对矛盾关系，提高了膜面积 / 体积比可能会导致膜渗透通量的下降，但单个膜元件的渗透量是增加的，还是有利于降低成本。近年来，在陶瓷膜构型方面，一些设计独具匠心，显得非常巧妙。如美国 CeraMem® 公司，开发了一种多通道陶瓷膜元件，见图 2-45。多通道构型呈蜂窝状，有效地增加膜的面积 / 体积比，最大的单根膜面积为 38m^2；在膜元件上沿支撑体的轴线方向等间距开有导流槽，使得处于非边缘通道中的流体只需经过较短的渗透路程即可到达支撑体的渗透侧，提高了支撑体的整体渗透性能，从而降低了蜂窝状构型对膜渗透性能的影响。

我们采用计算流体力学（CFD）的方法对多通道陶瓷膜的渗透性能进行模拟计

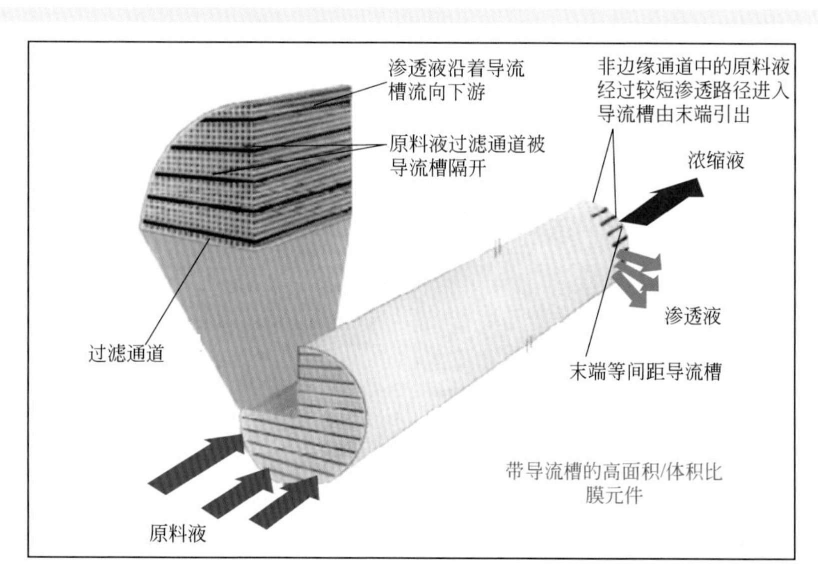

图 2-45 CeraMem® 公司开发的多通道陶瓷膜元件示意图

图片来源：http:www.ceparation.com/home.html

算，并对膜元件的几何构型进行了优化设计[53,54]。在 CFD 对多通道陶瓷膜的纯水渗透过程进行数学描述的基础上，提出陶瓷膜过滤时通道中存在三种效应，即外围通道对中心通道的“遮挡效应”；周边一个通道处理量大于中心通道处理量的“壁厚效应”；因为通道排布位置不一样，造成处理量差异的“干扰效应”。根据 Darcy 定律，采用 CFD 可以定量计算出不同堵塞通道方式下 7 通道陶瓷膜（平均孔径 3μm）元件沿渗透方向上的压力分布，结果见图 2-46。

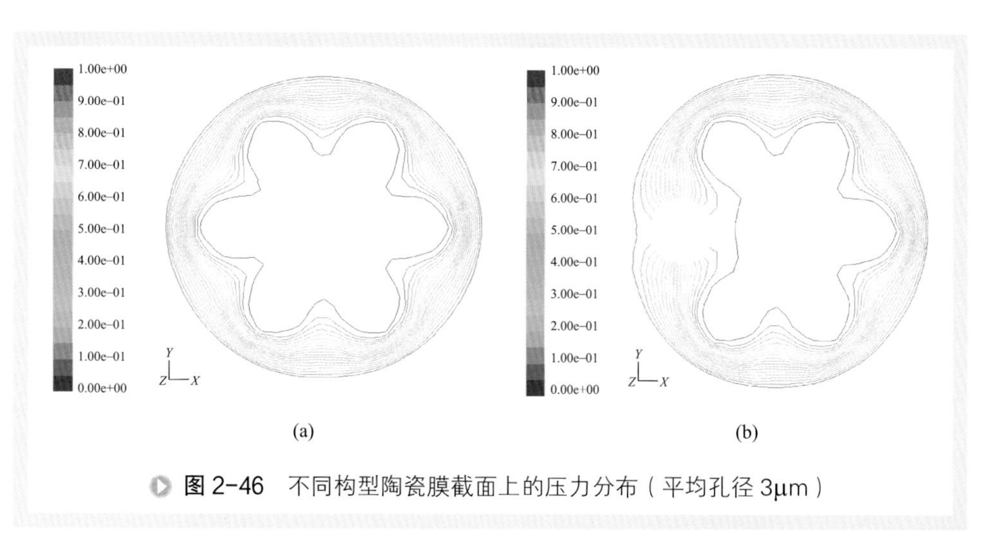

图 2-46 不同构型陶瓷膜截面上的压力分布（平均孔径 3μm）

图 2-46（a）表示通道全打开时，截面上的压力分布，根据等压线的分布可以看出通道与通道之间的相互干扰，并且中间区域压力梯度很小，因此对于以压力为驱动的膜过滤过程，中心通道对整个通量的贡献几乎为 0。图 2-46（b）表示封闭一个通道时，截面上的压力分布，在封闭通道的周围，压力梯度很小，这个区域的渗透速率也会很小。

综合考虑了三种效应的存在，利用 CFD 对 7 通道构型进行优化设计。固定膜元件外径为 32mm，改变通道直径与壁厚的比例关系，来考察通量的变化，固定外径为 a，认为通道与通道、通道与壁面的距离相等为 a_w，通道直径为 a_c，如图 2-47 所示。设定两参数的比值为 α，如式（2-46）所示。

$$\alpha = \frac{a_c}{a_w} \tag{2-46}$$

图 2-48 表示不同 α 值下，5 种孔径的 7 通道陶瓷膜的渗透通量的计算值。图 2-49 表示不同 α 值下，5 种孔径的 7 通道陶瓷膜的处理量的计算值。α 值对孔径大于 500nm 的膜影响很大，随着孔径的减小，α 值的影响减小。α 值增大，表示通道直径增大，膜面积也增大，故处理量会增大，但通道直径增大意味着过滤时进料的增多，因此泵的能耗会增大，同样提高了成本，因此综合考虑膜的渗透通量和单位体积处理量，在设计时，对于 3μm 孔径的膜，α 值在加工的限制下，选得越大越好。对于 500nm 孔径膜，α 值取 3；对 200nm 孔径膜，α 值取 2.5；对于 50nm、20nm 孔径的膜，α 值取 2 为宜。

对非对称陶瓷管的纯水渗透通量进行了 CFD 模拟计算 [55]。采用 Navier-Stokes 方程和 Darcy 定律来分别描述膜管内和膜多孔介质内的纯水流动，利用多孔介质模型描述膜管的主体支撑层，用多孔跳跃边界简化膜管的膜层和过渡层，利用

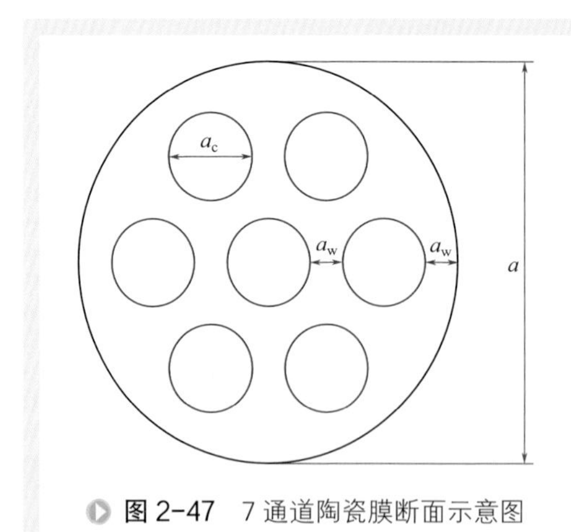

图 2-47　7 通道陶瓷膜断面示意图

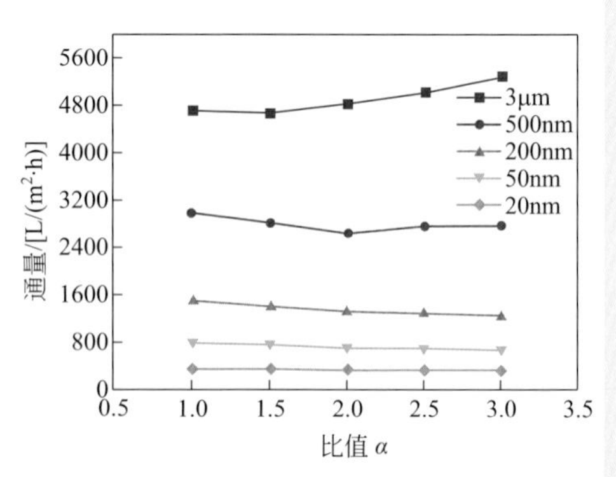

图 2-48　不同 α 值下，5 种孔径的 7 通道陶瓷膜的渗透通量的计算值

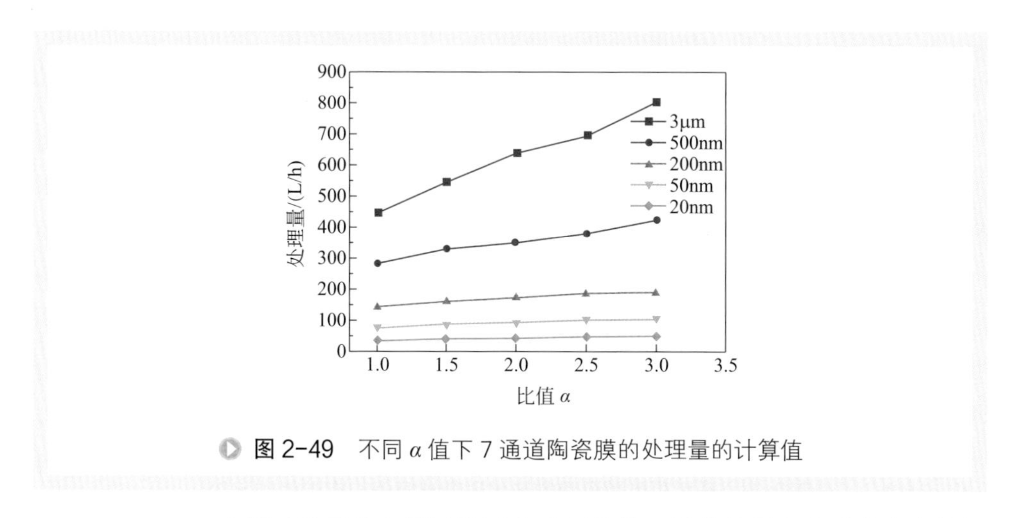

图 2-49　不同 α 值下 7 通道陶瓷膜的处理量的计算值

Konzey-Carmen 方程对膜元件各层的渗透率进行估算。计算结果与实验值吻合较好（如表 2-5 所示），为探究膜管结构与性能的关系，优化陶瓷膜管的通道结构提供了便捷有力的工具。在后续的研究中[56]，通过理论分析发现，通道尺寸和通道间距存在优化的几何学尺寸，从而使多通道膜管的面积 / 体积比最大。当通道数大于 37 时，单一地提高通道数量不能有效提高面积 / 体积比。通过三维的 CFD 模拟 37 通道陶瓷膜错流时的纯水渗透通量，发现不同位置膜管通道的渗透效率存在差异，内通道的渗透效率比外通道的要低，且这种差异随着膜的平均孔径的减小而减弱（如图 2-50 所示）。研究中揭示了渗透通量和通道位置的关系，并提出了提高内通道渗透通量的方法。计算了相同几何尺寸、不同构型的陶瓷膜（如图 2-51 所示）渗透性能参数，对外形尺寸均为 41mm 的两种膜元件，蜂窝陶瓷膜构型的渗透能力比 37 通道构型的渗透能力提高了 40% 左右（如表 2-6 所示），为新型陶瓷膜的研发提供了依据。

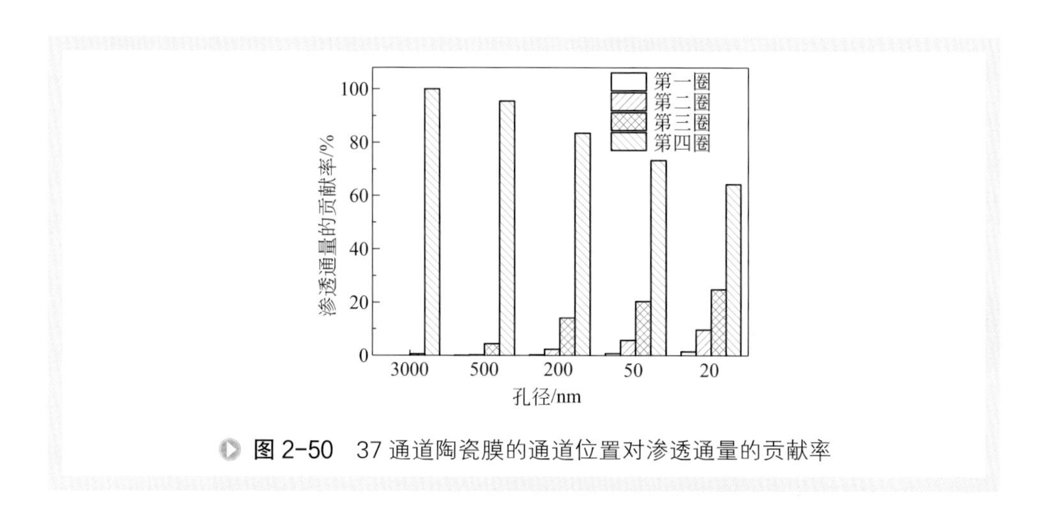

图 2-50　37 通道陶瓷膜的通道位置对渗透通量的贡献率

(a) 37通道陶瓷膜元件　　(b) 蜂窝陶瓷膜

图 2-51　外径相同的两种陶瓷膜实物图

表 2-5　不同孔径陶瓷膜的纯水通量计算值与实验值的比较

膜的孔径 /μm	纯水通量实验值 / [L/ (m^2 · h)]	纯水通量模拟值 / [L/ (m^2 · h)]	误差 /%
3	4450	4636	4.18
0.8	2410	2630	9.13
0.2	985	1028	4.37
0.05	582	488	8.27

表 2-6　外径相同的蜂窝陶瓷膜与 37 通道陶瓷膜的膜面积、渗透通量与处理量对比

元件	膜孔径 /μm	外径 /mm	膜面积 /m^2	渗透通量 / [L/ (m^2·h)]	处理量 / (L/h)
蜂窝陶瓷膜	3	41	0.72	2826	2035
	0.5			1512	1089
	0.2			720	518
	0.05			454	327
37 通道陶瓷膜	3	41	0.45	3210	1444
	0.5			1654	744
	0.2			812	365
	0.05			510	230

第四节　陶瓷膜材料的稳定性

在催化反应过程中，通常会涉及高温、高压、溶剂等苛刻环境，在污染膜清洗过程中有时也涉及强酸强碱等环境，这就要求陶瓷膜具有优异的化学稳定性、耐高

温性和高机械强度等。因此，如何制备出稳定的陶瓷膜是陶瓷膜规模工业化需要解决的问题之一。

一、化学稳定性

陶瓷膜常用强酸强碱进行清洗[57]。同时，有些液相反应体系本身就是酸性或者碱性的。多孔陶瓷膜在极端环境中的微结构和性能是否稳定，是陶瓷膜应用过程中的一个值得重视的问题。我们通过颗粒溶胶路线制备出完整无缺陷的孔径小于10nm的中孔 ZrO_2 陶瓷膜，所制备的 ZrO_2 陶瓷膜经 HNO_3 和 NaOH 溶液动态腐蚀后对 PEG 截留分子量略有减小，表明具有较高的耐酸碱腐蚀性能[58]。

粒子烧结法制备陶瓷膜的一个重要过程就是在高温作用下，使粒子的接触面部分烧结在一起，这些粒子的烧结结合部分通常由一些玻璃相或低结晶度材料组成。陶瓷膜的腐蚀主要发生在烧结结合部，其溶解速率比主体颗粒材料大得多。腐蚀初始阶段，结合部的低晶度材料被迅速溶解，导致颗粒结合强度迅速降低。但是，结合部中结晶度稍高的材料溶解速率较慢，而且随着结合部的减小，其与溶液的接触面积也减少，这些都导致了陶瓷膜强度衰减速率的放缓。我们建立了粒子烧结法制备的多孔陶瓷膜支撑体在酸环境下的质量溶解损失率与使用时间的定量数学关系[59]，如式（2-47）所示：

$$\ln\frac{1+0.082x}{1-x}=0.00206\mathrm{e}^{-9.020RT}t \tag{2-47}$$

式中　x——质量溶解损失率；

R——摩尔气体常数，J/（mol·K）；

T——温度，K；

t——时间，s。

结合支撑体机械强度与其质量损失率的关系，对多孔支撑体在不同温度和浓度的 HNO_3 溶液中的使用寿命进行了预测。研究表明，多孔陶瓷膜支撑体具有优异的耐酸性能。

二、热稳定性

陶瓷膜的热稳定性反映了膜能经受一定压力条件下长期的热处理。膜在一定温度下的热稳定性好，意味着膜的性质（相结构、机械强度，以及孔结构）在此温度下与实际应用时长相当的时间内基本不变或者变化可以忽略。当热稳定性遭到破坏时，膜孔径增大，表面积和孔隙率下降甚至消失。

以 γ-Al_2O_3 膜举例说明。研究表明，在450℃时热处理 γ-Al_2O_3 膜30h，膜的孔径从3.2nm增大到6～12nm；1100℃时，孔径增大到20nm；高于1100℃时孔

径迅速扩大[60～63]。γ-Al_2O_3不仅在高温处理时发生微观结构变化，低温下长时间热处理也会引起孔径的增大、表面积和孔隙率的下降。提高γ-Al_2O_3膜热稳定性的方法是消除烧结对膜结构的影响以及抑制γ-Al_2O_3向α-Al_2O_3的相转变[64,65]。

三、机械稳定性

无机膜通常是一种非对称膜，真正起作用的是顶层分离薄膜，在实际应用中其强度主要由底层多孔支撑体提供。在涂膜、膜组件组装和料液的分离过程中，要求支撑体能够承受一定的外力作用，并能够抵抗料液的循环冲击和冲刷，这就要求多孔支撑体具有较高的韧性，从而提高无机膜的使用寿命。

陶瓷支撑体是一种特殊结构的多孔陶瓷材料，多以Al_2O_3为原料，在高的温度下烧成，以获得强度和渗透性能相统一的支撑体。在较低温度下制备出高强度、高韧性和耐腐蚀的多孔氧化铝陶瓷支撑体是陶瓷膜大规模工业化的关键。采用ZrO_2来解决陶瓷体的脆性问题一直被认为是有效的方法之一。我们从多陶瓷的增韧机理入手，研究添加适量ZrO_2粉体来改善多孔氧化铝陶瓷支撑体的断裂韧性。采用干压成型法，分别在1400℃、1450℃、1500℃、1550℃、1600℃焙烧后得到相应的支撑体，考察各支撑体的断裂韧性，以及各支撑体的孔隙率和抗折强度随ZrO_2添加量的变化规律。研究结果表明：1600℃热处理后，当ZrO_2含量为6%（质量分数）时，支撑体的抗折强度和断裂韧性值最大，分别为137MPa和2.5MPa•$m^{1/2}$，其中，t-ZrO_2转变为m-ZrO_2是支撑体断裂韧性提高的根本原因[66]。采用添加廉价原料的方法，如莫来石、黏土等，也能够增强多孔氧化铝陶瓷支撑体的机械性能。莫来石（$3Al_2O_3 \cdot 2SiO_2$），硅铝酸盐体系中唯一稳定的化合物，具有优异的耐酸碱性能和低的热膨胀系数及制备过程中相对低的烧成温度等性质，作为一种优良的无机膜载体材料而受到关注。黏土作为一种廉价和常用的矿物材料，在自然界中广泛存在，采用天然黏土作原材料原位制备多孔莫来石支撑体，其费用显著降低，但黏土矿物中SiO_2含量通常超过莫来石中SiO_2的含量，在烧制过程中过量的SiO_2容易形成玻璃相。过多玻璃相的出现，容易引起多孔支撑体内孔结构的坍塌，造成坯体致密化，同时也降低了支撑体的机械性能。因此，过量SiO_2的除去及支撑体中孔结构的稳定是采用黏土矿物制备多孔莫来石支撑体的关键。采用脱硅处理和添加氧化铝的方法，可以解决SiO_2过多的问题。同时，莫来石陶瓷的机械性能常温下比较低，而对于多孔莫来石由于气孔的存在，会进一步降低莫来石陶瓷的机械性能。针状结构莫来石晶须具有许多优异的性能，可以作为一种增强材料提高陶瓷载体的机械性能，同时也有利于多孔载体中孔结构的形成。我们以天然矿物高岭土和工业氧化铝为原料，通过高温原位反应烧结工艺制备多孔莫来石支撑体，在减少SiO_2玻璃相的同时原位生成具有针状结构的莫来石晶须，莫来石支撑体具有较高的机械性能和良好的孔结构[67]。借鉴液相烧结机理，高温下形成的液相低共熔物加快体系的传质速率，可促进氧化铝支撑体烧结[68]，或者遵循金属延性相增韧致密陶瓷的思想，通过添加适量的金属 Al 粉来增韧 Al_2O_3 多孔支撑体[69]，均可以获得强度和韧性好的多孔氧化铝陶瓷支撑体。

第五节 陶瓷膜污染控制方法

膜污染是膜分离技术在实际应用中面临的共性难题，污染物在膜面或者膜孔内发生积累的膜污染现象，不仅使膜过滤通量严重衰减，还可能影响膜对分离物质的截留性能，直接影响膜分离的经济性与可靠性。目前通过机械冲洗、高压反冲、化学清洗、超声强化等手段对膜进行清洗，是恢复膜通量的常用方法[70,71]。

就膜材料的设计而言，可以通过膜材料改性的方法有效控制膜污染。本章第三节中已经介绍了膜面的粗糙度、亲疏水性以及荷电性是影响污染物与膜面间作用的重要因素。除此之外，有研究者提出超声场与膜分离的耦合工艺，其特点是膜材料自身具有压电性，在过滤过程中膜自身产生振动，原位发射超声。提出将 PZT 压电陶瓷制备成孔径分布均匀的多孔分离膜，这种以压电陶瓷为原料制备的分离膜集分离性能与压电性能于一体，在分离的同时施加交变电场可以产生超声振动，减缓过滤过程中污染物在膜表面及孔道内的堆积，减缓浓差极化现象，从而起到抗污染的效果[72～76]。

第六节 结语

在面向应用过程的陶瓷膜设计与制备理论框架的指导下，通过构建多孔陶瓷膜功能与膜微结构的关系模型，建立了面向液相反应颗粒体系的陶瓷膜材料设计方法。针对陶瓷膜材料的结构与制备之间的定量关系，建立了陶瓷膜的膜厚、孔径、孔隙率等微结构参数的定量控制技术。通过陶瓷膜表面性质的有效调控，赋予陶瓷膜不同的粗糙度、荷电性、亲疏水性等性质。膜元件和膜组件的优化设计是降低应用成本和提升膜分离性能的有效手段之一。

液相催化反应过程涉及高温、高压、有机溶剂和腐蚀性等苛刻环境，对膜材料要求很高。未来膜催化领域的拓展将对陶瓷膜材料性能提出更高的要求，如何提高膜材料的强度、耐腐蚀性以及装填密度；如何进一步降低陶瓷膜制备和应用成本，提高分离效能；如何描述陶瓷膜高温原位烧结机理等均需进一步研究。

参考文献

[1] 徐南平 . 面向应用过程的陶瓷膜材料设计、制备与应用 [M]. 北京 : 科学出版社 , 2005.

[2] Zhong Z X, Li W X, Xing W H, et al. Crossflow filtration of nanosized catalysts suspension using ceramic membranes [J]. Sep Purif Technol, 2011, 76(3): 223-230.

[3] Hwang K J, Liu H C. Cross-flow microfiltration of aggregated submicron particles [J]. J Membr Sci, 2002, 201(1-2): 137-148.

[4] Waite T D, Schafer A I, Fane A G, et al. Colloidal fouling of ultrafiltration membranes: Impact of aggregate structure and size [J]. J Colloid Interf Sci, 1999, 212(2): 264-274.

[5] Gregory J. The density of particle aggregate [J]. Water Sci Technol, 1997, 36(4): 1-13.

[6] Ripperger S, Altmann J. Crossflow microfiltration-state of the art [J]. Sep Purif Technol, 2002, 26(1): 19-31.

[7] Broeckmann A, Busch J, Wintgens T, et al. Modeling of pore blocking and cake layer formation in membrane filtration for wastewater treatment [J]. Desalination, 2006, 189(1-3): 97-109.

[8] 徐南平 , 李卫星 , 赵宜江 , 等 . 面向过程的陶瓷膜材料设计理论与方法 (Ⅰ) 膜微观结构与性能关系模型的建立 [J]. 化工学报 , 2003, 54(9): 1284-1289.

[9] Tam C. The drag on a cloud of spherical particles in low reynold number flow [J]. J Fluid Mech, 1969, 38(3): 537-546.

[10] Chang D J, Hsu F C, Hwang S J. Steady-state permeate flux of cross-flow microfiltration [J]. J Membr Sci, 1995, 98(1-2): 97-106.

[11] 李卫星 , 赵宜江 , 刘飞 , 等 . 面向过程的陶瓷膜材料设计理论与方法 (Ⅱ) 颗粒体系微滤过程中膜结构参数影响预测 [J]. 化工学报 , 2003, 54(9): 1290-1294.

[12] 赵宜江 , 李卫星 , 张伟 , 等 . 面向过程的陶瓷膜材料设计理论与方法 (Ⅲ) 颗粒体系分离用陶瓷膜的优化设计及制备 [J]. 化工学报 , 2003, 54(9): 1295-1299.

[13] 范益群 , 邱明慧 , 徐南平 . 一种非对称结构陶瓷超滤膜及其制备方法 [P]. ZL 201010133256. 1. 2012-06-27.

[14] 范益群 , 徐南平 , 江健 , 等 . 一种连续孔梯度陶瓷管的制备方法 [P]. ZL 200810123031.0. 2011-11-16.

[15] 邢卫红 , 漆虹 , 胡锦猛 . 一种制备多孔陶瓷膜支撑体的方法 [P]. ZL 200810155358.6. 2011-04-06.

[16] 徐南平 , 景文珩 , 邢卫红 , 等 . 一种多孔陶瓷材料的制备方法 [P]. ZL 200610037611.9. 2008-06-18

[17] 徐南平 , 范益群 , 丁晓斌 , 等 . 一种无机超滤膜的制备方法 [P]. ZL 03113127. 1. 2005-08-31.

[18] 丁晓斌 , 范益群 , 徐南平 . 浸浆制备过程中陶瓷膜厚度控制及其模型化 [J]. 化工学报 ,

2006, 57(4): 1003-1008.

[19] 丁晓斌, 范益群, 徐南平. 浸浆制备过程中载体微结构及涂膜工艺参数对膜厚度的影响 [J]. 化工学报, 2006, 57(11): 2739-2744.

[20] 邹琳玲, 漆虹, 邢卫红. 基于 CFD 的恒通量陶瓷膜厚度设计 [J]. 化工学报, 2010, 61(10): 2615-2619.

[21] Qiu M H, Feng J, Fan Y Q, et al. Pore evolution model of ceramic membrane during constrained sintering [J]. J Mater Sci, 2009, 44(3): 689-699.

[22] Shojai F, Mäntylä T A. Effect of sintering temperature and holding time on the properties of 3Y-ZrO_2 microfiltration membranes [J]. J Mater Sci, 2001, 36: 3437-3446.

[23] Kuczynski G C. Self-diffusion in sintering of metallic particles [J]. Trans AIME, 1949, 85: 169-178.

[24] Kingery W D, Berg M. Study of the initial stages of sintering solids by viscous flow, evaporation-condensation and self-diffusion [J]. J Appl Phy, 1955, 26: 1205-1212.

[25] Kang S L. Sintering Densification, Grain Growth [M]. Netherlands: Elsevier Science, 2005.

[26] Rahaman M N. Ceramic Processing and Sintering [M]. New York: Marcel Dekker, 2003.

[27] Akash A, Mayo M J. Pore growth during initial-stage sintering [J]. J Am Ceram Soc, 1999, 82(11): 2948-2952.

[28] Lin Y S, Burggraaf A J. CVD of solid oxides in porous substrates for ceramic membrane modification [J]. AIChE J, 1992, 38(3): 445-454.

[29] 李卫星. 面向中药水提液体系的陶瓷膜设计与应用 [D]. 南京: 南京工业大学, 2004.

[30] Feng J, Fan Y Q, Qi H, et al. Co-sintering synthesis of tubular bilayer α-alumina membrane [J]. J Membr Sci, 2007, 288: 20-27.

[31] Scherer G W, Garino T J. Viscous sintering on a rigid substrate [J]. J Am Ceram Soc, 1985, 68(4): 216-220.

[32] Falamaki C, Veysizadeh J. Comparative study of different routes of particulate processing on the characteristics of alumina functionally graded microfilter/membrane supports [J]. J Membr Sci, 2006, 280: 899-910.

[33] Wang P, Huang P, Xu N P, et al. Effects of sintering on properties of alumina microfiltration membranes [J]. J Membr Sci, 1999, 155: 309-314.

[34] Chen H, Jia X J, Wei M J, et al. Ceramic tubular nanofiltration membranes with tunable performances by atomic layer deposition and calcination [J]. J Membr Sci, 2017, 528: 95-102.

[35] Li F B, Yang Y, Fan Y Q, et al. Modification of ceramic membranes for pore structure tailoring: The atomic layer deposition route [J]. J Membr Sci, 2012, 397-398: 17-23.

[36] 朱明, 汪勇. 大尺寸陶瓷膜原子层沉积过程的 CFD 模拟 [J]. 化工学报, 2016, 67(9): 3720-3729.

[37] Wong P C Y, Kwon Y N, Criddle C S. Use of atomic force microscopy and fractal geometry to characterize the roughness of nano-, micro-, and ultrafiltration membranes [J]. J Membr Sci, 2009, 340: 117-132.

[38] Yan Y Y, Gao N, Barthlott W. Mimicking natural superhydrophobic surfaces and grasping the wetting process: A review on recent progress in preparing superhydrophobic surfaces [J]. Adv Colloid Interface Sci, 2011, 169(2): 80-105.

[39] Liu M J, Jiang L. Switchable adhesion on liquid/solid interfaces [J]. Adv Funct Mater, 2010, 20(21): 3753-3764.

[40] Zhong Z X, Li D, Zhang B B, et al. Membrane surface roughness characterization and its influence on ultrafine particle adhesion [J]. Sep Purif Technol, 2012, 90: 140-146.

[41] 邢卫红，仲兆祥，张兵兵，等．一种不同表面粗糙度陶瓷膜的制备方法 [P]. ZL201010179950. 7. 2012-11-21.

[42] Gao N W, Li M, Jing W H, et al. Improving the filtration performance of ZrO_2 membrane in non-polar organic solvents by surface hydrophobic modification [J]. J Membr Sci, 2011, 375(1): 276-283.

[43] Gao N W, Ke W, Fan Y Q, et al. Evaluation of the oleophilicity of different alkoxysilane modified ceramic membranes through wetting dynamic measurements [J]. Appl Surf Sci, 2013, 283: 863-870.

[44] Vatanpour V, Madaeni S S, Rajabi L, et al. Biehmite nanoparticles as a new nanofiller for preparation of antifouling mixed matrix membranes [J]. J Membr Sci, 2012, 401-402: 132-143.

[45] Xue Z, Wang S, Lin L, et al. A novel superhydrophilic and underwater superoleophobic hydrogel-coated mesh for oil/water separation [J]. Adv Mater, 2011, 23(37): 4270-4273.

[46] Tamura H, Mita K, Tanaka A, et al. Mechanism of hydroxylation of metal oxide surfaces [J]. J Colloid Interface Sci, 2001, 243(1): 202-207.

[47] Barthés-Labrousse M G. Acid-base characterisation of flat oxide-covered metal surfaces [J]. Vacuum, 2002, 67(3): 385-392.

[48] Hunter R J. Zeta potential in colloid science: Principles and applications [M]. London: Academic Press, 1981.

[49] 程传煊．表面物理化学 [M]. 北京：科学技术文献出版社，1995.

[50] 顾惕人，朱步瑶，李外郎，等．表面化学 [M]. 北京：科学出版社，1994.

[51] Zhang Q, Jing W H, Fan Y Q, et al. An improved Parks equation for prediction of surface charge properties of composite ceramic membranes [J]. J Membr Sci, 2008, 318(1): 100-106.

[52] Zhang Q, Fan Y Q, Xu N P. Effect of the surface properties on filtration performance of Al_2O_3-TiO_2 composite membrane [J]. Sep Purif Technol, 2009, 66(2): 306-312.

[53] 漆虹，陈纲领，邹琳玲，等. 19 通道多孔陶瓷膜渗透过程的 CFD 模拟 [J]. 化工学报，2007, 58(8): 2021-2026.
[54] 彭文博，漆虹，李卫星，等. 陶瓷膜通道相互作用的实验分析及 CFD 优化 [J]. 化工学报，2008, 59(3): 602-606.
[55] 杨钊，程景才，杨超，等. 非对称陶瓷膜管渗透性能的 CFD 模拟研究 [J]. 化工学报，2015, 66(8): 3120-3129.
[56] Yang Z, Cheng J C, Yang C, et al. CFD-based optimization and design of multi-channel inorganic membrane tubes [J]. Chin J Chem Eng, 2016, 24: 1375-1385.
[57] Zhong Z X , Xing W H , Liu X , et al. Fouling and regeneration of ceramic membranes used in recovering titanium silicalite-1 catalysts [J]. J Membr Sci, 2007, 301(1/2): 67-75.
[58] 漆虹，江晓骆，韩静，等. ZrO_2 中孔膜的制备及其耐酸碱腐蚀性能 [J]. 过程工程学报，2009, 9(6): 1216-1221.
[59] 陈纲领，漆虹，彭文博，等. 多孔陶瓷膜支撑体在 HNO_3 溶液中的腐蚀性能研究 [J]. 化学工程，2008, 36(1): 48-51.
[60] Lin Y S, de Vries K J, Burggraaf. Thermal stability and its improvement of the alumina membrane top-layers prepared by sol-gel methods [J]. J Mater Sci, 1991, 26: 715-720.
[61] Lin Y S, Burggraaf A J. Preparation and characterization of high-temperature thermally stable alumina composite membrane [J]. J Am Cer Soc, 1991, 74: 219-224.
[62] Chang C H, Copalan R, Lin Y S. A comparative study on thermal and hydrothermal stability of alumina, titania and zirconia membranes [J]. J Membr Sci, 1994, 91: 27-45.
[63] Yeung K L, Sebastian J M, Varma A. Mesoporous alumina membranes: Synthesis, characterization, thermal stability and nonuniform distribution of catalyst [J]. J Membr Sci, 1997, 131(1-2): 9-28.
[64] Samian L, Jaworski A, Eden M, et al. Structural analysis of highly porous γ-Al_2O_3 [J]. J Solid State Chem, 2014, 217: 1-8.
[65] Sun Q P, Zheng Y, Li Z H, et al. Synthesis of ordered mesoporous γ-alumina influenced by the interfacial protector [J]. Mater Lett, 2012, 84: 44-47.
[66] 李改叶，漆虹，范益群. YSZ 含量对多孔氧化铝支撑体断裂韧性的影响 [J]. 解放军理工大学学报，2010, 11(2): 168-171.
[67] 陈纲领，漆虹，彭文博，等. 原位反应烧结制备高强度多孔莫来石支撑体 [J]. 稀有金属材料与工程，2008, 37: 74-77.
[68] 漆虹，邢卫红，范益群. 低温烧成高纯 Al_2O_3 多孔陶瓷支撑体的制备 [J]. 硅酸盐学报，2010, 38(2): 283-293.
[69] 李改叶，漆虹，范益群，等. 热处理温度对金属 Al 增韧氧化铝多孔陶瓷支撑体断裂韧性的影响 [J]. 北京科技大学学报，2007, 29(2): 135-138.
[70] 舒莉，吴波，邢卫红，等. 陶瓷膜污染的超声波辅助清洗 [J]. 化工进展，2006, 25(10):

1184-1187.
[71] 邢卫红，金万勤，陈日志，等．陶瓷膜连续反应器的设计与工程应用 [J]. 化工学报，2010, 61(7): 1666-1673.
[72] Krinks J K, Qiu M H, Mergos I A, et al. Piezoceramic membrane with built-in ultrasonic defouling [J]. J Membr Sci, 2015, 494: 130-135.
[73] Mao H Y, Bu J W, Qiu M H, et al. PZT/Ti composite piezoceramic membranes for liquid filtration: Fabrication and self-cleaning properties [J]. J Membr Sci, 2019, 581: 28-37.
[74] Mao H Y, Qiu M H, Chen X F, et al. Fabrication and in-situ fouling mitigation of a supported carbon nanotube/γ-alumina ultrafiltration membrane [J]. J Membr Sci, 2018, 550: 26-35.
[75] Mao H Y, Qiu M H, Bu J W, et al. Self-cleaning piezoelectric membrane for oil-in-water separation[J]. ACS Appl Mater Interfaces, 2018, 10: 18093-18103.
[76] 毛恒洋，邱鸣慧，范益群．多孔 PZT 压电陶瓷膜的制备及其抗污染性能 [J]. 化工学报，2017, 68(3): 1224-1230.

第三章

液相陶瓷膜反应器的设计与优化

第一节 引言

液相陶瓷膜反应器是一种多功能反应器，它将液相催化反应过程和陶瓷膜分离过程结合起来，操作性能受到很多操作参数、设计参数以及物理 / 化学特性等因素的影响。多年来，研究人员在优化液相催化膜反应器运行方面做了大量工作[1～13]。如何协同控制催化反应过程和膜分离过程，研究各因素之间相互影响、制约、促进的关系，探究工艺的最优运行参数，使两个过程都处于相对优化的状态，是研究的重点所在。随着膜分离技术的应用日趋广泛和研究者对液相陶瓷膜反应器研究的逐步深入，研究者发现由于受实验条件的限制，难以原位获得反应器尺度的膜结构中及反应器局部的多相流动、传递、反应和纳米催化剂颗粒的信息，限制了膜反应器技术的进一步研究开发。

本章主要针对浸没式、气升式液相膜反应器构型，利用计算流体力学的方法研究液相膜反应器的水力特性，对液相膜反应器的设计和运行状况进行分析，重点探索液相膜反应器的结构和操作条件对膜反应器流场的影响。建立了液相膜反应器的放大设计的数学模型，预测膜反应器内化学反应与传递规律交互作用下的反应性能，为液相膜反应器的放大设计和优化以及操作过程的控制提供理论依据。

第二节　浸没式膜反应器的设计

浸没式膜反应器中膜组件浸没于反应器内部，两者形成一个有机整体，通过抽吸作用将渗透液移出[14～16]。与外置式陶瓷膜反应器相比，无须循环泵提供动力，所以能耗较小，占地面积也小，且催化剂完全被截留在反应器中，因此催化剂不会因为被吸附到管路、泵而损失[17]。浸没式膜反应器在生化过程、废水处理等方面有着广泛的应用[18,19]。在化学反应过程中，如对硝基苯酚加氢、苯酚羟基化，浸没式膜反应器也进行了有益的尝试[2,6]。在膜分离过程中，流体力学对膜的性能起着重要的作用，比如，在固 - 液体系中，膜面的流体速率分布与膜通量密切相关[12]。浸没式膜反应器中的流场可能对固体催化剂的分布造成影响，从而影响反应的转化率和产品的选择性。为了优化浸没式膜反应器的结构，有必要系统研究反应器中的流场。

计算流体力学技术（CFD）受到研究者们的广泛关注，它是用于研究和预测包括流、热和传质等过程行为而被广泛应用的一种模拟工具。此法在不需要开展实时实验的前提下，可以获得多相系统的流场分布以及其他更深入的细节[20]，因此，CFD 已经被应用于膜分离过程的优化中[21,22]。Ghidossi 等[23]综述了一些膜分离过程的 CFD 模拟工作。考虑到膜传质现象，Wiley 和 Fletcher 等[24]建立了 CFD 模型来描述压力驱动的膜过程。他们发现在膜壁附近的精细网格、高阶数值方案、准确的建模以及物理性质变化对于精确且可靠的预测十分必要。为了优化膜过程，Brannock 等[25,26]综合考虑了曝气过程和膜的结构而建立了 CFD 模型。他们认为曝气是主要的混合机制，且入口位置可能对内部的循环影响不大，但是能让整个系统更接近于全混。

浸没式膜反应器中膜面的速率分布和催化剂的浓度分布这两个关键因素很难通过实验方法直接获得。因此需要通过 CFD 数值模拟方法对浸没式膜反应器的主要结构参数进行量化计算，获得陶瓷膜引入、陶瓷膜与搅拌桨间的距离以及搅拌桨桨型对陶瓷膜面剪切速率和反应器内催化剂浓度分布的作用规律，并对模拟结果进行了实验验证[27]。

一、数学模型的建立

对于液固两相反应体系，计算采用多相流模型中的混合物模型（mixture model），作如下假设：

① 分散相与连续相均为连续介质，两相共同存在于同一三维空间，流场中任意控制体均同时被两种流体占据，两相共用同一压力场；

② 两种流体间无质量传递，为等温流动；

③ 假设分散相为具有统一粒度的刚性球体；

④ 连续相和分散相均为不可压缩流体。

两相流中，若不考虑相间质量、能量传递，按照基本的质量、动量守恒定律，各相在控制体内的瞬时、局部守恒方程为：

a. 连续性方程

$$\frac{\partial}{\partial t}(\rho_{\mathrm{m}})+\nabla(\rho_{\mathrm{m}}\boldsymbol{U}_{\mathrm{m}})=0 \tag{3-1}$$

式中 ρ_{m}——混合流体的密度，$\mathrm{kg/m^3}$；

$\boldsymbol{U}_{\mathrm{m}}$——混合流体的平均速率，m/s。

ρ_{m} 由下式定义

$$\rho_{\mathrm{m}}=\sum_{q=1}^{n}\alpha_k\rho_k \tag{3-2}$$

式中 α_k——k 相体积分数；

ρ_k——k 相的密度，$\mathrm{kg/m^3}$。

连续性方程中的混合流体速率 $\boldsymbol{U}_{\mathrm{m}}$ 的计算式为

$$\boldsymbol{U}_{\mathrm{m}}=\frac{\sum_{k=1}^{n}\alpha_k\rho_k\boldsymbol{U}_k}{\rho_{\mathrm{m}}} \tag{3-3}$$

式中 $\boldsymbol{U}_k$——k 相速率，m/s。

b. 动量方程

$$\frac{\partial(\rho_{\mathrm{m}}\boldsymbol{U}_{\mathrm{m}})}{\partial t}+\nabla(\rho_{\mathrm{m}}\boldsymbol{U}_{\mathrm{m}}\boldsymbol{U}_{\mathrm{m}})=-\nabla p+\nabla\boldsymbol{\tau}_{\mathrm{m}}+\rho_{\mathrm{m}}\boldsymbol{g}+\boldsymbol{F}+\nabla\left(\sum_{k=1}^{2}\alpha_k\rho_k\boldsymbol{U}_{\mathrm{dr},k}\boldsymbol{U}_{\mathrm{dr},k}\right) \tag{3-4}$$

式中 p——压力，Pa；

$\boldsymbol{\tau}_{\mathrm{m}}$——混合流体的应力张量，Pa；

$\boldsymbol{g}$——重力加速率，$\mathrm{m/s^2}$；

$\boldsymbol{F}$——体积力，$\mathrm{kg/(m^2\cdot s^2)}$；

α_k——k 相体积分数；

ρ_k——k 相的密度，$\mathrm{kg/m^3}$；

$\boldsymbol{U}_{\mathrm{dr},k}$——$k$ 相的漂移速率，m/s。

$\boldsymbol{\tau}_{\mathrm{m}}$ 由下式定义

$$\boldsymbol{\tau}_{\mathrm{m}}=\mu_{\mathrm{m}}(\nabla\boldsymbol{U}_{\mathrm{m}}+\nabla\boldsymbol{U}_{\mathrm{m}}^{\mathrm{T}}) \tag{3-5}$$

式中 μ_{m}——混合流体的黏度，Pa·s。

$$\mu_{\mathrm{m}}=\sum_{k=1}^{n}\alpha_k\mu_k \tag{3-6}$$

式中 μ_k——k 相的黏度，Pa·s。

漂移速率 $\boldsymbol{U}_{\mathrm{dr},k}$ 可表示为

$$\boldsymbol{U}_{\mathrm{dr},k}=\boldsymbol{U}_k-\sum_{k=1}^{n}\frac{\alpha_k\rho_k\boldsymbol{U}_k}{\rho_\mathrm{m}} \tag{3-7}$$

固体的相对速率 $\boldsymbol{U}_\mathrm{sl}$ 可以采用下式进行计算：

$$\boldsymbol{U}_\mathrm{sl}=\boldsymbol{U}_\mathrm{s}-\boldsymbol{U}_\mathrm{l} \tag{3-8}$$

式中　$\boldsymbol{U}_\mathrm{sl}$——固体的相对速率，m/s；

$\boldsymbol{U}_\mathrm{s}$——固体的速率，m/s；

$\boldsymbol{U}_\mathrm{l}$——液体的速率，m/s。

相与相之间应该在短的空间长度范围内达到平衡，因此 Mixture 模型为相对速率定义一个代数关系

$$\boldsymbol{U}_\mathrm{sl}=\frac{\tau_\mathrm{s}}{f_\mathrm{drag}}\frac{\rho_\mathrm{s}-\rho_\mathrm{m}}{\rho_\mathrm{s}}\boldsymbol{a} \tag{3-9}$$

式中　τ_s——固相颗粒的松弛时间，s；

ρ_s——固相的密度，kg/m^3；

f_drag——曳力系数；

$\boldsymbol{a}$——固相颗粒的加速率，m/s^2。

其中

$$\tau_\mathrm{s}=\frac{\rho_\mathrm{s}d_\mathrm{s}^2}{18\mu_\mathrm{l}} \tag{3-10}$$

式中　d_s——固体颗粒直径，m；

μ_l——液体的黏度，Pa・s。

曳力系数可表示为

$$f_\mathrm{drag}=\begin{cases}1+0.15Re^{0.687} & Re\leqslant 1000\\ 0.0183Re & Re>1000\end{cases} \tag{3-11}$$

式中　Re——雷诺数。

固体颗粒加速率可表示为

$$\boldsymbol{a}=\boldsymbol{g}-\left(\boldsymbol{U}_\mathrm{m}\nabla\right)\boldsymbol{U}_\mathrm{m}-\frac{\partial\boldsymbol{U}_\mathrm{m}}{\partial t} \tag{3-12}$$

最简单的代数滑移公式是漂移流量模型，其中颗粒的加速率由重力或离心力给出，且颗粒的弛豫时间考虑到其他颗粒的存在而被修正。

湍流模型采用可实现的 k-ε 模型（realizable k-ε model），湍流动能 k 和湍流耗散率 ε 分别由以下方程求出：

$$\frac{\partial}{\partial t}\left(\rho_1 k_1\right)+\nabla\left(\rho_1 k_1 \boldsymbol{U}_1\right)=\nabla\left[\left(\mu+\frac{\mu_t}{\sigma_k}\right)\nabla k_1\right]+G_k-\rho_1\varepsilon_1 \tag{3-13}$$

以及

$$\frac{\partial}{\partial t}\left(\rho_1 \varepsilon_1\right)+\nabla\left(\rho_1 \varepsilon_1 \boldsymbol{U}_1\right)=\nabla\left[\left(\mu+\frac{\mu_t}{\sigma_\varepsilon}\right)\nabla \varepsilon_1\right]-\rho_1 C_2\frac{\varepsilon_1^2}{k_1+\sqrt{\boldsymbol{v}\varepsilon_1}} \tag{3-14}$$

式中 ρ_1——液相密度，kg/m^3；

μ——液体的分子黏度，Pa • s；

μ_t——液体的湍流黏度，Pa • s；

σ_k——湍流动能的普朗特数，常数 1.0；

G_k——由平均速率梯度产生的湍流动能；

σ_ε——湍流耗散率的普朗特数，常数 1.2；

C_2——常数，1.9；

$\boldsymbol{v}$——平行于重力方向的速率矢量。

二、CFD模拟参数

商业化 CFD 软件 FLUENT（Ansys Inc.，美国）用来模拟浸没式多相催化膜反应器的液固两相流场。第一步是网格划分，将计算区域划分成离散的控制体积。Gambit 2.4（Ansys Inc.，美国）用于将流动区域划分成一定数量的四面体。非结构网格的优点是能够很容易划分复杂的几何结构，比如，搅拌桨叶。所有划分网格的倾斜角度小于 0.9，说明网格质量可以接受。浸没式膜反应器内液固两相流的数值模拟的计算网格数目约为 300000 ～ 400000 个。多重参考系（multiple reference frame，MRF）技术被用来处理旋转桨叶和静止的膜反应器之间的关系。将流体分成两部分，搅拌桨区域的流体采用旋转参考系，搅拌桨以外区域的流体采用静止参考系。在求解过程中，在预先定义好的两系统间界面上有稳定的信息传递。旋转参考系是直径为 10cm、高为 5cm 的圆柱体，且以桨叶为中心。搅拌不包含在旋转参考系区域中。此方法便于描述搅拌桨叶的运动，尤其是复杂结构的桨叶。

在液面处采用对称边界条件，即所有变量为零速率和零梯度。由于在对称界面上剪切力为零，又被称为壁面滑移边界条件。壁面无滑移边界条件应用于搅拌轴和反应器的壁面。标准壁面函数被用于壁面湍流量的边界条件。在模拟中，监测局部固相浓度。计算收敛的判据为膜反应器中固相浓度的波动不显著，且前后两次迭代结果中每个求解变量的残差小于 10^{-4}。

用于 CFD 模拟的浸没式多相催化膜反应器的构型参数、材料物理性质和操作条件见表 3-1。

表 3-1　浸没式多相催化膜反应器的构型参数、材料物理性质和操作条件

参数分类	参数名称	数值
反应器构型	反应器直径	T=0.14m
	反应液液位高度	H=0.15m
	搅拌桨桨叶直径	D=0.05m
	搅拌桨距槽底距离 / 反应器直径	C/T=0.2
材料物理性质	反应液密度	ρ_L=1100kg/m^3
	分子筛密度	ρ_S=2230kg/m^3
	分子筛粒径	d_p=300nm
反应操作条件	固相质量分数	X=0.1%
	搅拌速率	N=380r/min

选择 TS-1 催化苯酚羟基化反应为模型反应验证模拟的可靠性。采用直接连续操作的方式进行。典型过程如下：先将一定量的苯酚水溶液和催化剂加入反应器中，然后在搅拌下加热至所需温度，双氧水溶液和苯酚水溶液分别由两个进料泵以一定流速连续输入至反应器内，同时反应液在真空泵的抽吸下被吸入膜管内并排出，催化剂则被截留在反应器中。

三、浸没式膜反应器的流场及流动特性

（一）陶瓷膜引入的影响

基于 CFD 模拟，计算得到了浸没式多相催化膜反应器内的轴向速率分布，并与无陶瓷膜的搅拌槽式反应器内的流场进行对比，结果如图 3-1 所示。可以发现，陶瓷膜的引入显著影响了反应器内的宏观流场，轴向流动得到了加强，该作用对固相催化剂的分布有很强的影响。因此，有必要研究反应器的结构参数，如陶瓷膜的位置和桨叶的类型对浸没式膜反应器流场分布的影响。

（二）多孔陶瓷膜与搅拌桨间距离的影响

在膜分离过程中，膜污染对渗透通量的下降起着重要的作用，是影响膜系统经济和商业可行性的关键因素。为了抑制膜污染，经常用到的方法之一是提高膜面速率，有效降低污染，提高通量[3,28]。但是，通过实验方法很难直接检测到膜面速率。膜污染的考察主要基于膜的渗透通量。为了研究反应器结构对膜面速率的影响，采用 CFD 模拟计算了浸没式膜反应器中的速率分布，并与实验中获得的膜渗透通量进行对比。

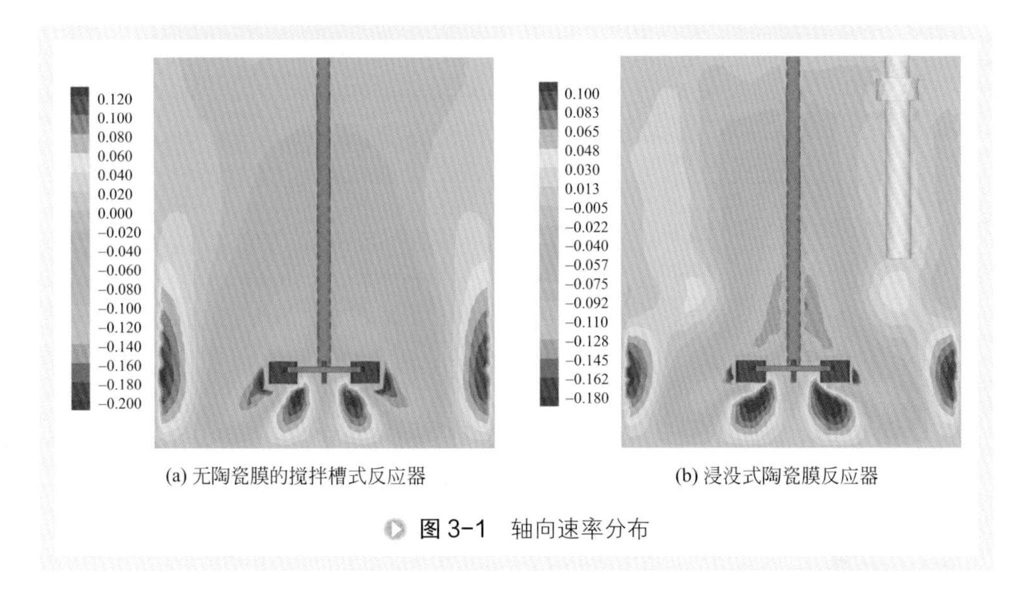

图 3-1 轴向速率分布

图 3-2 给出了通过实验测定的不同多孔陶瓷膜与搅拌桨间距离时的膜渗透通量，以及 CFD 模拟预测的膜面流速的变化。实验测得的膜渗透通量随多孔陶瓷膜与搅拌桨间距离的增大而减小。而计算结果显示，膜面流速呈现同样的趋势，说明了 CFD 模拟与实验吻合较好。图 3-3 给出了实验测量的多孔陶瓷膜与搅拌桨间距离对苯酚羟基化反应苯酚转化率和苯二酚选择性的影响。可知，随着距离减小，苯酚转化率逐渐提高，而苯二酚选择性基本维持不变。这主要是因为，与搅拌桨距离近的多孔陶瓷膜的膜面流速大，错流速率的上升有助于增大对膜污染层的剪切力，减少催化剂在膜表面的吸附，从而使得反应器内的催化剂浓度维持在较高的水平，促进了反应转化率的提高。

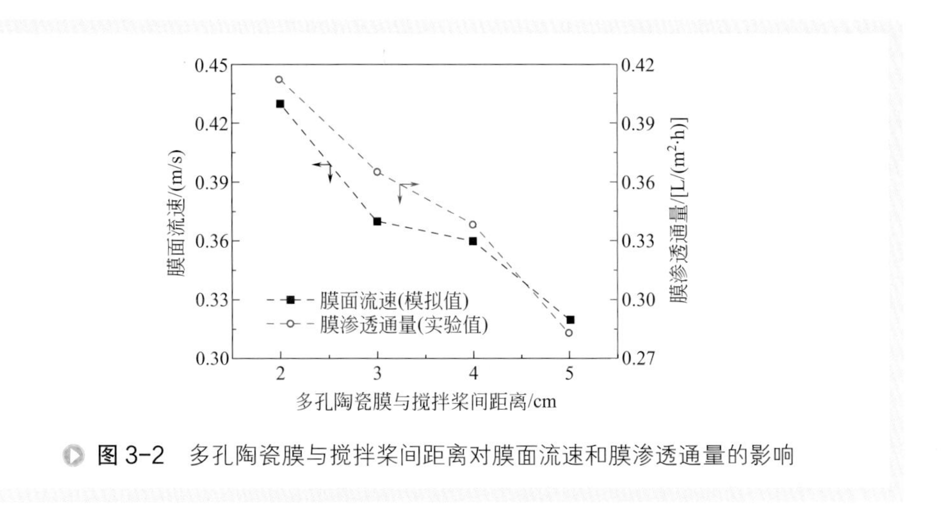

图 3-2 多孔陶瓷膜与搅拌桨间距离对膜面流速和膜渗透通量的影响

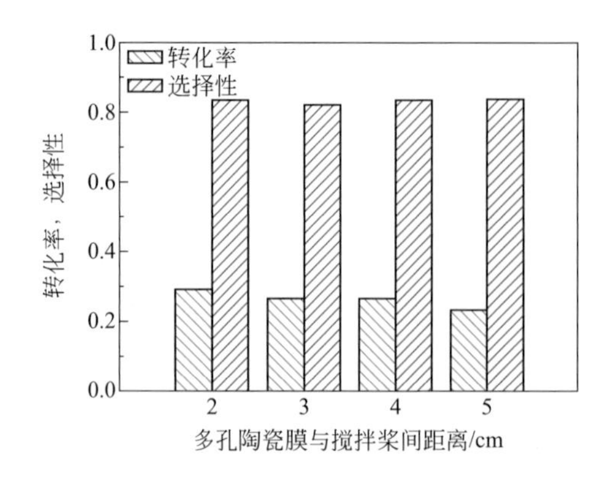

图 3-3　多孔陶瓷膜与搅拌桨间距离对苯酚羟基化反应苯酚转化率和苯二酚选择性的影响

（三）搅拌桨构型的影响

1. 搅拌桨桨叶类型的影响

搅拌桨是浸没式膜反应器中的核心构件，速率分布和浓度场均与搅拌桨类型有密切的关系。由于要求混合的体系不同，混合的要求也各有不同，因此就需要有合适的桨叶构型和与之相适应的操作条件。对于多相催化反应，一般选择轴向桨叶，因为它们能产生有效的脉动和更大的主体循环，更有利于固相催化剂的均匀分散，也被认为比径向桨叶产生更小的剪切效应[29]。基于此，选择了三种不同的直叶涡轮桨，即二叶弧形平桨、三叶开式直叶涡轮和四叶开式直叶涡轮为考察对象，采用 CFD 模拟研究了搅拌桨构型对膜面流速的影响。与此同时，给出了实验测得的膜渗透通量数据，结果如图 3-4 所示。对于不同的搅拌桨构型，通过 CFD 模拟计算得到的膜面流速与实验测得的膜渗透通量的变化趋势基本一致。可以发现，三叶开式直叶涡轮和四叶开式直叶涡轮产生的膜面流速相较于二叶弧形平桨更大，其中四叶开式直叶涡轮的膜面流速约较二叶弧形平桨增加了 20%。这是由于桨叶数量增加，对膜表面剪切速率提高的促进作用更大。

图 3-5 给出的是实验测量得到的搅拌桨构型对苯酚羟基化反应苯酚转化率和苯二酚选择性的影响。装配有二叶弧形平桨的膜反应器的苯酚转化率和苯二酚选择性均低于其他两种搅拌桨，与数值模拟结果一致。

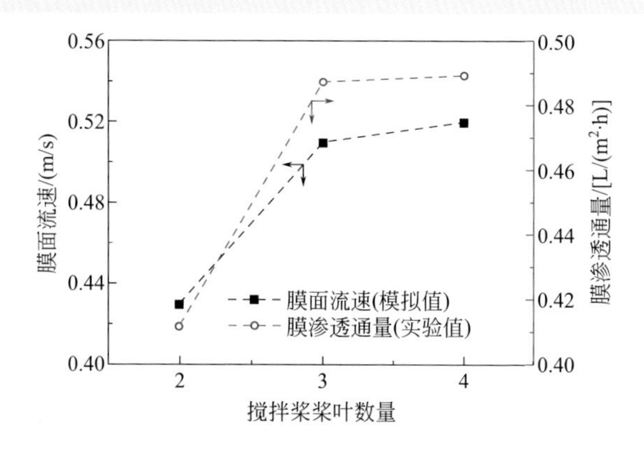

图 3-4　搅拌桨构型对膜面流速和膜渗透通量的影响

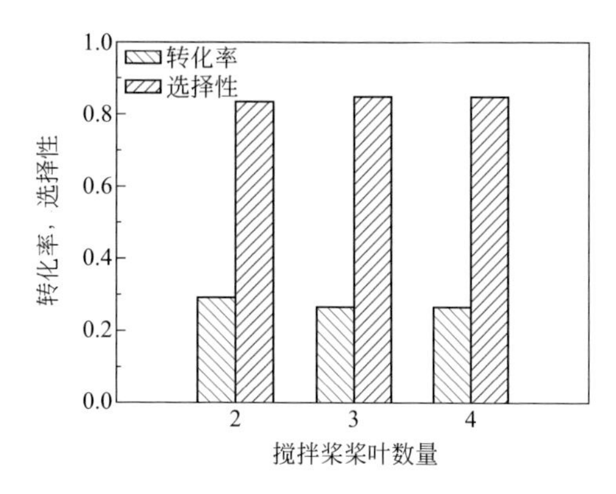

图 3-5　搅拌桨构型对苯酚羟基化反应苯酚转化率和苯二酚选择性的影响

2. 搅拌桨桨叶倾斜角度的影响

为进一步优化桨叶的设计，从而使得浸没式膜反应器的性能最大化，通过计算三叶开式涡轮桨叶倾斜角度 θ 分别为 0°、30°、45°和 60°时的流场分布，考察搅拌桨桨叶倾斜角度对反应器内流场的影响。图 3-6 给出了浸没式多相催化膜反应器内不同桨叶角度的固相催化剂相体积分数分布。计算结果显示，选用桨叶倾斜角度 θ=0°的搅拌桨时，反应器内的固相催化剂分散较不均匀，说明该构型搅拌桨的全反应器混合效果不佳。随着搅拌桨桨叶倾斜角度 θ 从 0°增加到 30°，膜反应器内固相催化剂的均匀程度提高，θ=30°时固相催化剂在全反应器内得到了最为均匀的分布。继续增大桨叶倾斜角度，则反应器底部固相催化剂相体积分数升高，说明存在一定范围的滞流区，导致固相催化剂颗粒在该处沉积。

通过 CFD 模拟计算了不同搅拌桨桨叶角度下的膜面流速，可以发现，搅拌桨桨叶倾斜角度的增加使得三叶开式涡轮产生的膜面流速呈减小的趋势（图 3-7），桨叶倾斜角度 θ=60°时的膜面流速约为 θ=0°时的一半。实验测得的膜渗透通量也

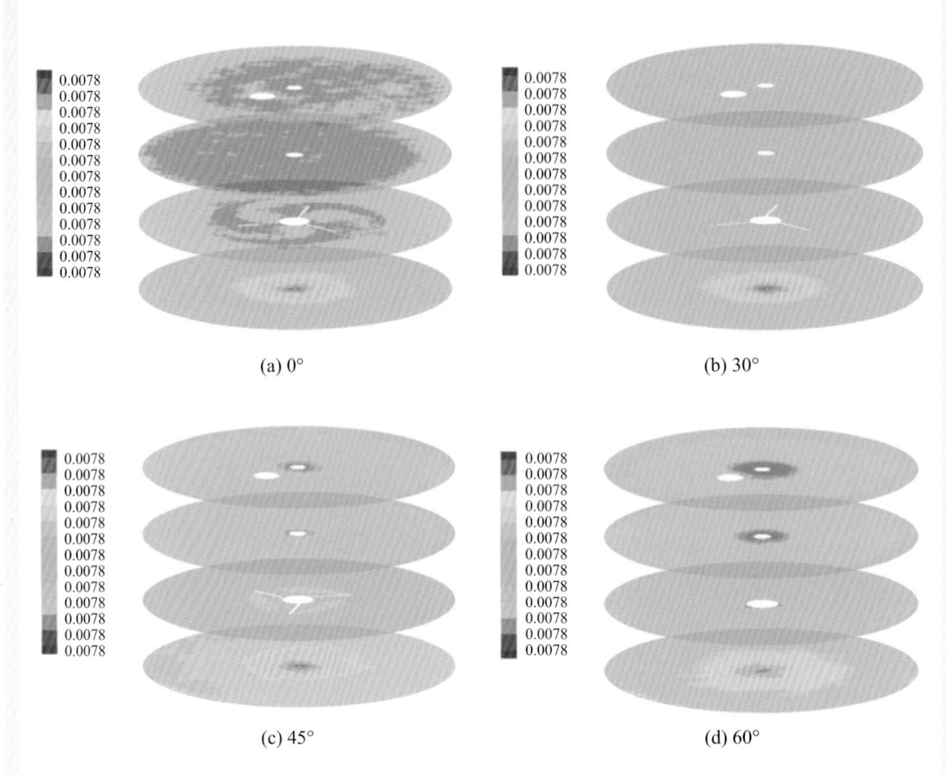

图 3-6 浸没式多相催化膜反应器内不同桨叶角度的固相催化剂相体积分数分布

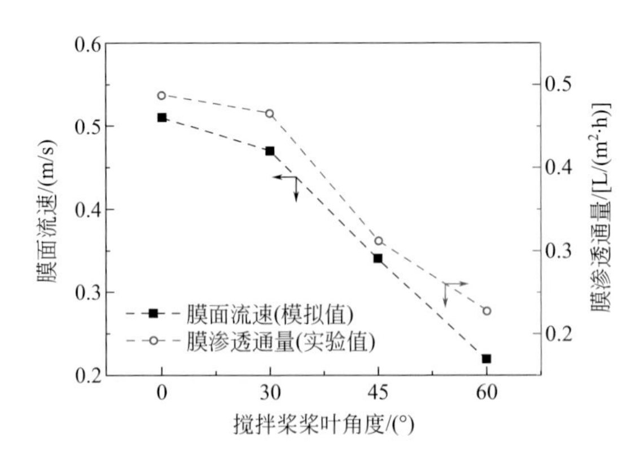

图 3-7 搅拌桨桨叶角度对膜面流速和膜渗透通量的影响

存在与膜面流速一致的变化规律，说明 CFD 模拟与实验吻合较好。CFD 模拟求得的桨叶倾斜角度与膜面流速间的关系可以通过膜反应器内的速率场分布进行理论解释。图 3-8 给出的是浸没式多相催化膜反应器内不同桨叶角度时的速率矢量图，如图所示，桨叶倾斜角度的加大使得膜反应器底部的漩涡区域逐渐增大，流场中能量耗散加快，从而导致轴向流动减弱，膜面平均剪切速率变小。

图 3-9 给出的是搅拌桨桨叶角度对苯酚羟基化反应苯酚转化率和苯二酚选择性的影响。从实验结果可以看出，搅拌桨桨叶倾斜角度 θ=30°时的反应转化率最高，随桨叶倾斜角度的进一步增加而苯酚转化率逐渐降低。此趋势与计算得到的 TS-1 催化剂颗粒的浓度分布结果一致，证明了 CFD 模拟是膜反应器设计的有效工具。

综合以上 CFD 计算和实验的结果以及能耗上的考虑，桨叶倾斜角度为 θ=30°的三叶开式涡轮构型对浸没式多相催化膜反应器中的反应-分离耦合过程更为有利，因此更具优势。

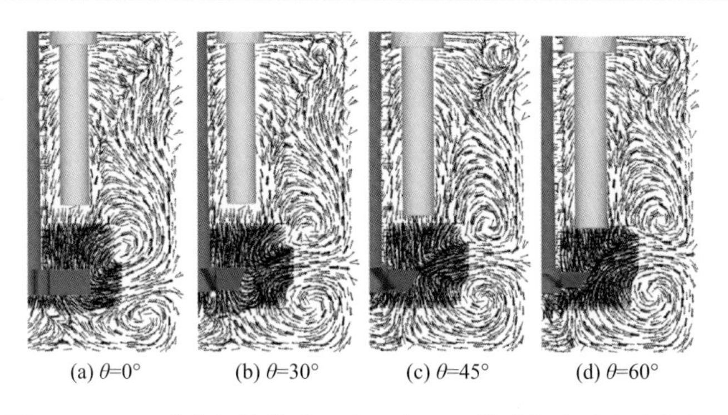

图 3-8 浸没式多相催化膜反应器内不同桨叶角度时的速率矢量图

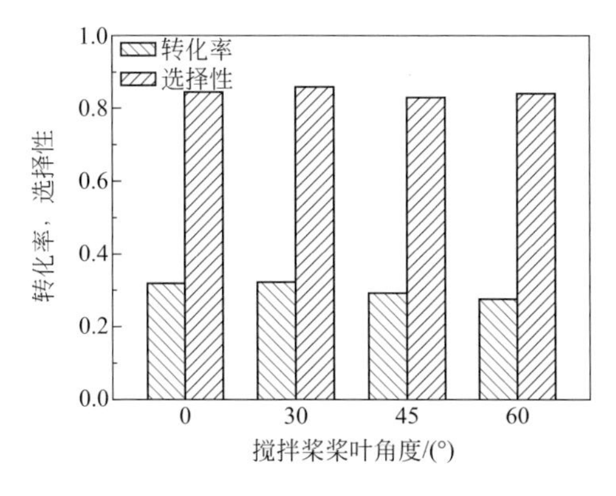

图 3-9 搅拌桨桨叶角度对苯酚羟基化反应苯酚转化率和苯二酚选择性的影响

第三节　气升式膜反应器的设计

气升式膜反应器（air lift membrane reactor，ALMR）是在气升式环流反应器基础上引入膜分离组件，能够同时进行反应与膜分离的新型反应器。与气升式反应器相似，气升式环流膜反应器通过压缩气体膨胀提供能量，依靠升流区和降流区之间流体密度差而形成循环流动，属于气动搅拌反应器[30]。气升式膜反应器能够强化反应物之间的混合、扩散、传热和传质，有利于反应的进行；气升产生的气液两相流能够减缓膜污染，增加膜通量；同时气升式反应器又具有结构简单、造价低、易清洗维修、不易染菌、能耗低等优点[31]。

通过 CFD 模拟研究了气升式膜反应器装置内的流场分布，在此基础上提出了一种更高效的双环流气升式膜反应器装置，考察了气速和降液管直径对装置流体力学参数的影响，并模拟研究了膜通道内的气液两相流分布形态[32]。

一、气升式膜反应器的数值模拟

（一）几何模型和网格划分

对复杂的两相流系统，几何模型和网格数量直接影响计算速率，所以要简化模型。大量文献和计算实验证明，采用二维模型也可有效地计算气液动力学行为。以气升式膜反应器为原型，建立了气升式膜反应器二维模型，如图 3-10 所示。

Gambit 软件是 CFD 分析的前置处理器，包括先进的几何建模和网格划分模块，

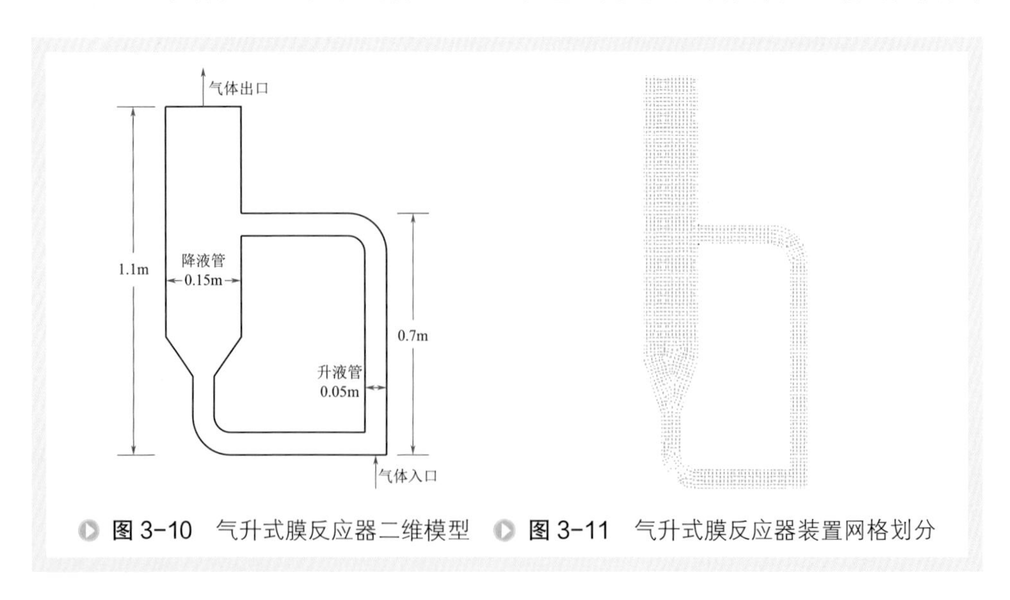

图 3-10　气升式膜反应器二维模型　图 3-11　气升式膜反应器装置网格划分

能够生成多种类型的网格，可以根据解决问题的需要来选用。网格类型包括结构网格和非结构网格。求解简单几何边界的流体，用结构网格比较方便。二维模型相对三维模型网格数量显著减少，尽量提高网格质量，使网格线方向尽量与流体流动方向一致，提高计算精度。采用 Gambit 2.3.16 对几何模型进行网格划分，生成具有较高网格质量结构化四边形网格，如图 3-11 所示，计算区域内，网格总数为 1988 个。

（二）控制方程和本构方程

把控制流体流动以及其他相关过程的规律表达成数学模型（一般表示成微分方程的形式）之后才能对这些过程进行数值计算。对于多相流数值模拟而言，其基本控制方程为质量、动量和能量三大守恒方程。拟采用欧拉模型对气升式膜反应器进行冷态模拟，其连续性方程和动量方程的具体形式为：

1. 连续性方程

$$\frac{\partial}{\partial t}(\alpha_k \rho_k) + \nabla(\alpha_k \rho_k \boldsymbol{U}_k) = 0 \tag{3-15}$$

式中 α_k——k 相的体积分数；

ρ_k——k 相密度，kg/m^3；

$\boldsymbol{U}_k$——k 相速率，m/s。

2. 动量守恒方程

$$\frac{\partial\left(\alpha_k \rho_k \boldsymbol{U}_k\right)}{\partial t} + \nabla\left(\alpha_k \rho_k \boldsymbol{U}_k \boldsymbol{U}_k\right) = -\alpha_k \nabla p + \nabla\left(\alpha_k \tau_k\right) + \alpha_k \rho_k \boldsymbol{g} + \boldsymbol{M}_k \tag{3-16}$$

式中 p——压力，Pa；

τ_k——应力张量，Pa；

$\boldsymbol{g}$——重力加速率，m/s^2；

$\boldsymbol{M}_k$——界面动量传递项。

τ_k 由下式定义

$$\tau_k = \mu_{\text{eff}}\left[\left(\nabla \boldsymbol{U}_k + \nabla \boldsymbol{U}_k^{\text{T}}\right) - \frac{2}{3}\boldsymbol{I}\left(\nabla \boldsymbol{U}_k\right)\right] \tag{3-17}$$

式中 μ_{eff}——液相的有效黏度，Pa・s；

$\boldsymbol{I}$——单位矩阵。

μ_{eff} 的计算公式为

$$\mu_{\text{eff}} = \mu_{\text{L,L}} + \mu_{\text{t,L}} \tag{3-18}$$

式中 $\mu_{\text{L,L}}$——分子黏度，Pa・s；

$\mu_{\text{t,L}}$——湍流黏度，Pa・s。

其中 $\mu_{\text{t,L}}$ 的计算公式为

$$\mu_{t,L}=\rho_L C_\mu \frac{k^2}{\varepsilon} \tag{3-19}$$

式中 ρ_L——液相的密度，kg/m^3；

C_μ——常数；

k——湍流动能，m^2/s^2；

ε——湍流耗散率，m^2/s^2。

气液两相之间的动量传递主要是由曳力、升力和附加质量力引起的。

① 由于气升式膜反应器不同区域存在连续相和分散相的交换，采用 Symmetric 模型表示两相之间的交换系数[33]。

② 升力项主要是由于主相流场的速率梯度。对大的粒子，升力更重要，因此忽略升力项对气液两相相互作用的影响。

③ 当气相的密度远小于液相的密度时，虚拟质量力对气液两相相互作用影响是重要的虚拟质量力。计算需要考虑虚拟质量力，采用 Drew-Lahey 公式来表示单位体积相间虚拟质量力。

由于不考虑流体、壁面的热传导，组分扩散和黏性耗散带来的能量输运，故省略能量方程。

只考虑曳力及相间虚拟质量力，因此 $\boldsymbol{M}_k$ 可表示为

$$\boldsymbol{M}_k=\boldsymbol{M}_{D,L}+\boldsymbol{M}_{VM,L} \tag{3-20}$$

式中 $\boldsymbol{M}_{D,L}$——曳力导致的界面传递；

$\boldsymbol{M}_{VM,L}$——虚拟质量力导致的界面传递。

$$\boldsymbol{M}_{D,L}=\frac{3}{4}\alpha_G\rho_L\frac{C_D}{d_B}(\boldsymbol{U}_G-\boldsymbol{U}_L)|\boldsymbol{U}_G-\boldsymbol{U}_L| \tag{3-21}$$

式中 C_D——曳力系数，$C_D=\frac{2}{3}Eo^{1/2}, Eo=\frac{g(\rho_L-\rho_G)d_B^2}{\sigma}$；

d_B——气泡直径，m。

$$\boldsymbol{M}_{VM,L}=\frac{1}{2}\alpha_G\rho_L\left(\frac{d_G\boldsymbol{U}_G}{dt}-\frac{d_L\boldsymbol{U}_L}{dt}\right) \tag{3-22}$$

（三）求解条件和计算方法

1. 多相流模型

采用空气 - 水两相流系统考察气升式膜反应器的流体力学性能，常用物性参数见表 3-2。气升式膜反应器模拟的操作条件：温度为 25℃，无罐压。设定水为连续相，空气为分散相。

表 3-2　空气 - 水系统常用物性参数

名称	密度 /（kg/m^3）	黏度 /Pa • s	扩散系数 /（m^2/s）	表面张力 /（N/m）	传氧系数 /（m/s）	亨利系数 /（N/m^2）
水	1000	0.8937×10^{-3}	2.2×10^{-9}	7.28×10^{-2}	4.21×10^{-4}	3.65×10^{9}
空气	1.25	1.83×10^{-5}	1.8×10^{-5}	—		

2. 湍流模型

标准 k-ε 模型具有适用范围广、经济、合理的精度等优点，因而成为工程流场计算中主要的工具。但是，标准 k-ε 模型只适合完全湍流的过程模拟，对标准 k-ε 模型进行修正，RNG k-ε 模型是对瞬时的 Navier-Stokes 方程用重整化群的数学方法推导出来的模型。

RNG k-ε 模型具体如下：

$$\frac{\partial}{\partial t}\left(\rho_1 k_1\right)+\nabla\left(\rho_1 k_1 \boldsymbol{U}_1\right)=\nabla\left[\alpha_k \mu_{\text{eff}} \nabla k_1\right]+G_k-\rho_1 \varepsilon_1 \tag{3-23}$$

$$\frac{\partial}{\partial t}\left(\rho_1 \varepsilon_1\right)+\nabla\left(\rho_1 \varepsilon_1 \boldsymbol{U}_1\right)=\nabla\left[\alpha_\varepsilon \mu_{\text{eff}} \nabla \varepsilon_1\right]+\frac{\varepsilon_1}{k_1}\left(C_{1\varepsilon} G_k-C_{2\varepsilon} \rho_1\right)-R_\varepsilon \tag{3-24}$$

式中　ρ_1——液相密度，kg/m^3；

α_k——湍流动能普朗特数的倒数；

μ_{eff}——湍流黏度，Pa • s；

G_k——平均速率梯度产生的湍流动能；

α_ε——湍流耗散率普朗特数的倒数；

$C_{1\varepsilon}$——常数；

$C_{2\varepsilon}$——常数；

R_ε——主相的应变率。

R_ε 的计算式为

$$R_\varepsilon=\frac{C_\mu \rho_1 \eta^3\left(1-\eta / \eta_0\right)}{1+\beta \eta^3} \times \frac{\varepsilon_1^2}{k_1} \tag{3-25}$$

式中　C_μ——常数；

η_0——常数，4.38；

β——常数，0.012。

与标准 k-ε 模型不同，RNG k-ε 模型中包含了湍动能 k 和耗散率 ε 的有效湍流普朗特数的倒数 α_k 和 α_ε，可以精确到有效雷诺数对湍流输运的影响，这有助于处理低雷诺数和近壁流动问题的模拟。因此，选用 RNG k-ε 模型对气升式膜反应器进行过程模拟，多相流湍流模型选择 Dispersed 类型。RNG k-ε 模型参数设定值列于表 3-3。

表 3-3 RNG $k-\varepsilon$ 模型中的系数

C_μ	$C_{1\varepsilon}$	$C_{2\varepsilon}$	α_ε
0.0845	1.42	1.68	1.3

3. 边界条件

（1）入口条件　采用速率入口，速率入口忽略 x 方向动量，即速率大小等于 y 轴方向速率大小，由于入口为标准圆面，采用湍流强度和当量直径设置速率入口边界条件，当量直径 0.05m，湍流强度 10%，气速设为 0.02m/s。

（2）出口条件　采用压力入口，由于出口只有气体通过，故设出口为压力参考点，表压为 0。

（3）壁面条件　设定液相在装置壁面处的速率为 0，即无滑移边界条件，同时采用标准壁面函数处理壁面边界层流场。

4. 计算方法

采用 Fluent 6.3.26 对所建立的数学模型进行求解，Phase Coupled SIMPLE 算法求解压力 - 速率耦合，动量、体积分数、湍流动能和湍流动能耗散率的离散格式均取一阶迎风差分格式。非稳态方程求解的时间步长为 0.001s，直到获得稳定的流场。由于采用的数学模型是设定流场为紊流状态，在 t=0 时流场为层流，此时采用紊流的数学模型将产生很大的误差，计算前需要对流场进行初始化：装置中预填充水液位高 0.9m，设定整个计算区域液体向上的流速为 0.1m/s，气体向上的流速为 0.2m/s。

（四）结果分析

1. 收敛性分析

监测残差值　在迭代计算过程中，当各个物理变量的残差值都达到收敛标准时，计算就会发生收敛。Fluent 默认的收敛标准是：除了能量的残差值外，当所有变量的残差值都降到低于 10^{-3} 时，就认为计算收敛，而能量的残差值的收敛标准为低于 10^{-6}。图 3-12 所示为残差曲线，各个检测参数残差值均小于 10^{-3}，说明计算是收敛的。

有时因为收敛标准设置得不合适，物理量的残差值在迭代计算的过程中始终无法满足收敛标准。通过在迭代过程中监测某些代表性的流动变量，可能其值已经不再随着迭代的进行发生变化，此时也可以认为计算收敛。图 3-13 所示为降液底管中心点的液速变化。液速先开始呈振荡性变化，随着迭代进行，幅度越来越小，计算到 35s 时液速基本上不再发生变化，为 0.93m/s。

在 Flux Reports 对话框中检查流入和流出整个系统的质量、动量、能量是否守恒。守恒，则计算收敛。表 3-4 所示为进出口气体质量流量，基本上相等，认为计算收敛。

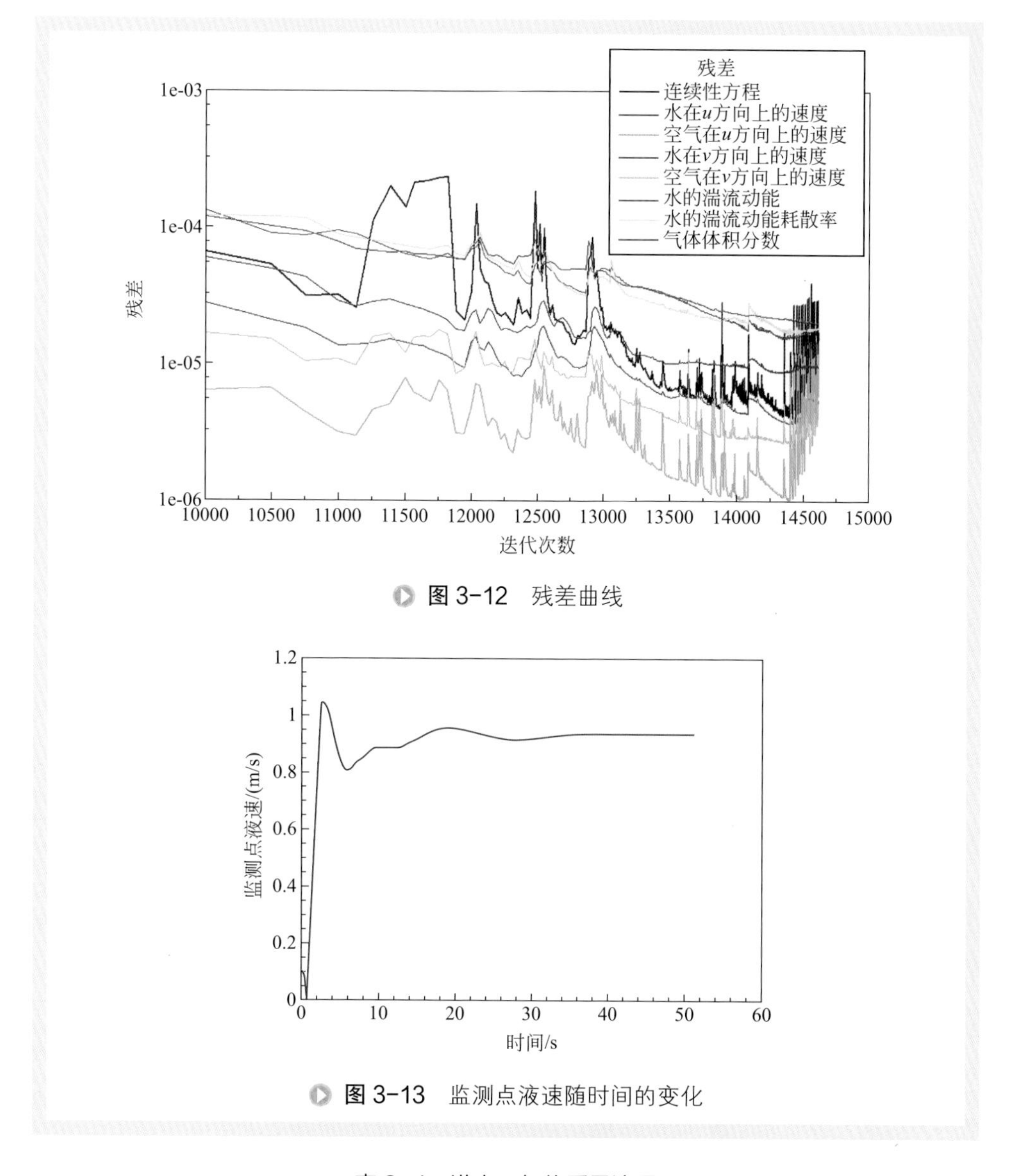

图 3-12 残差曲线

图 3-13 监测点液速随时间的变化

表 3-4 进出口气体质量流量

边界	气体入口	气体出口
气体质量流量 /（kg/s）	0.012249996	−0.012071814

2. 气含率分布

通过模拟计算，得到了气升式膜反应器内气体分布状况，如图 3-14 所示。升液管与气液分离区有较高的气含率，受到浮力的作用，气体进入降液管的概率比较小，且气体进入主体釜即沿装置壁面逸出，没有对气液分离区起到很好的扰动效

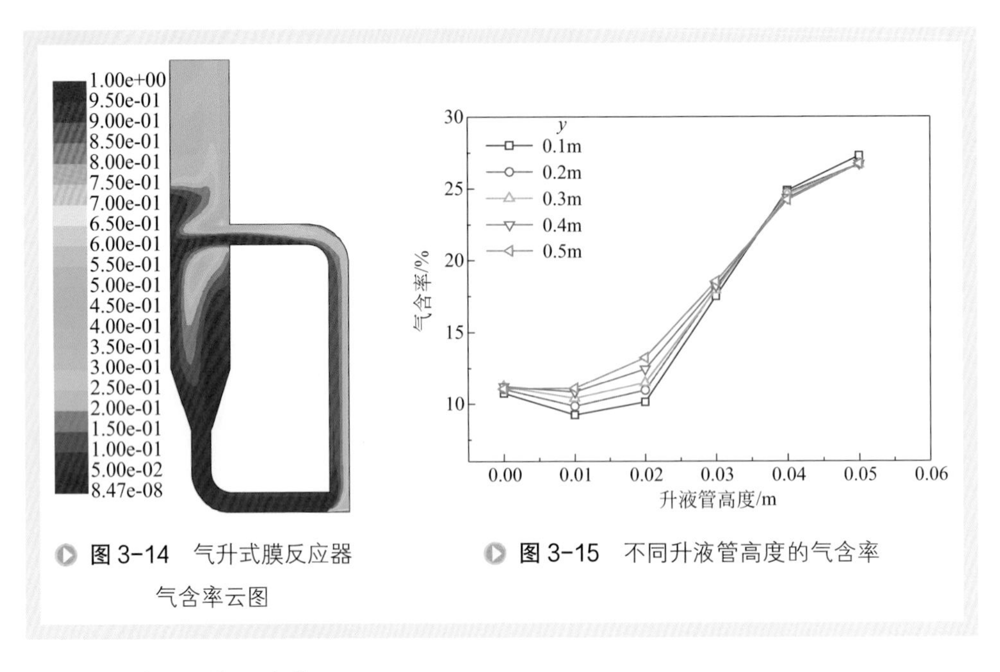

图 3-14 气升式膜反应器气含率云图

图 3-15 不同升液管高度的气含率

果，同时造成了能量浪费。

图 3-15 给出了升液管不同高度的气含率分布。由于液体的循环流动与气速方向是垂直的，导致同一高度升液管中气含率分布是不均一的，越靠近升液管外侧，气含率越大，在高度（y）0.3m，从升液管内侧到外侧，气含率由 11.2% 增大到 26.7%，变化幅度较大；不同升液管高度的气含率也有不同，但主要发生在升液管内侧，高度越大，气含率越大，这主要是由于随着升液管高度增大，循环流动对气含率的影响变小，且气泡容易发生聚并。升液管中气含率不均一，导致气液两相流对膜分离的强化难以控制，成为气升式膜反应装置亟须解决的问题。

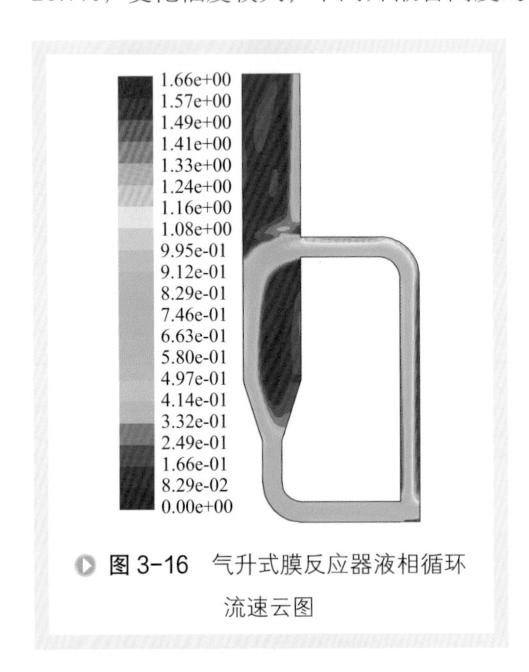

图 3-16 气升式膜反应器液相循环流速云图

3. 速率分布

图 3-16 为气升式膜反应器中的液相循环流速云图。由于升液管与降液管气含率不同，形成了静压力差，实现了液体在装置中的循环流动，但是循环流动主要发生在降液管的外侧，这样就导致了降液管内侧存在流动死

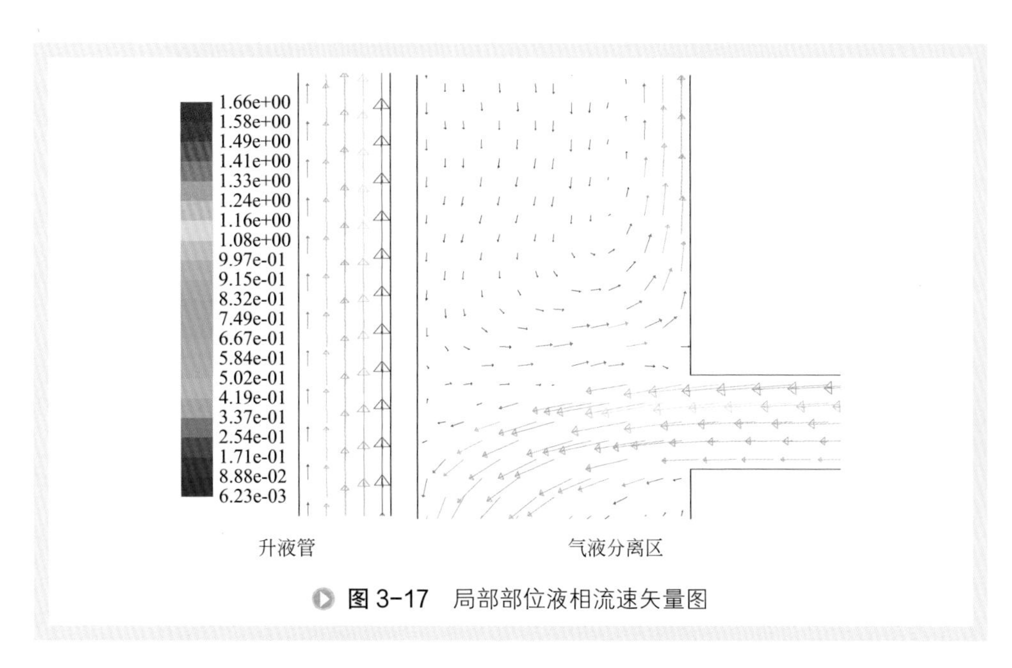

图 3-17　局部部位液相流速矢量图

区，不利于整个装置的混合效果。

图 3-17 还给出了气升式膜反应器局部部位液相流速矢量图。越是靠近升液管外侧，液速越大，得到的结果同气含率分布结果是一致的；从气液分离区的液速矢量图上看，气液分离区的混合效果比较差，仅壁面处存在液体流动。

从以上模拟结果定性分析来看，气升式膜反应器还存在升液管中气含率分布不均匀、装置整体流化效果不佳、能量利用不充分等缺点，需要对装置结构进行改进以克服以上缺点。

二、双环流气升式膜反应器的数值模拟

为解决上述结构的气升式膜反应器存在的缺点，设计搭建了一种新型的双环流气升式膜反应器，将膜组件置于主体釜中，膜组件不仅起到了分离的作用，同时起到了气体分布器的作用，且装置主体釜侧壁设有对称的双降液管，减小了液相循环流动导致气含率分布不均匀的影响，设计的新型双环流气升式膜反应器具有气含率分布均匀、混合流化效果佳的优点。

（一）几何模型和网格划分

图 3-18 中分别给出了双环流气升式膜反应器的整体三维几何模型和膜组件中膜管排布平面图。设定降液管直径 30mm，模拟考察了三种气液分离区高度对流体力学性能的影响，分别为 150mm、300mm、450mm。

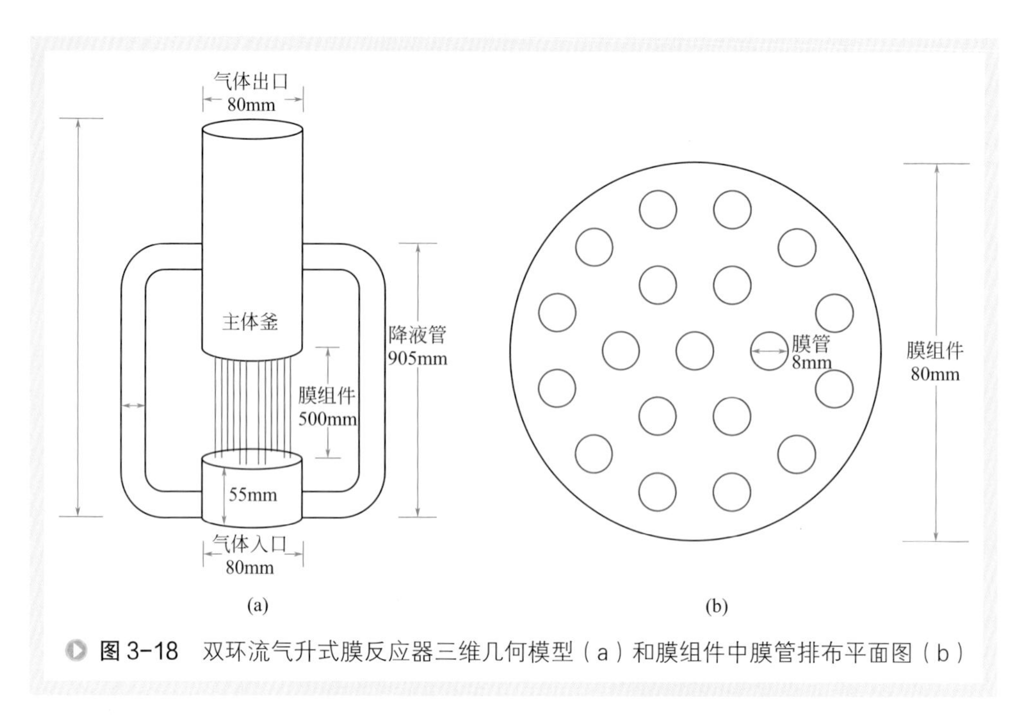

图 3-18 双环流气升式膜反应器三维几何模型（a）和膜组件中膜管排布平面图（b）

由于几何模型和网格数量对计算时间和计算精度有较大影响，所以首先要对模拟流场有一个定性的认识，根据实际流场合理建立几何模型，尽量简化计算域，双环流气升式膜反应器为面对称几何体，为简化计算区域，仅对一个对称体进行网格划分，采用 Cooper 网格划分方法，划分出的网格为非结构化六面体网格，总网格数为 220280 个，如图 3-19 所示。

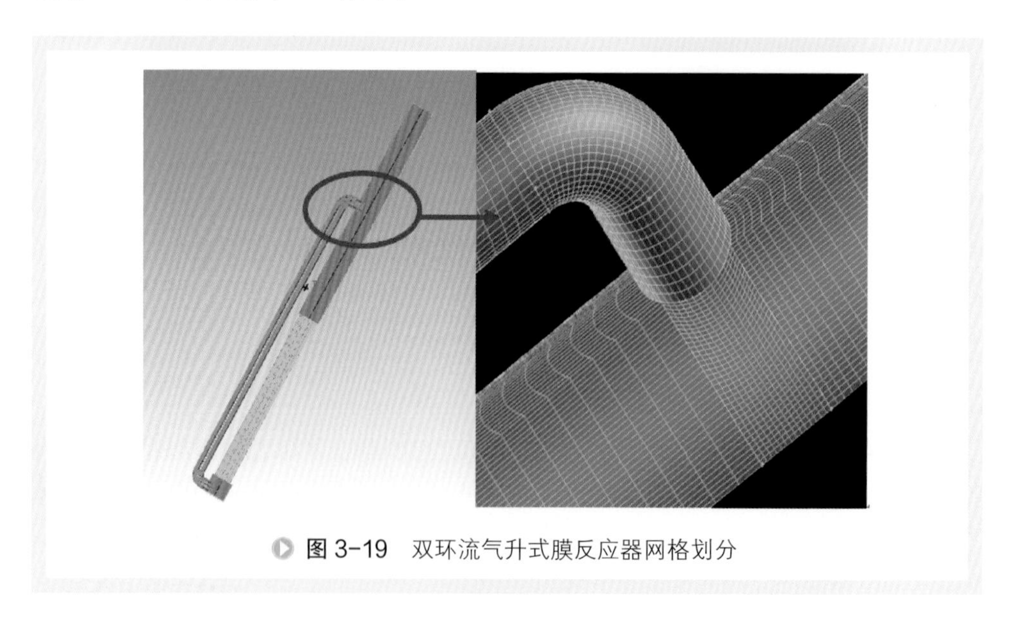

图 3-19 双环流气升式膜反应器网格划分

（二）求解条件和计算方法

用 Fluent 6.3.26 对所建立的数学模型进行求解，采用欧拉多相流模型，湍流模型选择 RNG k-ε 模型。

① 在相设置中设水为连续相，气为分散相，并设置气泡的直径为 0.5mm。边界条件中进口采用速率进口，出口采用压力出口，相应参数设置见表 3-5。

② 在求解条件中选择 Phase Coupled SIMPLE 算法求解压力 - 速率耦合，动量、湍流动能和湍流动能耗散率的离散格式均取二阶迎风差分格式，体积分数选择一阶迎风差分格式。求解过程中松弛因子的设置首先应设置得稍小，有利于初始的计算收敛，当计算收敛稳定后，可适当将松弛因子调大，加快计算速率，各方程参数松弛因子设置如表 3-6 所示。

③ 非稳态方程求解的时间步长初始设为 0.00001s，直到获得稳定的流场。由于采用的数学模型是设定流场为紊流状态，在 t=0 时流场为层流，此时采用紊流的数学模型将产生很大的误差，计算前需要对流场进行初始化，采用设置湍流动能和湍流动能耗散率来进行初始化，各个设置参数见表 3-6。初始化过程中还要对反应器进行预填充，预填充的水的高度为 950mm，否则计算无法进行。

表 3-5　不同气速下相应的参数设置

气速 /（m/s）	湍流强度 /%	湍流动能	湍流动能耗散率
0.01	9.7	1.41×10^{-6}	4.92×10^{-8}
0.02	8.9	4.75×10^{-6}	3.04×10^{-7}
0.03	8.5	9.65×10^{-6}	8.80×10^{-7}
0.04	8.2	1.60×10^{-5}	1.87×10^{-6}
0.05	7.9	2.36×10^{-5}	3.36×10^{-6}

表 3-6　松弛因子

项目	压力	密度	体积力	动量	体积分数	湍流动能	湍流动能耗散率	湍动黏度
数值	0.3	1	1	0.2	0.2	0.2	0.2	0.2

（三）气速对流体力学性能的影响

1. 气含率分布

图 3-20 给出了气液分离区高度为 450mm、气速 0.02m/s 条件下双环流气升式膜反应器内的气含率分布云图。反应器整体气含率分布比较均匀，不存在流动死区。随着降液管水平高度降低，气含率呈现阶梯形降低，到装置底端，气含率降到 0.00，主要是由于当气体从进口进入后，液体循环，两降液管的液体会冲入底部填

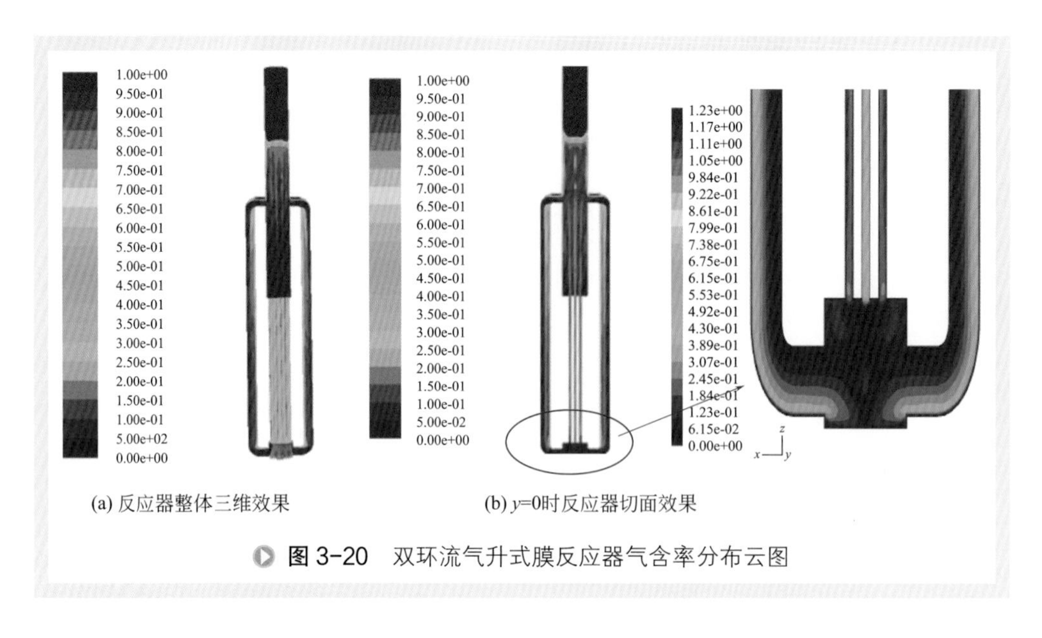

(a) 反应器整体三维效果　　(b) y=0时反应器切面效果

图 3-20　双环流气升式膜反应器气含率分布云图

充原来气体占据的体积，从而使得底部的气含率几乎为零。从切面图可以明显地看到管外侧气含率要高于管内侧，主要是由于静水压和管壁处水的流速最小的缘故，但是整体上基于理论基础设计的双环流气升式膜反应器具有较好的流化效果。

图 3-21 给出了膜组件中气含率分布云图。膜组件中每根膜管中的气含率大小是一致的，但是不同膜管中的气含率大小是不一致的，为控制膜管中的气液两相流为弹状流，希望膜组件中不同膜管的气含率大小一致，这就需要对反应器的结构、气速以及气泡大小进行进一步的调控。

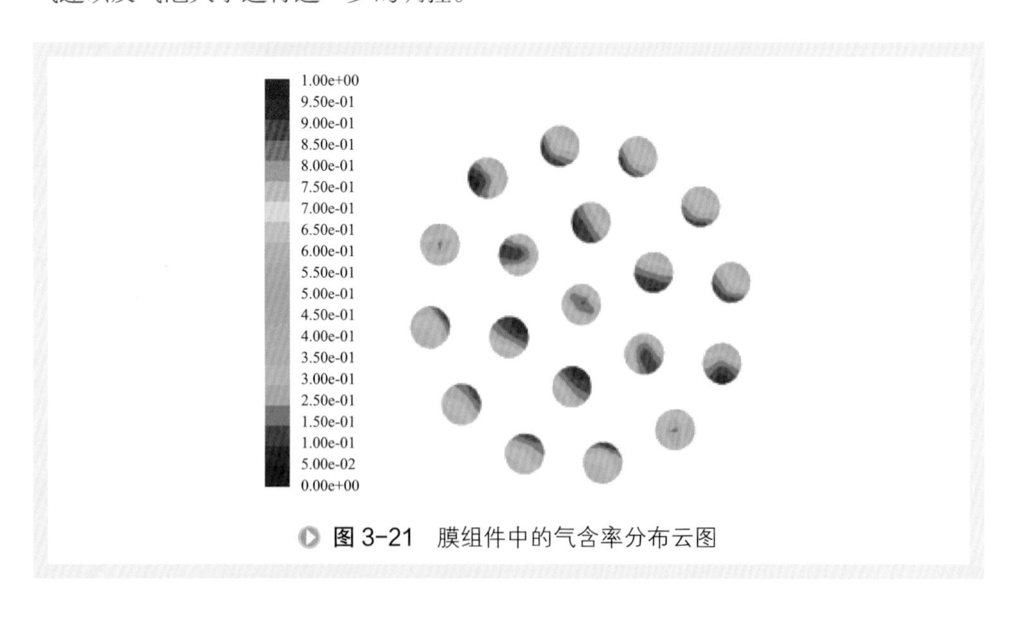

图 3-21　膜组件中的气含率分布云图

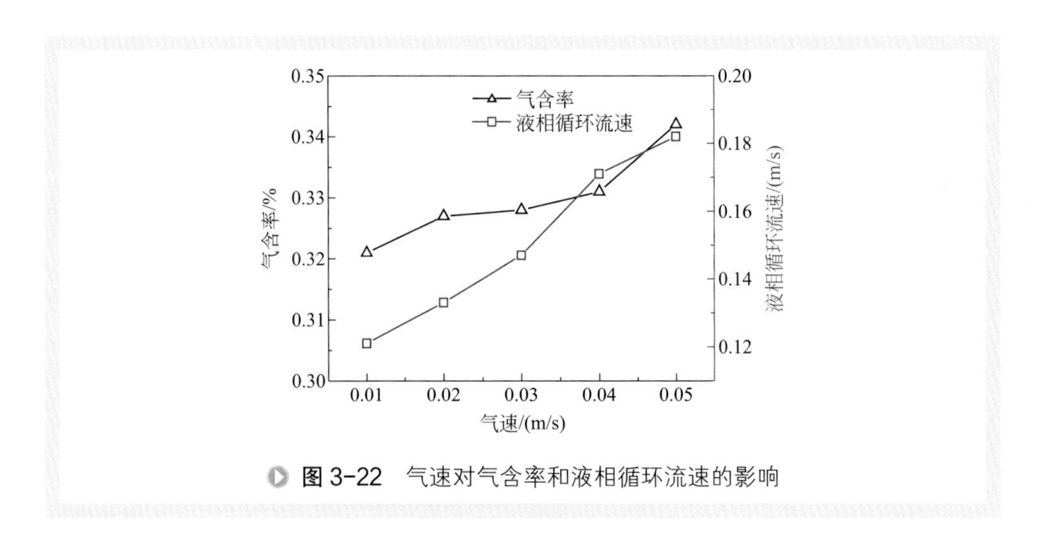

图 3-22 气速对气含率和液相循环流速的影响

2. 气速对气含率和液相循环流速的影响

模拟考察了气速对气含率和液相循环流速的影响，如图 3-22 所示。随着气速的增大，反应器的总体气含率是增大的，当气速由 0.01m/s 增大到 0.04m/s 时，气含率变化幅度不大；当气速由 0.04m/s 增大到 0.05m/s，气含率增大的幅度要高于前面气速增大的幅度。图 3-22 还给出了液相循环流速随气速的变化，随着气速增大，液相循环流速基本上呈线性增长。

（四）气液分离区高度对流体力学性能的影响

模拟考察了不同气液分离区高度对流体力学性能的影响，如表 3-7 所示。气含率随着气液分离区高度的增加而增大，液相循环流速随着高度的增加而减小。这主要是由于增加气液分离区高度，使得气泡在反应器中的停留时间延长；气泡从气液分离区逸出的时间延长，使得液体循环时带入降液管的气体增加，气体逸出减少使得液体循环速率相应降低。

表 3-7 气液分离区高度对气含率和液相循环流速的影响

气液分离区高度 /mm	150	300	450
气含率 /%	0.172	0.231	0.327
液相循环流速 /（m/s）	0.144	0.131	0.122

（五）体积传质系数的计算

在气升式膜反应器的设计优化过程中，体积传质系数 K_La 是一个非常重要的参数。通过模拟得到相关数据，并根据相关模型可以对体积传质系数进行计算，用来评估反应器的效果。

联立方程式（3-26）、式（3-27）和式（3-28），可得到式（3-29）方程计算 K_L 传质系数，联立方程式（3-29）和式（3-30）可得方程式（3-31）计算体积传质系数。

$$K_L = \frac{2}{\pi^{1/2}}\left(\frac{\xi}{t}\right)^{1/2} \tag{3-26}$$

$$t = \frac{d_B}{u_r} \tag{3-27}$$

$$u_r = \frac{U_{BT} + C_0\left(U_{sg} + U_{sl}\right)}{1-\varepsilon_g} \tag{3-28}$$

$$K_L = \left(\frac{4\xi}{\pi}\right)^{1/2}\left[\frac{U_{BT} + C_0\left(U_{sg} + U_{sl}\right)}{\left(1-\varepsilon_g\right)d_B}\right]^{1/2} \tag{3-29}$$

$$a = \frac{6}{d_B} \times \frac{\varepsilon_g}{1-\varepsilon_g} \tag{3-30}$$

$$K_L a = 12 \times \left(\frac{\xi}{\pi}\right)^{1/2}\left[\frac{U_{BT} + C_0\left(U_{sg} + U_{sl}\right)}{d_B^3}\right]^{1/2} \times \frac{\varepsilon_g}{\left(1-\varepsilon_g\right)^{3/2}} \tag{3-31}$$

式中 K_L——传质系数，m/s；

ξ——液相耗散率；

t——曝气时间，s；

d_B——气泡直径，m；

u_r——两相流的滑移速率，m/s；

U_{BT}——气泡即时速率，m/s；

U_{sg}——表观气速，m/s；

U_{sl}——表观液速，m/s；

C_0——校正系数；

ε_g——气含率；

a——比表面积，m^2/m^3。

对气液分离区高度为450mm的反应器模型在不同气速下的体积传质系数进行计算，如图3-23所示。气速增加，则液体中气泡的数量及气泡比表面积增加，体积传质系数 K_La 亦增加。在低气速条件下，体积传质系数 K_La 增加的幅度较快，当气速继续增大时，气泡易发生聚并效应形成大气泡，降低了比表面积，并且大气泡在反应器中停留的时间要小于小气泡，导致体积传质系数 K_La 的增幅减缓。

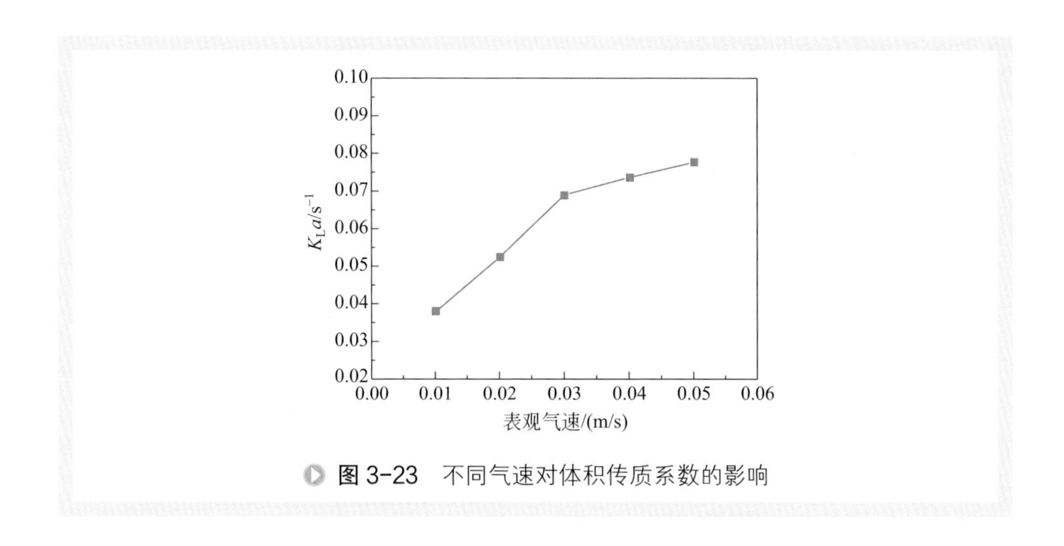

图 3-23 不同气速对体积传质系数的影响

三、膜通道内的气液两相流模拟

（一）几何模型和网格划分

为研究气升式膜反应器中膜通道内的气液两相流，以垂直放置的单通道膜管为物理模型，由于膜管为圆柱形，可以简化为轴对称的二维模型，如图 3-24 所示。该模型为长方形，下部为液相进口，上部为液相出口，进出口直径均为 8mm，与前面气升式膜反应器中填充的膜管一致，膜管计算域长度 100mm，保证气泡形状发展充分。选择结构化四边形进行网格划分，由于壁面的流动比较复杂，采取壁面网格加密，共划分 21000 个网格。

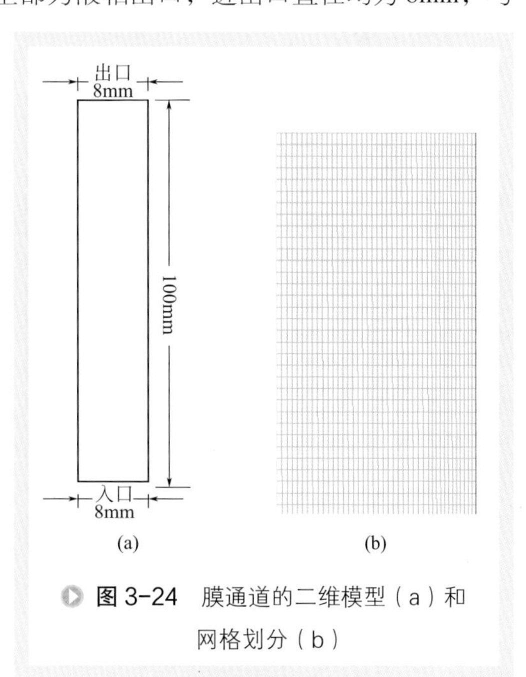

图 3-24 膜通道的二维模型（a）和网格划分（b）

（二）求解条件和计算方法

模拟过程用离散型非稳态求解器，设定液相进口为速率进口，进口速率为 0.1m/s，液相出口为自由出口，壁面静止，采用无滑移边界条件。湍流模型选择 RNG k-ε 模型，有助于处理低雷诺数流动及尾涡复杂流动。PISO 算法求解压力 - 速率耦合，对于开启重力的 VOF 模型，压力选择 Body Force Weighted 离散格式，体积分数采用 Reo-reconstruct 离散格式。非稳态方程求解的时间步长 0.0001s，直到获得稳定的流场。

计算前需要对计算区域进行初始化，首先在计算区域内填充气泡，设定气泡初始形状由一个半球状冠与圆柱形体组成，半球状冠直径 7.6mm，为考察气泡大小对膜通道内气液两相流动的影响，气泡圆柱体长度有 40mm 与 48mm 两种。

（三）结果分析

1. 气泡形状变化

图 3-25 给出了气泡形状随着时间的变化，图中 0s 图形即为设定的气泡的初始形状，随着时间延长，气泡上升的速率大于液相入口速率，处于气泡前端的液体会沿着壁面流向气泡尾端，受到重力、黏附力、升力的共同作用，气泡周围会形成较薄的降液膜，并且随着气泡方向，降液膜变得越来越薄，降液膜中液体的流动方向与液弹流动方向是相反的，两者相互作用，即在气泡末端形成尾涡，计算时间 0.18s 时，气泡形状形成稳定。

模拟还考察了气泡大小对膜通道内气液两相流动的影响，图 3-26 为气泡体长 48mm 发展充分的流动形状。气泡末端分离处有较多离散的无规则形状小气泡，不再是规则的尾涡区域，这主要是由于气泡体积变大后，降液膜长度增大，处于降液膜末端的液速会较大，较大的液速与液弹冲击后，会形成较大的内切力，足以把气泡切割成很多小气泡。但是，为保持膜通道内较好的分离效果，不希望气泡被切割

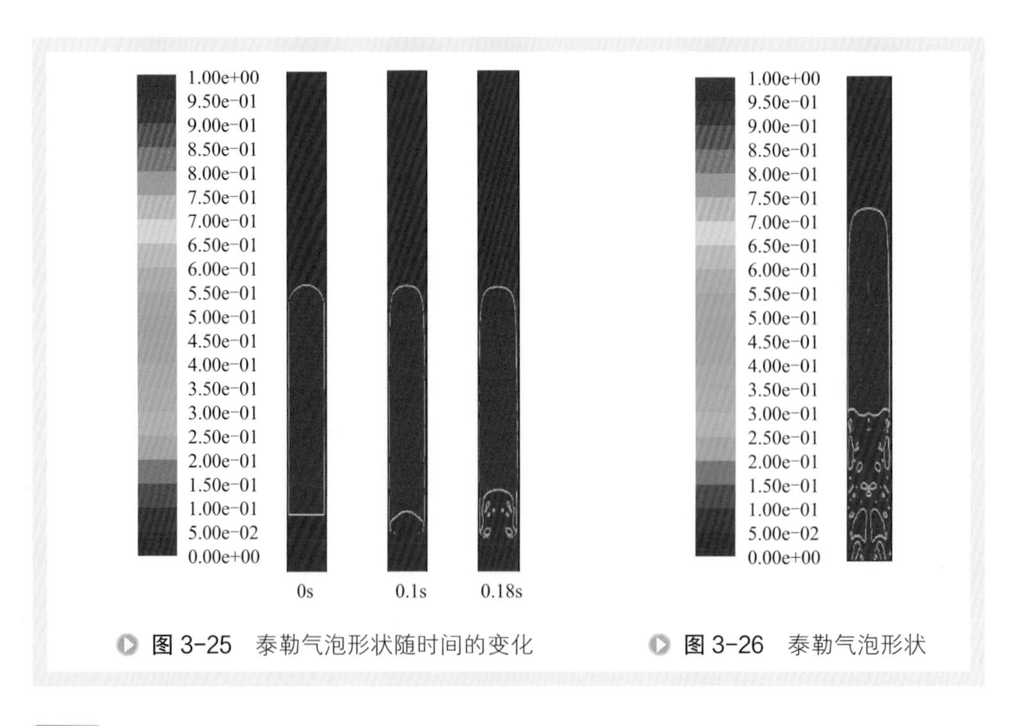

图 3-25　泰勒气泡形状随时间的变化

图 3-26　泰勒气泡形状

成分散的小气泡，这就需要结合气液速大小及膜通道直径等因素控制进入气升式膜过滤装置中的气泡大小，使膜通道内的气液两相流既处于弹状流状态又不至于被分割成分散的小气泡。

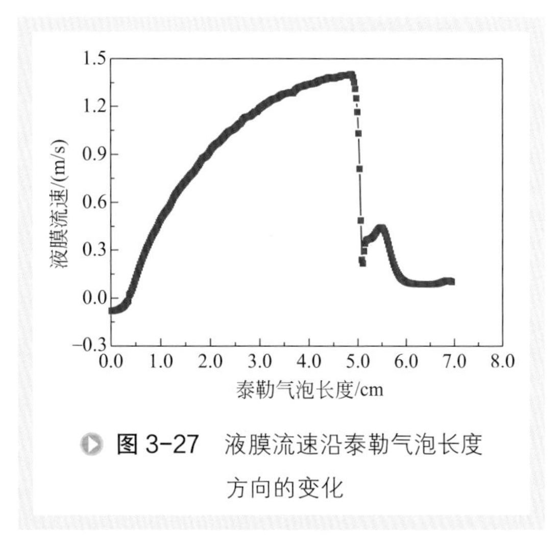

图 3-27 液膜流速沿泰勒气泡长度方向的变化

2. 降液膜流速

图 3-27 为液膜流速沿泰勒气泡长度方向的变化。在气泡顶端，液速方向还是与液弹流动方向一致的，沿着气泡长度方向，降液膜液速方向变得与液弹流动方向相反，并随着气泡长度方向，液膜流速增大较快，在 5.0cm 处达到最大 1.4m/s。在 5.5cm 处还有一个极值，对应尾涡区域，液膜流速达到 0.44m/s，据此还可以估算出气弹、尾涡的长度，分别为 5.1cm 和 0.8cm。

第四节 液相膜反应器的优化设计

膜反应器的模型研究主要是通过对反应器局部或者整体的各种衡算，包括物料衡算、热量衡算以及综合反应器中的反应动力学和传递过程，定量预测膜反应器内反应与传递相互作用之下的反应性能变化，揭示各影响因素及各因素的影响程度，最终可用于反应器的分析、设计、优化以及工程放大[34,35]。

本节以提高膜分离和反应效率为目标，在反应本征动力学研究的基础上，基于物料平衡方程，建立液相膜反应器的数学模型，并实验验证模型的可行性和有效性。以产率为目标参数，获得相应的数据进行关键操作参数的优化和控制[36]。

一、数学模型

为了验证计算结果的准确性，选定一个具体的反应体系在液相膜反应器中运行。钛硅分子筛（TS-1）催化 H_2O_2 氧化苯酚羟基化联产制邻苯二酚和对苯二酚被选为模型体系，此反应为典型的液 - 固反应体系，H_2O_2 与分子筛中的骨架钛作用后产生过氧化钛类物质，在它的作用下把氧原子插入苯环[7]。

1. 模型假设

为了优化设计液相膜反应器，建立具有预测性的数学模型来反映反应器的行为，用以指导连续反应过程，从而优化关键过程参数非常有必要。由于真实过程的复杂性，很难用模型表示整个过程的特性。对过程进行必要的、合理的简化，适当的假设是模型建立过程中至关重要的一步。

此模型假设如下：

① 陶瓷膜能够完全截留 TS-1 分子筛于反应器中。实验表明在渗透液中未发现催化剂存在。

② 反应物和产物不会被陶瓷膜截留，也就是主体相的反应物或产物的浓度与透过膜的渗透液的浓度相等。

2. 模型建立

此模型以生产能力（Y）为目标参数，将单位时间、单位反应体积内的苯二酚产量[mol DHB/（min • L）]定义为苯二酚的生产能力（Y）。则有：

$$Y = FC_{\text{phenol(o)}}XS / V_{\text{R}} \tag{3-32}$$

式中　Y——苯酚的生产能力，mol/（min • L）;

F——进料流速或出料流速，L/min；

$C_{\text{phenol(o)}}$——苯酚的进料浓度，mol/L；

X——苯酚的转化率；

S——苯二酚的选择性；

V_{R}——反应体积，L。

假设反应器中物料处于全混流状态，则膜反应器系统的物料衡算方程为：

$$FC_{\text{phenol(o)}} - FC_{\text{phenol(p)}} = V_{\text{R}} r_{\text{phenol}} \tag{3-33}$$

式中　$C_{\text{phenol(p)}}$——反应器出口的苯酚浓度，mol/L；

r_{phenol}——苯酚反应速率，mol/min。

由式（3-32）和式（3-33）可得：

$$FC_{\text{phenol(o)}}X = V_{\text{R}} r_{\text{phenol}} \tag{3-34}$$

构建了 TS-1 催化苯酚羟基化制苯二酚的本征动力学方程[37]。如下：

$$r_{\text{phenol}} = A\exp\left(-\frac{E_{\text{a}}}{RT}\right)C_{\text{phenol}}^{\alpha}C_{\text{H}_2\text{O}_2}^{\beta} \tag{3-35}$$

式中　A——反应指前因子；

E_{a}——反应活化能，J/mol；

R——气体常数，8.315J/（mol • K）;

T——反应温度，K；

α，β——相应组分的反应级数；

C_{phenol}——反应器中苯酚的浓度，mol/L；

$C_{H_2O_2}$——反应器中过氧化氢的浓度，mol/L。

根据模型假设②可得：

$$C_{phenol} = C_{phenol(p)} \tag{3-36}$$

$$C_{H_2O_2} = C_{H_2O_2(p)} \tag{3-37}$$

式中 $C_{H_2O_2(p)}$——反应器出口过氧化氢的浓度，mol/L。

反应器出口过氧化氢的浓度可以表达为苯酚转化率的函数，如下：

$$C_{H_2O_2(p)} = C_{H_2O_2(o)} - C_{phenol(o)}X \tag{3-38}$$

根据式（3-34）～式（3-38），得到苯酚转化率表达式：

$$X = \frac{V_R r_{phenol}}{FC_{phenol(o)}} = \frac{V_R A \exp\left(-\frac{E_a}{RT}\right) C_{phenol(o)}^{\alpha} (1-X)^{\alpha} \left[C_{H_2O_2(o)} - C_{phenol(o)}X\right]^{\beta}}{FC_{phenol(o)}} \tag{3-39}$$

将式（3-39）代入式（3-32）可进一步改写为：

$$Y = \frac{F}{V_R} C_{phenol(o)} XS = A \exp\left(-\frac{E_a}{RT}\right) C_{phenol(o)}^{\alpha} (1-X)^{\alpha} \left[C_{H_2O_2(o)} - C_{phenol(o)}X\right]^{\beta} S \tag{3-40}$$

式（3-40）的左边为式（3-32）所定义的苯二酚生产能力，右边是含有苯酚羟基化动力学参数 A、E_a、α、β 的表达式。

二、模型的验证和优化

（一）苯酚羟基化反应

从式（3-32）可以看出，对于膜反应器中的连续反应，进料流速和苯酚进料浓度是影响产率的两个关键操作参数。因此，首先考察了这两个操作参数对苯酚转化率和苯二酚选择性的影响。

TS-1 催化苯酚羟基化反应在液相膜反应器中进行。采用直接连续操作的操作方式进行反应。连续反应的操作过程如下：先将一定量的苯酚水溶液和催化剂加入反应器中，然后在搅拌下加热至所需温度，过氧化氢和苯酚水溶液分别由两个进料泵以一定流速连续输入至反应器内，同时反应液在一定的跨膜压差下以相同流速被吸入膜管内并排出，催化剂则被截留在反应器中。反应为连续操作过程，进出液流量相等，确保反应液于反应器内保持恒定，整个系统是在稳定的膜通量下运行。在操作初期，催化剂颗粒会吸附到膜表面形成滤饼层，过滤阻力增加，操作压力逐渐上升，通过调节蠕动泵的转速来调节出料流率以达到恒流量状态，随后催化剂在膜表面上的吸附-脱附达到平衡，操作压力也趋于稳定。每次实验都连续运行至稳态，每隔一段时间取样分析。每次实验结束后用去离子水或者1g/L的氢氧化钠水溶液对膜组件进行清洗。

1. 进料流速的影响

在考察进料流速对苯酚转化率和苯二酚选择性影响时，苯酚的初始浓度为4.1mol/L，过氧化氢浓度为1.4mol/L，进料流速为1.7～3.0mL/min，结果如图3-28所示。

无论进料流速高低，苯酚的转化率均随时间先上升后基本保持不变，这主要与实验操作方式相关。反应开始前，一定体积的苯酚水溶液置于反应器中，因此，反应初始阶段反应器出口处苯酚水溶液浓度高，计算得到的苯酚转化率低。随着反应时间的增长，反应器出口处苯酚的浓度逐渐下降然后趋于稳定，所以相应的苯酚转化率慢慢上升逐步趋于稳定。从图3-28（a）还可以看出，进料流速越大，到达稳定状态所需要的时间越短。这是由于进料流速越快，反应器中苯酚的停留时间越短，出口处苯酚的浓度更快地趋于稳定。结果表明，进料流速对苯酚转化率有显著的影响，随着进料流速的减小，转化率从21.9%上升到26.2%。此外，由图3-28（b）可以发现，实验范围内进料流速对苯二酚选择性影响不大，基本保持在83%。

2. 苯酚进料浓度的影响

图3-29是苯酚进料浓度对转化率和选择性的影响。操作条件为苯酚进料流速1.7mL/min，过氧化氢进料流速0.3mL/min，过氧化氢进料浓度1.4mol/L。从图3-29（a）可以看出，对于一定的苯酚进料流速，苯酚转化率随时间先上升后趋

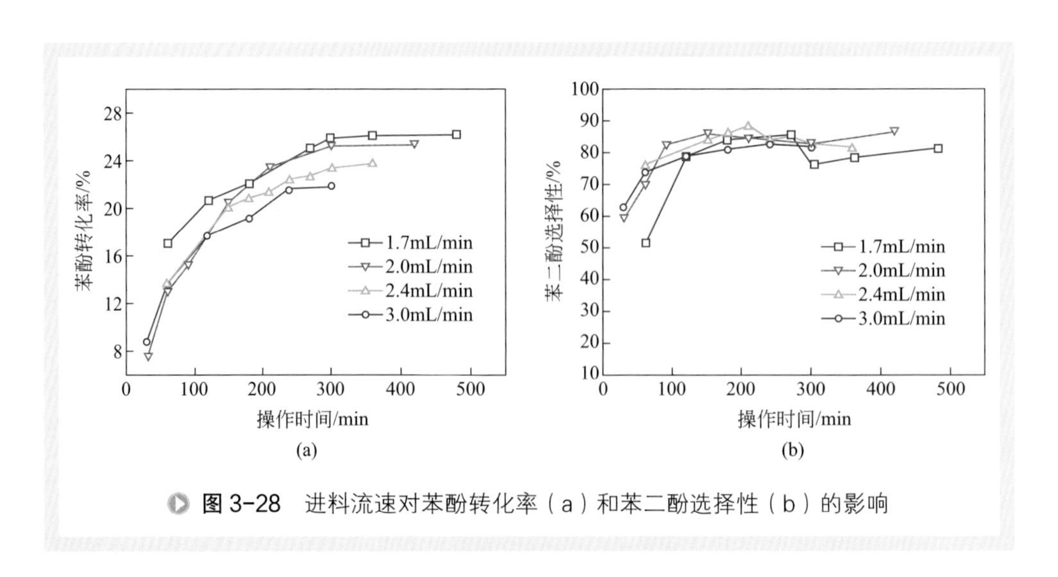

图3-28　进料流速对苯酚转化率（a）和苯二酚选择性（b）的影响

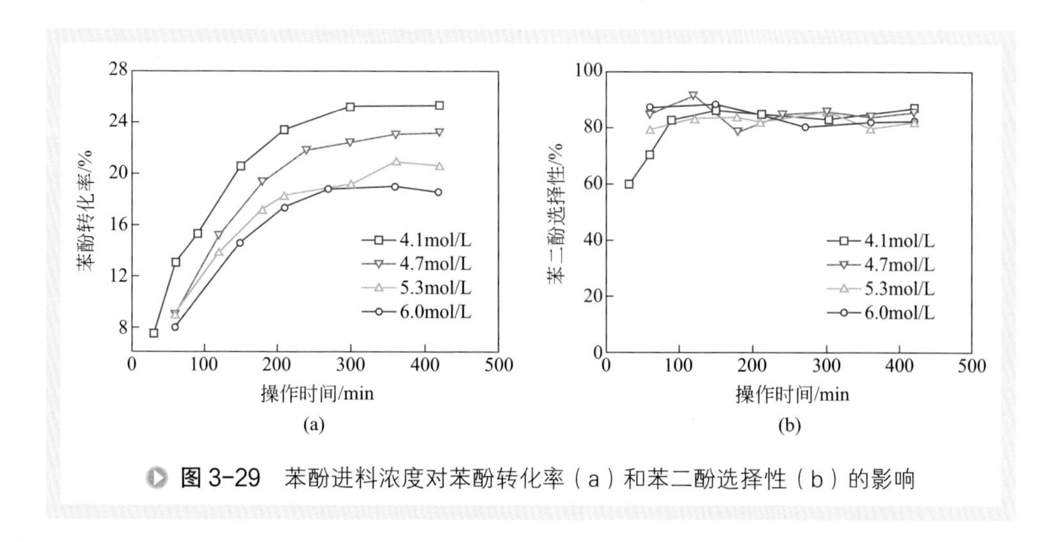

图 3-29 苯酚进料浓度对苯酚转化率（a）和苯二酚选择性（b）的影响

于稳定。随着苯酚进料浓度的增加，转化率逐渐下降而选择性基本保持不变。此处，过氧化氢的浓度保持不变，苯酚相对于过氧化氢是过量的，苯酚转化率高低受限于过氧化氢的浓度。所以，当苯酚进料浓度上升，计算得到的转化率是下降的。此外，从图 3-29（b）可以发现，实验范围内苯酚进料浓度对苯二酚选择性影响不大，基本保持在 83%。

将稳态下的苯酚转化率和苯二酚选择性的值代入式（3-32），可以计算得到产率 Y，结果如图 3-30 所示。从上图可以看出，尽管苯酚转化率随进料流速或苯酚的进料浓度的增加而下降［图 3-28（a），图 3-29（a）］，但是产率随进料流速或苯酚的进料浓度的增加而增加。说明液相膜反应器中进料流速和苯酚的进料浓度是影响产率的关键因素。

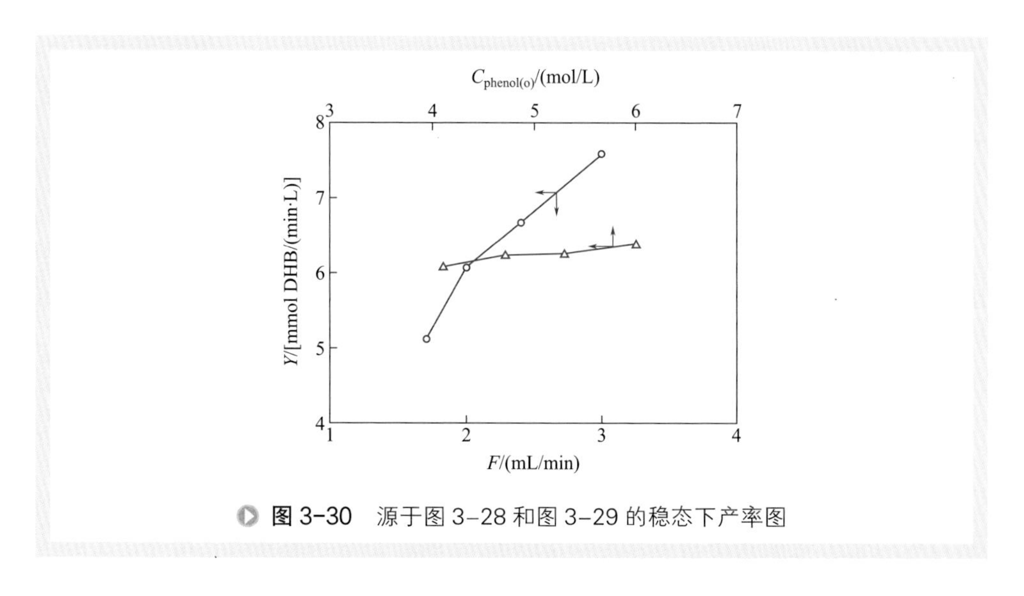

图 3-30 源于图 3-28 和图 3-29 的稳态下产率图

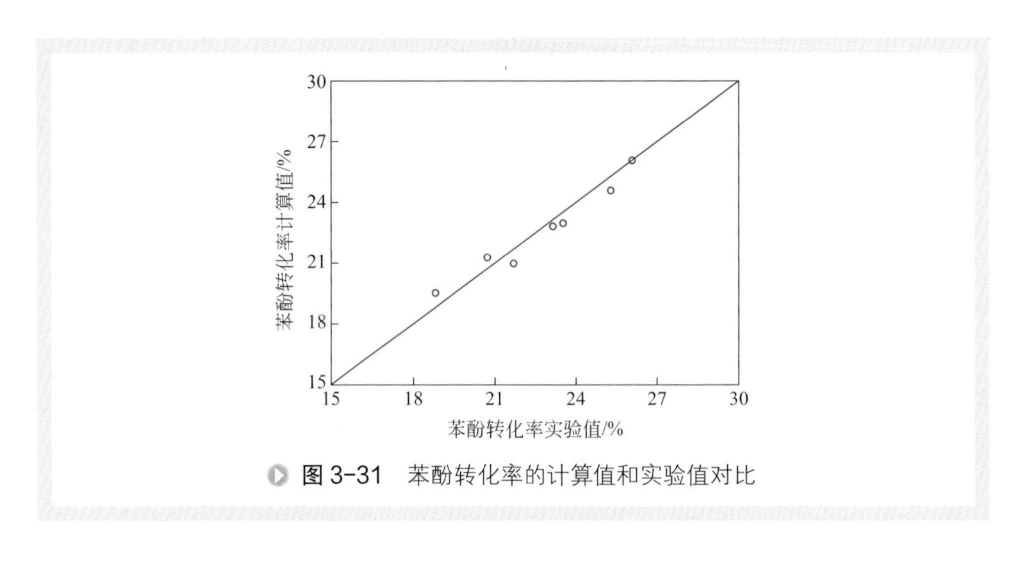

图 3-31 苯酚转化率的计算值和实验值对比

（二）模型的验证

TS-1 催化苯酚羟基化制取苯二酚相关的动力学常数如表 3-8 所示[37]。将表中的动力学参数带入式（3-39），可以计算得到不同进料流速和苯酚进料浓度下的苯酚理论转化率。图 3-31 对比了稳定状态下模型计算值和实验值。模型计算值与实验值吻合很好，平均相对误差为 ±5%。这说明所建立的数学模型能够很好地描述液相膜反应器体系及反应器行为。

表 3-8 苯酚羟基化反应本征动力学常数

参数名称	数值	单位
A	7.58×10^{9}	$mol^{0.73}/(L^{0.73}\cdot min)$
E_a	76.87×10^{3}	J/mol
α	1.22	—
β	0.53	—

（三）生产能力的优化与预测

本节以苯二酚的产率（Y）作为目标参数，采用 Fortan 编程求解方程，获得相应的数据进行操作条件优化。计算得到不同停留时间（V_R/F）下，苯酚转化率和苯二酚产率随苯酚进料浓度的变化曲线，结果如图 3-32 所示。

从图 3-32（a）可以发现，对于一定的停留时间，苯酚转化率随苯酚进料浓度的增加而逐渐降低；对于一定的苯酚进料浓度，苯酚转化率随停留时间的降低也逐渐降低。这与图 3-28 和图 3-29 中观察到的现象保持一致。还可以发现转化率下降的幅度明显受停留时间的影响。比如，苯酚进料浓度为 10mol/L 时，停留时间为 135min 时的苯酚转化率为 202.5min 时的 97.8%，停留时间为 60min 时的苯酚转

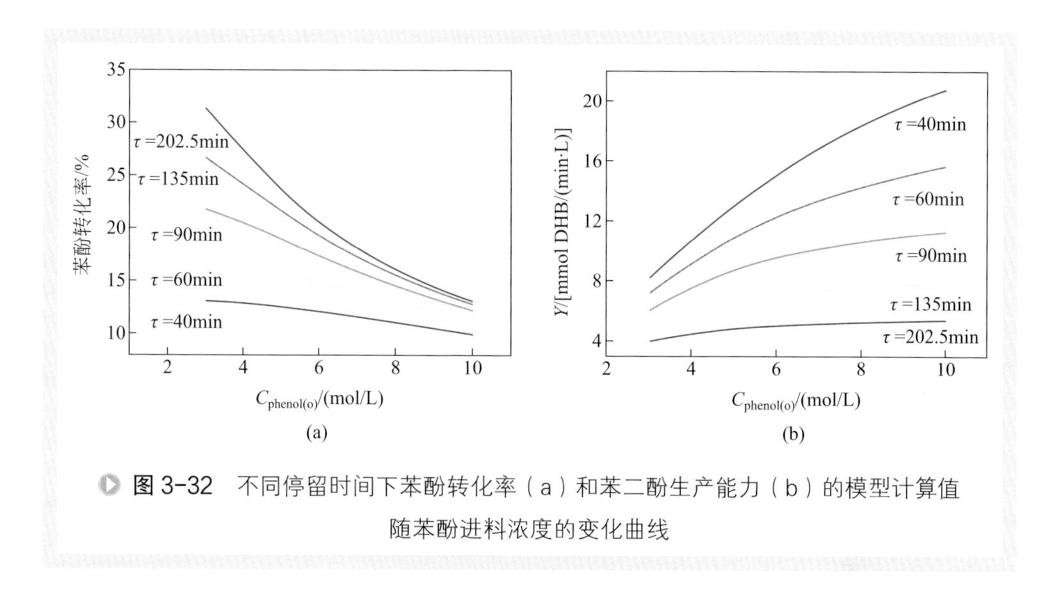

图 3-32 不同停留时间下苯酚转化率（a）和苯二酚生产能力（b）的模型计算值随苯酚进料浓度的变化曲线

化率为 90min 时的 92.6%。从图 3-32（b）可以发现，对于一定的停留时间，尽管图 3-32（a）中苯酚转化率随苯酚进料浓度的增加而降低，但是苯二酚生产能力呈逐渐上升的趋势；对于一定的苯酚进料浓度，苯二酚生产能力随停留时间的降低也是逐渐上升的。也就是说，膜反应器的生产能力的提高可以通过提高苯酚的进料浓度或者降低停留时间来实现。但是，通过数据的对比可以发现，生产能力提高的幅度随着苯酚进料浓度的增加或者停留时间的减少而降低。比如，苯酚进料浓度为 10mol/L 时，当停留时间从 202.5min 减少到 135min 时，苯二酚生产能力上升了 1.47 倍；当停留时间从 90min 减少到 60min 时，苯二酚生产能力上升了 1.39 倍。此外，停留时间短导致苯酚转化率低。同时，通过提高苯酚进料浓度来提高苯二酚的生产能力这种方法受苯酚溶解度的影响。因此，实际生产过程中，为了获得较高的苯二酚生产能力，操作条件的选取要考虑到苯酚与产品的分离和溶解度问题。

第五节 结语

数值计算已经成功用于液相膜反应器的研究，丰富了液相陶瓷膜反应器基础理论，并为反应器的工业化和工程放大提供了依据，但是仍有很大的发展空间。为进一步发挥数值计算在液相陶瓷膜反应器设计和运行工况优化等方面的优势，要将模型研究与实验研究紧密结合，采用先进的仪器获得反应器内流场和浓度场的测试数据，实验验证与数值计算相辅相成，共同发展。计算过程中要减少对模型的简化，同时依靠计算机性能的提高和计算方法的完善来处理复杂的计算，得到更精准的结果。在 CFD 模型中嵌入各种催化反应过程的数学模型，以构建能捕捉反应器内过程本质的 CFD 模型体系；同时，考虑多尺度模型的耦合问题，使之既能用于微观机理的分析，也能解决宏观尺度工程实际问题。

参考文献

[1] Zhong Z X, Li W X, Xing W H, et al. Crossflow filtration of nanosized catalysts suspension using ceramic membranes [J]. Sep Purif Technol, 2011, 76(3): 223-230.

[2] Chen R Z, Du Y, Wang Q Q, et al. Effect of catalyst morphology on the performance of submerged nanocatalysis/membrane filtration system [J]. Ind Eng Chem Res, 2009, 48(14): 6600-6607.

[3] Zhong Z X, Xing W H, Liu X, et al. Fouling and regeneration of ceramic membranes used in recovering titanium silicalite-1 catalysts [J]. J Membr Sci, 2007, 301(1-2): 67-75.

[4] Chen R Z, Wang Q Q, Du Y, et al. Effect of initial solution apparent pH on nano-sized nickel catalysts in *p*-nitrophenol hydrogenation [J]. Chem Eng J, 2009, 145(3): 371-376.

[5] Jiang H, Jiang X L, She F, et al. Insights into membrane fouling of a side-stream ceramic membrane reactor for phenol hydroxylation over ultrafine TS-1 [J]. Chem Eng J, 2014, 239: 373-380.

[6] Lu C J, Chen R Z, Xing W H, et al. A submerged membrane reactor for continuous phenol hydroxylation over TS-1 [J]. AIChE J, 2008, 54(7): 1842-1849.

[7] Meng L, Guo H Z, Dong Z Y, et al. Ceramic hollow fiber membrane distributor for heterogeneous catalysis: Effects of membrane structure and operating conditions [J]. Chem Eng J, 2013, 223: 356-363.

[8] Jiang H, Meng L, Chen R Z, et al. A novel dual-membrane reactor for continuous heterogeneous oxidation catalysis [J]. Ind Eng Chem Res, 2011, 50(18): 10458-10464.

[9] Chen R Z, Zhen B, Li Z, et al. Scouring-ball effect of microsized silica particles on operation stabilityof the membrane reactor for acetone ammoximation over TS-1 [J]. Chem Eng J, 2010, 156(2): 418-422.

[10] Zhang F, Shang H N, Jin D Y, et al. High efficient synthesis of methyl ethyl ketone oxime from ammoximation of methyl ethyl ketone over TS-1 in a ceramic membrane reactor [J]. Chem Eng Process, 2017, 116: 1-8.

[11] Chen R Z, Mao H L, Zhang X R, et al. A dual-membrane airlift reactor for cyclohexanone ammoximation over titanium silicalite-1 [J]. Ind Eng Chem Res, 2014, 53(15): 6372-6379.

[12] Li Z H, Chen R Z, Xing W H, et al. Continuous acetone ammoximation over TS-1 in a tubular membrane reactor [J]. Ind Eng Chem Res, 2010, 49(14): 6309-6316.

[13] Mao H L, Chen R Z, Xing W H, et al. Organic solvent-free process for cyclohexanone

ammoximation by a ceramic membrane distributor [J]. Chem Eng Technol, 2016, 39(5): 883-890.

[14] 徐南平，陈日志，李朝辉，等. 一种悬浮床无机膜反应器 [P]. ZL200810022438. 4. 2011-07-20.

[15] 徐南平，张利雄，陈日志. 一种一体式悬浮床无机膜反应器 [P]. ZL200410041687. X. 2006-09-22.

[16] 徐南平，张利雄，邢卫红，等. 一体式悬浮床无机膜反应器 [P]. ZL02138439. 8. 2004-08-18.

[17] 徐南平，陈日志，邢卫红. 非均相悬浮态纳米催化反应的催化剂膜分离方法 [P]. ZL 02137865. 7. 2004-09-01.

[18] Kunacheva C, Soh Y N A, Trzcinski A P, et al. Soluble microbial products(SMPs)in the effluent from a submerged anaerobic membrane bioreactor(SAMBR)under different HRTs and transient loading conditions [J]. Chem Eng J, 2017, 311: 72-81.

[19] Neoh C H, Noor Z Z, Mutamin N S A, et al. Green technology in wastewater treatment technologies: Integration of membrane bioreactor with various wastewater treatment systems [J]. Chem Eng J, 2016, 283: 582-594.

[20] Cheng J C, Yang C, Mao Z S, et al. CFD modeling of nucleation, growth, aggregation, and breakage in continuous precipitation of barium sulfate in a stirred tank [J]. Ind Eng Chem Res, 2009, 48(15): 6992-7003.

[21] Rahimi M, Madaeni S S, Abbasi K. CFD modeling of permeate flux in cross-flow microfiltration membrane [J]. J Membr Sci, 2005, 255(1-2): 23-31.

[22] Coroneo M, Montante G, Catalano J, et al. Modelling the effect of operating conditions on hydrodynamics and mass transfer in a Pd-Ag membrane module for H_2 purification [J]. J Membr Sci, 2009, 343(1-2): 34-41.

[23] Ghidossi R, Veyret D, Moulin P. Computational fluid dynamics applied to membranes: State of the art and opportunities [J]. Chem Eng Process, 2006, 45(6): 437-454.

[24] Wiley D E, Fletcher D F. Computational fluid dynamics modelling of flow and permeation for pressure-driven membrane processes [J]. Desalination, 2002, 145(1-3): 183-186.

[25] Brannock M W E, Dewever H, Wang Y, et al. Computational fluid dynamics simulations of MBRs: Inside submerged versus outside submerged membranes [J]. Desalination, 2009, 236(1-3): 244-251.

[26] Brannock M, Leslie G, Wang Y, et al. Optimising mixing and nutrient removal in membrane bioreactors: CFD modelling and experimental validation [J]. Desalination, 2010, 250(2): 815-818.

[27] Meng L, Cheng J C, Jiang H, et al. Design and analysis of a submerged membrane reactor by CFD simulation [J]. Chem Eng Technol, 2013, 36(11): 1874-1882.

[28] Zhong Z X, Liu X, Chen R Z, et al. Adding microsized silica particles to the catalysis/ultrafiltration system: Catalyst dissolution inhibition and flux enhancement [J]. Ind Eng Chem Res, 2009, 48(10): 4933-4938.

[29] Mcdonough R J. Mixing for the process industries [M]. New York: Van Nostrand Reinhold, 1992.

[30] 景文珩，石风强，邢卫红，等．一种气升式膜过滤成套装置 [P]. ZL201010222881. 3. 2012-05-30.

[31] 景文珩，陈超，邢卫红．一种新型气升式外循环反应器装置及工艺 [P]. CN 201710051491. 6. 2017-01-20.

[32] 石风强．气升式膜过滤装置在杆菌肽分离纯化中的应用及其 CFD 模拟 [D]. 南京：南京工业大学，2011.

[33] 江帆，黄鹏．Fluent 高级应用与实例分析 [M]. 北京：清华大学出版社，2008.

[34] Bodalo A, Gomez J L, Gomez E, et al. Development and experimental checking of an unsteady-state model for ultrafiltration continuous tank reactors [J]. Chem Eng Sci, 2005, 60(15): 4225-4232.

[35] Abo-Ghander N S, Grace J R, Elnashaie S S E H, et al. Modeling of a novel membrane reactor to integrate dehydrogenation of ethylbenzene to styrene with hydrogenation of nitrobenzene to aniline [J]. Chem Eng Sci, 2008, 63(7): 1817-1826.

[36] Chen R Z, Jiang H, Jin W Q, et al. Model study on a submerged catalysis/membrane filtration system for phenol hydroxylation catalyzed by TS-1 [J]. Chin J Chem Eng, 2009, 17(4): 648-653.

[37] 卢长娟，陈日志，金万勤，等．TS-1 催化苯酚羟基化制苯二酚的本征动力学研究 [J]. 化学工程，2008, 36(6): 38-41.

第四章 陶瓷膜反应器在加氢反应中的应用

第一节 引言

加氢反应是化学工业和石油炼制工业中最重要的反应过程之一，既可作为合成有机化工中间体或产品的制备手段，如一氧化碳加氢制甲醇、苯加氢制环己烷、苯酚加氢制环己酮、醛加氢制醇、硝基苯加氢制氨基苯等；也可作为除去原料或产品中含有的少量有害而不易分离的杂质的精制手段，如为提高油品质量，加氢脱除油品中的氧、硫、氮等杂质，使烯烃全部饱和、芳烃部分饱和。液相催化加氢是在液相介质中进行的加氢反应过程，实际生产过程中通常采用固体催化剂，有些是贵金属催化剂，反应结束后必须对催化剂进行分离回收，以保证产品的质量和降低生产成本。加氢反应过程一般是釜式间歇生产过程，如果能够在反应的同时实现催化剂的有效分离，则可大幅度提高产能，降低生产成本。

对氨基苯酚是一种重要的有机化工中间体，在医药、染料、橡胶等行业有着广泛的应用，其主要生产方法有硝基苯催化加氢法、硝基苯电解还原法、对硝基苯酚催化加氢法和对硝基苯酚铁粉还原法等，其中对硝基苯酚催化加氢法具有无污染、工艺简单、产率高等优点[1,2]。但是，由于加氢催化剂回收困难、过程不连续的问题，限制了对硝基苯酚加氢工艺的发展。陶瓷膜具有耐高温、化学稳定性好、机械强度高等特点，可有效地截留微米、纳米级的颗粒。将对硝基苯酚加氢反应与膜分离耦合构成陶瓷膜反应器，可有效地解决对硝基苯酚加氢制对氨基苯酚反应中镍等催化剂的分离问题[3~8]。本章以对硝基苯酚液相催化加氢合成对氨基苯酚反应为例，介绍陶瓷膜反应器在加氢反应过程中的应用。在陶瓷膜滤除细小的骨架镍催化剂的实验研究基础上，介绍了对氨基苯酚生产过程中分离骨架镍催化剂的陶瓷膜成套装置的建设与运行情况。进一步将自主研发的纳米镍催化剂用于对氨基苯酚制备过程中，通过纳米镍催化 - 膜分离匹配规律、膜污染形成机理及控制方法的研究，设计并建立纳米镍催化 - 膜分离耦合制备对氨基苯酚中试装置，形成连续的催化加氢工艺。

第二节 骨架镍催化对硝基苯酚制对氨基苯酚

工业上通常采用骨架镍催化对硝基苯酚制对氨基苯酚。随着反应的进行，来自叶轮搅拌或者离心泵的作用所产生的剪切力会使催化剂粒径不断减小，在产品过滤时一部分细小的催化剂微粒流入产品中，影响产品的质量。工业上多采用金属网过滤器过滤产品中的催化剂颗粒，由于其孔径较大，催化剂微粒容易混入产品中。采用陶瓷膜可以有效分离对氨基苯酚产品中的骨架镍催化剂，从而降低催化剂成本和提高产品纯度。研究膜孔径、操作压差、膜面流速、温度和料液浓度等操作参数对膜过滤过程的影响，确定了膜过滤的合适工艺参数[9]。对工业应用中的膜污染原因进行分析，并开发了有效的膜清洗方法[10]。

一、膜孔径的选择

用 0.2μm 和 0.8μm 两种孔径的 19 通道管式陶瓷膜，对浓度为 15g/L 的催化剂料液进行了恒浓度实验，即渗透液回到料液槽中，保持槽中催化剂的浓度不变。操作条件为：温度 43℃，操作压差 0.25MPa，膜面流速 1.3m/s。结果如图 4-1 所示。孔径为 0.8μm 的膜管在 20min 内其过滤通量从 1100L/（m^2·h）迅速下降到 56L/

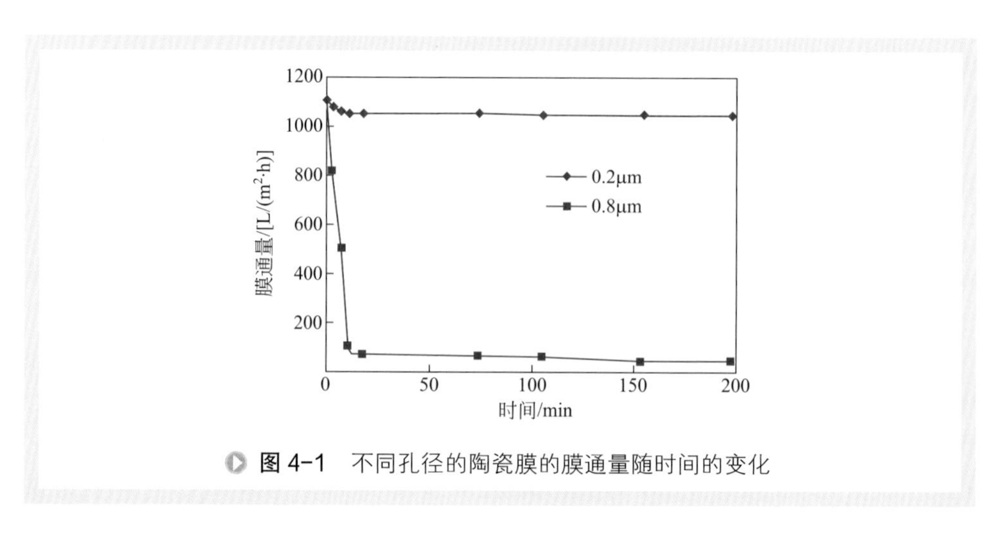

图 4-1　不同孔径的陶瓷膜的膜通量随时间的变化

(m^2•h)。孔径为 0.2μm 的膜管其过滤通量从 1100L/(m^2•h)下降到 1050L/(m^2•h)之后，继续过滤通量不再随着过滤时间发生变化。

此处采用的镍催化剂颗粒的粒径大部分小于 1.0μm。从膜污染的机理来分析，当颗粒粒径小于膜孔径时，膜污染以颗粒阻塞膜孔为主，膜通量迅速下降；当颗粒粒径大于膜孔径后，膜污染以颗粒在膜表面沉积形成滤饼层为主，膜通量由滤饼层的结构决定。结合以上实验现象进行分析，可以看出当用孔径为 0.8μm 的膜管进行过滤时，细小的催化剂颗粒很快阻塞了膜孔，使膜污染严重。用孔径为 0.2μm 的膜管进行过滤时，因颗粒粒径与膜孔径之比较大，膜通量受滤饼层结构控制，因催化剂颗粒的架桥作用，该滤饼层为“疏松”型，所以保持了较高的膜通量。因此，膜孔径为 0.2μm 的陶瓷微滤膜适宜用于此体系中。

二、操作条件对膜通量的影响

1. 操作温度的影响

温度对液体过滤体系膜通量的影响较大，若过滤的阻力是膜阻力或边界层（滤饼）阻力，温度对膜通量的影响主要是由于温度对溶液黏度和悬浮固体溶解度的影响；若过滤是浓差极化控制，温度对膜通量的影响主要是由于温度对液相传质系数和溶液黏度的影响[11]。

对于本体系，污染主要是膜表面颗粒的沉积。所以理论上讲温度对料液过滤通量的影响，主要是由于温度对液体黏度的影响。温度上升，料液的黏度下降，扩散系数增加，减少了浓差极化的影响。在料液浓度为 1.5%、膜面流速为 4.6m/s、操作压差为 0.20MPa 时，操作温度对膜通量的影响见图 4-2（a）。温度对膜通量的影响显著，通量与温度基本呈直线上升关系。

2. 操作压力的影响

微滤过程是以压差为推动力的分离过程，因此操作压差是影响微滤过程的主要因素之一。在温度 58℃、膜面流速 4.6m/s 的条件下，测得在各操作压差下，膜过滤基本稳定时的膜通量，结果见图 4-2（b）。在操作压力小于 0.25MPa 范围内，随着过滤压差的增大膜通量随之增大；在大于 0.25MPa 的操作压差下，随着过滤压差的增大膜通量的变化趋于平缓。这是由于在较低压差下过程属压力控制区，随着过滤压差的增大，膜通量显著增加；操作压差进一步增大，传质阻力增加，膜通量受压差的影响不再显著，过程属传质控制区。因此，适宜的过滤压差为 0.25MPa。

3. 膜面流速的影响

膜面流速是指料液沿膜表面的流动速率，它是影响膜通量的重要因素之一。在温度 45℃、操作压差 0.15MPa 条件下，测得不同流速下的膜通量值，结果见图 4-2

（c），低流速下的膜通量反而高于高流速下的膜通量。这与大多数情况下膜通量随错流速率升高而增大的现象不一致。这是因为本体系的膜污染主要为膜面颗粒沉积，错流速率增大对膜通量有两方面影响，一方面带走膜表面的颗粒使沉积层减薄而使膜通量增大；另一方面是首先带走了粗颗粒，使表面沉积层上细颗粒比例增高、比阻增大而使膜通量减小。因此，在此流速范围内，随流速的增加，比阻增大占上风，膜面流速选在 2.0m/s 以下比较适宜。

4. 料液浓度的影响

由浓差极化模型可得出膜通量随料液浓度的增加而下降。在实际的工业应用中，膜过滤过程是一个料液的浓缩过程，存在浓缩的极限问题，因此需考察不同料液浓度对膜通量的影响。在操作压力 0.2MPa、温度 42℃、膜面流速 2.0m/s 下，测得膜通量随料液浓度的变化曲线，见图 4-2（d）。料液浓度在 0 ～ 15g/L 范围内，通量值基本无变化；浓度在 15 ～ 60g/L 范围内，通量下降缓慢；当料液浓度大于 60g/L 以上时，膜通量明显下降。这种现象可以解释为：当料液浓度较低时，膜表

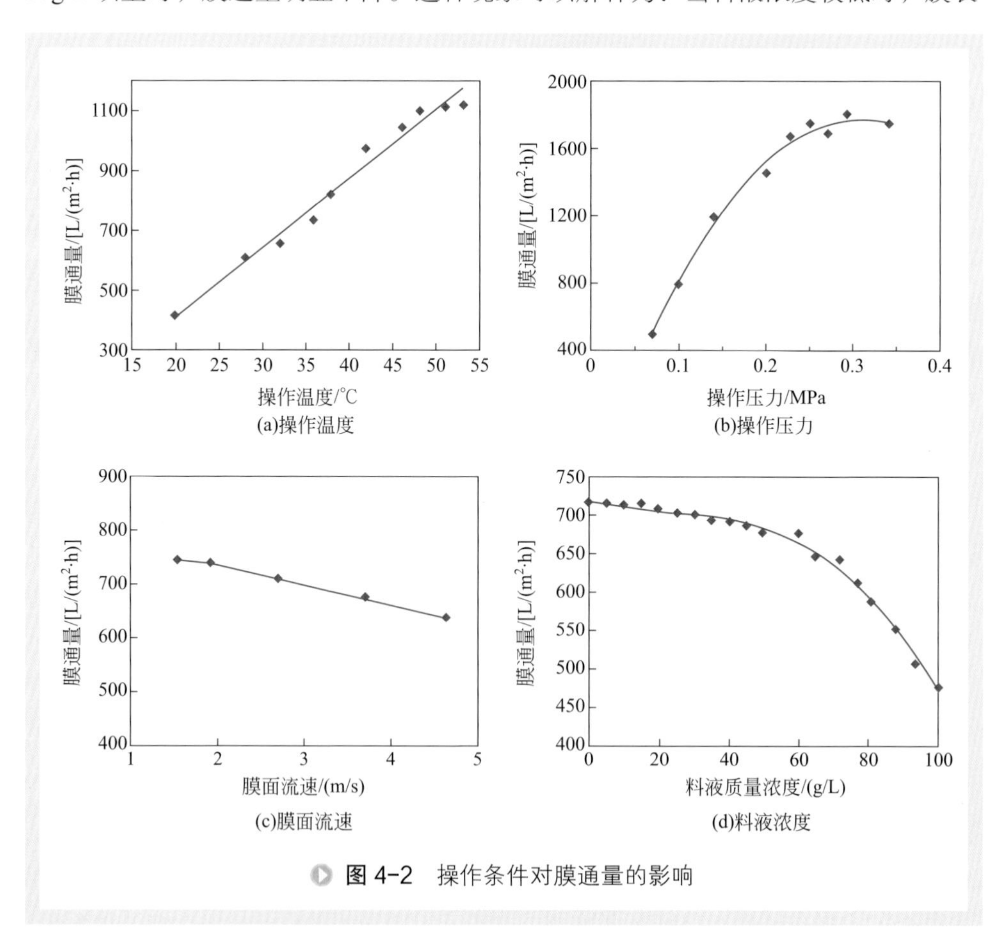

(a)操作温度　(b)操作压力

(c)膜面流速　(d)料液浓度

图 4-2　操作条件对膜通量的影响

面形成一层“疏松”的滤饼层，这时膜通量基本上随时间无变化，随着料液浓度的增加，膜表面沉积层中细小催化剂颗粒的比例增加、比阻增大而使膜通量缓慢下降。当料液浓度大于 60g/L 以上时，随着滤饼层中细颗粒的增加，在膜表面形成了“致密”的滤饼层，这时膜通量显著下降，因此实际应用中料液浓缩的适宜浓度应小于 60g/L。

三、膜过滤成套装置的建设与运行

设计并建立了 60000t/a 的对氨基苯酚的陶瓷膜成套装置，如图 4-3 所示。通过工业膜应用中的污染机理分析，制定了污染膜清洗策略，实现了膜装置的高效运行。

1. 膜应用中的污染机理分析

在工厂用孔径为 0.2μm 的陶瓷膜分离料液中的骨架镍催化剂。将膜面上的滤饼层污染物用扫描电子显微镜进行了 EDX 元素组分分析，并与新鲜的骨架镍催化剂的元素组分进行对比，结果列于表 4-1。滤饼层污染物的主要成分是骨架镍催化剂，还有管道腐蚀带入的少量铁和原料中的杂质硅元素。而由污染膜表面的 EDX 元素分析表明，污染物主要是骨架镍催化剂和较少的铁、硅、钛元素。在污染膜断面距膜表面 2μm 处的 EDX 元素分析结果也检测到了骨架镍催化剂和少量铁、硅元素，说明在工厂里的膜过滤装置经过了长期运行后有些骨架镍催化剂颗粒嵌入了膜孔中，导致孔内堵塞。

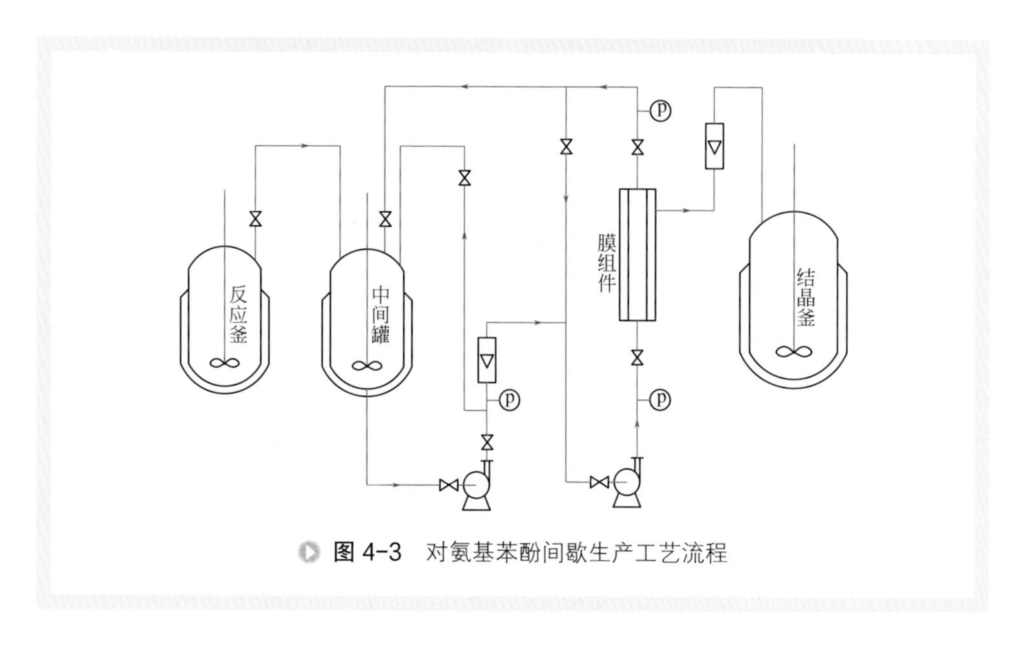

图 4-3 对氨基苯酚间歇生产工艺流程

表 4-1　几种污染物和新骨架镍催化剂的 EDX 分析结果　　单位：%

元素	骨架镍催化剂	粉末污染物	污染膜（表面）	污染膜（断面）
O		2.44	3.59	5.35
Al	53.67	20.00	42.67	57.96
Si		3.85	9.56	4.02
Ca		0.48	1.76	0.73
Fe		6.31	12.21	7.06
Ni	46.33	64.25	27.71	24.87
Ti		0.42	2.52	

对在工厂中经过了长期运行后被污染膜的表面和断面进行了 SEM 扫描电镜分析，如图4-4所示。与新膜的表面和断面对比，污染膜表面明显吸附着一层滤饼层。

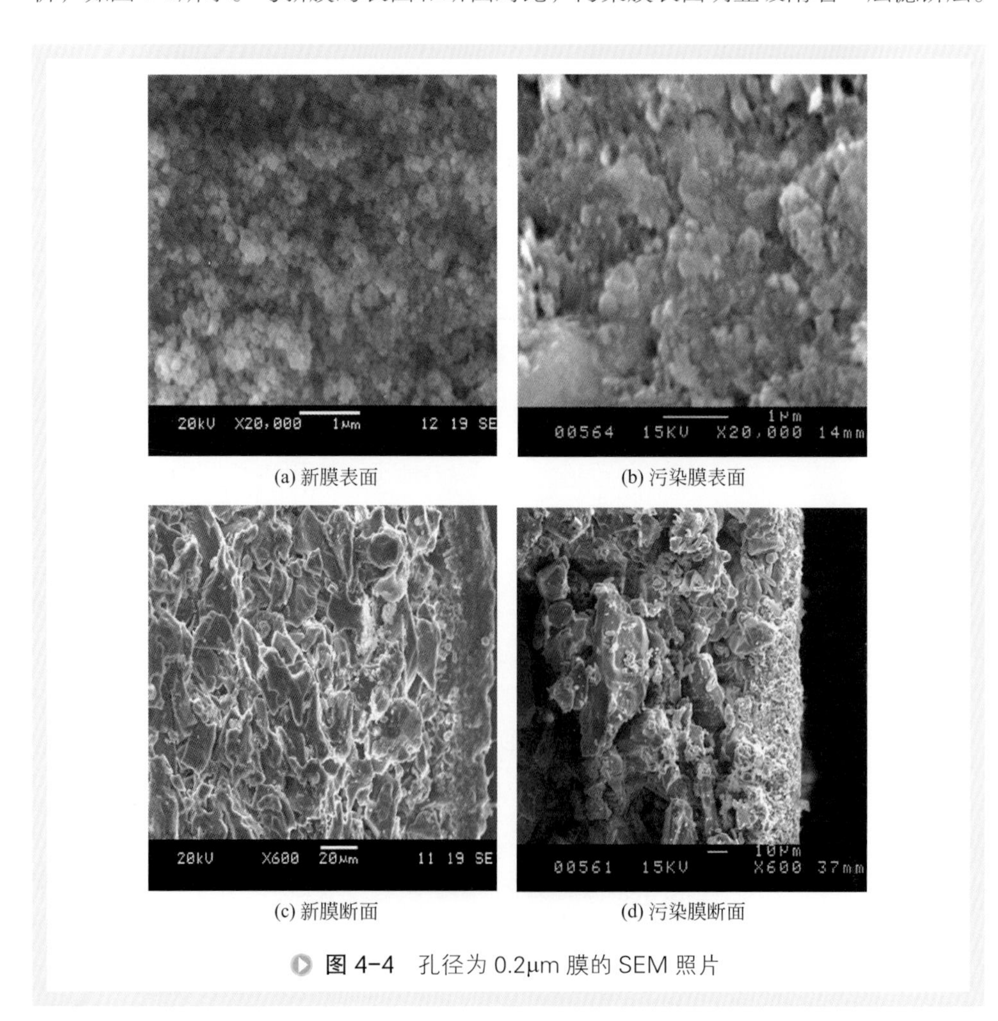

(a) 新膜表面　(b) 污染膜表面

(c) 新膜断面　(d) 污染膜断面

图 4-4　孔径为 0.2μm 膜的 SEM 照片

结合 EDX 和 SEM 的分析可知，骨架镍催化剂在膜表面上的沉积以及堵塞部分膜孔是工厂应用中膜污染的主要原因。

2. 污染膜的清洗

主要污染源是骨架镍催化剂颗粒，还有少量的来自管路和料液中的杂质 Fe、Si 及其他少量元素。根据污染物的化学性质，选择一些能够溶解污染物的溶液来清洗污染膜。在工业应用中选择的清洗污染膜的策略是：在温度 100℃的条件下，先用乙醇 - 水溶液循环清洗膜管 10min；然后用 1% 的 NaOH 溶液清洗 20min（90℃），碱液的清洗主要是为了洗去附着在管路和膜管中的对氨基苯酚；用 3% 的硝酸溶液清洗 1h（90℃）；最后工业软水清洗 1h。在膜清洗的过程中膜组件的渗透侧定期打开。为了增强清洗效果，可反复调节流速阀门，使清洗液在管路中形成脉冲。采用此清洗策略，污染膜通量基本能够恢复。

3. 工业运行结果

在工业应用中，孔径为 0.2μm 的陶瓷膜平均渗透通量是 400L/（m^2 • h）。采用原子吸收光谱仪分析截留料液中骨架镍催化剂，在全部过滤运行的渗透液中没有检出镍元素，完全达到了工厂生产上对对氨基苯酚产品质量的要求。

第三节　纳米镍催化对硝基苯酚制对氨基苯酚

在骨架镍催化对硝基苯酚的过程中发现，随着骨架镍粒径的减小，加氢活性会提升。因此，提出采用纳米镍催化对硝基苯酚制对氨基苯酚，提高加氢性能[12]。开发了连续沉淀法，实现了纳米镍催化剂的批量制备，在对硝基苯酚加氢制备对氨基苯酚过程中表现出优异的催化活性和催化稳定性。将纳米镍催化加氢与陶瓷膜分离技术耦合，催化剂截留率高，催化剂得以循环利用。通过反应 - 膜分离耦合匹配关系研究，优化耦合过程，建立了用于制备对氨基苯酚的纳米镍催化 - 膜分离耦合百吨级的中试装置。

一、纳米镍催化剂的合成及批量制备

纳米镍催化剂的制备方法很多，如等离子法[13]、液相化学还原法[14]。液相化学还原法因投入小、易实现的优点，受到研究者的关注。我们通过在液相化学还原法的基础上引入实验室自制的还原助剂，克服了原有方法反应缓慢、进行不彻底的缺点，控制反应条件在水溶液中制备得到纳米镍催化剂，其在对硝基苯酚加氢制对

氨基苯酚反应中显示了优异的催化性能[2]。进一步提出采用连续沉淀法制备纳米镍粉，实现了催化剂的批量制备[15]。

1. 纳米镍催化剂的制备及在对硝基苯酚加氢反应中的性能

所制备的纳米镍的平均粒径为57nm，其粒径分布如图4-5所示。比表面积为 $43.58m^2/g$，镍含量大于99%。

图4-6为纳米镍催化剂的SEM照片。可以看出，所制备的样品均为类球形颗粒，颗粒细小、均匀，但有一部分粉末聚集在一起，这是由于粉末的比表面积大，因此具有较大的表面能，它们倾向于聚集在一起以降低表面能，使体系更加稳定。

以纳米镍为催化剂时，对硝基苯酚的加氢产物中只有对氨基苯酚而没有其他的副产物。可以利用反应釜中氢气的消耗来表示对氨基苯酚合成中纳米镍催化剂的催化性能。从图4-7可以看出，在相同的反应条件下，纳米镍的催化活性相当于骨架镍催化剂的16倍。

将纳米镍与骨架镍催化剂的催化稳定性进行比较，结果如图4-8所示。随着催化剂套用次数的增加，两种催化剂的催化活性均逐渐降低，其中骨架镍催化剂的催化活性下降很快，到第4次时已降为新鲜催化剂的23%，而后趋于平缓，到第6次套用时降为19.6%；自制纳米镍的催化活性下降比骨架镍平缓，经过13次的连续催化加氢，催化活性降为新鲜纳米镍的46.0%，催化稳定性要远高于骨架镍催化剂。

2. 纳米镍催化剂的批量制备及其加氢性能

在液相化学还原法制备纳米镍粉的小试实验基础上，进行了10t/a纳米镍生产

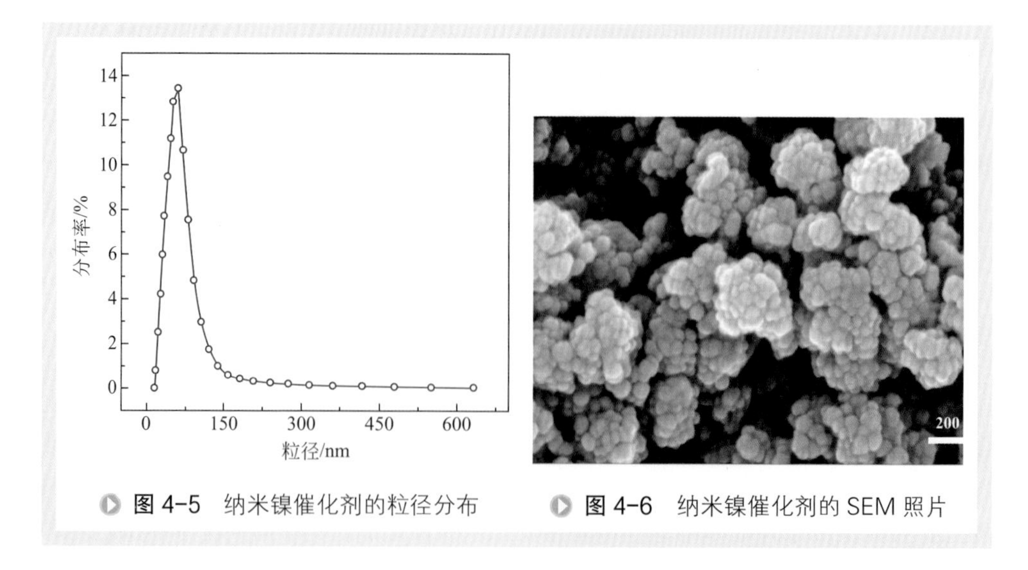

图4-5 纳米镍催化剂的粒径分布

图4-6 纳米镍催化剂的SEM照片

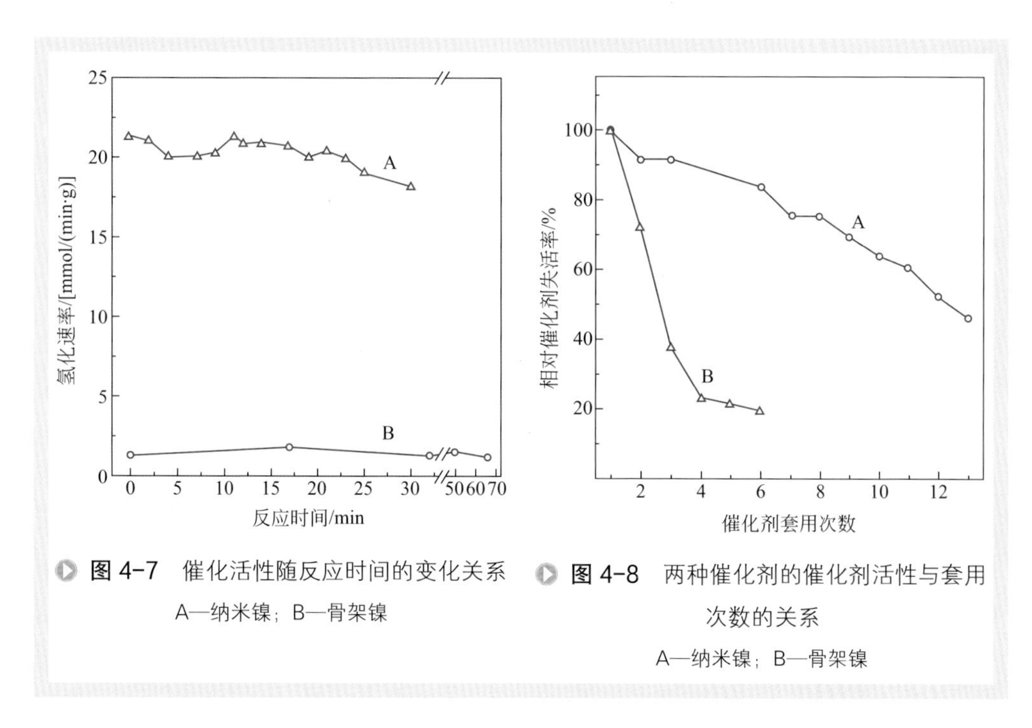

图 4-7　催化活性随反应时间的变化关系

A—纳米镍；B—骨架镍

图 4-8　两种催化剂的催化剂活性与套用次数的关系

A—纳米镍；B—骨架镍

线工艺包的设计以及生产线的建设。开发出连续沉淀法制备纳米镍粉生产工艺流程，流程简图和生产装置照片分别如图 4-9 和图 4-10 所示。将配制好的镍盐溶液与还原剂溶液通过计量泵输送到管式反应器内进行反应，反应后的产物进入产品罐；采用陶瓷膜过滤技术对产品进行洗涤，去除杂质离子，当洗涤达到要求时，对产品进行浓缩；浓缩后的纳米镍粉溶液通过干燥进行脱水，然后进行产品包装。

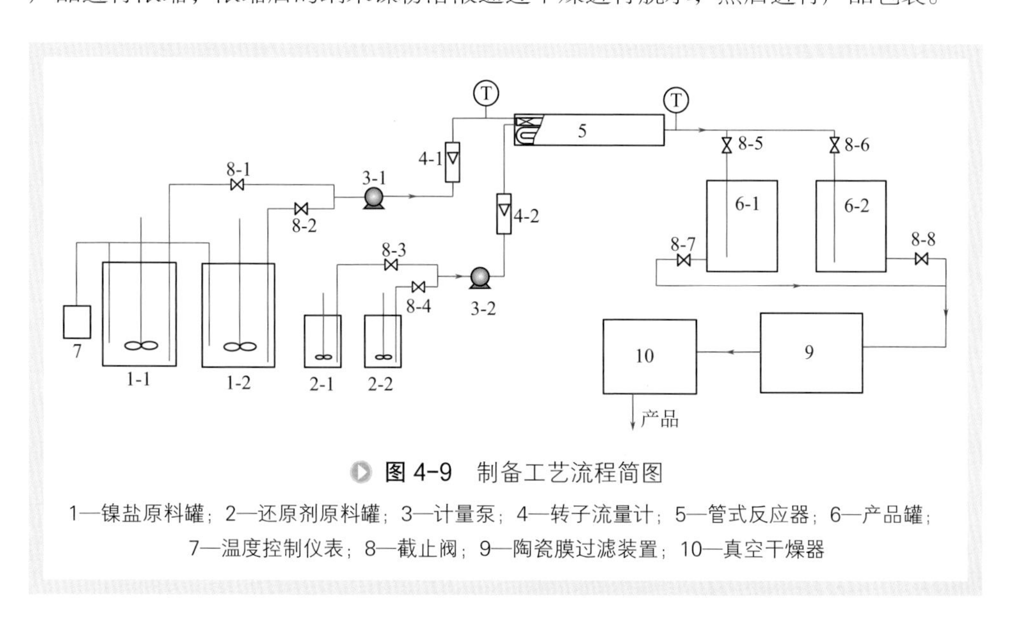

图 4-9　制备工艺流程简图

1—镍盐原料罐；2—还原剂原料罐；3—计量泵；4—转子流量计；5—管式反应器；6—产品罐；7—温度控制仪表；8—截止阀；9—陶瓷膜过滤装置；10—真空干燥器

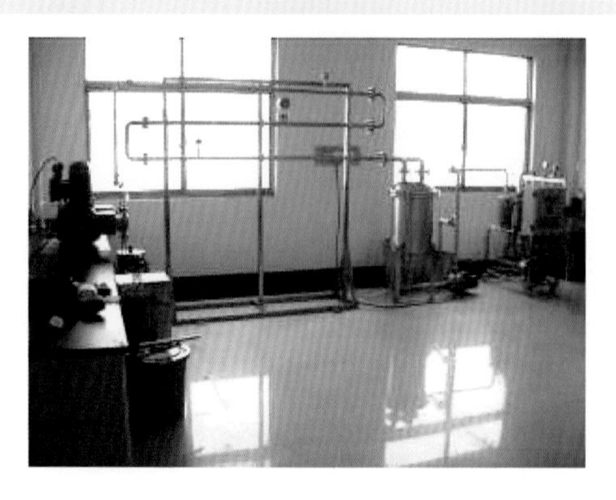

图 4-10 纳米镍生产装置照片

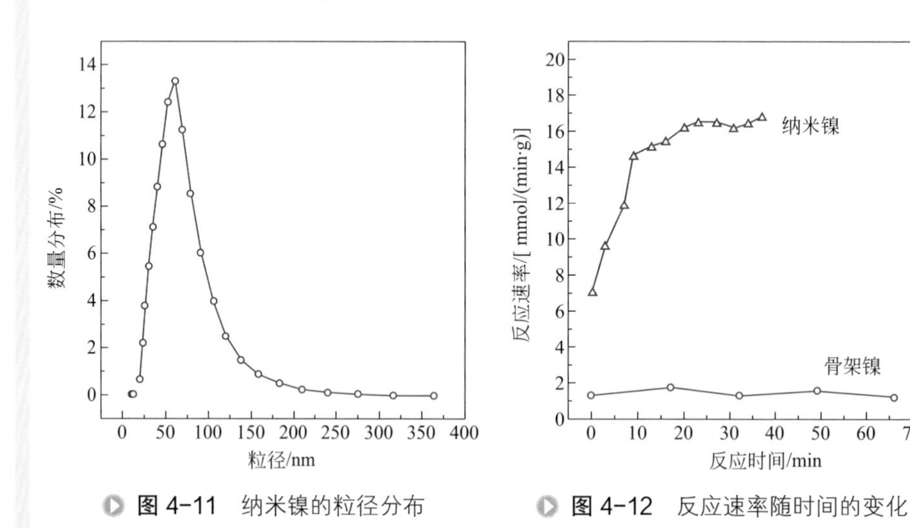

图 4-11 纳米镍的粒径分布

图 4-12 反应速率随时间的变化

对生产出来的纳米镍进行了粒径和催化活性表征，结果分别见图 4-11 和图 4-12。所生产纳米镍的粒径范围为 30 ～ 200nm；纳米镍的催化活性为骨架镍的 8 倍以上，即在达到同样反应速率的条件下，纳米镍催化剂消耗量仅为传统骨架镍催化剂的 1/8。

二、纳米镍催化-膜分离耦合过程研究

纳米镍催化 - 膜分离耦合过程包含催化加氢和膜分离两个过程。只有两个过程匹配，才能保证系统的稳定运行，获得优异的加氢性能及质量高的产品。通过控制热处理温度获得不同形貌的纳米镍催化剂，研究催化剂形貌对加氢过程和膜分离过程的影响 [16]；研究初始溶液 pH 值对膜反应器中对硝基苯酚催化加氢和膜分离性能的影响 [17]，优化膜反应器的综合性能。

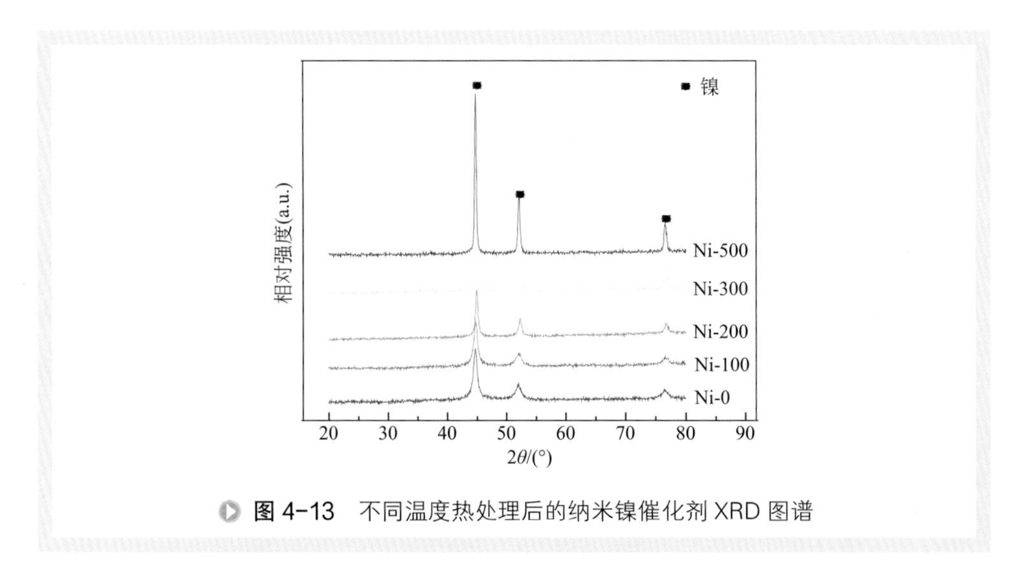

图 4-13　不同温度热处理后的纳米镍催化剂 XRD 图谱

1. 催化剂形貌对反应-膜分离耦合过程的影响

（1）热处理温度对纳米镍物性的影响　图 4-13 是不同温度热处理后纳米镍催化剂的 XRD 图谱。热处理后纳米镍的衍射峰［2θ = 44.5°，52.0°和 76.9°，分别对应（111）、（200）、（220）晶面］与热处理前的纳米镍衍射峰相一致，这说明热处理过程没有改变纳米镍的物相组成。由谢乐方程可以算出 Ni-0、Ni-100、Ni-200、Ni-300 和 Ni-500 的晶粒大小，从表 4-2 可以看出，随着热处理温度的增大，纳米镍催化剂的晶粒逐渐增大。

表 4-3 是不同温度热处理后纳米镍使用前后的比表面积。纳米镍催化剂的比表面积随热处理温度的增大而减小。因为纳米镍的粒径大小与比表面积负相关，所以

表 4-2　纳米镍的晶粒大小

样品	Ni-0	Ni-100	Ni-200	Ni-300	Ni-500
晶粒大小 /nm	11.7	11.9	17.9	22.1	25.4

表 4-3　新鲜和使用后镍的比表面积

样品	比表面积 /（m^2/g）	
	新鲜镍	使用后镍
Ni-0	17.2	13.5
Ni-100	16.9	12.4
Ni-200	15.2	11.1
Ni-300	14.9	10.6
Ni-500	11.3	9.7

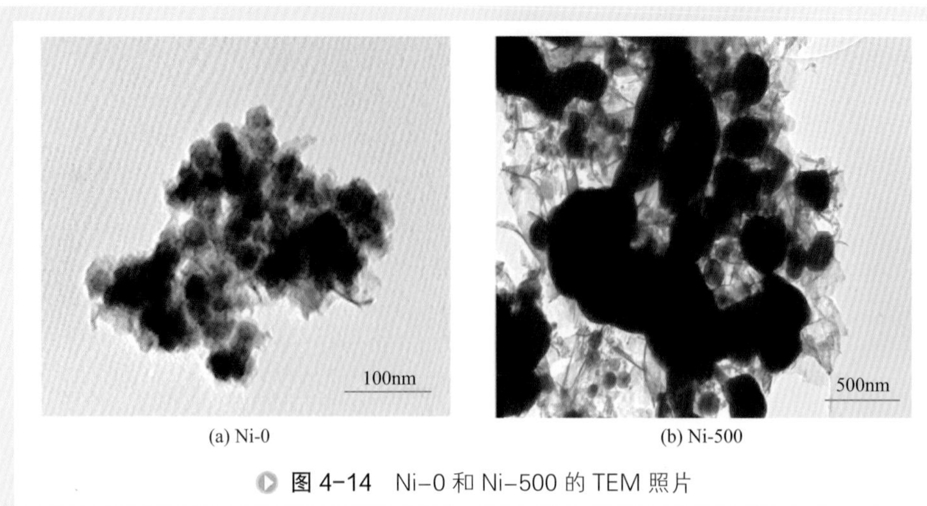

(a) Ni-0　　(b) Ni-500

图 4-14　Ni-0 和 Ni-500 的 TEM 照片

纳米镍粒径随热处理温度的增高而增大。图 4-14 中 Ni-0 和 Ni-500 的 TEM 照片可以验证上述观点。Ni-0 的平均粒径为 25nm，Ni-500 的平均粒径在 25～250nm 之间。

热处理不仅可以改变纳米镍催化剂的粒径大小，也可以影响纳米镍的表面结构。图 4-15 是 Ni-0 和 Ni-500 的高倍电镜照片。Ni-0 表面有很多的表面缺陷，而 Ni-500 表面则相对比较平滑。这种表面结构的变化有可能会对纳米镍催化剂的催化性能产生影响。

（2）催化剂催化性能　图 4-16 是不同温度热处理后的纳米镍催化剂上的对硝基苯酚加氢速率。热处理温度对纳米镍催化剂的催化活性有显著的影响。Ni-100 与 Ni-0 的催化活性相当，这说明低温处理（<100℃）对催化剂的催化活性影响很小。而当温度增大到 200℃以上，催化剂的催化活性则明显降低，与 Ni-100 相比较，

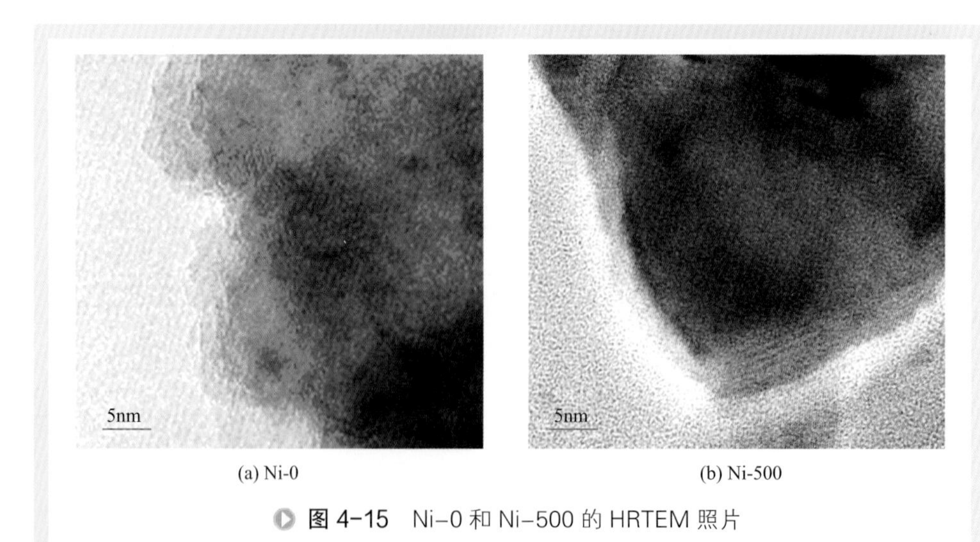

(a) Ni-0　　(b) Ni-500

图 4-15　Ni-0 和 Ni-500 的 HRTEM 照片

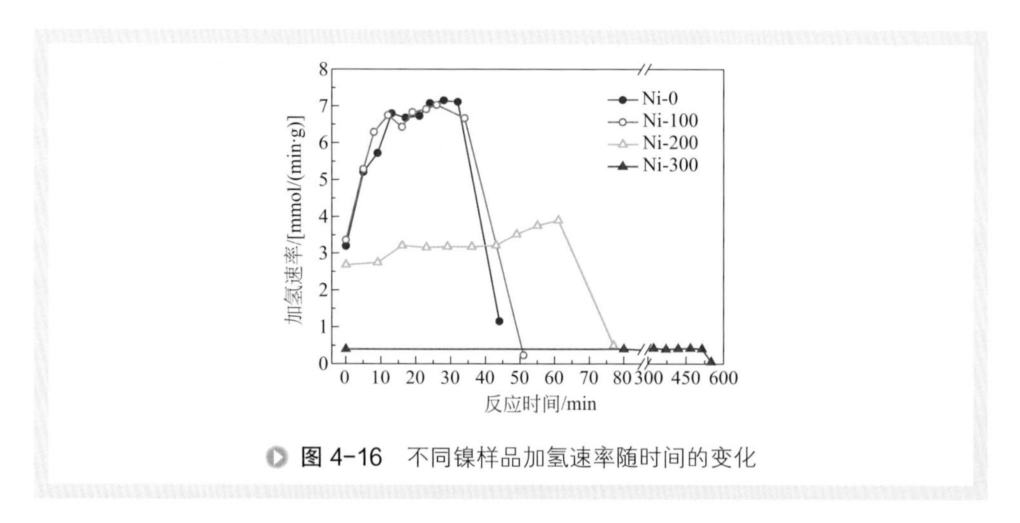

图 4-16　不同镍样品加氢速率随时间的变化

Ni-200 的催化活性（以 20min 时的催化加氢速率表示）从 6.83mmol/（min·g）降低到 3.16mmol/(min·g)。热处理温度为 300℃时，催化活性仅有 0.4mmol/(min·g)，整个反应持续了约 10h。继续增大热处理温度到 500℃时，90min 内没有任何反应，这说明热处理温度大于 500℃时，催化剂完全失活。图 4-16 中加氢速率上升与催化剂的活化有关，加氢速率趋于平缓和下降与此反应的动力学相关 [18]。但 Ni-300 因为催化活性太低加氢速率近似呈一条直线。

将催化剂的催化活性与催化剂的粒径关联可以发现，催化剂粒径越小，催化活性越高。这是因为小粒径的催化剂比表面积大，可以提供更多的活性位。由此可以看出，纳米镍催化剂的粒径大小对催化活性有很大影响，催化剂粒径越小越有利于其催化活性的增大。

为了确定除粒径对催化剂催化活性有影响外是否还存在其他的影响因素，对图 4-16 进行了适当的变换得到图 4-17（将单位质量催化剂单位时间内消耗的氢气

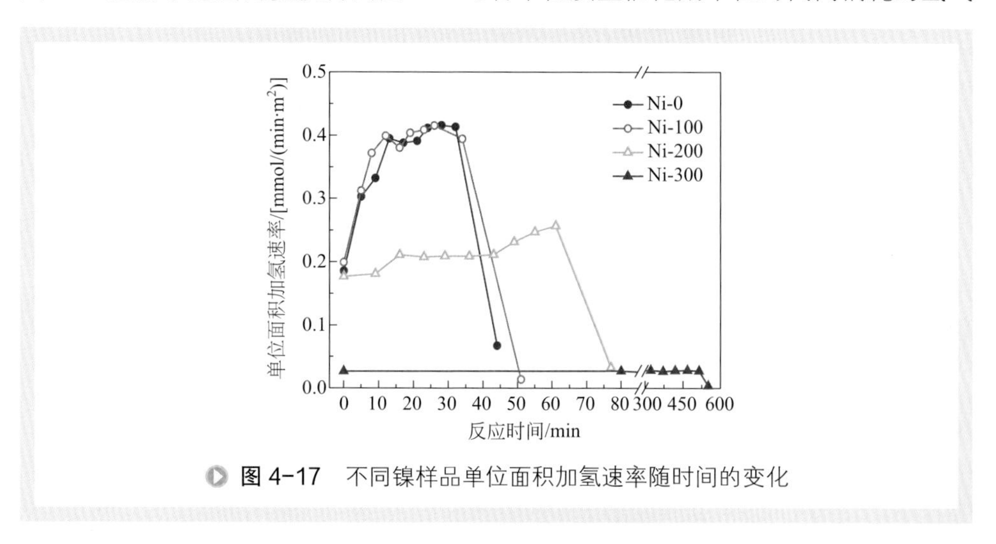

图 4-17　不同镍样品单位面积加氢速率随时间的变化

量换算为单位面积催化剂单位时间内消耗的氢气量）。图 4-17 所示的加氢速率与图 4-16 有相同的趋势，这说明除了催化剂的粒径大小外还有其他因素在影响催化剂的催化活性，例如表面结构、形状等。

热处理在一定程度上可以改变纳米镍的表面结构。从图 4-14 的电镜照片中可以看出，Ni-0 比 Ni-500 表面有更多的缺陷，这意味着 Ni-0 催化剂可以提供更多的活性中心[2]，所以相比之下 Ni-0 的催化活性更高。

图 4-18 是使用后纳米镍催化剂的 XRD 图谱。可以发现 Ni-0、Ni-100 和 Ni-200 的衍射峰［2θ=44.5°，52.0°和 76.9°，分别对应（111）、（200）和（220）晶面］与元素镍的衍射峰一一对应，而 Ni-300 和 Ni-500 的 XRD 图谱中出现了其他一些衍射峰（2θ = 23.8°，33.2°和 59.3°）。由此说明 Ni-300 和 Ni-500 表面吸附了一些杂质，这可能与其反应活性有关，杂质有可能是对硝基苯酚与镍离子形成的络合物。

图 4-19 是反应后催化剂的红外图谱。Ni-300 和 Ni-500 出现了一些新的吸收峰，其中 470cm^{-1} 的吸收峰，可能由与苯环连接的 CO 基团的弯曲振动产生[19]；在

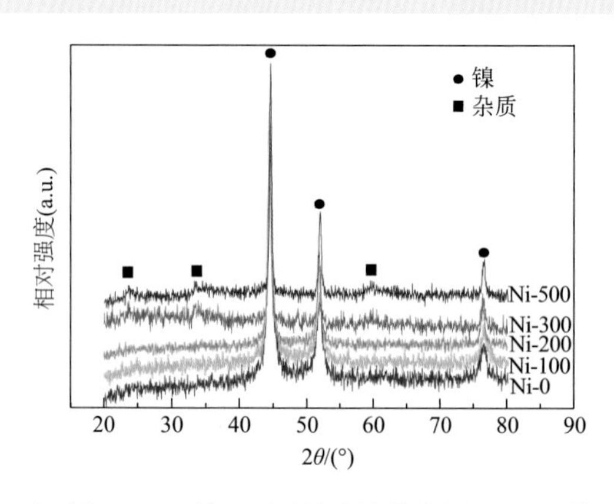

图 4-18　使用后的纳米镍催化剂 XRD 图谱

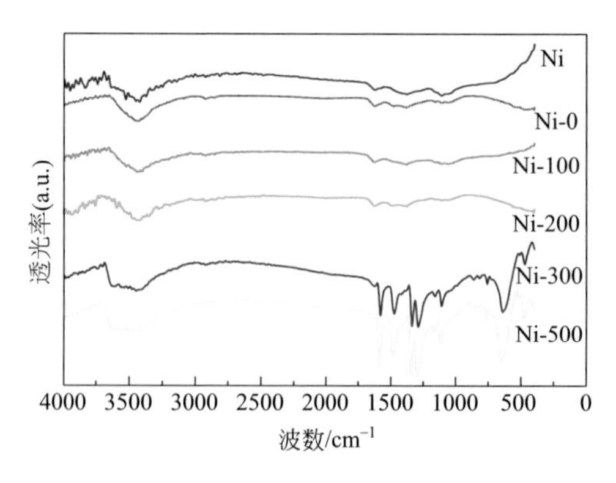

图 4-19　使用后的纳米镍催化剂 FT-IR 图

$648cm^{-1}$ 处产生的吸收峰，可能由 NO_2 基团的环面内剪切振动产生。环上 CH 振动产生的吸收峰分别在 $1117cm^{-1}$、$1167cm^{-1}$、$1296cm^{-1}$ 和 $1488cm^{-1}$ 处出现。$1346cm^{-1}$ 处出现的吸收峰，可能由 NO_2 的对称振动产生。芳香环上 C═C 的伸缩振动，可产生 $1384cm^{-1}$ 和 $1587cm^{-1}$ 处的吸收峰。从红外光谱的分析上看，催化剂上吸附的杂质，其结构中含有 CO 基、NO_2 基和苯环，进一步证实了纳米镍上吸附的杂质是对硝基苯酚与镍离子结合后产生的络合物。

从上面的分析可以推断整个反应过程存在着两种竞争反应：①对硝基苯酚与氢气在催化剂活性中心反应生成对氨基苯酚；②对硝基苯酚与镍离子生成络合物吸附在催化剂表面。使用 Ni-0、Ni-100 和 Ni-200 的反应中，因为催化剂活性较高，竞争反应①占主导作用；使用 Ni-300 和 Ni-500 的反应中，因为催化剂活性很低，对硝基苯酚与氢气不能及时在催化剂活性中心生成对氨基苯酚，而与镍离子形成了络合物吸附在催化剂表面，竞争反应②占主导作用，这也会进一步降低催化剂的活性。

因此高温热处理后的催化剂失活原因可以归结为以下三点：①比表面积减小导致活性中心减少；②催化剂表面缺陷减少；③催化剂表面吸附有机物。

图 4-20 是使用 Ni-0、Ni-100、Ni-200 和 Ni-300 为催化剂时反应的转化率和选择性。反应的选择性都达到 100 %，这说明热处理温度对反应的选择性没有影响。但是反应转化率低于 100%，这可能与膜反应器的结构有关。反应过程中一部分对硝基苯酚渗透到膜组件中，阻碍了其与催化剂的接触，导致转化率降低。为了验证这一结论，以 Ni-0 为催化剂，将膜反应器和未加膜组件的反应器中的结果进行了对比，如图 4-21 所示。未使用膜组件的反应产物溶液中只有对氨基苯酚，而使用膜组件的反应产物溶液中出现了对硝基苯酚峰。

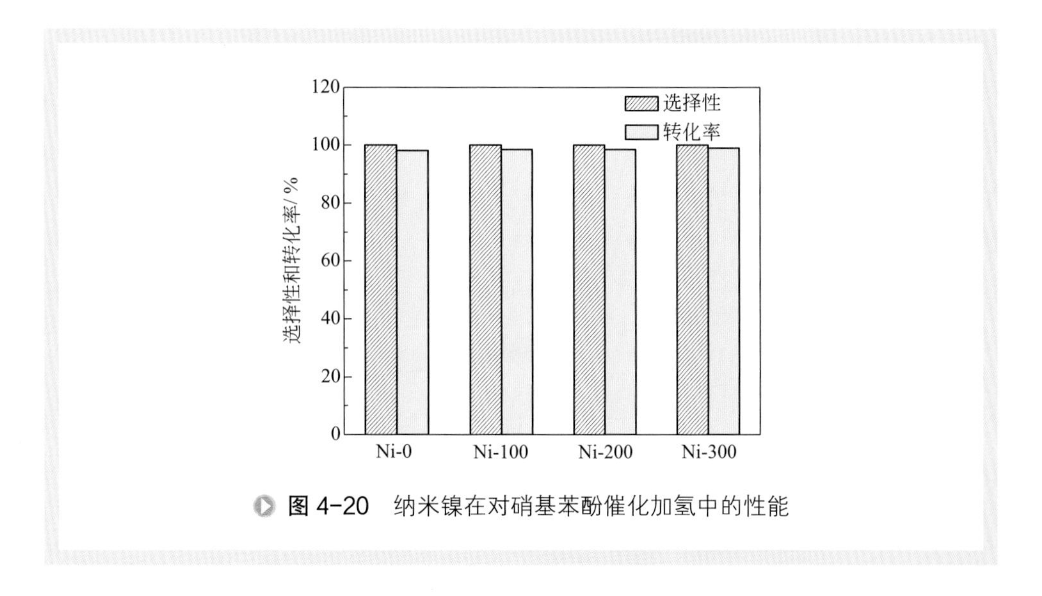

图 4-20　纳米镍在对硝基苯酚催化加氢中的性能

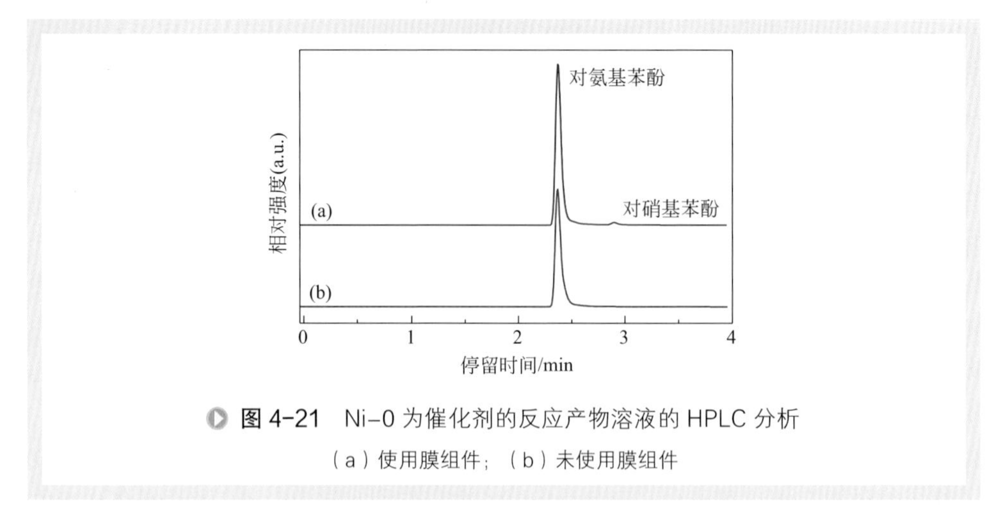

图 4-21 Ni-0 为催化剂的反应产物溶液的 HPLC 分析

（a）使用膜组件；（b）未使用膜组件

（3）催化剂对膜分离性能的影响　反应结束后，使用陶瓷膜对催化剂进行分离，反应产物溶液透过陶瓷膜被收集。图 4-22 是对不同温度处理下的催化剂进行分离时的膜处理量。随着时间的增长，膜处理量不断减小。这是由以下几方面原因共同引起的：①纳米镍催化剂的浓度不断增大；②纳米镍吸附在陶瓷膜管表面；③过滤有效膜面积不断减小。值得注意的是不同温度处理下的催化剂悬浮液的膜处理量的大小顺序为：Ni-200>Ni-100>Ni-0>Ni-300>Ni-500，由此可以看出，并不是催化剂的粒径越大，膜处理量越大，这与一般的假设相矛盾。

一般而言，大粒径颗粒悬浮液膜处理量大主要由以下两个原因引起：①颗粒粒径大不容易吸附在膜表面，过滤时的滤饼层较薄[20,21]；②大颗粒形成滤饼层的空隙较小颗粒大，所以过滤阻力小。然而，上面的研究表明大颗粒的膜处理量并不

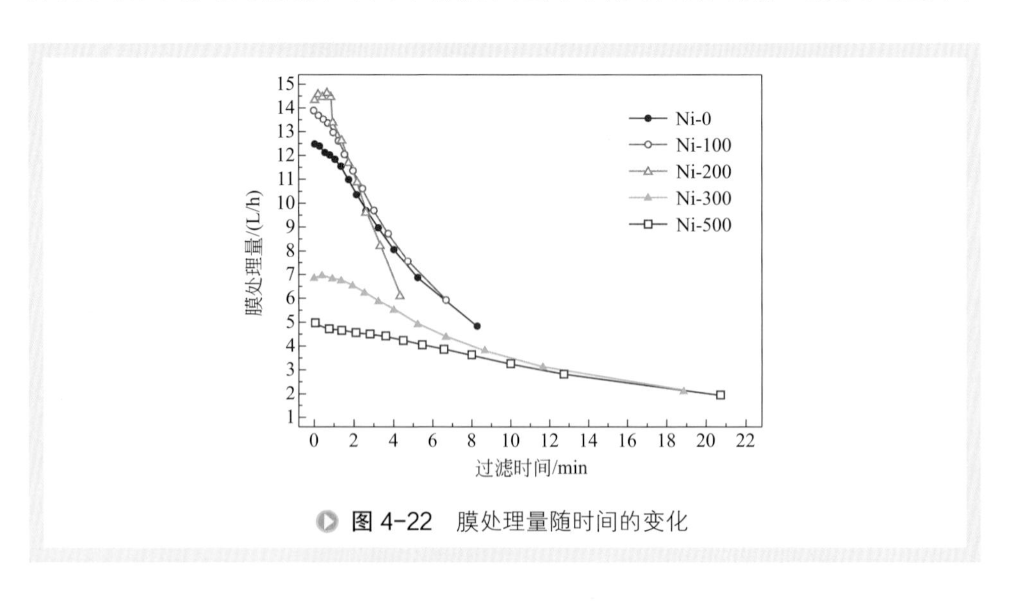

图 4-22 膜处理量随时间的变化

大（Ni-300 和 Ni-500），这可能与纳米镍催化剂上对硝基苯酚催化加氢的特性有关。由前面的分析可以看出，如果催化剂活性较低，对硝基苯酚与镍离子形成的络合物会吸附在催化剂表面。所以这里的滤饼层性质由两方面的因素决定：①纳米镍颗粒的大小；②络合物。当使用 Ni-0、Ni-100 和 Ni-200 催化剂时，因为催化剂的催化活性较高，所以催化剂表面基本没有络合物生成，图 4-19 的红外图谱可以证明这一点。这三种催化剂颗粒在陶瓷膜表面形成的滤饼层应该是多孔的，且较薄，如图 4-23（a）所示。所以形成此类滤饼层的时候，纳米镍颗粒增大会降低过滤阻力导致膜处理量变大。当使用 Ni-300 和 Ni-500 时，因为催化剂的催化活性较低，所以在催化剂的表面会有络合物的形成，图 4-18 和图 4-19 可以证实这一点。过滤过程中，纳米镍颗粒形成的滤饼层的孔隙会因为络合物的吸附和沉淀而堵塞，由纳米镍颗粒和络合物的共同作用，陶瓷膜表面会形成一层致密滤饼层，如图 4-23（b）所示。虽然 Ni-300 和 Ni-500 的粒径变大，但是由于滤饼层的形成机理不同，所以膜处理量变小。图 4-22 显示 Ni-500 的膜处理量比 Ni-300 更低，这可能是因为 Ni-500 的催化活性最低，更容易生成络合物。类似的颗粒 / 胶体污染也有相关的文献报道 [21]。以上解释可以从图 4-24 和图 4-25 的膜管表面滤饼层电镜照片得到证实。图 4-24 和图 4-25 分别是过滤 Ni-0 和 Ni-500 后滤饼层的情况。对于 Ni-0，只有很少的颗粒沉积在膜管表面，从断面照片上看不到明显的滤饼层，所以膜处理量较大。对于 Ni-500，膜管表面沉积了较多的催化剂颗粒，从图 4-25（b）的断面照片可以看出膜管表面形成了厚度约 50μm 的滤饼层，所以膜处理量较低。

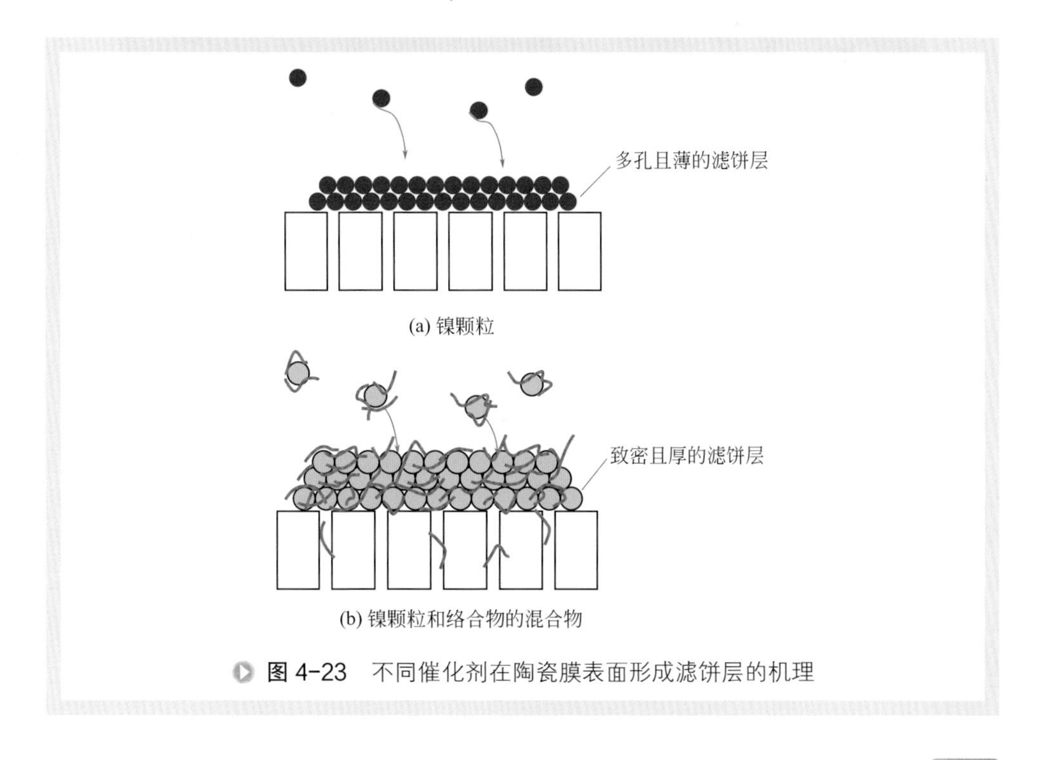

图 4-23　不同催化剂在陶瓷膜表面形成滤饼层的机理

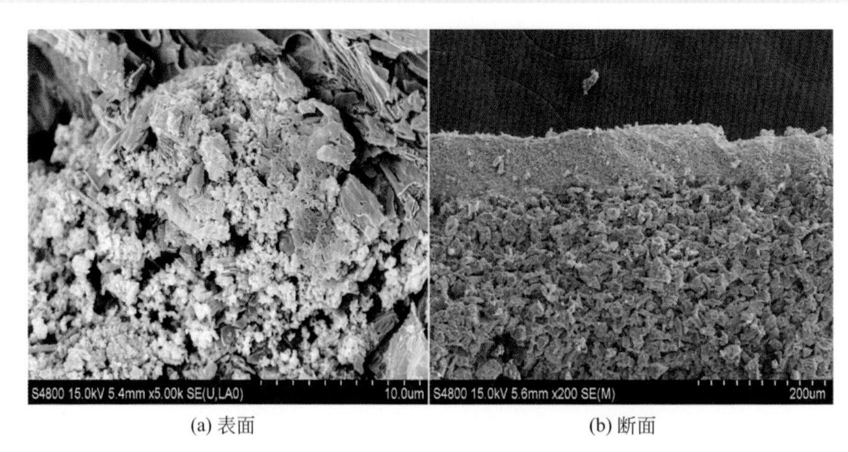

(a) 表面　　(b) 断面

图 4-24　过滤 Ni-0 后的膜管 FESEM 表征

(a) 表面　　(b) 断面

图 4-25　过滤 Ni-500 后的膜管 FESEM 表征

2. 溶液初始pH值对反应-膜分离耦合过程的影响

（1）初始溶液 pH 值对催化性能的影响　图 4-26 是不同初始溶液 pH 值下对硝基苯酚的加氢速率。两种 pH 值下，加氢速率都是先上升再趋于平缓。加氢速率的上升与催化剂的活化有关，镍的氧化物，如 NiO 或者 Ni_2O_3，出现在镍的表面，这是因为后续处理过程中镍的氧化 [2]。因此，在加氢过程中，这些镍的氧化物首先被氢气还原成镍，导致有效的镍含量增加，从而加氢速率上升。第二阶段与对硝基苯酚的浓度有关 [18]。当初始溶液的 pH 值从 4.5 调节到 7.5 时，活化的时间显著增加，这可能是由于增加的羟基可以影响纳米镍的活化。还可以看出，当加氢速率趋于稳定时，初始溶液的 pH 对纳米镍的催化活性几乎无影响。

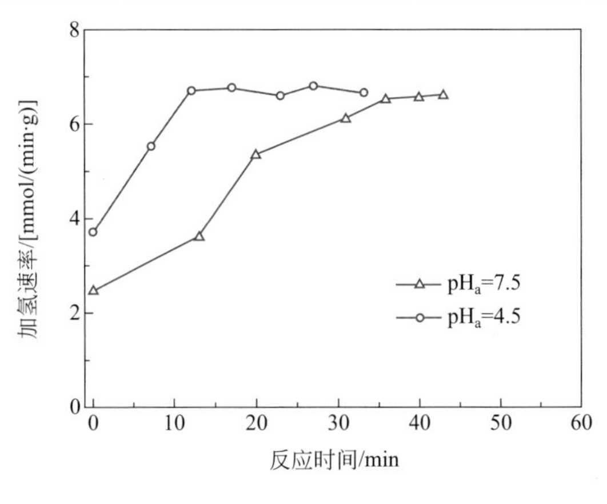

图 4-26　不同初始溶液 pH 值对纳米镍催化加氢速率的影响

催化剂的失活与套用次数的关系如图 4-27 所示。两种 pH 值下进行的连续对硝基苯酚加氢反应中，纳米镍均存在失活的现象。有趣的是，当 pH 值从 4.5 变化到 7.5 时，纳米镍的催化稳定性有显著提高。在 6 次的循环套用实验中，初始溶液 pH 为 4.5 时纳米镍的活性下降 44.2%，而 pH 为 7.5 时纳米镍循环套用 9 次，其活性仅下降 34.1%。为了研究原因，通过 XRD 表征纳米镍，结果如图 4-28 所示。对于初始溶液 pH 为 4.5 时，主要的峰是镍（2θ=44.5°，51.9°和 76.4°）和一些污染物（2θ=23.8°，33.2°，59.3°）。污染物在纳米镍的表面吸附导致其稳定性较差。污染物有可能是对硝基苯酚与镍离子的复杂络合物[22]。当初始溶液 pH 从 4.5 调节到 7.5，在图中仍然出现镍的峰，但几乎看不到污染物的峰，说明在弱碱性条件下，可以抑制镍表面污染物的形成。这个现象可以解释为，在连续的对硝基苯酚加氢套用过程

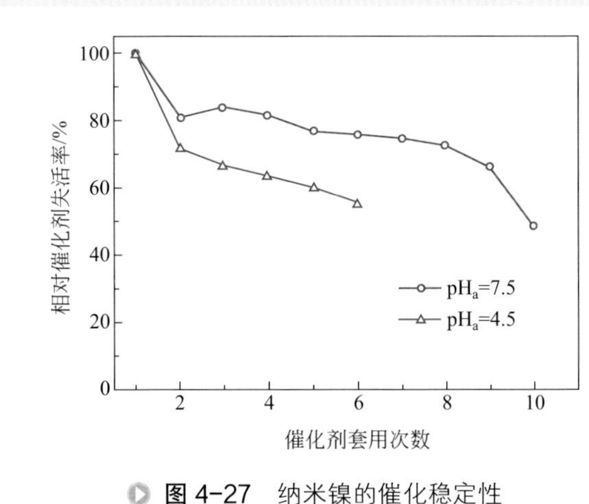

图 4-27　纳米镍的催化稳定性

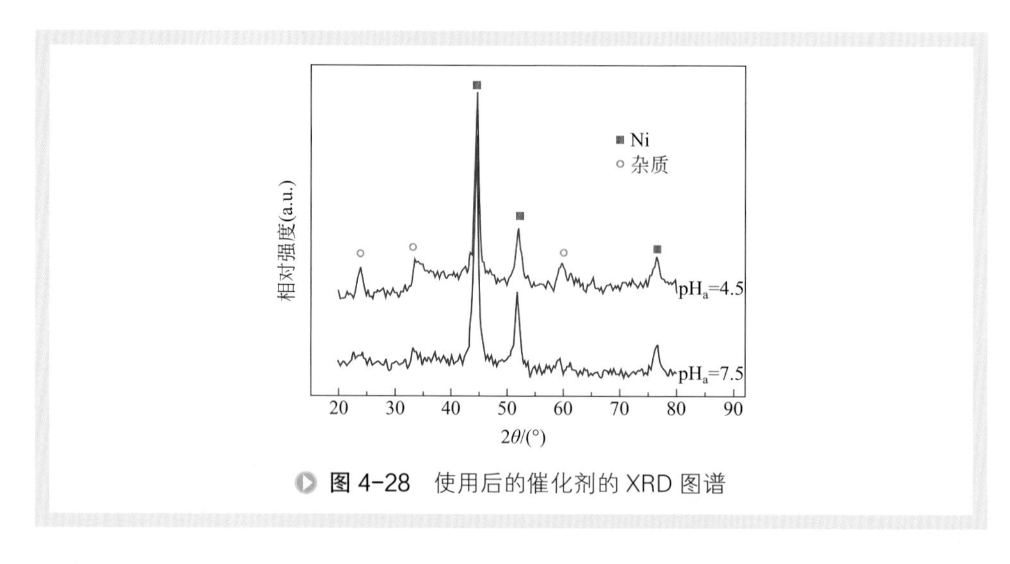

图 4-28 使用后的催化剂的 XRD 图谱

中，当初始溶液 pH 为 4.5 时，一些镍颗粒部分溶解形成镍离子，然后与对硝基苯酚接触形成复杂的络合物；而当初始溶液 pH 为 7.5 时，几乎没有镍离子生成，因此也没有复杂络合物生成。研究发现，当初始溶液 pH 为 2.5 时，XRD 图谱中只发现镍的峰，没有明显的污染物的峰 [22]，这可能是因为镍催化剂只用了一次，没有明显的污染物吸附于镍的表面。但是，在此处，初始溶液 pH 为 4.5 时，镍被重复使用 6 次，且使用过的催化剂没有经过清洗使用到下一次的对硝基苯酚加氢过程中，因此，一些污染物在使用过的催化剂表面累积，在 XRD 中能够发现一些污染物的峰。HPLC 分析结果表明，初始溶液 pH 值对对氨基苯酚的选择性没有明显影响。

（2）初始溶液 pH 值对膜分离性能的影响　图 4-29 是单批反应膜处理量随时间的变化情况。在相同的过滤条件下，两种初始溶液 pH 下，膜的渗透通量随时

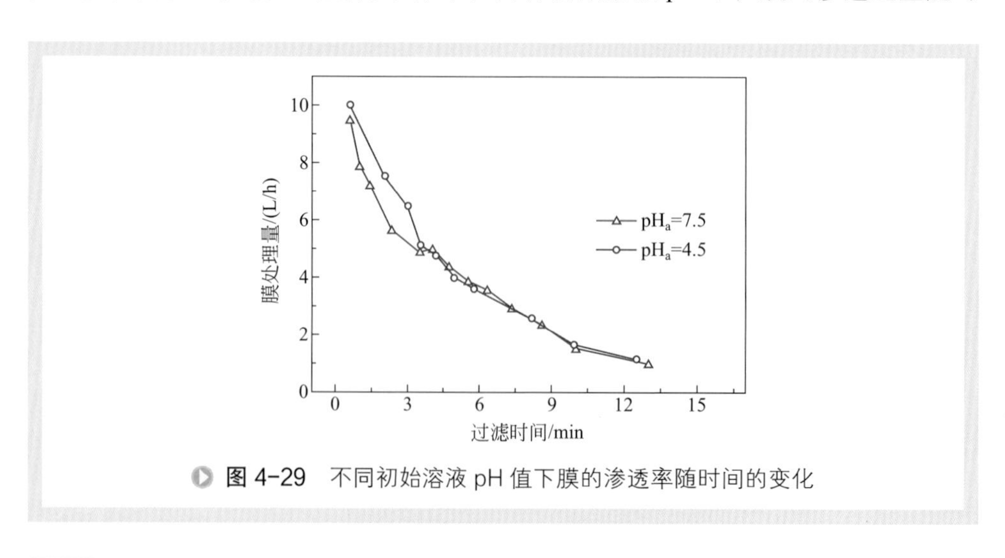

图 4-29 不同初始溶液 pH 值下膜的渗透率随时间的变化

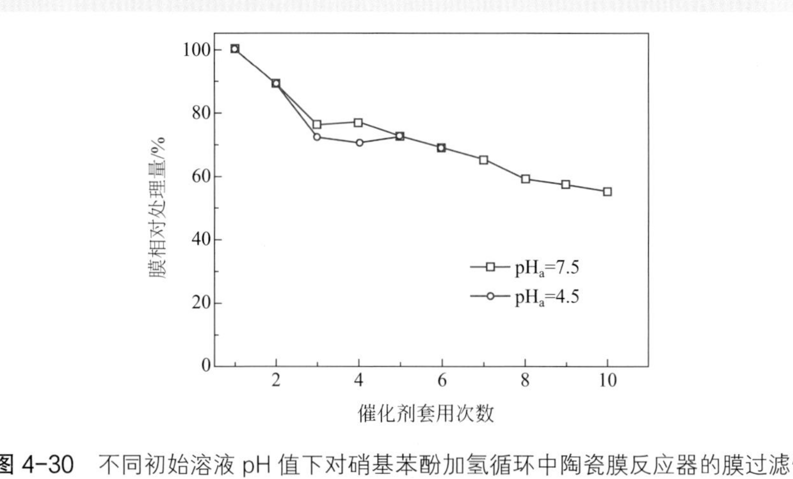

图 4-30　不同初始溶液 pH 值下对硝基苯酚加氢循环中陶瓷膜反应器的膜过滤性能

间均呈现下降趋势，这是在镍催化剂悬浮液的浓缩过程中镍催化剂浓度的逐渐升高、镍催化剂在膜面的吸附以及有效膜面积的逐渐减少的综合作用所致。当初始溶液 pH 值为 7.5 时，膜过滤的初始阶段膜的渗透性低于 pH 为 4.5 时，可能是因为在高 pH 时，镍颗粒分散带来了过滤阻力增加以及通量下降。在高的镍浓度时，初始溶液 pH 值对通量几乎无影响。在过滤 TiO_2 悬浮液时，陶瓷膜的通量随着 pH 值从 2 上升到 10 时而下降[23]，这是由于 TiO_2 分散性的变化引起了 Zeta 电位的变化。

图 4-30 是在不同初始溶液 pH 值下，陶瓷膜反应器中物料相对处理量与催化剂套用次数的关系（过滤体积为 400mL）。在前 3 次膜过滤过程中，两者的膜处理量下降都比较明显。这是由于开始时是新膜过滤，纳米镍在膜面上沉积吸附很快，因而增加了膜过滤阻力。在后续批次的膜过滤过程中，膜处理能力下降趋势相对平缓，且调整 pH 值对膜处理能力影响不大。

三、膜污染机理及控制方法

在陶瓷膜分离纳米镍催化剂的研究过程中同样发现膜污染的问题，通过分析膜上的污染物，并进行阻力计算分析，确定膜污染机理，并提出可行的膜污染控制方法及污染膜清洗策略。

1. 膜面污染物分析及阻力分布

采用扫描电镜观测膜表面，比较新膜表面［图 4-31（a）］与污染膜表面［图 4-31（b）］的照片可以看出，污染膜表面明显覆盖有一层滤饼。

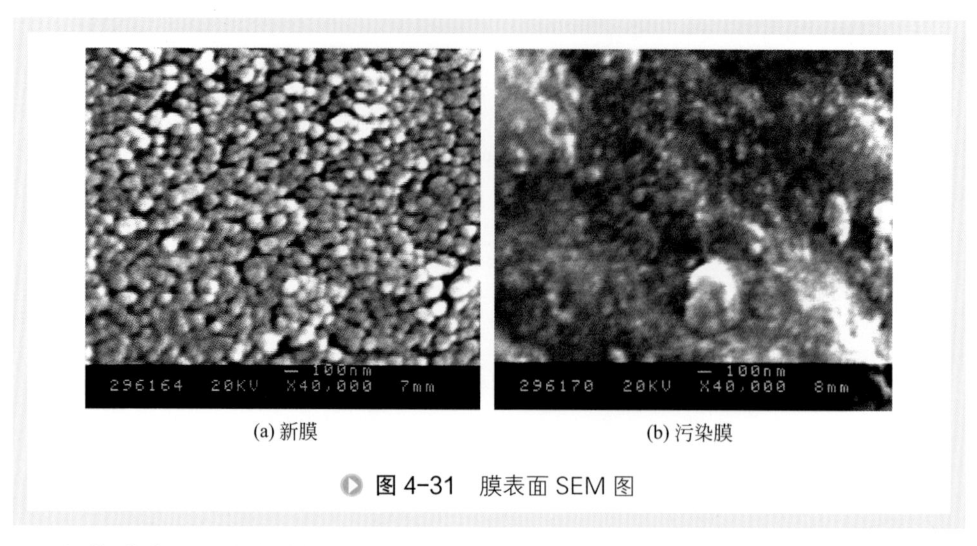

(a) 新膜　　(b) 污染膜

图 4-31　膜表面 SEM 图

污染膜表面的能谱分析［图 4-32（a）］表明，膜表面的镍含量很高，可知滤饼由镍催化剂构成。对污染膜的截面（离膜表面 0.5μm 位置）做 EDS 分析，如图 4-32（b）所示，膜的孔道内也有镍催化剂存在。初步分析，膜污染主要是由于镍催化剂在膜表面形成了滤饼层，同时催化剂颗粒堵塞膜孔而形成的。

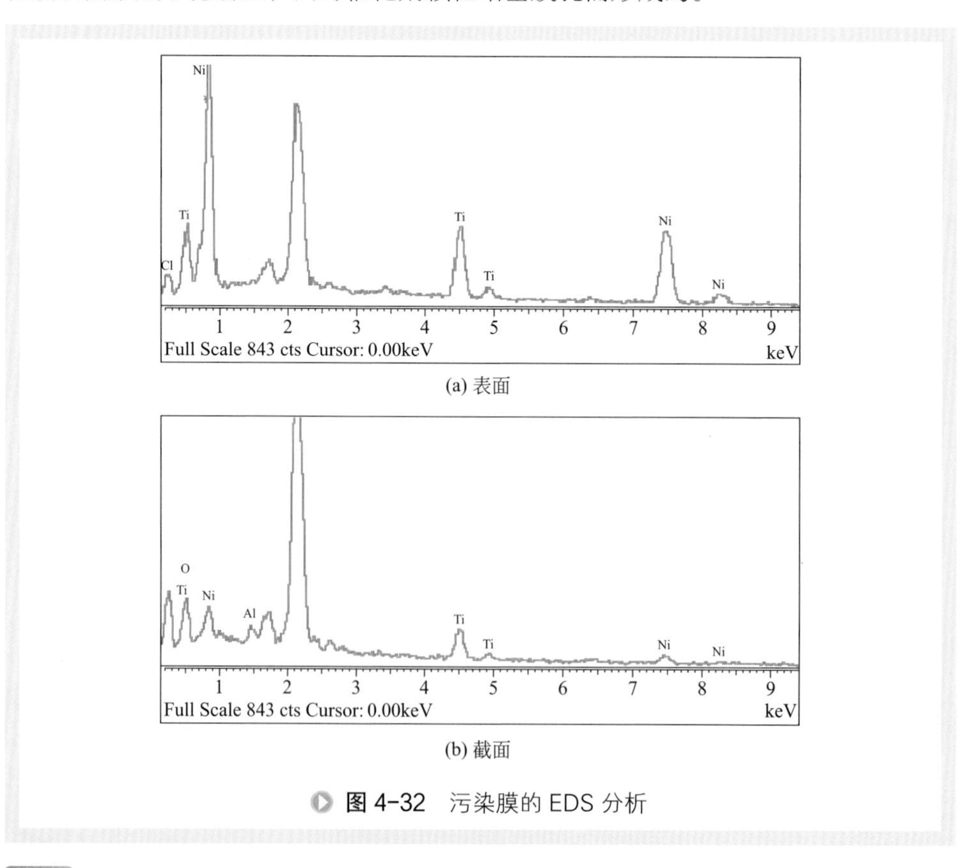

(a) 表面

(b) 截面

图 4-32　污染膜的 EDS 分析

为了进一步了解各污染阻力的分布情况，运用以 Darcy 定律为基础的阻力系列模型，对膜污染的各部分阻力进行了分解计算，详细实验方法和计算过程参见文献 [24]，各部分污染阻力分布情况见表 4-4。过滤阻力主要为滤饼阻力，占总阻力的 70% 以上，该部分阻力是影响通量的主要因素。Altmann 等 [20] 通过模型计算和实验证明，对于滤饼中超细颗粒，由于其在膜渗透方向所受的黏附力（包括范德华吸引力、静电作用等）远大于流体的水力学升力，其在膜表面的沉积是一个不可逆过程，沉积后就不会再返回到主体料液中去。膜本身阻力与孔堵塞阻力只占总阻力的一小部分，膜孔堵塞阻力比例较小说明本过滤过程中发生孔堵塞情况较少。综上，纳米镍催化剂在膜表面上形成滤饼层是造成膜污染的主要原因。

表 4-4　膜污染阻力分布

阻力类型	阻力值 $\times 10^{-11}/m^{-1}$	所占比例 /%
R_t	53.7	100
R_m	10.3	19.18
R_c	38	70.76
R_p	5.7	10.61

注：R_t—总阻力；R_m—膜阻力；R_c—滤饼阻力；R_p—膜孔堵塞阻力。

2. 膜污染控制方法

为减少催化剂颗粒在膜表面的沉积，以延长膜的运行周期，减少膜的使用面积，增加反应器的有效空间，已有不少解决方法，如：错流过滤方式代替终端过滤方式 [25,26]、切向进料而形成的旋转切向流 [27]、设置湍流促进器增加流体流动不稳定性 [28]、周期性反冲 [29]、外加电场 [30] 或超声场 [31] 等。除了“二、纳米镍催化 - 膜分离耦合过程研究”所述的从催化剂形貌 [16]、溶液性质等 [17] 方面入手，协同控制反应过程和分离过程，减少膜污染外，还可以采用改变管道和反应器材质 [26] 或者料液中添加惰性颗粒的方法。当污染累积到一定程度无法缓解后，有必要采取适宜的清洗措施以消除或减轻膜污染。

（1）材料性质　悬浮液中的颗粒与固体表面的接触包含了两个过程：第一，颗粒吸附到固体表面，该过程主要由颗粒与表面间的物理化学作用决定，它们决定了吸附的性质和强度，就物理化学作用而言，主要的因素有范德华力、静电作用和水合力等；第二，颗粒从表面的脱附，该过程主要是由于流体作用力会破坏固体与表面间的吸附作用，对于流体动力学作用，平行于壁面的剪切力等是主要因素。颗粒在固体表面的吸附量最终由这两个过程的平衡来决定，这两个过程主要与材料的性质和操作条件有关 [32]。此处主要介绍影响催化剂吸附的材料性质，分析纳米镍催化剂在膜表面吸附的机理，从而提出解决吸附的方法。

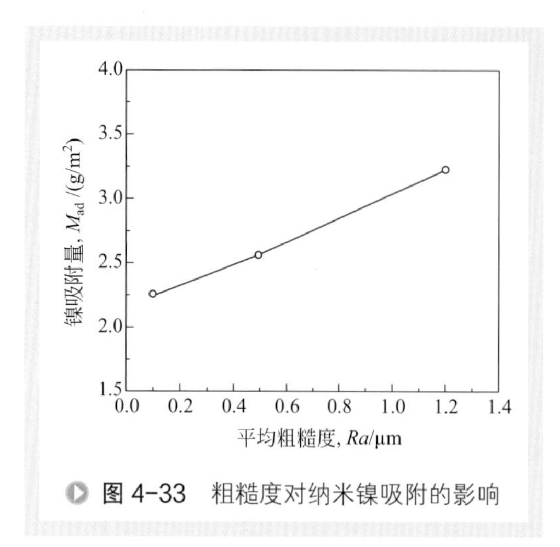

图 4-33 粗糙度对纳米镍吸附的影响

表面粗糙度在吸附中起着重要的作用。一方面，粗糙度对吸附可能具有促进作用，因为较大的粗糙度会增加颗粒与接触面间的接触面积[33]，同时可以产生一定的摩擦阻力抑制颗粒从吸附表面的脱附[34]。另一方面，粗糙表面可以在固体表面诱导产生非稳定流，非稳定流比稳定流更能抑制表面附近颗粒的沉积，有时候可以在表面设计有序的粗糙度来产生非稳定流[35]，以抑制颗粒的吸附沉积。所以有必要考察粗糙度对纳米镍吸附的影响。如图 4-33 所示，纳米镍的吸附量随着不锈钢的表面粗糙度的增加而增加。这是前两种效应综合的结果。

用表面轮廓仪垂直于材料表面打磨的方向描绘出材料表面的一维轮廓曲线。如图 4-34 所示，粗糙材料表面的峰高及峰与峰之间的距离（或谷深及谷与谷之间的距离）要比光滑材料表面大得多。更多的颗粒吸附于粗糙表面的谷中，且难脱离。

颗粒从液相悬浮液中吸附到固体表面包含了“传递”和“吸附”两个过程：首先，颗粒从悬浮液中传递到固体表面附近，然后颗粒突破吸附在固体表面的水分子层直接吸附到固体表面[36]。吸附的水层通常称为层流边界层，其在疏水表面通常比较薄弱，而在亲水表面比较厚实，这是由于亲水表面与水分子间具有较高的界面能[32]。因此，材料的表面疏水性是一种影响颗粒吸附的重要表面性质。

玻璃、不锈钢和聚四氟乙烯（PTFE）三种实验材料的疏水性对颗粒达到固体表面的影响如图 4-35 所示。

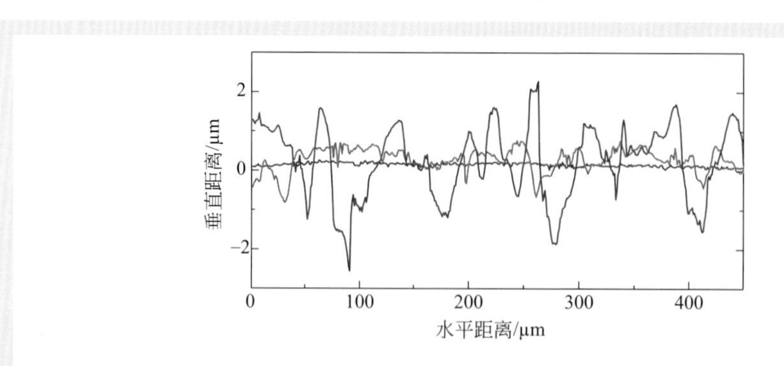

图 4-34 用表面轮廓仪沿垂直于打磨方向描绘的不锈钢表面的一维轮廓曲线
（红色、紫色、蓝色分别代表Ra=0.1μm，0.5μm，1.2μm）

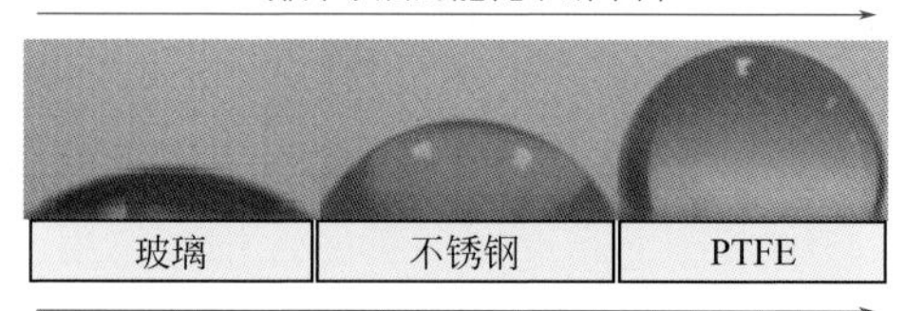

图 4-35　表面疏水性对吸附的影响

对于疏水表面，颗粒需要消耗较少的能量去排开水层，比较容易与固体表面达到一个范德华力能发生作用的距离内。范德华力是一种短程作用，需要颗粒与固体表面间到达纳米级的距离内才能发生作用。范德华力可以表示为：$-AR/(6h^2)$，其中 R 为颗粒半径；h 为颗粒与壁面间的距离；A 为 Hamaker 常数 $\approx 10^{-19}$J[32]。从该公式可以看出，范德华力的值与距离 h 的平方成反比，所以颗粒与固体表面间范德华力的值取决于颗粒排开吸附层所能到达壁面的距离。基于这些分析，因为三种实验材料的疏水性能为：玻璃 < 不锈钢 <PTFE，所以预测纳米镍在它们表面的吸附量顺序为：玻璃 < 不锈钢 <PTFE。然而，图 4-36（a）显示在水悬浮液中，纳米镍在材料表面吸附量以玻璃 <PTFE< 不锈钢的顺序增加，与理论预测的存在差异。因此，除了范德华力，一定还有其他作用增强了纳米镍在不锈钢表面的吸附。

这跟 304 不锈钢的性质有关。304 不锈钢是奥氏体型不锈钢，奥氏体型不锈钢是无磁或弱磁性的，而马氏体或铁素体型不锈钢是有磁性的。奥氏体型不锈钢由于冶炼时成分偏析或热处理不当，会造成奥氏体不锈钢中生成少量马氏体或铁素体组织。另外，经过冷加工发生塑性形变后奥氏体也易于向马氏体转变。冷加工变形度越大，马氏体转化越多，钢的磁性也越大。工业上同一批号的钢带，生产 ϕ76 管，无明显磁感；生产 ϕ9.5 管，因冷弯变形较大磁感就明显一些；生产方矩形管因变形量比圆管大，特别是折角部分，变形更激烈、磁性更明显。亚稳态钢（例如：301、302、304、304L、316 和 316L）经过冷加工塑性形变会形成马氏体相 ε（hcp，顺磁性）和 α′（bcc，铁

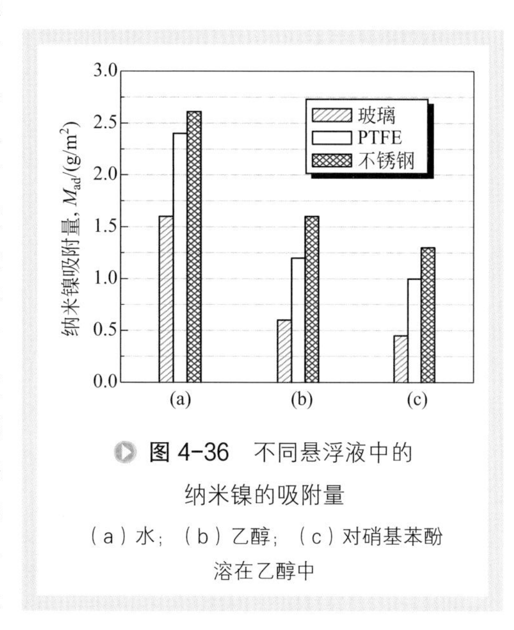

图 4-36　不同悬浮液中的纳米镍的吸附量

（a）水；（b）乙醇；（c）对硝基苯酚溶在乙醇中

磁性），而稳态钢（例如：310）仅仅会形成马氏体相ε[37]。304不锈钢在经过切割和打磨等加工变形后，可能会产生磁性。奥氏体不锈钢中形成的马氏体相（α′）可以通过XRD测定出来。图4-37显示了不锈钢片的XRD谱图。除了两个奥氏体相（γ）的峰外，还有一个马氏体相（α′）的峰。另外，纳米镍也是一种重要的磁性材料。所以，304不锈钢与纳米镍之间存在一种磁性相互作用，该作用增强了纳米镍在不锈钢表面的吸附。

与图4-36（a）相比，图4-36（b）揭示了同样的吸附顺序，但是在三种材料上的吸附量都小于对应的图4-36（a）各材料。这是因为乙醇与固体表面具有更高的作用强度（乙醇在材料表面的接触角均远小于在水中的接触角），在材料表面形成了比水更坚实的吸附层，纳米镍排开这些吸附层需要耗费更多能量。当在反应料液（乙醇+对硝基苯酚）中时，图4-36（c）显示添加了对硝基苯酚减少了镍的吸附。因为纳米镍的高比表面积和表面性质[2]，对硝基苯酚会吸附到纳米镍的表面，并形成吸附层。在许多情况下，这些吸附层减弱了范德华力。原因之一是吸附层增加了颗粒与材料表面的距离；原因之二是吸附层对Hamaker常数有一定负面影响[38]。

发生马氏体转变的奥氏体不锈钢可以通过高温固溶处理来消去磁性。固溶处理可以使马氏体相（α′）再转变为稳定奥氏体相（γ）[39]。将奥氏体不锈钢片在惰性气氛炉里以0.3℃/s的升温速率从室温加热到1050℃，然后保温1min，迅速水冷至室温。固溶处理对材料表面的粗糙度和亲水性基本没有影响。经XRD表征显示马氏体相已经消失，所以该材料是无磁性的。再次在各种溶液中用该材料进行吸附实验显示，与图4-36相比，镍吸附量分别降到2.10g/m^2（水溶液）、0.93g/m^2（乙醇）和0.74g/m^2（反应料液）。如果将不锈钢去磁后，纳米镍吸附量的大小顺序是：玻璃<不锈钢<PTFE。

因此膜反应器装置（例如管道和反应器）可以通过在内部搪玻璃来降低纳米催化剂的吸附损失，而亚稳态不锈钢（如304不锈钢）因为磁性效应不适合用于处理

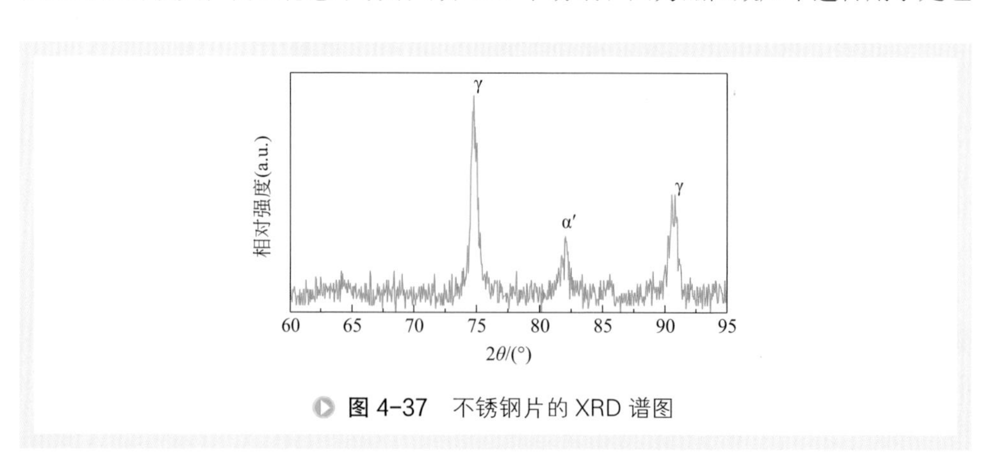

图4-37　不锈钢片的XRD谱图

纳米镍悬浮液。另外，玻璃内衬通常比较光滑，也有助于降低吸附。

（2）添加惰性颗粒　布朗力和流体作用力被认为是主要的脱附推动力[20]。悬浮液中的微米颗粒可以提供另外一种脱附作用。因为流体作用，微米级的颗粒通常不容易沉积[20]。因此，一些研究者将微米级和毫米级的颗粒（诸如氧化硅、玻璃、金属和活性炭颗粒）与高分子溶质（诸如蛋白、葡聚糖、生物聚合物和胶体等）混合在一起过滤以提高膜通量。大颗粒被认为可以通过对膜面形成冲刷效应而减少浓度边界层的生成，从而促进了沉积物向主体料液中的逆向扩散[40]。

为了降低纳米镍催化剂在耦合过程中的吸附损失，此处研究了添加微米与亚微米级惰性氧化物颗粒的方法。添加惰性颗粒方法必须保证对纳米镍催化剂反应速率没有影响。在反应过程中添加惰性氧化物颗粒的研究早有报道，如 Nagahara 和 Konishi[41] 在液相加氢反应中使用粒径在 20nm 以下的纳米 Ru-Zn 催化剂，在反应釜中添加 ZrO_2、γ-Al_2O_3、SiO_2、TiO_2、Fe_2O_3 等颗粒，可使催化剂性能明显提高。在该类过程中惰性颗粒的作用主要有两个：一是防止催化剂的团聚及其在反应器壁的吸附；二是增加了反应气体在溶剂中的吸收速率，从而增加了反应速率与转化率等。主要介绍 0.45μm、6.5μm 与 21.5μm 三种粒径的 α-Al_2O_3 粉体对反应的影响。按 Al_2O_3 与 Ni 质量比为 5∶1 将 Al_2O_3 与 Ni 混合后，一起加入小试反应釜中，其余条件不变。

图 4-38 为氧化铝颗粒添加前后催化剂的活性比较。惰性颗粒对纳米镍反应活性基本无影响，与文献 [42] 报道的在使用纳米催化剂加氢反应中添加惰性颗粒可以显著提高反应速率的结果不一致，原因可能是添加惰性颗粒之前纳米镍颗粒在体系中分散已经比较好，惰性颗粒对改善其分散性作用甚微，氧化铝对氢气在该体系中的溶解度也无影响。

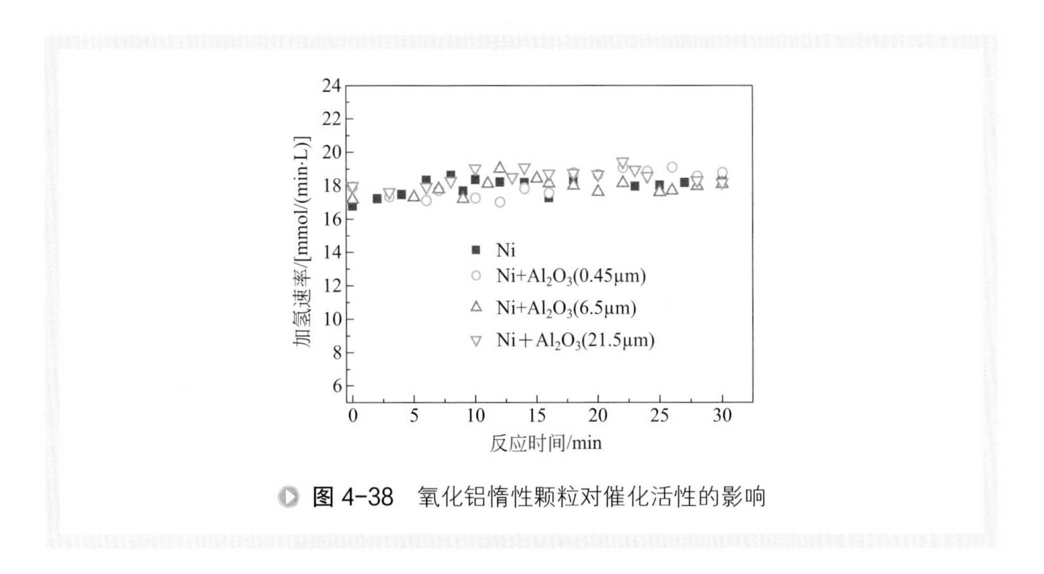

图 4-38　氧化铝惰性颗粒对催化活性的影响

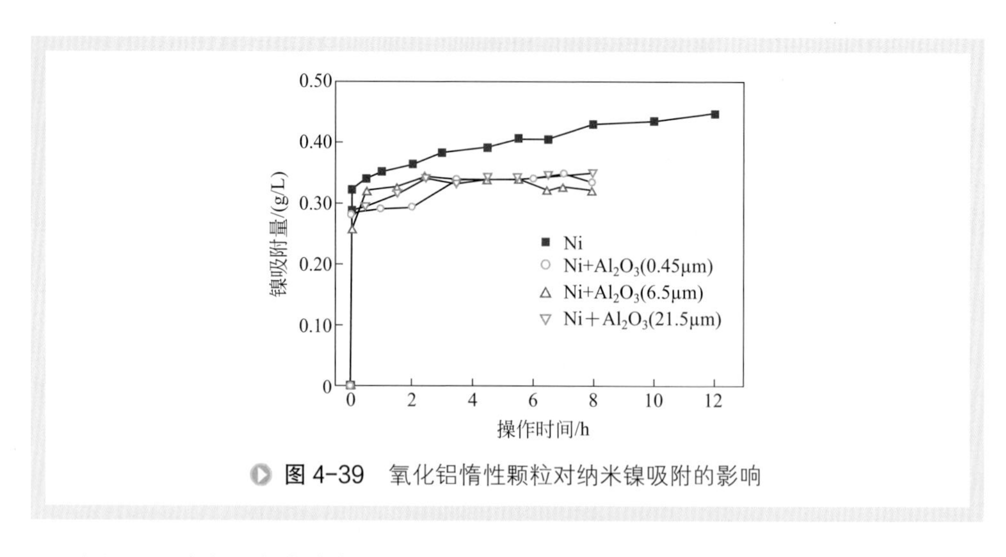

图 4-39　氧化铝惰性颗粒对纳米镍吸附的影响

图 4-39 反映了在膜分离过程中加入氧化铝惰性颗粒对纳米镍吸附的影响，纳米镍悬浮液初始配料浓度为 1g/L，氧化铝浓度为 5g/L。在膜分离过程刚开始的几分钟内，镍的吸附量较大，随后未加氧化铝颗粒的料液中纳米镍的吸附量保持缓慢上升；而添加氧化铝颗粒的料液中纳米镍吸附迅速达到稳定状态，到第 8h 吸附量可以减少 10% 左右。在膜分离过程中氧化铝颗粒的作用主要是，纳米镍在氧化铝颗粒与膜表面及管道壁等之间存在动态吸附平衡，氧化铝颗粒使更多镍颗粒从其他接触面上脱附，转而吸附到氧化铝颗粒表面。

将氧化铝（α-Al_2O_3，平均粒径 21.5μm）添加到膜过滤组件中，考察了氧化铝浓度对纳米镍吸附的影响，结果如图 4-40 所示。加入氧化铝后纳米镍吸附到平衡的时间缩短，随着氧化铝量的增加镍吸附量减少。当氧化铝与纳米镍的比达到

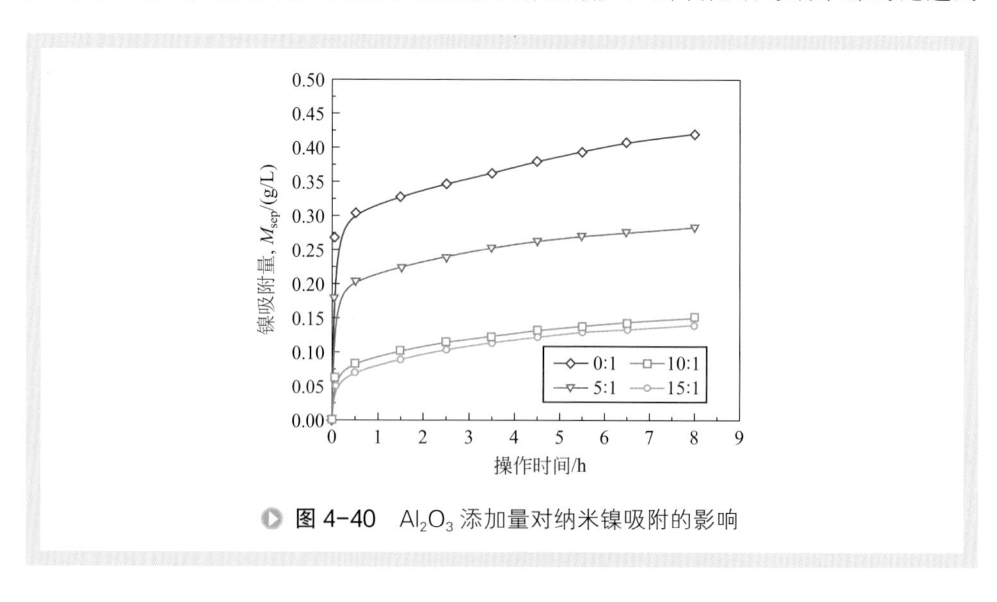

图 4-40　Al_2O_3 添加量对纳米镍吸附的影响

10∶1 时，纳米镍的吸附降到最低，再增加氧化铝量对吸附基本无影响。这说明微米颗粒可以有效抑制纳米镍吸附，但不能彻底消除。这是因为一些镍颗粒吸附到膜孔或者沉积到粗糙表面的谷中，微米颗粒不能与其接触。在膜过滤过程中，氧化铝的作用主要是对固体表面形成冲刷作用，使吸附的颗粒脱附下来，另外，部分纳米颗粒也吸附到微米颗粒表面，会降低纳米镍在固体壁面的吸附。图 4-41 中（a）为吸附前氧化铝颗粒（平均粒径 21.5μm），（b）为表面吸附了纳米镍的氧化铝。

图 4-42 为添加氧化铝惰性颗粒对渗透通量的影响，氧化铝颗粒的引入，可以提高稳态通量。主要由于膜面料液错流作用，大颗粒更不容易沉积，膜面滤饼仍以纳米镍颗粒为主，惰性颗粒的加入对滤饼结构改变不大，但是其冲刷作用可以使一些颗粒再次悬浮起来，降低了滤饼厚度。同时由于氧化铝平均粒径远大于膜孔径，不会造成孔内堵塞，所以氧化铝颗粒的加入不会对膜通量有负面影响。

图 4-41　氧化铝颗粒吸附纳米镍前（a）和表面吸附后（b）的 SEM 照片

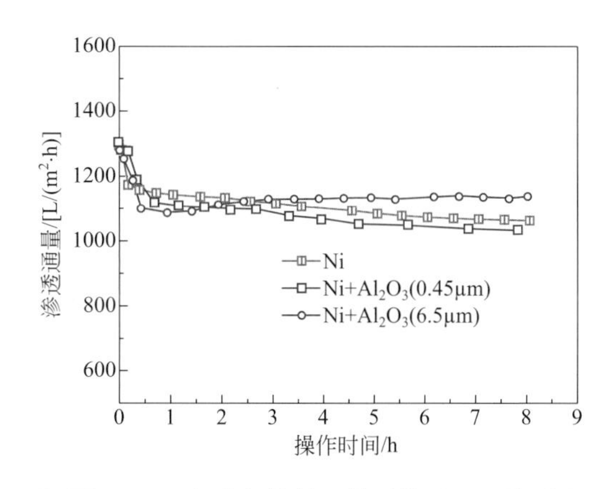

图 4-42　氧化铝惰性颗粒对渗透通量的影响

3. 清洗方法

在不同温度下用1%（体积分数）的硝酸溶液对污染膜进行清洗，并与其他清洗方法进行比较，其通量恢复情况如图4-43所示。反冲对该类型膜污染基本没有效果，常温下酸洗可以使通量得到部分恢复，超声下酸洗对通量恢复有一定作用，但恢复率不高，而热酸溶液却可以使膜通量完全恢复，效果最好。对比过滤平均粒径大得多的微米级骨架镍的污染膜，其采用低压（0.05MPa）高膜面流速（6m/s）清洗的方法就可以使通量恢复90%以上。产生此种差异的原因是其粒径较大，流体力学作用显著，所以采用低压高膜面流速等常用物理清洗方法就可以获得很好的清洗效果。而纳米颗粒由于其具有较强的表面吸附性，极容易与其他颗粒或表面吸附使表面原子稳定，滤饼中纳米颗粒间的这种吸引力使滤饼更加坚固，使用反冲、超声等物理清洗方法已经不能解决问题，如果增大超声的强度，有可能会损坏膜层。使用酸洗的化学清洗方法，温度的影响很重要，这是因为升高温度可使物理吸附减弱，同时提高了化学反应速率。所以选用化学清洗方法，并进一步考察适宜的操作温度。

使用1%（体积分数）的酸液在不同温度下对污染膜进行清洗，清洗过程中保持pH值不变，同时测定通量的恢复情况。从图4-43可以看出，在25℃下酸洗的过程中，由于低的反应速率，通量部分恢复。当清洗温度上升到80℃时，膜的纯水通量恢复为924L/（m^2・h），接近新膜的纯水通量925L/（m^2・h）。这说明低温下的酸洗效果不好，而较高温度下则可以使通量恢复，清洗效果较好。

图4-44是在80℃下多次酸洗的纯水通量，通量恢复都在90%以上，可见该清洗方法恢复性较高，且重复性好，可以作为工业化生产中的清洗方法。

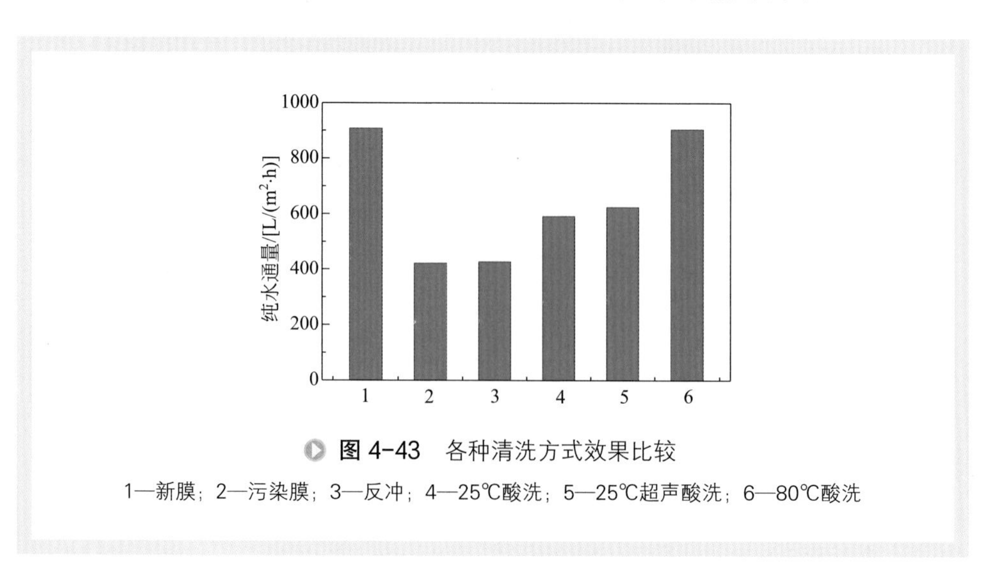

图4-43 各种清洗方式效果比较

1—新膜；2—污染膜；3—反冲；4—25℃酸洗；5—25℃超声酸洗；6—80℃酸洗

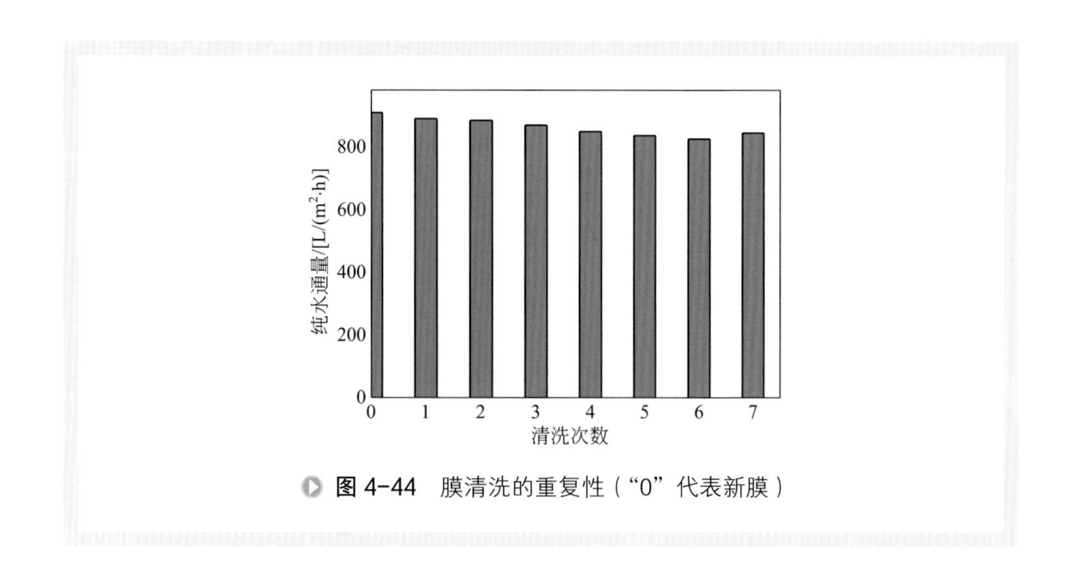

图 4-44 膜清洗的重复性（“0”代表新膜）

四、中试装置的建设与运行

在小试研究基础上，建立了纳米镍催化 - 膜分离耦合制备对氨基苯酚中试装置。流程图如图 4-45 所示。膜组件置于反应器外，通过循环泵完成物料的循环。渗透液进入结晶釜中结晶，结晶好的物料进行离心过滤，精制好的物料用滤布真空抽滤即得产品。图 4-46 为建设完成的现场装置图。

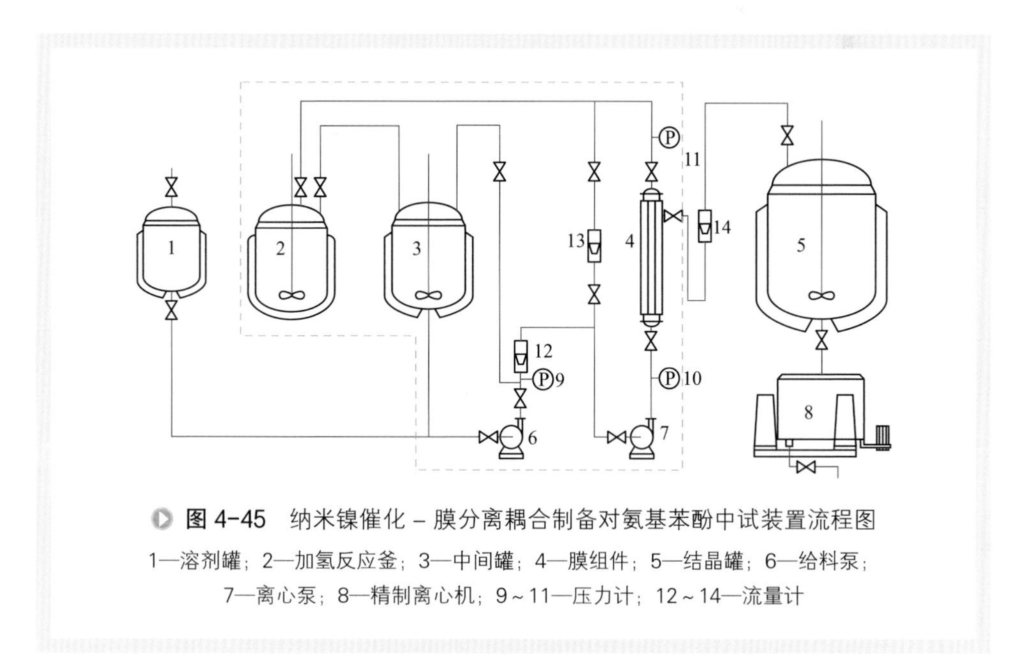

图 4-45 纳米镍催化 – 膜分离耦合制备对氨基苯酚中试装置流程图

1—溶剂罐；2—加氢反应釜；3—中间罐；4—膜组件；5—结晶罐；6—给料泵；7—离心泵；8—精制离心机；9 ~ 11—压力计；12 ~ 14—流量计

图 4-46　中试现场装置图

在装置上进行了对硝基苯酚加氢制备对氨基苯酚反应。用液相色谱分析液相产物中对氨基苯酚和对硝基苯酚的含量以确定反应的转化率与选择性，结果如图 4-47 所示。液相产物的液相色谱中主要有反应产物对氨基苯酚和原料对硝基苯酚的峰，基本没有其他杂质峰存在。计算得到加氢反应的转化率约为 96.5%，该转化率基本达到了小试的实验水平。对氨基苯酚没有其他杂质，说明反应的选择性很好。图 4-48 为该晶体的红外光谱分析，也说明中试晶体产物比较纯、基本没有杂质存在。膜对纳米镍催化剂的截留率达到 100%（见图 4-49），这说明陶瓷膜可以将该纳米镍催化剂完全截留，产品完全符合工业要求。

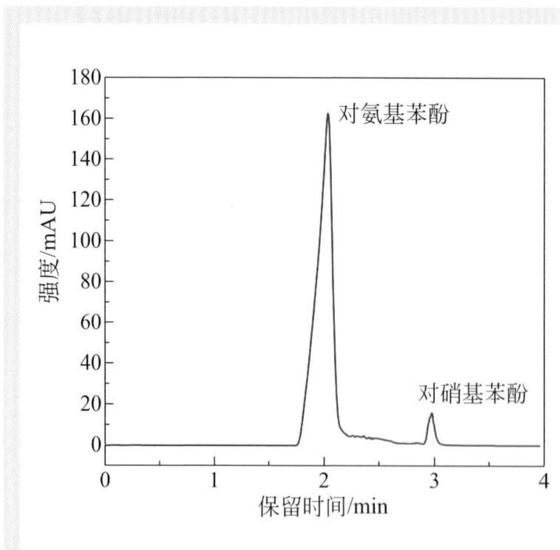

图 4-47　液相产物的液相色谱分析

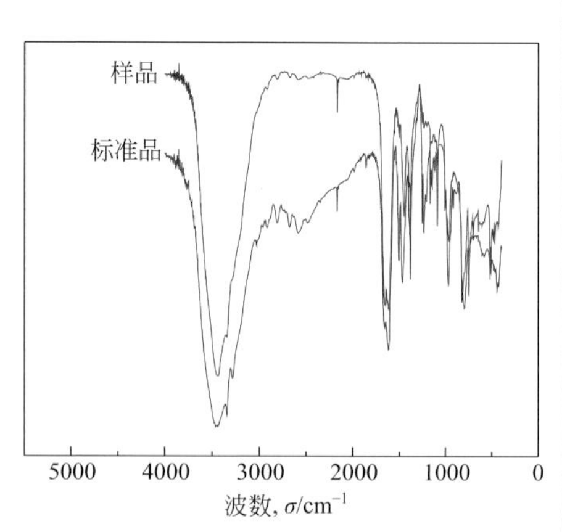

图 4-48　晶体产物的红外光谱

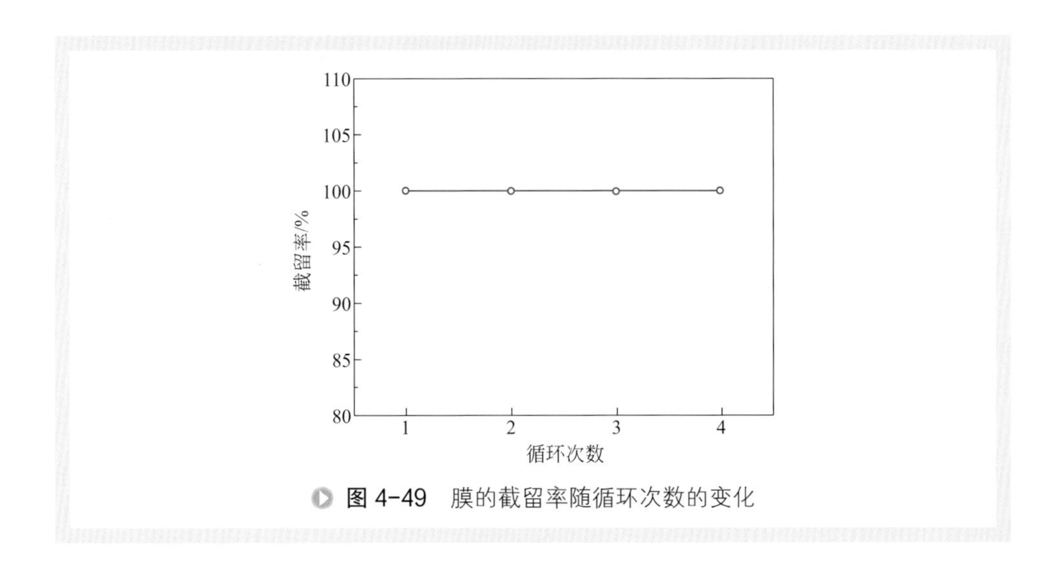

图 4-49 膜的截留率随循环次数的变化

第四节 结语

液相催化加氢技术是有机合成重要操作单元之一。超细固相催化剂的分离在整个加氢生产工艺中占有极其重要的地位，直接关系到生产的成本和产品的质量。陶瓷膜可以有效地对催化剂进行分离，减少催化剂损失，提升产品质量。同时，液相催化加氢与膜分离过程耦合，可以实现液相加氢反应过程的连续化，是提高生产效率的重要环节。运行过程中，催化加氢与膜分离过程的耦合以及膜污染的控制等直接影响到整个系统能否稳定高效运行。研究反应与膜分离过程匹配规律，明晰膜污染机理，开发加氢反应体系的膜污染防治方法，对膜性能的优化、膜寿命的延长、反应效率的提升以及陶瓷膜反应器在加氢反应中的应用推广至关重要。

参考文献

[1] 陈日志 , 杜艳 , 陈长林 , 等 . 纳米镍与骨架镍催化性能比较 [J]. 化工学报 , 2003, 54(5): 704-706.

[2] Du Y, Chen H L, Chen R Z, et al. Synthesis of *p*-aminophenol from *p*-nitrophenol over nano-sized nickel catalysts [J]. Appl Catal A-Gen, 2004, 277(1): 259-264.

[3] 钟璟 , 徐南平 , 时钧 . 颗粒粒径和膜孔径对陶瓷膜微滤微米级颗粒悬浮液的影响 [J]. 高校化学工程学报 , 2000, 14(3): 230-234.

[4] 严芳，仲兆祥，邢卫红，等．纳米镍在陶瓷膜表面的吸附行为研究 [J]. 高校化学工程学报，2007, 21(1): 172-176.
[5] 陈日志．纳米催化无机膜集成技术的研究与应用 [D]. 南京：南京工业大学，2004.
[6] 孙海林，陈日志，邢卫红，等．一体式陶瓷膜反应器在对硝基苯酚催化加氢中的应用 [J]. 膜科学与技术，2008, 28(6): 59-68.
[7] 徐南平，马振叶，张利雄，等．一种对硝基苯酚加氢用催化剂及其制备方法 [P]. ZL 200710019458. 1. 2010-04-07.
[8] 徐南平，张正林，陈日志，等．对氨基苯酚生产工艺 [P]. ZL 02112764. 6. 2007-07-25.
[9] 金珊，陈日志，邢卫红，等．陶瓷微滤膜滤除骨架镍催化剂微粒的研究 [J]. 膜科学与技术，2004, 24(6): 66-69.
[10] 金珊，陈日志．陶瓷膜微滤骨架镍催化剂的膜污染机理分析 [J]. 化学工程，2006, 34(1): 36-39.
[11] Bhave R R. Inorganic membranes: synthesis, characteristics, and applications [M] . New York: Van Nostrand Reinhold, 1991.
[12] 杜艳，陈洪龄，陈日志，等．高活性纳米镍催化剂的制备及其催化性能研究 [J]. 高校化学工程学报，2004, 18(4): 515-518.
[13] 左东华，张志琨，崔作林．纳米镍在硝基苯加氢中催化性能的研究 [J]. 分子催化，1995, 9(4): 298-302.
[14] Chou K S, Huang K C. Studies on the chemical synthesis of nanosized nickel powder and its stability [J]. J Nanoparticle Res, 2001, 3: 127-132.
[15] 杜艳．纳米镍粉的制备及在对氨基苯酚合成中的应用 [D]. 南京：南京工业大学，2005.
[16] Chen R Z, Du Y, Wang Q Q, et al. Effect of catalyst morphology on the performance of submerged nanocatalysis/membrane filtration system [J]. Ind Eng Chem Res, 2009, 48(14): 6600-6607.
[17] Chen R Z, Du Y, Xing W H, et al. Effect of initial solution apparent pH on the performance of submerged hybrid system for the *p*-nitrophenol hydrogenation [J]. Korean J Chem Eng, 2009, 26(6): 1580-1584.
[18] Vaidya M J, Kulkarni S M, Chaudhari R V. Synthesis of *p*-aminophenol by catalytic hydrogenation of *p*-nitrophenol [J]. Org Process Res Dev, 2002, 3(6): 202-208.
[19] Abkowicz-Bienoko A J, Latajka Z, Bienko D C, et al. Theoretical infrared spectrum and revised assignment for para-nitrophenol. Density functional theory studies [J]. Chem Phys, 1999, 250(2): 123-129.
[20] Altmann J, Ripperger S. Particle deposition and layer formation at the crossflow microfiltration [J]. J Membr Sci, 1997, 124(1): 119-128.
[21] Zhong Z X, Xing W H, Liu X, et al. Fouling and regeneration of ceramic membranes used

in recovering titanium silicalite-1 catalysts [J]. J Membr Sci, 2007, 301(1-2): 67-75.

[22] Chen R Z, Wang Q Q, Du Y, et al. Effect of initial solution apparent pH on nano-sized nickel catalysts in *p*-nitrophenol hydrogenation [J]. Chem Eng J, 2009, 145(3): 371-376.

[23] Zhao Y J, Zhang Y, Xing W H, et al. Influences of pH and ionic strength on ceramic microfiltration of TiO_2 suspensions [J]. Desalination, 2005, 177(1): 59-68.

[24] 赵宜江 , 李红 , 徐南平 , 等 . 陶瓷微滤膜回收偏钛酸过程中的膜污染机理 [J]. 高校化学工程学报 , 1998(2): 136-140.

[25] Zhong Z X, Li W X, Xing W H, et al. Crossflow filtration of nanosized catalysts suspension using ceramic membranes [J]. Sep Purif Technol, 2011, 76(3): 223-230.

[26] Zhong Z X, Xing W H, Jin W Q, et al. Adhesion of nanosized nickel catalysts in the nanocatalysis/UF system [J]. AIChE J, 2010, 53(5): 1204-1210.

[27] 陈日志 , 张利雄 , 徐南平 . 旋转切向流对一体式膜过滤器中膜过滤性能影响的研究 [J]. 膜科学与技术 , 2006, 26(1): 3-6.

[28] 陈日志 , 张利雄 , 邢卫红 , 等 . 湍流促进器对液固一体式膜反应器中膜过滤性能影响的研究 [J]. 现代化工 , 2005, 25(7): 56-58.

[29] 付锦晖 , 邢卫红 , 徐南平 . 陶瓷膜在钛硅分子筛固液分离过程中的应用 [J]. 膜科学与技术 , 2004, 24(5): 47-50.

[30] Huotari H M, Tragardh G, Huisman I H. Crossflow Membrane Filtration Enhanced by an External DC Electric Field: A Review [J]. Chem Eng Res Des, 1999, 77(5): 461-468.

[31] 舒莉 , 吴波 , 邢卫红 , 等 . 陶瓷膜污染的超声波辅助清洗 [J]. 化工进展 , 2006, 25(10): 1184-1187.

[32] Israelachvili J N. Intermolecular and surface forces (Third edition)[M]. New York: Academic Press, 2011.

[33] Gallardo-Moreno A M, Gonzalez-Martin M L, Bruque J M, et al. The adhesion strength of Candida parapsilosis, to glass and silicone as a function of hydrophobicity, roughness and cell morphology [J]. Colloid Surface A, 2004, 249(1-3): 99-103.

[34] Kostoglou M, Karabelas A J. Effect of roughness on energy of repulsion between colloidal surfaces [J]. J Colloid Interf Sci, 1995, 171(1): 187-199.

[35] Belfort G, Davis R H, Zydney A L. The behavior of suspensions and macromolecular solutions in crossflow microfiltration [J]. J Membr Sci, 1994, 96(1-2): 1-58.

[36] Vakarelski I U, Ishimura K, Higashitani K. Adhesion between silica particle and mica surfaces in water and electrolyte solutions [J]. J Colloid Interf Sci, 2000, 227(1): 111-118.

[37] Tavares S S M, Fruchart D, Miraglia S. Magnetic study of the reversion of martensite alpha’ in a 304 stainless steel [J]. J Alloy Comp, 2000, 307(1-2): 311-317.

[38] 卢寿慈 . 工业悬浮液——性能 , 调制及加工 [M]. 北京 : 化学工业出版社 , 2003.

[39] Fujita T. The heat treatment of stainless steel [M]. Tokyo: Diumal Industry News Service, 1970.
[40] Fane A G. Ultrafiltration of suspensions [J]. J Membr Sci, 1984, 20(3): 249-259.
[41] Nagahara H, Konishi M. Process for producing cycloolefins [P]. US 4734536. 1988-3-29.
[42] Chen Y W, Hsieh T Y. Effects of inert particles on liquid phase hydrogenation over nano-sized catalysts [J]. J Nanopart Res, 2002, 4(5): 455-461.

第五章 陶瓷膜反应器在羟基化反应中的应用

第一节 引言

羟基化反应是指向有机化合物分子中引入羟基制得醇、酚等物质的反应。羟基化产物具有广泛的用途。芳环上引入羟基的方法主要有加成、水解、取代、还原、氧化等多种类型反应。传统羟基化反应大多是间接羟化过程，步骤繁多，操作条件苛刻，所采用的试剂涉及强酸、强碱，所用催化剂多是可溶性金属盐类等。新型非均相催化剂的成功研制促进了温和条件下直接羟基化新工艺的诞生，这也带来了催化剂的分离问题。

苯酚加氢制苯二酚是典型的羟基化反应。苯二酚，包括邻苯二酚和对苯二酚，是重要的有机化工产品，广泛用于农药、医药、香料、染料、感光材料及橡胶等行业。苯酚过氧化氢羟基化法，被公认为21世纪最有前途的苯二酚生产的绿色工艺路线。该法是以苯酚为原料，在钛硅（TS-1）分子筛催化剂作用下，与过氧化氢反应，联产对苯二酚和邻苯二酚，工艺简单、“三废”少，适用于连续化大规模生产。如何保证TS-1催化剂在反应釜中的连续运行，减少催化剂的流失，提高反应选择性等是该工艺能否工业化应用的关键[1]。

本章以苯酚羟基化制苯二酚工艺为例，介绍陶瓷膜反应器在羟基化反应中的应用的研究进展，通过对三种构型的陶瓷膜反应器中反应和膜分离过程耦合规律、膜污染形成机理等关键问题的研究，开发出羟基化反应与膜分离的协同控制技术，形成了羟基化连续反应工艺，并推进了其工程应用。

第二节　外置式膜反应器在苯酚羟基化反应中的应用

本节设计并构建了外置式膜反应器，对 TS-1 分子筛催化苯酚羟基化的膜反应过程进行了详细研究，获得了反应过程与膜分离过程的相互影响规律[2]，在此基础上对耦合系统的运行稳定性进行了研究，并分析了膜反应过程的膜污染机理及制定了污染膜清洗策略[3]，为万吨级苯酚羟基化 - 膜分离耦合制备苯二酚示范装置的建立奠定基础。

一、外置式膜反应器系统的设计

设计并搭建了外置式陶瓷膜反应器成套装备用于 TS-1 催化苯酚羟基化制备苯二酚反应，其示意图如图 5-1 所示。反应时，由蠕动泵 3 和 4 控制反应原料的输入，苯酚溶液和 30%（质量分数）过氧化氢分 2 股进料；出料流量由渗透侧出料阀 11 控制，实验操作中控制出料流量与进料流量一致以维持反应器中液位恒定。采用超级恒温水浴槽对反应系统进行加热及恒温控制。在膜分离系统的进口处、出口处及渗透侧设置压力表，实时检测压力变化。膜出口处设置温度传感器，检测反应体系温度变化。

二、TS-1 催化苯酚羟基化反应操作过程

将一定量的苯酚溶液和称量好的 TS-1 分子筛加入反应釜中，闭釜，启动离心泵，并打开恒温水槽开关对反应料液进行加热。待反应体系稳定在指定温度时，开

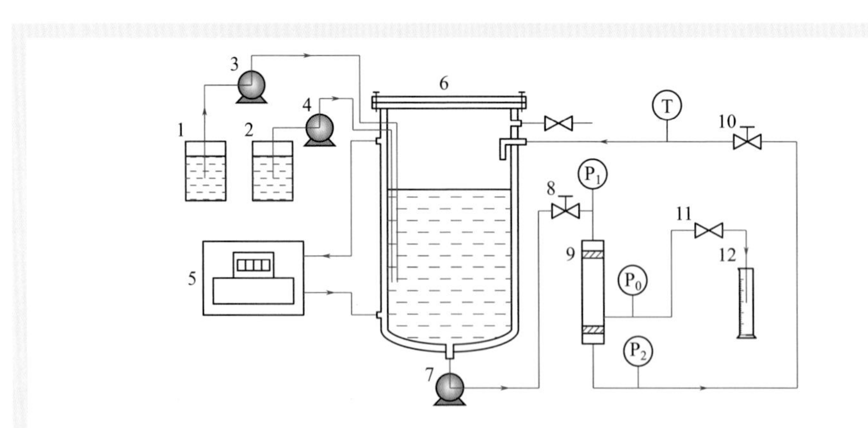

图 5-1　外置式膜反应器系统示意图

1—苯酚储罐；2—过氧化氢储罐；3—苯酚进料蠕动泵；4—过氧化氢进料蠕动泵；5—恒温水槽；6—反应釜；7—离心泵；8—膜进口阀；9—陶瓷膜组件；10—膜出口阀；11—渗透侧出料阀；12—产物收集罐；P_0，P_1，P_2—压力计；T—温度计

启过氧化氢进料蠕动泵以一定转速将过氧化氢加入反应釜中，苯酚羟基化反应开始。进料结束关闭进料泵，反应 2h 后，同时开启苯酚和过氧化氢进料泵，苯酚溶液和过氧化氢以一定流速连续输入到反应釜中。同时，打开渗透侧出料阀，控制出料流量与进料流量保持一致，每隔一定时间取样进行分析。实验连续运行 4h。实验结束后对反应系统和膜组件进行清洗。

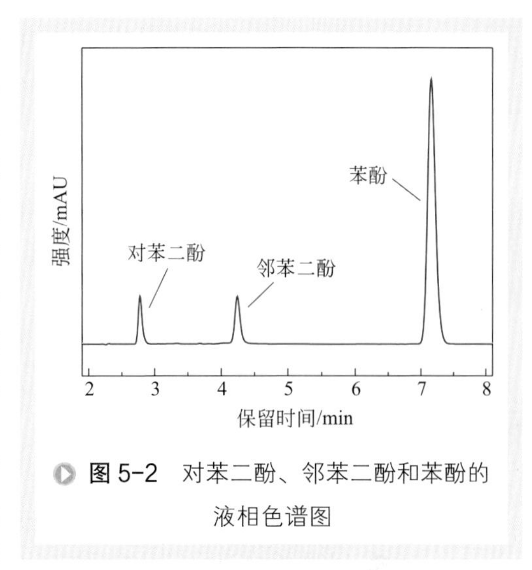

图 5-2 对苯二酚、邻苯二酚和苯酚的液相色谱图

渗透液经稀释后用高效液相色谱仪（美国 Aglient 1200 系列，DAD 检测器，自动进样）分析，并采用外标法测定各物质浓度。分析条件为：色谱柱 XDB-C_{18}，250mm × 4.6mm；柱温 35℃；流动相为甲醇∶水＝ 40∶60（体积比）；流速 1mL/min；检测波长 277nm；进样量 5μL。在上述条件下，对苯二酚、邻苯二酚、苯酚的液相色谱图如图 5-2 所示，反应混合物中各组分可以得到完全分离。

在上述分析条件下进行液相色谱分析，分别以三种物质的质量浓度对峰面积作图，由此得到的相应物质的标准曲线方程如表 5-1 所示。由回归系数可知苯酚、邻苯二酚和对苯二酚的标准曲线的相关性良好，可用于反应产物的定量分析。

表 5-1 苯酚、邻苯二酚和对苯二酚的标准曲线方程

物料	标准曲线方程	回归系数 R^2
苯酚	y=0.0003x-0.0050	0.9998
邻苯二酚	y=0.0002x+0.0171	0.9997
对苯二酚	y=0.0003x+0.0037	0.9995

注：x—液相色谱的峰面积，mAU·s；y—物料的质量浓度，g/L。

苯酚转化率、苯二酚选择性的计算方法如下所示：

$$X = \frac{c_{\text{phenol(o)}} - c_{\text{phenol(p)}}}{c_{\text{phenol(o)}}} \tag{5-1}$$

$$S = \frac{c_{\text{CA}} + c_{\text{HQ}}}{c_{\text{phenol(o)}} - c_{\text{phenol(p)}}} \tag{5-2}$$

式中 X——苯酚转化率；

S——苯二酚选择性；

$c_{\text{phenol(o)}}$——苯酚初始进料浓度，mol/L；

$c_{phenol(p)}$——反应器出料溶液的苯酚浓度，mol/L；

c_{CA}——出料溶液中邻苯二酚的浓度，mol/L；

c_{HQ}——出料溶液中对苯二酚的浓度，mol/L。

膜在过滤过程中会产生膜污染，膜污染程度的大小将直接影响膜的使用性能，继而对整个外置式膜反应器的稳定运行产生重要影响。采用恒通量操作，因此，膜的渗透通量一定，跨膜压力的变化将直接反映膜的污染情况。Darcy 定律显示[4]，膜通量 J 和膜两侧压力差 Δp 之间存在如下关系：

$$R=\frac{\Delta p}{J\mu} \qquad (5\text{-}3)$$

式中 R——膜过滤阻力，m^{-1}；

Δp——膜两侧压力差，Pa；

J——膜通量，L/（$m^2\cdot h$）；

μ——膜渗透侧溶液黏度，Pa・s。

三、苯酚羟基化反应-膜分离耦合过程规律研究

TS-1 催化苯酚过氧化氢羟基化制苯二酚体系中的反应式如图 5-3 所示。

对于苯酚羟基化反应与膜分离耦合过程，任何影响羟基化反应的参数均会影响膜的性能，反之亦然，所以需研究各种操作参数（包括膜孔径、反应停留时间、反应温度、催化剂浓度以及苯酚过氧化氢摩尔比）对苯酚转化率、苯二酚选择性以及过滤阻力的影响规律，以膜反应器的综合性能为指标优化过程参数。

1. 膜孔径的选择

膜孔径对催化剂的截留率和膜通量有决定作用，因此影响膜反应器的性能。在苯酚浓度 1.5mol/L、过氧化氢浓度 0.3mol/L、反应温度 80℃、停留时间 8h、催化剂浓度 $7kg/m^3$ 的条件下，考察了膜孔径对苯酚转化率、苯二酚（DHB）选择性、

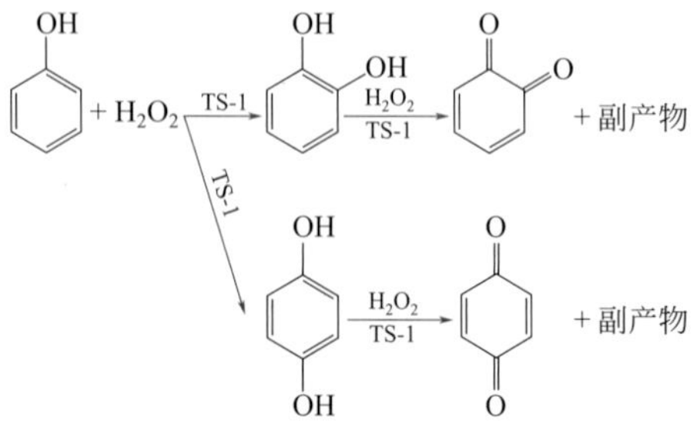

图 5-3 TS-1 催化苯酚羟基化生成苯二酚的反应示意图

过滤阻力及催化剂截留率的影响，结果如图 5-4 所示。由于使用孔径 2000nm 的多孔支撑体进行实验时，连续运行 2h 后由于污染严重出料流速达不到要求，此时只选择 2h 内的时间点取样分析。

膜孔径对反应转化率基本没有影响，但对选择性、过滤阻力和催化剂截留率影响较大。使用不同孔径膜管进行实验时，反应选择性由高到低的顺序是：200nm>50nm>2000nm，过滤阻力高低顺序正好相反。采用孔径 50nm 膜管时，由于孔径较小，为达到同样的膜通量，需要的跨膜压差较大，增加催化剂在膜表面上的吸附概率，导致反应釜中的有效催化剂浓度降低，使选择性减小。对于孔径 2000nm 的多孔支撑体，由于膜孔径远大于催化剂粒径，故催化剂颗粒会进入并透过支撑体，导致跨膜压差偏高和釜中催化剂浓度偏低，也使选择性减小。孔堵带来膜孔隙率降低 [5]，为获得同样膜通量，跨膜压差也会升高。由图 5-7 催化剂浓度对反应结果的影响可知，催化剂浓度对转化率影响不大而对选择性有很大的影响，因此膜孔径对转化率没有明显影响，而显著影响选择性。按照达西定律，过滤阻力正

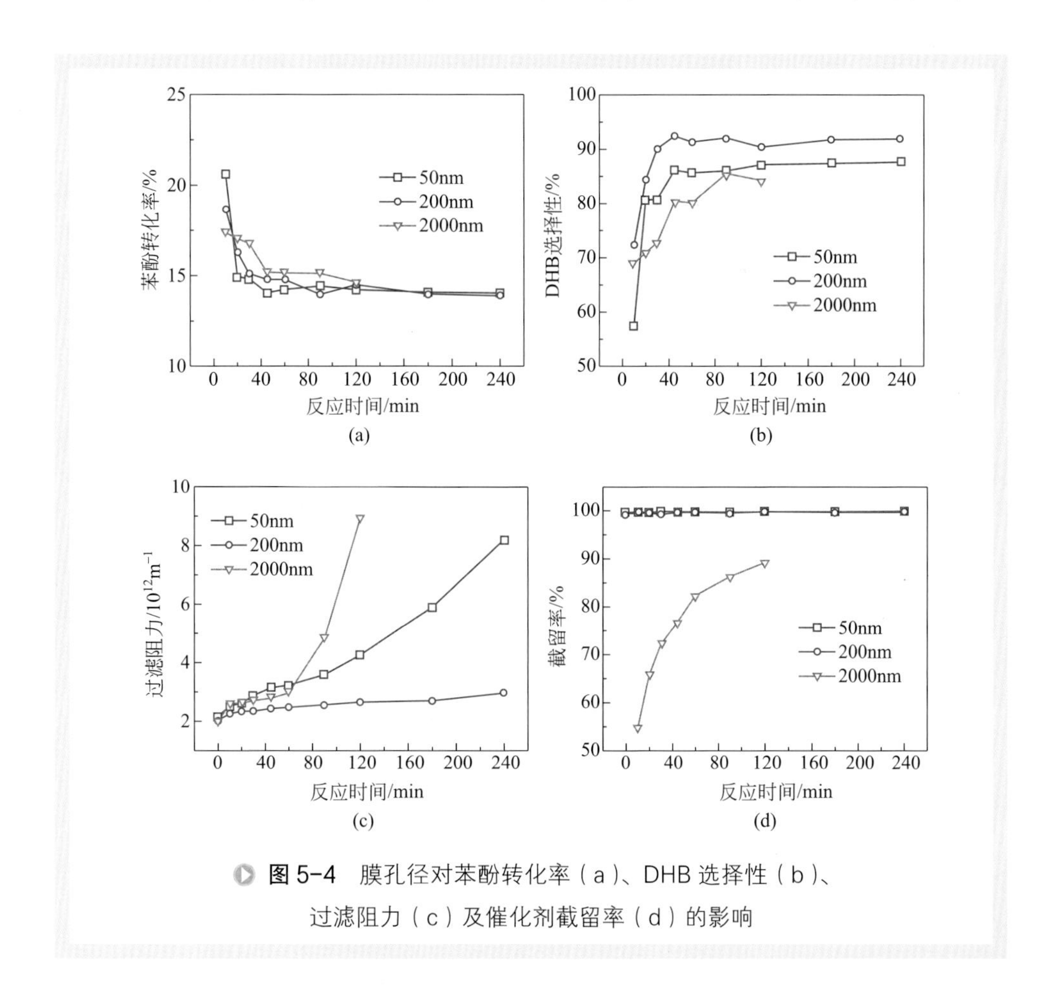

图 5-4 膜孔径对苯酚转化率（a）、DHB 选择性（b）、过滤阻力（c）及催化剂截留率（d）的影响

比于跨膜压差，因此采用孔径 50nm 膜管和孔径 2000nm 多孔支撑体时，过滤阻力较高［见图 5-4（c）］。相较于孔径 50nm 膜管，TS-1 分子筛渗透进多孔支撑体所造成的催化剂损失更多，使选择性更低，产生更多的副产物，导致过滤阻力更高。从图 5-4（c）还可以看出，过滤阻力随着时间一直增大，这是由于副产物在膜面不断累积[6]。由图 5-4（d）可以看出，在整个操作时间内，孔径 50nm 和 200nm 膜管对催化剂的截留率均接近 100%；在 2h 的反应时间内孔径 2000nm 多孔支撑体对催化剂的截留率从 54.6% 增加到 89.3%，这是由于催化剂堵塞膜孔造成孔隙率降低。考虑到膜孔径对反应结果的影响，孔径 200nm 膜管适宜作为苯酚羟基化反应 - 膜分离耦合系统的过滤介质。

2. 停留时间的影响

在苯酚浓度 1.5mol/L、过氧化氢浓度 0.3mol/L、反应温度 80℃、催化剂浓度 $7kg/m^3$、膜孔径 200nm 的条件下，考察不同的停留时间对苯酚羟基化反应转化率、选择性及过滤阻力的影响，结果如图 5-5 所示。停留时间可以认为是反应物停留在反应器中的平均时间，通过反应溶液的总体积除以流速获得。保持反应液总体积不变，通过调节进出料流速实现不同的停留时间。停留时间对苯酚转化率影响不大。对于本反应体系，主要是通过调节苯酚过氧化氢摩尔比来控制苯酚的转化率。苯二酚选择性先升高并在停留时间为 8h 时达到最大值然后有所下降。对于苯酚羟基化反应，为了获得更高的苯二酚选择性，苯酚 /H_2O_2 摩尔比通常较高[7,8]。此处，苯酚 /H_2O_2 摩尔比为 5，苯酚相对于 H_2O_2 大大过量。从苯酚羟基化的动力学看[9]，实验范围内反应器中的过氧化氢在 2h 内耗尽，所以苯酚转化率在 2h 内会到达最高值然后保持恒定。此处停留时间从 4.8h 上升至 9.6h，所以转化率保持恒定。苯二酚的选择性变化趋势与两个因素相关。一方面，增加停留时间是通过降低进料流速实现，低流速的 H_2O_2 在一定时间内对应低浓度的 H_2O_2 和高的苯二酚选择性。另一方面，由于苯二酚被过氧化氢进一步氧化生成副产物，导致苯二酚选择性随着停留时

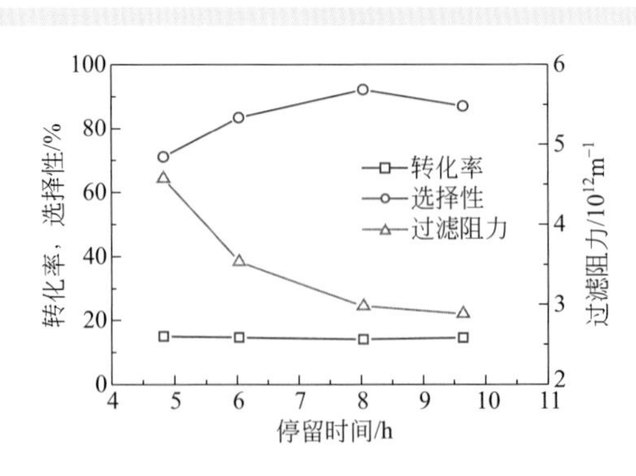

图 5-5　停留时间对苯酚羟基化反应转化率、选择性及过滤阻力的影响

间的增加而降低。图中还可看到，停留时间从 4.8h 增加到 9.6h，过滤阻力一直降低。当进料速率降低时，出料速率（即膜通量）也须降低以维持反应器中反应液体积不变。因此进料速率减小不仅带来反应停留时间加长，膜通量降低，还使跨膜压差降低，减小了催化剂在膜面吸附沉积的概率，导致滤饼层厚度减小，过滤阻力也随之减小。考虑到产物选择性和过滤阻力随反应停留时间的变化，反应停留时间以 8h 为宜。

3. 反应温度的影响

在苯酚浓度 1.5mol/L、过氧化氢浓度 0.3mol/L、停留时间 8h、催化剂浓度 $7kg/m^3$、膜孔径 200nm 的条件下，考察反应温度从 60℃到 90℃的变化对苯酚羟基化反应转化率、选择性和过滤阻力的影响，结果如图 5-6 所示。随温度的升高，转化率变化不大，选择性呈现一定范围内的波动。这是因为温度升高同时加快了主反应速率和副产应速率，当主反应速率占主导地位时，苯二酚选择性升高，反之则降低[10]。温度从 60℃升高到 90℃的过程中过滤阻力一直增加，这可能是由于高温使得分子布朗运动和催化剂颗粒运动更加剧烈，副产物大分子和催化剂颗粒吸附在膜表面的机会更多，导致滤饼层变厚、过滤阻力增加。考虑到苯二酚选择性和过滤阻力随反应温度的变化，反应温度以 80℃为宜。

4. 催化剂浓度的影响

在苯酚浓度 1.5mol/L、过氧化氢浓度 0.3mol/L、反应温度 80℃、停留时间 8h，膜孔径 200nm 的条件下，考察 TS-1 催化剂浓度对苯酚羟基化反应转化率、选择性及过滤阻力的影响，结果如图 5-7 所示。随催化剂浓度的升高，苯酚转化率先略有升高后趋于稳定：当催化剂浓度低于 $7kg/m^3$ 时，由于催化剂的量过低，反应不能充分进行；随着浓度的升高苯酚转化率增加；当催化剂浓度大于 $7kg/m^3$ 时继续增加催化剂的量对转化率影响很小。据报道，在一定的浓度范围内催化剂浓

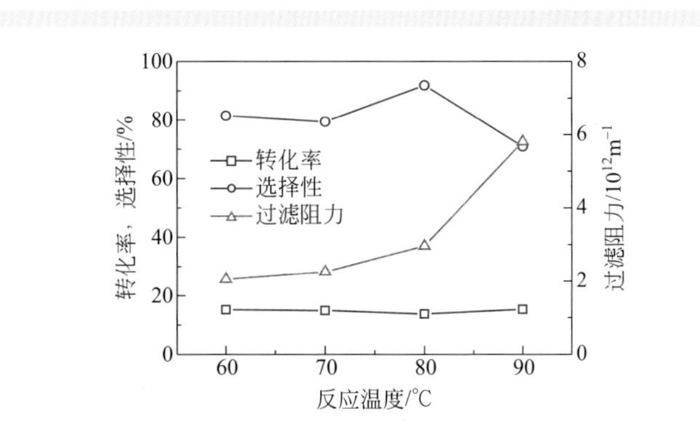

图 5-6　反应温度对苯酚羟基化反应转化率、选择性和过滤阻力的影响

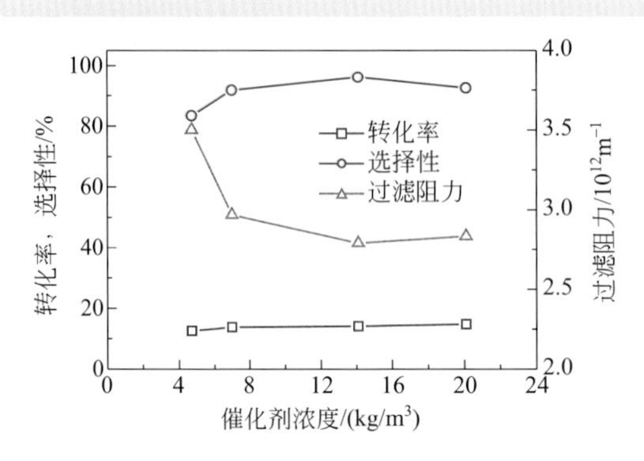

图 5-7　催化剂浓度对苯酚羟基化反应转化率、选择性及过滤阻力的影响

度对反应速率会有显著的影响。因此，随着催化剂浓度的增加，苯酚转化率不断增加，当达到足够的催化剂浓度时，转化率基本不再变化。由图 5-7 还可以看到，随着催化剂浓度从 $4.7kg/m^3$ 增加到 $14.1kg/m^3$，苯二酚选择性逐渐升高，继续增加催化剂的量选择性则有所降低。选择性的下降可能是由于过量催化剂导致副反应加剧 [11]。过滤阻力随催化剂浓度的变化趋势正好与选择性相反。影响滤饼层阻力的主要因素是滤饼层厚度和滤饼比阻。由于催化剂浓度的增加，吸附在膜表面形成的滤饼层加厚，但此催化剂形成的滤饼层疏松多孔，过滤阻力并没有随之增加，因此影响过滤阻力的主导因素是滤饼比阻。选择性较低时，形成的副产物更多，有机物大分子包裹着催化剂颗粒在膜表面形成致密的滤饼层增加了过滤阻力，反之选择性较高时过滤阻力也会较低。类似的颗粒 / 胶体污染也有报道 [12]。考虑到转化率、选择性和过滤阻力随催化剂浓度的变化关系，适宜的催化剂浓度为 $14.1kg/m^3$。

5. 苯酚过氧化氢摩尔比的影响

在反应温度 80℃、停留时间 8h、催化剂浓度 $14.1kg/m^3$、膜孔径 200nm 的条件下，改变进料中苯酚过氧化氢摩尔比，观察苯酚羟基化反应转化率、选择性和过滤阻力的变化，结果如图 5-8 所示。随着苯酚过氧化氢摩尔比的增加，苯酚转化率不断下降，苯二酚选择性不断升高。对于该实验，停留时间为 8h 时，总的进料量（包括苯酚溶液和过氧化氢）保持在 6mL/min，所以当苯酚进料量增加时，过氧化氢的进料量必然减少，苯酚过氧化氢摩尔比即会增加。由于使用的苯酚本就过量，苯酚过氧化氢摩尔比的增加使得更多的苯酚未参与反应，导致了较低的苯酚转化率。反应体系中过氧化氢的减少，减小了苯二酚被进一步氧化的机会，导致选择性增加 [13]。从图 5-8 可以看到，过滤阻力随苯酚过氧化氢摩尔比的变化趋势正好与选择性的变化趋势相反，这进一步证实了副产物对过滤阻力的影响。对于此反应系统适宜的苯酚过氧化氢摩尔比为 7。

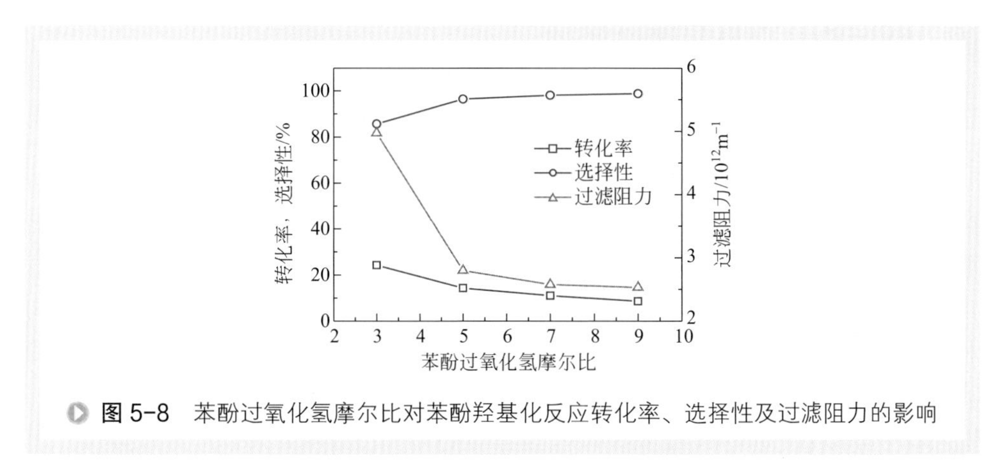

图 5-8 苯酚过氧化氢摩尔比对苯酚羟基化反应转化率、选择性及过滤阻力的影响

研究得出耦合体系适宜的操作条件为：膜孔径 200nm，停留时间 8h，反应温度 80℃，催化剂浓度 14.1kg/m^3，苯酚过氧化氢摩尔比 7。

6. TS-1 催化苯酚羟基化连续反应过程可行性研究

为探讨 TS-1 催化苯酚羟基化连续反应过程的可行性，在优化得到的最佳操作条件下，对 TS-1 催化苯酚羟基化 - 膜分离耦合连续操作进行了稳定性考察，结果见图 5-9。

在 20h 的反应过程中，苯酚转化率在反应开始后的 40min 内略微下降然后基本保持不变在 11% 左右，苯二酚选择性先上升然后稳定在 95% 左右。苯酚转化率的下降是由于前期 TS-1 分子筛在新鲜膜表面的吸附，引起反应液主体中催化剂浓度降低，进而降低了反应速率。另外可以看到，在反应过程中过滤阻力不断升高，上升的原因与膜污染相关，因此必须进行膜污染机理研究，寻求合适的膜污染控制和清洗方法。

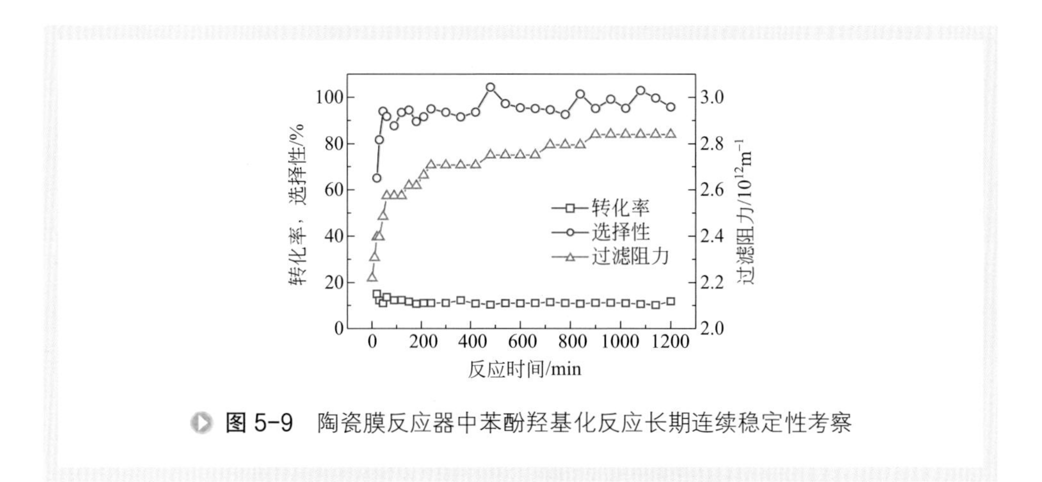

图 5-9 陶瓷膜反应器中苯酚羟基化反应长期连续稳定性考察

四、膜污染机理及膜清洗策略

1. 膜污染机理

为了初步了解苯酚羟基化体系中的膜污染现象，采用 SEM 扫描电镜分别对新鲜陶瓷膜和使用 20h 后的陶瓷膜进行 SEM 扫描分析，结果如图 5-10 所示。通过表面照片［图 5-10（a）和（b）］对比可以发现，污染膜表面明显存在微小颗粒和结焦物质。比较新膜断面和污染膜断面［图 5-10（c）和（d）］可以看出，膜层结构和厚度没有明显变化，膜层与支撑体层连接良好，表明陶瓷膜具有优良的结构稳定性。

表 5-2 显示了新膜与污染膜表面 EDS 分析结果。可以看出，与新膜对比，污染膜表面发现了 C、Si、Ti 三种新元素，说明膜表面的污染物由 C、Si 和 Ti 组成。C 元素主要来自反应体系中吸附在膜表面的有机污染物，Si、Ti 元素来自吸附在膜表面的 TS-1 颗粒。故苯酚羟基化 - 陶瓷膜分离耦合过程中的膜表面污染物主要包括 TS-1 颗粒和有机物。污染膜断面没有发现 Si 和 Ti 元素，说明 TS-1 颗粒并没有进入到膜孔内而是吸附在膜的表面。

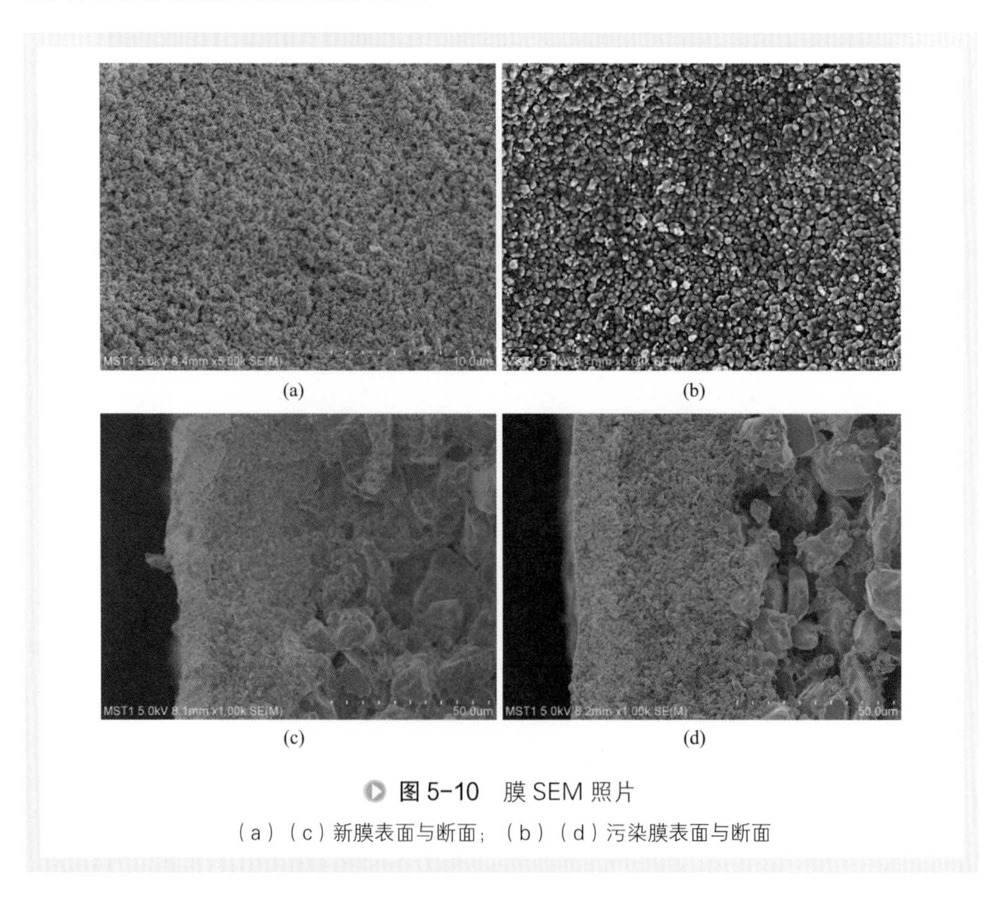

图 5-10 膜 SEM 照片

（a）（c）新膜表面与断面；（b）（d）污染膜表面与断面

表 5-2　新膜和污染膜的 EDS 分析结果

膜的表面或断面	元素质量分数 /%				
	Zr	O	C	Si	Ti
新鲜膜表面	68.07	31.93	—	—	—
污染膜表面	44.78	31.34	20.45	2.65	0.78
污染膜断面	59.85	29.37	10.78	—	—

通过红外光谱进一步表征污染物的组成，结果如图 5-11 所示。可以看出，在 3500cm^{-1} 的附近出现几个明显的振动峰。1640cm^{-1} 附近的吸收峰是 C═O 的特征吸收带 [14]。1220cm^{-1}、1100cm^{-1}、540cm^{-1} 和 460cm^{-1} 处的特征峰为 TS-1 分子筛的特征吸收峰 [15,16]。结果表明膜表面的污染物含有 TS-1 颗粒和一些含有 C═O 的有机物，可能来自苯二酚过度氧化的副产物，如苯醌。

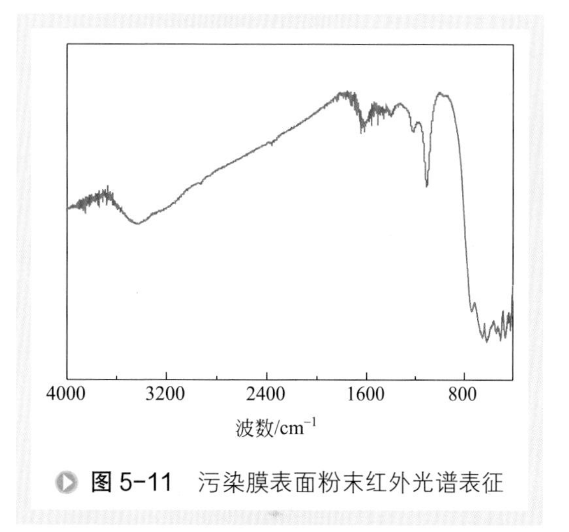

图 5-11　污染膜表面粉末红外光谱表征

苯酚羟基化 - 陶瓷膜分离耦合制备苯二酚过程中，TS-1 颗粒和一些含有 C═O 的有机物在膜表面形成的滤饼层是膜污染的主要原因。为进一步研究耦合过程的膜污染机理，采用气相色谱质谱联用（GC-MS）仪对反应产物进行分析，并基于产物组成设计膜过滤实验，分析膜污染形成原因，为污染膜的清洗与再生提供依据。

图 5-12 显示了产物的气质联用分析结果。将分析得到的质谱图与标准图谱库中标准物质的质谱图进行对比，证实主要有如下 4 种物质：苯酚、邻苯二酚、对苯二酚、对苯醌，其中苯酚是反应物，邻苯二酚和对苯二酚是苯酚羟基化反应的目标产物，对苯醌是产物对苯二酚过度氧化的副产物。产物中没有发现邻苯二酚过度氧化的副产物邻苯醌，可能是高温下邻苯醌性质不稳定容易发生分解 [13]。因此，污染物主要由 TS-1 催化剂颗粒和苯酚、邻苯二酚、对苯二酚、对苯醌组成。

设计了以下两组过滤实验来考察各物质对膜污染的贡献，进一步分析耦合体系中的膜污染机理。

① 单一体系过滤实验：A 对苯二酚，B 邻苯二酚，C 苯酚，D TS-1 分子筛，E 对苯醌；

② 不同组合体系过滤实验：A TS-1+ 对苯二酚，B TS-1+ 邻苯二酚，C TS-1+ 苯酚，D TS-1+ 对苯醌，E TS-1+ 对苯二酚 + 邻苯二酚 + 苯酚。

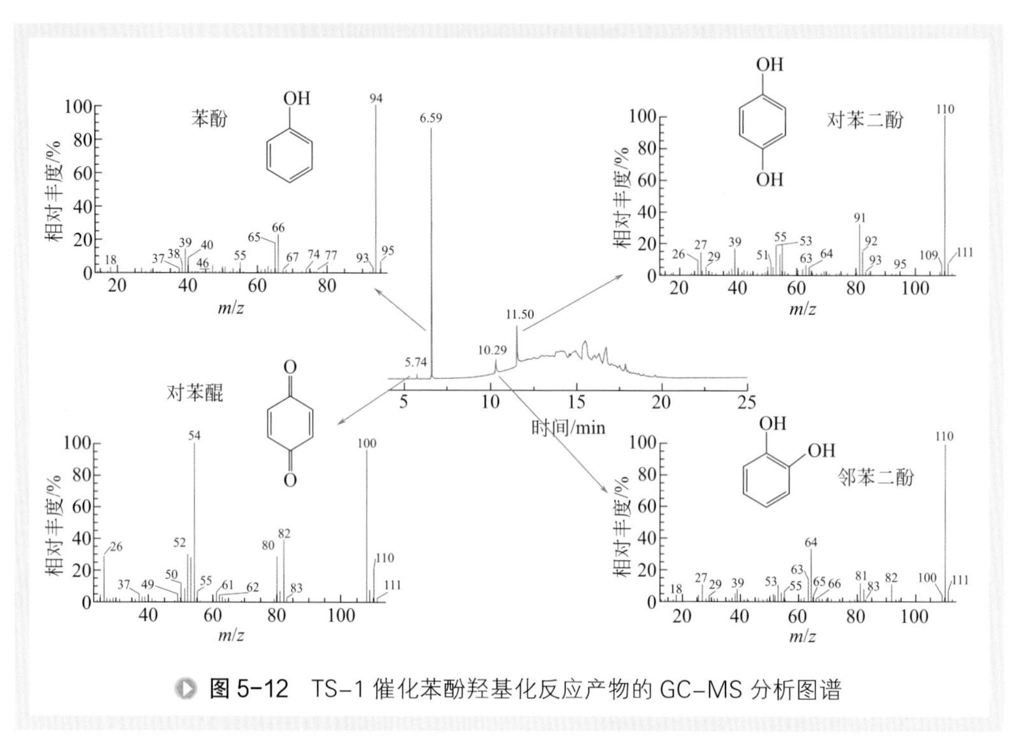

图 5-12　TS-1 催化苯酚羟基化反应产物的 GC-MS 分析图谱

为模拟耦合过程的膜过滤实验条件，验证实验所用的模拟液的物质的量按膜反应器中苯酚羟基化反应性能计算：苯酚浓度 1.5mol/L，苯酚转化率 10%，苯二酚选择性 90%，邻 / 对苯二酚摩尔比 1，温度 80℃（除非另外指明），TS-1 催化剂浓度 14.1kg/m^3。过滤时间 2h，过滤后取出膜管烘干备表征用。污染物浓度如表 5-3 所示。

表 5-3　设计实验中的污染物浓度

污染物	浓度 /（mol/L）
苯酚	1.35
对苯二酚	0.0675
邻苯二酚	0.0675
对苯醌	0.015
TS-1	14.1kg/m^3

图 5-13 为过滤单一体系的膜通量随过滤时间的变化关系图。可以看到，过滤不同体系时，膜通量都随时间的延长而下降，但变化趋势明显不同。过滤对苯二酚、邻苯二酚体系时，膜通量下降较快且持续下降，在 2h 的过滤时间内通量已降至初始通量的 10% 左右。过滤苯酚体系时，膜通量很快达到稳定，通量下降较少，稳定通量约为初始通量的 90%。过滤 TS-1 分子筛体系时，膜通量迅速降低，约

15min 后达到较为稳定水平，继续过滤时通量基本保持不变，稳定通量约为初始通量的 61%。过滤对苯醌体系时，膜通量下降最为明显，在 2h 的过滤时间内通量已降至初始通量的 5% 以下。这些结果显示了，在反应条件下，TS-1、对苯二酚、邻苯二酚、苯酚以及对苯醌等均能引起耦合过程的膜污染，但影响程度显著不同，其影响程度呈现如下趋势：对苯醌 > 邻苯二酚≈对苯二酚 > TS-1 > 苯酚，说明 TS-1 催化苯酚羟基化 - 陶瓷膜分离耦合制备苯二酚过程中，原料苯酚对膜污染没有明显贡献，TS-1 催化剂颗粒对膜污染有一定贡献，对苯二酚过度氧化产生的副产物苯醌等对膜污染有明显贡献，而目标产物邻苯二酚、对苯二酚也可能对膜污染有明显贡献。

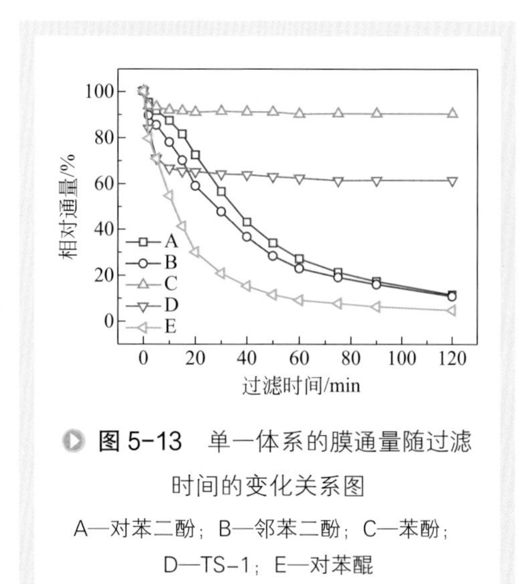

图 5-13 单一体系的膜通量随过滤时间的变化关系图

A—对苯二酚；B—邻苯二酚；C—苯酚；D—TS-1；E—对苯醌

高温下邻苯二酚和对苯二酚容易被氧化成苯醌等副产物，这些副产物可能是导致严重膜污染的主要原因。为分析目标产物对苯二酚、邻苯二酚体系过滤时膜污染形成的原因，对对苯二酚、邻苯二酚体系过滤 2h 后的渗透液进行了气质联用表征，见图 5-14。可以发现，过滤对苯二酚体系时，溶液中除对苯二酚外，还含有对苯醌和其他长链大分子物质；过滤邻苯二酚体系时，溶液主要由邻苯二酚和长链大分子

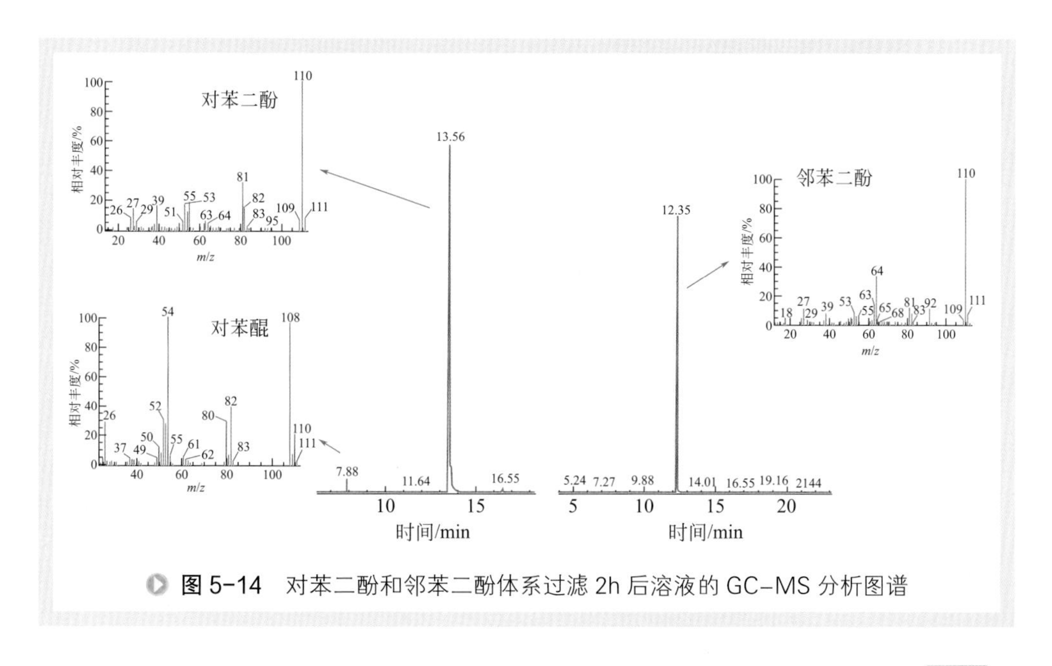

图 5-14 对苯二酚和邻苯二酚体系过滤 2h 后溶液的 GC-MS 分析图谱

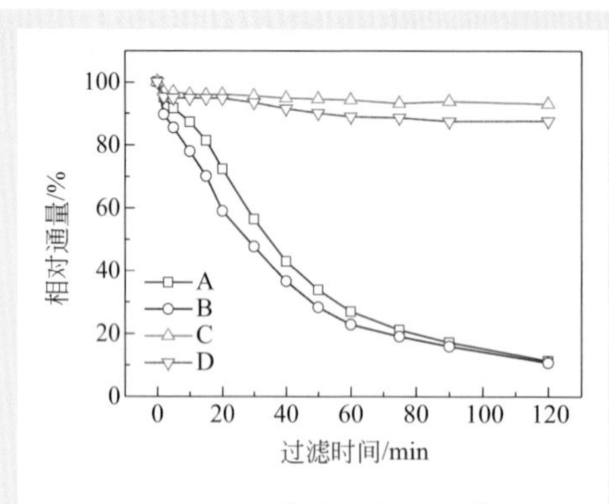

图 5-15　不同温度下邻、对苯二酚过滤体系的膜通量随过滤时间的变化

A—对苯二酚，80℃；B—邻苯二酚，80℃；C—对苯二酚，24℃；D—邻苯二酚，24℃

物质组成，邻苯醌性质不稳定容易发生分解而未被检测到，与图 5-12 的分析结果一致。如前所述，验证膜过滤实验的温度为 80℃，而温度较高时邻、对苯二酚均可能发生氧化反应生成苯醌等其他物质。因此，设想过滤对苯二酚、邻苯二酚体系时，膜污染主要是由对苯二酚、邻苯二酚氧化生成的苯醌等副产物引起的。为验证这一设想，增加了一组过滤实验来考察常温（24℃）和反应温度（80℃）下过滤对苯二酚和邻苯二酚溶液时膜通量变化情况，结果如图 5-15 所示。可以看到，常温下过滤邻、对苯二酚溶液时膜通量下降均较少，稳定通量约为初始通量的 90%；而在反应温度 80℃下，稳定通量约为初始通量的 10%。因此，可以认为 80℃下过滤邻、对苯二酚溶液时膜通量的严重下降是由邻、对苯二酚氧化生成的苯醌等物质所致。采用 SEM 和 EDS 技术对过滤单一体系时所用膜的表面进行了分析，结果如图 5-16 和表 5-4 所示。

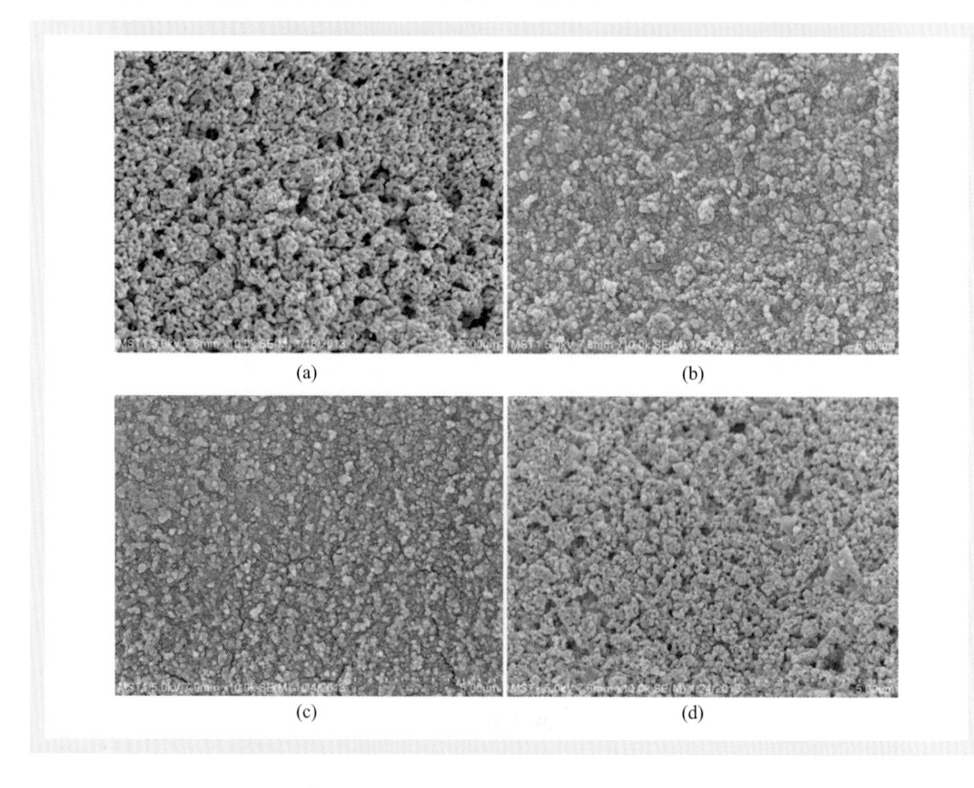

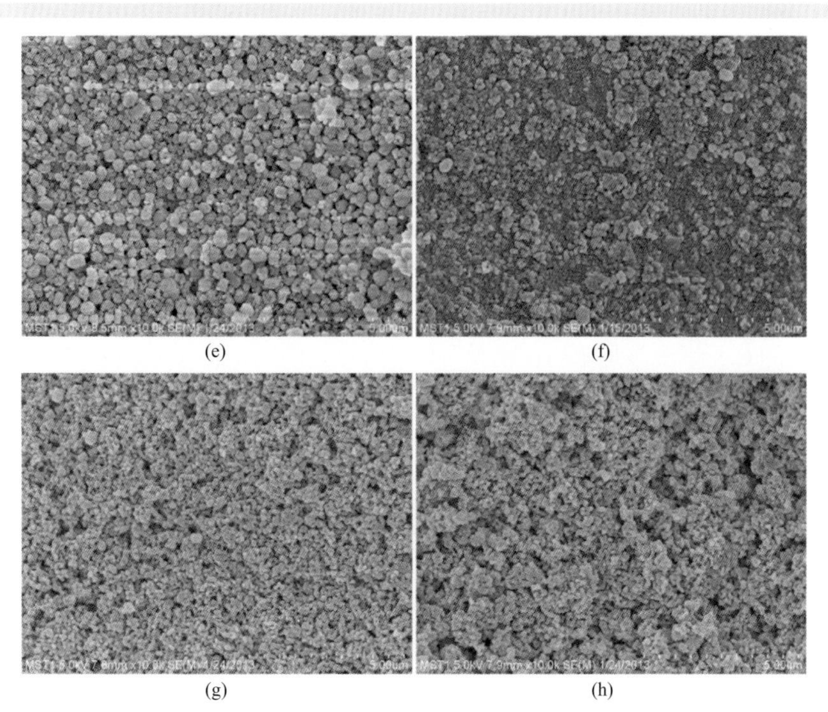

图 5-16　过滤单一体系时膜表面 SEM 照片

（a）新膜；（b）对苯二酚，80℃；（c）邻苯二酚，80℃；（d）苯酚，80℃；（e）TS-1，80℃；（f）对苯醌，80℃；（g）对苯二酚，24℃；（h）邻苯二酚，24℃

表 5-4　过滤单一体系时膜表面 EDS 分析结果（质量分数）　　单位：%

过滤物质	Zr	O	C	Si	Ti
无（新膜）	68.07	31.93	—	—	—
对苯二酚（80℃）	52.24	23.49	24.27	—	—
邻苯二酚（80℃）	52.52	23.07	24.41	—	—
苯酚（80℃）	66.83	24.92	8.25	—	—
TS-1 分子筛（80℃）	60.96	35.61	—	3.01	0.42
对苯醌（80℃）	44.46	23.86	31.68	—	—
对苯二酚（24℃）	60.43	31.37	8.20	—	—
邻苯二酚（24℃）	61.26	31.37	7.37	—	—

可以看到，80℃下过滤邻、对苯二酚溶液时，膜表面均覆有一层致密的焦油类滤饼层，导致膜通量显著下降（见图 5-15）；而常温下过滤邻、对苯二酚溶液时，膜表面与新膜表面并没有明显差异，对应的膜通量也没有明显下降（见图 5-15）。

由EDS分析结果看到，常温下过滤邻、对苯二酚溶液时膜表面存在C元素，这应该来自膜表面吸附的邻、对苯二酚。与常温相比，80℃下过滤邻、对苯二酚溶液时膜表面C元素含量显著升高，说明80℃下邻、对苯二酚氧化生成的苯醌类等物质更容易在表面吸附，形成致密滤饼层，导致膜通量显著下降。过滤对苯醌体系时，膜表面也形成了一层致密的焦油类滤饼层［图5-16（f）］，膜表面的C元素最高，对应的膜通量下降最明显（见图5-13），进一步说明了苯醌等有机物在膜表面的吸附是导致膜污染的主要原因。与新膜表面对比，过滤苯酚体系时膜表面［图5-16（d）］并没有明显变化，对应的膜通量也没有明显下降（见图5-13），膜表面存在的C元素应该是苯酚在膜表面吸附所致。由图5-16(e)和表5-2可以看到，过滤分子筛时膜表面覆盖有一层疏松多孔的钛硅分子筛，分子筛滤饼层使得通量下降，而滤饼层疏松多孔的性质使膜通量下降并不严重（见图5-13）。

图5-17显示了不同组合体系的膜过滤情况。过滤TS-1+对苯二酚和TS-1+邻苯二酚体系时，在初始5min内膜通量迅速降低然后缓慢降低，且邻苯二酚的下降幅度稍大于对苯二酚，2h后通量约为初始通量的65%。过滤TS-1+苯酚体系时，膜通量迅速下降，20min左右即达到较为稳定水平，继续过滤通量基本不变，稳定通量为初始通量的60%左右。过滤TS-1+苯酚+邻、对苯二酚体系时，膜通量迅速下降后也缓慢下降，2h后通量为初始通量的53%左右，膜通量衰减程度高于TS-1+对苯二酚、TS-1+邻苯二酚、TS-1+苯酚等二元体系，这应该是由高温下TS-1、对苯二酚、邻苯二酚共同作用引起的。过滤TS-1+对苯醌体系时，膜通量急剧下降，5min内通量已降至初始通量的40%，继续过滤通量仍缓慢下降，2h后通量降至34%。以上结果表明，TS-1与不同有机物的组合对膜污染的影响程度不一样，呈现如下趋势：TS-1+对苯醌 > TS-1+邻苯二酚+对苯二酚 > TS-1+苯酚 > TS-1+邻苯二酚≈TS-1+对苯二酚，说明TS-1催化苯酚羟基化-陶瓷膜分离耦合制备苯二酚过程中，TS-1颗粒和苯醌类焦油对膜污染的贡献最大。

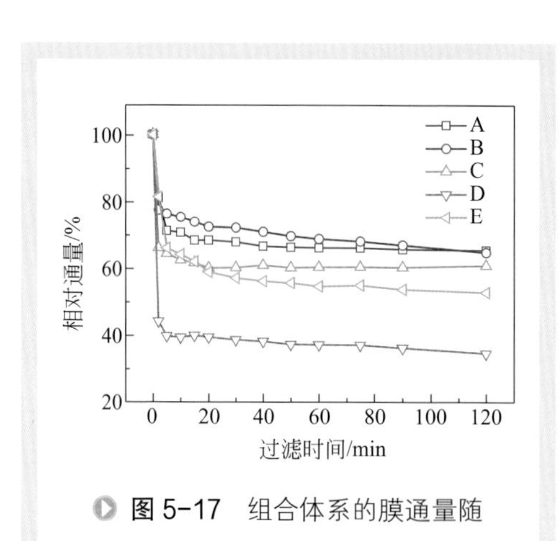

图5-17　组合体系的膜通量随过滤时间的变化关系

A—TS-1+对苯二酚；B—TS-1+邻苯二酚；C—TS-1+苯酚；D—TS-1+对苯醌；E—TS-1+苯酚+邻、对苯二酚

比较图5-13与图5-17可以发现，与单一体系相比，过滤组合体系时，膜通量衰减程度明显不一样。过滤TS-1+苯酚体系时，膜通量衰减程度大于苯酚单一体系，与过滤TS-1分子筛单一组分相似，这主要是因为苯酚对膜污染没有明显贡献，过滤TS-1+苯酚体系时的膜污染主要由TS-1引起。TS-1与其他

有机物的组合引起膜通量衰减程度均小于单一有机物。一般认为，固体与有机物相结合，会在膜表面形成更为致密的滤饼层，导致膜通量严重下降[6,12]。为探究与文献报道不一致的原因，采用 SEM 和 EDS 技术对过滤组合体系时所用膜的表面进行了分析，结果如图 5-18 和表 5-5 所示。与新膜表面对比，过滤这几组体系时膜表面均覆盖有滤饼层。过滤 TS-1+ 苯酚时，膜表面［图 5-18（d）］仍可清晰看到与新膜表面相同的膜层，与单独过滤 TS-1 相似［图 5-16（e）］，与过滤实验结果相

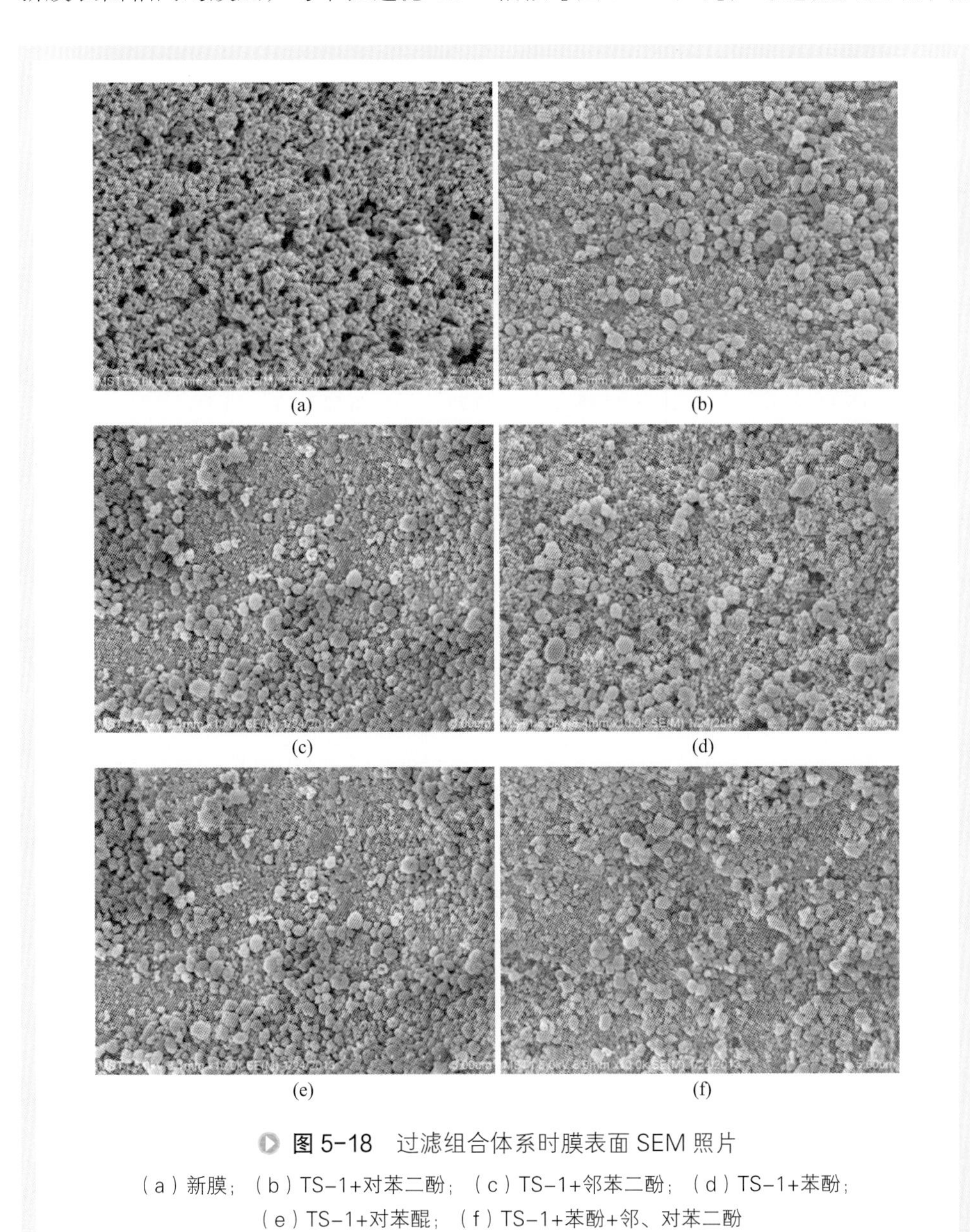

图 5-18　过滤组合体系时膜表面 SEM 照片

（a）新膜；（b）TS-1+对苯二酚；（c）TS-1+邻苯二酚；（d）TS-1+苯酚；（e）TS-1+对苯醌；（f）TS-1+苯酚+邻、对苯二酚

对应。过滤其他组合体系时，膜表面除TS-1分子筛外还覆盖有明显的焦油类致密滤饼层，且能清晰地看到单个的TS-1分子筛颗粒，TS-1分子筛颗粒并没有完全被有机物包裹并形成致密的滤饼层。文献中，固体颗粒通常被有机物包裹，两者共同形成致密滤饼层，导致膜通量严重下降。同时，膜过滤过程中，TS-1颗粒不断冲刷表面，减少有机物在膜表面的吸附，由EDS结果证实。与单一体系相比，组合体系时膜表面C元素含量明显降低。因此，除苯酚外，TS-1与其他有机物的组合引起膜通量衰减程度均小于单一有机物。过滤TS-1+对苯二酚和TS-1+邻苯二酚体系时膜通量衰减程度小于过滤TS-1分子筛单一组分，可能是由体系中有机物引起溶液黏度或TS-1颗粒团聚状态变化造成的。

表5-5　过滤组合体系时膜表面EDS分析结果（质量分数）　单位：%

过滤物质	Zr	O	C	Si	Ti
无（新膜）	68.07	31.93	—	—	—
TS-1+对苯二酚	49.94	38.00	9.03	2.42	0.61
TS-1+邻苯二酚	50.19	36.59	10.89	2.04	0.29
TS-1+苯酚	57.75	33.78	6.52	1.71	0.23
TS-1+对苯醌	49.97	33.90	13.53	2.13	0.47
TS-1+邻、对苯二酚+苯酚	49.38	37.14	9.01	3.94	0.53

2. 污染膜清洗策略

反应结束后膜的纯水通量只有新膜的15%（见图5-19），进一步说明膜污染严重。采用水冲洗污染膜，膜通量恢复不明显，说明对于本体系，简单的物理清洗不

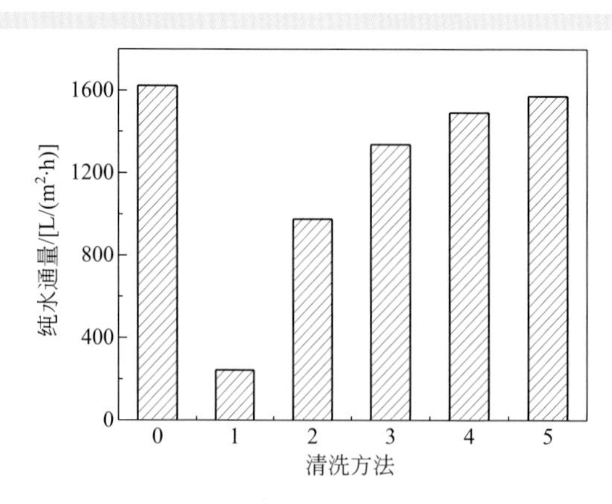

图5-19　各种清洗方法的比较

0—新膜；1—污染膜；2—第一次碱洗；3—第二次碱洗；4—第一次酸洗；5—第二次酸洗

能恢复膜通量。根据污染物的化学性质（TS-1 分子筛和对苯醌、焦油等大分子有机物），采用化学酸碱清洗，如图 5-19 所示。经过两次 1% 的 NaOH 溶液（80℃，pH=12.4，5h）和两次 1% 的 HNO_3 溶液（50℃，pH=0.8，5h）清洗后，膜纯水通量可恢复到新鲜膜的 95% 以上，说明此污染膜清洗策略是有效可行的。

第三节 浸没式膜反应器在苯酚羟基化反应中的应用

针对 TS-1 催化苯酚羟基化反应，设计并构建了浸没式膜反应器，研究了连续操作过程中各操作因素对反应结果和过滤阻力的影响，并与间歇方式合成苯二酚的效果进行比较，探讨浸没式膜反应器在 TS-1 催化苯酚羟基化反应中的应用可行性。

一、浸没式膜反应器系统的设计

设计并搭建用于 TS-1 催化苯酚羟基化反应的浸没式膜反应器系统，如图 5-20 所示。本试验装置主要由反应器、陶瓷膜组件、进料系统、产品采集系统和加热系统组成。反应器由玻璃制成，其有效反应体积为 300mL。单管式 Al_2O_3 外膜均由南京九思高科技股份有限公司提供，外径和内径分别为 12mm 和 8mm，有效膜面积为 38cm^2，孔径为 200nm。膜管一端釉封，另一端敞口。蠕动泵 3、4 和 10 分别用于过氧化氢、苯酚水溶液的进料和反应混合液出料。

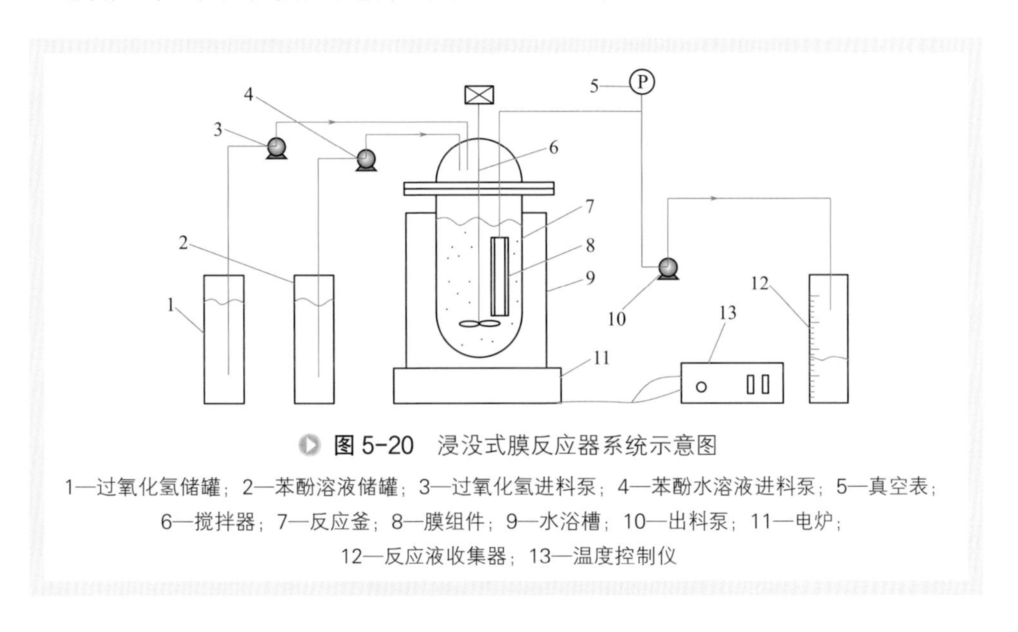

图 5-20 浸没式膜反应器系统示意图

1—过氧化氢储罐；2—苯酚溶液储罐；3—过氧化氢进料泵；4—苯酚水溶液进料泵；5—真空表；6—搅拌器；7—反应釜；8—膜组件；9—水浴槽；10—出料泵；11—电炉；12—反应液收集器；13—温度控制仪

二、TS-1催化苯酚羟基化反应操作过程

TS-1 催化苯酚羟基化反应的连续操作及间歇操作均在图 5-20 所示的反应器中进行。连续反应的操作过程为：先将一定量的苯酚溶液和催化剂加入反应器中，然后在搅拌下加热至所需温度，再采用恒流泵将 30% 过氧化氢输入反应器中，苯酚羟基化反应开始；1h 后，过氧化氢和苯酚溶液分别由两个进料泵以一定流速连续输入至反应器内，反应液在一定的跨膜压差下以相同流速被吸入膜管内并排出，催化剂则被截留在反应器中；在所设条件下稳定运转，每隔一定时间取样分析。反应为连续操作过程，进出液流量相等，确保反应液于反应器内保持一定的停留时间。反应产物收集至 1000mL 量筒中，膜分离操作压力由压力表读取，每次实验都连续运行 6h，每次实验结束后用自来水对膜组件进行清洗。苯酚转化率和苯二酚选择性及膜过滤阻力按照式（5-1）～式（5-3）计算。

间歇操作时，去除图 5-20 中的膜组件，反应条件为：催化剂浓度 17.2g/L，苯酚浓度 3.66mol/L，反应温度 80℃，搅拌速率 380r/min。催化剂、苯酚和溶剂一次性加入反应器中，在搅拌下升温至指定温度，再加入过氧化氢，反应开始计时。

对于连续膜反应器，反应器的生产能力采用式（5-4）计算。

$$P_1 = \frac{Ft_4 c_{\text{phenol(o)}} XS}{t_1 + t_2 + t_3 + t_4} \tag{5-4}$$

式中 P_1——苯二酚生产能力，g/min；

F——进料速率，mL/min；

$c_{\text{phenol(o)}}$——进料苯酚的初始浓度，g/mL；

t_1——预处理时间，min；

t_2——升温时间，min；

t_3——反应时间，min；

t_4——反应 - 膜分离耦合操作时间，min；

X——苯酚转化率；

S——苯二酚的选择性。

对于间歇反应，生产能力的定义为单位时间内的苯二酚产量，其计算如式（5-5）所示。

$$P_{\text{batch}} = \frac{Vc_{\text{phenol(o)}} XS}{t_1 + t_2 + t_3 + t_4'} \tag{5-5}$$

式中 V——反应体积，mL；

t_4'——后处理时间，min；

P_{batch}——单位时间内的苯二酚产量，g DHB/min。

三、苯酚羟基化反应-膜分离耦合过程规律研究

研究了反应停留时间、搅拌速率、反应温度、催化剂浓度以及苯酚过氧化氢摩尔比等操作条件对苯酚转化率、苯二酚选择性以及过滤阻力的影响规律。

1. 停留时间的影响

在苯酚浓度为3.66mol/L，过氧化氢浓度为1.22mol/L，反应温度为80℃，搅拌速率为380r/min的条件下，考察反应停留时间从95min到195min的变化对反应结果及过滤阻力的影响，结果如图5-21所示。反应停留时间对反应的转化率、选择性以及过滤阻力都有明显的影响。随着反应停留时间的加长，苯酚转化率有所提高，但不是很显著。对于本反应体系，通过调节苯酚/双氧水摩尔比来控制苯酚的转化率，通常苯酚的转化率较低，因为高的转化率会导致苯二酚的选择性降低[7]，因此苯酚转化率只有轻微的增加。苯二酚的选择性先升高并在停留时间为145min时达到最大值再下降。导致苯二酚选择性下降的原因是苯二酚与过氧化氢发生进一步氧化反应生成苯醌或其他重组分的副产物。

图5-21中还可发现，随着反应停留时间从95min增加到195min，过滤阻力随之降低。当进料速率降低时，出料速率（即膜通量）也必须降低以维持反应器中反应液体积不变。进料和出料流速都通过调节蠕动泵的转速来控制。因此进料速率的减小不仅带来反应停留时间加长，使膜通量降低，还使所需的跨膜压差降低，如表5-6所示，因而减小了滤饼层厚度，过滤阻力也随之减小。考虑到产物选择性和过

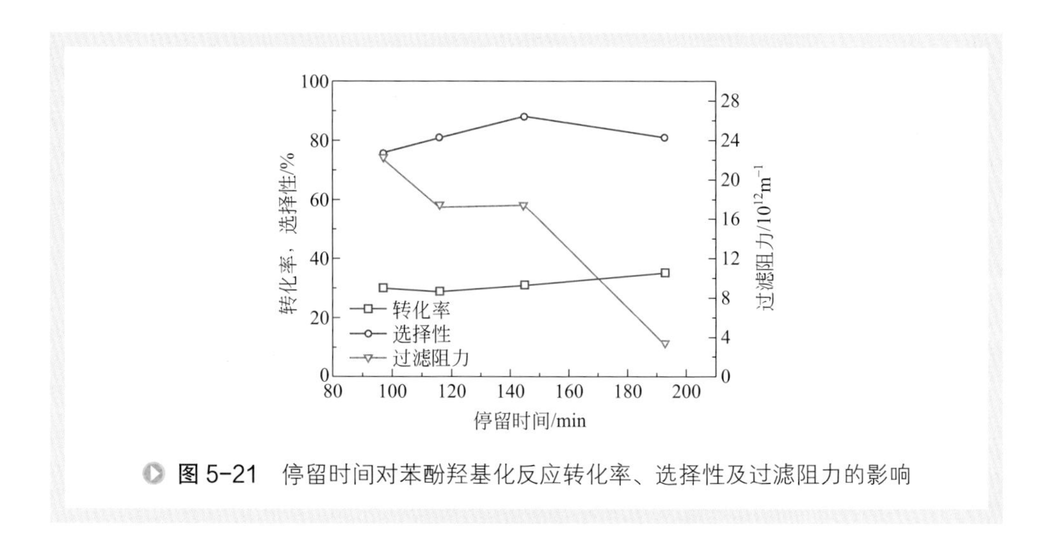

图5-21 停留时间对苯酚羟基化反应转化率、选择性及过滤阻力的影响

滤阻力随反应停留时间的变化，反应停留时间以 145min（约 2.4h）为宜，明显小于外置式膜反应器的停留时间。

表 5-6　停留时间对膜通量（J）和跨膜压力（Δp）的影响

停留时间 /min	J/［L/（m^2·h）］	$\Delta p/10^5$Pa	$R/10^{12}m^{-1}$
97	42	0.9	21.0
116	38	0.69	17.5
145	29	0.55	17.4
193	22	0.15	3.2

2. 搅拌速率的影响

在停留时间为 2.4h 的条件下，改变反应搅拌速率，考察反应 - 分离耦合系统中搅拌速率对反应结果和过滤阻力的影响，结果如图 5-22 所示。不同的搅拌速率下反应结果有明显差别，苯酚的转化率随搅拌速率的增加而增加，而苯二酚的选择性变化不明显。对于非均相催化反应，外扩散对于反应速率具有很大的影响。对于本反应体系，当搅拌速率大于 380r/min 时，反应速率与转化率随搅拌速率的增加而缓慢增加。

从图 5-22 可以看出，随着搅拌速率的增大，过滤阻力刚开始增大较明显，后趋于稳定。搅拌速率对过滤阻力的影响有两个对立方面，一方面搅拌速率大，催化剂与膜接触机会增多，造成催化剂颗粒向膜孔及膜表面沉积的机会增多；另一方面，搅拌速率的增大使沉积在膜表面的催化剂颗粒更易被冲走，使过滤阻力有所减小[17]。可见，催化剂颗粒向膜孔及膜表面沉积的作用对过滤阻力的影响占主导地位。对于该耦合系统，搅拌速率以 380r/min 为宜。

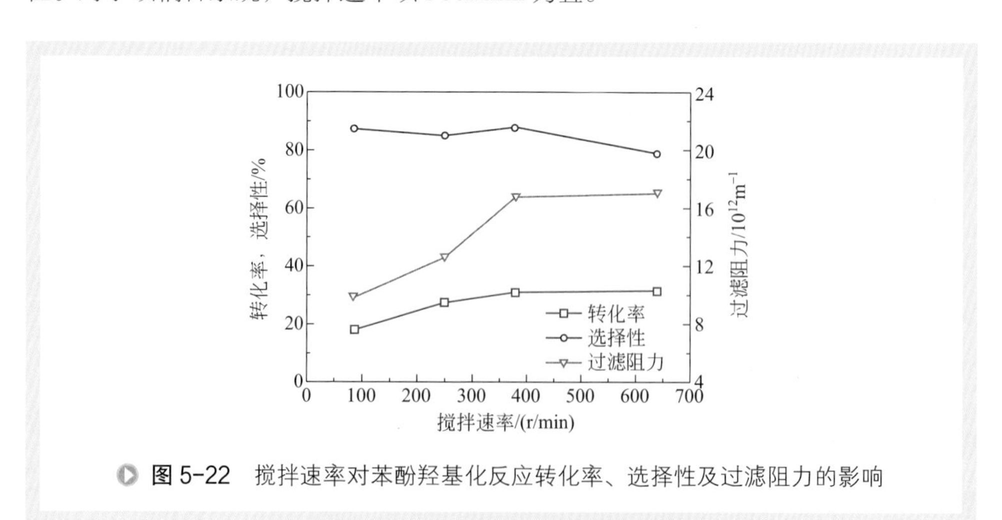

图 5-22　搅拌速率对苯酚羟基化反应转化率、选择性及过滤阻力的影响

3. 反应温度的影响

在苯酚浓度为3.66mol/L，过氧化氢浓度为1.22mol/L，催化剂浓度为17.2g/L，停留时间为2.4h，搅拌速率为380r/min的条件下，考察反应温度对反应结果及过滤阻力的影响，如图5-23所示。耦合过程与温度密切相关。当温度从60℃上升到90℃过程中，苯酚的转化率逐渐增加。当温度增加时，分子布朗运动加强，导致了反应速率和苯酚转化率的增加。温度增加不仅会加强主反应速率，同时也会加强副反应速率。因此，苯二酚的选择性随温度的增加存在一定的波动。当主反应速率占主导地位时，苯二酚的选择性增加；反之，苯二酚的选择性减小。在90℃时，苯二酚的选择性降低，这可能是因为苯二酚的深度氧化反应在高温下更容易进行。

从图5-23可以看出，随着反应温度的不断升高，过滤阻力随之降低。一般认为，反应温度升高，反应液黏度降低，为保持膜通量不变所需的跨膜压力减小，如表5-7所示，这使所产生的滤饼层厚度减小，因而过滤阻力减小。考虑到产物选择性和过滤阻力随反应温度的变化，反应温度以80℃为宜。

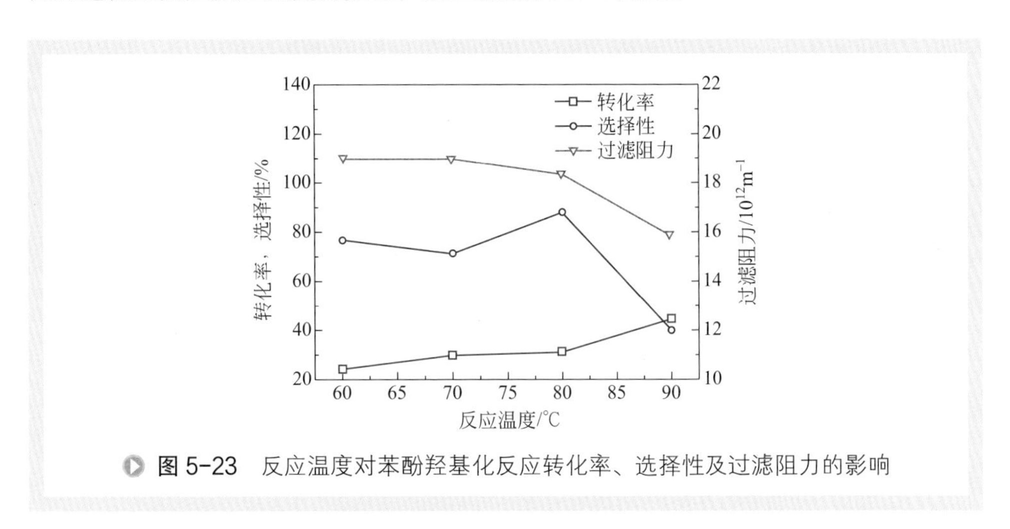

图5-23 反应温度对苯酚羟基化反应转化率、选择性及过滤阻力的影响

表5-7 温度对流体黏度（μ）和跨膜压力（Δp）的影响

温度/℃	$\mu/10^{-3}Pa \cdot s$	$\Delta p/10^{5}Pa$	$R/10^{12}m^{-1}$
60	0.46	0.78	19
70	0.40	0.69	19
80	0.36	0.55	17.4
90	0.32	0.45	15.9

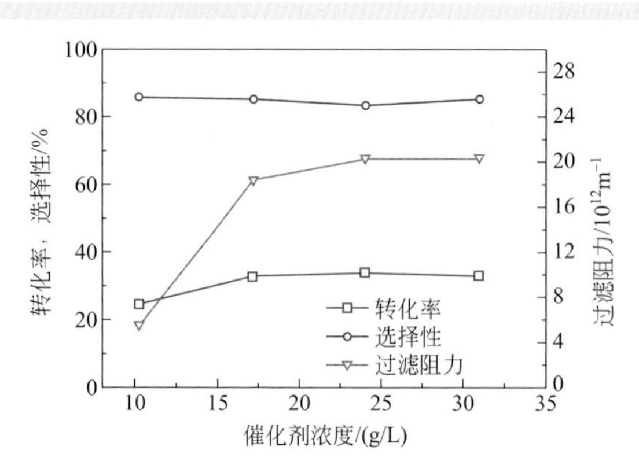

图 5-24　催化剂浓度对苯酚羟基化反应转化率、选择性及过滤阻力的影响

4. 催化剂浓度的影响

催化剂的浓度不仅决定反应速率，还影响滤饼厚度与过滤阻力。在反应条件为：苯酚浓度 3.66mol/L，过氧化氢浓度 1.22mol/L，反应温度 80℃，停留时间 2.4h，搅拌速率 380r/min，考察了催化剂浓度对膜反应器性能的影响，结果如图 5-24 所示。随着催化剂浓度的增加，苯酚的转化率先增加后趋于稳定，而苯二酚的选择性保持不变。当 TS-1 分子筛浓度小于 17.2g/L 时，苯酚转化率较低，这是因为催化剂量过少，反应不能充分进行；随着催化剂浓度的进一步增加，苯酚的转化率提高；当催化剂浓度大于 17.2g/L 时，再增加催化剂的量，苯酚转化率基本保持不变。据报道，在一定的浓度范围内催化剂浓度对反应速率会有显著的影响 [18]。因此，随着催化剂浓度的增加，苯酚转化率不断增加直到达到足够的催化剂浓度。

如图 5-24 所示，在反应过程中，过滤阻力随催化剂浓度的增加先迅速上升，后改变不大。这是因为在较低的催化剂浓度下催化剂在膜表面的沉积现象显著，在高的催化剂浓度下催化剂在膜的表面可以达到吸附 - 脱附平衡。对于此耦合体系，考虑到催化剂用量对苯酚转化率和过滤阻力的影响，适宜的催化剂浓度为 17.2g/L。

5. 苯酚过氧化氢摩尔比的影响

在催化剂浓度 17.2g/L，停留时间 2.4h，反应温度 80℃，搅拌速率 380r/min 的反应条件下，改变苯酚过氧化氢摩尔比，考察其对反应的影响，结果如图 5-25 所示。随着进料中苯酚过氧化氢摩尔比的增加，苯酚转化率不断下降，而苯二酚选择性变化不明显。对于连续的苯酚羟基化反应，总的进料量（包括苯酚溶液和过氧化氢）保持在 2mL/min，所以当苯酚进料量增加时，过氧化氢的进料量必然减少，这就导致了较低的苯酚转化率。在苯酚过氧化氢摩尔比从 1.66 增加到 5.22 时过滤阻

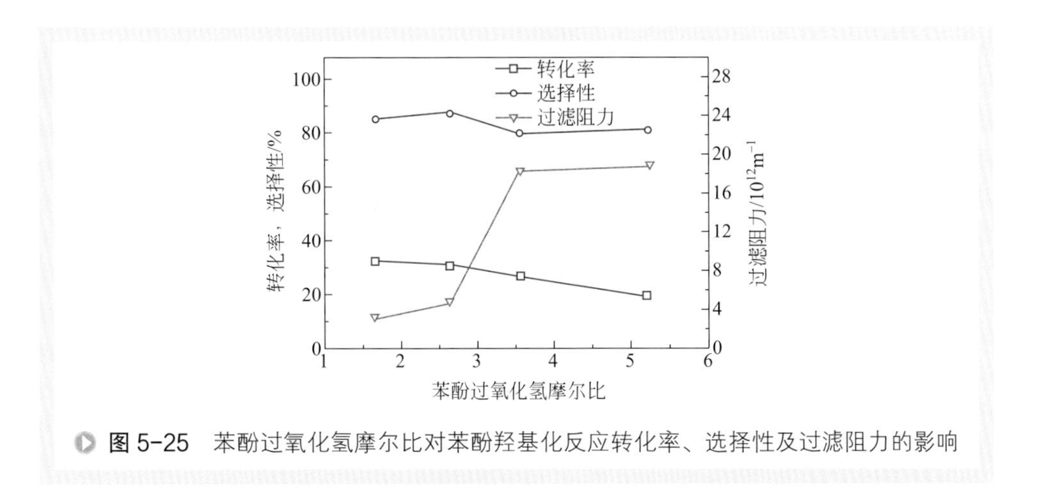

图 5-25 苯酚过氧化氢摩尔比对苯酚羟基化反应转化率、选择性及过滤阻力的影响

力有明显的增大。增加的苯酚会吸附到 TS-1 催化剂颗粒表面导致滤饼层变密，过滤阻力增加。对于此反应膜分离耦合体系比较合适的苯酚过氧化氢摩尔比为 2.64。

研究得出浸没式膜反应器中苯酚羟基化反应的最佳操作条件为：停留时间为 2.4h，反应温度为 80℃，搅拌速率为 380r/min，催化剂浓度为 17.2g/L，苯酚过氧化氢摩尔比为 2.64。

6. TS-1 催化苯酚羟基化连续反应过程

在最佳操作条件下，对 TS-1 分子筛催化苯酚羟基化浸没式膜反应器进行稳定性考察。图 5-26 给出了苯酚转化率、苯二酚选择性以及过滤阻力随时间的变化情况。可以看出在 500min 之前苯酚的转化率下降较明显，在此之后降低较慢。这可能由于前期催化剂 TS-1 在新鲜膜表面的吸附，引起反应液主体的催化剂浓度降低，进而降低了反应速率。另外，催化剂的失活也会进一步导致苯酚的转化率下降。主要是重组分在催化剂表面结垢导致催化剂的失活。在苯酚的氧化过程中很容易形成低聚物甚至是焦油类副产物，它们会吸附在 TS-1 催化剂上使催化剂失活。在反应结束后，从反应器中回收的催化剂颗粒为黑褐色，经 500℃煅烧 2h 后又恢复新鲜催化剂粒子的白色，这说明催化剂使用后发生了有机物的吸附。从图 5-26 可以看出，对苯二酚和邻苯二酚的各自选择性在整个实验过程中基本保持不变。对苯二酚和邻苯二酚的摩尔比为 1.25。在最佳的操作条件下，苯酚的转化率大于 17%，对苯二酚和邻苯二酚总的选择性保持在 90% 左右。如图 5-26 所示，过滤阻力刚开始明显增大，到 500min 之后基本上保持平衡。这是因为在膜过滤初始阶段催化剂颗粒在新膜表面迅速吸附形成滤饼层，这就导致过滤阻力的迅速上升。随后催化剂在膜表面上的吸附 - 脱附达到平衡，因而过滤阻力稳定。连续运行结果表明，浸没式膜反应器可用于 TS-1 催化苯酚羟基化反应，具有较好的运行稳定性。

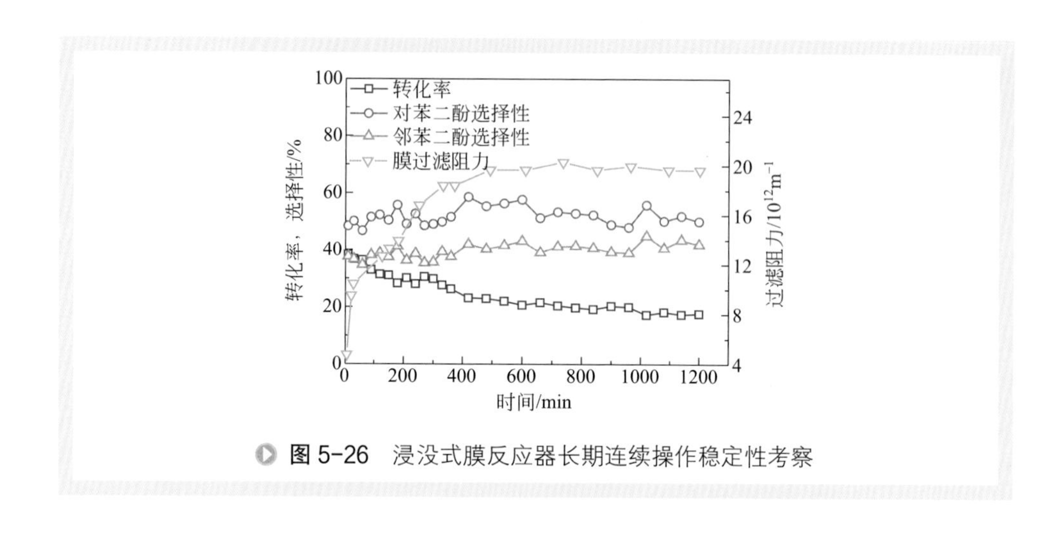

图 5-26 浸没式膜反应器长期连续操作稳定性考察

四、间歇反应与连续反应过程的比较

在与连续反应相同的反应条件下，进行催化苯酚羟基化间歇操作，反应结果随反应时间的变化如图 5-27 所示。在反应时间 0 ～ 30min 内，苯酚的转化率随反应时间延长上升很快；当反应时间大于 30min 后，苯酚的转化率曲线趋于平缓。在此反应体系中，苯酚的转化率在 35% 左右，大于连续操作过程。主要反应产物为对苯二酚和邻苯二酚，二者的选择性占总产物的 90% 左右，与连续操作过程相似。

图 5-28 是连续与间歇反应间的生产能力比较。此处采用体积置换数的概念，即总的进料体积和反应器中反应液体积的比 [19]。间歇的生产能力与体积置换数无关，而连续操作随着体积置换数的增大不断上升。在连续膜反应器中可实现相对于间歇操作更高的生产能力。每一次间歇操作均需要预处理、预热和后处理等工序，而连续膜反应器只需在开车时进行预处理和预热操作，后处理也只在结束操作时才进行。因而在不低于 2 个体积置换数的条件下，连续耦合操作的生产能力明显高于间歇操作。间歇操作还存在其高强度劳动、较大占地空间以及反应结束后后处理可能会导致催化剂流失、失活等缺点。另外，实验中膜反应器生产能力为 $2.47g_{DHB}/(h \cdot g_{cat})$，远远高于文献中固定床反应器的生产能力 $1.07g_{DHB}/(h \cdot g_{cat})$ [20]。

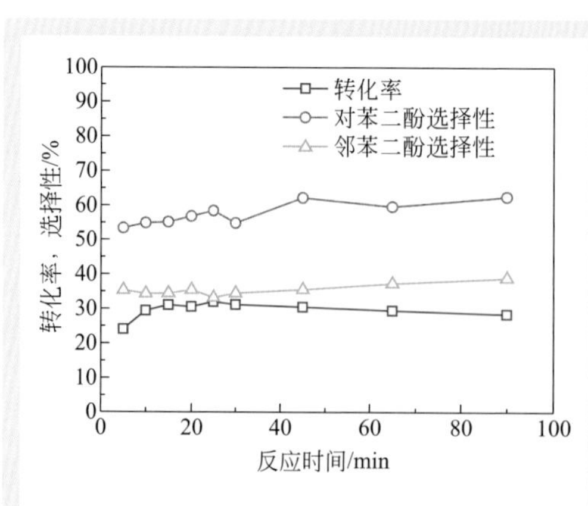

图 5-27 间歇操作中反应转化率、选择性随反应时间的变化

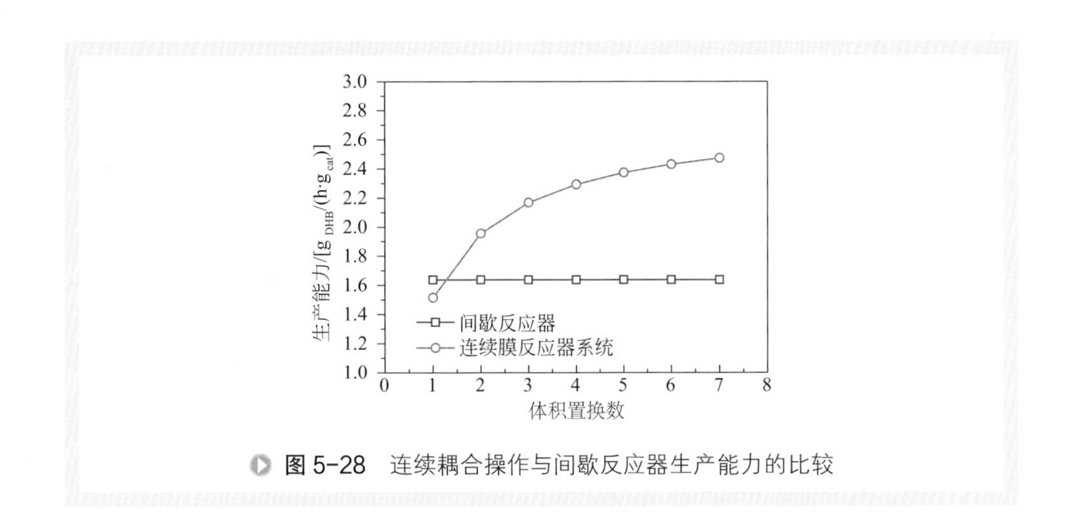

图 5-28 连续耦合操作与间歇反应器生产能力的比较

第四节 双膜式膜反应器在苯酚羟基化反应中的应用

对于苯酚羟基化反应，以过氧化氢为氧化剂，过氧化氢的强氧化性极易使产品深度氧化，降低选择性。反应物的浓度和分布是影响反应选择性的关键因素[21]，结合浸没式膜反应器的构型，提出了双膜式膜反应器[22]，如图 5-29 所示，即同时使用两种陶瓷膜管组成膜反应器，其中一种膜管作为膜分布器控制反应原料过氧化氢的输入方式及输入浓度，强化物料的传质速率与效果，使反应物料均匀分布，避免反应原料局部浓度过高而引起副反应，提高反应选择性；另一种膜管作为膜分离

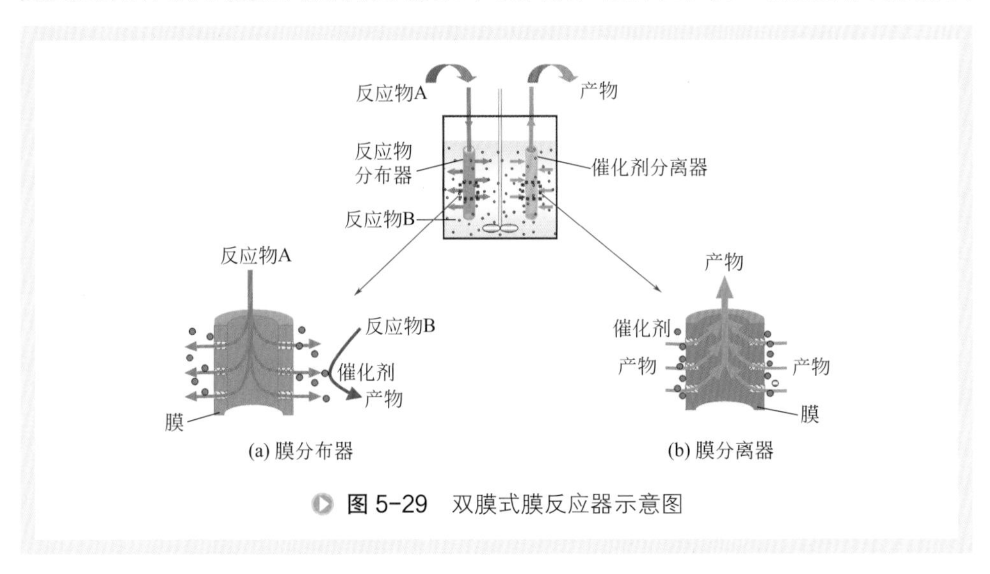

图 5-29 双膜式膜反应器示意图

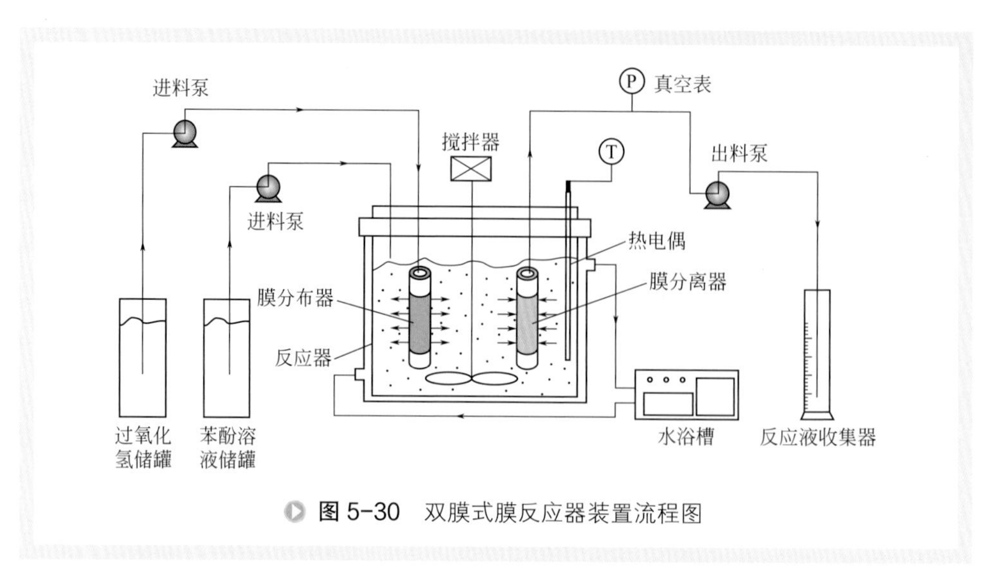

图 5-30　双膜式膜反应器装置流程图

器控制固体催化剂与产品的分离，实现催化剂的原位分离与循环使用，减少催化剂的排放及排放引起的产品质量低劣与环境污染等问题，使反应和分离连续进行，强化过程效率。

一、双膜式膜反应器装置流程

设计并搭建了双膜式膜反应器系统，如图 5-30 所示。该系统主要由反应器、多孔陶瓷膜组件、进料系统、产品采集系统和加热系统组成。反应器由玻璃制成，有效体积为 700mL。两根单管式 Al_2O_3 外膜的有效长度、外径和内径分别为 60mm、12mm 和 8mm。其中一根陶瓷膜作为膜分布器，采用孔径为 200nm、500nm 及 800nm 的陶瓷膜和孔径为 2000nm 的陶瓷支撑体；另一根作为膜分离器，孔径为 200nm。膜管一端釉封，另一端敞口。高压输液泵用于过氧化氢进料，蠕动泵分别用于苯酚水溶液进料和反应混合液出料。

二、双膜式膜反应器的操作方法

TS-1 催化苯酚羟基化连续反应的操作过程为：先将一定体积的苯酚水溶液和催化剂加入反应器中，在搅拌下加热至所需温度，然后采用恒流泵将 30% 过氧化氢输入膜分布器中，均匀分布到反应器里与苯酚水溶液进行反应，苯酚羟基化反应开始；60min 后，过氧化氢和苯酚溶液分别由两个进料泵以一定流速连续输入至反应器内，同时反应液在一定的跨膜压差下以相同流速被吸入膜管内并排出。反应初期，催化剂易吸附于新膜表面形成滤饼层，使得过滤阻力增加，渗透通量减小。为了反应器中液位保持不变，需要通过调节蠕动泵转速来增加出料流速，因此导致跨膜压力增加。当催化剂颗粒吸附与脱附达到平衡时，操作压力和出料流速趋于稳定。非稳态时间大约为200min。优化操作条件的每组连续实验从连续操作开始持续6h。催化剂被陶瓷膜完全截留在反应器中。反应产物收集至1000mL量筒中，膜分离操作压力由压力表读取。实验结束后，采用1g/L的氢氧化钠溶液清洗陶瓷膜以备下次实验使用。苯酚转化率和苯二酚选择性及膜过滤阻力按照式（5-1）～式（5-3）计算。

三、陶瓷膜孔径的影响

孔径大小是膜分布器的关键参数，因为它决定了反应物的液滴大小，从而影响苯酚羟基化的反应效果。考察了不同孔径的氧化铝膜（0.2μm，0.5μm，0.8μm和2μm）对反应性能的影响，结果如表5-8所示。膜孔径对苯二酚选择性有很大的影响，但对苯酚转化率的影响不大。在同一进料流速下，当膜孔径从2μm降到0.2μm，苯二酚转化率从88.3%上升到95.9%，表明小孔径的膜有利于反应选择性的提高。采用不同孔径的陶瓷中空纤维膜考察苯酚羟基化性能的差异，也发现同样的规律[23]。小孔径的膜可以使得双氧水分布更均匀，从而抑制苯二酚深度氧化成苯醌或者其他副产物。孔径为500nm的陶瓷膜作为分布器时的转化率和选择性与200nm获得的值相当。孔径为500nm的陶瓷膜相较于200nm的膜的通量更大，后续选择孔径为500nm的陶瓷膜作为分布器。

表5-8　陶瓷膜孔径对苯酚转化率和苯二酚选择性的影响

膜孔径 /μm	苯酚转化率 /%	苯二酚选择性 /%
0.2	28.7	95.9
0.5	28.8	95.5
0.8	28.3	88.8
2	28.5	88.3

四、双膜式膜反应器的操作条件优化

双膜式膜反应器是将膜分布器与膜分离器耦合，强化羟基化反应过程，可实现TS-1催化苯酚羟基化反应与膜分离过程的连续操作。介绍各操作因素（反应停留时间、搅拌速率、反应温度、催化剂浓度以及苯酚过氧化氢摩尔比）对苯酚羟基化反应效果以及膜过滤阻力的影响[22]。

1. 反应停留时间的影响

在搅拌速率380r/min，反应温度80℃，催化剂浓度17.2g/L，苯酚过氧化氢摩尔比3.5，苯酚初始浓度3.67mol/L的条件下，考察反应停留时间对苯酚转化率、

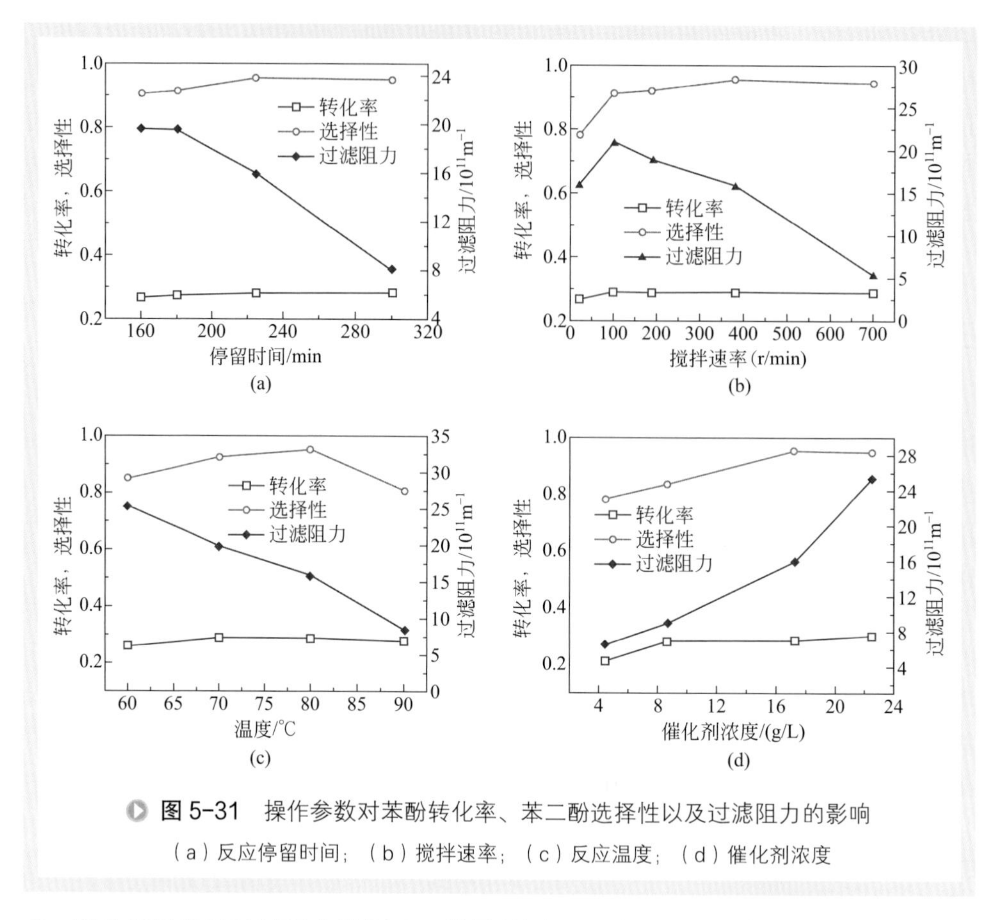

图 5-31 操作参数对苯酚转化率、苯二酚选择性以及过滤阻力的影响

（a）反应停留时间；（b）搅拌速率；（c）反应温度；（d）催化剂浓度

苯二酚选择性以及过滤阻力的影响，结果见图 5-31（a）。随着停留时间的增长，苯酚转化率有轻微的提高，苯二酚选择性先上升然后基本保持不变。其原因是进料流速随停留时间增长而降低，导致反应器中过氧化氢的浓度降低。由于过氧化氢的分解速率与其浓度呈正比，使得用于苯酚羟基化反应的过氧化氢量变大，从而使得转化率随停留时间的增长而增大。同时，反应器中低的过氧化氢浓度可以抑制苯二酚的深度氧化，从而导致选择性随停留时间的增长而上升。过滤阻力随停留时间的增长而降低，其原因是停留时间越长，即进料流速越低，为了保证反应器中液位稳定，进料和出料流速必须同时变小，这就使得膜通量降低，所需跨膜压力也随之降低（如表 5-9 所示），导致滤饼层的厚度变小，过滤阻力也随之减小。考虑到苯酚选择性和苯二酚转化率随停留时间的变化，反应停留时间以 225min（3.7h）为宜。

2. 搅拌速率的影响

在停留时间 3.7h 的条件下，改变搅拌速率大小，考察搅拌速率对反应效果和过滤阻力的影响，结果如图 5-31（b）所示。搅拌速率对反应转化率、选择性以及过滤阻力有明显的影响。提高搅拌速率有利于苯酚转化率和苯二酚选择性的提高。

正如所预料的，搅拌速率的增长可增强反应物从溶液主体扩散到催化剂表面和孔道，导致转化率和选择性的提高。另外，过滤阻力随搅拌速率的增加先上升后下降。实验中发现，当搅拌速率低时，催化剂沉积在反应器底部，这就降低了催化剂接触和沉积到膜表面的概率，使得滤饼层的厚度减小，导致过滤阻力低。此外，增加搅拌速率，一方面有利于反应效果的提高，另一方面提高了流动扰动，使得沉积在膜表面的催化剂更易被冲刷下来，导致过滤阻力下降。综合考虑，对于该系统，搅拌速率选择 380r/min。

3. 反应温度的影响

在搅拌速率 380r/min，反应停留时间 3.7h，催化剂浓度 17.2g/L，苯酚过氧化氢摩尔比 3.5，苯酚初始浓度 3.67mol/L 的条件下，考察反应温度从 60℃变化到 90℃对苯酚转化率、苯二酚选择性以及过滤阻力的影响，结果如图 5-31（c）所示。当温度从 60℃上升到 90℃过程中，苯酚转化率先增加后基本保持不变；苯二酚选择性则先上升后下降。其原因是温度升高，使得反应速率加快，导致转化率上升；温度升高时，加快了主反应速率的同时也使得副反应速率加快，导致 90℃下苯二酚的选择性降低[24]。

过滤阻力随温度的升高而不断降低。当温度升高，反应液黏度降低，为了保证膜通量的恒定，所需的跨膜压力降低，结果如表 5-10 所示。通过达西定律计算得到过滤阻力随温度的上升而降低。考虑到苯酚转化率和苯二酚选择性随温度的变化，实际反应温度以 80℃为宜。

4. 催化剂浓度的影响

催化剂浓度对反应效果以及过滤阻力的影响见图 5-31（d）。反应条件为：搅拌速率 380r/min，反应停留时间 3.7h，反应温度 80℃，苯酚过氧化氢摩尔比 3.5，苯酚初始浓度 3.67mol/L。随着催化剂浓度的增加，苯酚转化率和苯二酚选择性均增加，直到达到足够的催化剂浓度；过滤阻力随之逐渐上升。原因是高的催化剂浓度一方面使得可用于苯酚羟基化反应的活性钛组分含量增大，导致反应效果变好；另一方面，使得催化剂沉积到膜表面的机会变大，导致过滤阻力变大。因此，适宜的催化剂浓度为 17.2g/L。

表 5-9　反应停留时间对膜通量（J）、跨膜压力（Δp）和过滤阻力（R）的影响

停留时间 /min	J/［L/（m^2·h）］	$\Delta p/10^5$Pa	$R/10^{11}m^{-1}$
160	74.33	0.55	19.58
180	66.37	0.49	19.54
225	53.09	0.32	15.95
300	39.82	0.12	7.98

表 5-10　反应温度对黏度（μ）、跨膜压力（Δp）和过滤阻力（R）的影响

温度 /℃	μ/mPa·s	$\Delta p/10^5$Pa	$R/10^{11}m^{-1}$
60	1.43	0.51	25.42
70	1.41	0.40	19.94
80	1.36	0.32	15.95
90	1.29	0.17	8.48

5. 苯酚过氧化氢摩尔比的影响

在搅拌速率 380r/min，反应停留时间 3.7h，催化剂浓度 17.2g/L，反应温度 80℃的反应条件下，改变进料中苯酚过氧化氢摩尔比，考察其对苯酚转化率和苯二酚选择性的影响，结果如图 5-32（a）所示。固定过氧化氢的浓度为 1.33mol/L，改变苯酚水溶液的浓度来改变苯酚过氧化氢摩尔比。随着苯酚过氧化氢摩尔比的增加，苯酚转化率不断下降，选择性逐渐上升。图 5-32（a）插图中，可以发现，低的苯酚转化率对应高的苯二酚选择性。说明苯酚相对于过氧化氢过量的情况下有利于苯二酚选择性的提高。

苯酚过氧化氢摩尔比对过滤阻力的影响结果见图 5-32（b）。可以发现，过滤阻力随苯酚过氧化氢摩尔比的上升而不断下降。苯酚过氧化氢摩尔比越高，副产物越少，滤饼层疏松，过滤阻力降低。尽管低苯酚过氧化氢摩尔比可提高苯酚转化率，但苯二酚选择性低，且过滤阻力高。在此摩尔比下，实验结束后可观察到膜表面形成了厚厚的滤饼层。为了维持反应器中液位的恒定，需调节蠕动泵的转速来增加进料流速。滤饼层越厚，蠕动泵的转速越高，连续操作过程很难实现。因此，对于此体系，较合适的苯酚过氧化氢摩尔比为 3.5。

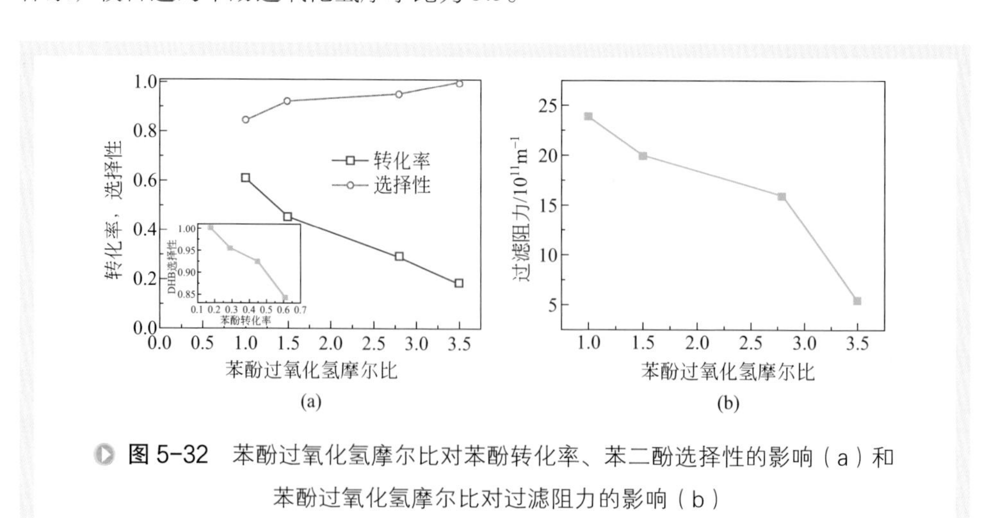

图 5-32　苯酚过氧化氢摩尔比对苯酚转化率、苯二酚选择性的影响（a）和苯酚过氧化氢摩尔比对过滤阻力的影响（b）

综上，双膜式膜反应器的最佳操作条件为：停留时间 3.7h，搅拌速率大于 380r/min，反应温度 80℃，催化剂浓度 17.2g/L，苯酚过氧化氢摩尔比 3.5。

五、双膜式膜反应器的运行稳定性

在最佳操作条件下，对双膜式膜反应器的长时间稳定操作进行可行性研究。图 5-33 是苯酚转化率、苯二酚选择性和过滤阻力随操作时间的变化情况。可以看出，膜反应器可以连续稳定运行 30h 以上，苯酚转化率大于 15%，苯二酚总选择性达到 95%。膜总阻力为 $3.5\times10^{11}m^{-1}$，在整个操作过程中保持稳定。此反应器同时实现反应选择性升高和催化剂与产品分离两个目标。ICP 检测结果表明，反应渗透液中硅和钛元素含量小于仪器的检测下限，说明催化剂颗粒被完全截留。

从图 5-33 可以看出，在 240min 前苯酚转化率下降比较明显，从 24.8% 降至 21.7%，继而缓慢下降至 15.4%。反应前期转化率的下降可能由于催化剂 TS-1 在新鲜膜表面的吸附，引起反应液中有效催化剂浓度降低，降低了反应速率。另外，催化剂的失活可能会进一步导致苯酚的转化率下降。为了探寻反应转化率下降的原因，对反应前后的膜及催化剂进行了表征。

（一）陶瓷膜的稳定性

1. 反应前后陶瓷膜的表征

对长时间运行后的膜分布器和膜分离器表面进行场发射扫描电镜分析，见图 5-34 和图 5-35，为了对比，图中还给出了新膜表面的 FESEM 图。由图 5-34 可见，与新膜相比，反应后的膜分布器表面吸附有大量絮状的污染物和少量尺寸小于 400nm 的颗粒。絮状污染物极有可能为反应过程中生成的焦油等黏度大的副产

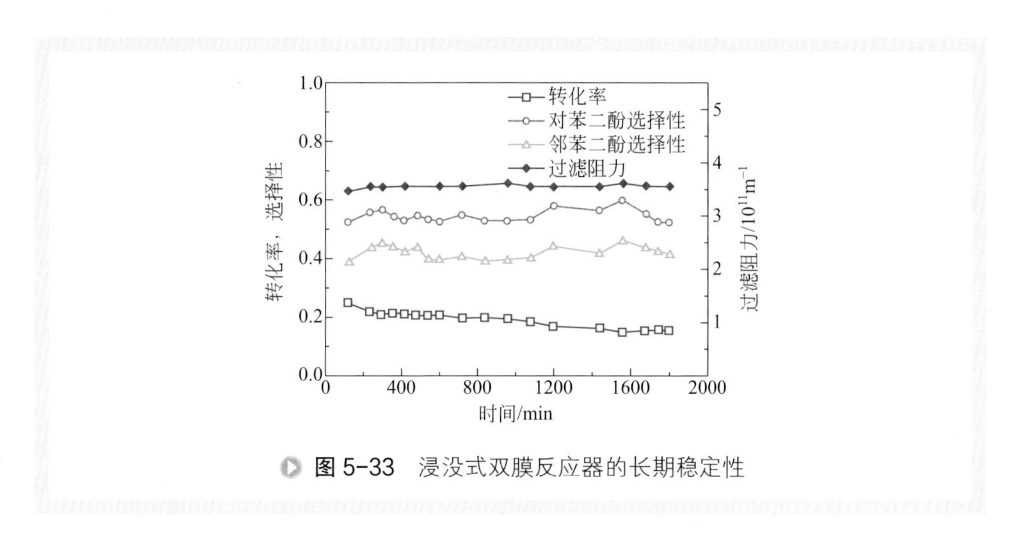

图 5-33　浸没式双膜反应器的长期稳定性

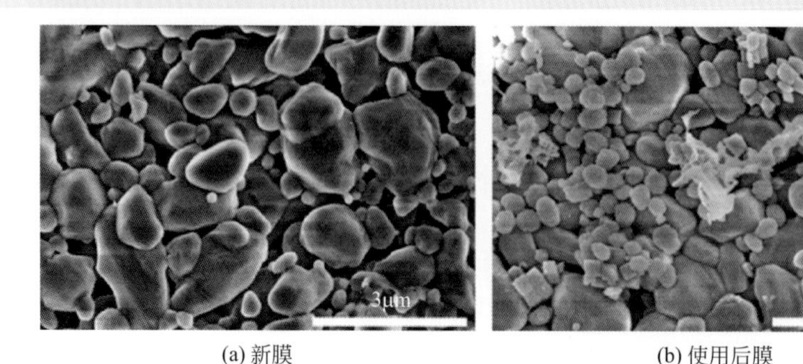

(a) 新膜　　(b) 使用后膜

图 5-34　膜分布器表面的场发射电镜照片

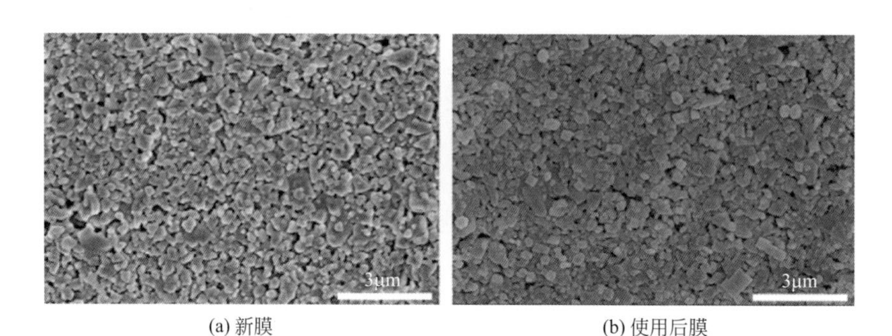

(a) 新膜　　(b) 使用后膜

图 5-35　膜分离器表面的场发射电镜照片

物。过氧化氢透过膜孔进入到沿膜表面流动的苯酚水溶液中的过程中，膜表面是过氧化氢液滴形成的地方，同时也是苯酚羟基化反应开始的地方，相比反应器中其他区域，膜分布器表面过氧化氢浓度高，导致副反应加剧，使得副产物附着在膜表面。同时，副产物黏度大，使得少量 TS-1 分子筛附着在膜表面。对陶瓷膜表面进行 EDS 元素分析，见表 5-11，结果表明污染物主要有 TS-1 催化剂和原料中的 C。由图 5-35 可以看出，反应后的膜分离器表面无明显变化，无 TS-1 分子筛附着于表面，与 EDS 分析结果一致。这与实验过程中观察到的稳定的渗透液通量相一致。

表 5-11　陶瓷膜表面的 EDS 元素分析（质量分数）　单位：%

样品	C	O	Al	Si	Ti
膜分布器	31.98	45.69	15.19	6.65	0.49
膜分离器	11.65	57.10	31.00	0.25	0

2. 陶瓷膜的再生

由于该反应体系中膜分布和膜分离所用的陶瓷膜的污染不严重，陶瓷膜管先采用去离子水进行冲洗，再经过 60℃下 1g/L 氢氧化钠水溶液清洗 2h。膜管清洗效果的重复性如图 5-36 所示，膜管在多次使用污染并清洗后，膜的纯水通量基本上可

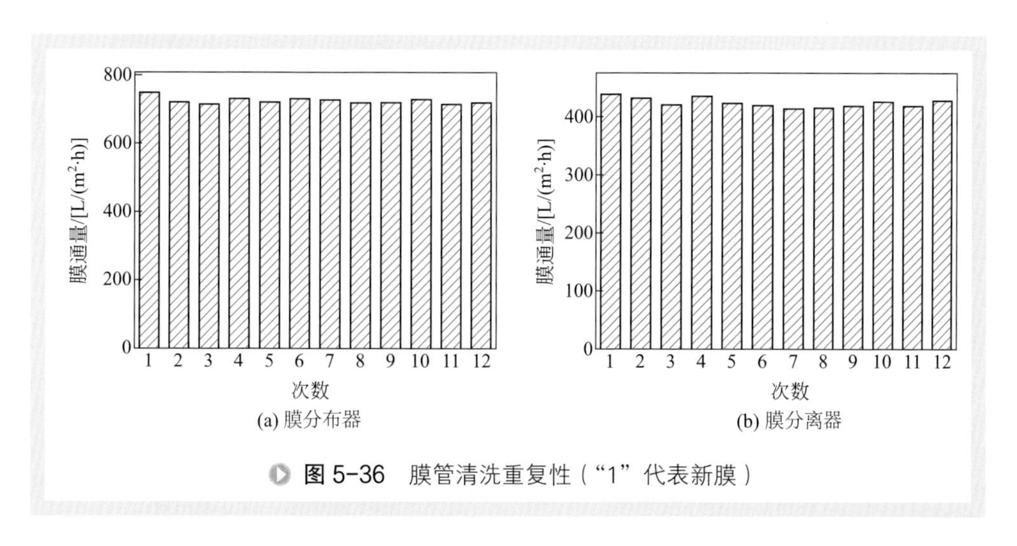

图 5-36 膜管清洗重复性（“1”代表新膜）

恢复到新膜的 95% 以上，可见该清洗方法恢复性较高，且重复性好。说明所用的清洗方法是可行的。

（二）催化剂

1. 反应前后催化剂的表征

图 5-37 是新鲜 TS-1 催化剂和反应 30h 后的 TS-1 催化剂 XRD 衍射图谱。与新鲜催化剂相比，反应后催化剂在 7.8°、8.8°、23.1°、23.8°、24.4°等位置均出现较强的特征衍射峰，显示出典型的 MFI 拓扑结构。峰形尖锐、峰强度高，说明分子筛骨架结构完整性好、结晶成型好。表明 TS-1 分子筛催化剂的 MFI 结构及结晶度在 30h 的苯酚羟基化反应中没有明显变化。

图 5-38 是新鲜 TS-1 催化剂和反应 30h 后的 TS-1 催化剂 UV-Vis 光谱图。反应前后 TS-1 分子筛在 210nm 和 330nm 处都出现特征峰。钛硅分子筛骨架钛的特征峰在 210nm 处，峰强度越大，说明分子筛骨架钛完整性越好，催化性能越好[25]。波长 330nm 附近出现的特征峰属于非骨架钛 TiO_2（锐钛矿型）[26]。使用 30h 后的 TS-1 催化剂骨架钛的特征峰与新鲜 TS-1 催化剂对比无明显变化，说明该 TS-1 催化剂的骨架钛在苯酚羟基化反应过程中没有流失。

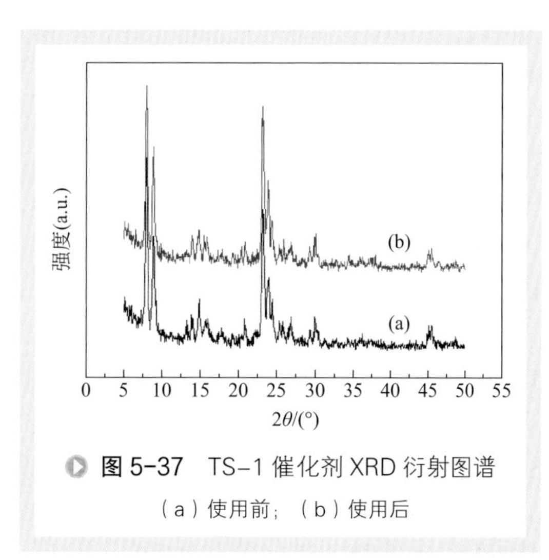

图 5-37 TS-1 催化剂 XRD 衍射图谱
（a）使用前；（b）使用后

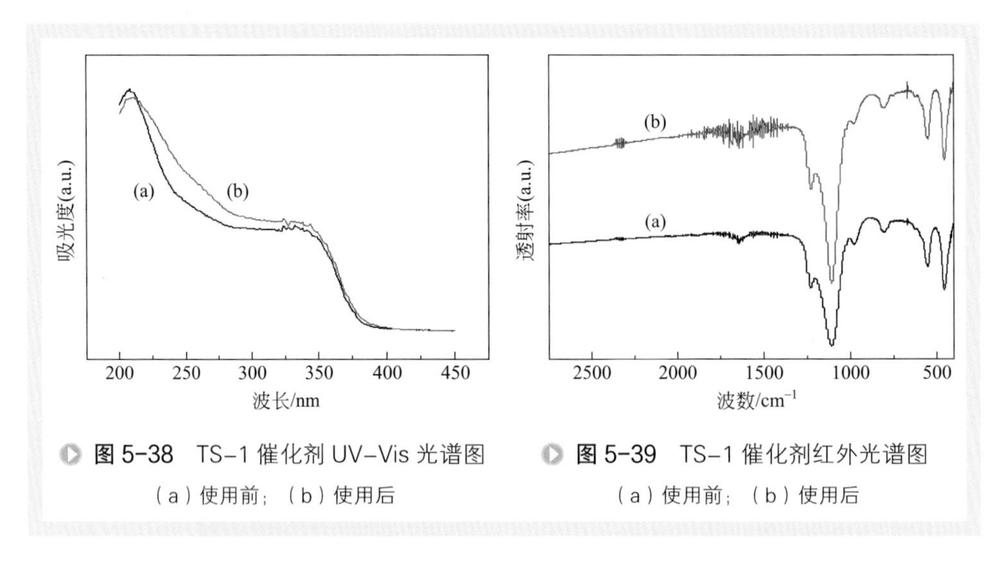

图 5-38 TS-1 催化剂 UV-Vis 光谱图
（a）使用前；（b）使用后

图 5-39 TS-1 催化剂红外光谱图
（a）使用前；（b）使用后

图 5-39 是新鲜 TS-1 催化剂和反应 30h 后的 TS-1 催化剂 FT-IR 图谱。反应前后的催化剂在 $450cm^{-1}$、$550cm^{-1}$、$800cm^{-1}$、$960cm^{-1}$、$1100cm^{-1}$ 和 $1230cm^{-1}$ 处均出现 6 个明显的振动峰。一般认为 $960cm^{-1}$ 处的吸收峰是钛元素进入分子筛骨架后与相邻的 Si—O 键形成 Si—O—Ti 键后伸缩振动的结果[27,28]。峰强度越大，说明分子筛中钛活性部位越完整，催化性能越好。使用 30h 后的 TS-1 催化剂的 FT-IR 图谱中 $960cm^{-1}$ 处的峰强度与新鲜 TS-1 催化剂相比变化不明显，也就是说骨架钛含量没有降低，这与 UV-Vis 的表征结果是一致的。

表 5-12 为新鲜 TS-1 催化剂和反应 30h 后的 TS-1 催化剂比表面积和孔体积表征数据。使用后 TS-1 分子筛的比表面积和孔体积明显小于新鲜的 TS-1 分子筛，使用后总比表面积（S_{total}）和总孔体积（V_{total}）分别下降 8.2% 和 6.1%，微孔比表面积（S_{micro}）和微孔体积（V_{micro}）分别下降 10.4% 和 9.1%。这说明 TS-1 分子筛催化剂的孔道被堵，且微孔比大孔更容易被堵。

表 5-12 使用前后 TS-1 催化剂的比表面积和孔体积

样品	S_{total}/（m^2/g）	S_{micro}/（m^2/g）	V_{total}/（cm^3/g）	V_{micro}/（cm^3/g）
新 TS-1	407.7	234.1	0.33	0.11
使用后 TS-1	374.3	209.7	0.31	0.10

为了证明有有机物吸附于孔道中，分别对新鲜 TS-1 催化剂和反应 30h 后的 TS-1 催化剂进行了 TG 表征，表征结果如图 5-40 所示。新鲜的 TS-1 随温度的升高质量几乎不变；而使用后的 TS-1 分子筛随温度的升高质量逐渐下降，当温度升至 800℃时，总失重达到 10%，主要是吸附在催化剂中的有机物发生热分解，也就是说反应后确实有有机物吸附在催化剂孔道中。在苯酚羟基化反应过程中形成的焦油类副产物会在 TS-1 催化剂表面结垢导致催化剂的失活。

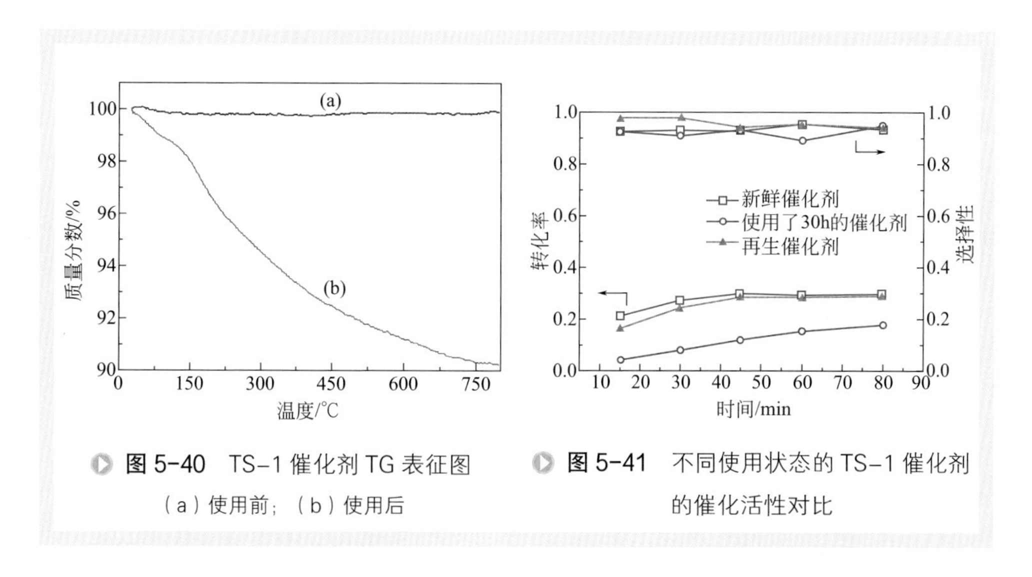

图 5-40 TS-1 催化剂 TG 表征图

（a）使用前；（b）使用后

图 5-41 不同使用状态的 TS-1 催化剂的催化活性对比

2. 反应前后催化剂的再生

对使用了 30h 的催化剂进行再生，经 500℃煅烧 2h 后又恢复新鲜催化剂粒子的白色。并将再生后的催化剂与新催化剂以及使用了 30h 的催化剂的催化活性进行了对比，结果见图 5-41。当催化剂使用 30h 后，转化率从 29.9% 下降到 18%。再生后的催化剂的催化活性可基本恢复到新鲜催化剂的水平。

第五节 陶瓷膜反应器在苯酚羟基化反应中的工业应用

陶瓷膜反应器技术已成功应用于万吨级的苯二酚生产过程中，建成了每年万吨级的苯二酚生产装置[29]。

一、工艺流程

陶瓷膜系统工艺流程见图 5-42。陶瓷膜系统主要包括主体分离系统、反冲系统、排渣系统以及清洗系统四个部分。主体分离系统主要包括陶瓷膜及组件、循环泵等，采用苯酚羟基化制得的苯二酚生产料液经过陶瓷膜系统，循环泵提供膜面流速及压力，通过陶瓷膜达到分离的目的，溶液中的催化剂被截留并进行浓缩后回反应罐继续反应，渗透液则直接去产品罐。反冲系统主要包括反冲罐、反冲阀门等，物料在进行分离的过程中，膜表面会不断被污染，若不及时处理，污染会不断累积而导致膜的通量逐渐下降，而反冲系统的自动运行可以使膜在运行的过程中实现在

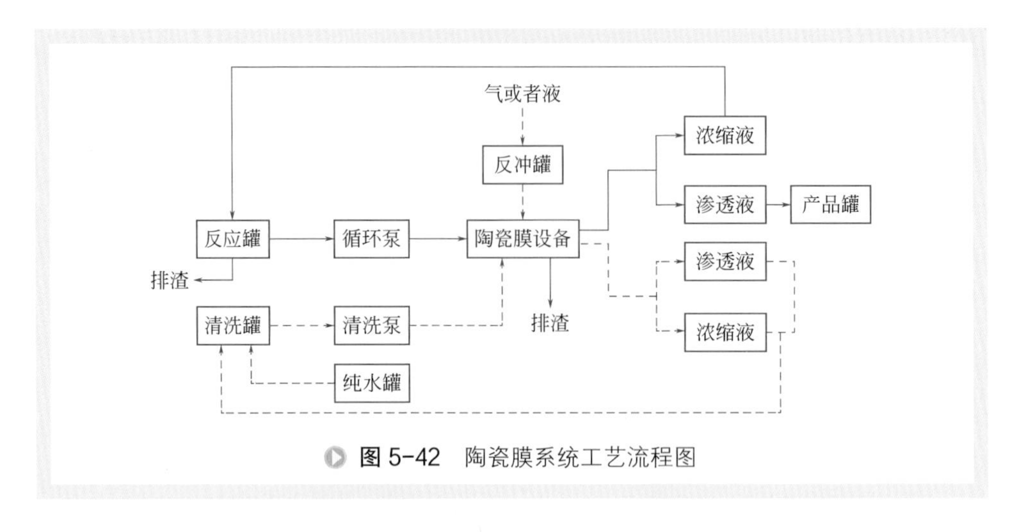

图 5-42 陶瓷膜系统工艺流程图

线瞬时反向冲洗，将膜表面的污染降低，从而可以保证膜的通量基本维持在恒定的水平。排渣系统包括各种排渣阀、管道等，当物料分离结束后，物料必须及时从系统中排出；在清洗过程中，排渣系统自动运行。清洗系统主要是为了避免循环过程中膜污染的累积加剧迫使系统停工而设置的，物料在分离的过程中，膜表面虽然在反冲系统的保护下污染不会很严重，但还是有一定的污染，必须在适当时间用清洗液进行清洗。

二、运行稳定性

该 10000t/a 的苯二酚生产装置一次性投产成功，生产线装置照片如图 5-43 所示。

图 5-43 万吨级陶瓷膜反应器生产苯二酚装置照片

主要运行结果见图 5-44 和图 5-45。在运行周期内，苯酚一次转化率约为 15%，苯二酚选择性大于 92%，膜通量约为 240L/（$m^2 \cdot h$），另外渗透液中催化剂含量小于 1×10^{-6}，已经连续运行 3 年以上，说明建成的用于苯二酚生产的膜反应成套装置运行稳定。

与间歇工艺相比，陶瓷膜反应器连续化生产苯二酚新工艺使生产能力提高了 5 倍（见表 5-13），同时新技术的引入使废水排放由 23t/t 产品降到 8t/t 产品，能耗从 28t 标煤 /t 产品降到 17t 标煤 /t 产品，有力提升了产品的市场竞争力。

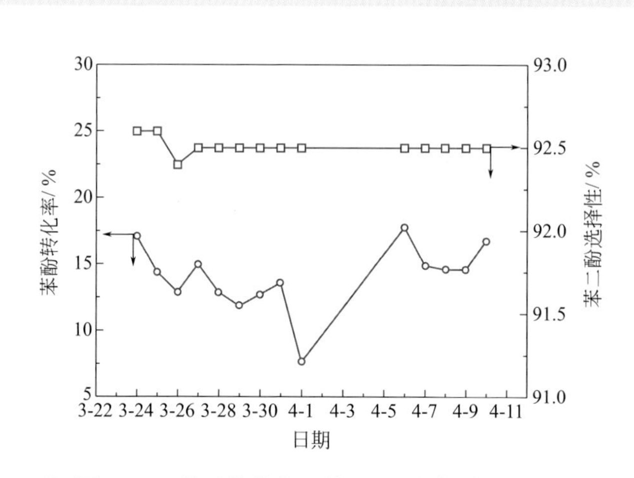

图 5-44　苯酚转化率、苯二酚选择性随时间的变化

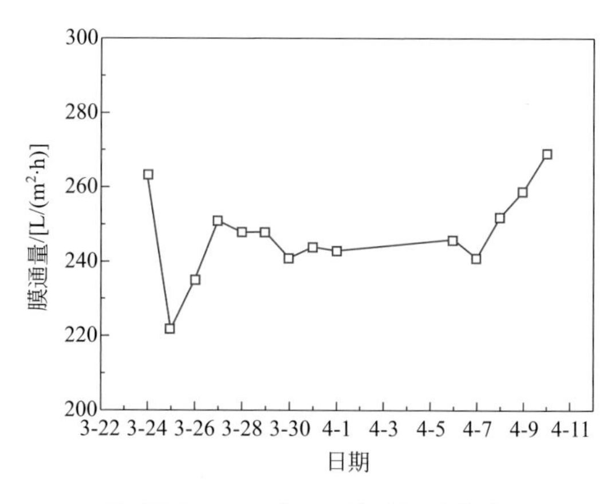

图 5-45　膜通量随时间的变化

表 5-13 苯二酚生产的间歇与连续生产工艺比较

工艺	产品质量（TS-1）$/10^{-6}$	生产能力 /（t/a）	废水排放 /（t/t 产品）	能耗 /（t 标煤 /t 产品）
间歇操作（原工艺）	10000 ～ 20000	2000	23	28
连续操作	<1	10000	8	17

第六节 结语

将膜反应器引入到羟基化反应过程中，实现反应分离一体化，具有明显的流程短、便利、安全可靠、节能减排等优点。但不同反应体系（如烯烃水合、环氧化合物水解、氯苯水解等羟基化反应）与不同类型陶瓷膜反应器存在最优的组合和匹配关系，尤其是膜反应器放大设计的规律尚需进一步研究，其工程化的应用也需进一步推广。适合于羟基化反应的高效催化剂以及无机膜材料、膜反应器的构型及膜污染控制方法等仍然是研究的重点。

参考文献

[1] 姜红，卢长娟，陈日志，等．邻苯二酚和对苯二酚合成技术进展 [J]. 现代化工，2009, 29(4): 31-36.

[2] Jiang X L, She F, Jiang H, et al. Continuous phenol hydroxylation over ultrafine TS-1 in a side-stream ceramic membrane reactor [J]. Korean J Chem Eng, 2013, 30(4): 852-859.

[3] Jiang H, Jiang X L, She F, et al. Insights into membrane fouling of a side-stream ceramic membrane reactor for phenol hydroxylation over ultrafine TS-1 [J]. Chem Eng J, 2014, 239: 373-380.

[4] Li W X, Xing W H, Xu N P. Modeling of relationship between water permeability and microstructure parameters of ceramic membranes [J]. Desalination, 2006, 192: 340-345.

[5] 李卫星，赵宜江，刘飞，等．面向过程的陶瓷膜材料设计理论与方法（Ⅱ）颗粒体系微滤过程中膜结构参数影响预测 [J]. 化工学报，2003, 54(9): 1290-1294.

[6] Chen R Z, Du Y, Wang Q Q, et al. Effect of catalyst morphology on the performance of submerged nanocatalysis/membrane filtration system [J]. Ind Eng Chem Res, 2009, 48: 6600-6607.

[7] Liu H, Lu G, Guo Y, et al. Deactivation and regeneration of TS-1/diatomite catalyst for

hydroxylation of phenol in fixed-bed reactor [J]. Chem Eng J, 2005, 108: 187-192.

[8] Callanan L H, Burton R M, Mullineux J, et al. Effect of semi-batch reactor configuration on aromatic hydroxylation reactions [J]. Chem Eng J, 2012, 180: 255-262.

[9] Chen R Z, Jiang H, Jin W Q, et al. Model study on a submerged catalysis/membrane filtration system for phenol hydroxylation catalyzed by TS-1 [J]. Chin J Chem Eng, 2009, 17: 648-653.

[10] Lu C J, Chen R Z, Xing W H, et al. A submerged membrane reactor for continuous phenol hydroxylation over TS-1 [J]. AIChE J, 2008, 54: 1842-1849.

[11] Li S, Li G L, Li G Y, et al. Microporous carbon molecular sieve as a novel catalyst for the hydroxylation of phenol [J]. Micropor Mesopor Mater, 2011, 143: 22-29.

[12] Zhong Z X, Xing W H, Liu X, et al. Fouling and regereration of ceramic membranes used in recovering titanium silicalite-1 catalysts [J]. J Membr Sci, 2007, 301: 67-75.

[13] Liu H, Lu G Z, Guo Y L, et al. Chemical kinetics of hydroxylation of phenol catalyzed by TS-1/diatomite in fixed-bed reactor [J]. Chem Eng J, 2006, 116: 179-186.

[14] Zinola C F, Rodríguez J L, Carmen Arévalo M, et al. FTIR studies of tyrosine oxidation at polycrystalline Pt and Pt(111)electrodes [J]. J Electroanal Chem, 2005, 585: 230-239.

[15] Han Y S, Zeng H S, Guan N J. Thermal and hydrothermal stability of monolithic TS-1/cordierite catalyst [J]. Catal Commun, 2002, 3: 221-225.

[16] Zhuang Z, Yang L B, Jiang X, et al. A facile method for the fabrication of boriented TS-1 film on the surface of glass modified by TS-1 precursor solution [J]. Mater Lett, 2013, 107: 175-177.

[17] Chen R Z, Zhang L X, Xu N P. Effect of rotary tangential flow on the membrane filtration performance of submerged membrane filters [J]. Membr Sci Technol, 2006, 26: 3-6.

[18] Wang D Y, Liu Z Q, Liu F Q, et al. Fe_2O_3/macroporous resin nanocomposites: some novel highly efficient catalysts for hydroxylation of phenol with H_2O_2 [J]. Appl Catal A-Gen, 1998, 174: 25-32.

[19] Chiang W D, Shih C J, Chu Y H. Functional properties of soy protein hydrolysate produced from a continuous membrane reactor system [J]. Food Chem, 1999, 65: 189-194.

[20] Liu H, Lu G, Guo Y, et al. Synthesis of TS-1 using amorphous SiO_2 and its catalytic properties for hydroxylation of phenol in fixed-bed reactor [J]. Appl Catal A-Gen, 2005, 293: 153-161.

[21] Lu Y P, Dixon A G, Moser W R, et al. Analysis and optimization of cross-flow reactors with distributed reactant feed and product removal [J]. Catal Today, 1997, 35: 443-450.

[22] Jiang H, Meng L, Chen R Z, et al. A novel dual-membrane reactor for continuous heterogeneous oxidation catalysis [J]. Ind Eng Chem Res, 2011, 50: 10458-10464.

[23] Meng L, Guo H Z, Dong Z Y, et al. Ceramic hollow fiber membrane distributor for heterogeneous catalysis: Effects of membrane structure and operating conditions [J]. Chem

Eng J, 2013, 223: 356-363.

[24] Zhang G Y, Long J L, Wang X X, et al. Catalytic role of Cu sites of Cu/MCM-41 in phenol hydroxylation [J]. Langmuir, 2010, 26: 1362-1371.

[25] Perego C, Carati A, Ingallina P, et al. Production of titanium containing molecular sieves and their application in catalysis [J]. Appl Catal A-Gen, 2001, 221: 63-72.

[26] Qi Y Y, Ye C B, Zhuang Z, et al. Preparation and evalution of titanium silicalite-1 utilizing pretreated titanium dioxide as a titanium source [J]. Micro Meso Mater, 2011, 142: 661-665.

[27] Taramasso M, Perego G, Notari B. Preparation of porous crystalline synthetic material comprised of titanium oxides [P]. US 4410501. 1983-10-18.

[28] Vayssilov G N. Structural and physicochemical features of titanium silicalites [J]. Catal Rev, 1997, 39: 209-251.

[29] 邢卫红 , 顾学红 , 等 . 高性能膜材料与膜技术 [M]. 北京 : 化学工业出版社 , 2017.

第六章

陶瓷膜反应器在氨肟化反应中的应用

第一节 引言

氨肟化反应是指酮类化合物与氨、双氧水等作用，反应生成含有 C═N—OH 基化合物的反应。环己酮肟、丁酮肟、丙酮肟等肟类化合物均可由氨肟化反应生产。羟胺法生产肟，主要是先通过羟胺盐和酮进行肟化反应，再经氨水中和、分离制得肟，该工艺存在操作过程复杂、能耗高、“三废”多、污染严重等问题。钛硅分子筛（TS-1）的成功开发，使得酮、氨和 H_2O_2 一步反应合成肟类成为现实，此类液相氨肟化过程具有工艺简单、条件温和、反应转化率和选择性高、环境友好等优点[1]。

在以 TS-1 为催化剂生产肟的过程中，由于催化剂的颗粒细小，产品与催化剂无法有效分离，成为其工程化的关键问题之一。此外，为了保证氨肟化反应的高效运行，需要以大量的叔丁醇为溶剂在全液相条件下进行，而叔丁醇需要经多次蒸馏及萃取过程等才能将其与肟分离，物耗、能耗大，分离工艺流程复杂。陶瓷膜本身具有纳微多孔结构，将膜的多孔特性和选择筛分性能应用于肟化反应过程中，通过陶瓷膜分散反应物，或者截留钛硅分子筛，组成膜集成新工艺，不仅可有效地强化相间传质，减少有机溶剂的使用，提高反应的效果，还可以解决催化剂的循环利用问题，缩短工艺流程，提高过程的连续性[2,3]。

本章主要介绍陶瓷膜反应器在丙酮肟、丁酮肟、环己酮肟等反应中的应用研究，考察陶瓷膜分散反应物及分离钛硅分子筛催化剂的性能，评价催化剂的稳定性与膜运行稳定性；介绍外置式陶瓷膜反应器用于环己酮肟生产过程中成套装置的建设与运行情况。

第二节　一体式膜反应器在丙酮氨肟化反应中的应用

TS-1液相催化丙酮氨肟化反应是一种环境友好的绿色生产工艺，具有反应过程短、设备投资省、几乎无环境危害的特点。它以叔丁醇为反应溶剂，将25%氨水和30%过氧化氢在TS-1催化作用下与丙酮反应生成丙酮肟，其主要产物是丙酮肟和水，副产物是少量硝酸盐、亚硝酸盐与未知结构的有机副产物[4]。

前面章节已介绍了多种陶瓷膜反应器，如外置式膜反应器、浸没式膜反应器等。本节介绍一种新型膜反应器，以膜管内部空腔为反应场所构建的一体式膜反应器，丙酮氨肟化反应在膜内腔中进行，考察了反应-分离的匹配关系，并进行TS-1催化丙酮氨肟化连续反应评价。

一、一体式膜反应器系统的操作方法

通过比较外置式膜反应器和浸没式膜反应器的结构，考虑将无机膜管本身作为反应器，即将膜管的内部空间作为反应空间，则催化剂只可能吸附在膜管的内壁，从而可以减少因TS-1催化剂在反应过程中的吸附损失而引起的反应性能下降，操作稳定性也可能增加；膜管同时兼任分离器的作用，可实现TS-1催化剂的原位分离，反应过程连续进行，构建的用于TS-1催化丙酮氨肟化反应的一体式膜反应器装置如图6-1所示，其中采用平均孔径约为100nm的单管式TiO_2/不锈钢复合膜做反应器，膜管的外径22mm、内径18mm，膜面积58cm^2，外面用不锈钢夹套密封，

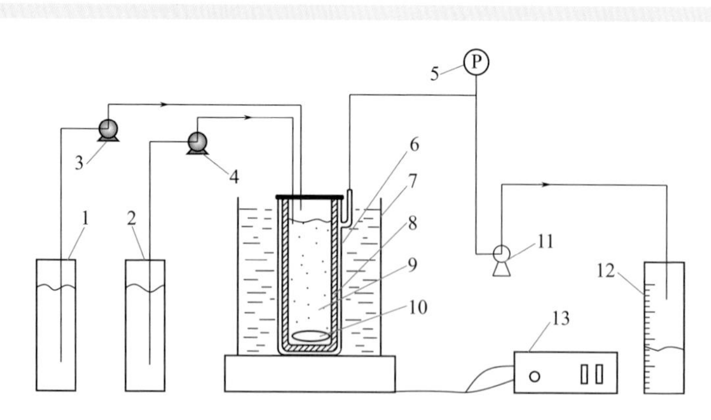

图6-1　一体式膜反应器装置示意图

1—H_2O_2、丙酮和叔丁醇混合溶液储罐；2—氨水储罐；3，4—进料泵；5—真空压力表；6—不锈钢夹套；7—恒温水浴；8—膜组件；9—反应器；10—磁力搅拌子；11—出料泵；12—反应混合物储罐；13—温度控制器

环隙体积为21mL，与液体出口阀相连，三台蠕动泵分别控制氨水、丙酮、过氧化氢、叔丁醇混合溶液的进料以及反应混合物的输出。反应温度由恒温水浴控制。膜分离的操作压力由真空压力表显示。

二、TS-1催化丙酮氨肟化制丙酮肟

1. 丙酮氨肟化反应过程

TS-1 催化丙酮氨肟化反应是以 TS-1 为催化剂，丙酮为反应原料，氨、过氧化氢为氨肟化试剂制备丙酮肟，其主反应方程式如式（6-1）所示。

$$CH_3\overset{\overset{\displaystyle O}{\|}}{C}CH_3+NH_3+H_2O_2 \xrightarrow{\text{TS-1}} CH_3\overset{\overset{\displaystyle NOH}{\|}}{C}CH_3+2H_2O \tag{6-1}$$

选用直接连续反应的操作方式来考察一体式膜反应器中的反应转化率、选择性和膜过滤阻力。过程如下：先在膜反应器内加入定量的 TS-1 催化剂、丙酮和溶剂叔丁醇，保证丙酮的初始浓度与进料混合物中的丙酮浓度相同，等反应温度升高到设定值时，启动进料泵向膜反应器中加入反应原料丙酮、过氧化氢、氨和溶剂叔丁醇，同时启动出料泵从膜反应器中抽出反应产物，要确保液相进料与出料的流量相同。每组连续氨肟化反应操作至少 8h，直到反应的转化率或选择性稳定为止。反应结束后，膜元件经清洗以待下一组实验使用。

采用高效液相色谱仪（Agilent 1100，美国）对丙酮、过氧化氢和丙酮肟进行表征分析，用外标法进行定量分析。高效液相色谱检测条件：色谱柱为 ZORBOX Eclipse XDB-C_{18} 4.6mm×250mm，5μm；检测器为二极管阵列检测器（DAD）。通过测试比较各种分析条件下三种物质的分离度，确定了高效液相色谱仪的基本分析条件：流动相为甲醇-水［25∶75（体积比）］，检测波长为260nm，流动相流速为1mL/min，进样量为5μL，柱温35℃，所得分离谱图如图6-2所示。根据计算相邻两峰的保留时间之差与平均峰宽的比值所得的分离度（也可称为分辨率）均远大于1.5，可认为三种物质在色谱柱中已经完全分离。由此可见，此分析方法可用于丙酮、过氧化氢和丙酮肟三种物质的检测。配制不同浓度的丙酮、过氧化氢和丙

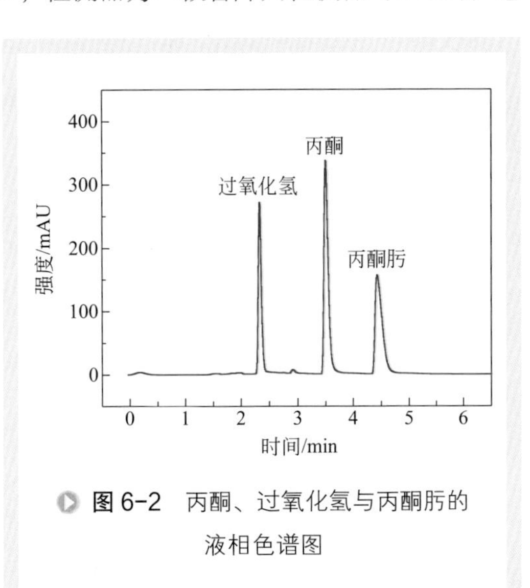

图 6-2　丙酮、过氧化氢与丙酮肟的液相色谱图

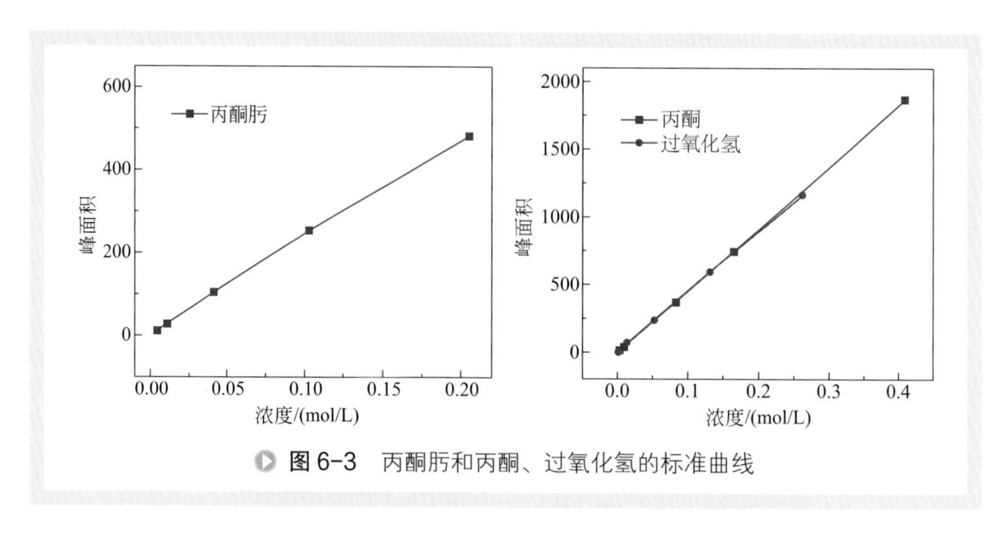

图 6-3　丙酮肟和丙酮、过氧化氢的标准曲线

酮肟溶液，在上述分析条件下进行液相色谱分析，分别以三种物质的摩尔浓度对峰面积作图，所得的标准曲线如图 6-3 所示，由此得到的相应物质的标准曲线方程如表 6-1 所示，由回归系数可知丙酮、过氧化氢和丙酮肟的标准曲线的相关性良好。

表 6-1　丙酮、过氧化氢和丙酮肟的标准曲线方程

物料	标准曲线方程	回归系数 R^2
丙酮	y=4496.3x+3.0143	0.9999
过氧化氢	y=4407.7x+11.846	0.9999
丙酮肟	y=2339.8x+5.1224	0.9994

注：其中 x—反应物料的浓度，mol/L；y—液相色谱的峰面积，mAU · s。

当反应达到稳定状态后，酮的转化率和肟的选择性可分别用式（6-2）和式（6-3）求得。

$$X=\frac{c_{酮(in)}-c_{酮(out)}}{c_{酮(in)}} \tag{6-2}$$

$$S=\frac{c_{A0}}{c_{酮(in)}-c_{酮(out)}} \tag{6-3}$$

式中　X——酮的转化率；

S——肟的选择性；

$c_{酮(in)}$——进料中酮的浓度，mol/L；

$c_{酮(out)}$——出料中酮的浓度，mol/L；

c_{A0}——出料中肟的浓度，mol/L。

膜过滤阻力按照式（5-3）计算获得。

对于连续反应过程，其生产能力用式（6-4）定义：

$$P_1 = \frac{Ft_3 c_{A0}}{t_1 + t_2 + t_3} \tag{6-4}$$

式中 P_1——生产能力，mol/min；

F——总的进料流量，L/min；

t_1——预处理时间，min；

t_2——预加热时间，min；

t_3——连续反应时间，min。

对于间歇反应过程，反应体积与连续过程相等，其生产能力计算公式为：

$$P_{batch} = \frac{Vc'_{A0}}{t_1 + t_2 + t_3 + t_4} \tag{6-5}$$

式中 P_{batch}——生产能力，mol/min；

V——反应体积，L；

c'_{A0}——间歇反应后反应器中丙酮肟的浓度，mol/L；

t_4——后处理时间，min。

2. TS-1催化丙酮氨肟化反应机理

先假设TS-1催化丙酮氨肟化反应遵循环已酮氨肟化的反应机理，设计了一系列实验并证明反应机理。通过HPLC、GC-MS和离子色谱等手段来表征反应产物并建立TS-1催化丙酮氨肟化反应路径[5]，得到了如图6-4所示的TS-1液相催化丙酮氨肟化总反应途径。主反应遵循的是羟胺机理路线，同时还存在着几个副反应：TS-1催化作用下过氧化氢和丙酮肟反应生成丙酮、亚硝酸盐和硝酸盐；无TS-1的情况下过氧化氢氧化羟胺生成亚硝酸盐和硝酸盐；过氧化氢分解为氧和水的反应。

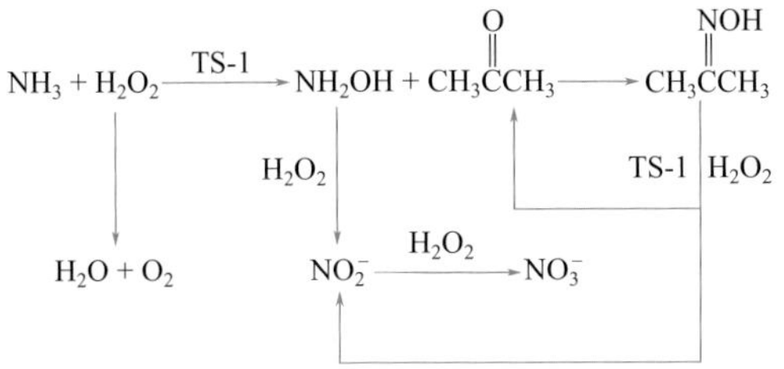

图6-4 TS-1液相催化丙酮氨肟化总反应途径

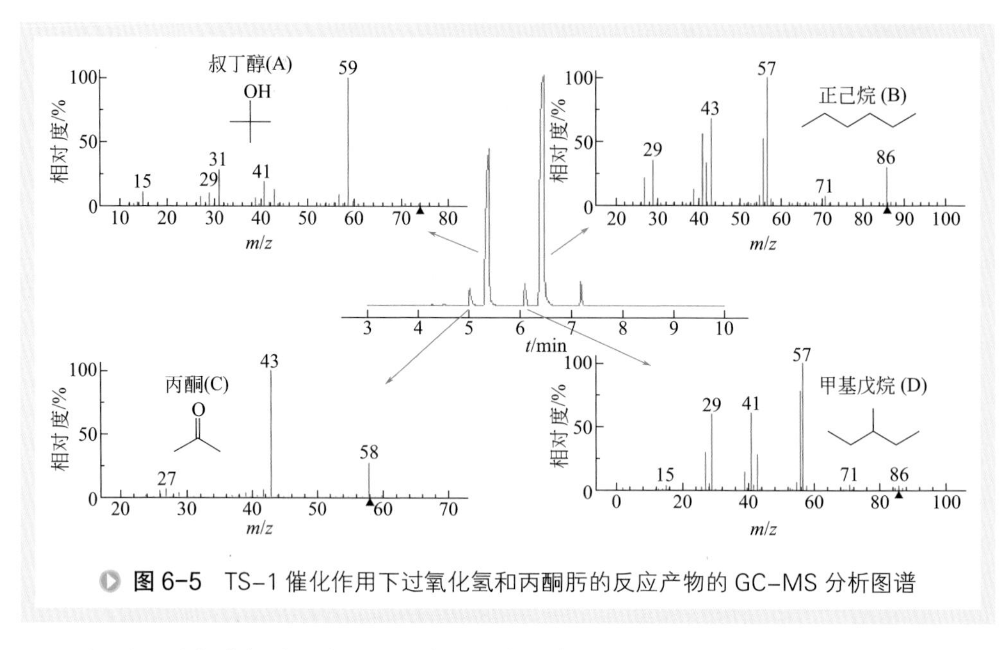

图 6-5　TS-1 催化作用下过氧化氢和丙酮肟的反应产物的 GC-MS 分析图谱

气质联用仪分析结果如图 6-5 所示，将分析后得到的质谱图与标准图谱库中标准物质的质谱图进行对比，证实有如下 4 种物质：叔丁醇（A）、正己烷（B）、丙酮（C）和 3- 甲基戊烷（D），其中 A 是反应溶剂，B 和 D 是萃取剂，C 是过氧化氢与丙酮肟的反应产物。这说明在 TS-1 催化作用下，过氧化氢会与产物丙酮肟发生连串副反应，且生成了反应原料丙酮，这就意味着 TS-1 催化丙酮氨肟化反应中丙酮反应转化率不会达到 100%。

3. TS-1 催化丙酮氨肟化合成丙酮肟的本征动力学

在 TS-1 催化作用下，丙酮氨肟化反应初始反应速率随反应物浓度的增加而加快，随温度的升高而增加。借助幂函数方程建立了反应动力学模型，采用初速率速率法测定反应动力学参数，最终得到 TS-1 催化丙酮氨肟化合成丙酮肟的本征动力学方程[6]，如式（6-6）所示，为 TS-1 催化 - 膜分离耦合制备丙酮肟提供基础数据。

$$r_{\mathrm{A}} = 5.20\times10^{13}\exp\left(-\frac{101.88\times10^{3}}{RT}\right)c_{\mathrm{A}}^{0.87}c_{\mathrm{B}}^{0.05}c_{\mathrm{C}}^{1.0} \tag{6-6}$$

式中　R——气体常数，J/（mol·K）;

T——反应温度，K；

c_{A}——丙酮的浓度，mol/L；

c_{B}——过氧化氢的浓度，mol/L；

c_{C}——氨水的浓度，mol/L。

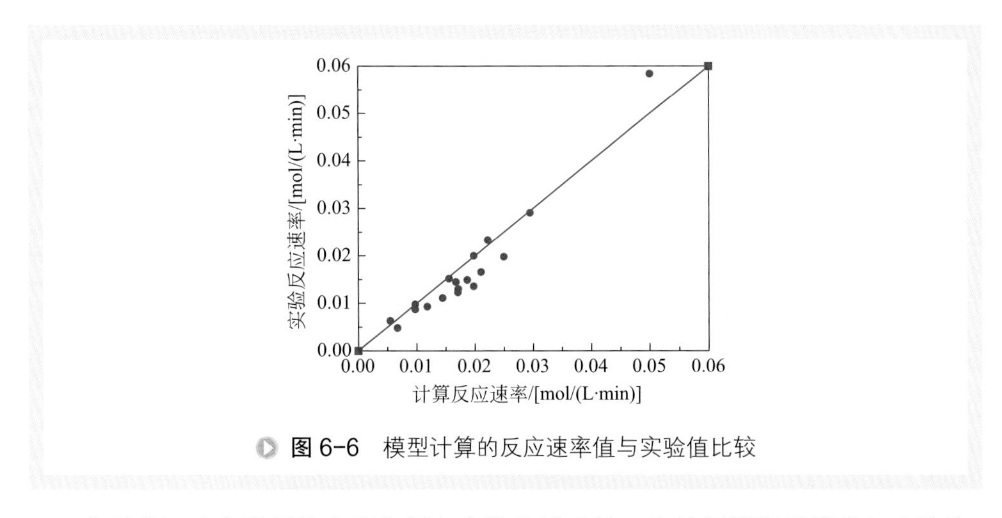

图 6-6 模型计算的反应速率值与实验值比较

为了验证动力学经验方程和回归参数的准确性，比较了模型计算值与实验值，结果如图 6-6 所示。可以看出，模型计算的反应速率值与实验实测值比较吻合，其平均相对误差为 0.17，说明得出的本征动力学方程可以很好地描述 TS-1 分子筛催化丙酮合成丙酮肟的动力学行为。

三、丙酮氨肟化反应－膜分离耦合过程规律

氨肟化首先采用了单因素条件优化方法考察各种操作条件（包括搅拌速率、反应停留时间、反应温度、催化剂浓度、氨与丙酮摩尔比、过氧化氢与丙酮的摩尔比、叔丁醇与丙酮的摩尔比）对丙酮转化率、丙酮肟收率以及过滤阻力的影响，期望获得优化的操作条件，并在此基础上进行一体式膜反应器的稳定性运行研究 [7]。

1. 搅拌速率的影响

在丙酮浓度为 1.12mol/L、过氧化氢浓度为 1.34mol/L、氨浓度为 2.46mol/L、反应停留时间为 2.0h、催化剂浓度为 14.5kg/m^3、反应温度为 65℃等反应条件下，考察搅拌速率从 300 ～ 1400r/min 的变化对反应结果及过滤阻力的影响，结果如图 6-7 所示。搅拌速率对反应转化率、选择性以及过滤阻力都有明显的影响。随着搅拌速率的增加，转化率先迅速上升，然后保持不变，而选择性基本保持不变。众所周知，外扩散对多相催化反应的反应速率有很大的影响，针对此反应过程，搅拌速率大于 700r/min 时外扩散对反应已基本没有影响。膜过滤阻力随着搅拌速率的增加而增加。搅拌对于过滤阻力存在两方面的影响，一方面是搅拌速率的增加会使得催化剂颗粒有更多的机会沉降到膜表面，增加膜的过滤阻力；另一方面是搅拌速率的增加会使得已沉降到膜表面的催化剂颗粒更容易被冲洗下来，导致过滤阻力的下降 [8]，反应过程中前者的作用明显占优。综合考虑搅拌速率对转化率、选择性和过滤阻力的影响，选择搅拌速率为 700r/min。

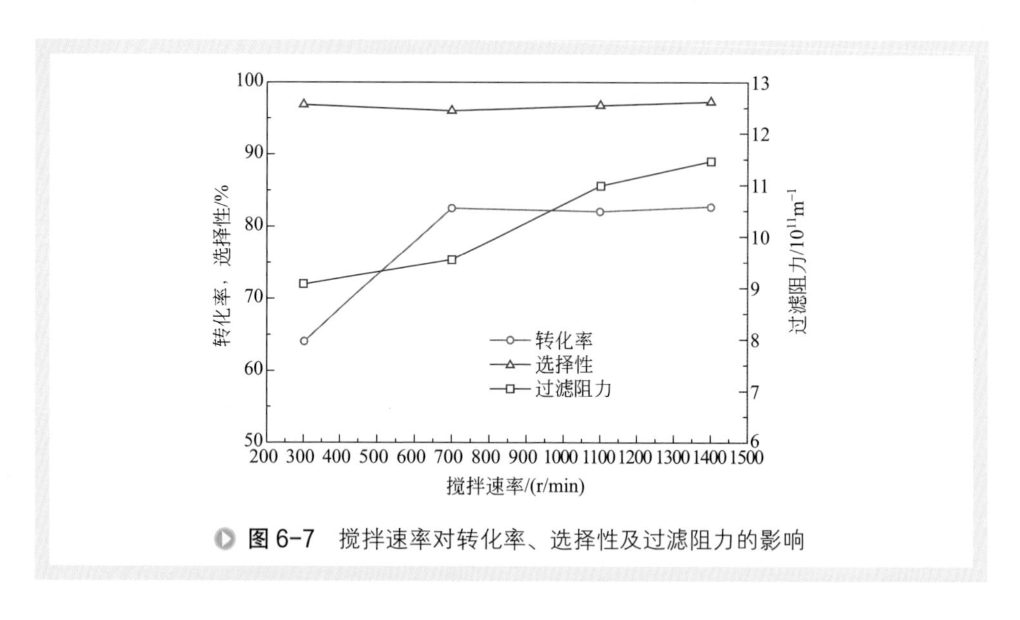

图 6-7 搅拌速率对转化率、选择性及过滤阻力的影响

2. 反应停留时间的影响

在丙酮浓度为 1.12mol/L、过氧化氢浓度为 1.34mol/L、氨浓度为 2.46mol/L、催化剂浓度为 14.5kg/m^3、反应温度为 65℃、搅拌速率为 700r/min 等反应条件下，考察了反应停留时间从 60min 增加到 150min 对反应结果及过滤阻力的影响，结果如图 6-8 所示。停留时间对反应转化率、选择性以及过滤阻力都有明显的影响。随着停留时间的延长，转化率迅速增加，当停留时间达到 90min 时，转化率达到最高，随后基本保持不变；选择性始终保持不变，其原因可能是丙酮肟被膜及时分离出了反应溶液，避免了其被过氧化氢深度氧化为副产物。

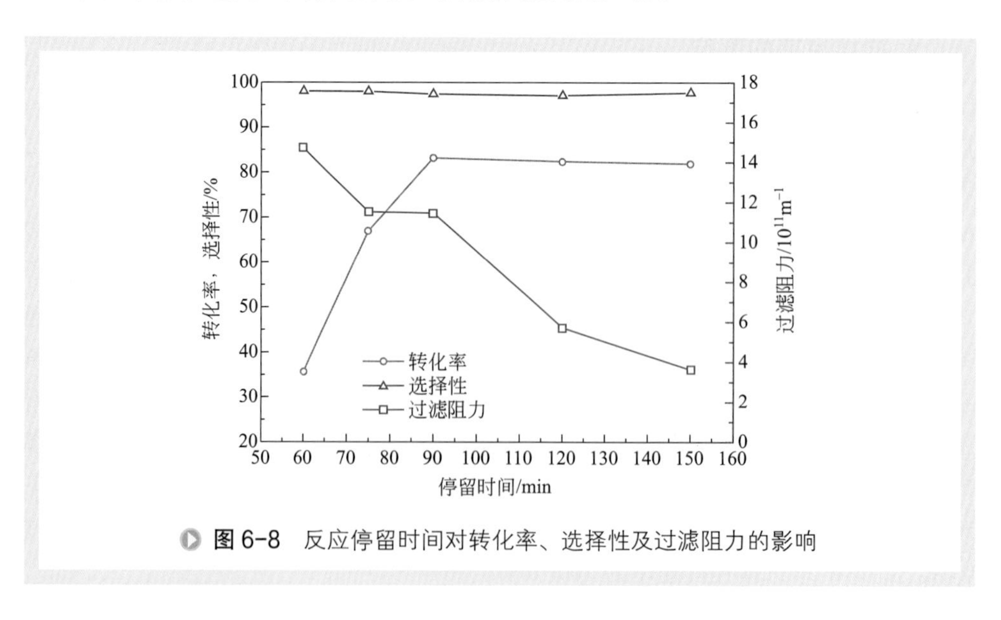

图 6-8 反应停留时间对转化率、选择性及过滤阻力的影响

还可发现，随着反应停留时间从 60min 增加到 150min，过滤阻力随之降低。其原因是停留时间延长，进料和出料的流量要同时变小来保持膜反应器中反应体积不变。进料和出料流速都通过调节蠕动泵的转速来控制。因此进料速率的减小不仅带来反应停留时间的延长，使膜通量降低，还使跨膜压差降低（如表 6-2 所示），导致了滤饼层厚度也变小，过滤阻力也随之减小。考虑到反应转化率和膜过滤阻力随反应停留时间的变化，反应停留时间以 90min（1.5h）为宜。

表 6-2　反应停留时间对膜通量、跨膜压差和过滤阻力的影响

停留时间 /min	J/［L/（m^2·h）］	$\Delta p/10^3$Pa	$R/10^{12}m^{-1}$
60	8.48	4.6	1.469
75	6.81	2.9	1.153
90	5.67	2.4	1.146
120	4.26	0.9	0.572
150	3.36	0.45	0.363

3. 反应温度的影响

在丙酮浓度为 1.12mol/L、过氧化氢浓度为 1.34mol/L、氨浓度为 2.46mol/L、催化剂浓度为 14.5kg/m^3、反应停留时间为 1.5h、搅拌速率为 700r/min 等反应条件下，考察了反应温度对反应结果及过滤阻力的影响，结果如图 6-9 所示。反应温度对反应转化率、选择性以及过滤阻力都有明显的影响。当反应温度从 60℃（333K）变化到 75℃（348K）过程中，丙酮的转化率迅速增加，当反应温度达到 65℃（338K）时，转化率达到最高，随后基本保持不变；选择性则先保持不变，后略有下降。其

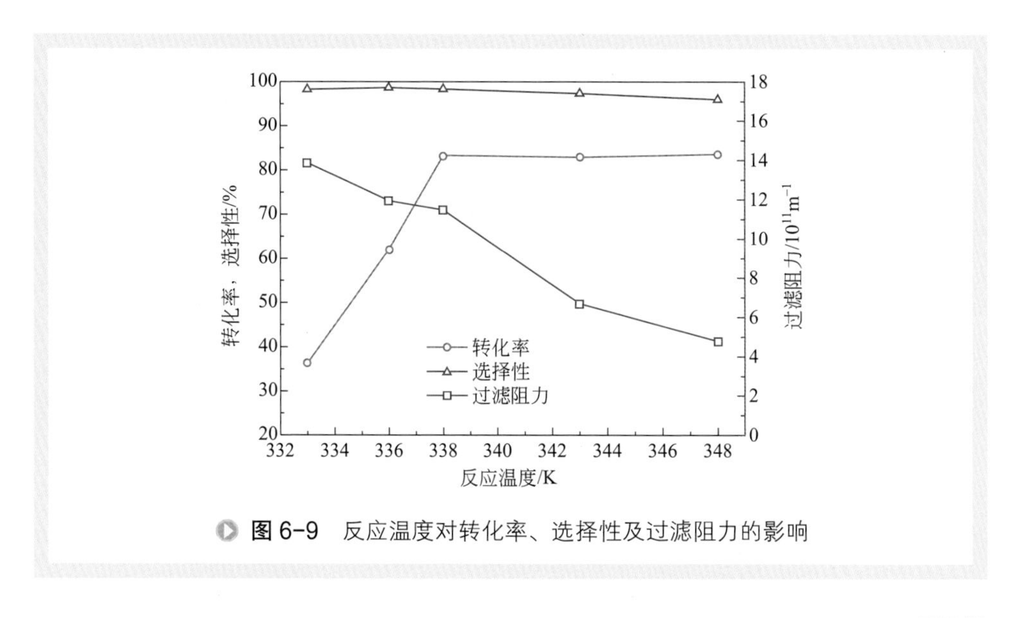

图 6-9　反应温度对转化率、选择性及过滤阻力的影响

原因是反应温度的升高有着几个方面的作用：一是反应温度升高后，导致反应速率升高，转化率增加；二是反应温度增加会加速过氧化氢的分解和氨的挥发，同时副反应的速率也增加，导致不能进一步提高丙酮的转化率，降低丙酮肟的选择性。

随着反应温度的不断升高，膜过滤阻力随之降低。一般而言，随着反应温度的升高，反应液的黏度逐渐降低，而反应过程中要保持膜通量不变，所需要的跨膜压差减小（其结果如表 6-3 所示），导致产生的滤饼层厚度也减小，因而过滤阻力也减小。考虑到转化率、选择性和膜过滤阻力随反应温度的变化，选择反应温度为 65℃。

表 6-3　反应温度对反应液黏度、跨膜压差和膜过滤阻力的影响

温度 /K	$\mu/10^{-3}$Pa • s	$\Delta p/10^{3}$Pa	$R/10^{12}m^{-1}$
333	1.56	2.9	1.385
336	1.40	2.5	1.194
338	1.33	2.4	1.146
343	1.19	1.4	0.669
348	1.13	1.0	0.478

4. 催化剂浓度的影响

对于膜反应器系统中的非均相催化反应，催化剂的用量不但决定反应的速率，也决定了膜过滤滤饼的厚度。因此，在此研究了催化剂浓度对膜反应器中丙酮氨肟化反应的影响。其反应条件为：丙酮浓度为 1.12mol/L、过氧化氢浓度为 1.34mol/L、氨浓度为 2.46mol/L、反应温度 65℃、反应停留时间为 1.5h、搅拌速率为 700r/min，实验结果如图 6-10 所示。随着反应中催化剂浓度的增加，丙酮转

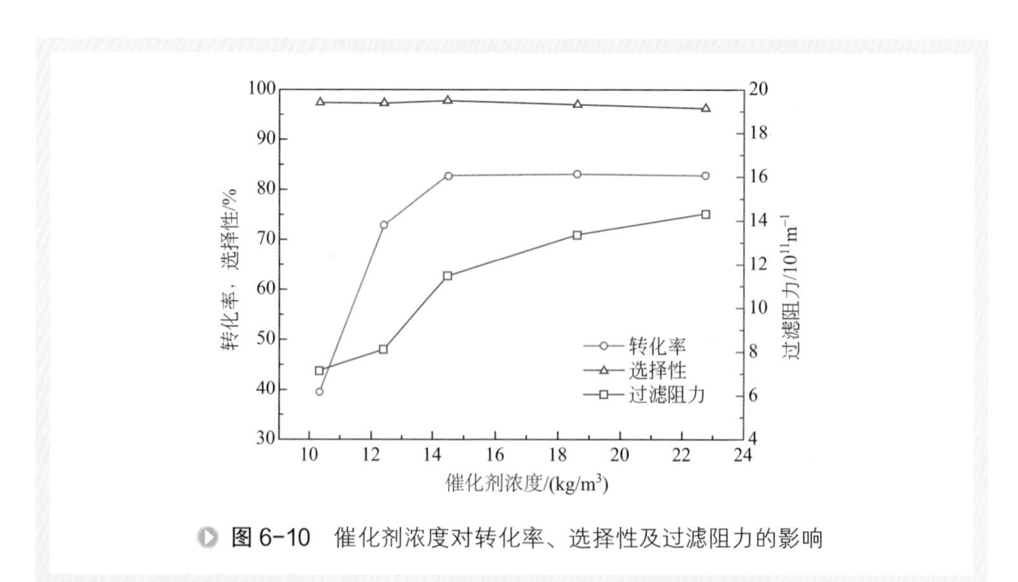

图 6-10　催化剂浓度对转化率、选择性及过滤阻力的影响

化率迅速增加，当催化剂浓度达到 14.5kg/m^3 时，转化率达到最高，随后保持不变。选择性则几乎保持不变。据报道，催化剂在一定浓度范围内对反应速率有显著的影响[9]。因此，随着催化剂浓度的增加，丙酮转化率不断增加直到达到足够的催化剂浓度。

在反应过程中，膜过滤阻力随着催化剂浓度的增加而增加（图 6-10），原因是催化剂在膜表面的沉积现象随催化剂浓度的增加也越来越显著。综合考虑转化率、选择性和膜过滤阻力随催化剂用量的变化，选择催化剂浓度为 14.5kg/m^3。

5. 氨与丙酮摩尔比的影响

在丙酮浓度为 1.12mol/L、过氧化氢浓度为 1.34mol/L、反应温度 65℃、反应停留时间为 1.5h、催化剂浓度为 14.5kg/m^3、搅拌速率为 700r/min 的条件下，改变进料中氨与丙酮的摩尔比，考察其对反应的影响，结果如图 6-11 所示。随着进料中氨酮摩尔比的增加，丙酮转化率也逐渐增加，当氨酮比达到 2.2 时，丙酮的转化率达到最大，继续增加氨酮比，转化率反而下降，选择性和过滤阻力几乎保持不变。据报道氨过量是提高肟收率的必要条件[10,11]，同时随着氨浓度的增加，反应液的 pH 值同时增加，会加速过氧化氢的分解，因此，按照 TS-1 催化酮氨肟化反应的机理，生成的羟胺会减少，丙酮的转化率会降低。故对于此反应过程，选择氨酮比为 2.2。

6. 过氧化氢与丙酮摩尔比的影响

在丙酮浓度为 1.12mol/L、氨浓度为 2.46mol/L、反应温度 65℃、反应停留时间为 1.5h、催化剂浓度为 14.5kg/m^3、搅拌速率为 700r/min 的条件下，改变进料中过氧化氢与丙酮的摩尔比，考察其对反应的影响，结果如图 6-12 所示。随着进料中氧酮摩尔比的增加，丙酮转化率先增加后下降，同时选择性稍微下降，过滤阻力

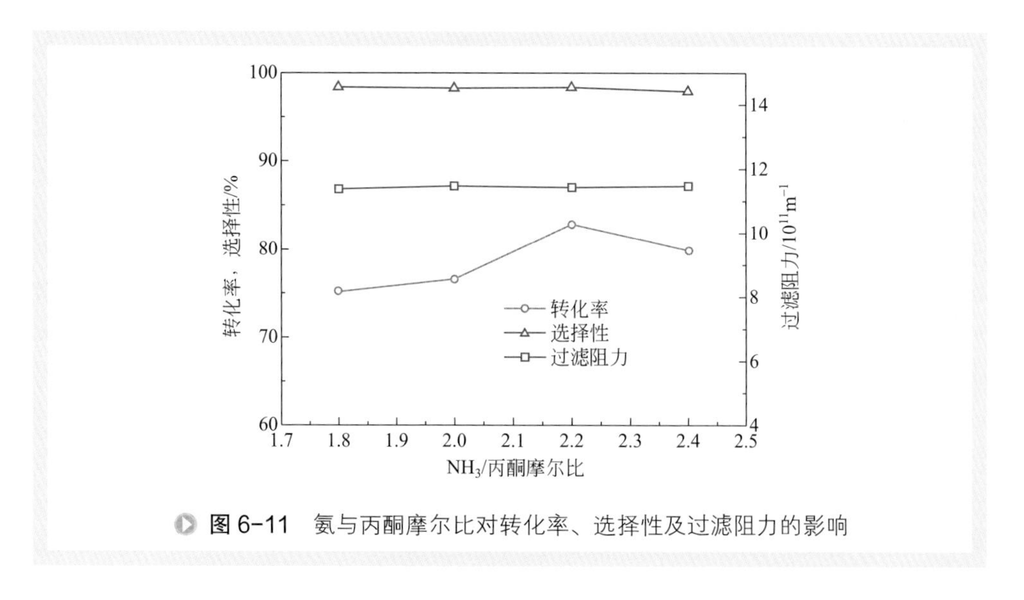

图 6-11　氨与丙酮摩尔比对转化率、选择性及过滤阻力的影响

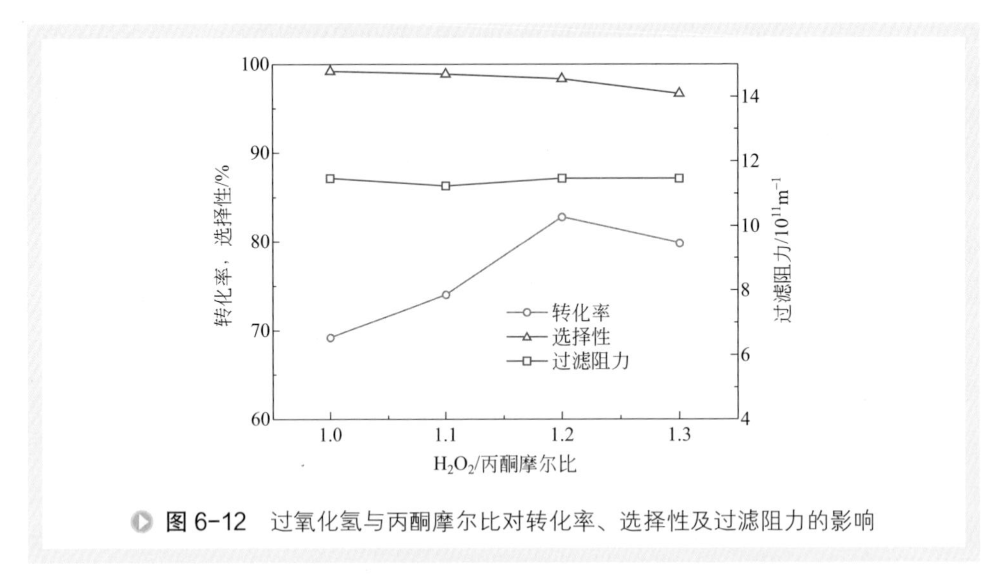

图 6-12　过氧化氢与丙酮摩尔比对转化率、选择性及过滤阻力的影响

几乎保持不变。由于 TS-1 催化丙酮氨肟化反应主要遵循羟胺路线，过氧化氢的浓度会影响羟胺的生成，进而影响丙酮的转化率。由于反应过程中的总进料速率是恒定的（0.55mL/min），因此当过氧化氢浓度增加时，氨和丙酮的浓度会减少。高浓度的过氧化氢有利于提高转化率，但是低浓度的氨同时会降低反应转化率，导致了反应转化率先升后降的现象。同时过量的过氧化氢会导致副反应的加剧[12]，引起选择性的降低。考虑到反应过程的收率，合适的氧酮比为 1.2。

7. 叔丁醇与丙酮摩尔比的影响

在丙酮浓度为 1.12mol/L、过氧化氢浓度为 1.34mol/L、氨浓度为 2.46mol/L、反应温度 65℃、反应停留时间为 1.5h、催化剂浓度为 14.5kg/m^3、搅拌速率为 700r/min 的条件下，改变进料中叔丁醇与丙酮的摩尔比，考察其对反应性能的影响，结果如图 6-13 所示。随着进料中溶剂叔丁醇与丙酮摩尔比的增加，丙酮转化率逐渐增加，当叔丁醇与丙酮摩尔比达到 5.1 时，丙酮的转化率达到最大，继续增加叔酮比，转化率反而逐渐下降；反应的选择性则几乎保持不变。反应转化率的变化趋势是以下几个原因造成的：反应体系中 TS-1 催化剂有 MFI 架状结构，具有疏水亲油的特性[13]，因此，增加溶剂叔丁醇会提高 TS-1 催化剂的催化活性，从而提高反应转化率；由于总的进料速率是恒定的，增加叔酮比意味着叔丁醇的浓度增加，同时过氧化氢、氨和丙酮的浓度减少，导致反应原料中带入的水减少，氨在水中的溶解度要远远大于其在叔丁醇中的溶解度，因此，体系中水的减少会限制氨的溶解和传递，引起转化率的下降。

还发现，过滤阻力首先缓慢增加直到叔酮比为 5.1，然而当叔酮比从 5.1 增加到 6.1 时，过滤阻力会迅速地增加。据报道，有机物对于滤饼层的性质有很大的影响，因为它能吸附在滤饼层颗粒表面上从而改变滤饼层的渗透性能[14]。此处，随

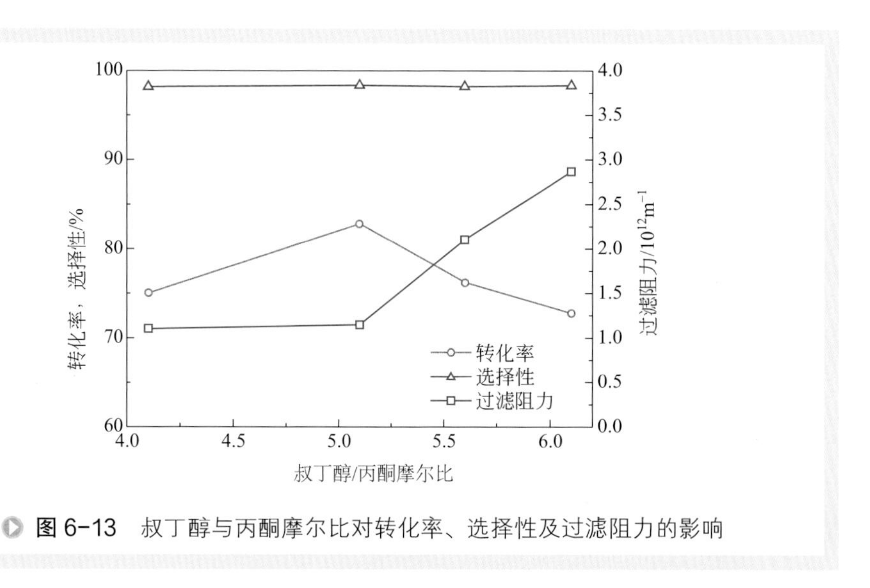

图 6-13　叔丁醇与丙酮摩尔比对转化率、选择性及过滤阻力的影响

着叔丁醇与丙酮摩尔比的增加，反应液中叔丁醇的量随之增加，更多的叔丁醇会吸附在滤饼层中 TS-1 催化剂颗粒表面上，因此滤饼层中的毛孔会被吸附来的叔丁醇逐渐地填满，在膜表面形成一个稠密的滤饼层，导致过滤阻力在后期显著增加。因而对于此反应过程，合适的叔丁醇与丙酮摩尔比为 5.1。

按照上述讨论，通过单因素实验得到此膜反应过程的最合适的操作条件如下：停留时间为 1.5h，反应温度为 65℃，搅拌速率为 700r/min，催化剂浓度为 14.5kg/m^3，氨酮比为 2.2，氧酮比为 1.2，叔丁醇与丙酮摩尔比为 5.1。

四、一体式膜反应器运行稳定性

1. 操作方式的选择

在一体式膜反应器中进行连续性反应时，有以下两种操作方式。

（1）操作方式 A　直接连续反应的方式，预先在反应器内加入定量的 TS-1、反应溶剂叔丁醇和丙酮，保证其中丙酮的初始浓度与进料液中丙酮的浓度一致，在升温到反应温度时，同时打开进料泵与出料泵，反应开始连续进行，并开始计时。在以上的单因素实验条件优化时，采用此操作方式。

（2）操作方式 B　先间歇反应再连续反应的方式，预先在反应器内加入定量的 TS-1、反应溶剂叔丁醇和丙酮，按照所要求的氨酮比和氧酮比称量一定的氨水与过氧化氢（保证所有的反应物混合在一起时，其中丙酮的初始浓度与后面连续进样时进料混合物中丙酮的浓度相同），在升温到反应温度时，同时用进料泵加入氨与过氧化氢，控制蠕动泵以同样的比例将氨与过氧化氢在 1h 内同时加完，再继续反应 2h，然后再继续按比例通入氨、过氧化氢与丙酮溶液，同时打开出料泵出料，反应

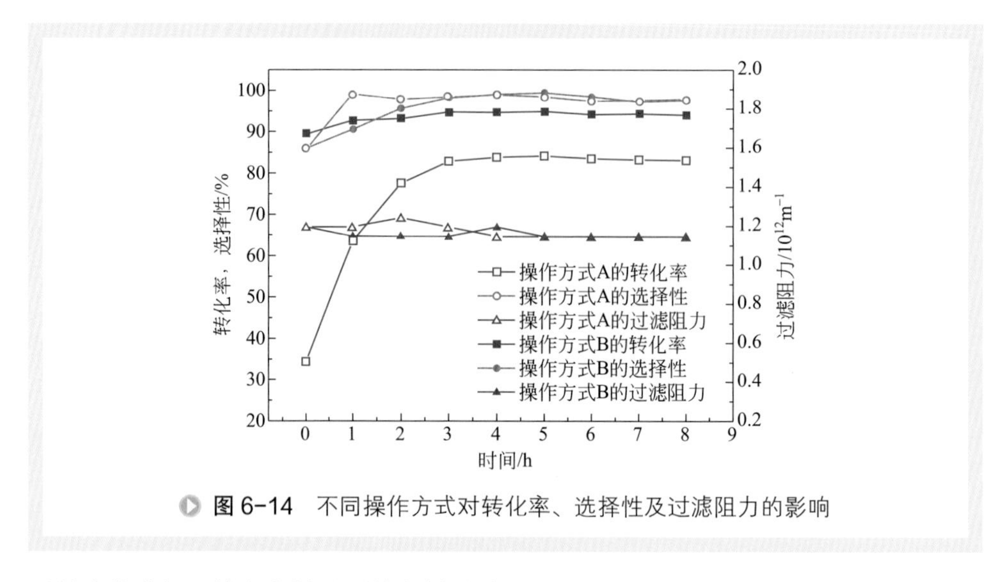

图 6-14 不同操作方式对转化率、选择性及过滤阻力的影响

开始连续进行，并在出料泵开始出料时计时。

在丙酮浓度为 1.12mol/L、过氧化氢浓度为 1.34mol/L、氨浓度为 2.46mol/L、反应温度 65℃、反应停留时间为 1.5h、催化剂浓度为 14.5kg/m^3、搅拌速率为 700r/min、叔丁醇与丙酮摩尔比为 5.1 的条件下以两种不同的操作方式进行反应，实验结果如图 6-14 所示。两种操作方式下，稳定后的选择性基本一致，反应转化率差值却达到了 10%。操作方式 A 平衡时的平均转化率约为 84%，而操作方式 B 的平均转化率约为 94%。其可能的原因是采用直接连续反应的操作方式时，开始时膜反应器内（包括环隙）的丙酮量相对较多，而进料混合物中的物料配比不能降低预先加入的丙酮浓度，故预先加入丙酮浓度只能通过反应溶液的替换来减小它，但是在膜管内部呈现的是一种全混流状态，预先加入的丙酮浓度减小是一个长期的过程，导致出料中的丙酮浓度比较高，从而计算出来的转化率较小。而采用先间歇后连续的操作方式则可以避免这一现象，在前面的间歇反应中，膜反应器管内的丙酮已基本转化为丙酮肟，从而出料中的丙酮浓度较小，计算出的丙酮转化率较高。故在长期稳定性试运行时选用了先间歇后连续的操作方式 B。

2. 连续反应过程的稳定性

为了考察一体式膜反应器中 TS-1 催化丙酮氨肟化反应连续过程的稳定性，在膜反应器环隙体积为 21mL、搅拌速率为 700r/min、反应停留时间为 1.5h、催化剂浓度为 14.5kg/m^3、反应温度为 65℃、氨酮比为 2.2、氧酮比为 1.2、叔丁醇与丙酮的摩尔比为 5.1 以及操作方式为先间歇后连续时，将膜反应器系统运行 30h，得到的实验结果如图 6-15 所示。反应的转化率在刚开始反应的 2h 内迅速增加然后稳定在 94.5%；同时反应的选择性在刚开始反应的 5h 内迅速增加然后稳定在 98%；过滤阻力在连续反应过程中几乎保持不变，其原因可能是在间歇操作阶段吸附在膜表

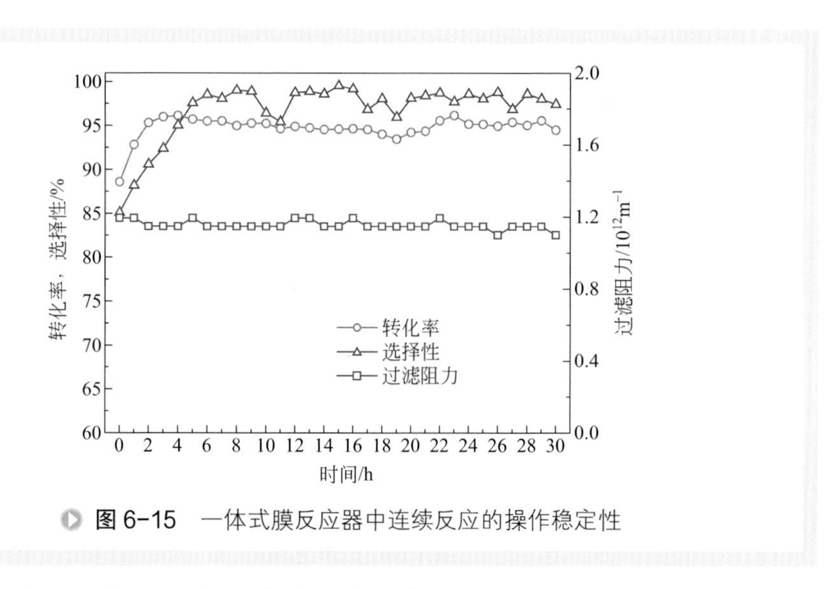

图 6-15　一体式膜反应器中连续反应的操作稳定性

面的催化剂颗粒已经饱和，形成了恒定厚度的滤饼层，因此在随后的连续反应阶段过滤阻力几乎保持恒定不变。可行性研究表明此膜反应器中 TS-1 催化丙酮氨肟化反应能够保证丙酮肟连续稳定生产超过 30h。另外一个工作中在基本相同的反应条件下研究连续的 TS-1 催化丙酮氨肟化反应在外置式膜反应器系统中的操作稳定性，发现在操作时间 21h 内转化率在刚开始反应的 10h 内保持在 93% 左右，然后逐步下降到 76%；同时选择性在初始阶段先增加，然后保持在 95% 左右，到 17h 后开始下降，到 21h 时下降到 89%[15]。反应性能下降的原因应该是部分催化剂 TS-1 在反应过程中吸附到外置式膜反应器中的管线、反应釜、泵和膜的内表面。上述结果表明此膜反应器比外置式膜反应器具有更长时间的操作稳定性。

图 6-16 显示了间歇反应器（转化率为 91%，选择性为 96%）和新膜反应器中连续反应的生产能力与体积置换数 [16]（即总的进料体积与反应器内反应混合液体积的比）的关系。其中连续反应的操作条件为丙酮浓度为 1.12mol/L、过氧化氢浓度为 1.34mol/L、氨浓度为 2.46mol/L、反应温度 65℃、反应停留时间为 1.5h、催化剂浓度为 14.5kg/m^3、搅拌速率为 700r/min；间歇反应的操作条件为丙酮浓度为 1.12mol/L、过氧化氢浓度为 1.34mol/L、氨浓度为 2.46mol/L、反应温度 65℃、反应时间为 3h、催化剂浓度为 14.5kg/m^3、搅拌速率为 700r/min。间歇反应器的生产能力与体积置换数无关，而新膜反应器中连续反应的生产能力随着体积置换数的增加而明显的增加。其原因是在此工作中，按照生产能力的计算公式考虑到了预处理、预加热、反应和后处理的时间。对于间歇反应器，在每一个体积置换数（即每一次间歇反应）中预处理、预加热、反应和后处理的时间是不变的，因此生产能力是恒定的，与体积置换数无关。而对于新膜反应器，尽管当反应达到稳定态后反应器出口丙酮肟的浓度是不变的，但增加体积置换数（即延长反应时间）时，生产能

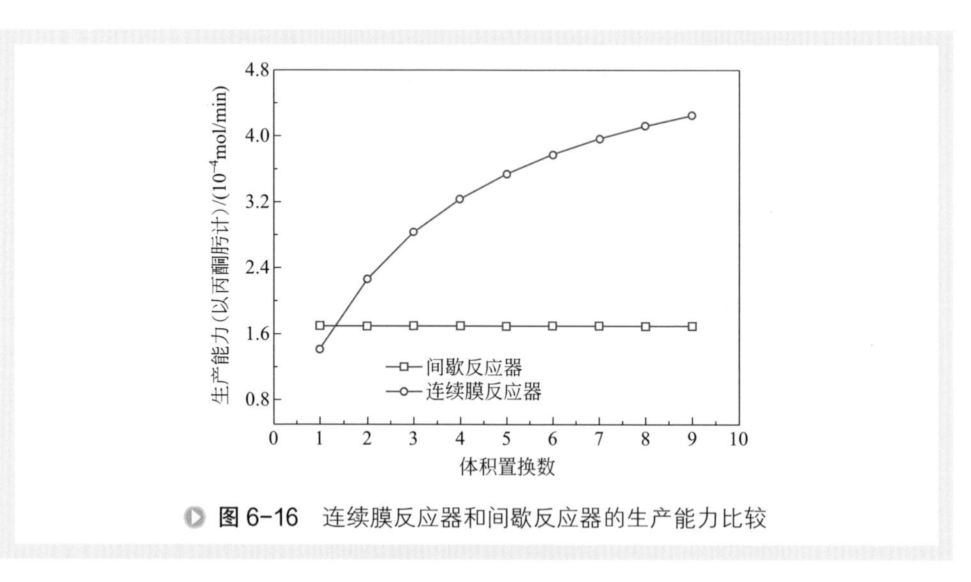

图 6-16 连续膜反应器和间歇反应器的生产能力比较

力计算公式中的分子增加，考虑到预处理和预加热的时间，公式中的分母也同时以不同的比例增加。因此，按照式（6-5），新膜反应器的生产能力随着体积置换数的增加而增加，并且增加的幅度逐渐地减少。上述结果表明新膜反应器在经过 2 个体积置换数后比间歇反应器有更高的生产能力。另外，间歇操作还有工作量大，反应完后 TS-1 催化剂要处理、催化剂可能会失活等缺点。

3. 膜微结构稳定性

在连续丙酮氨肟化反应过程中，多孔不锈钢膜的寿命是重点考察的内容。通过场发射扫描电镜表征新鲜的和使用后的膜来初步评估膜结构的稳定性。

图 6-17 和图 6-18 显示了新鲜的和使用后的膜表面和断面的 FESEM 照片，发现经过 30h 使用后多孔不锈钢膜表面几乎没有变化，膜层与支撑层连接良好。表明使用的多孔不锈钢膜具有优良的结构稳定性，与陶瓷膜的结构稳定性相一致。

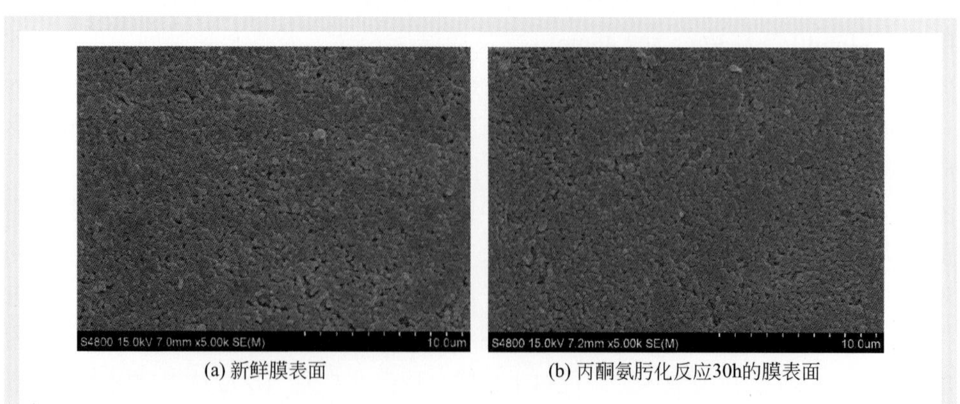

(a) 新鲜膜表面　(b) 丙酮氨肟化反应30h的膜表面

图 6-17 多孔不锈钢膜 FESEM 照片（一）

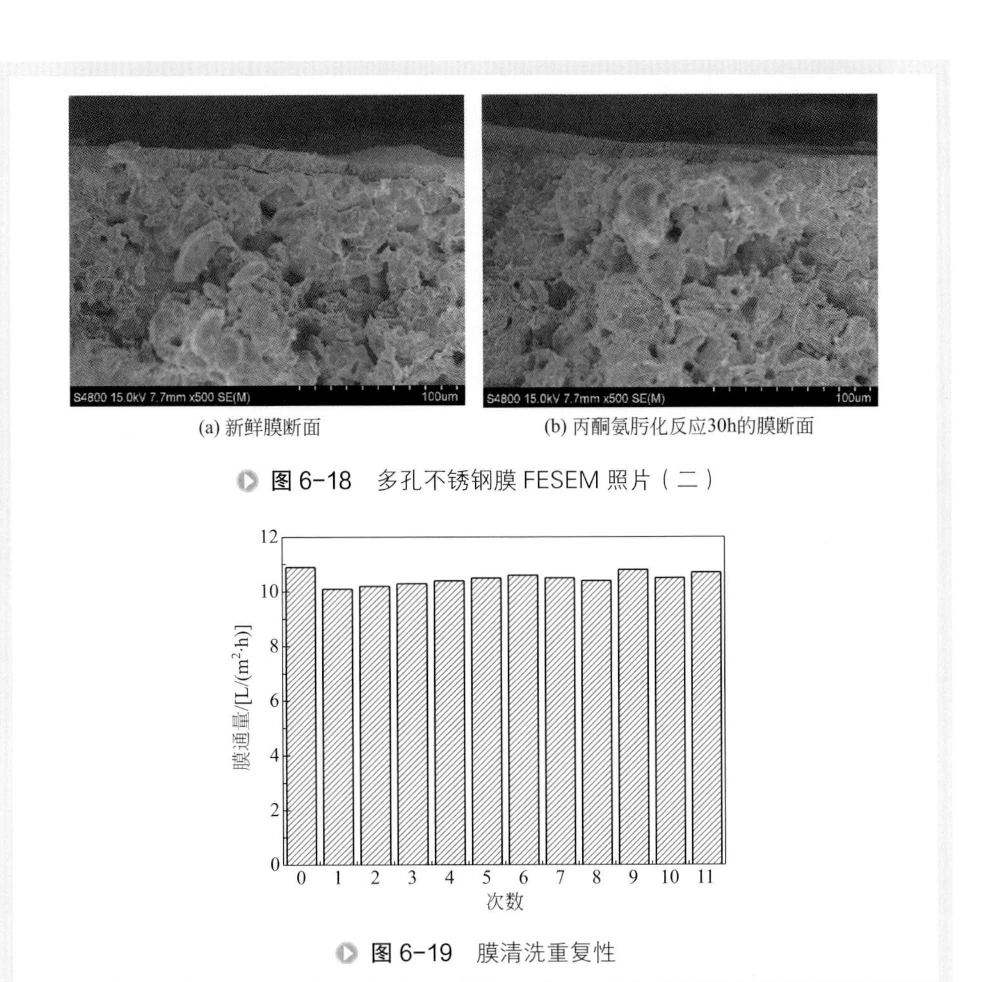

图 6-18 多孔不锈钢膜 FESEM 照片（二）

图 6-19 膜清洗重复性

4. 膜清洗的重复性

实验中发现膜表面有明显的滤饼层形成，使用后膜管采用清水进行反冲再生处理，再经过 80℃碱洗 2h。膜管清洗效果的重复性如图 6-19 所示，第 0 次是新鲜膜的纯水通量，膜管在多次使用污染并清洗后，膜通量可以得到很好的恢复，恢复到新鲜膜的 95% 以上，说明所用的清洗方法是可行的，且重复性好。

第三节 膜分布反应器在氨肟化反应中的应用

大量溶剂的加入及后续工艺的分离会增加工业能耗，并且叔丁醇等有机溶剂也会污染环境。如果不加溶剂，则传质效果将受到限制，反应的效果会比较差，对

TS-1 催化氨肟化反应工业生产会非常不利。另外，氨肟化反应过程中，为了提高肟的选择性，往往需要加入过量的反应物氨[10]，一方面增加了生产成本；另一方面，碱性环境不利于 TS-1 催化剂的稳定性。膜分散技术的出现，为更高效和清洁的氨肟化新工艺的开发提供了可能。

一、膜分布反应器的流程

膜分布反应器装置如图 6-20 所示，包括进料系统、膜反应器系统、加热以及搅拌系统。其中，反应物通过陶瓷膜分布到反应体系中，其流量通过计量泵控制，而反应物若以气相进料时通过质量流量计控制流量，若以液相进料时通过进料泵控制流量。单管陶瓷外膜的材料为 Al_2O_3，平均孔径为 50nm、200nm、500nm、2000nm，膜管的内径和外径分别为 8mm 和 12mm，一端被釉密封，另一端为反应物料进口；恒温水浴锅及磁力搅拌器分别控制温度和搅拌速率；热电偶温度显示器检测反应器内的反应液温度。

以环已酮氨肟化反应为例说明操作流程，采用间歇的操作方式。首先把一定量的酮和催化剂加入膜反应器内，设定搅拌速率和反应温度。待升到设定温度后，采用表 6-4 所示的方法调节阀门，通过不同的进料方式进行反应。以“氨气直接通入，过氧化氢通过膜管分布”这种进料方式为例，在反应器中的料液温度升到一定值后，以一定的流量直接通入反应器，同时通过高压输液泵提供压力将过氧化氢以一定的速率分布进反应器中，反应进行 100min 后停止进料，反应结束。倒出反应液，冷却后取样分析检测并计算反应的转化率与选择性。实验通过调节阀门 V1 ～ V6

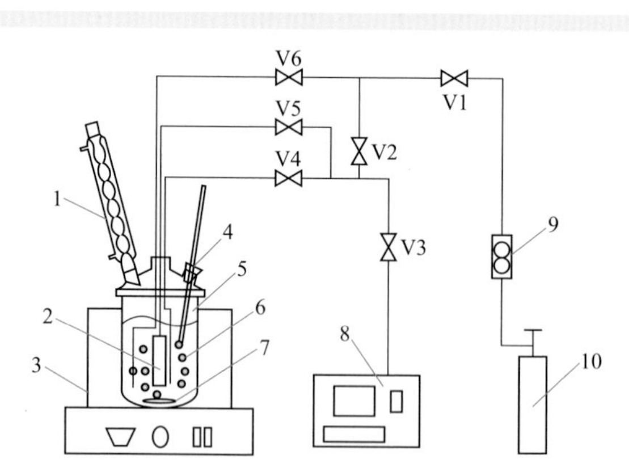

图 6-20　膜分布反应器装置示意图

1—冷凝管；2—膜分布器；3—集热式恒温磁力搅拌器；4—温度计；5—玻璃反应釜；6—催化剂；7—磁力搅拌子；8—高压输液泵；9—气体流量计；10—氨气；V1～V6—阀门

设计不同的进料方式，考察反应器中引入膜分布器的可行性。

表 6-4　进料方式

进料方式	工艺操作方法
过氧化氢与氨气直接进料	打开 V1、V3、V4、V6
氨气膜管分布，过氧化氢直接进料	打开 V1、V2、V3、V4、V5
氨气直接进料，过氧化氢膜管分布	打开 V1、V3、V5、V6

二、丁酮氨肟化制丁酮肟反应条件

丁酮氨肟化制丁酮肟反应类似于丙酮氨肟化，丁酮、氨和过氧化氢为原料，TS-1 为催化剂，目标产品为丁酮肟。此处，重点介绍 NH_3 和 H_2O_2 的进料方式，尤其是膜分布反应器分布的 H_2O_2 的引入对丁酮转化率和丁酮肟选择性的影响[17]。优化的反应条件下，丁酮的转化率可以达到 99.6%，丁酮肟的选择性可以达到 99%，表明基于膜分布器的无溶剂丁酮氨肟化工艺路线具有可行性。

丁酮转化率、丁酮肟选择性通过式（6-7）和式（6-8）进行计算：

$$X=\frac{n_{\mathrm{MEK(A)}}-n_{\mathrm{MEK(B)}}}{n_{\mathrm{MEK(A)}}}\times 100\% \tag{6-7}$$

$$S=\frac{n_{\mathrm{MEKO}}}{n_{\mathrm{MEK(A)}}-n_{\mathrm{MEK(B)}}}\times 100\% \tag{6-8}$$

式中　X——丁酮转化率；

S——丁酮肟选择性；

$n_{\mathrm{MEK(A)}}$——反应前反应器中丁酮的物质的量，mol；

$n_{\mathrm{MEK(B)}}$——反应后丁酮的物质的量，mol；

n_{MEKO}——反应后丁酮肟的物质的量，mol。

1. 氨的影响

为了获得膜分布反应器中氨的最优值，并且与一般工艺中数据进行对比，分别在叔丁醇溶剂条件下和在无溶剂条件的膜反应器内，研究了氨酮比对反应选择性和转化率的影响，结果如图 6-21 所示。操作条件为：氧酮摩尔比为 1.25，催化剂量为 15.06g/mol 酮，反应温度为 65℃，反应时间为 3h。在有叔丁醇溶剂的条件下，不用膜分布过氧化氢，氨酮比对丁酮转化率及丁酮肟选择性的影响见图 6-21 的 b 线，丁酮肟选择性随着氨酮比的升高先升高，当氨酮比 2.65 时达到最大值，随后下降；而丁酮转化率随着氨酮比从 1.2 升到 1.66 而升高，随后随氨酮比从 1.66 升到 3.15 而基本不变。虽然理论上消耗的氨酮摩尔比应该为 1∶1，但是有研究表明

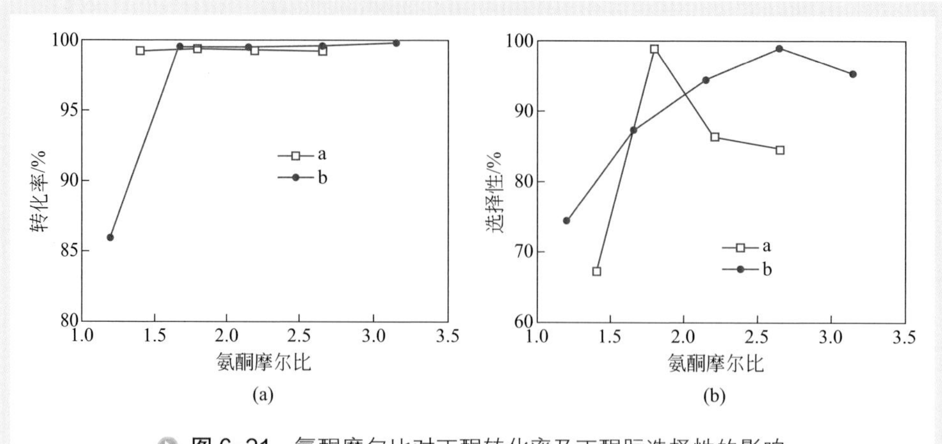

图 6-21　氨酮摩尔比对丁酮转化率及丁酮肟选择性的影响

a—无叔丁醇，过氧化氢通过膜分布进料，氨采用半连续的进料方式；b—反应过程中含有50%（体积分数）叔丁醇，过氧化氢采用直接滴加的进料方式，氨采用连续的进料方式

适当过量的氨有利于提高反应的选择性，因为它会形成一个碱性的环境而有利于反应的进行[18]，并且反应过程中还会有一定量的氨挥发及分解损失等。但是，当反应系统中存在过多的游离氨时，则会加剧过氧化氢的分解而降低其利用率，所以丁酮肟的选择性下降[19,20]。TS-1 催化丁酮氨肟化的反应机理是羟胺机理，羟胺的形成是关键的一步[21]。过氧化氢和氨是合成羟胺的原料，如果反应过程中过氧化氢分解，将降低羟胺合成的有效性。所以，在叔丁醇作为溶剂和无膜分布器的条件下，最优的氨酮比为 2.65。

与无膜分布器相比，有膜时氨酮比对丁酮转化率和丁酮肟选择性的影响趋势呈现很大的差异。从图 6-21 中 a 线可以看出，当有膜分布器，且不加叔丁醇溶剂时，随着氨酮摩尔比的增加，丁酮肟的选择性逐渐增加并在氨酮摩尔比为 1.8 时达到最大值，然后继续增加氨酮摩尔比，丁酮肟的选择性则呈下降趋势；丁酮的转化率随氨酮比的变化不明显。所以，无叔丁醇溶剂且加入膜分布器时，丁酮氨肟化反应的氨酮摩尔比为 1.8，比有溶剂且无膜情况下显著降低。一般情况下，丁酮氨肟化反应中投料的氨酮摩尔比都高于 2（如表 6-5 所示），而膜分布反应器可以显著降低丁酮氨肟化反应中氨的用量。这可能是因为膜分布器的引入，氨和过氧化氢的进料模式改变。

表 6-5　文献中氨酮摩尔比的对比

催化剂	溶剂	氨酮摩尔比	丁酮转化率/%	丁酮肟选择性/%	参考文献
TS-1	H_2O/TBA	4.0	98.99	100.00	Wang 等[22]
TS-1	TBA 或 IPA	2.15	99.12	100.0	Zhang 等[23]
TS-1	TBA	2.15	99.0	99.09	Song 等[24]

续表

催化剂	溶剂	氨酮摩尔比	丁酮转化率/%	丁酮肟选择性/%	参考文献
TS-1	H_2O/TBA	2.1	99.7	95.9	Zhou 等 [21]
TS-1	H_2O/TBA	4.0	95.0	99.0	Zhao 等 [25]
修饰 TS-1	TBA	3.5	84.3	99.8	Zhao 等 [26]
TS-1	—	1.8	99.6	99.0	本工作

由丁酮氨肟化反应机理可以看出，NH_3 和 H_2O_2 的进料方式显著影响氨肟化反应[19,24]。文献中报道的氨的进料方式一般分为两种：一种是以一定流速连续滴加（A），另一种是一次性加料（B）。但是，这两种方式有好有坏。丁酮和丁酮肟的分子尺寸小于催化剂孔道，容易吸附到催化剂的孔内，进而在 Ti 活性中心附近被深度氧化形成副产物。因此，如果先让氨到达催化剂的孔内占据活性位并对其进行包覆，就会对它们形成竞争，从而避免它们被过度氧化[24]，相比于连续进料方式，一次性进料更优，因为连续进料的方式在刚开始反应阶段系统内并没有足够的氨含量。但是，一次性进料的方式不是最佳的，氨一次投料，过量的氨将加剧过氧化氢的分解，导致过氧化氢的有效利用率降低[20]。同时，氨挥发也会加剧。为了缓解上述问题，在膜分布反应器中采用新的加料方式，即半连续加料方式，先把所需氨的一半加入反应器内，剩下的氨按一定速率连续加入反应器内（C）。三种进料情况下的实验结果如图 6-22 所示。操作条件为催化剂量为 15.06g/mol 酮，反应温度为 65℃，反应时间为 2h，氨酮摩尔比为 2.65，氧酮摩尔比为 1.25。可以看出，氨的进料方式对反应有一定的影响，三种进料方式下丁酮的转化率都维持在 99% 以上，然而丁酮肟的选择性却有很大的差别。进料方式 C 明显比进料方式 A 和 B 好。

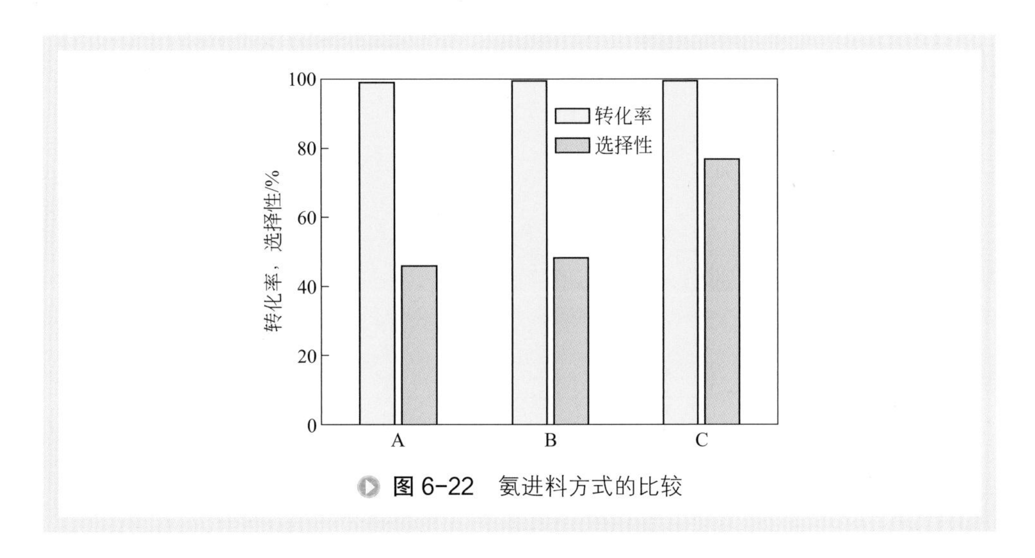

图 6-22　氨进料方式的比较

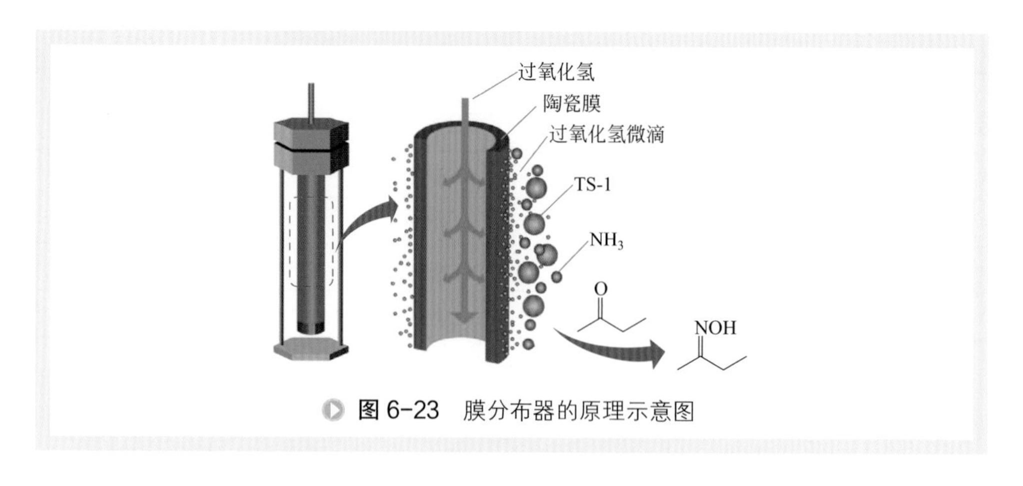

图 6-23　膜分布器的原理示意图

2. 过氧化氢的影响

作为氧化剂，过氧化氢采用连续滴加的进料方式来避免局部过氧化反应[27]。但是，液滴尺寸仍然较大，且局部浓度仍然过高，这会带来过度氧化反应、副产物生成和低的反应选择性。过氧化氢液体通过膜分布器后生成大量的过氧化氢小液滴，这些小液滴直径非常小，具有很高的比表面积，如图 6-23 所示，使得它们在油水相间降低了扩散阻力，提高了传质效率[28,29]。

在过氧化氢进料量一定的前提下，过氧化氢的进料速率很关键[30]。进料速率的变化其实就是进料时间的变化，它是膜分布的重要参数。膜分布时间对丁酮氨肟化反应的影响实验是在膜面积固定的情况下进行的，操作条件：氨酮摩尔比为 2.65，氧酮摩尔比为 1.25，催化剂量为 15.06g/mol 酮，反应温度为 65℃。结果如图 6-24 所示。膜分布时间对丁酮转化率几乎无影响，但对丁酮肟的选择性有显著影响。当

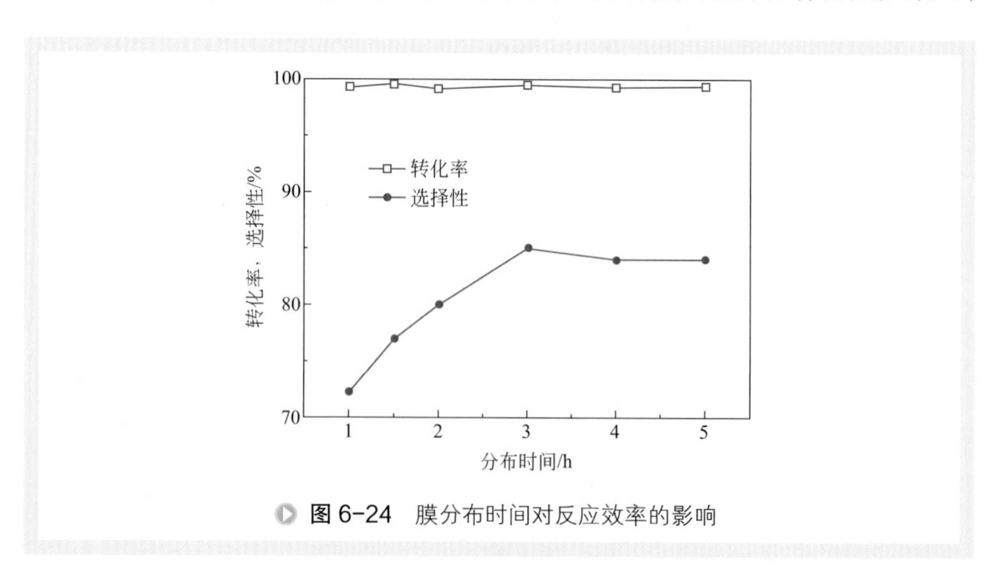

图 6-24　膜分布时间对反应效率的影响

分布时间低于 3h 时，随着分布时间的增加，丁酮肟的选择性逐渐增加并在 3h 时达到最大值，当膜分布的时间超过 3h 之后，丁酮肟的选择性保持稳定，不再改变。膜分布时间对丁酮肟选择性有明显的影响可能与过氧化氢的浓度相关。膜分布时间的增加会使得膜表面周围区域过氧化氢浓度相应减小，避免过度氧化，对反应有利。综上，膜分布时间控制在 3h 最好。

为了说明膜分布反应器内的氧酮摩尔比对丁酮氨肟化反应的影响，并与无膜条件下的数值对比，实验考察了氧酮摩尔比对反应的影响，操作条件：催化剂量为 15.06g/mol 酮，反应温度为 65℃，反应时间为 3h。a. 氨酮摩尔比为 1.8，无叔丁醇，过氧化氢通过膜分布进料，氨采用半连续的进料方式；b. 氨酮摩尔比为 2.2，反应过程中含有 50%（体积分数）叔丁醇，过氧化氢采用直接滴加进料，氨采用连续的进料方式。实验结果如图 6-25 所示。由图 6-25 中 b 线可知，在有叔丁醇溶剂和无膜情况下，丁酮肟的选择性均随着氧酮摩尔比的增加而逐渐增加，在氧酮摩尔比为 1.25 时达到最大，然后开始减小；而转化率基本保持不变。丁酮氨肟化反应过程中也需要加入过量的过氧化氢来促进反应，这主要是因为过氧化氢在加热及碱性环境下容易分解，从丁酮氨肟化的反应机理可以看出，过氧化氢量不足不利于反应进行，因为羟胺的生成将变少。然而，当过氧化氢加入过多时，未反应的过氧化氢会残留在溶液中而将丁酮肟氧化为 2- 硝基丁烷等副产物。从图 6-25 中 a 线可见，当无溶剂和有膜分布器时，丁酮肟选择性呈现同样趋势；但是丁酮的转化率随氧酮比的增大先增大后趋于不变，与有叔丁醇条件下不同。这主要是由于膜分散过程中过氧化氢的液滴尺寸变小，但是小的液滴尺寸将使得碱性环境下过氧化氢的分解更易[31]。综上所述，最佳的氧酮摩尔比为 1.25。

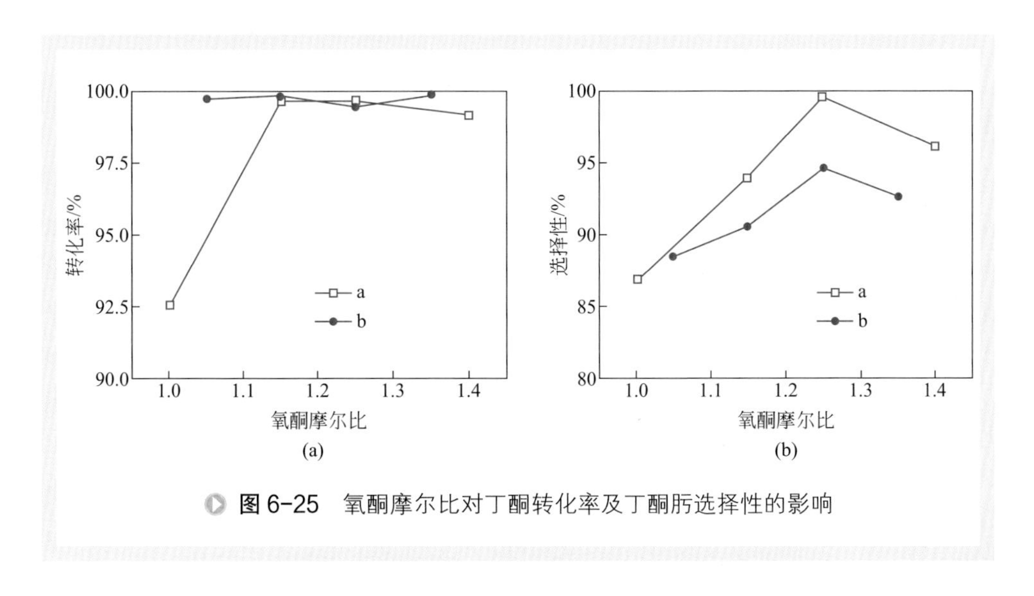

图 6-25 氧酮摩尔比对丁酮转化率及丁酮肟选择性的影响

三、环己酮氨肟化制环己酮肟反应条件

以 TS-1 作为催化剂，将环己酮、氨和过氧化氢通过一步法合成环己酮肟[32]，反应方程式如式（6-9）所示。

$$\text{环己酮} + NH_3 + H_2O_2 \xrightarrow{\text{TS-1}} \text{环己酮肟(C=N-OH)} + 2H_2O \quad (6\text{-}9)$$

本节主要介绍将陶瓷膜分布器引入环己酮氨肟化反应过程中，分布原料之一的过氧化氢，强化无溶剂条件下反应物间的传质效果，开发出基于陶瓷膜分布器的无溶剂环己酮氨肟化新工艺，使环己酮的转化率达到 99.5%，环己酮肟的选择性达到 100%[33,34]。

1. 过氧化氢进料方式的影响

为了研究基于陶瓷膜分布反应器的无溶剂环己酮氨肟化反应的可行性，采用过氧化氢连续滴加进料、膜分布过氧化氢进料和膜分布氨气进料三种进料方式进行环己酮氨肟化反应，过氧化氢的添加速率为 3mL/min，结果见表 6-6。

表 6-6　不同进料方式对反应转化率和选择性的影响

进料方式	转化率 /%	选择性 /%
A	85.4	61.3
B	36.6	59.3
C	68.0	100.0

注：1. 进料方式 A：过氧化氢逐滴进料，氨气直接通入反应器；进料方式 B：过氧化氢逐滴进料，氨气通过膜管分布进料；进料方式 C：过氧化氢通过膜管分布进料，氨气直接通入反应器。

2. n(环己酮)：$n(H_2O_2)$：$n(NH_3)$=1：1：1，催化剂含量为 35g/L，膜分布器通量为 $0.15m^3/(m^2 \cdot h)$，温度为 85℃，膜孔径为 500nm。

进料方式对肟化反应的转化率和选择性影响显著。膜分布过氧化氢进料得到的反应选择性大于其他两种进料模式。采用膜分布器可以获得微尺度的高表面积过氧化氢液滴，能够缩短传质时间和水油两相的扩散距离。所以采用膜分布器时肟的选择性高。当过氧化氢通过直管通入反应器，液滴尺寸大，过氧化氢局部浓度高，容易形成副产物，降低反应选择性。进料方式 B 和 C 的反应结果有差异，这可能与反应机理相关。文献中报道了环己酮氨肟化反应的两种反应机理。一种是亚胺机理，认为环己酮与氨气首先在无催化剂条件下反应生成亚胺，然后在分子筛孔道中的 Ti 活性位上与过氧化氢反应生成环己酮肟[11]。另一个是羟胺机理，氨与过氧化氢首先在 Ti 活性位生成羟胺中间体，随后在无催化剂的条件下与酮反应生成环己酮肟[35]。前一种机理的关键是形成亚胺，后一种机理的关键是生成羟胺。

从表 6-6 中的数据可以推测，在不加有机溶剂的情况下，环已酮氨肟化反应遵循亚胺机理。若反应遵循羟胺机理，那么膜管分布过氧化氢和氨气的结果就会相同，但是膜管分布氨气的结果低于分布过氧化氢的结果。根据亚胺机理，反应刚开始环已酮与氨气反应生成亚胺，为有机物。第二步反应过程中的过氧化氢通过多孔膜分布成微小液滴分散进入反应器，加强了与油相亚胺的传质，在催化剂的作用下生成环已酮肟。但是，反应的转化率始终低于进料方式 A。原因可能是陶瓷膜的引入增大了 H_2O_2 和 NH_3 的接触面积，带来过氧化氢的分解 [23]。所以，后续要优化无溶剂氨肟化工艺操作条件以便获得高的转化率。

2. 膜操作条件的影响

（1）孔径的影响　膜孔径是膜分布器的关键因素，因为它决定反应物的液滴尺寸，从而影响氨肟化反应效果。在常压，n（环已酮）：n（过氧化氢）：n（氨）为 1∶1∶1，膜通量为 $0.15m^3/(m^2 \cdot h)$，催化剂用量为 35g/L，温度为 85℃，搅拌速率为 300r/min，且不加入任何溶剂的条件下，选取孔径为 50nm、200nm 和 500nm 的氧化铝膜和孔径为 2μm 的氧化铝支撑体作为过氧化氢进料分布器，考察其对环已酮氨肟化反应转化率和选择性的影响，结果见图 6-26。

在不加叔丁醇情况下，环已酮肟的选择性均维持在 100%，这说明膜孔径对反应选择性没有影响。膜孔径的变化对反应转化率稍微有影响，当膜孔径由 50nm 增加到 2000nm 时，反应转化率从 69.3% 降低到 63.4%。这印证了分子尺度的微混合提高了反应物之间的接触，提高了反应收率以及目标产物的质量 [36]。但是当膜孔径过小时，微小液滴将在膜面聚合，造成实际的液滴直径并没有减小，因此反应转化率不变。综合考虑，选择合适的膜孔径为 500nm。

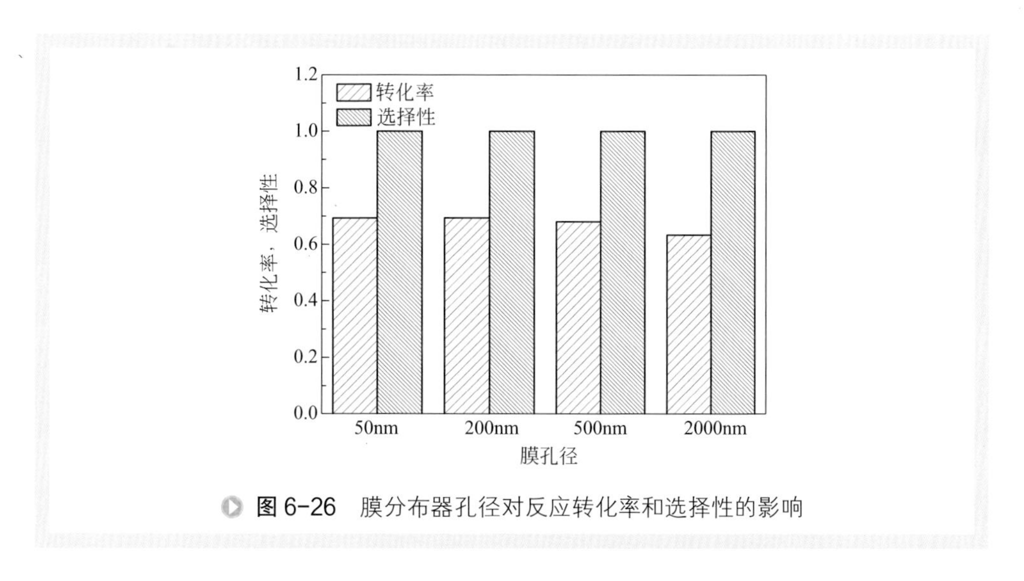

图 6-26　膜分布器孔径对反应转化率和选择性的影响

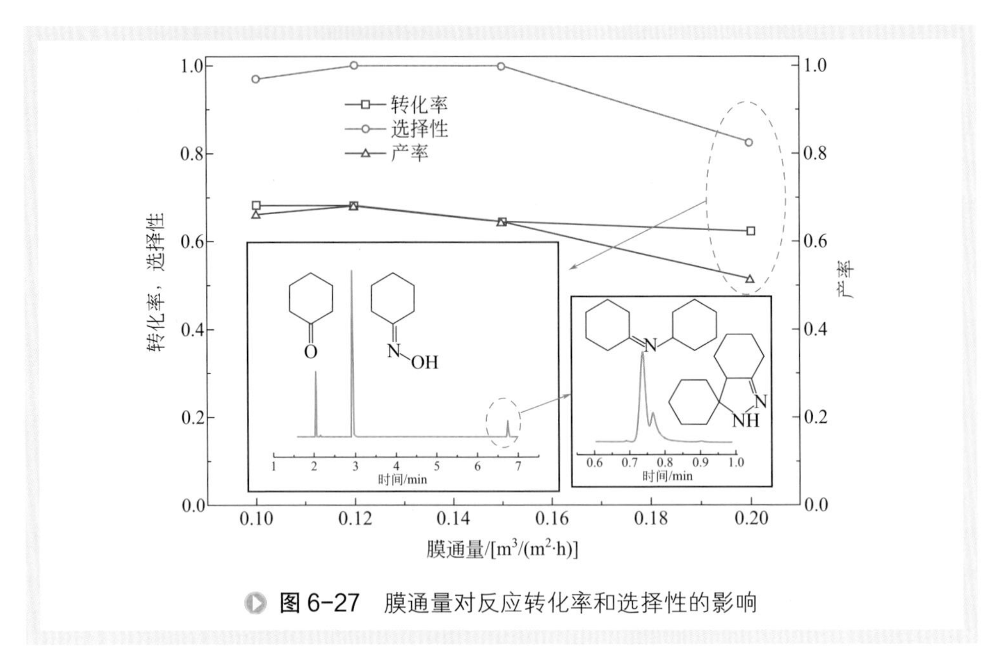

图 6-27 膜通量对反应转化率和选择性的影响

（2）膜通量的影响 在常压，n（环己酮）：n（过氧化氢）：n（氨）为 1：1：1，催化剂用量为 35g/L，温度为 85℃，搅拌速率为 300r/min，采用孔径 500nm 氧化铝陶瓷外膜对过氧化氢进行分布，考察膜分布器通量的大小对无溶剂环己酮氨肟化反应转化率和选择性的影响，结果如图 6-27 所示。随着膜通量增加，环己酮转化率基本不变，说明氨肟化反应速率不随膜通量的增大而增大。反应选择性随着膜通量先增大，通量达到 0.12m^3/（m^2•h）后趋于稳定，当通量大于 0.15m^3/（m^2•h）后，反应选择性降低。当通量越大时，膜面聚集的过氧化氢浓度越大，反应产物容易氧化成副产物，造成反应选择性的下降。对反应产物进行 GC-MS 分析，发现主要生成了副产物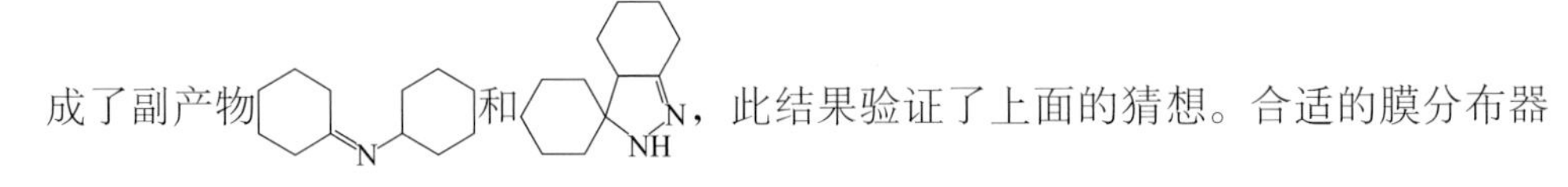，此结果验证了上面的猜想。合适的膜分布器通量范围为 0.12 ～ 0.15m^3/（m^2 • h）较为合适。

3. 反应条件的影响

（1）温度的影响 在常压下，n（环己酮）：n（过氧化氢）：n（氨）为 1：1：1，催化剂用量为 35g/L，膜分布器通量为 0.15m^3/（m^2 • h），搅拌速率为 300r/min，采用孔径为 500nm 氧化铝陶瓷外膜对过氧化氢进行分布，考察温度对环己酮氨肟化反应转化率和选择性的影响，结果如图 6-28（a）所示。随着反应温度的增加，反应转化率增大，当反应温度增加到 80℃以后，转化率变化缓慢，基本保持不变。反应选择性随着温度的变化基本保持不变。这是由于温度升高分子间的布朗运动增强[37]，反应速率增加，反应转化率就越大。适宜的反应温度选择为85℃。

（2）催化剂浓度的影响　在常压，n（环己酮）：n（过氧化氢）：n（氨）为1：1：1，温度为85℃，膜分布器通量为0.15m^3/（m^2·h），搅拌速率为300r/min，采用孔径为500nm氧化铝陶瓷外膜对过氧化氢进行分布，考察催化剂浓度对环己酮氨肟化反应转化率和选择性的影响，结果如图6-28（b）所示。随着催化剂用量的增加，反应选择性没有变化。随着催化剂用量的增加，反应转化率增大，但是当催化剂增加到30g/L后，反应转化率增加缓慢。这是由于催化剂的浓度增加，导致催化剂颗粒的团聚以及在膜表面的沉积，最终带来高的过滤阻力[35]。综合考虑选择催化剂用量为30g/L。

（3）氨酮比的影响　在常压，n（环己酮）：n（过氧化氢）为1：1，温度为85℃，催化剂用量为35g/L，膜分布器通量为0.15m^3/（m^2·h），搅拌速率为300r/min，采用孔径为500nm氧化铝陶瓷外膜对过氧化氢进行分布，且不加入任何溶剂的条件下，考察氨酮摩尔比对环己酮氨肟化反应转化率和选择性的影响，结果

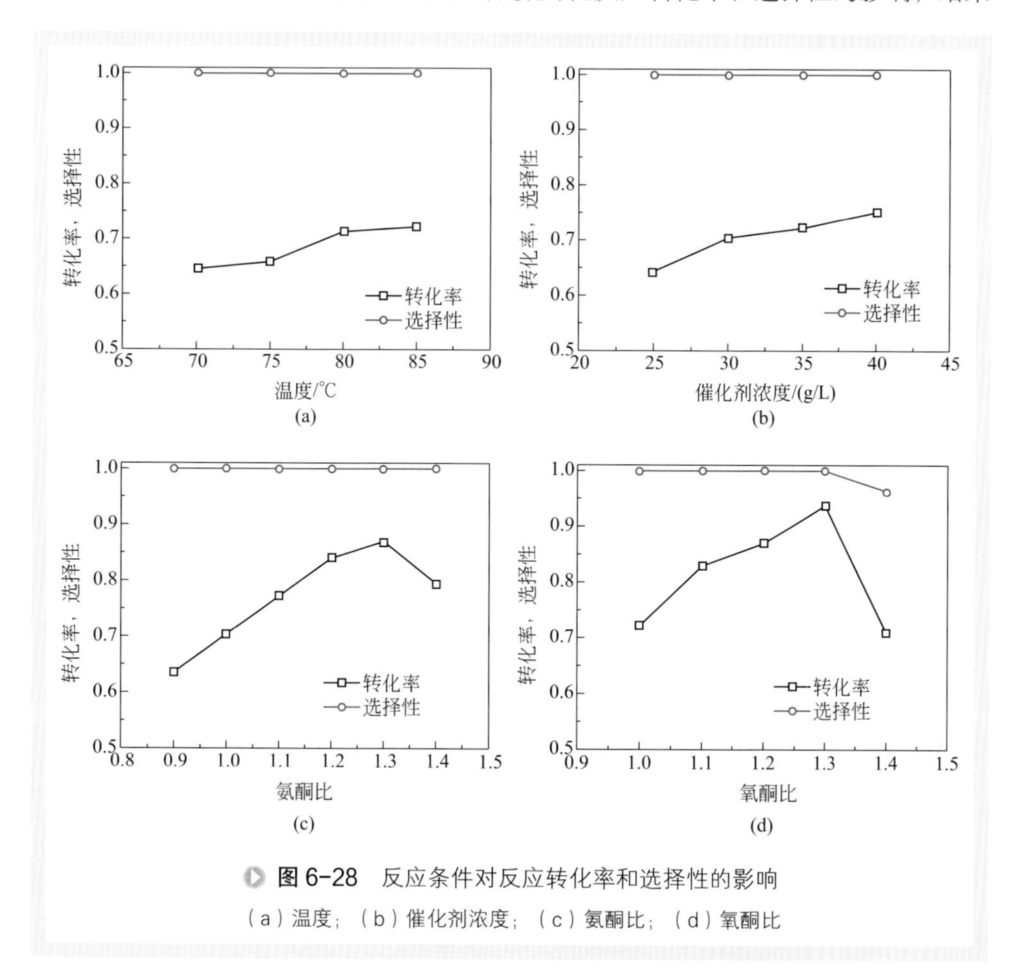

图6-28　反应条件对反应转化率和选择性的影响

（a）温度；（b）催化剂浓度；（c）氨酮比；（d）氧酮比

如图 6-28（c）所示。随着氨酮摩尔比的不断增大，反应选择性几乎不变。而氨酮摩尔比增大，反应转化率先增大，当氨酮摩尔比为 1.3 时，反应转化率达到最大值 87%，随着氨酮摩尔比继续增大，反应转化率下降。虽然稍过量的氨用量能获得高的反应转化率[5]，但是氨大量过量后，多余的氨会与过氧化氢反应，加剧过氧化氢的分解，造成反应转化率的降低[12]。综上考虑，选择最适合的氨酮摩尔比为 1.3。

（4）氧酮比的影响　在常压，*n*（环己酮）：*n*（氨）为 1：1，温度为 85℃，催化剂用量为 35g/L，膜分布器通量为 $0.15m^3/(m^2 \cdot h)$，搅拌速率为 300r/min，采用孔径为 500nm 氧化铝陶瓷外膜对过氧化氢进行分布，且不加入任何溶剂的条件下，考察氧酮摩尔比对环己酮氨肟化反应转化率和选择性的影响，结果如图 6-28（d）所示。随着氧酮摩尔比的不断增大，转化率先增大，当氧酮摩尔比为 1.3 时，达到最大值，氧酮摩尔比继续增大，反应转化率降低。而随着氧酮摩尔比的增加，反应选择性先保持不变，后降低。尽管理论上氧酮摩尔比应为 1：1，但是过量的氨气造成过氧化氢的分解，因此需要加入过量的过氧化氢来增加反应转化率和选择性。这主要是因为过氧化氢是强氧化剂在高温下易分解。因此，当过氧化氢浓度不足时，转化率低，但是过氧化氢浓度过大不仅易于分解造成反应转化率的降低，而且将会发生过氧化反应，降低反应选择性[12]。因此选择合适的氧酮比为 1.3。

4. 最优条件下的运行结果

常压下不添加叔丁醇为溶剂时，采用孔径为 500nm 氧化铝陶瓷外膜对过氧化氢进行分布，在最优操作条件［*n*（环己酮）：*n*（过氧化氢）：*n*（氨）为 1：1.3：1.3，温度为 80℃，催化剂用量为 30g/L，膜分布器通量为 $0.15m^3/(m^2 \cdot h)$，搅拌速率为 300r/min］下，反应 95min 后，停止通入氨气和过氧化氢，继续反应 30min，结果如图 6-29 所示。在优化的条件下，环己酮的转化率约为 99.5%，环己酮肟的选

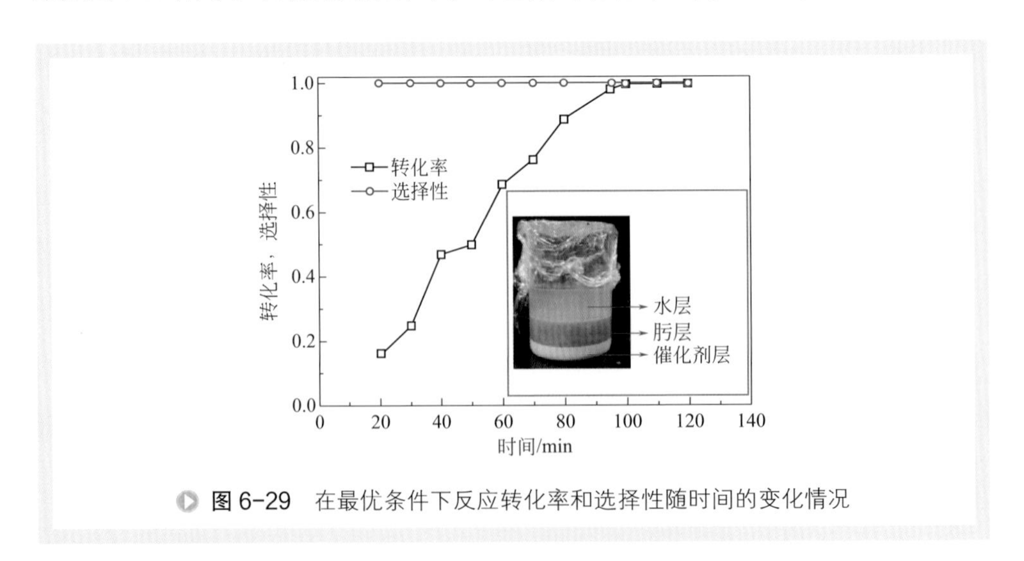

图 6-29　在最优条件下反应转化率和选择性随时间的变化情况

择性约为 100%。随着反应时间的延长，反应转化率几乎呈线性增大，环已酮肟选择性几乎不变。说明反应速率在整个反应过程中不变。

反应结束后，随着温度降低，反应液自动分为清晰的三层，如图 6-29 中的照片所示。对三层物质进行分析，结果见表 6-7。上层主要为水，中间层为肟，下层为水和催化剂，其中肟层为固态，可直接取出。由此可见，很容易将催化剂和环已酮肟分离出来，不存在催化剂与产物难分离的情况。

表 6-7　三层反应液的主要物质及其含量

层	组分	含量（质量分数）/%
上层	水	99.99
	有机物	0.01
中层	环已酮	0.81
	肟	99.08
下层	TS-1	19.1
	水	90.1

与文献报道的氨肟化反应结果进行比较[27,38～40]，如表 6-8 所示。在无叔丁醇溶剂的情况下，转化率和选择性与文献报道有水 - 叔丁醇的实验结果接近，高于添加其他溶剂的实验结果。这是由于无溶剂叔丁醇时，膜分布器的使用强化了水油两相的混合。

表 6-8　不同溶剂的肟化反应的转化率和选择性的比较

反应器	催化剂	催化剂含量 /（g 催化剂 /g 酮）	反应时间 /h	溶剂	转化率 /%	选择性 /%	收率 /%	参考文献
浆态床反应器	TS-1	0.01	1	水	16.2	72.8	11.9	Yip 等[38]
	TS-1	0.15	2	水 - 叔丁醇	96.5	99.3	95.8	Xu 等[39]
	黏土基 TS-1	0.33	2.5	甲醇	—	—	46.0	Zhong 等[40]
膜分布反应器	TS-1	0.10	4	甲苯	99.8	84.0	83.8	Song 等[27]
	TS-1	0.08	1.58	—	99.5	100.0	99.5	本工作

四、膜分布器稳定性

1. 膜污染

陶瓷膜的污染是无溶剂环已酮氨肟化工艺需要关注的重要因素，可以通过反

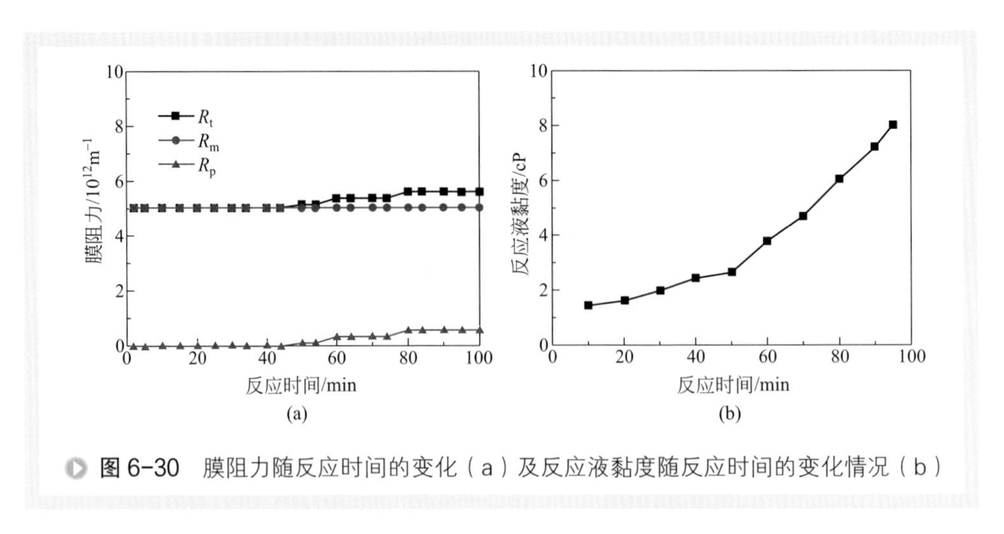

图 6-30 膜阻力随反应时间的变化（a）及反应液黏度随反应时间的变化情况（b）

应过程中的膜阻力进行研究。用达西定律对膜分布器进行阻力分析[41]，结果见图 6-30（a）。从中可以看出，膜分布器阻力主要由膜本身的阻力 R_m 和浓差极化阻力 R_p 组成，其中膜本身固有阻力占总阻力 R_t 的绝大部分。这说明可以忽略膜污染，膜反应器系统在整个反应过程中是稳定运行的。在反应一开始，不含浓差极化阻力。反应 60min 后，浓差极化阻力开始出现，并随着反应时间的延长，浓差极化阻力缓慢增加。

如图 6-30（b）所示，反应液黏度在反应初期上升缓慢。反应到达 60min 以后，反应液的黏度急剧增大，浓差极化阻力出现并继续随着黏度的突然增大而增大。当 60min 后流体黏度急剧增大，过氧化氢的液滴被阻拦在膜面并聚集，所以浓差极化阻力出现并随着黏度的增大而增大。

2. 膜材料的稳定性

陶瓷膜在氨肟化反应中的使用寿命也是需要考虑的重要方面。将反应前和反应后的膜分布器的表面和断面分别进行 SEM 表征，结果如图 6-31 所示。反应后的膜表面与新膜相比无异，对比新膜和使用后的膜断面，同样没有变化，膜层和断面清晰，说明陶瓷膜具有优良的热稳定性和化学稳定性，适合于氨肟化反应过程[42]。

五、催化剂失活机理及再生

钛硅分子筛对氨肟化反应有着优异的催化活性，其反应条件温和，选择性高。陶瓷膜分布器的引入，实现了无有机溶剂条件氨肟化，反应选择性和转化率与含有叔丁醇溶剂时效率相当[33]。但无有机溶剂条件下，催化剂失活明显快于有叔丁醇溶剂时[17]。

TS-1 具有 MFI 拓扑结构，氨肟化反应体系中的无机氨以及含 N 的碱性中间体

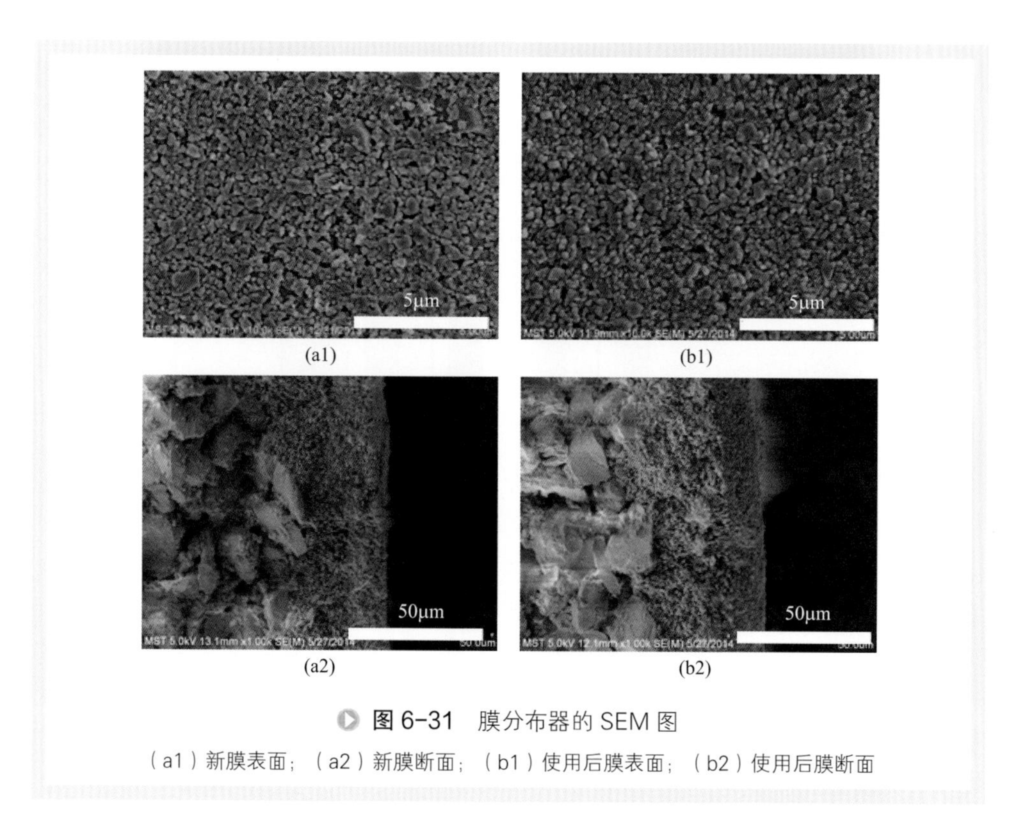

图 6-31　膜分布器的 SEM 图

（a1）新膜表面；（a2）新膜断面；（b1）使用后膜表面；（b2）使用后膜断面

（如亚胺、羟胺及其衍生物）会破坏分子筛的骨架[21]，从而降低 TS-1 的催化活性，工业上通过定期移出失活的催化剂并加入新鲜催化剂的办法，保持其较高的催化活性。Sinclair 等[43]认为引起 TS-1 失活的主要因素有 3 个：一是在碱性环境下，骨架上的 Si 被溶解；二是分子筛的活性位点骨架钛迁移；三是由于催化剂表面形成沉积物，或反应中的副产物堵塞孔道。Xia 等[44]认为 TS-1 分子筛失活后，部分骨架钛迁移，由骨架钛转变为非骨架钛物种（主要为无定形 TiO_2 和 TiO_2-SiO_2 氧化物），且高度分散于分子筛颗粒。Zhang 等[45]对 TS-1 催化环己酮氨肟化反应的失活行为进行了研究，认为引起 TS-1 失活的原因是催化剂内外表面的结焦，并将主要位于微孔道中的焦炭分为两种：一种是位于活性位点钛位附近，可在 350℃氧气氛围中去除；另外一种是沉积在硅羟基等强酸中心，只能在 700℃以上的氧气氛围下去除。

在此，我们通过 XRD、FT-IR、BET、TG、GC-MS 等手段对新鲜、失活、再生后的催化剂进行分析比较，探讨无溶剂环境下催化剂失活机理和催化剂再生方法，为无溶剂氨肟化工艺开发提供依据[46]。

1. 催化剂使用寿命

图 6-32 为 TS-1 催化环己酮氨肟化反应过程中转化率和选择性随反应次数的变

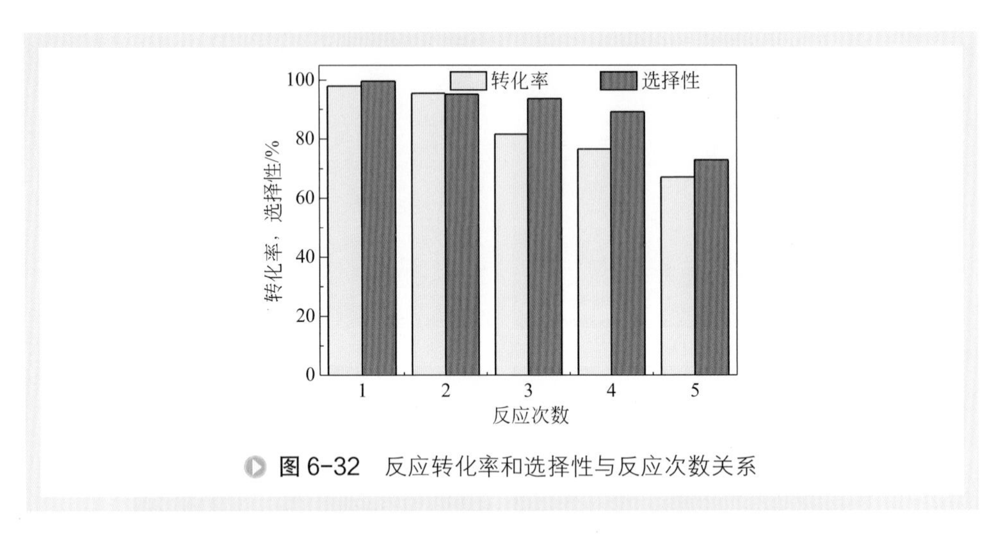

图 6-32　反应转化率和选择性与反应次数关系

化。在无溶剂条件下，催化剂使用前两次中其催化活性基本没有变化，之后转化率与选择性逐步下降。催化剂经过 5 次套用后，反应的转化率从 99% 以上下降到 70% 左右，环己酮肟的选择性从 100% 下降到约 75%。每克催化剂的产肟量仅为 60g，明显低于文献 [47] 计算值 2100g/g。在催化剂套用过程中，反应消耗过氧化氢的量随着套用次数减少，反应液中积累的过氧化氢加剧环己酮肟的深度氧化，产物颜色明显变深。

2. 催化剂表征

（1）红外光谱表征　图 6-33 是不同使用次数 TS-1 分子筛红外谱图。所有样品均具有 MFI 结构分子筛的特征吸收峰，催化剂的骨架结构完好。位于 $960cm^{-1}$ 处

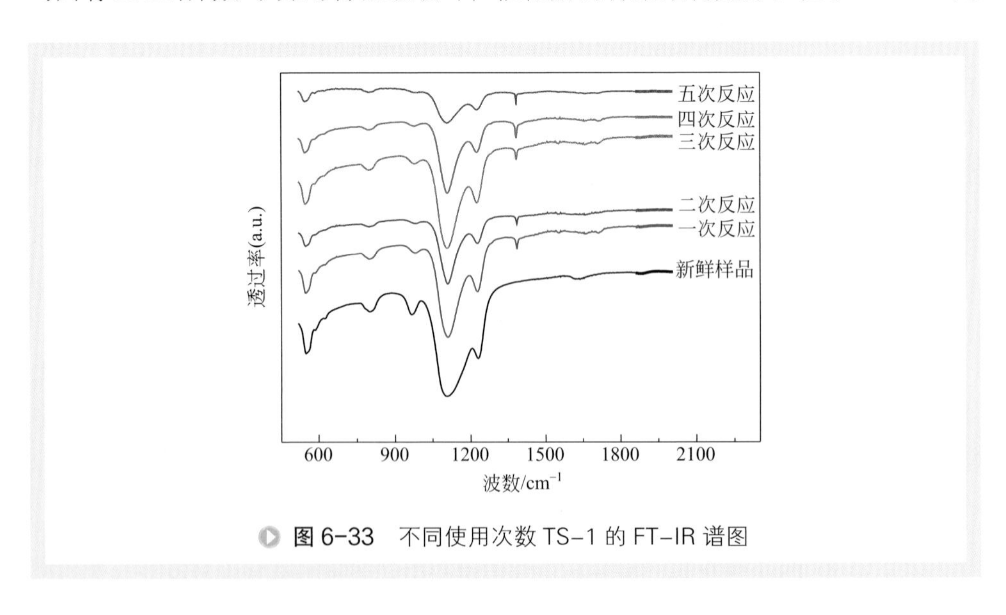

图 6-33　不同使用次数 TS-1 的 FT-IR 谱图

的吸收峰被认为是全硅分子筛中 Ti 的加入引起邻近 Si—O 键的振动造成的，该峰的强度大小随骨架钛含量增加而增大[48]，骨架钛含量与其强度值和 $800cm^{-1}$ 位置峰强度值的比值呈正比关系。随着反应次数的增加，I_{960} 逐渐降低，I_{960}/I_{800} 逐渐减小，表明骨架钛的含量逐渐降低，造成这一现象的原因一方面是碱性环境造成骨架钛迁移，降低骨架钛含量；另一方面是有机物覆盖活性位点引起峰强度的减弱。位于 $1380cm^{-1}$ 处的峰是酰胺基团中甲基的特征峰[49]，即表明了催化剂表面有有机物的附着。碱性环境所引起的硅、钛流失和有机物沉积均能影响 TS-1 分子筛的催化活性。在无有机溶剂存在的条件下，反应液为水相和有机相两相，而钛硅分子筛具有一定的疏水性[50]，因而有机物更易吸附或包裹在催化剂表面，其对催化剂寿命的影响会大于碱性水环境所引起的影响。

（2）XRD 表征　采用 XRD 分析了不同使用次数的催化剂，谱图如图 6-34 所示。在 2θ 为 8.0°、8.9°、23.3°、23.8°、24.9°处的峰是典型的 MFI 拓扑结构特征峰。2θ=25.4°处为锐钛矿型 TiO_2 的特征峰，随着使用次数的增加该峰强度没有明显增大，即锐钛矿型 TiO_2 的含量没有显著增加，且使用后的催化剂并没有新的晶相产生。随着催化剂使用次数的增加，位于 8.0°、8.9°两处的峰强度逐渐降低，这一现象由两个因素引起，一是硅流失造成分子筛自身的晶面发生变化，二是有机物覆盖催化剂表面。通过对新鲜催化剂与失活催化剂（文中失活催化剂均指套用 5 次后的催化剂）的 XRD 谱图进行 XRD Rietveld 全谱拟合计算，准确确定分子筛的晶胞参数如表 6-9 所示，两者晶胞参数几乎没有差别，分子筛晶型结构没有变化。由此可知，有机物沉积影响了 8.0°、8.9°两处峰的响应值。可以推测，将有机物去除后，该两处峰的强度值可以恢复初始状态。

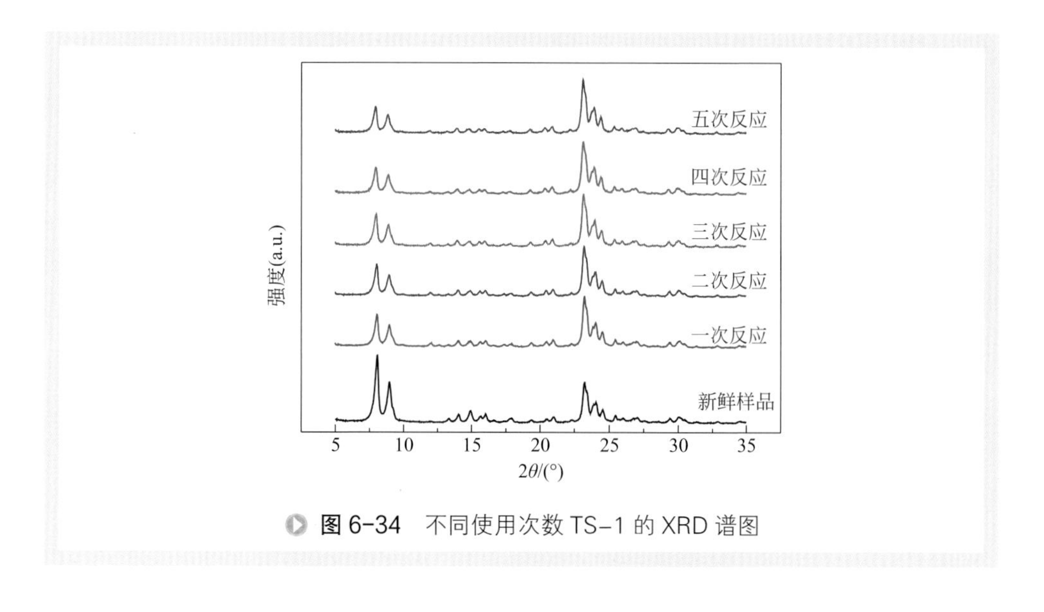

图 6-34　不同使用次数 TS-1 的 XRD 谱图

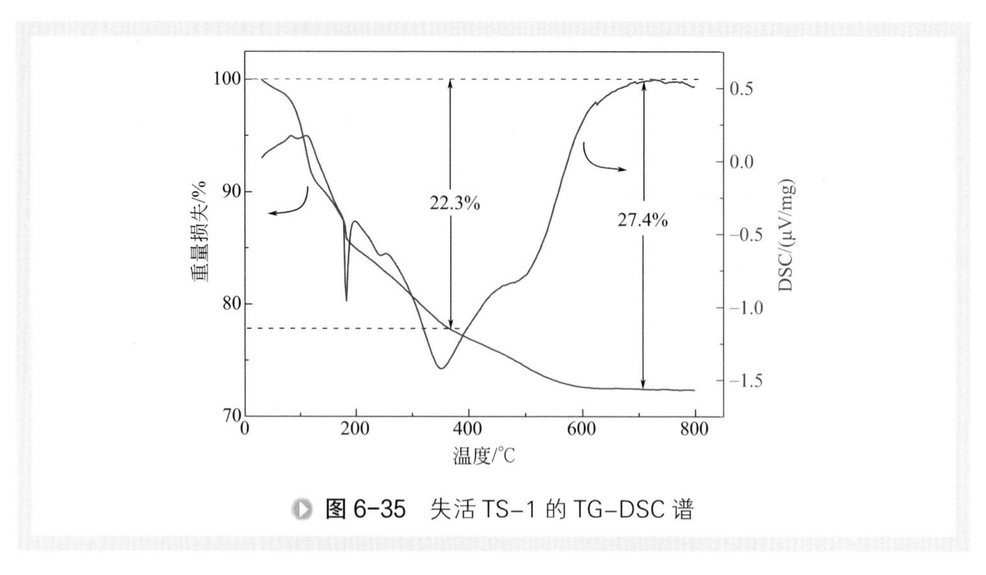

图 6-35 失活 TS-1 的 TG-DSC 谱

表 6-9 新鲜和失活 TS-1 的晶胞参数

样品	*a*/nm	*b*/nm	*c*/nm	*V*/nm^3
新鲜 TS-1	2.006	1.997	1.331	5.337
失活 TS-1	2.005	1.998	1.334	5.349

（3）热重曲线与比表面积表征 图 6-35 是失活催化剂失重曲线。按氧化脱出温度的高低，沉积在催化剂表面或孔道内的有机物主要为：170℃左右为环已酮，350℃左右为催化剂外表面或孔道外较易去除的有机物，500℃左右的为孔道内部较难去除的大分子副产物，温度在 600℃以上催化剂上几乎不存在有机物。催化剂表面或孔道内聚集的有机物较多，失重量达到 27.4%，较易去除的有机物失重约 22.3%，占总有机物含量的 80%，表明有机物主要沉积在催化剂外表面和大孔道内。

表 6-10 给出了新鲜与失活催化剂比表面积与孔体积。若碱性环境对分子筛造成了较大影响，骨架硅被溶解，则会有部分微孔消失，转化为二次介孔，介孔体积会增加。多次反应后，比表面积下降了 52.6%、孔体积减小了 41.6%，微孔体积的减少比例与总孔体积减小的比例接近，这表明碱性环境并未对分子筛造成明显影响，有机物是相对均匀地沉积在催化剂孔道内部，或完全堵塞部分孔道，造成比表面积和孔体积降低。

表 6-10 新鲜和失活 TS-1 分子筛比表面积和孔体积

样品	比表面积 /（m^2/g）	微孔比表面积 /（m^2/g）	孔体积 /（cm^3/g）	微孔孔体积 /（cm^3/g）
新鲜 TS-1	377.5	212.8	0.2762	0.1106
失活 TS-1	178.8	121.6	0.1612	0.0630

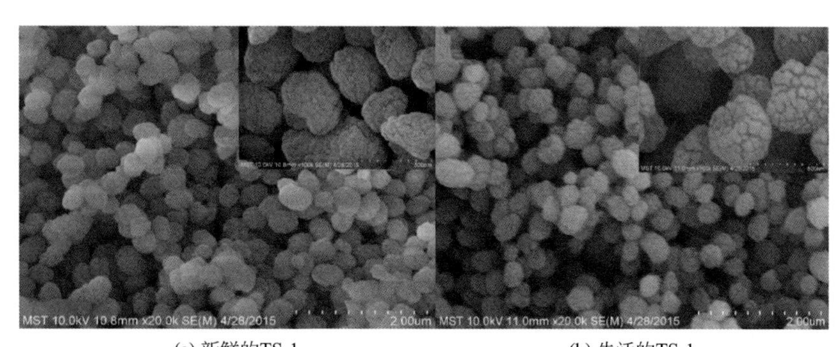

(a) 新鲜的TS-1　　(b) 失活的TS-1

图 6-36　新鲜和失活 TS-1 的 SEM 照片

（4）SEM 表征　图 6-36 是新鲜与失活 TS-1 扫描电镜图片。催化剂粒径约为 200nm，催化剂晶粒边界较为清晰。这表明尽管失活催化剂含有 27.4% 的有机物，但有机物不是在催化剂表面全包覆，而是大部分有机物在催化剂孔道内，这与表 6-10 中分析的结果也是一致的。

3. 硅溶解对催化剂活性的影响

图 6-37 是硅溶解量随反应时间的变化，以及每次套用中总硅溶解量。每次反应后硅溶解量与催化剂质量比基本维持在 4mg/g，单次反应中随反应时间增加溶解量逐渐增加。碱性环境对催化剂骨架有一定的腐蚀作用，催化剂骨架被破坏时，骨架钛会逐渐迁移，形成不具有氧化性能的六配位体。

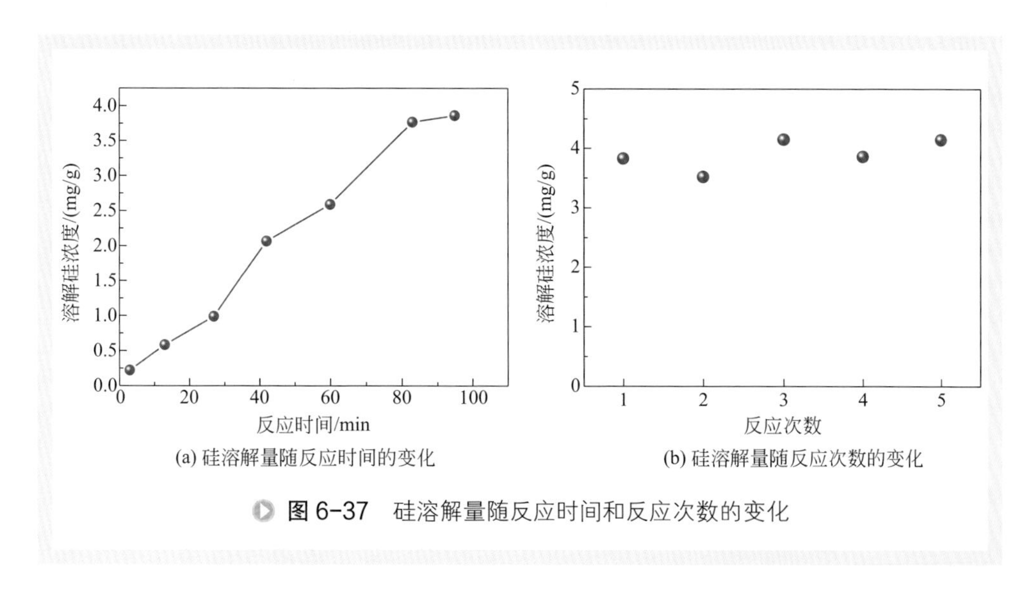

(a) 硅溶解量随反应时间的变化　　(b) 硅溶解量随反应次数的变化

图 6-37　硅溶解量随反应时间和反应次数的变化

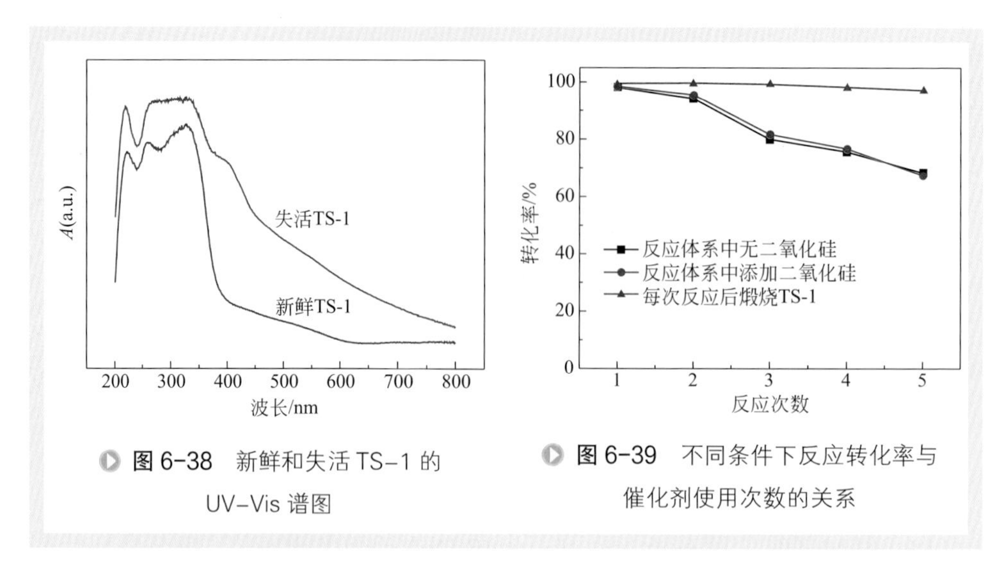

图 6-38 新鲜和失活 TS-1 的 UV-Vis 谱图

图 6-39 不同条件下反应转化率与催化剂使用次数的关系

图 6-38 是催化剂的 UV-Vis 吸收图谱，其中 210 ～ 220nm 处的吸收峰与分子筛中骨架钛含量正相关，260nm 和 330nm 处的吸收峰分别为六配位的八面体 Ti^{4+} 和锐钛矿型 TiO_2 的特征吸收峰 [51,52]。新鲜催化剂中锐钛矿型 TiO_2 以及六配位 Ti 物种的存在是由催化剂合成时过多的 Ti 源无法进入分子筛骨架造成的。失活的催化剂在 260nm 附近的吸收峰强度增加，表明有八面体 Ti^{4+} 物种的存在，即骨架钛有一定数量的迁移，催化剂骨架部分被溶解。

在碱性环境下，当碱浓度一定时，硅的溶解量是恒定的。预先向反应体系中加入一定量的无机硅源可以抑制催化剂的硅溶解，延长催化剂的寿命 [53]。图 6-39 是添加一定量的硅源后催化剂的催化性能与未加硅源和高温煅烧后的对比。有无添加硅源对催化剂的催化性能并无明显差异，而催化剂在每次高温煅烧去除表面有机物后，其催化活性基本保持不变，说明硅的溶解并不是影响该体系中催化剂性能的主要因素，催化剂上沉积的有机物被去除后催化剂的活性得到恢复。这是由于一方面硅的溶解是缓慢过程，在短时间内碱性环境对催化剂的影响不明显 [47,53]；另一方面，该反应体系中氨与环己酮摩尔比低于有溶剂叔丁醇反应体系 [45,54]，且反应液为非均相体系，多余的氨主要存在于水相中，体系中氨含量相对较低，减缓了氨水对催化剂的溶解速率。

4. 催化剂表面有机物分析

附着在催化剂表面和孔道内的主要有机物种类如表 6-11 所示，有机物以环己酮肟、环己酮和副产物为主。引起副产物的反应主要来在两个方面，一方面是环己酮肟的过度氧化，聚集在催化剂孔道内的环己酮肟会在 Ti—OOH 或 H_2O_2 的作用下过度氧化，环己酮肟的形成可以通过亚胺机理完成，其中间产物环己亚胺更易被氧化发生副反应；另一方面是催化剂酸性位引起的副反应，如环己酮自缩合，副产物生成路径如式（6-10）～式（6-12）所示。在无有机溶剂条件下，反应物在催化剂表面的浓度相对较高，反应物更易聚集在催化剂孔道内从而引起更多的副反应。可通过及时去除聚集在催化剂内外表面的有机物的方法延长催化剂的寿命。

表 6−11　催化剂表面和孔道内有机物主要成分

分子量	物质	分子式
98	环己酮	
111	2- 环己烯 -1- 酮肟	
113	环己酮肟	
127	硝基环己烷	
178	2- 环己亚烷基环己酮	
178	1-（2- 氧环己基）环己烯	
179	*N*- 环己基 - 环己胺	

$$\text{NOH} \xrightarrow{H_2O_2} \text{NOH} \tag{6-10}$$

$$\text{NH} + \text{O} \longrightarrow \text{N} \tag{6-11}$$

$$\text{O} \longrightarrow \tag{6-12}$$

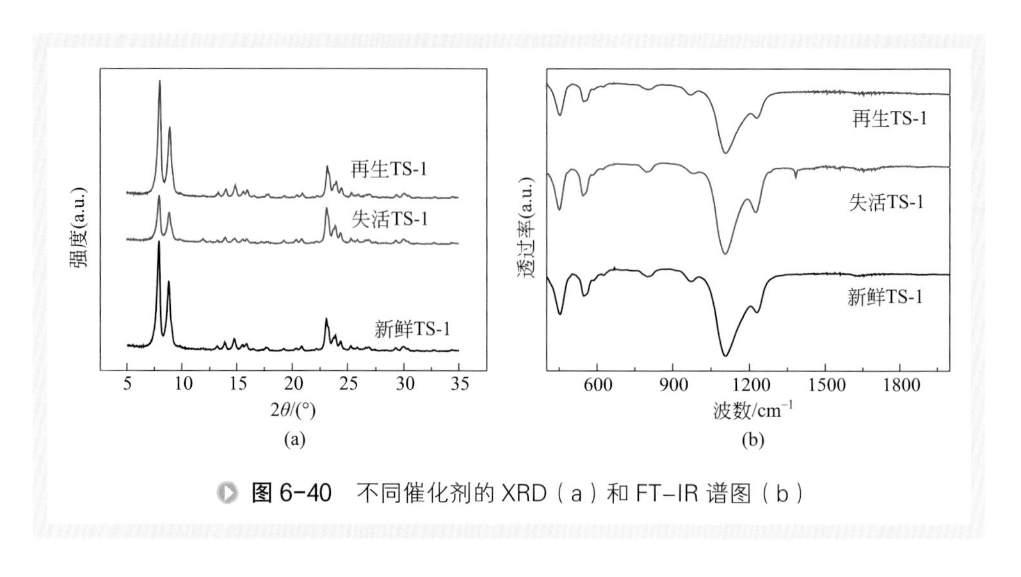

图 6-40　不同催化剂的 XRD（a）和 FT-IR 谱图（b）

5. 催化剂再生

失活 TS-1 的再生方法主要有：低温 100℃下过氧化氢氧化、溶剂萃取、300 ～ 800℃下焙烧三种[55]，环己酮氨肟化反应失活催化剂工业再生的主要方法是高温焙烧。通过失活催化剂热重曲线可以得知，在 600℃空气氛围下沉积在催化剂表面和孔道内的有机物可被完全去除。因此采用高温煅烧的方式去除催化剂表面和孔道内的有机物，再生温度选择为 600℃，时间为 3h，介质为空气。

图 6-40 是再生催化剂与失活催化剂和新鲜催化剂的 XRD 和 FT-IR 谱图对比。再生后的催化剂峰强度恢复到新鲜催化剂水平，印证有机副产物堵塞孔道造成催化剂失活的推断是正确的。FT-IR 谱图中 $1380cm^{-1}$ 峰消失，I_{960}/I_{800} 的值与新鲜催化剂峰强度比值接近，表明沉积在催化剂上的有机物被去除，催化剂的比表面积和孔体积均恢复到新鲜催化剂的状态（表 6-12）。

表 6-12　再生 TS-1 分子筛比表面积和孔体积

样品	比表面积 /（m^2/g）	微孔比表面积 /（m^2/g）	孔体积 /（cm^3/g）	微孔孔体积 /（cm^3/g）
新鲜 TS-1	377.5	212.8	0.2762	0.1106
再生 TS-1	383.7	196.3	0.2771	0.1024

图 6-41 是再生催化剂、失活催化剂、新鲜催化剂在无有机溶剂环己酮氨肟化反应中催化性能的对比。再生催化剂对环己酮氨肟化反应的转化率为 98%，环己酮肟选择性为 99.8%，与新鲜催化剂基本一致，明显高于失活催化剂，说明沉积在催化剂上的有机物被去除后，催化剂催化活性得到恢复，再生效果好。

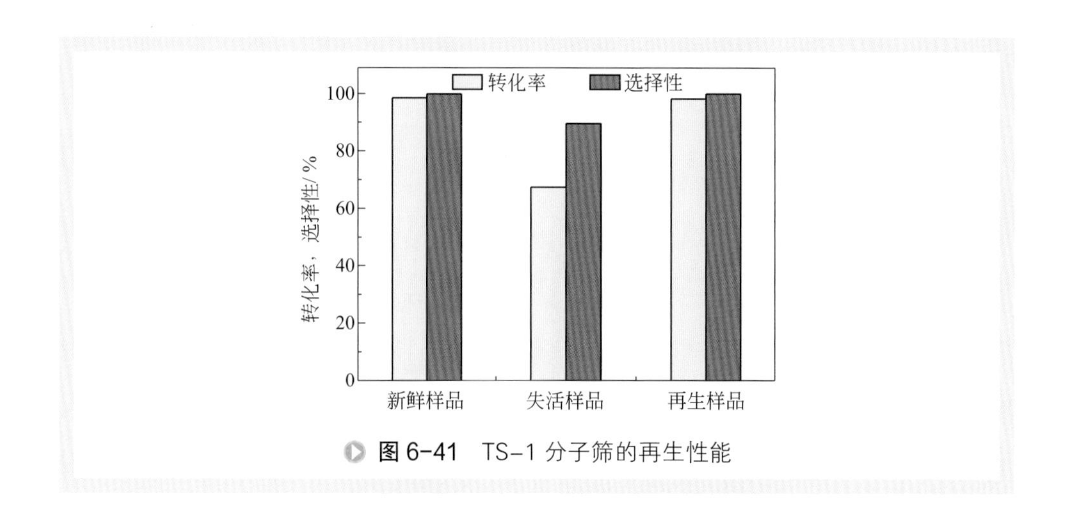

图 6-41　TS-1 分子筛的再生性能

第四节　气升式双膜反应器在氨肟化反应中的应用

气升式膜反应器将气升式反应器与膜分离技术相结合，实现反应与膜分离同步进行。与传统的气升式反应器相似，依靠气体喷射提供能量，利用升液区和降液区气液混合相间存在的密度差，促使液相形成环流。气升式膜反应器能够强化反应物之间的混合、扩散、传热和传质，有利于反应的进行；曝气在膜面形成的气液两相流增大了膜面剪切力，减轻了浓差极化，增大了膜通量，与传统的膜过滤过程相比具有结构简单、造价低、能耗低等优点[56]。膜分布器利用膜来控制气相反应物进料，气相反应物以大量微型气泡形式分散在反应体系中，使其能很好地分布在催化反应区域，提高气相传质系数，增强气液间传质效果，强化反应过程[28,33]。

此处，将气升式双膜反应器应用于环己酮氨肟化反应过程，期望在不加入叔丁醇作为溶剂的条件下，利用膜分布器控制氨气分布，产生的大量细微气泡有利于加强氨气的传质，使氨气分子较易到达 TS-1 催化活性中心；利用膜分离器实现催化剂与产物的原位分离；利用气升曝气在膜面形成的气液两相流有效去除浓差极化，减轻膜污染，从而开发出一种连续的环己酮氨肟化新工艺[57]。研究反应过程与膜分离过程的相互影响规律，在此基础上对耦合系统的稳定性运行进行研究，为气升式膜反应器在氨肟化反应中的应用提供基础数据。

一、气升式双膜反应器的工艺流程

设计的气升式双膜反应器装置主要由进料系统、反应釜、陶瓷膜组件、产品收

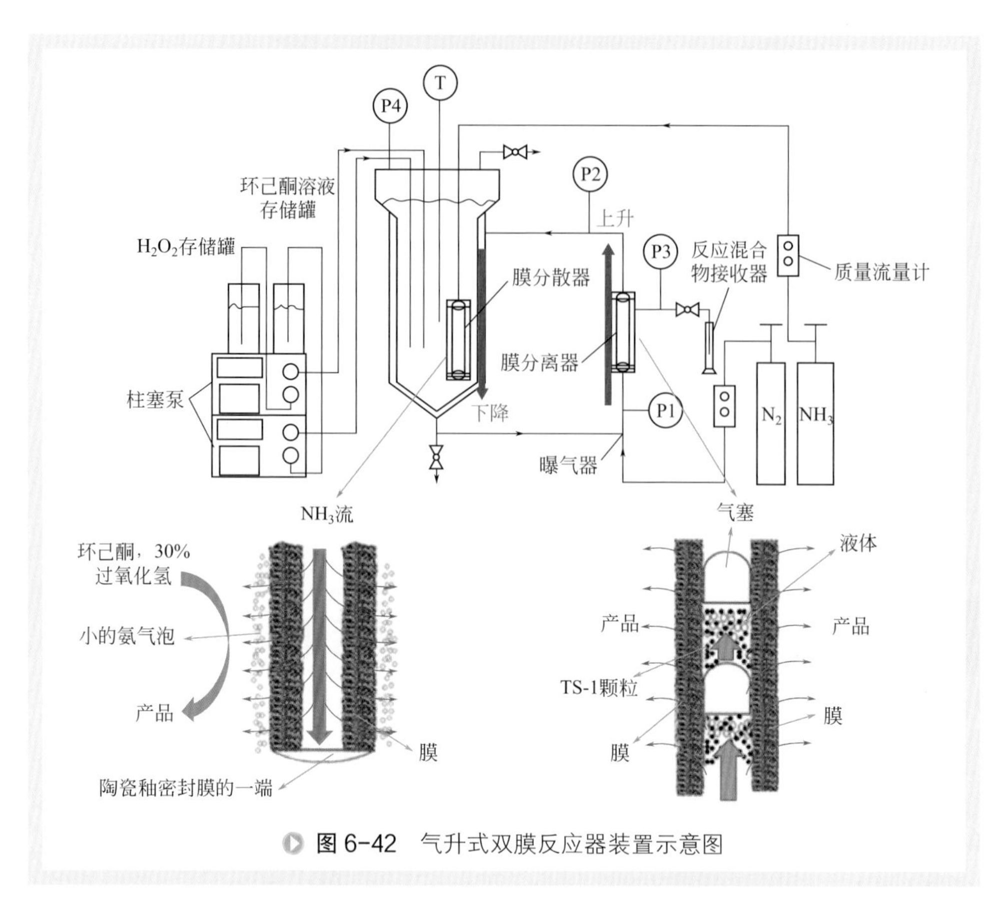

图 6-42　气升式双膜反应器装置示意图

集系统组成，装置示意图如图 6-42 所示。两台高压输液泵分别用于过氧化氢和环己酮的进料。氨气通过质量流量计控制流量。反应器由不锈钢制成，体积为 1.5L，包含升液区和降液区。其中一根陶瓷膜组件是新的升液区的一部分，在外循环反应器中与传统的升液区相区别。反应器中没有搅拌桨，因此，气液固三相的循环依赖陶瓷膜组件下方气体喷嘴喷出的氮气。膜管有效长度为 60mm，外径为 12mm，内径为 8mm。其中，采用孔径为 200nm 的 ZrO_2 内膜作为膜分离器；采用孔径为 500nm 的氧化铝陶瓷外膜作为氨气的分布器，将其一端釉封，另一端敞口。反应温度由循环的水浴控制，反应压力通过反应器的气体出口来控制。

二、气升式双膜反应器的操作方法

在图 6-42 所示的气升式双膜反应器中进行 TS-1 催化环己酮氨肟化反应。先将实验所需用量的环己酮和催化剂加入反应器中，通入氮气使物料在气升膜反应器中进行循环并加热至所需温度，当温度到达指定温度后，采用高压输液泵以恒定流速将 30%（质量分数）过氧化氢输入反应釜中，同时将氨气通过膜分布器均匀分布到反应器里。通过调节进气阀和出气阀使反应釜内压力维持在 0.3 ～ 0.5MPa，提高氨气的溶解度且使得实验安全。此时环己酮肟化反应开始，反应 100min 后，环己酮、过氧化氢和氨气以一定的流速连续进入反应器，同时，反应产物在一定的跨膜压差下以同样流速从分离膜组件的渗透侧排出，此时连续环己酮氨肟化反应开始，且取第一个数据点。每组反应与分离耦合过程连续操作至少 8h。反应产物通过 1L 量筒收集，并通过气相色谱仪分析成分。为了了解 TS-1 是否被膜分离器完全截留，渗透液中的 TS-1 浓度通过 ICP 进行分析。

为了确定 NH_3 的实际用量，尾气中未参与反应的氨气用 5000mL 水进行吸收，并采用浓度为 1mol/L 的稀硫酸，以甲基红作为指示剂，对其进行标定，测定尾气中氨气的浓度[58]。甲基红指示剂配制：将 0.1g 的甲基红溶解于 60% 的甲醇中。

环己酮转化率、环己酮肟选择性通过式（6-2）和式（6-3）进行计算，膜的过滤阻力通过达西（Darcy）定律进行计算，见式（5-3）。

三、气升式双膜反应器中反应－膜分离耦合规律

1. 膜分布器对氨肟化反应的影响

环己酮氨肟化反应中通常采用氨水参与反应，氨水带进的水增加了后续分离的能耗，且反应过程中需加入大量的叔丁醇作为溶剂，溶剂回收成本较大。如果不加溶剂，氨以氨气状态进入反应器，可以减少水的带入，增大有机相的比例，从而可减小有机溶剂的用量，但是可能存在着气液接触不好、反应效果差的问题。若采用陶瓷膜管将氨气以曝气方式进入反应器，可能强化传质，提高反应效果。为了寻找更好的氨的加入方式，在温度为 70℃，氧酮比为 1.2，氨酮比为 1.4，*m*（钛硅分子筛）/*n*（环己酮）=8g/mol，且不加入任何溶剂的操作条件下，反应时间 100min，分别采用氨气直接通入与孔径为 500nm 氧化铝外膜分布氨气两种方式，考察不同加料方式对环己酮转化率和环己酮肟选择性的影响，实验结果如表 6-13 所示。在不加入叔丁醇作溶剂的条件下，膜管分布氨气的方式所获得的环己酮转化率和环己酮肟选择性都高于氨气直接加入。结果表明，膜分布器对环己酮肟化反应的选择性有促进作用，小孔径陶瓷膜进行氨气分布有利于提高反应选择性。采用膜分布气相反应物，通过膜管壁上的微孔，使反应物以微气泡的形式分散在反应体系中，有效增加气液接触面积，从而加强气液传质效果，强化反应过程[28,33]。

表 6-13　膜分布器对环己酮转化率和环己酮肟选择性的影响

加入方式	氨气直接加入	孔径 500nm 陶瓷膜分布加入
转化率 /%	89.6	91
选择性 /%	52.4	70.5

2. 气升过程的影响

在膜分离过程中，大量研究表明利用曝气在膜面形成的气液两相流，可有效减轻浓差极化和膜污染，提高膜通量。图 6-43 给出了在温度为 70℃，催化剂 TS-1 浓度为 30g/L，压力为 0.3MPa，环已酮浓度为 4.42mol/L，过氧化氢浓度为 5.31mol/L，氨气曝气量 800mL/min，停留时间为 100min 的操作条件下，氮气曝气量对环已酮氨肟化连续反应与分离过程的影响。当氮气曝气量由 400mL/min 增大至 1200mL/min 时，环已酮转化率与环已酮肟的选择性没有明显变化，分别为 87% 和 74% 左右。当曝气量由 400mL/min 增大至 800mL/min 时，膜过滤阻力由 $5.26\times10^{11}\ m^{-1}$ 迅速降低至 $1.92\times10^{11}m^{-1}$，继续增大曝气量，过滤阻力没有明显变化。曝气过程主要减轻浓差极化 [59,60]，但是，对于堵孔现象无明显影响。所以，当浓差极化现象基本消除后，滤饼层阻力占主导地位，曝气对膜过滤阻力影响不明显。因此，氮气流量 800mL/min 为最优氮气曝气量，此时膜阻力低，转化率和选择性高。

3. 操作条件对反应性能以及膜过滤阻力的影响

系统考察了停留时间、反应温度、催化剂浓度以及反应物间摩尔比（氧酮比、氨酮比）对反应转化率和选择性以及膜过滤阻力的影响。

（1）停留时间的影响　在反应温度为 70℃，反应压力为 0.3MPa，催化剂浓度为 30g/L，环已酮浓度为 4.42mol/L，过氧化氢浓度为 5.31mol/L，氨气曝气量为 800mL/min，氮气曝气量为 800mL/min 的条件下，考察了不同停留时间（40min、60min、80min、100min、120min）对环已酮转化率、环已酮肟选择性及膜过滤阻力的影响，如图 6-44 所示。反应器中的液相体积一定，此处停留时间是通过进料流速的变化来控制。随着停留时间的增长，环已酮转化率略有提高，直到停留时间

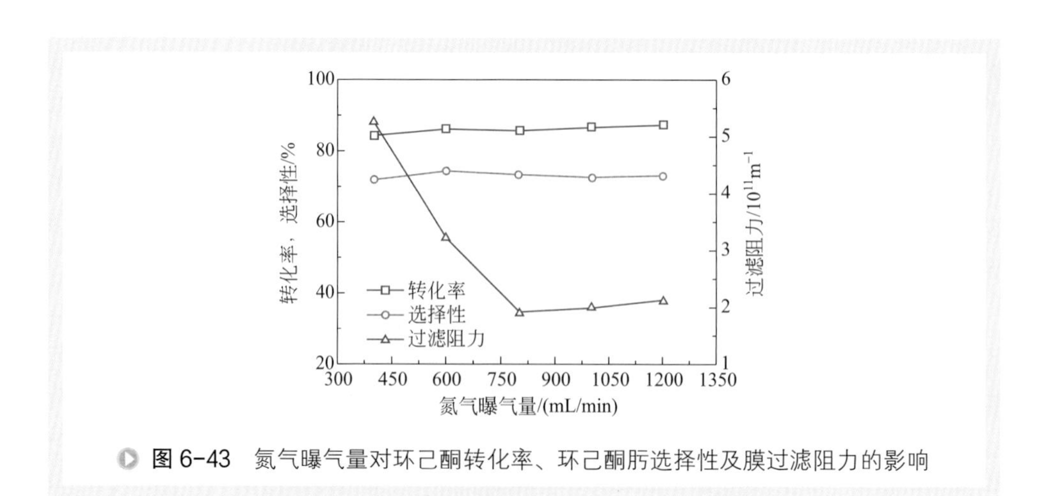

图 6-43　氮气曝气量对环己酮转化率、环己酮肟选择性及膜过滤阻力的影响

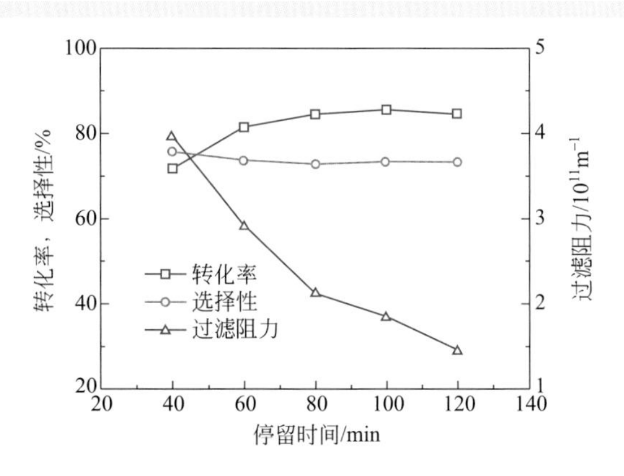

图 6-44　反应停留时间对环己酮转化率、环己酮肟选择性及膜过滤阻力的影响

大于 100min 后环己酮转化率基本不变，而环己酮肟选择性随停留时间的变化基本保持不变，膜过滤阻力随停留时间的增大而呈现降低趋势。停留时间增加，进料流速减少，为了保证反应器中液位的恒定，相应的出料流速也减少，即膜通量降低，所需跨膜压力也随之降低，减小了滤饼层厚度，降低了膜过滤阻力。综合考虑反应转化率和选择性及膜过滤阻力，反应停留时间取 100min 左右较为合适，对应的跨膜压差为 0.08MPa。

（2）反应温度的影响　在反应压力为 0.3MPa，停留时间为 100min，催化剂浓度为 30g/L，环己酮浓度为 4.42mol/L，过氧化氢浓度为 5.31mol/L，氨气曝气量为 800mL/min，氮气曝气量为 800mL/min 的条件下，考察了反应温度对环己酮转化率、环己酮肟选择性及膜过滤阻力的影响，如图 6-45 所示。当温度由 50℃增大至 70℃时，环己酮转化率不断增大，在 70℃时达到最大值为 85.7%，继续增高温度，

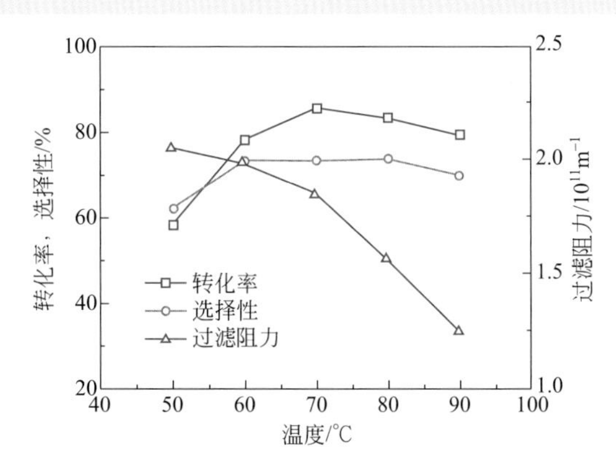

图 6-45　反应温度对环己酮转化率、环己酮肟选择性及膜过滤阻力的影响

反应转化率呈现下降趋势。环己酮肟选择性随温度的增大先增大后趋于稳定。温度的升高带来分子布朗运动现象增强[37]，反应速率加快，导致转化率增大，但温度升高也加速过氧化氢的分解和溶解氨的蒸发，使得反应转化率随后下降。反应温度的升高不仅加快了主反应速率也加快了副反应速率，反应的选择性是主副反应相互竞争的结果。当反应温度为 70℃时，反应转化率为 85.7%，选择性为 73.3%，此时反应收率最高。膜过滤阻力随温度升高而降低。这主要是由于当温度升高时，反应物料的黏度降低，因此，在一定的膜通量下，所需的跨膜压差降低，导致了滤饼层厚度和过滤阻力的减少[7]。基于上述分析，适宜的反应温度为 70℃。

（3）催化剂浓度的影响　在反应温度为 70℃，反应压力为 0.3MPa，停留时间为 100min，环己酮浓度为 4.42mol/L，过氧化氢浓度为 5.31mol/L，氨气曝气量为 800mL/min，氮气曝气量为 800mL/min 的条件下，考察了不同催化剂浓度对环己酮转化率、环己酮肟选择性及膜过滤阻力的影响，如图 6-46 所示。当催化剂浓度不断增大时，环己酮转化率、环己酮肟选择性都在不断增大，当催化剂浓度增大至 35g/L 时，反应转化率和选择性达到最优，继续增大催化剂用量，反应转化率和选择性没有明显变化。同时，膜过滤阻力随催化剂浓度的增大而增大。当催化剂 TS-1 浓度增大时，其用于环己酮氨肟化反应的活性 Ti 组分浓度增大，强化肟化反应[9]。但是，气液固三相体系过滤过程中，TS-1 固含量增大导致催化剂固体颗粒在膜面沉积概率增大，使膜过滤阻力增大。综合考虑，选取催化剂浓度 35g/L 为最优催化剂用量。

（4）氧酮比的影响　在反应温度为 70℃，反应压力为 0.3MPa，停留时间为 100min，环己酮浓度为 4.42mol/L，催化剂浓度为 35g/L，氨气曝气量为 800mL/min，氮气曝气量为 800mL/min 的条件下，考察了不同过氧化氢与环己酮摩尔比对环己酮转化率、环己酮肟选择性及膜过滤阻力的影响，如图 6-47 所示。由

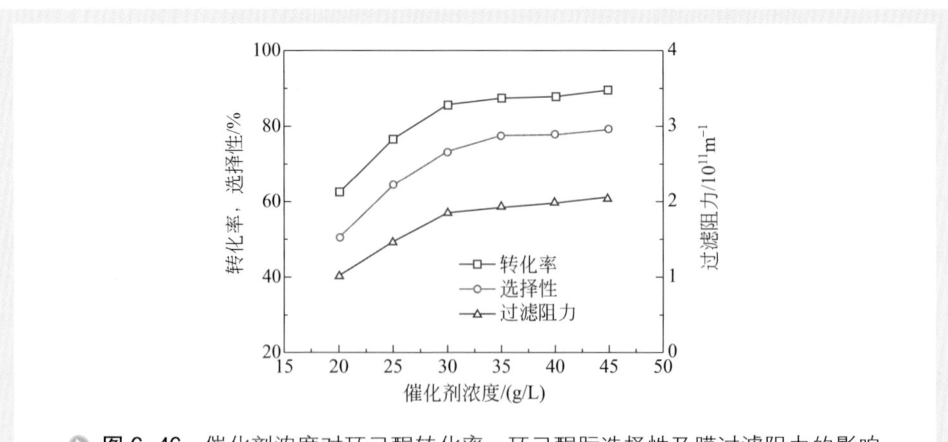

图 6-46　催化剂浓度对环己酮转化率、环己酮肟选择性及膜过滤阻力的影响

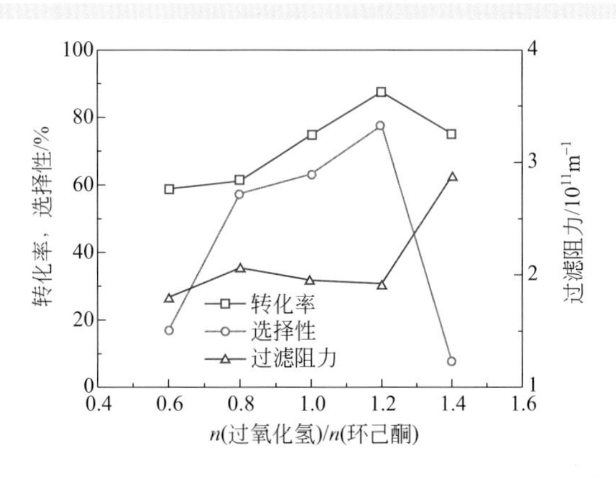

图 6-47　氧酮比对环己酮转化率、环己酮肟选择性及膜过滤阻力的影响

图可以看出，随着过氧化氢与环己酮摩尔比不断增大，反应转化率和环己酮肟选择性都是先增大，当过氧化氢与环己酮摩尔比为 1.2 时，两者皆达到最大值，此时反应转化率为 87.4%，选择性为 77.6%，继续增大过氧化氢用量，反应转化率和选择性降低。分析环己酮氨肟化反应，理论上过氧化氢与环己酮摩尔比应为 1∶1，但由于过氧化氢高温下易分解，因此，当过氧化氢的浓度不过量的情况下，环己酮转化率和环己酮肟选择性会非常低，但是，当过氧化氢的浓度过量的情况下，过氧化氢的分解随着其浓度的增加而加剧[12]，带来环己酮转化率和环己酮肟选择性的降低。过氧化氢与环己酮摩尔比小于 1.2 时，膜过滤阻力变化不大，但是大于 1.2 时，膜过滤阻力急剧增加。这主要是因为有机物对滤饼层有很大的影响，有机物会吸附在滤饼层中的催化剂颗粒表面，从而改变滤饼层的渗透性。当选择性低时，一些副产物会吸附在催化剂上形成致密滤饼层，导致膜过滤阻力的增大。综上，过氧化氢与环己酮摩尔比为 1.2 时最优。

（5）氨酮比的影响　在反应温度为 70℃，反应压力为 0.3MPa，停留时间为 100min，环己酮浓度为 4.42mol/L，过氧化氢浓度为 5.31mol/L，催化剂浓度为 30g/L，氮气曝气量为 800mL/min 的条件下，考察了氨与环己酮的摩尔比（氨气曝气量）对环己酮转化率、环己酮肟选择性的影响，如图 6-48 所示。随着氨气用量的不断

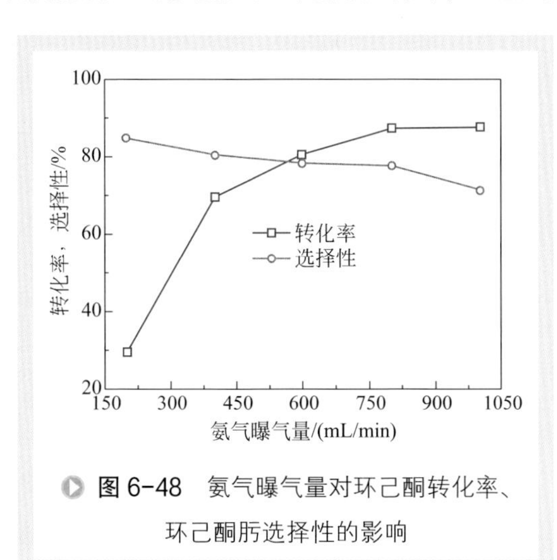

图 6-48　氨气曝气量对环己酮转化率、环己酮肟选择性的影响

增大，反应的转化率不断增大，环己酮肟选择性随之降低。氨浓度的增加会带来转化率的升高，这与文献报道一致[10]。但是当氨气量过高时，大量氨气导致副反应加剧，如过氧化氢的分解，从而反应选择性降低[12]。对不同曝气量下实际反应的氨量进行测定，以甲基红为指示剂，用浓度为1mol/L的稀硫酸进行标定，实际氨用量如表6-14所示。由图6-48结合表6-14可以看出，当曝气量为800mL/min，即实际所用氨与环己酮肟摩尔比为1.59时，反应收率最高。

表6-14　不同氨气曝气量下，实际反应的氨/环己酮摩尔比

氨气曝气量/（mL/min）	实际反应的氨/环己酮摩尔比
200	0.61
400	0.86
600	1.20
800	1.59
1000	3.53

4. 气升式双膜反应器的稳定性研究

在前面优化的操作条件下（反应温度为70℃，反应压力为0.3MPa，停留时间为100min，环己酮浓度为4.42mol/L，过氧化氢浓度为5.31mol/L，催化剂浓度为35g/L，氨气曝气量为800mL/min，氮气曝气量为800mL/min），考察反应与膜分离耦合过程的稳定性，结果如图6-49所示。

反应25h内，反应转化率和选择性没有明显变化，转化率维持在约87%，选择性维持在约76%。膜过滤阻力在前5h中，由$1.38\times10^{11}m^{-1}$增大至$2\times10^{11}m^{-1}$，这主要是催化剂在膜面沉积逐渐形成滤饼层污染，在随后的15h中，催化剂颗粒在膜

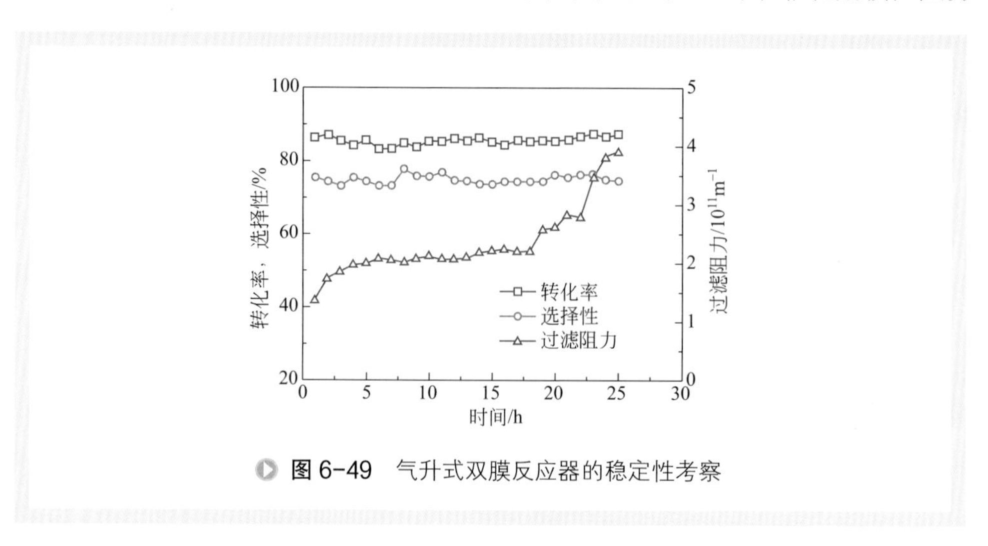

图6-49　气升式双膜反应器的稳定性考察

面的吸附和脱附达到平衡，滤饼层厚度维持不变，膜阻力基本保持不变；当操作时间超过 20h 后，膜阻力呈现迅速增大的趋势。ICP 分析结果显示，催化剂颗粒可以通过膜分离器完全截留。稳定性实验说明此气升式双膜反应器可以实现环己酮氨肟化反应 25h 以上的稳定运行，但是由于膜污染，不能维持分离过程的连续稳定运行。随着反应的进行，有机副产物会在膜面吸附，导致滤饼层的性质发生改变，使得阻力呈增大趋势。

表 6-15 为本研究中气升式双膜反应器的优化结果与其他反应器中环己酮氨肟化的优化结果的比较。可以看出，在以水为溶剂的情况下，循环气升式双膜反应器中获得的环己酮转化率和环己酮肟选择性的水平相对较高，这是由于膜分布器的引入可强化气相与有机相的混合。与水 - 叔丁醇混合溶剂相比，此工作获得的转化率和选择性偏低，可能是由于有机溶剂的存在可促进反应物到 TS-1 孔中参与反应。

膜在环己酮氨肟化中的寿命是膜反应器应该考虑的重要方面之一，对连续反应 25h 后的陶瓷膜分布器及分离膜表面进行 FESEM 的表征，如图 6-50 和图 6-51 所示。反应后的膜表面和断面与新膜的差别不大，经过 25h 的运行，膜层与支撑层结合很好，说明使用的陶瓷膜具有优良的化学稳定性和热稳定性。

表 6-15　不同反应器中环己酮转化率和环己酮肟选择性的比较

反应器	催化剂	催化剂含量 /（g 催化剂 /g 丙酮）	停留时间 /h	溶剂	转化率 /%	选择性 /%	收率 /%	参考文献
浆态床反应器	TS-1	0.05	2	水	46.8	93.3	46.7	Xu 等 [39]
		0.15	2	水 - 叔丁醇	96.5	99.3	95.8	
	黏土基 TS-1	0.33	2.5	水			43.0	Zhong 等 [40]
				甲醇			46.0	
				水 - 叔丁醇	100.0	97.0	97.0	
	TS-1	0.01	1	水	16.2	72.8	11.9	Yip 等 [38]
		0.20	5	水 - 叔丁醇	97.0	99.9	96.9	
	Ti-MWW	0.01	1	水 - 叔丁醇	99.4	99.9	99.3	Song 等 [27]
	TS-1	0.10	4	水 - 叔丁醇	99.4	95.6	95	
				甲醇	89.0	73.8	65.7	
				水	99.2	80.1	79.4	
				甲苯	99.8	84.0	83.8	
气升式双膜反应器	TS-1	0.08	1.67	水	87	76	66.1	本工作

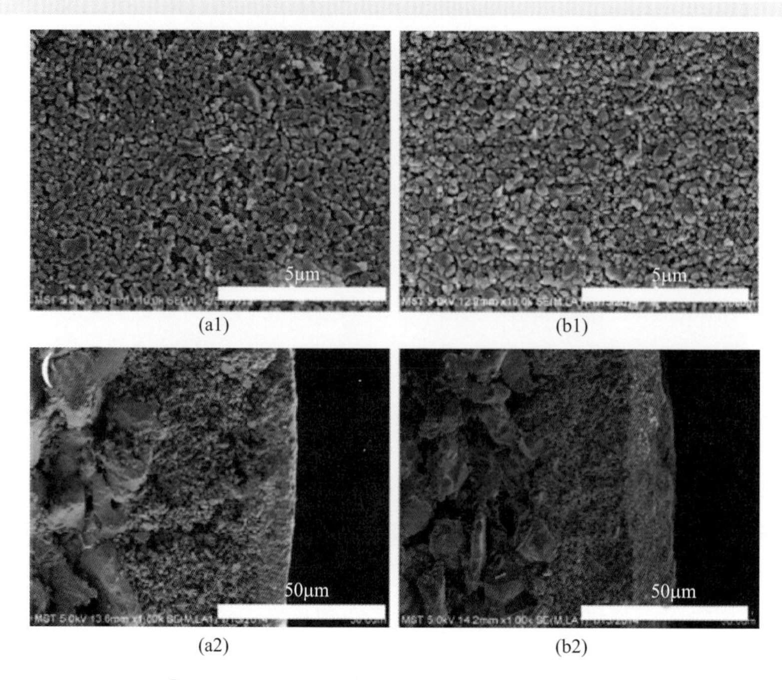

图 6-50　膜分布器表面的场发射电镜照片

（a1）新膜表面；（b1）使用后膜表面；（a2）新膜断面；（b2）使用后膜断面

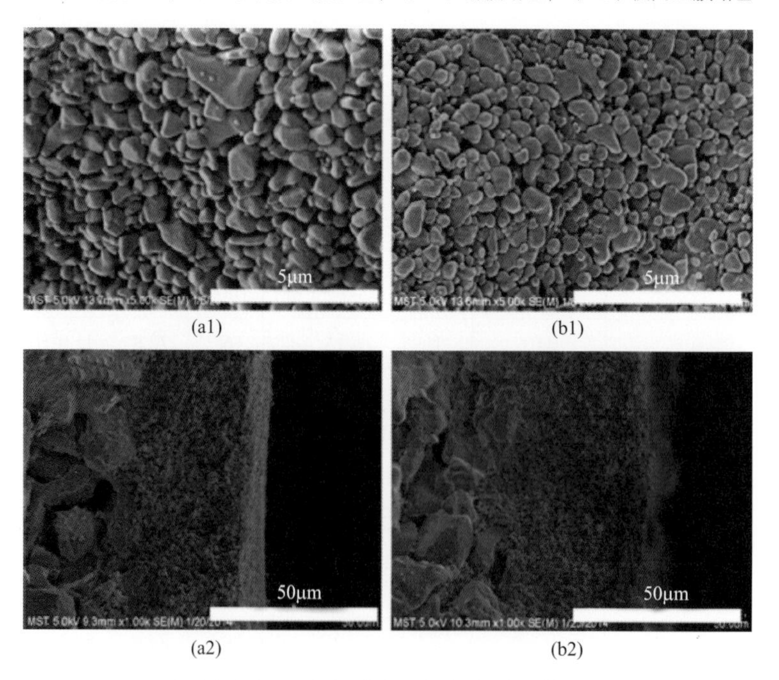

图 6-51　分离膜表面的场发射电镜照片

（a1）新膜表面；（b1）使用后膜表面；（a2）新膜断面；（b2）使用后膜断面

第五节　陶瓷膜反应器在环己酮氨肟化反应中的工业应用

环己酮肟是生产己内酰胺的中间体，90% 的己内酰胺产品都由其重排而得。TS-1 催化环己酮氨肟化制环己酮肟工艺具有反应条件温和、选择性高、副产物少、能耗低、污染小的特点。在以 TS-1 为催化剂生产环己酮肟的过程中，由于催化剂颗粒小，催化剂随产品流失现象十分严重，成为其工程化的关键问题之一。将陶瓷膜过滤过程与环己酮氨肟化反应过程耦合，通过陶瓷膜截留钛硅分子筛催化剂，组成新型的膜催化集成新工艺，不仅可以有效地解决催化剂的循环利用问题，还可以缩短工艺流程、提高过程的连续性。

一、环己酮氨肟化工艺流程

环己酮氨肟化生产环己酮肟是中石化开发的一种先进的工艺流程，简要的工艺路线如图 6-52 所示。叔丁醇、氨气、催化剂在反应釜内反应，催化剂浓度为 3.5%，反应后料液进膜分离系统，陶瓷膜将催化剂分离后，浓缩液进入反应釜继续参与反应，清液则进入产品罐，经过后续工艺得到最终产品环己酮肟。中石化在 2003 年建成年产 7 万吨的环己酮肟生产装置[61]，其中陶瓷膜的装置如图 6-53 所示。在优化的反应条件下（以叔丁醇 - 水为溶剂，其体积比为 2.0 ～ 2.8；氨 / 环己酮摩尔比 1.7 ～ 2.7；过氧化氢 / 环己酮摩尔比 1.01 ～ 1.10；常压，反应温度 75℃，反应停留时间 70min 左右，分子筛质量分数 2% ～ 3%）进行反应，环己酮的转化率达到 96%，环己酮肟的选择性大于 99%。但是在工业应用的过程中存在膜污染的问题，导致膜通量下降，系统不能够长期连续运行。为此系统研究了工业运行过程中的膜

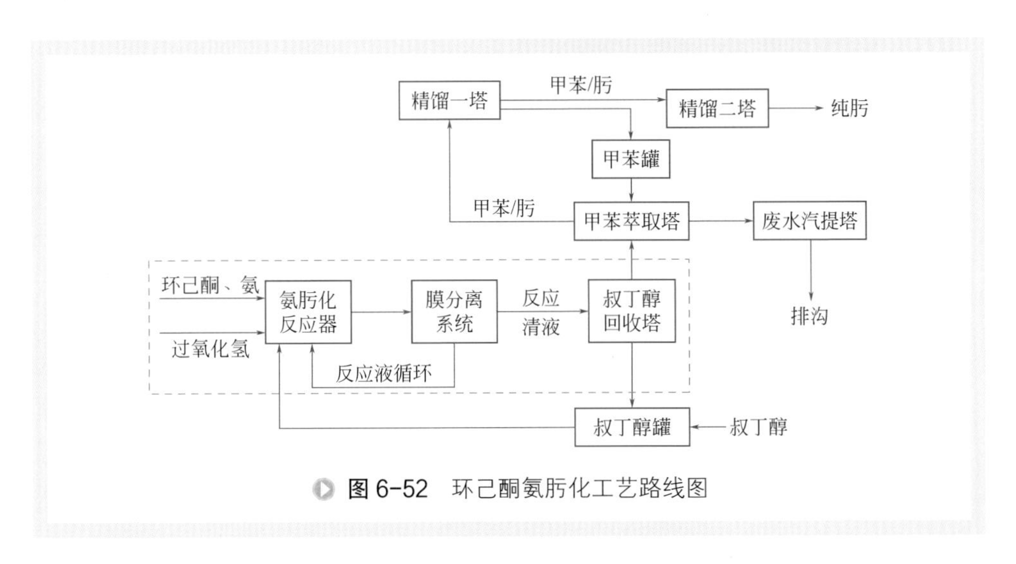

图 6-52　环己酮氨肟化工艺路线图

图 6-53　7 万吨 /a 的环己酮肟生产装置照片

污染形成机理，开发出催化剂稳定性与膜污染协同控制技术，既能提高催化剂的稳定性又可控制膜污染，保障了氨肟化工艺的工业稳定运行。

二、陶瓷膜污染机理分析

氨肟化膜反应器工业运行中钛硅分子筛由于氨的碱性而造成硅的溶解流失，需添加硅溶胶到反应体系中来抑制钛硅催化剂的溶解，无定形硅的累积形成严重的膜污染，导致膜分离性能下降，因此围绕工业运行过程开展了陶瓷膜污染机理研究，开发抑制催化剂溶解和膜污染的协同控制方法。

1. 污染膜的SEM-EDS分析

图 6-54　污染膜的表面 SEM 照片

图 6-54 是工业污染膜的表面 SEM 照片。由图可见，一些粒径小于 1μm 的颗粒和其团聚物沉积在膜表面。污染膜表面除了一些由于干燥所致的裂纹外看上去比较致密。因此该图显示了 TS-1 颗粒的沉积是污染原因之一。污染膜的 EDS 分析显示污染物主要由 C、Ti、Si、O 和 Fe 元素组成（表 6-16）。C 元素来自反应体系中吸附在膜表面的有机物。Ti、Si 和 O 元素来自 TS-1 颗粒与硅溶胶。Fe 元素也许是一些源于工业用水的无机沉淀物。SEM-EDS 分析结果显示，污染

物包括 TS-1 颗粒、有机物、硅溶胶和铁沉淀，但是这些污染物对通量的影响和它们之间的相互作用不清楚，所以下面的实验进一步确认污染机理。

表 6-16　污染膜的 EDS 分析结果

元素	质量分数 /%
C	17.90
O	23.61
Fe	5.55
Si	45.46
Ti	7.48

2. 有机物对膜污染的影响

膜分离液固体系过程中，有机物的存在对滤饼层结构的影响很大。因为沉积在膜表面的固体颗粒会吸附有机物使其在膜表面富集，增大了滤饼的比阻，由此产生的滤饼阻力会是仅由固体颗粒形成滤饼的数倍 [14]。

由于无机膜具有耐高温的优点，因而可以取工业生产中的污染膜在 500℃下焙烧 1h，通过蒸发和灼烧去除滤饼层与膜层中的有机物。焙烧以后，EDS 分析污染膜表面和孔道中已无有机物存在。测定纯水通量，从 230L/（m^2 • h）增加到 247L/（m^2 • h），但是它依然低于最初的纯水通量［550L/（m^2 • h）］，说明有机物对膜污染影响很小，原因是工业催化环己酮氨肟化制环己酮肟的反应体系中涉及的有机物主要为单环、短链有机物，对滤饼结构的影响比文献中长链复杂结构有机物的影响要小得多。

3. 硅助剂对膜污染的影响

硅溶胶助剂是一种聚合物，其中 $\{SiO_4\}^{4-}$ 四面体以链状或片状或三维网格状排列 [62]。为了考察硅溶胶、膜和 TS-1 颗粒间的相互作用，研究了不同料液的过滤特性。图 6-55 比较了不同进料液的超滤通量，诸如只有 TS-1 的料液、只有二氧化硅溶胶的料液以及同时拥有二氧化硅溶胶和 TS-1 的混合物的溶液。当过滤仅有二氧化硅溶胶或分子筛的料液时，通量经过大约 6% 与 17% 的衰减维持恒定。然而，当 TS-1 颗粒和二氧化硅溶胶混合在一起后，在 8h 内通量显著下降了 28%。该结果揭示了二氧化硅溶胶对渗透通量具有较大的影响。

图 6-55 还阐述了料液中组分不同组合的膜过滤过程可能的污染机理。在过滤硅溶胶溶液过程中，硅溶胶吸附到膜孔之中，伴随着膜面的浓差极化效应，导致硅溶胶在膜面的聚集 [63,64]。当过滤 TS-1 溶液时，由其颗粒形成的滤饼比较疏松。硅溶胶是一种具有高表面能和黏合强度的胶体 [65]。当硅溶胶添加到 TS-1 溶液中后，它会吸附到悬浮液和滤饼中 TS-1 颗粒表面。当溶液通过滤饼后，滤饼中的孔道会

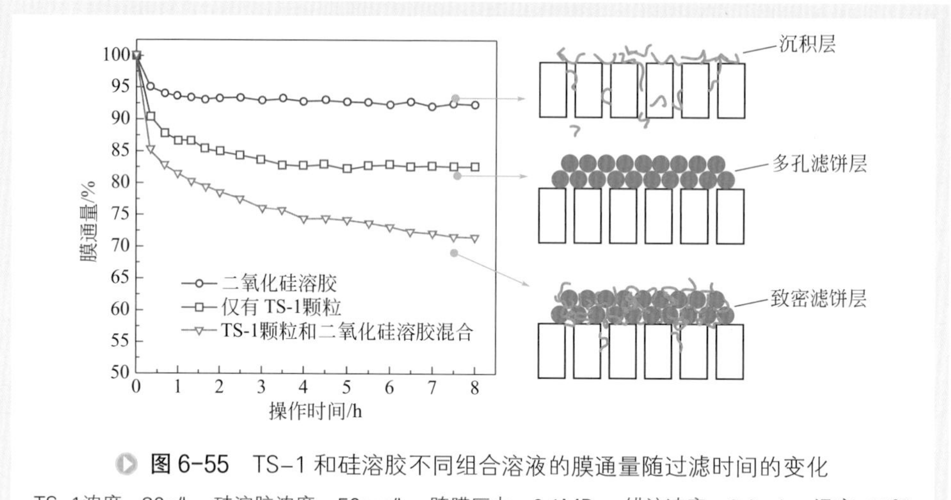

图 6-55 TS-1 和硅溶胶不同组合溶液的膜通量随过滤时间的变化

TS-1浓度= 30g/L，硅溶胶浓度 = 50mg/L，跨膜压力 = 0.1MPa，错流速率 = 3.0m/s，温度=80℃

渐渐被吸附和沉积的硅溶胶填充，如膜孔道一样，从而 TS-1 和硅溶胶在膜表面形成了渗透性能较低的滤饼。类似的颗粒 / 胶体污染在文献中 [14] 也有报道。该解释可以通过 SEM 分析膜面滤饼得到证实。

图 6-56 显示了膜过滤两种不同料液时膜面沉积滤饼层。如图所示，在过滤混合物料液和只含 TS-1 的料液后，几乎同样厚的滤饼层在膜表面形成。过滤 TS-1 料液时轻微的通量衰减显示其所形成的滤饼相对疏松。相比之下，过滤混合料液时明显的通量衰减显示膜表面的滤饼层较致密。过滤混合物的滤饼的断面表观结构看上去比单纯的 TS-1 颗粒要致密。图 6-57 显示的 TS-1 料液的污染膜表面同样也比图 6-54 中要疏松。因此，过滤混合料液时的通量衰减是由于 TS-1 和硅溶胶之间的相互作用导致了滤饼性质改变而造成的。

(a)

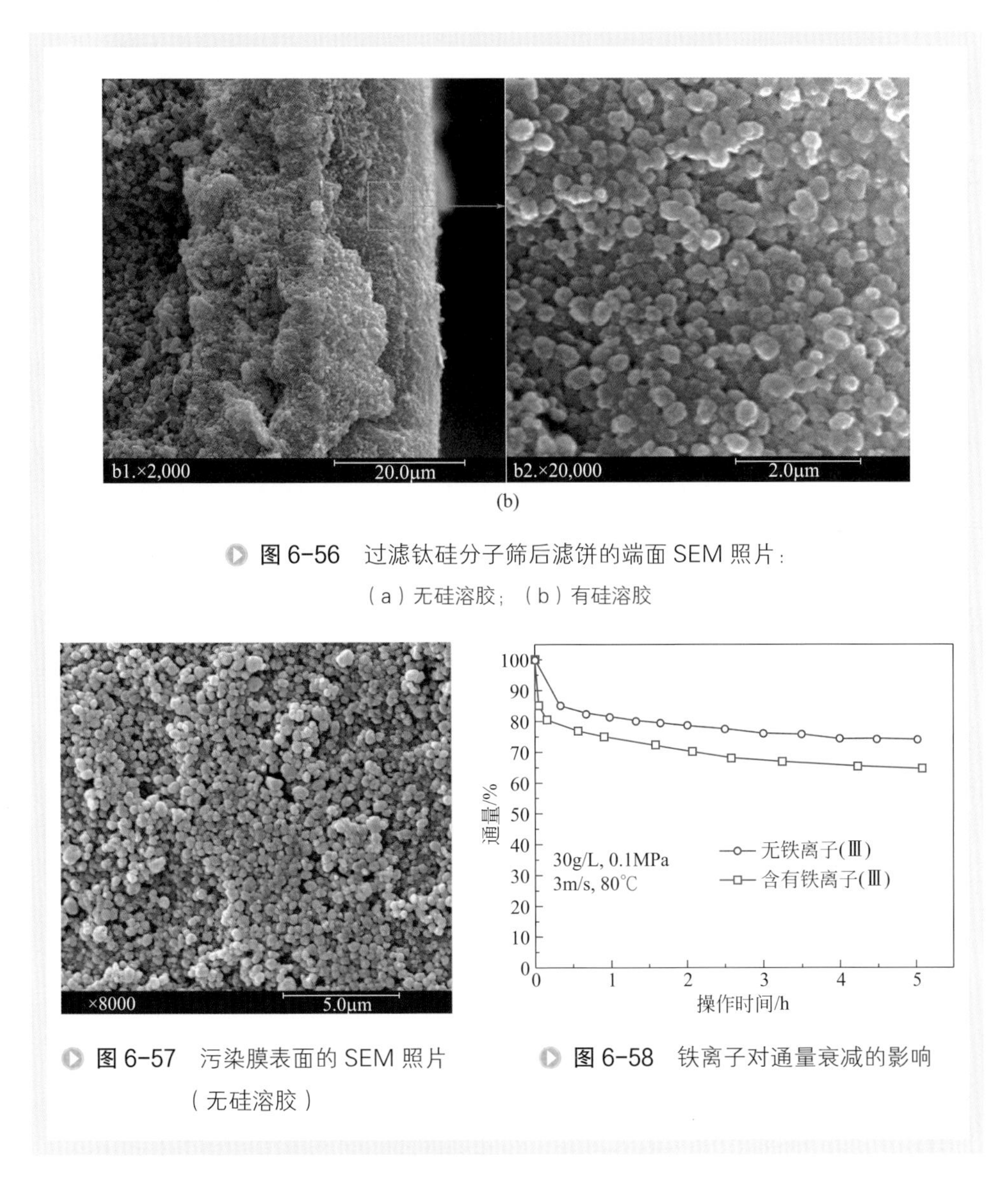

图 6-56　过滤钛硅分子筛后滤饼的端面 SEM 照片：
（a）无硅溶胶；（b）有硅溶胶

图 6-57　污染膜表面的 SEM 照片
（无硅溶胶）

图 6-58　铁离子对通量衰减的影响

4. 铁离子（Ⅲ）对膜污染的影响

许多进料水中含有少量的可溶性铁盐。为了考察铁离子（Ⅲ）对膜污染的影响，100mg/L 的铁离子（Ⅲ）被加入溶液中。图 6-58 显示了过滤含铁溶液的通量与不含铁溶液的通量。铁离子的加入导致膜通量进一步衰减了 10%。这是因为不溶性氢氧化铁沉淀形成并聚集于膜表面。另外，来自钛硅分子筛和硅溶胶的氧化硅单体和聚合物会与铁的水合物发生反应形成硅酸铁类沉淀：

$$\mathrm{OFeOH \cdot H_2O + Si(OH)_4 \longrightarrow Fe(OH)_3 \cdot SiO_2 \downarrow + 2H_2O} \qquad (6\text{-}13)$$

当 pH 高于 7 时，该硅酸铁类化合物比无定形氧化硅的溶解度降低了 90%[63,64]。铁离子的存在促进了溶液中氧化硅在膜面的沉积。

三、膜再生方法

1. 物理再生方法

（1）提高膜面流速　增加膜面错流速率（CFV）是一种常用的降低膜污染和恢复通量的物理手段。膜面错流速率对膜通量的影响如图 6-59 所示，高的流速产生了高的通量。这是由于高流速使一些钛硅分子筛颗粒不能沉积下来。然而，增加错流速率看上去对通量恢复没有作用。在膜被污染后，用料液在不同错流速率下冲洗系统以恢复通量，如图 6-60 所示，通量随 CFV 的增大恢复很少。这说明能够从膜面返回到主体料液中的颗粒很少。

为了分析钛硅分子筛颗粒在膜表面的沉积行为，计算了作用于单个颗粒的流体作用力在本研究的流体力学条件下随颗粒粒径的函数变化。钛硅分子筛颗粒属于微米和亚微米级颗粒。研究颗粒的受力行为，需要区分为下列两种情形：错流流体中悬浮颗粒的受力和沉积在膜表面的颗粒的受力（图 6-61）。在一般的研究条件下，膜通道中的流体是湍流状态的，但是颗粒的尺寸通常小于层流边界层的厚度。如图 6-61 所示，膜表面附近的颗粒在垂直于膜面的方向受到两个作用力，分别是渗透液产生的渗透曳力（F_y）和内向升力（F_l）[66]。不同于图 2-9 中的纳米级颗粒的受力情况。

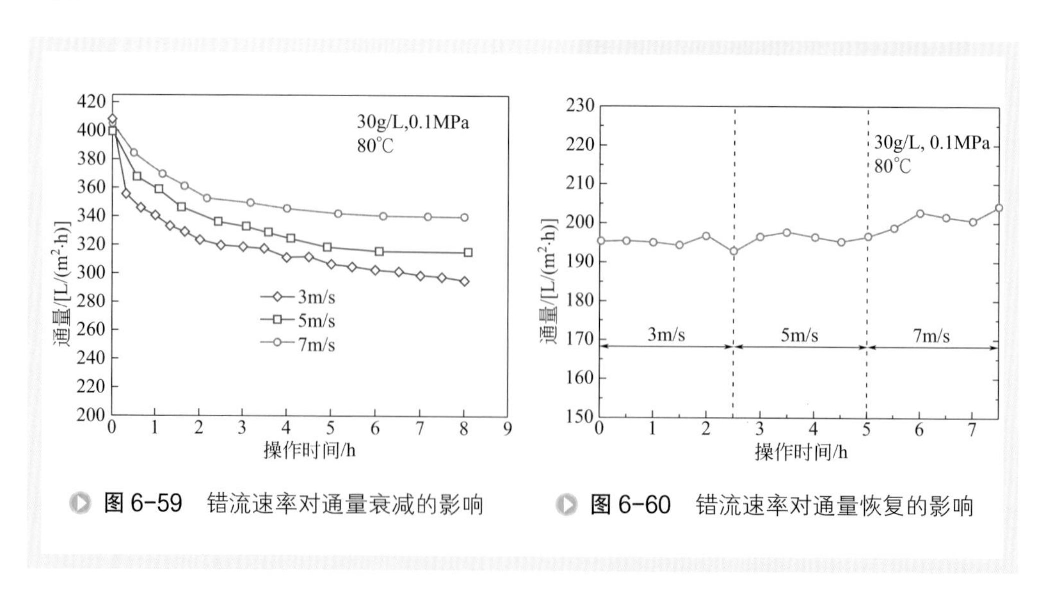

图 6-59　错流速率对通量衰减的影响

图 6-60　错流速率对通量恢复的影响

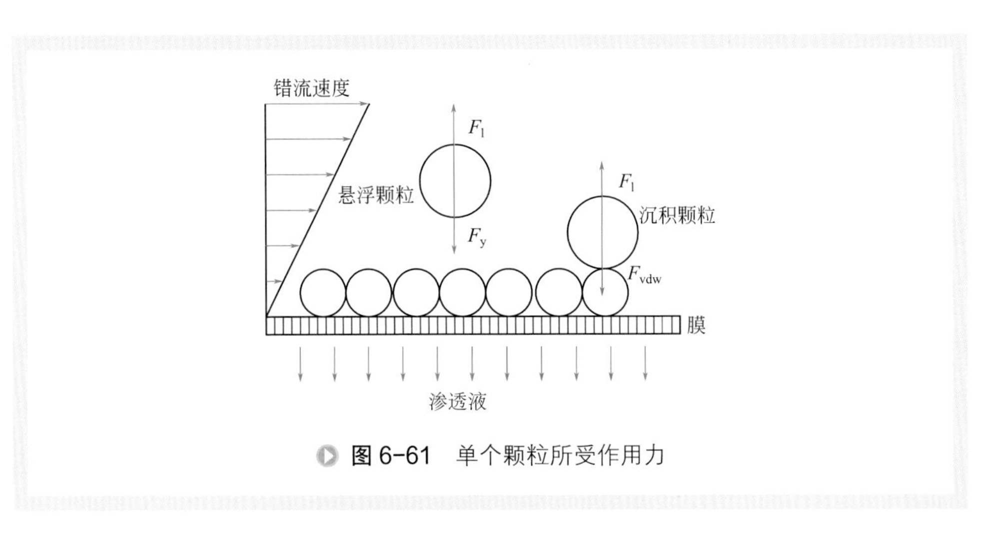

图 6-61　单个颗粒所受作用力

渗透曳力（F_y）可以用 Stokes 方程式（2-6）来计算。内向升力 F_l 是由于膜面剪切流产生的，可以用式（2-8）计算。在颗粒沉积到膜面以后，除了流体作用力外，颗粒还受到邻近颗粒吸引力。最主要的吸引力是范德华力（F_{vdw}）[66,67]。两个理想颗粒间的范德华力可以根据下式计算：

$$F_{vdw}=\frac{\hbar\varpi d_p}{32\pi a^2} \tag{6-14}$$

式中　F_{vdw}——范德华力，N；

$\hbar\varpi$——Lifschitz-van der Waals 常数；

d_p——颗粒粒径，m；

a——吸附距离（0.4nm）。

悬浮颗粒的沉积主要取决于渗透曳力和内向升力间的平衡。在它们沉积后，颗粒能否重新悬浮就取决于吸附力与内向升力间的平衡。图 6-62 是这些力的计算结果。由图可见，在低膜面流速下，较大粒度范围内颗粒的渗透曳力都大于内向升力，这意味着尺寸较小的颗粒将会传递到膜面并沉积下来，而尺寸较大的粒子因为受到较大的内向升力则不会沉积。随着错流速率的加大，平衡向小粒度转移，从而导致更多粒子不能沉积，所以在图 6-59 中，高流速下稳态通量较高。在颗粒沉积以后，与渗透曳力相比，吸附作用力在更大的粒度范围内大于内向升力。对于亚微米级的钛硅分子筛颗粒来说，其沉积因此为不可逆的，即使在较高的流速下沉积后也不能再返回主体料液中去。另外，很多胶体，包括有机物和氧化硅，会将颗粒黏结到一起在膜面形成低渗透通量的滤饼 [68,69]。因此，吸附到分子筛颗粒表面的硅溶胶会充当“黏结剂”的作用而将分子筛颗粒黏结到一起，使滤饼更加坚实。

（2）添加惰性颗粒冲刷　利用大颗粒冲刷来减薄膜面的边界层以增强大分子溶质的返混 [70]。研究了微米级的氧化铝颗粒添加到体系中强化反应，提高整个膜反

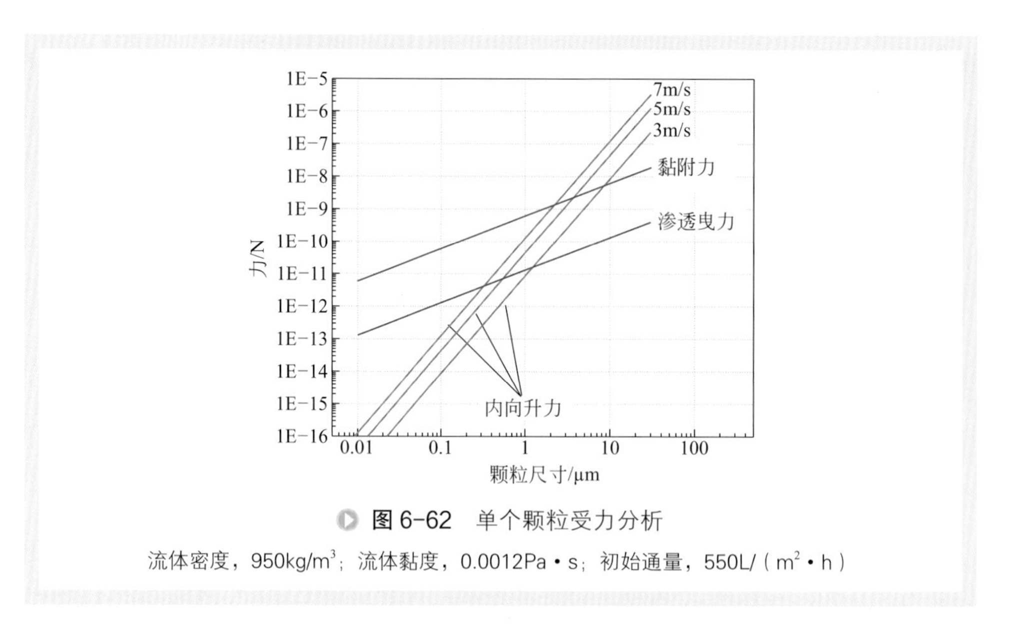

图 6-62 单个颗粒受力分析

流体密度，950kg/m³；流体黏度，0.0012Pa•s；初始通量，550L/（m²•h）

应器系统的稳定性。图 6-63 显示了氧化铝的颗粒粒径在去除膜面滤饼的重要作用。钛硅分子筛颗粒从膜面的去除，取决于它们所受到的氧化铝颗粒通过撞击传递的动能和其所受滤饼中相邻颗粒吸附作用能的相对大小。小的颗粒（1.5μm 和 7.0μm）不能提供足够的动能给沉积的分子筛颗粒去克服吸附作用能；较大粒径的颗粒可以使部分吸附能较低的颗粒脱附，但是不能脱除那些相互吸附较强的颗粒；由于高的动能，大的颗粒（25.0μm）能够脱除所有沉积的颗粒。纯水通量显示通量可以恢复到 95%。

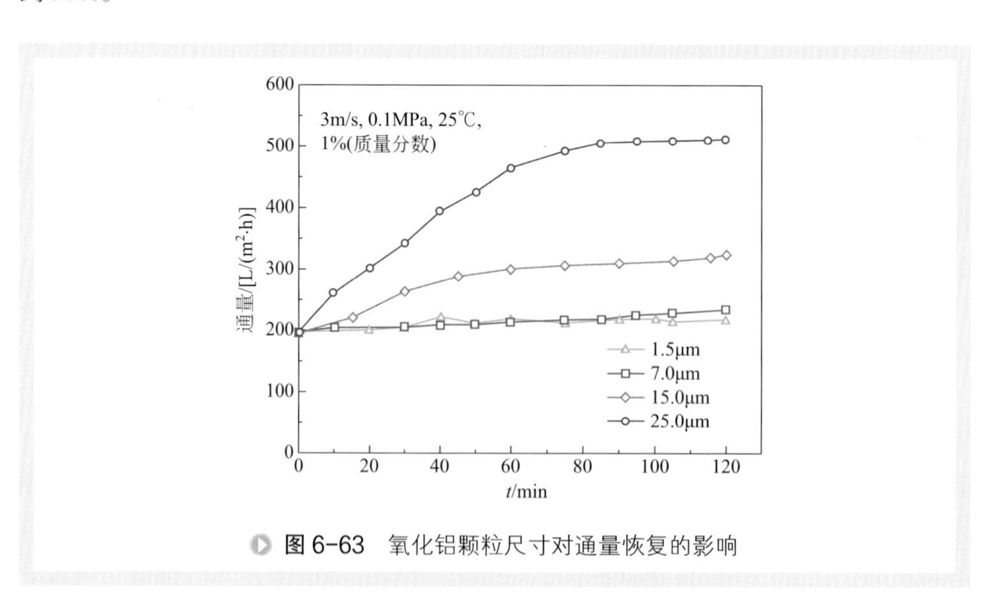

图 6-63 氧化铝颗粒尺寸对通量恢复的影响

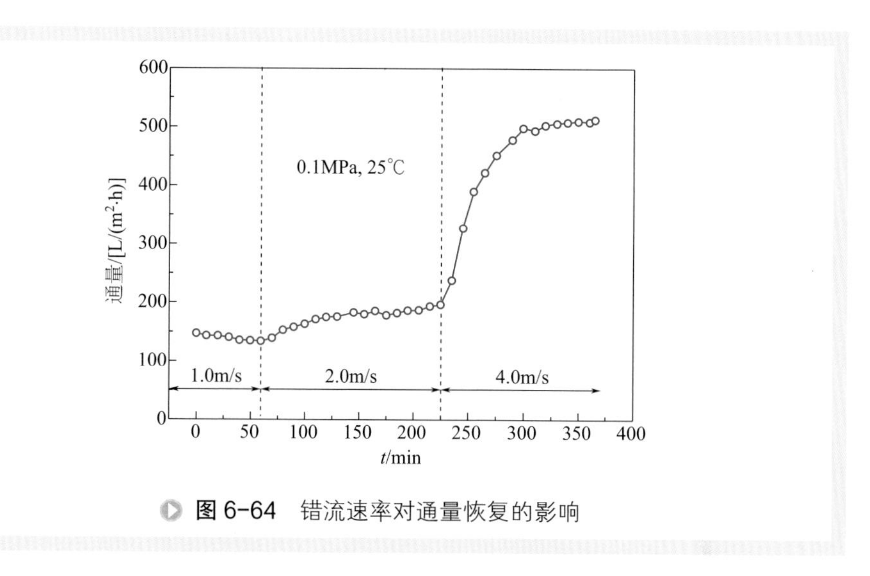

图 6-64 错流速率对通量恢复的影响

错流速率对通量恢复的影响如图 6-64 所示。渗透通量明显随着错流速率的增加而迅速增加。这是因为错流速率的增加必然使氧化铝颗粒的动能增加。同时，高的错流速率也增加了沉积分子筛所受的内向升力（图 6-62），这些都促进了分子筛颗粒从膜面的脱附。

用四种悬浮液浓度（质量分数）：0.1%、0.3%、0.6% 和 1.0% 研究了氧化铝颗粒浓度对通量恢复效果的影响。在悬浮液循环过程中颗粒浓度对颗粒撞击接触面的频率和剧烈程度有很大的影响 [71,72]。当颗粒撞击膜表面的频率加大时，沉积颗粒被去除的概率增加。因此，随着颗粒浓度的增高，通量恢复速率迅速增加（图 6-65）。

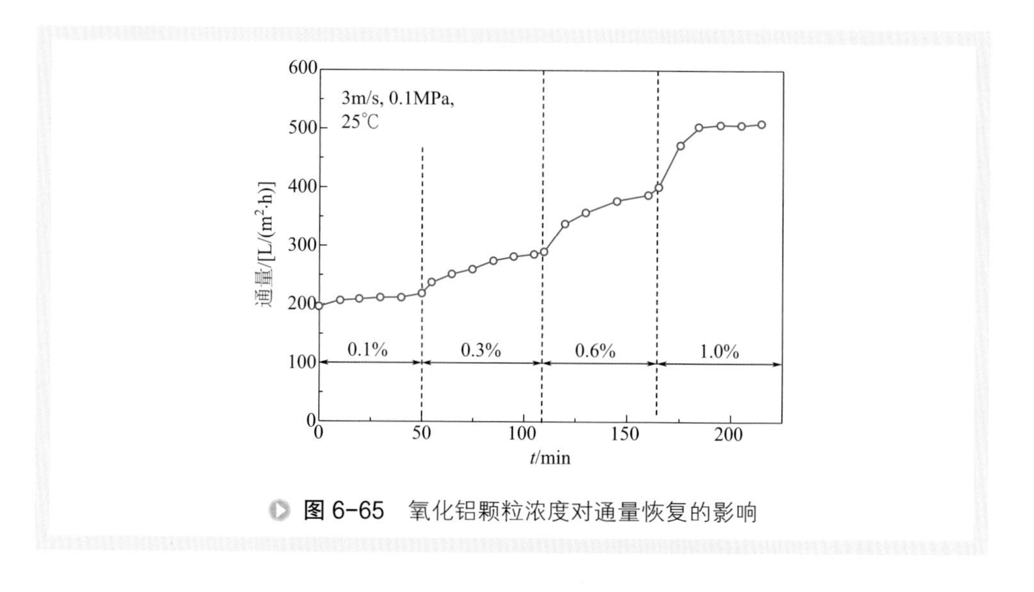

图 6-65 氧化铝颗粒浓度对通量恢复的影响

氧化铝颗粒清洗后，对膜表面进行SEM分析。如图6-66所示，相对图6-54中污染膜面，滤饼已经完全去除。因为一些污染物吸附到膜孔中，所以可用0.5 %（体积分数）的硝酸循环0.5h清洗膜孔。纯水通量可以恢复到初始通量的99%。因为氧化铝颗粒的密度和粒度远大于其他污染物，所以可以采用重力沉降的方式回收氧化铝，回收的氧化铝用水冲洗后可以在下一次清洗中使用。

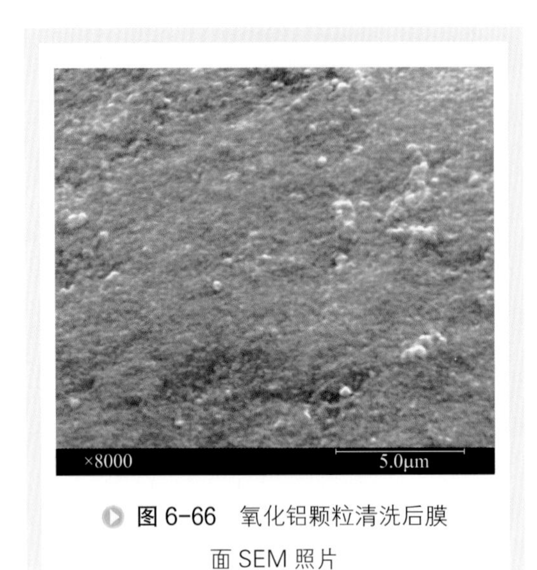

图6-66　氧化铝颗粒清洗后膜面SEM照片

2. 化学再生清洗

对膜污染研究的结果表明主要污染物为钛硅分子筛颗粒、有机物、硅溶胶和含铁沉淀。根据污染物的化学性质，选择了可以溶解污染物的1%（质量分数）NaOH溶液1%（体积分数）硝酸溶液来清洗污染膜。渗透液返回反应罐以维持料液体积。通量随清洗时间的变化如图6-67所示。当清洗温度控制在25℃时，通量在几个小时内恢复很少，这是由于反应速率较低。当温度升至80℃时，通量先随清洗时间的增加而增加，然后趋于稳定。此时将碱洗改为酸洗，通量在30min内急速上升，最后达到了一个新的稳态。清洗操作后使用去离子水进行纯水通量测定显示，膜通量恢复到初始新膜通量的99%。

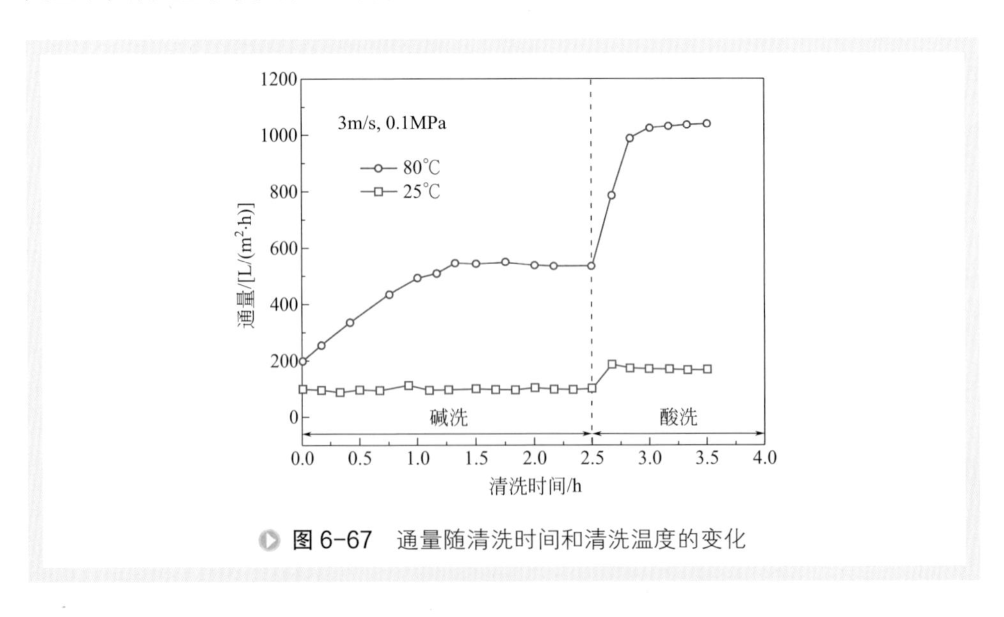

图6-67　通量随清洗时间和清洗温度的变化

四、二氧化硅颗粒协同控制方法

工业运行中催化剂中无定形的硅及添加的硅溶胶是导致膜污染的重要原因，通过添加二氧化硅颗粒既抑制催化剂中硅流失又控制了膜污染。

1. 添加二氧化硅对氨肟化反应的影响

氨肟化反应转化率和选择性随溶解时间的变化如图 6-68 所示。在前 100h，对于新鲜的 TS-1 催化剂，可以认为溶解度较小。此外，在加入二氧化硅颗粒后，没有观察到对催化剂性能的负面影响。环已酮的转化率和环已酮肟的选择性均在 95％以上，与以往的研究一致 [11]。100h 后，无二氧化硅体系中环已酮的转化率从 97.5％迅速下降到 75.9％；而在含二氧化硅比较系统中，则从 97.5％下降到 88.1％。同时，环已酮肟的选择性在不含二氧化硅和含二氧化硅的反应体系中分别从 99.2％降至 87.8％和从 99.2％降至 93.4％。结果表明，二氧化硅显著降低了 TS-1 催化剂的溶解度。TS-1 催化剂寿命延长，稳定运行时间增加。

2. 添加二氧化硅对钛硅催化剂框架稳定性的影响

通常，无定形和结晶二氧化硅都可溶于碱性介质 [61]。因此，Ti-Si 骨架可以在氨的反应环境中溶解。TS-1 骨架中的 Si 会因为碱性反应介质的溶解而从固体中脱除，而几乎所有的 Ti 都保留在催化剂上。因此，催化剂的 Ti 含量趋于增加，而 Si 含量趋于降低。图 6-69 显示了 TS-1 催化剂中的 Si 和 Ti 含量变化。随着溶解时间的延长，Ti 含量增加，Si 含量下降。但是，与没有二氧化硅颗粒的情况相比，在反应中添加二氧化硅时 Si 和 Ti 含量更稳定。此结果说明二氧化硅颗粒的存在抑制了 TS-1 催化剂的溶解。

二氧化硅在水溶液中的溶解过程主要是由于 Si—O—Si 键的水解，导致硅酸释放到水相中 [68]。二氧化硅的实际溶解度对 pH 具有很强的依赖性，其中在 pH ≤ 9

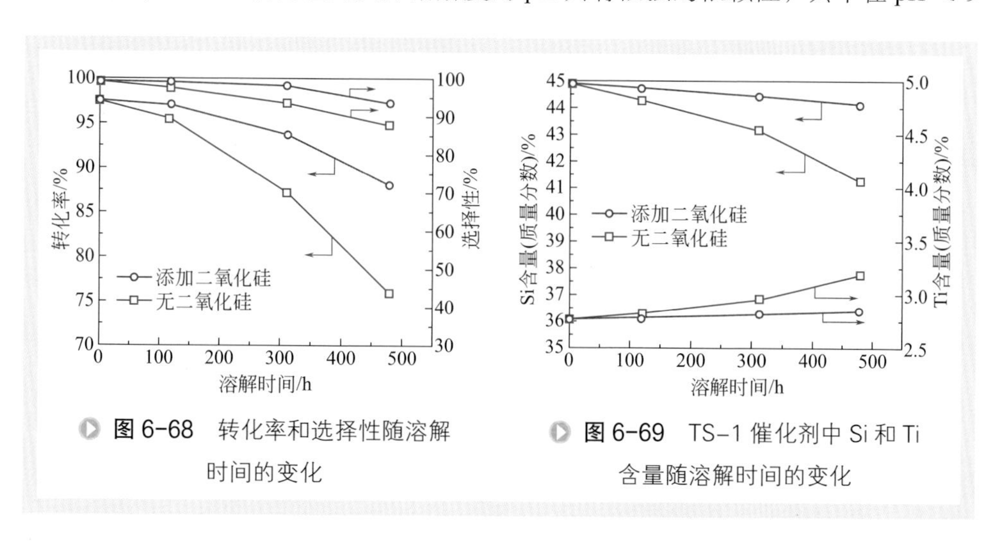

图 6-68 转化率和选择性随溶解时间的变化

图 6-69 TS-1 催化剂中 Si 和 Ti 含量随溶解时间的变化

下形成硅酸［$Si(OH)_4$］。在 pH> 9 时，形成单硅酸盐［$SiO(OH)_3^-$，$Si(OH)_2^{2-}$］和多硅酸盐［$Si_2O_2(OH)_5$，$Si_2O_3(OH)_4^{2-}$］[61]。在氨肟化体系中，二氧化硅颗粒的溶解可以通过常见的离子效应增加溶液中单硅酸盐和聚硅酸盐的浓度，降低 TS-1 催化剂在共同离子存在下的溶解度。

新鲜和使用后的 TS-1 催化剂的 XRD 图谱如图 6-70 所示。所有三个样品都具有典型的 MFI 结构。基于五个强衍射峰的强度计算样品的相对结晶度，假设新鲜催化剂为 1.00。表 6-17 可见，Ti-Si 框架在实验过程中发生了一些变化。用氨溶液处理后，结晶度降低，表明氨损坏了沸石的骨架。有二氧化硅颗粒存在时，TS-1 的结晶度降低，但降低幅度变小。这些结果表明，通过添加二氧化硅颗粒可以限制氨的破坏作用。

表 6-17　从 TS-1 催化剂 XRD 图谱中计算获得的数据

样品	相对结晶度
1	1.00
2	0.88
3	0.67

红外谱图在 960cm^{-1} 处归因于 Ti-Si 骨架中钛的存在，即以—Ti—O—Si—形式存在。峰的强度说明了这个物质的数量。为了研究氨和二氧化硅对催化剂结构稳定性的影响，通过红外进一步研究了 TS-1 样品。图 6-71 所示的结果表明，在不含二氧化硅的氨溶液中处理后，960cm^{-1} 处的峰强度显著下降。该带强度的降低归因于氨与—Ti—O—Si—物质的相互作用，然后破坏—Ti—O—Si—物质。然而，当使用二氧化硅时，在氨溶液中 960cm^{-1} 处的峰的强度没有太大降低。

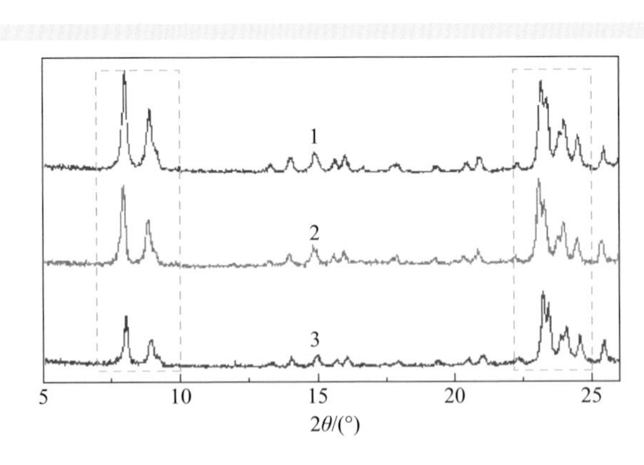

图 6-70　新鲜和使用后 TS-1 催化剂的 XRD 图谱

1—新鲜催化剂；2—添加二氧化硅颗粒溶解480h的催化剂；
3—无二氧化硅颗粒添加溶解480h的催化剂

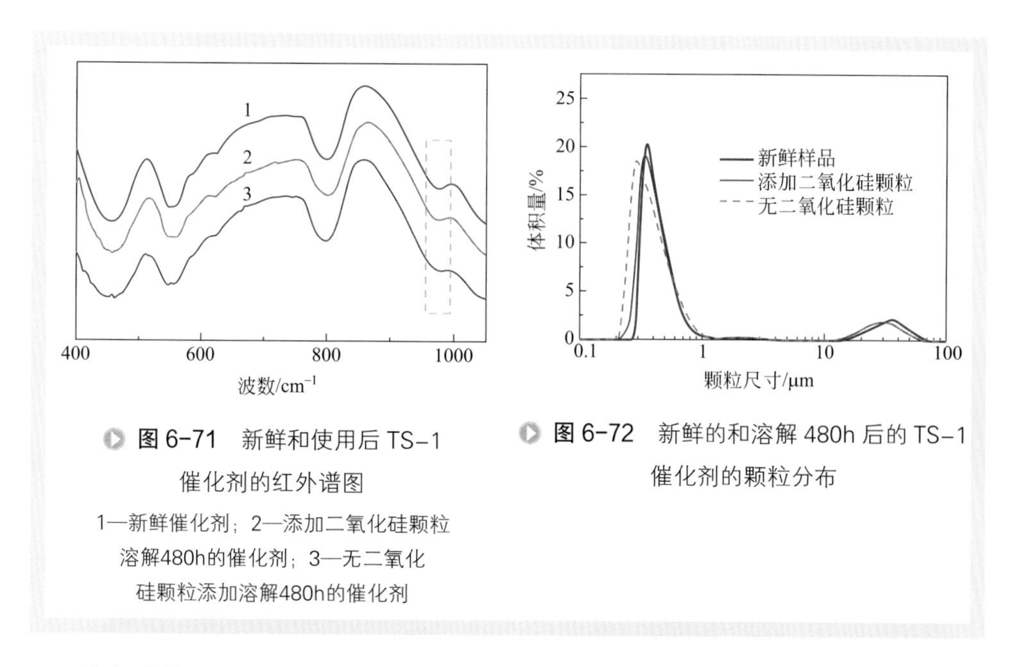

图 6-71 新鲜和使用后 TS-1 催化剂的红外谱图

1—新鲜催化剂；2—添加二氧化硅颗粒溶解480h的催化剂；3—无二氧化硅颗粒添加溶解480h的催化剂

图 6-72 新鲜的和溶解 480h 后的 TS-1 催化剂的颗粒分布

溶解也影响颗粒的大小。如图 6-72 所示，催化剂颗粒的尺寸和尺寸分布在氨中溶解 480h 后改变了。在混合溶液中，颗粒具有双峰分布，较小的是 TS-1 颗粒，较大的是二氧化硅颗粒。当使用二氧化硅颗粒时，TS-1 的平均尺寸稍微偏移到较低的值。相比之下，在单独的 TS-1 溶液中，由于 Si 溶解而离开颗粒呈现出最小的平均直径。同时，还观察到新鲜和使用后的二氧化硅颗粒的尺寸变化。那些使用过的二氧化硅颗粒由于溶解而变小。溶解在反应介质中的二氧化硅的含量通过 ICP 测定。在溶解 480h 后，在无二氧化硅颗粒的溶液中，硅浓度约为 1237mg/L。相比之下，在加入二氧化硅颗粒的溶液中，硅浓度约为 1855mg/L，表明二氧化硅颗粒的添加因溶解而将更多的二氧化硅引入反应介质中，可以抑制 TS-1 催化剂的溶解侵蚀。

3. 添加二氧化硅对膜通量的影响

图 6-73 给出了膜过滤 TS-1 浆料、TS-1 和不同含量二氧化硅的混合物时的超滤膜通量。当仅用 TS-1 浆液进行过滤时，操作 8h 后通量大幅下降约 52%。然而，当将 TS-1 和二氧化硅混合在一起时，观察到明显的通量增加。随着二氧化硅剂量的增加达到 10g/L，观察到持续的通量提高，并得到了通量下降约 7%的稳定状态。当二氧化硅剂量增加到 15g/L 时，没有观察到更多的通量增加。该结果表明二氧化硅颗粒对渗透通量有显著影响。它们可能具有“冲刷球”效应，可以将已经沉积的 TS-1 从膜表面移除。该解释可以通过膜的 SEM 分析来确认。图 6-74 显示了两种不同进料溶液经超滤后使用过的膜表面。如图 6-74（a）所示，在过滤 TS-1 浆料之

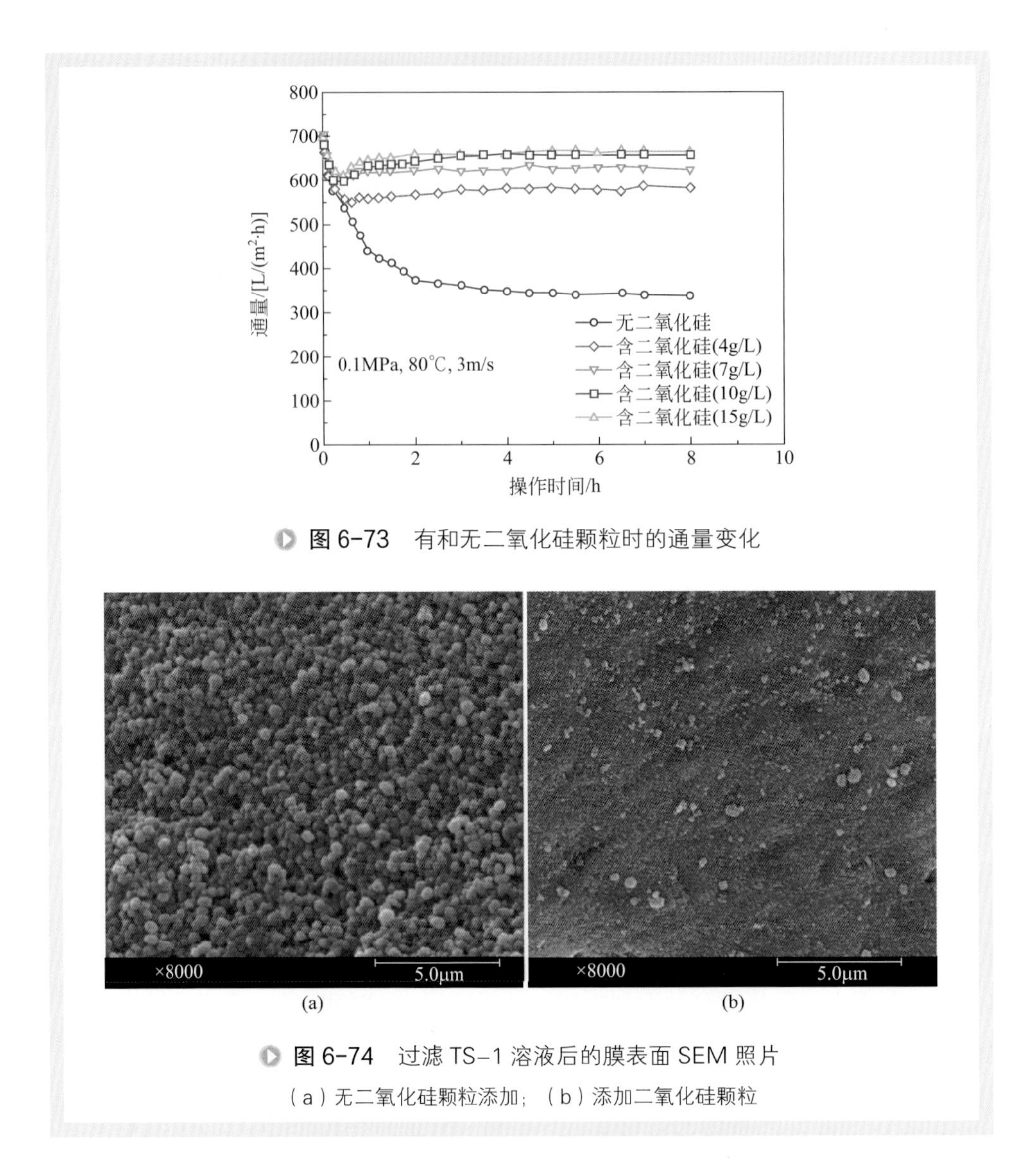

图 6-73 有和无二氧化硅颗粒时的通量变化

(a) (b)

图 6-74 过滤 TS-1 溶液后的膜表面 SEM 照片

(a)无二氧化硅颗粒添加；(b)添加二氧化硅颗粒

后，在膜表面上形成小于 1μm 的 TS-1 颗粒的滤饼层。图 6-74（b）显示在混合物过滤后，膜表面上几乎没有颗粒。需要对膜表面上 TS-1 颗粒的沉积行为进行理论分析以进一步阐述二氧化硅在过滤过程中的作用。

为了了解 TS-1 颗粒在膜表面的沉积行为，应考虑作用在单个颗粒上的受力。按照式（2-6）、式（2-8）和式（6-14）计算。

负力和正力之间的平衡决定了颗粒是否被扫除或在滤饼层上保持稳定。图 6-75 是在滤液流动方向上的力的估计结果。这表明在小于几微米的粒子范围内，渗透曳力和黏附力的总和高于内向升力。这意味着小的单个颗粒不可逆地附着到滤饼层上，并且不能返回到错流中。只有大颗粒可以从滤饼层上被移除。这一现象也有其

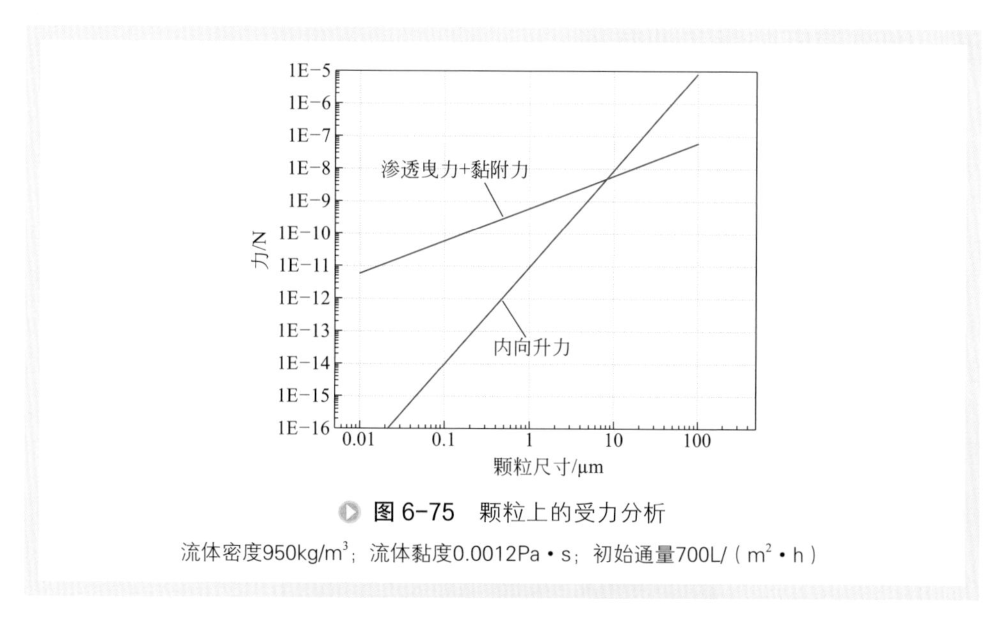

图 6-75　颗粒上的受力分析

流体密度950kg/m³；流体黏度0.0012Pa·s；初始通量700L/（m²·h）

他学者报道[14]。

正如图 6-74 所示，当进行 TS-1 溶液的过滤时，TS-1 颗粒的沉积和滤饼层的形成被认为是膜污染的主要原因。该反应体系中的有机物对膜污染几乎没有影响，因为与显著提高滤饼比阻的大分子聚合物相比，大部分有机物质是小分子单体[14]。由于二氧化硅颗粒的粒径是几十微米，因此在此流体动力学条件下它们具有较高的内向升力，这使得它们难以沉积在膜上。当将二氧化硅加入 TS-1 溶液中时，悬浮的二氧化硅颗粒的冲刷效果增强了膜表面的剪切应力[15]，导致内向升力的增加。同时，二氧化硅与沉积的 TS-1 的碰撞为它们提供了足够的动能来克服相互作用的颗粒之间的黏附能。在运行的初期，通量的下降是由于 TS-1 颗粒的沉积，而在颗粒冲刷膜面的流动操作时间中，通量缓慢恢复，然后达到稳定状态。结果表明，大尺寸颗粒可以增大膜通量，从而最大限度减少污染问题。

图 6-76　添加二氧化硅颗粒的 TS-1 悬浮液过滤后的膜的 SEM 照片

使用后的膜通过扫描电子显微镜进行表征。图 6-76 显示了在环己酮氨肟化反应中添加了二氧化硅情况下使用过的膜的 SEM 照片。可以看出，经过几轮过滤后，顶层膜保持完好无损。结果表明，使用的陶瓷膜具有优异的物理和化学稳定性。

五、陶瓷膜反应器工业装置

开发出20万吨/a环己酮肟的陶瓷膜反应器工艺包，包括反应工序膜分离装置、催化剂回收工序膜分离装置。其中反应工序陶瓷膜系统包括化学再生装置、膜组件、反冲装置、控制装置、管路、仪表等，陶瓷膜系统过滤面积为303.6m^2，包括6个241芯组件，采用恒流量操作工艺，满负荷处理能力为62m^3/h。催化剂回收工序陶瓷膜系统包括循环泵、膜组件、反冲装置、控制装置、管路、仪表等，陶瓷膜面积为65.12m^2，包括8个37芯组件，采用恒压差操作工艺，满负荷处理能力为16m^3/h。2012年在浙江恒逸完成了年产20万吨环己酮肟生产陶瓷膜装置的建设（如图6-77所示）。一次性投产成功，环己酮转化率、环己酮肟选择性均大于99.8%，膜反应成套装置运行稳定（如图6-78所示），陶瓷膜的清洗周期大于3个月。

图6-77　年产20万吨环己酮肟生产陶瓷膜装置

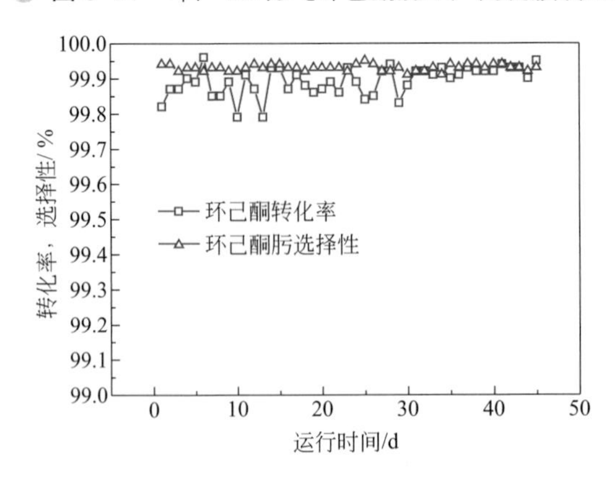

图6-78　环己酮转化率、环己酮肟选择性随运行时间的变化

第六节 结语

针对肟合成过程中钛硅分子筛催化剂的循环利用和有机溶剂的使用问题，基于陶瓷膜的多孔和筛分特性，设计开发了三种陶瓷膜反应器，系统分析了工业运行过程中膜污染形成原因，给出了催化剂稳定性与膜再生的协同控制方法，有效解决了工业运行过程中膜污染问题，实现了氨肟化陶瓷膜反应器的长期稳定运行和工业推广应用。未来研究应更加关注催化剂与陶瓷膜的匹配关系，进一步拓展不同类型的膜反应器在肟化反应中的应用，进一步推进膜反应器应用于醛肟等肟化反应体系。

参考文献

[1] Xu C Q, Zhao H T, Qi Y Y, et al. Density functional theory studies on hydroxylamine mechanism of cyclohexanone ammoximation on titanium silicalite-1 catalyst [J]. J Mol Model, 2013, 19: 2217-2224.

[2] 姜红, 孟烈, 陈日志, 等. 反应-膜分离耦合强化技术的研究进展 [J]. 化学反应工程与工艺, 2013, 29(3): 199-207.

[3] Chen R Z, Du Y, Wang Q Q, et al. Effect of catalyst morphology on the performance of submerged nanocatalysis/membrane filtration system [J]. Ind Eng Chem Res, 2009, 48(14): 6600-6607.

[4] Liang X H, Mi Z T, Wang Y Q, et al. An integrated process of H_2O_2 production through isopropanol oxidation and cyclohexanone ammoximation [J]. Chem Eng Technol, 2004, 27(2): 176-180.

[5] Li Z H, Chen R Z, Jin W Q, et al. Catalytic mechanism and reaction pathway of acetone ammoximation to acetone oxime over TS-1 [J]. Korean J Chem Eng, 2010, 27(5): 1423-1427.

[6] 李朝辉, 卜真, 陈日志, 等. TS-1 催化丙酮氨氧化制丙酮肟的本征动力学研究 [J]. 高校化学工程学报, 2009, 23(3): 423-427.

[7] Li Z H, Chen R Z, Xing W H, et al. Continuous acetone ammoximation over TS-1 in a tubular membrane reactor [J]. Ind Eng Chem Res, 2010, 49: 6309-6316.

[8] 陈日志, 张利雄, 徐南平. 旋转切向流对一体式膜过滤器中膜过滤性能影响的研究 [J]. 膜科学与技术, 2006, 26(1): 3-6.

[9] Wang D, Liu Z, Liu F, et al. Fe_2O_3/macroporous resin nanocomposites: Some novel highly efficient catalysts for hydroxylation of phenol with H_2O_2 [J]. Appl Catal A-Gen, 1998, 65(2):

233-238.
[10] Liang X H, Mi Z T, Wang Y Q, et al. Synthesis of acetone oxime through acetone ammoximation over TS-1 [J]. React Kinet Catal Lett, 2004, 82(2): 333-337.
[11] Thanjaraj A, Sivasanker S, Ratnasamy P. Catalytic properties of crystalline titanium silicalites III: Ammoximation of cyclohexanone [J]. J Catal, 1991, 131(2): 394-400.
[12] Dal Pozzo L, Fornasari G, Monti T. TS-1, catalytic mechanism in cyclohexanone oxime production [J]. Catal Commun, 2002, 3(8): 369-375.
[13] 高焕新，舒祖斌，曹静，等．钛硅分子筛 TS-1 催化环己酮氨氧化制环己酮肟 [J]. 催化学报，1998, 19(4): 329-333.
[14] Lee S, Choo K, Lee C, et al. Use of ultrafiltration membranes for the separation of TiO_2 photocatalysts in drinking water treatment [J]. Ind Eng Chem Res, 2001, 40(7): 1712-1719.
[15] Chen R Z, Zhen B, Li Z, et al. Scouring-ball effect of microsized silica particles on operation stability of the membrane reactor for acetone ammoximation over TS-1 [J]. Chem Eng J, 2010, 156(2): 418-412.
[16] Chiang W D, Shih C J, Chu Y H. Functional properties of soy protein hydrolysate produced from a continuous membrane reactor system [J]. Food Chem, 1999, 65(2): 189-194.
[17] Zhang F, Shang H N, Jin D Y, et al. High efficient synthesis of methyl ethyl ketone oxime from ammoximation of methyl ethyl ketone over TS-1 in a ceramic membrane reactor [J]. Chem Eng Process, 2017, 116: 1-8.
[18] Wu P, Komatsu T, Yashima T. Ammoximation of ketones over titanium mordenite [J]. J Catal, 1997, 168(2): 400-411.
[19] Forzatti P, Lietti L. Catalyst deactivation [J]. Catal Today, 1999, 52(2-3): 165-181.
[20] Kulkova N V, Kotova V G, Kvyathovskaya M Y, et al. Kinetics of liquid phase cyclohexanone ammoximation over a titanium silicate [J]. Chem Eng Technol, 1997, 20(1): 43-46.
[21] Zhou Z X, Wang L, Zhang X Q, et al. Insights into the key to highly selective synthesis of oxime via ammoximation over titanosilicates [J]. J Catal, 2005, 329: 107-118.
[22] Wang L, Zhang J, Mi Z T. Ammoximation of methyl ethyl ketone with H_2O_2 and ammonia over TS-1 [J]. J Chem Technol Biotechnol, 2006, 81(4): 710-712.
[23] Zhang J, Wang L, Xu W. Ammoxidation of butanone to prepare butanone oxime catalyzed by titanium silicalite-1 [J]. Chem Ind chem Eng, 2005, 22(4): 279-281.
[24] Song F, Liu Y M, Wang L L, et al. Highly selective synthesis of methyl ethyl ketone oxime through ammoximation over Ti-MWW [J]. Appl Catal A-Gen, 2007, 327(1): 22-31.

[25] Zhao S, Xie W, Liu Y M, et al. Methyl ethyl ketone ammoximation over Ti-MWW in a continuous slurry reactor [J]. Chinese J Catal, 2011, 32(1): 179-183.

[26] Zhao D S, Zhang Y, Ren P B, et al. Ammoxidation of methyl ethyl ketone catalyzed by modified TS-1 [J]. Chem Eng J, 2011, 39(1): 53-57.

[27] Song F, Liu Y, Wu H, et al. Effects of feeding mode andsubstrate concentration on the cyclohexanone ammoximation over Ti-MWW catalysts [J]. Chinese J Catal, 2006, 27(7): 562-566.

[28] Chen R Z, Bao Y H, Xing W H, et al. Enhanced phenol hydroxylation with oxygen using a ceramic membrane distributor [J]. Chinese J Catal, 2013, 34(1): 200-208.

[29] Du L, Tan J, Wang K, et al. Controllable preparation of SiO_2 nanoparticles using a microfiltration membrane dispersion microreactor [J]. Ind Eng Chem Res, 2011, 50(14): 8536-8541.

[30] Chen G G, Luo G S, Li S W, et al. Experimental approaches for understanding mixing performance of a minireactor [J]. AIChE J, 2005, 51(11): 2923-2929.

[31] Mantegazza M A, Petrini G, Spano G, et al. Selective oxidations with hydrogen peroxide and titanium silicalite catalyst [J]. J Mol Catal A-Chem, 1999, 146(1-2): 223-228.

[32] Roffia P, Padovan M, Leofanti G, et al. Catalytic process for the manufacture of oximes [P]. US 4794198. 1988-12-27.

[33] 邢卫红，毛红淋，陈日志，等 . 一种基于膜分布的无溶剂绿色胺肟化工艺 [P]. ZL 201510242197. 4. 2018-02-23.

[34] Mao H L, Chen R Z, Xing W H, et al. Organic solvent-free process for cyclohexanone ammoximation by a ceramic membrane distributor [J]. Chem Eng Technol, 2016, 39(5): 883-890.

[35] Mantegazza M A, Leofanti G, Petrini G, et al. Selective oxidation of ammonia to hydroxylamine with hydrogen peroxide on titanium based catalysts [J]. Stud Surf Sci Catal, 1994, 82: 541-550.

[36] Jiang H, Meng L, Chen R Z, et al. A novel dual-membrane reactor for continuous heterogeneous oxidation catalysis [J]. Ind Eng Chem Res, 2011, 50(18): 10458-10464.

[37] Liu H, Lu G Z, Guo Y L, et al. Chemical kinetics of hydroxylation of phenol catalyzed by TS-1/diatomite in fixed-bed reactor [J]. Chem Eng J, 2006, 116(3): 179-186.

[38] Yip A C K, Hu X. Catalytic activity of clay-based titanium silicalite-1 composite in cyclohexanone ammoximation [J]. Ind Eng Chem Res, 2009, 48(18): 8441-8450.

[39] Xu H, Zhang Y, Wu H, et al. Postsynthesis of mesoporous MOR-type titanosilicate and its unique catalytic properties in liquid-phase oxidations [J]. J Catal, 2011, 281(2): 263-272.

[40] Zhong Z X, Xing W H, Liu X, et al. Fouling and regeneration of ceramic membranes used in recovering titanium silicalite-1 catalysts [J]. J Membr Sci, 2007, 301(1): 67-75.

[41] Li W X, Xing W H, Xu N P. Modeling of relationship between water permeability and microstructure parameters of ceramic membranes [J]. Desalination, 2006, 192(1): 340-345.

[42] Lu C J, Chen R Z, Xing W H, et al. A submerged membrane reactor for continuous phenol hydroxylation over TS-1 [J]. AIChE J, 2008, 54(7): 1842-1849.

[43] Sinclair P E, Catlow C R A. Quantum chemical study of the mechanism of partial oxidation reactivity in titanosilicate catalysts: Active site formation, oxygen transfer, and catalyst deactivation [J]. J Phys Chem B, 1999, 103(7): 1084-1095.

[44] Xia C, Lin M, Zheng A, et al. Irreversible deactivation of hollow TS-1 zeolite caused by the formation of acidic amorphous TiO_2-SiO_2 nanoparticles in a commercial cyclohexanone ammoximation process [J]. J Catal, 2016, 338: 340-348.

[45] Zhang X J, Wang Y, Yang L B, et al. Coking deactivation of TS-1 catalyst in cyclohexanone ammoximation [J]. Chinese J Catal, 2006, 27(5): 427-432.

[46] 晋东洋，张峰，陈日志，等．陶瓷膜反应器中环己酮氨肟化的催化剂失活机制与再生 [J]. 化工学报，2017, 68(5): 1874-1881.

[47] 刘银乾，李永祥，吴魏，等．环己酮氨肟化反应体系中 TS-1 分子筛失活原因的研究 [J]. 石油炼制与化工，2002, 33(5): 41-45.

[48] Van der Pol A, Van Hooff J H C. Parameters affecting the synthesis of titanium silicalite 1 [J]. Appl Catal A, 1992, 92(2): 93-111.

[49] Pawlak A, Mucha M. Thermogravimetric and FTIR studies of chitosan blends [J]. Thermochim Acta, 2003, 396(1): 153-166.

[50] Drago R S, Dias S C, McGilvray J M, et al. Acidity and hydrophobicity of TS-1 [J]. J Phys Chem B, 1998, 102(9): 1508-1514.

[51] Klaas J, Schulz-Ekloff G, Jaeger N I. UV-visible diffuse reflectance spectroscopy of zeolite-hosted mononuclear titanium oxide species [J]. J Phys Chem B, 1997, 101(8): 1305-1311.

[52] Geobaldo F, Bordiga S, Zecchina A, et al. DRS UV-Vis and EPR spectroscopy of hydroperoxo and superoxo complexes in titanium silicalite [J]. Catal Lett, 1992, 16(1): 109-115.

[53] Zhong Z X, Li D Y, Liu X, et al. The fouling mechanism of ceramic membranes used for recovering TS-1 catalysts [J]. Chinese J Chem Eng, 2009, 17(1): 53-57.

[54] Yip A C K, Lam F L Y, Hu X. A heterostructured titanium silicalite-1 catalytic composite for

cyclohexanone ammoximation [J]. Microporous Mesoporous Mater, 2009, 120(3): 368-374.
[55] Shi H, Wang Y, Wu G, et al. Deactivation and regeneration of TS-1/SiO_2 catalyst for epoxidation of propylene with hydrogen peroxide in a fixed-bed reactor [J]. Front Chem Sci Eng, 2013, 7(2): 202-209.
[56] Zhang F, Jing W H, Xing W H. Modeling of cross-flow filtration processes in an airlift ceramic membrane reactor [J]. Ind Eng Chem Res, 2009, 48(23): 10637-10642.
[57] Chen R Z, Mao H L, Zhang X R, et al. A dual-membrane airlift reactor for cyclohexanone ammoximation over titanium silicalite-1 [J]. Ind Eng Chem Res, 2014, 53(15): 6372-6379.
[58] Yip A C K, Hu X. Formulation of reaction kinetics for cyclohexanone ammoximation catalyzed by a clay-based titanium silicalite-1 composite in a semibatch process [J]. Ind Eng Chem Res, 2011, 50(24): 13703-13710.
[59] Hwang K J, Wu Y J. Flux enhancement and cake formation in air-sparged cross-flow microfiltration [J]. Chem Eng J, 2008, 139(2): 296-303.
[60] Hwang K J, Hsu C E. Effect of gas-liquid flow pattern on airsparged cross-flow microfiltration of yeast suspension [J]. Chem Eng J, 2009, 151(1-3): 160-167.
[61] 邢卫红 , 金万勤 , 陈日志 , 等 . 陶瓷膜连续反应器的设计与工程应用 [J]. 化工学报 , 2010, 61(7): 1666-1673.
[62] Sjöberg S. Silica in aqueous environments [J]. J Non-Cryst Solids, 1996, 196(95): 51-57.
[63] Bremere I, Kennedy M, Mhyio S, et al. Prevention of silica scale in membrane systems: Removal of monomer and polymer silica [J]. Desalination, 2000, 132(1): 89-100.
[64] Sahachaiyunta P, Koo T, Sheikholeslami R. Effect of several inorganic species on silica fouling in RO membranes [J]. Desalination, 2002, 144(1): 373-378.
[65] Roberts W O, Bergna H E. Colloidal silica: Fundamentals and applications [M]. Boca Raton: CRC Press, 2006.
[66] Altmann J, Ripperger S. Particle deposition and layer formation at the crossflow microfiltration [J]. J Membr Sci, 1997, 124(1): 119-128.
[67] Israelachvili J N. Intermolecular and surface forces: with applications to colloidal and biological systems(colloid science)[M]. London: Academic, 1992.
[68] Chen D, Weavers L K, Walker H W, et al. Ultrasonic control of ceramic membrane fouling caused by natural organic matter and silica particles [J]. J Membr Sci, 2006, 276(1): 135-144.
[69] Zhang M, Li C, Benjamin M M, et al. Fouling and natural organic matter removal in adsorbent/membrane systems for drinking water treatment [J]. Environ Sci Technol, 2003, 37(8): 1663-1669.

[70] Fane A G. Ultrafiltration of suspensions [J]. J Membr Sci, 1984, 20(3): 249-259.

[71] Deng T, Chaudhry A R, Patel M, et al. Effect of particle concentration on erosion rate of mild steel bends in a pneumatic conveyor [J]. Wear, 2005, 258(1): 480-487.

[72] Shipway P H. A mechanical model for particle motion in the micro-scale abrasion wear tes [J]. Wear, 2004, 257(9): 984-991.

第七章

陶瓷膜反应器在沉淀反应中的应用

第一节 引言

化学沉淀反应主要是通过投加化学药品与液体中某些组分发生化学反应，产生悬浮沉淀体后将其分离脱除。沉淀反应在粉体制备和分离提纯过程中应用广泛。在选矿过程中，沉淀反应主要用于从浸出液或净化液中沉淀析出目标组分，比如用于制备难溶的化合物硫酸铅、硫酸锰等，除去铝土矿中铁等杂质制备纯净的三氧化二铝；在水处理过程中，化学沉淀反应可用于去除钙、镁等硬度物质；在氯碱工业盐水精制过程中，沉淀反应主要用于去除饱和盐水中的杂质离子，以满足离子膜电解的应用需求。

氯碱工艺是指通过电解饱和氯化钠溶液同时生产氯气和氢氧化钠的工业生产过程[1]。目前全球超过 95% 的氯气和 99.5% 的氢氧化钠是通过电解槽工艺生产的[2]。电解槽中的饱和氯化钠溶液在直流电的作用下，氯离子在阳极氧化生成氯气，钠离子和水在阴极还原生成氢氧化钠和氢气[3]。进电解槽之前，氯化钠溶液需要进行处理，否则会对后续电解槽的运行产生显著影响。因此盐水精制是氯碱工艺的第一道工序，其主要任务是溶解固体盐，并除去其中的 Ca^{2+}、Mg^{2+}、SO_4^{2-}、有机物、水不溶物及其他悬浮物等杂质，制成饱和精盐水，供电解工序使用[4]。盐水精制的原理是采用化学沉淀法将盐水中的杂质离子转化为固体颗粒，并采用物理过滤的方法得到精制盐水。“桶式反应器 + 道尔澄清桶 + 砂滤器”的传统精制工艺正逐步被“预处理 + 膜分离”的新型工艺所取代[5~8]。膜法盐水精制工艺已成为氯碱行业盐水精制的主流工艺，陶瓷膜盐水精制工艺与有机聚合物膜盐水精制工艺相比，不仅具有使用寿命更长、适应性更好的优势，而且由于钙镁离子一步脱除，还具有净化工艺路线更短、投资运行费用更低等优势，体现出广阔的应用前景[9]。

本章主要面向氯碱工业中的盐水精制过程的应用需求，将化学沉淀与陶瓷膜分离技术耦合，构建陶瓷膜反应器，实现连续盐水精制，简要介绍陶瓷膜反应器在氯碱工业中的规模化应用情况。

第二节 盐水体系沉淀反应

饱和盐水中的 Ca^{2+} 和 Mg^{2+} 一般通过添加 Na_2CO_3 和 NaOH 等精制剂进行沉淀反应，SO_4^{2-} 一般通过添加钙盐或钡盐进行沉淀。Ca^{2+} 和 Mg^{2+} 共沉淀过程与单一离子沉淀过程性质不同。絮状的 $Mg(OH)_2$ 沉淀能够被粒径较大的 $CaCO_3$ 沉淀吸留从而包裹在 $CaCO_3$ 颗粒表面，当 Ca/Mg 比足够高时，共沉淀反应可形成沉降性能良好的复合沉淀，沉淀过程不应过度搅拌，以避免 $Mg(OH)_2$ 沉淀的二次分散[2]。化学沉淀虽然是十分成熟的技术，但是饱和盐溶液中特定离子的沉淀反应依然十分值得研究，沉淀反应对盐水精制工艺的影响对于陶瓷膜反应器工艺条件的确定和优化有着重要的意义。

一、沉淀溶解平衡模型的构建

1. 理论推导

$Mg(OH)_2$ 和 $CaCO_3$ 在溶液中分别存在如下溶解平衡：

$$Mg(OH)_2 \longrightarrow Mg^{2+} + 2OH^- \tag{7-1}$$

$$CaCO_3 \longrightarrow Ca^{2+} + CO_3^{2-} \tag{7-2}$$

其溶度积常数的定义式分别为：

$$K_{sp1} = \left[Mg^{2+}\right]\left[OH^-\right]^2 \tag{7-3}$$

$$K_{sp2} = \left[Ca^{2+}\right]\left[CO_3^{2-}\right] \tag{7-4}$$

由式（7-3）可知，溶液中的 Mg^{2+} 浓度可由下式计算：

$$\left[Mg^{2+}\right] = \frac{K_{sp1}}{\left[OH^-\right]^2} \tag{7-5}$$

根据 pH 的定义式：

$$pH = -\lg\left[H^+\right] \tag{7-6}$$

可知：

$$\left[H^+\right] = 10^{-pH} \tag{7-7}$$

而根据水的离子积定义：

$$K_w = [H^+][OH^-] \tag{7-8}$$

可得：

$$[OH^-] = K_w \times 10^{pH} \tag{7-9}$$

将式（7-9）代入式（7-5）可得：

$$[Mg^{2+}] = \frac{K_{sp1}}{(K_w \times 10^{pH})^2} \tag{7-10}$$

由式（7-10）可知，Mg^{2+} 浓度为 K_{sp1}、K_w 和 pH 的函数，而 K_{sp1} 和 K_w 在确定的温度下为常数，所以可通过式（7-10）计算不同 pH 的 Mg^{2+} 平衡浓度。

式（7-2）中解离出的 CO_3^{2-} 是弱酸根，在水中存在两步水解平衡：

$$CO_3^{2-} + H_2O \longrightarrow HCO_3^- + OH^- \tag{7-11}$$

$$HCO_3 + H_2O \longrightarrow H_2CO_3 + OH^- \tag{7-12}$$

其水解平衡常数分别为：

$$K_1 = \frac{[HCO_3^-][OH^-]}{[CO_3^{2-}]} \tag{7-13}$$

$$K_2 = \frac{[H_2CO_3][OH^-]}{[HCO_3^-]} \tag{7-14}$$

由式（7-13）和式（7-14）可得：

$$[HCO_3^-] = \frac{[H_2CO_3][OH^-]}{K_2} \tag{7-15}$$

$$[CO_3^{2-}] = \frac{[H_2CO_3][OH^-]^2}{K_1 K_2} \tag{7-16}$$

而由式（7-4）可得：

$$[CO_3^{2-}] = \frac{K_{sp2}}{[Ca^{2+}]} \tag{7-17}$$

联立式（7-16）和式（7-17）可得：

$$[H_2CO_3] = \frac{K_1 K_2 K_{sp2}}{[Ca^{2+}][OH^-]^2} \tag{7-18}$$

在纯 $CaCO_3$ 溶解平衡关系中，有如下关系：

$$[Ca^{2+}] = [CO_3^{2-}] + [HCO_3^-] + [H_2CO_3] \tag{7-19}$$

将式（7-15）和式（7-16）代入式（7-18），可得：

$$\left[Ca^{2+}\right]=\frac{\left[H_2CO_3\right]\left[OH^-\right]^2}{K_1K_2}+\frac{\left[H_2CO_3\right]\left[OH^-\right]}{K_2}+\left[H_2CO_3\right] \tag{7-20}$$

即：

$$\left[H_2CO_3\right]=\frac{K_1K_2\left[Ca^{2+}\right]}{K_1K_2+K_1\left[OH^-\right]+\left[OH^-\right]^2} \tag{7-21}$$

联立式（7-18）和式（7-21）可得：

$$\left[Ca^{2+}\right]^2=K_{sp2}+\frac{K_{sp2}K_1}{\left[OH^-\right]}+\frac{K_{sp2}K_1K_2}{\left[OH^-\right]^2} \tag{7-22}$$

将式（7-9）代入式（7-22）可得：

$$\left[Ca^{2+}\right]=\sqrt{K_{sp2}+\frac{K_{sp2}K_1}{K_w\times10^{pH}}+\frac{K_{sp2}K_1K_2}{\left(K_w\times10^{pH}\right)^2}} \tag{7-23}$$

K_{sp2}、K_1、K_2 和 K_w 在确定的温度下均为常数，所以由式（7-23）可知，Ca^{2+} 平衡浓度是 pH 的函数，当 pH 增大时，Ca^{2+} 平衡浓度减小。

当 $CaCO_3$ 溶解体系中存在外加 CO_3^{2-} 时，设外加 CO_3^{2-} 的浓度为 C，则式（7-19）应转化为：

$$\left[Ca^{2+}\right]=\left[CO_3^{2-}\right]-C+\left[HCO_3^-\right]+\left[H_2CO_3\right] \tag{7-24}$$

将式（7-15）和式（7-16）代入式（7-24），可得：

$$\left[Ca^{2+}\right]=\frac{\left[H_2CO_3\right]\left[OH^-\right]^2}{K_1K_2}-C+\frac{\left[H_2CO_3\right]\left[OH^-\right]}{K_2}+\left[H_2CO_3\right] \tag{7-25}$$

即：

$$\left[H_2CO_3\right]=\frac{K_1K_2\left[Ca^{2+}\right]+K_1K_2C}{K_1K_2+K_1\left[OH^-\right]+\left[OH^-\right]^2} \tag{7-26}$$

联立式（7-18）和式（7-26）可得：

$$\left[Ca^{2+}\right]^2+C\left[Ca^{2+}\right]=K_{sp}+\frac{K_{sp2}K_1}{\left[OH^-\right]}+\frac{K_{sp2}K_1K_2}{\left[OH^-\right]^2} \tag{7-27}$$

在 pH 恒定的条件下，式（7-27）的右式为常数，设为 K，则式（7-27）转化为：

$$\left\{\left[Ca^{2+}\right]+\frac{C}{2}\right\}^2=K+\frac{C^2}{4} \tag{7-28}$$

即：

$$\left[Ca^{2+}\right]=\sqrt{K+\frac{C^2}{4}}-\frac{C}{2} \tag{7-29}$$

式（7-29）的另一种表达形式为：

$$\left[\mathrm{Ca}^{2+}\right]=\frac{K}{\sqrt{K+\frac{C^2}{4}}+\frac{C}{2}} \tag{7-30}$$

由式（7-30）可知，在确定的 pH 条件下，Ca^{2+} 平衡浓度是外加 CO_3^{2-} 浓度 C 的函数，当 C 增大时，Ca^{2+} 平衡浓度减小。

将式（7-9）代入式（7-29）并还原 K 的表达式，可得：

$$\left[\mathrm{Ca}^{2+}\right]=\sqrt{K_{\mathrm{sp}2}+\frac{K_{\mathrm{sp}2}K_1}{K_{\mathrm{w}}\times 10^{\mathrm{pH}}}+\frac{K_{\mathrm{sp}2}K_1K_2}{\left(K_{\mathrm{w}}\times 10^{\mathrm{pH}}\right)^2}+\frac{C^2}{4}}-\frac{C}{2} \tag{7-31}$$

由式（7-31）可计算得到不同 pH 及外加 CO_3^{2-} 浓度条件下的 Ca^{2+} 平衡浓度。

2. K_{sp1}、K_{sp2}、K_1 和 K_2 的确定

对于水解平衡常数 K_1 和 K_2 来说，其数值可通过解离平衡常数 K_a 与水的离子积常数 K_w 求取：

$$K=\frac{K_{\mathrm{w}}}{K_{\mathrm{a}}} \tag{7-32}$$

K_w 默认为 1×10^{-14}，因此，K_1 和 K_2 的数值可确定为 1.79×10^{-4} 和 2.38×10^{-8}[10]。

在饱和盐水体系中，高浓度的 NaCl 会极大改变离子的活度系数，从而影响溶度积常数 K_{sp}，使难溶无机盐沉淀溶解度与同温度纯水中的溶解度存在差异，即“盐效应”，所以 K_{sp1} 和 K_{sp2} 须通过实验测定饱和浓盐水体系中达到溶解平衡状态的 Mg^{2+} 和 Ca^{2+} 浓度，并以下式计算获得：

$$K_{\mathrm{sp}1}=\left[\mathrm{Mg}^{2+}\right]\left(K_{\mathrm{w}}\times 10^{\mathrm{pH}}\right)^2 \tag{7-33}$$

$$K_{\mathrm{sp}2}=\frac{\left[\mathrm{Ca}^{2+}\right]^2\left(K_{\mathrm{w}}\times 10^{\mathrm{pH}}\right)^2}{\left(K_{\mathrm{w}}\times 10^{\mathrm{pH}}\right)^2+K_1\left(K_{\mathrm{w}}\times 10^{\mathrm{pH}}\right)+K_1K_2} \tag{7-34}$$

其中 pH 是指沉淀达到溶解平衡时溶液的 pH，实验测得 $Mg(OH)_2$ 和 $CaCO_3$ 在饱和盐水中达到溶解平衡时的 pH 分别为 10.22 和 9.13，说明 $Mg(OH)_2$ 解离出 OH^- 及 $CaCO_3$ 解离出的 CO_3^{2-} 发生水解均导致饱和盐水的 pH 升高。

图 7-1 和图 7-2 分别是温度对 $Mg(OH)_2$ 和 $CaCO_3$ 在饱和盐水中的溶度积常数 K_{sp} 的影响，根据实验测得的 Mg^{2+} 和 Ca^{2+} 浓度计算得到了 K_{sp1} 和 K_{sp2} 的实验值，并拟合获得了 K_{sp1} 和 K_{sp2} 与温度的关系式，如下式：

$$K_{\mathrm{sp}1}=0.405+0.036T \tag{7-35}$$

$$K_{\mathrm{sp}2}=1.36+0.0078T \tag{7-36}$$

其中，K_{sp1} 和 K_{sp2} 的单位分别是 10^{-11} 和 10^{-8}；T 的单位是℃。在 25℃时，K_{sp1} 和 K_{sp2} 分别为 1.31×10^{-11} 和 1.56×10^{-8}；而 18 ～ 25℃时，$Mg(OH)_2$ 和 $CaCO_3$ 在水中的溶度积常数分别是 5.61×10^{-12} 和 2.8×10^{-9}[11]，均分别显著小于 K_{sp1} 和 K_{sp2}，说明 $Mg(OH)_2$ 和 $CaCO_3$ 在饱和盐水中存在盐溶效应。

由图 7-1 和图 7-2 可以看出，K_{sp1} 随 T 的增加显示出较为明显的线性增加，而 K_{sp2} 则随着 T 的增加保持稳定，说明温度的波动对于 $Mg(OH)_2$ 在饱和盐水中的溶解度有较大影响，温度越高，游离的 Mg^{2+} 浓度越高，而 $CaCO_3$ 在饱和盐水中的溶解度对温度不敏感。

3. pH 对 Mg^{2+} 和 Ca^{2+} 去除率的影响

图 7-3 和图 7-4 分别是 25℃的饱和盐水中沉淀达到溶解平衡状态时，pH 对游离 Mg^{2+} 和 Ca^{2+} 浓度的影响。随着 pH 的升高，饱和盐水中的 Mg^{2+} 和 Ca^{2+} 浓度均呈下降趋势。对于 $Mg(OH)_2$，pH 上升，溶液中 OH^- 浓度增加，溶解平衡向沉淀方向推进，导致盐水中的 Mg^{2+} 浓度下降；而对于 $CaCO_3$，pH 上升抑制了 CO_3^{2-} 的水解，导致盐水中的 CO_3^{2-} 浓度上升，$CaCO_3$ 的溶解平衡向沉淀方向推进，引起盐水中的 Ca^{2+} 浓度下降。

图 7-3 中的实验点与理论计算曲线吻合良好，图 7-4 中的实验点与理论计算曲线存在一定差距，这可能是因为盐水体系不仅能够影响溶度积常数 K_{sp}，还会对水解平衡常数 K_1 和 K_2 产生影响，模型计算式中采用的是标准状态的 K_1 和 K_2，由此造成了模型计算值的误差。但是由于 K_1 和 K_2 的真实值不易获得，且与标准状态的 K_1 和 K_2 值偏差有限，因而采用标准状态的 K_1 和 K_2 代入计算依然具有一定的实际意义。

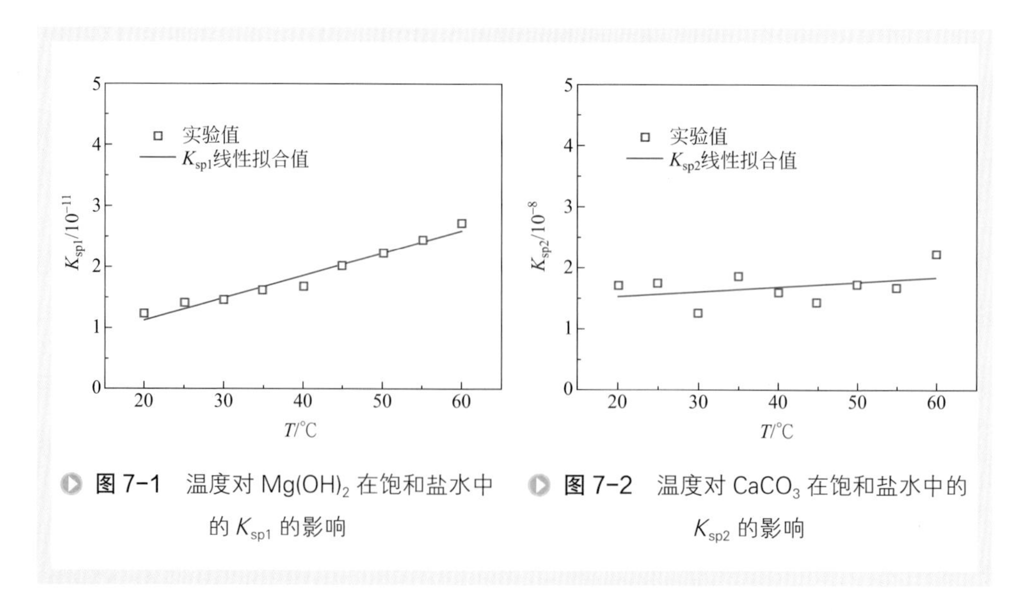

图 7-1　温度对 $Mg(OH)_2$ 在饱和盐水中的 K_{sp1} 的影响

图 7-2　温度对 $CaCO_3$ 在饱和盐水中的 K_{sp2} 的影响

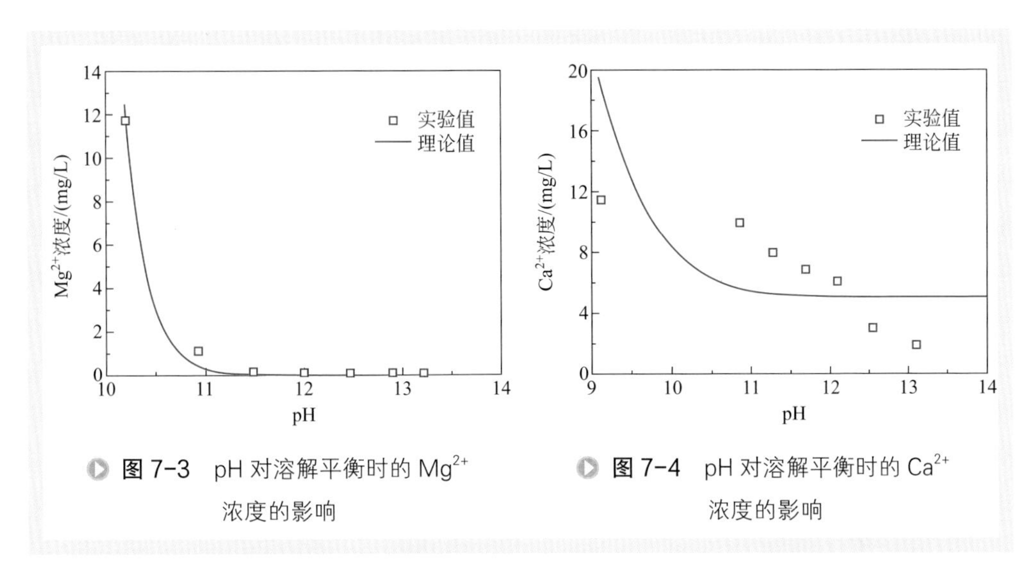

图 7-3　pH 对溶解平衡时的 Mg^{2+} 浓度的影响

图 7-4　pH 对溶解平衡时的 Ca^{2+} 浓度的影响

由图 7-3 和图 7-4 中理论计算曲线可见，对于 $Mg(OH)_2$，pH>11 已足以令 Mg^{2+} 浓度降低至 0.5mg/L 以下，继续增大 pH，Mg^{2+} 浓度迅速逼近 0mg/L；而对于 $CaCO_3$，pH>11.5 时，Ca^{2+} 浓度逐渐稳定于 5mg/L 左右，所以继续升高 pH 对于进一步降低 Ca^{2+} 浓度并无显著作用，必须通过加入一定浓度的 CO_3^{2-} 才能够继续降低 Ca^{2+} 浓度。

4. 外加 CO_3^{2-} 含量对 Ca^{2+} 去除率的影响

基于上面的分析，令 pH=11.5，考察加入的 CO_3^{2-} 对 Ca^{2+} 去除率的影响。图 7-5 是 25℃的饱和盐水中沉淀达到溶解平衡状态时，外加 CO_3^{2-} 浓度对游离 Ca^{2+} 浓度的影响。随着外加 CO_3^{2-} 浓度的升高，饱和盐水中的 Ca^{2+} 浓度均呈下降趋势。这是由于受溶度积约束，外加 CO_3^{2-} 浓度升高引起 $CaCO_3$ 溶解平衡向沉淀方向推进，饱和

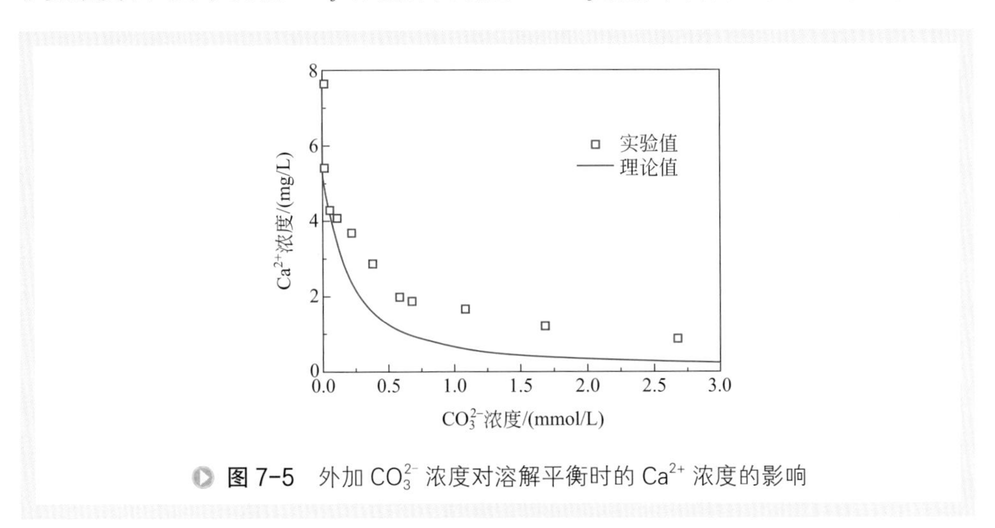

图 7-5　外加 CO_3^{2-} 浓度对溶解平衡时的 Ca^{2+} 浓度的影响

盐水中的 Ca^{2+} 浓度相应降低。图 7-5 中的实验值与理论曲线存在一定的差距。在 pH=11.5 时，外加 CO_3^{2-} 浓度大于 1.5×10^{-3}mol/L，可满足 Ca^{2+} 浓度小于 1mg/L 的需求。

二、盐水精制反应时间的确定

1. $Mg(OH)_2$ 沉淀反应时间

配制 Mg^{2+} 浓度为 0.01mol/L 的饱和 NaCl 溶液并进行 $Mg(OH)_2$ 沉淀反应，考察 $Mg(OH)_2$ 沉淀反应进程。图 7-6 是 25℃时 $Mg(OH)_2$ 沉淀反应过程中的 pH 曲线和 Mg^{2+} 浓度。可见在 30min 的反应时间内，pH 始终下降，但下降速率逐渐减小。由于 pH 反映溶液中 H^+ 浓度，而 H^+ 和 OH^- 遵循水的离子积常数原则，故 pH 下降说明溶液中 OH^- 不断参与 $Mg(OH)_2$ 沉淀反应而减少，且 $Mg(OH)_2$ 沉淀反应速率逐渐减小。这从测定的 Mg^{2+} 浓度可以得到证实，反应过程中的 Mg^{2+} 浓度不断减小，说明沉淀反应始终在进行；但随着反应时间的增加，所取样品间的 Mg^{2+} 浓度差值逐渐减小，说明反应速率在下降。

根据投加的 NaOH 质量计算可知，开始反应之前的初始 pH 理论值为 12.36，Mg^{2+} 初始质量浓度为 240mg/L。由图 7-6 可见，反应开始后的瞬间 pH 值已低至 12.00，且 Mg^{2+} 质量浓度已低至 1mg/L 以下，说明 Mg^{2+} 和 OH^- 已在瞬间以极快的反应速率基本完成沉淀反应，并在其后的 30min 内以较慢的反应速率沉淀剩余的 Mg^{2+}。对于一次精制盐水对 Mg^{2+} 浓度低于 1mg/L 的指标来说，$Mg(OH)_2$ 沉淀反应可视为瞬时反应，其反应时间不是决定盐水精制反应时间的因素。

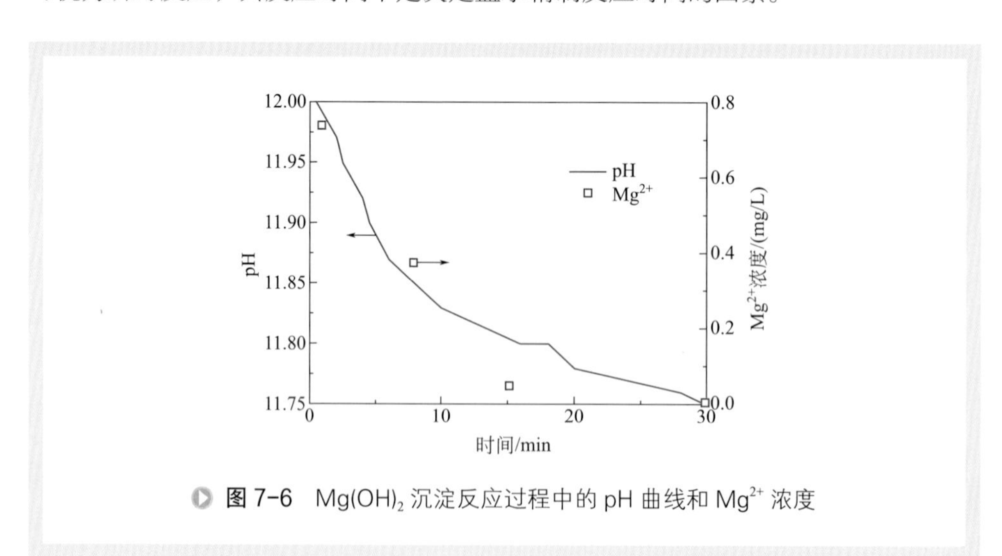

图 7-6　$Mg(OH)_2$ 沉淀反应过程中的 pH 曲线和 Mg^{2+} 浓度

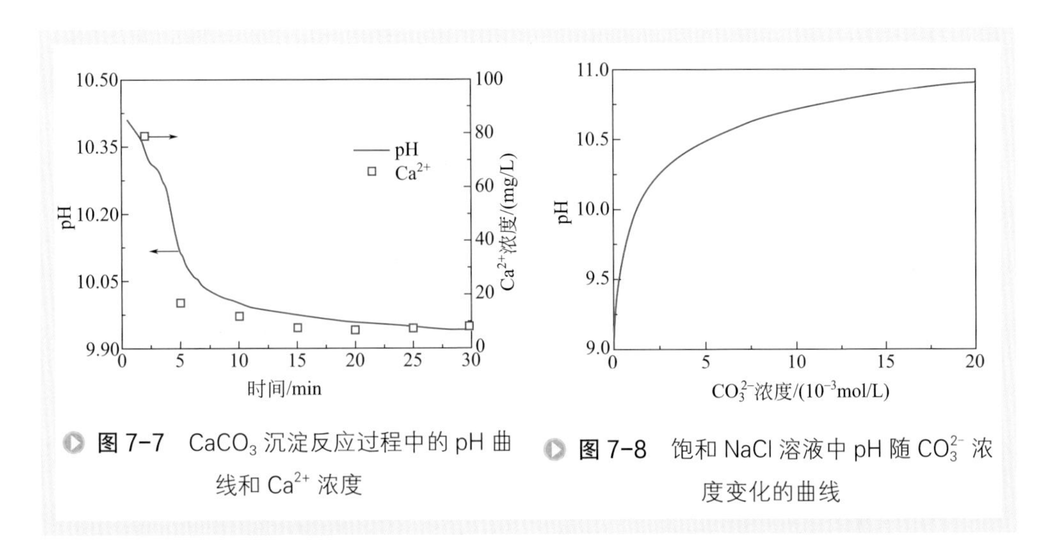

图 7-7 $CaCO_3$ 沉淀反应过程中的 pH 曲线和 Ca^{2+} 浓度

图 7-8 饱和 NaCl 溶液中 pH 随 CO_3^{2-} 浓度变化的曲线

2. $CaCO_3$ 沉淀反应时间

配制 Ca^{2+} 浓度为 0.01mol/L 的饱和 NaCl 溶液并进行 $CaCO_3$ 沉淀反应，考察 $CaCO_3$ 沉淀反应进程。图 7-7 是 25℃时 $CaCO_3$ 沉淀反应过程中的 pH 曲线和 Ca^{2+} 浓度。可见在沉淀反应开始后，pH 持续下降，在约 5min 时 pH 下降速率增大，至 pH=10.0 时逐渐趋于稳定。由于 CO_3^{2-} 在水中存在水解平衡，当 CO_3^{2-} 浓度降低时，水解平衡移动引起溶液中 H^+ 浓度增加，pH 随之降低。图 7-8 是实验测定的 25℃的饱和 NaCl 溶液中 pH 随 CO_3^{2-} 浓度变化的曲线，可见 pH 随着 CO_3^{2-} 浓度的减小而下降。在 CO_3^{2-} 浓度大于 5×10^{-3}mol/L 时，pH 随着 CO_3^{2-} 浓度的减小以近似线性的速率下降，且下降速率较小；当 CO_3^{2-} 浓度小于 5×10^{-3}mol/L 时，pH 随着 CO_3^{2-} 浓度的减小急剧下降。所以图 7-7 中 5min 时 pH 的加速下降表明 CO_3^{2-} 浓度已逐渐趋近于 0，沉淀反应趋于完成；pH=10.0 后逐渐趋于稳定表明剩余的 CO_3^{2-} 浓度逐渐稳定，进一步证明沉淀反应趋于完成。反应过程中测定 5min 时 Ca^{2+} 浓度明显小于 2min 时的 Ca^{2+} 浓度，其后的反应时间内 Ca^{2+} 浓度稍有下降，至 20min 时已趋于稳定，表明 $CaCO_3$ 沉淀反应进程基本结束。

3. 温度对 $CaCO_3$ 沉淀反应时间的影响

图 7-9 和图 7-10 分别是 50℃和 75℃时 $CaCO_3$ 沉淀反应过程中的 pH 曲线和 Ca^{2+} 浓度。可见 50℃和 75℃的反应中的 pH 发生急速衰减的时间约在 2min，较 25℃的反应过程有了明显的提前，且 50℃和 75℃的反应中测定的 2min 时的 Ca^{2+} 浓度也均显著低于 25℃的反应中 2min 时的 Ca^{2+} 浓度，其数值与 25℃的反应中已经历 pH 急速衰减后的 5min 时的 Ca^{2+} 浓度相近。这个现象表明升高温度能够增大 $CaCO_3$ 沉淀反应速率，有利于缩短沉淀反应时间。

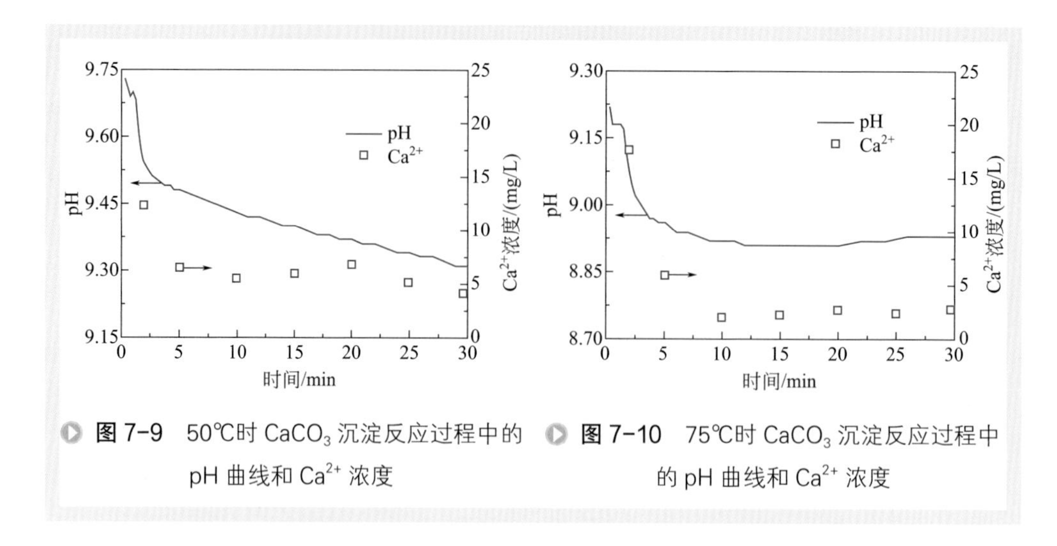

图 7-9　50℃时 $CaCO_3$ 沉淀反应过程中的 pH 曲线和 Ca^{2+} 浓度

图 7-10　75℃时 $CaCO_3$ 沉淀反应过程中的 pH 曲线和 Ca^{2+} 浓度

4. $Mg(OH)_2$ 与 $CaCO_3$ 共沉淀反应时间

配制 Mg^{2+} 和 Ca^{2+} 浓度均为 0.01mol/L 的饱和 NaCl 溶液并进行 $Mg(OH)_2$ 与 $CaCO_3$ 共沉淀反应。图 7-11 是 25℃时共沉淀反应过程中测定的 Mg^{2+} 和 Ca^{2+} 浓度，其数值与趋势分别符合 25℃时 $Mg(OH)_2$ 和 $CaCO_3$ 单独沉淀时的规律，表明共沉淀过程中 Mg^{2+} 和 Ca^{2+} 的沉淀反应相互独立，反应速率无显著的交互影响，$CaCO_3$ 沉淀反应时间是共沉淀反应时间的控制项。

三、操作条件对沉淀反应的影响

图 7-12 ～图 7-14 分别是各因素对 Ca^{2+} 去除率、反应时间及过滤速率的正交效应曲线。

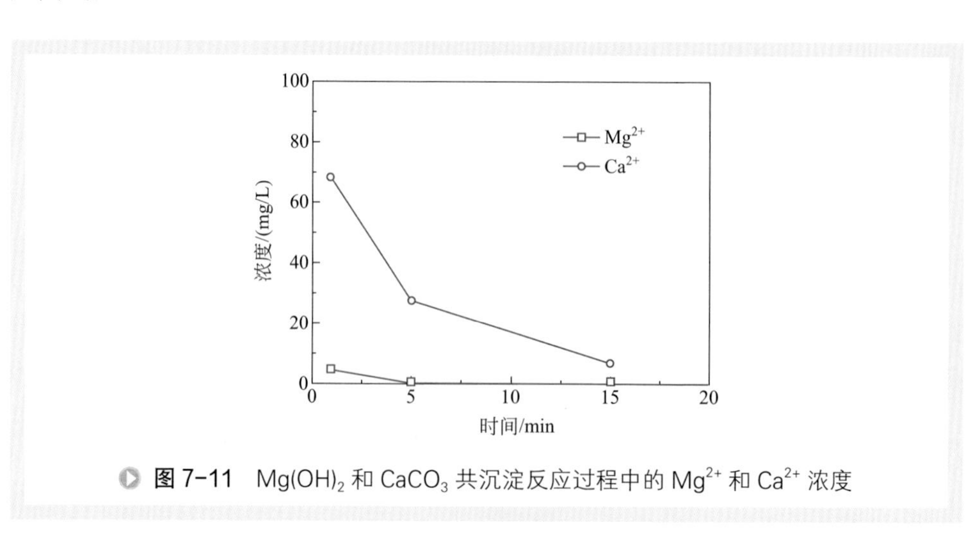

图 7-11　$Mg(OH)_2$ 和 $CaCO_3$ 共沉淀反应过程中的 Mg^{2+} 和 Ca^{2+} 浓度

1. Ca^{2+}浓度对$CaCO_3$沉淀反应的影响

由图 7-13 可见，Ca^{2+}浓度越高，反应时间越短，这是因为更高的Ca^{2+}浓度使得反应过饱和度更大，获得更大的反应速率，达到平衡的时间越短。由图 7-14 可见，存在一个最优的使得沉淀颗粒的过滤速率最高的Ca^{2+}浓度。$CaCO_3$的沉淀反应分为成核阶段和晶体生长阶段，过饱和度过低不利于晶核的生成，而过饱和度过高则会在反应初期产生过多的晶核。当Ca^{2+}浓度过低时，反应过饱和度不足，晶核的生成和生长速率较低，沉淀颗粒粒径小，过滤时形成的滤饼孔径小，过滤阻力大；当Ca^{2+}浓度过高时，反应过饱和度过高，生成大量尺度较小的晶核，使得沉淀颗粒粒径较小；当Ca^{2+}浓度在某个最优值附近时，晶核生成与生长情况良好，$CaCO_3$晶体粒径较大，滤饼比阻较小，过滤速率较快。

2. SO_4^{2-}浓度对$CaCO_3$沉淀反应的影响

由图 7-12 可见，随着SO_4^{2-}浓度升高，Ca^{2+}去除率小幅下降，这是由于SO_4^{2-}浓度的增加会强化“盐效应”，正向推动$CaCO_3$的溶解平衡，使得游离Ca^{2+}浓度升高，降低Ca^{2+}去除率。由图 7-14 可见，当SO_4^{2-}浓度增大时，过滤速率先增大后下降，这是由沉淀中的$CaSO_4 \cdot 2H_2O$颗粒含量变化引起的。$CaSO_4$难溶于水，其溶度积比$CaCO_3$高，水中的Ca^{2+}优先生成$CaCO_3$，但是当SO_4^{2-}浓度过大时，受到$CaSO_4$溶度积限制，会生成$CaSO_4 \cdot 2H_2O$颗粒。$CaSO_4 \cdot 2H_2O$颗粒粒径比$CaCO_3$大，所以少量$CaSO_4 \cdot 2H_2O$颗粒有利于提高滤饼孔径，降低比阻，但是$CaSO_4 \cdot 2H_2O$颗粒因为水合作用显得较为黏稠，过多的$CaSO_4 \cdot 2H_2O$会使滤饼较纯$CaCO_3$滤饼含水量高，过滤阻力更大。

3. Mg^{2+}浓度对$CaCO_3$沉淀反应的影响

由图 7-12 可见，Ca^{2+}去除率随着Mg^{2+}浓度升高而降低，这可能与“盐效应”有关，同时由于Mg^{2+}在$CaCO_3$沉淀反应过程中会进入$CaCO_3$晶格取代其中的Ca^{2+}形成镁方解石，导致游离Ca^{2+}浓度升高，降低Ca^{2+}去除率。由图 7-13 可见，Mg^{2+}浓度升高会显著降低$CaCO_3$沉淀反应速率，增加反应时间。由图 7-14 可见，Mg^{2+}浓度升高还会显著降低沉淀过滤速率，这是由沉淀中$Mg(OH)_2$颗粒含量变化引起的。由于反应体系为碱性，Mg^{2+}会与OH^-生成粒径很小的$Mg(OH)_2$胶体颗粒，$Mg(OH)_2$胶体颗粒会降低$CaCO_3$滤饼的孔隙率和孔径，增大滤饼比阻。Mg^{2+}浓度越高，生成的$Mg(OH)_2$胶体越多，形成的滤饼比阻越大，过滤速率越慢。图 7-15 是沉淀颗粒 SEM 照片，其中（a）是无$Mg(OH)_2$胶体颗粒的$CaCO_3$晶体颗粒，可见$CaCO_3$晶体颗粒呈现规则的立方晶型形貌，边界清晰；（b）是有$Mg(OH)_2$胶体颗粒的$CaCO_3$晶体颗粒，可见$CaCO_3$晶体颗粒外及晶体之间存在细小的粉末包裹或填充，使得晶体边界模糊，堆积形成的孔道较小。

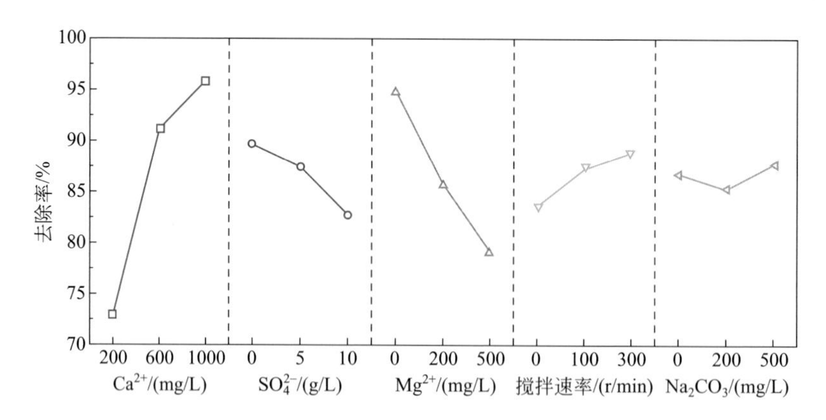

图 7-12　各因素对 Ca^{2+} 去除率的影响

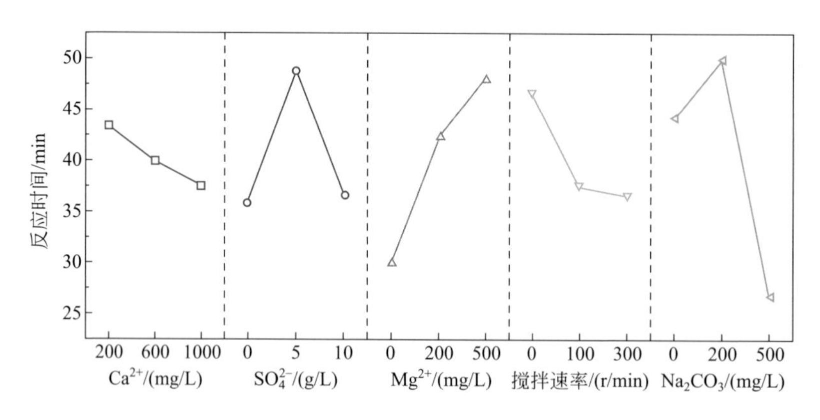

图 7-13　各因素对反应时间的影响

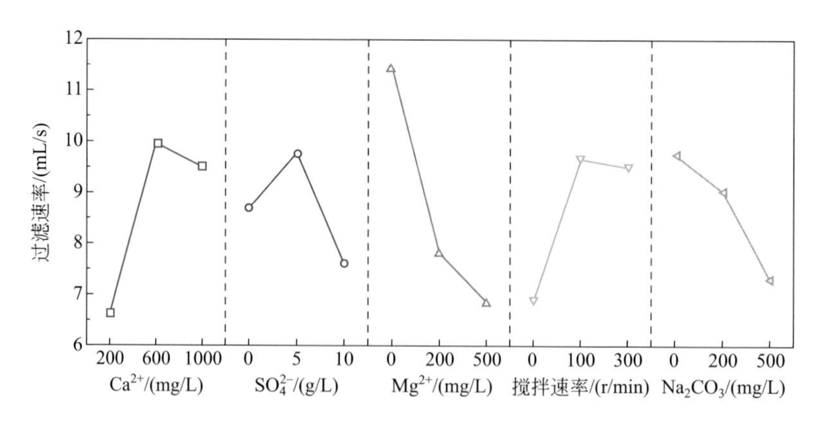

图 7-14　各因素对过滤速率的影响

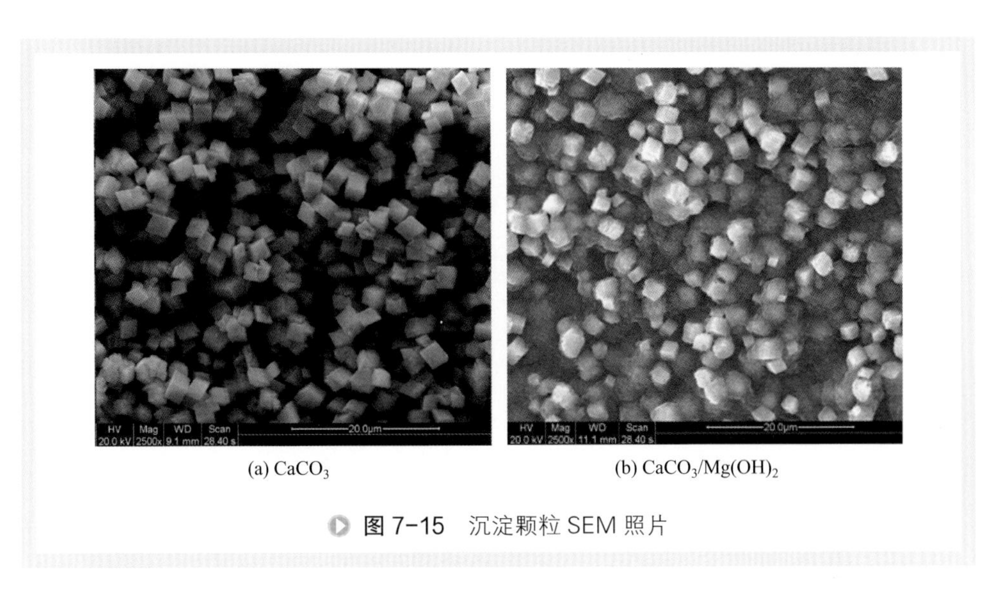

(a) $CaCO_3$　　(b) $CaCO_3/Mg(OH)_2$

图 7-15　沉淀颗粒 SEM 照片

4. 搅拌速率对 $CaCO_3$ 沉淀反应的影响

从图 7-12 和图 7-13 可见，搅拌速率越大，Ca^{2+} 去除率和反应速率越大，这是由于搅拌能够减少宏观混合时间，维持体系过饱和度的均匀，减少晶体生长时间，并获得粒径较大且分布均匀的沉淀颗粒。但是由于体系中 $Mg(OH)_2$ 沉淀的存在，过高的搅拌速率会使 $Mg(OH)_2$ 沉淀由疏松的团聚态破坏为粒径更小的片状颗粒，使得过滤时的滤饼比阻增大，过滤速率降低，如图 7-14 所示。

5. Na_2CO_3 过量对 $CaCO_3$ 沉淀反应的影响

由图 7-13 可见，Na_2CO_3 过量浓度较小时，$CaCO_3$ 沉淀反应速率并未提高，只有添加过量浓度足够高的 Na_2CO_3 才能显著提高反应速率。但是由图 7-14 可见，添加过量的 Na_2CO_3 会因增大反应过饱和度而引起 $CaCO_3$ 沉淀粒径变小，增加滤饼比阻，降低过滤速率。而且过多添加 Na_2CO_3 会增加药剂消耗，使得操作费用增加，所以应选择一个适当的 Na_2CO_3 过量浓度使得综合效果最优。

四、精制反应条件的确定

已有研究指出，$Mg(OH)_2$ 沉淀颗粒粒径约 50 ～ 100nm，呈片状胶体颗粒，采用先投加 Na_2CO_3 后投加 NaOH 的方式进行盐水精制，能够先期形成 $CaCO_3$ 颗粒，为 $Mg(OH)_2$ 沉淀提供团聚的核心，生成的 $Mg(OH)_2$ 沉淀能够吸附包裹在粒径较大的 $CaCO_3$ 颗粒表面，减少体系中分散的 $Mg(OH)_2$ 沉淀，使得复合沉淀颗粒粒径变大，优化沉降性能，提高传统盐水精制工艺中道尔澄清桶的效果 [2]。图 7-16 是表面吸留了 $Mg(OH)_2$ 颗粒的 $CaCO_3$ 沉淀的 SEM 照片。

(a) ×5000倍

(b) ×40000倍

图 7-16 $Mg(OH)_2/CaCO_3$ 复合沉淀 SEM 照片

但是采用平均孔径为 0.22μm 的微孔滤膜分别过滤先投加 Na_2CO_3 后投加 NaOH 的方式和同时投加 Na_2CO_3 及 NaOH 的方式处理的饱和 NaCl 溶液时，两种悬浊液的过滤速率并未显示出显著差异，这是因为在 Ca/Mg 含量比值小于 10 时，$Mg(OH)_2$ 沉淀含量过多，无法全部被 $CaCO_3$ 沉淀完全吸留在表面。在过滤过程中，离散的 $Mg(OH)_2$ 沉淀进入 $CaCO_3$ 滤饼孔隙中，造成滤饼孔隙率降低，比阻增大，极大弱化了分步投加精制剂时对沉淀性能的改善作用。所以，对于 Ca/Mg 含量比值大于 10 的粗盐水，采用先投加 Na_2CO_3 后投加 NaOH 的方式更加有利于膜过滤过程；而对于 Ca/Mg 含量比值小于 10 的粗盐水，则分步投加与同时投加精制剂对于膜过滤过程无影响。

由上述结果可知，pH 不低于 11.5 且 CO_3^{2-} 过量浓度不低于 1.5×10^{-3}mol/L 时即可使精制盐水中 Ca^{2+} 和 Mg^{2+} 达标，即要求投加的 NaOH 和 Na_2CO_3 过量浓度值分别不低于 126.4mg/L 和 159mg/L，考虑到工业运行过程中的水质波动，可适当对精制剂过量值取一定的余量，如令 NaOH 和 Na_2CO_3 过量浓度值均为 200mg/L。

Mg^{2+} 和 OH^- 的反应可视为瞬时反应，其反应时间不是决定盐水精制反应时间的因素；而 Ca^{2+} 与 CO_3^{2-} 的反应则相对较慢，所以 Ca、Mg 共沉淀速率主要由 $CaCO_3$ 沉淀反应速率决定。实验表明在 25℃时的反应时间一般不少于 20min，50℃和 75℃时的反应时间一般不少于 10min。考虑到工业过程中的放大效应与传热传质效率衰减，应适当地增加反应时间的余量，例如反应时间不少于 30min。

综合反应条件的影响研究结果，确定了优化的共沉淀反应条件如下：NaOH 过量浓度为 200mg/L，Na_2CO_3 过量浓度为 200mg/L，搅拌速率 100r/min，反应温度为 50℃，反应时间 30min。

第三节 盐水体系的陶瓷膜过滤性能

在面向应用过程的陶瓷膜材料设计理论体系的基础上，针对陶瓷膜反应器法盐水精制工艺这一具体的应用过程，在外置式膜反应器中开展了陶瓷膜过滤饱和盐水的性能研究。基于由工业原盐制备的 NaCl 型饱和盐水体系，确定最优膜孔径，并考察温度、跨膜压差和错流速率等参数对陶瓷膜过滤性能的影响；考察预氧化及还原操作对陶瓷膜过滤性能的影响；基于盐矿溶出的 Na_2SO_4 型饱和卤水体系，考察陶瓷膜连续过滤性能，为后续陶瓷膜反应器法连续盐水精制提供数据支持。

一、Cl^- 型饱和盐水体系膜过滤性能优化

基于由工业原盐制备的 NaCl 型饱和盐水体系，确定了最优膜孔径，并考察了温度、跨膜压差和错流速率等参数对陶瓷膜过滤性能的影响。

NaCl 型饱和盐水由工业原盐经水溶解制备而得，并投加精制剂进行沉淀反应，反应温度为 50℃，搅拌速率为 100r/min，反应时间为 60min，表 7-1 列出了盐水中杂质含量及相应的精制剂投加量。饱和盐水悬浊液的固含量为 5g/L，体系的 pH 为 9.97，采用常规错流过滤装置处理饱和盐水悬浊液，表 7-2 是实验所采用的操作条件范围。实验过程中监测渗透通量随时间的变化，检测渗透液的浊度。

表 7-1　杂质含量及相应的精制剂投加量

杂质离子	含量 /（g/L）	精制剂	投加量 /（g/L）
Ca^{2+}	0.285	Na_2CO_3	1.0
Mg^{2+}	0.443	NaOH	1.7
SO_4^{2-}	1.9	$BaCl_2$	4.8

表 7-2　实验操作条件范围

参数	范围
T/℃	20 ～ 70
CFV/（m/s）	1 ～ 4
TMP/MPa	0.1 ～ 0.4

注：CFV—错流速率；TMP—跨膜压差。

1. 膜孔径与温度的影响

在 TMP=0.3MPa、CFV=2m/s 的条件下，采用平均孔径分别为 50nm、200nm、

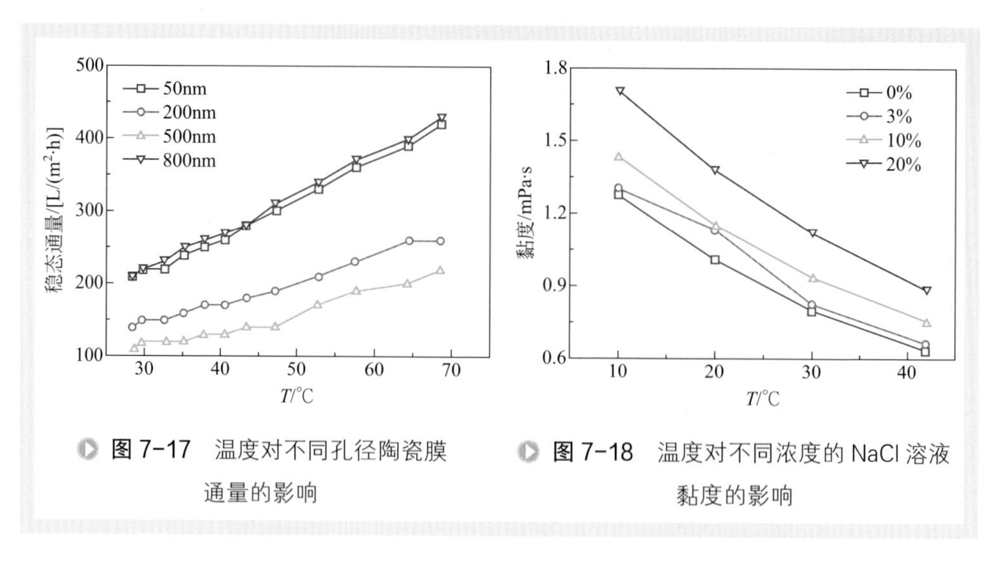

图 7-17　温度对不同孔径陶瓷膜通量的影响

图 7-18　温度对不同浓度的 NaCl 溶液黏度的影响

500nm 和 800nm 的陶瓷膜过滤饱和盐水悬浊液。图 7-17 是不同孔径陶瓷膜通量随温度的变化曲线，可见平均孔径为 50nm 和 800nm 的陶瓷膜通量明显高于 200nm 和 500nm 的陶瓷膜，在 20 ～ 70℃的温度范围内，随着温度升高，膜通量均呈拟线性增大。图 7-18 是不同浓度的 NaCl 溶液黏度随温度的变化曲线，可见随着温度的升高，各浓度 NaCl 溶液的黏度均呈拟线性减小，所以图 7-17 中渗透通量的增大是由盐水黏度减小导致的。温度越高，盐水黏度越小，陶瓷膜通量越大。

图 7-19 是 $Mg(OH)_2$、$CaCO_3$ 和 $BaSO_4$ 颗粒的粒径分布图，可见 $CaCO_3$ 和 $BaSO_4$ 颗粒的粒径主要分布在 0.5 ～ 100μm 区间内，$CaCO_3$ 颗粒呈双峰分布，平均粒径为 9.02μm，大于 $BaSO_4$ 颗粒的平均粒径（6.10μm）。$Mg(OH)_2$ 颗粒的平均粒径为 20.45μm，其粒径分布很宽，且呈三峰分布，这是由于 $Mg(OH)_2$ 颗粒极易团聚，仪器检测获得的主要是团聚态颗粒的粒径分布。已有研究证实，颗粒体系的

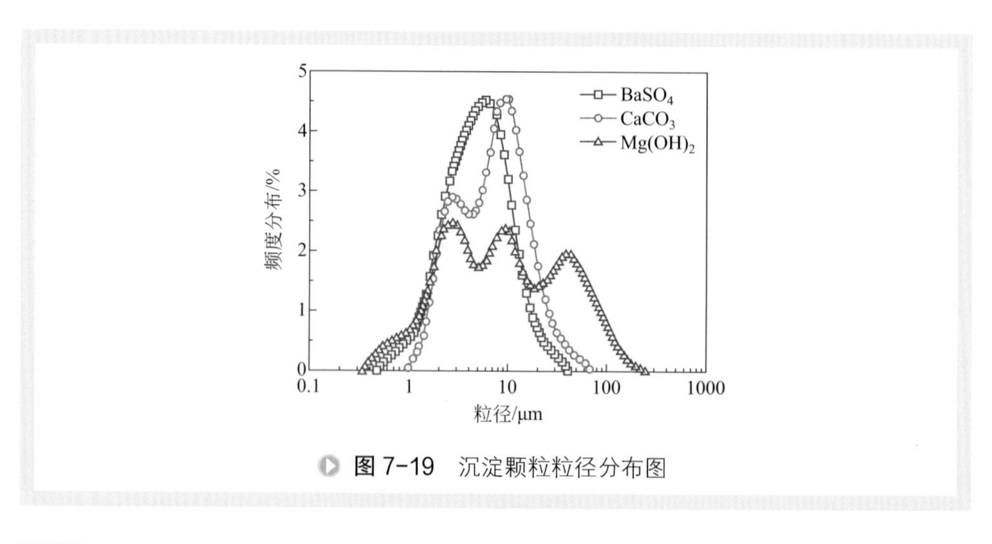

图 7-19　沉淀颗粒粒径分布图

粒径分布变宽与平均粒径减小均会使膜过滤的最优膜孔径减小，小粒子的增多会导致膜孔内堵塞加剧，增大堵塞阻力，减少有效膜孔数目，降低膜孔隙率[12,13]，所以图7-17中平均孔径为200nm和500nm的陶瓷膜通量显著低于平均孔径为50nm的陶瓷膜；膜孔径与颗粒粒径相近时堵塞阻力增大最显著，进一步增大孔径，膜的堵塞阻力增大不明显[13]，所以平均孔径为800nm的陶瓷膜通量与平均孔径为50nm的陶瓷膜接近，但是其渗透液浊度（0.651NTU）大于平均孔径为50nm的陶瓷膜渗透液浊度（0.082NTU），无法有效截留沉淀颗粒，所以平均孔径为50nm的陶瓷膜过滤性能最优。

2. 跨膜压差的影响

在T=20℃、CFV=2m/s的条件下，采用平均孔径为50nm的陶瓷膜过滤饱和盐水悬浊液。图7-20是不同跨膜压差时的陶瓷膜通量随时间的变化曲线，可见在0.1MPa时，初始通量较低，且随时间变化较小；跨膜压差越大，初始通量越高，但是随时间的衰减越明显。这是因为跨膜压差增加，膜过滤驱动力增加，通量随之增大。而根据滤饼生长过程的颗粒受力分析可知，液体渗透速率的增加会增大颗粒受到的渗透曳力，导致颗粒的临界沉降粒径增大，在膜面沉积形成滤饼的颗粒数量增多[14]。所以跨膜压差越大，滤饼阻力越大，通量衰减率也越大。

定义不再发生明显衰减的膜通量为拟稳态通量J_s，过滤初始时刻的膜通量为起始通量J_o，则可采用J_s/J_o的值表征膜通量的衰减程度。图7-21是陶瓷膜稳态通量及J_s/J_o随跨膜压差的变化曲线，可见随着跨膜压差的增大，稳态通量呈非线性增大，跨膜压差越大，其稳态通量长幅越小；J_s/J_o随跨膜压差增大而降低，表明跨膜压差越大，通量衰减率越大，即污染阻力越大。

图7-22是渗透液浊度随跨膜压差的变化曲线，可见浊度均小于0.10NTU，表明陶瓷膜对沉淀颗粒具有很好的截留性能。

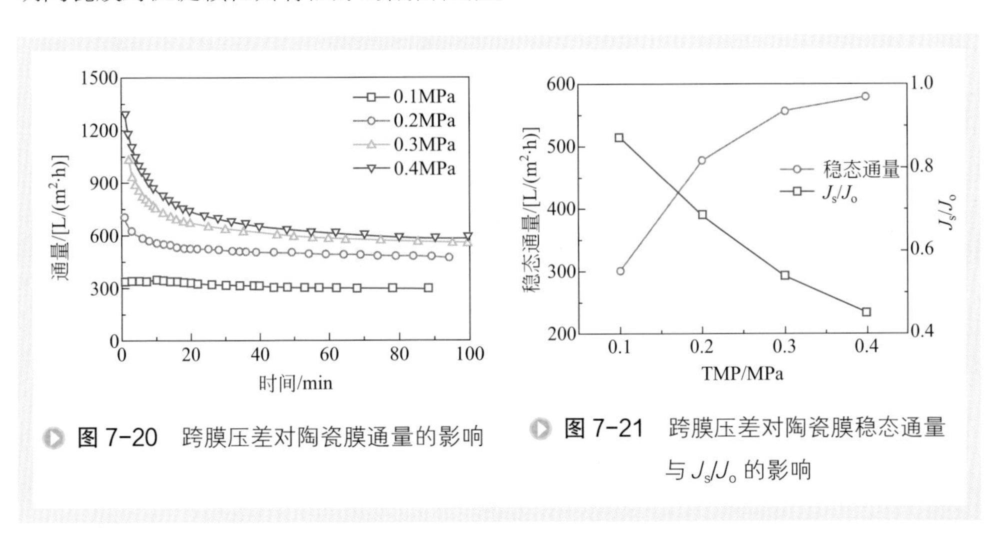

图7-20　跨膜压差对陶瓷膜通量的影响

图7-21　跨膜压差对陶瓷膜稳态通量与J_s/J_o的影响

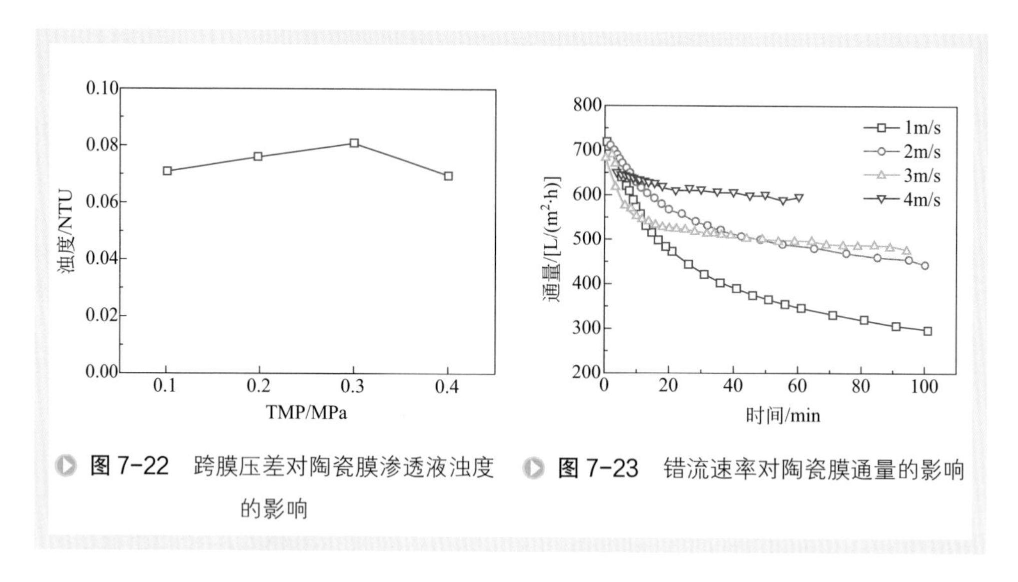

图 7-22 跨膜压差对陶瓷膜渗透液浊度的影响

图 7-23 错流速率对陶瓷膜通量的影响

3. 错流速率的影响

在 T=20℃、TMP=0.2MPa 的条件下，采用平均孔径为 50nm 的陶瓷膜过滤饱和盐水悬浊液。图 7-23 是不同错流速率的陶瓷膜通量随时间的变化曲线，可见错流速率越大，膜通量越快达到拟稳态，且拟稳态通量越大。CFV=1m/s 时，陶瓷膜通量在 100min 内持续下降；而当 CFV=4m/s 时，通量在 15min 内即达到拟稳态。根据滤饼生长过程的颗粒受力分析，增大错流速率会增大流体流动曳力，导致颗粒的临界沉降粒径减小，在膜面沉积形成滤饼的颗粒数量减少[14]。因此错流速率越大，滤饼阻力越小，通量衰减率也越小。

图 7-24 是陶瓷膜渗透液浊度及稳态通量随错流速率的变化曲线，可见稳态通量随着错流速率的增大而增大，渗透液浊度均小于 0.10NTU。

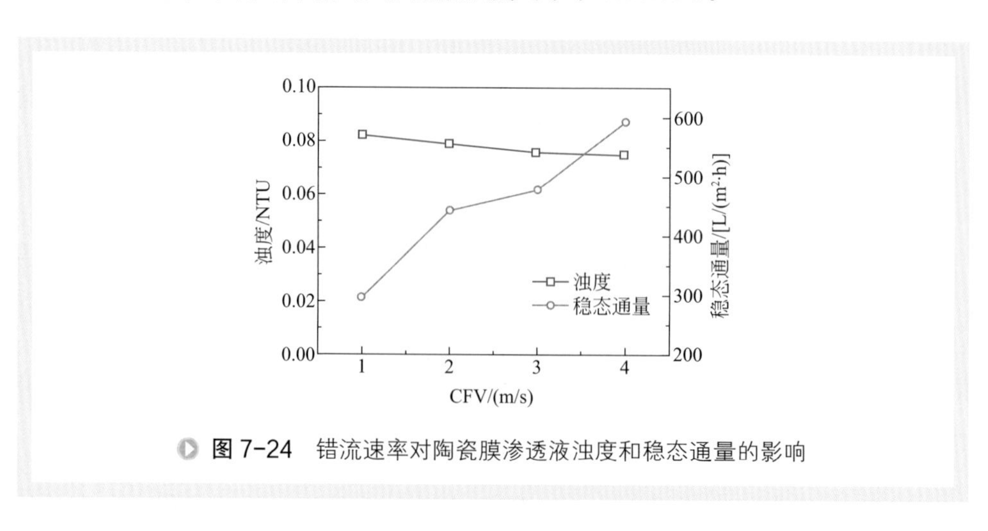

图 7-24 错流速率对陶瓷膜渗透液浊度和稳态通量的影响

二、SO_4^{2-}型饱和卤水体系膜过滤性能优化

基于盐矿溶出的Na_2SO_4型饱和卤水体系，考察了陶瓷膜连续过滤性能，明确了Na_2SO_4结晶对膜过滤性能的影响。Na_2SO_4型饱和卤水源于地下盐矿溶出的饱和卤水，工业用途为生产元明粉，表 7-3 是Na_2SO_4型饱和卤水水质分析结果。投加Na_2CO_3和 NaOH 进行精制反应，投加量分别为 1g/L 和 0.8g/L，反应温度为 50℃，搅拌速率为 100r/min，反应时间为 60min。采用平均孔径为 50nm 的陶瓷膜处理饱和卤水悬浊液，过滤操作条件如下：T=50℃，CFV=2m/s，TMP=0.2MPa，渗透液及渗余液均排出装置，并向系统持续补入饱和卤水悬浊液以维持系统持续运行。实验过程中监测渗透通量随时间的变化曲线。

表 7-3　Na_2SO_4型饱和卤水水质分析结果

项目	TOC /（mg/L）	油含量 /（mg/L）	pH	Na_2SO_4 /（g/L）	NaCl /（g/L）	Ca^{2+} /（mg/L）	Mg^{2+} /（mg/L）
数值	329.4	19.14	8.36	197.4	116.32	184.7	122.6

1. 陶瓷膜过滤性能及膜污染表征

图 7-25 是Na_2SO_4型饱和卤水悬浊液的陶瓷膜过滤通量曲线，可见过滤通量衰减迅速，每 20min 进行一次反冲，反冲恢复率逐渐降低，在 130min 时提升跨膜压差至 0.25MPa，对通量并无明显提升效果，通量逐渐衰减至 250L/（m^2·h）以下。进行反冲时，肉眼可观察到有乳黄色黏稠泡沫状污垢泛出，采用HNO_3浸泡该污垢后有深黄色油状及絮状物质残余，根据表 7-3 中对卤水 TOC 和油含量的分析结果，酸不溶的油状及絮状物质应该为柴油和有机污染物（该盐矿生产过程中曾向矿井内注入柴油，卤水经折流除油后无肉眼可见的油滴，但仍有明显的柴油气味）。所以柴油和有机物在膜及颗粒滤饼上的吸附和沉积导致膜污染阻力快速升高，造成膜通

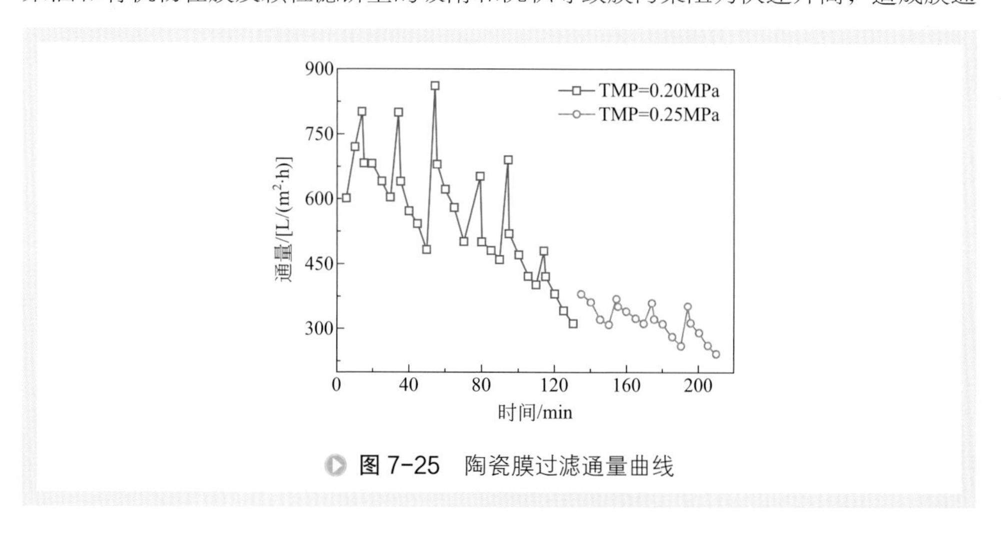

图 7-25　陶瓷膜过滤通量曲线

图 7-26 卤水精制沉淀滤饼的 SEM 照片

量的迅速衰减。将悬浊液用 0.22μm 孔径的微孔滤膜抽滤洗涤烘干，肉眼可见沉淀滤饼呈暗灰色并具备一定的强度。图 7-26 是沉淀滤饼的 SEM 照片，可见滤饼中含有大量 $Mg(OH)_2$ 片状颗粒，且颗粒结合紧密，滤饼孔隙率低。

2. Na_2SO_4 结晶对膜过滤性能的影响

过滤实验结束后进行全回流操作，取消反冲，待通量稳定之后，向系统中加入约 500mL 水，发现通量以较快的速率提升。因料液桶体积为 20L，加入 500mL 水并未明显改变体系浓度，体系黏度无明显波动，而通量得以较大提升，不可能是体系黏度变化引发的结果。而过滤实验初始阶段系统管路和膜管温度接近 0℃，高温卤水接触管路和膜管时因换热使得自身温度急剧降低，Na_2SO_4 在水中的溶解度随温度降低而降低，存在膜孔中析出 Na_2SO_4 晶体堵孔的可能性。

为了证实上述推断，设计了验证性实验，在过滤初期用温水循环预热系统，并在过滤初期采用稀释的卤水，以消除这两个因素在过滤初始阶段对体系的影响，渗透液排出系统，同时向系统补加饱和卤水，运行 40min 后加入反冲，考察过滤通量和反冲效果。图 7-27 是验证实验的陶瓷膜过滤通量曲线，可见 40min 反冲后的通量明显高于图 7-25 的顶峰通量，且反冲效果稳定，重复性良好。在过滤实验结

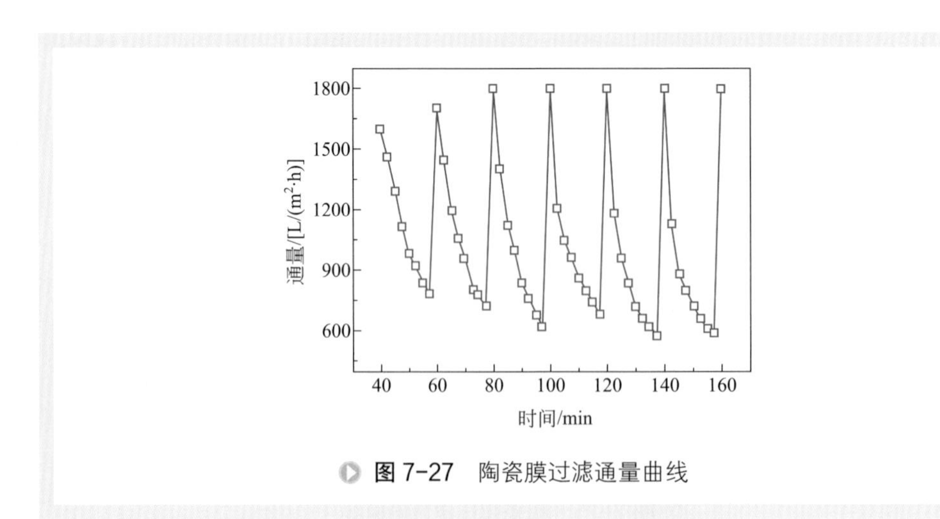

图 7-27 陶瓷膜过滤通量曲线

束阶段，同样加入 500mL 清水，稳定通量没有任何提升。图 7-25 实验的循环阶段添加水后，溶液饱和度降低，孔内的 Na_2SO_4 晶体溶解，原先被堵的膜孔得到恢复，使得通量提升；而图 7-27 实验因初期保温和稀释的作用，膜孔在初期过滤中不会产生孔内的析晶堵膜现象，降低溶液饱和度对膜过滤无影响，该实验证实了 Na_2SO_4 低温析出堵塞膜孔的推断。

另外，对比图 7-25 和图 7-27 可以发现，排除了 Na_2SO_4 低温析出堵膜的影响，反冲效果能够显著提升，这是因为堵孔现象会令反冲时的液体射流现象减弱，降低反冲效果，导致滤饼无法及时去除，在过滤过程中累积增厚导致通量持续降低；而无堵孔现象时，过滤过程中的污染主要以滤饼污染为主，反冲的射流能够及时地清除膜面滤饼，使得反冲效果和重复性得到保证。

第四节　化学沉淀-陶瓷膜分离耦合连续精制盐水

“预处理 + 膜分离”的膜法盐水精制工艺已取代“道尔澄清桶 + 砂滤器 + 碳素管过滤器”的传统工艺，成为盐水精制工艺的主流。有机聚合物膜法盐水精制工艺开发较早，工艺较成熟，但是因其膜材料性质和过滤特点，$Mg(OH)_2$ 和 $CaCO_3$ 沉淀反应必须分步进行，先预处理除 $Mg(OH)_2$ 后再用膜除 $CaCO_3$，该缺点导致工艺流程过长，投资增加，控制点增多，操作复杂。此处重点研究 $Mg(OH)_2$ 和 $CaCO_3$ 共沉淀反应与陶瓷膜过滤耦合，构成陶瓷膜反应器，考察沉淀反应 - 膜分离耦合连续工艺用于盐水精制过程的性能，并分析膜污染[15]，为新工艺的工业化应用提供依据。

一、陶瓷膜反应器的设计及连续盐水精制

设计并搭建了沉淀反应 - 膜过滤耦合装置，如图 7-28 所示，粗盐水槽 R-1 中的饱和粗盐水经隔膜计量泵 B-1，精制剂储罐 R-3、R-4 和 R-5 中的 Na_2CO_3 溶液、NaOH 溶液和 $BaCl_2$ 溶液分别经蠕动泵 B-2、B-3 和 B-4，以一定流速连续输入沉淀反应釜 R-2，在搅拌速率为 100r/min、反应温度为 50℃的条件下进行沉淀反应。一定停留时间后，釜中的浑盐水开始经隔膜计量泵 B-5 以一定流速输入膜过滤循环回路进行过滤。沉淀反应与膜分离为连续操作过程，进入沉淀反应釜 R-2 的液体流量与经隔膜计量泵 B-5 输入膜过滤循环回路的流量相等，并同时等于膜渗透液流量与排浓液流量之和。监测跨膜压差随时间的变化曲线，并检测渗透液浊度及 Ca^{2+} 和 Mg^{2+} 的含量。

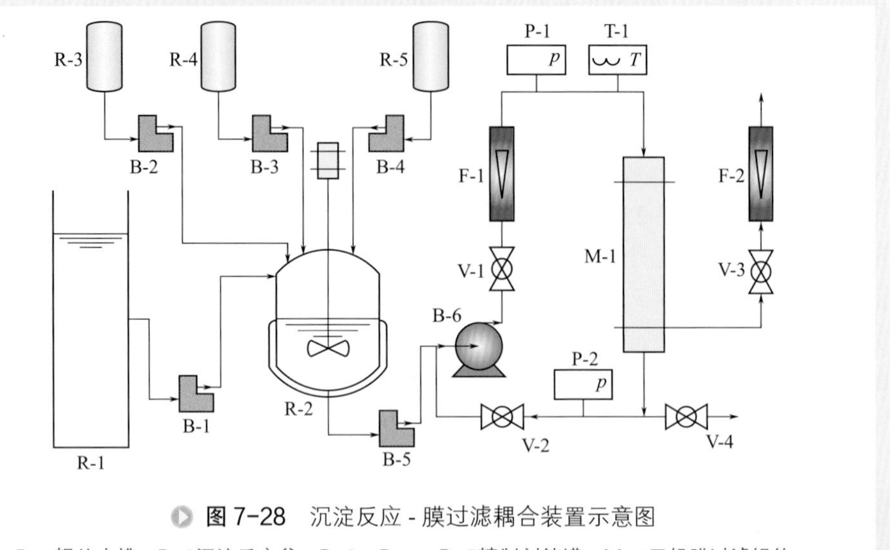

图 7-28 沉淀反应 - 膜过滤耦合装置示意图

R−1粗盐水槽；R−2沉淀反应釜；R−3，R−4，R−5精制剂储罐；M−1无机膜过滤组件；B−1，B−5隔膜计量泵；B−2，B−3，B−4蠕动泵；B−6离心泵；F−1，F−2转子流量计；V−1，V−2，V−3，V−4球阀；P−1，P−2压力表；T−1温度计

二、沉淀反应-膜分离耦合工艺连续精制盐水

1. 平均停留时间的影响

实验考察了无排浓操作时，平均停留时间分别为15min、30min、45min和60min的耦合性能。图7-29是平均停留时间对精制盐水中Ca^{2+}和Mg^{2+}含量的影响，可见在实验考察的平均停留时间范围内，精制盐水的Ca^{2+}和Mg^{2+}含量无显著

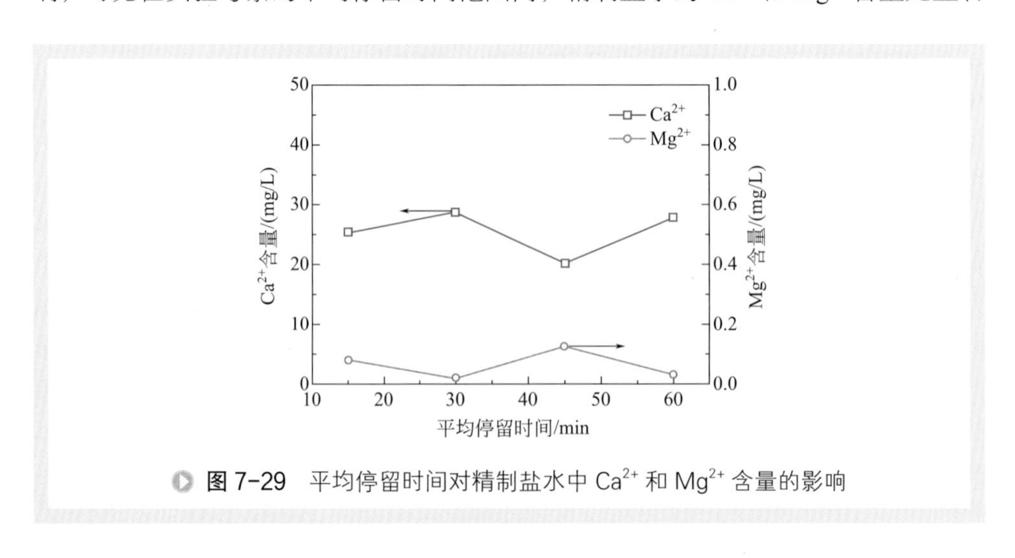

图 7-29 平均停留时间对精制盐水中Ca^{2+}和Mg^{2+}含量的影响

变化，其中 Mg^{2+} 含量均在 1.0mg/L 以下，符合一次盐水水质标准，但是 Ca^{2+} 含量则在 20mg/L 以上，高于一次盐水 1mg/L 的标准。由前面分析可知，$CaCO_3$ 沉淀反应是精制反应的速率控制项，在 50℃时，反应时间在 2 ～ 5min 才能令 Ca^{2+} 含量达到一次盐水水质标准；而停留时间分布测试显示，沉淀反应 - 膜分离耦合装置的停留时间分布接近两个全混流反应器串联的模型，所以耦合装置在运行时不可避免的有少量停留时间不足的饱和盐水被过滤，这部分饱和盐水中未反应的 Ca^{2+} 透过陶瓷膜进入精制盐水，导致精制盐水 Ca^{2+} 含量超标。而由于 $Mg(OH)_2$ 沉淀反应是瞬间反应，不受耦合装置的停留时间分布影响，所以精制盐水中的 Mg^{2+} 含量始终符合一次盐水水质标准。

2. 渗透通量的影响

实验考察了无排浓操作时，渗透通量分别为 200L/（m^2·h）、340L/（m^2·h）、565L/（m^2·h）和 800L/（m^2·h）时的耦合性能。图 7-30 是渗透通量对跨膜压力曲线的影响，可见随着渗透通量的增大，跨膜压力曲线斜率增大。根据滤饼生长过程的颗粒受力分析可知，液体渗透通量的增加会增大颗粒受到的渗透曳力，使得颗粒的临界沉降粒径增大[14]。当渗透通量为 200L/（m^2·h）时，颗粒受到的渗透曳力较小，临界沉降粒径较小，只有极少数的颗粒会在膜面沉积形成滤饼污染，膜污染速率较小，跨膜压力随时间维持稳定；而随着渗透通量的增大，临界沉降粒径增大，在膜面沉积的颗粒比例增加，膜污染速率增大，因此跨膜压力曲线斜率增大；当渗透通量为 800L/（m^2·h）时，膜污染速率过大，已无法维持系统的正常运行，所以耦合工艺的运行通量不应高于 565L/（m^2·h）。

不同的渗透通量决定了跨膜压力的初始水平及发展趋势，对不同跨膜压力时的渗透液浊度进行检测，图 7-31 是渗透液浊度随跨膜压力的曲线，可见渗透液浊度

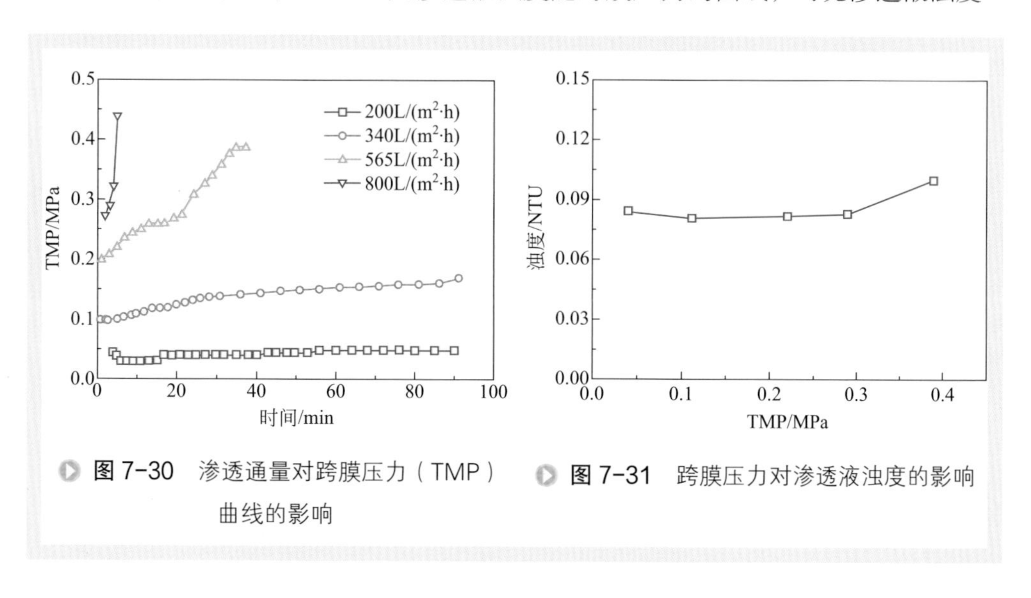

图 7-30　渗透通量对跨膜压力（TMP）曲线的影响

图 7-31　跨膜压力对渗透液浊度的影响

随压力增大维持稳定，在实验考察的范围内均在 0.12NTU 以下，证明耦合工艺出水固含量符合一次盐水精制的水质标准。

3. 循环固含量的影响

无排浓操作时，耦合装置的循环回路中的固含量持续增加。图 7-32 是各渗透通量水平的膜污染阻力随固含量的曲线，可见膜污染阻力随着固含量的增大而增加。在渗透通量为 200L/（m^2·h）和 340L/（m^2·h）时，膜污染速率对固含量的增加不敏感，循环固含量的提升并不会引起膜污染阻力的显著增加；但是在渗透通量为 565L/（m^2·h）时，固含量对膜污染速率的影响较大，随着固含量的增大，膜污染阻力提升较快。

4. 排浓的影响

在渗透通量为 565L/（m^2·h）时，先进行无排浓操作的耦合实验，当跨膜压力升高到 0.4MPa 时，改为连续排浓操作，排浓量与进料量的比值，即排浓比 R 为 0.4。图 7-33 是排浓对跨膜压力曲线的影响，可见在无排浓阶段，耦合系统的跨膜压力快速增加至 0.4MPa；在连续排浓阶段，跨膜压力快速回落至 0.24MPa 并维持稳定。固含量的增大会令具备污染能力的有效固含量增大，引起膜污染阻力的增大，导致跨膜压力快速增大。在无排浓操作阶段，跨膜压力的快速增加主要是由于耦合系统的循环固含量持续增大导致的；而在连续排浓阶段，由于浓液被连续排出耦合系统，循环固含量能够保持稳定，有效固含量不会快速增加，所以跨膜压力能够维持稳定。

5. 沉淀组分的影响

在盐水精制工艺中存在沉淀反应时不添加 $BaCl_2$，仅生成 $CaCO_3/Mg(OH)_2$ 混合沉淀的情况，如纳滤膜法除 SO_4^{2-} 工艺及元明粉工业的盐水精制工艺。在渗透通量

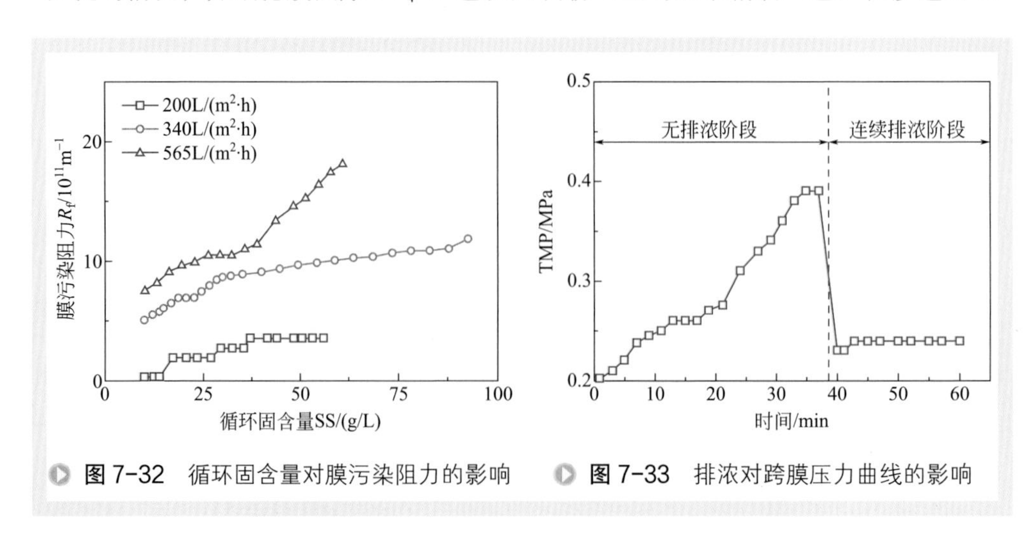

图 7-32 循环固含量对膜污染阻力的影响

图 7-33 排浓对跨膜压力曲线的影响

为 340L/（m^2·h）、排浓比为 0.02 时，分别对生成和不生成 $BaSO_4$ 沉淀的沉淀反应 - 膜分离耦合性能进行了考察。图 7-34 是沉淀组分对跨膜压力曲线的影响，可见生成 $CaCO_3/Mg(OH)_2/BaSO_4$ 混合沉淀时，跨膜压力曲线斜率较小，在 90min 内仅由 0.06MPa 缓慢增加到 0.16MPa；而生成 $CaCO_3/Mg(OH)_2$ 混合沉淀时，跨膜压力曲线斜率较大，在 90min 内由 0.06MPa 快速增加到 0.44MPa。虽然 $CaCO_3/Mg(OH)_2$ 混合沉淀悬浮液固含量比 $CaCO_3/Mg(OH)_2/BaSO_4$ 混合沉淀悬浮液小，但是由于其中的 $Mg(OH)_2$ 胶体质量分数较大，无法被粒径较大的 $CaCO_3$ 颗粒完全吸留在表面，导致游离的 $Mg(OH)_2$ 胶体颗粒较多；而 $CaCO_3/Mg(OH)_2/BaSO_4$ 混合沉淀的 $Mg(OH)_2$ 胶体质量分数较小，能够被 $CaCO_3$ 和 $BaSO_4$ 颗粒完全吸留在表面，游离的 $Mg(OH)_2$ 胶体颗粒较少。根据滤饼生长过程的颗粒受力分析[14]，在同样的渗透通量水平下，虽然两种沉淀体系的临界沉降粒径相同，但是 $CaCO_3/Mg(OH)_2/BaSO_4$ 混合沉淀中能够沉降在膜面的活性固含量是小于 $CaCO_3/Mg(OH)_2$ 混合沉淀的，同时由于该体系总固含量较高，对膜面剪切力较大，膜表面颗粒受到的流动曳力较大，能够进一步降低膜污染速率，所以膜污染速率较小。

通过添加 $CaCl_2$ 或 $MgCl_2$ 以改变饱和盐水中的 Ca^{2+} 和 Mg^{2+} 含量，以控制生成的 $CaCO_3/Mg(OH)_2$ 混合沉淀组成，同样在渗透通量为 340L/(m^2·h)、排浓比为 0.02 时进行耦合实验。图 7-35 是 $CaCO_3/Mg(OH)_2$ 混合沉淀的 Mg/Ca 比对跨膜压力曲线的影响，可见跨膜压力曲线随着 Mg/Ca 比的增大而增大，混合沉淀中 $Mg(OH)_2$ 的质量分数对耦合过程的膜污染速率影响显著。

三、膜污染机理及膜清洗

图 7-36 是污染后的陶瓷膜 SEM 照片。断面 SEM 照片显示存在厚度超过 20μm

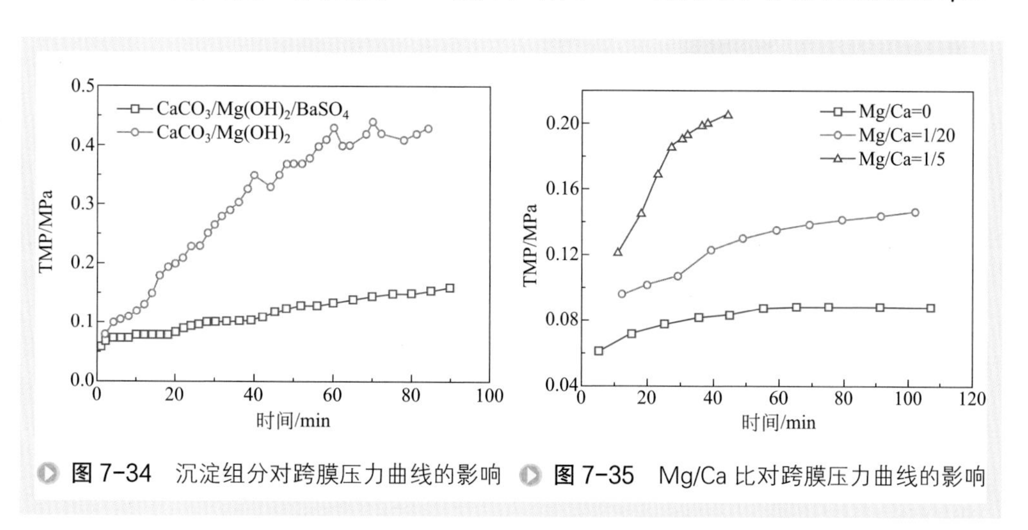

图 7-34 沉淀组分对跨膜压力曲线的影响

图 7-35 Mg/Ca 比对跨膜压力曲线的影响

的滤饼；表面 SEM 照片显示除了斜方晶型或米粒形的 $BaSO_4$ 晶体颗粒外，还存在 0.4μm 以上的立方晶型颗粒，其形态符合方解石型 $CaCO_3$ 晶体的形貌特征。对滤饼断面局部放大后可见滤饼孔隙中填充有粒径约 0.05μm 的片状颗粒，其形态与 $Mg(OH)_2$ 胶体的形貌特征相符[16]。综合陶瓷膜断面和表面 SEM 照片可以确认，膜表面覆盖有 $BaSO_4$、$CaCO_3$ 和 $Mg(OH)_2$ 颗粒构成的滤饼污染，滤饼主体是由 $BaSO_4$ 和 $CaCO_3$ 颗粒混合堆叠构成的多孔结构，$Mg(OH)_2$ 颗粒在孔结构中填充，滤饼表面无明显 $Mg(OH)_2$ 颗粒存在。

对膜层断面与滤饼断面分别进行 EDX 分析，图 7-37 是污染后的陶瓷膜断面与滤饼断面的 EDX 分析谱图。可以看出，滤饼层含有丰富的 Ba、Ca 和 Mg 元素，而膜层主要含有 Zr 元素，未见 Ba、Ca 和 Mg 元素的响应，所以陶瓷膜不存在沉淀向膜层内的渗透，膜污染机理主要是滤饼污染，膜孔内无污染。

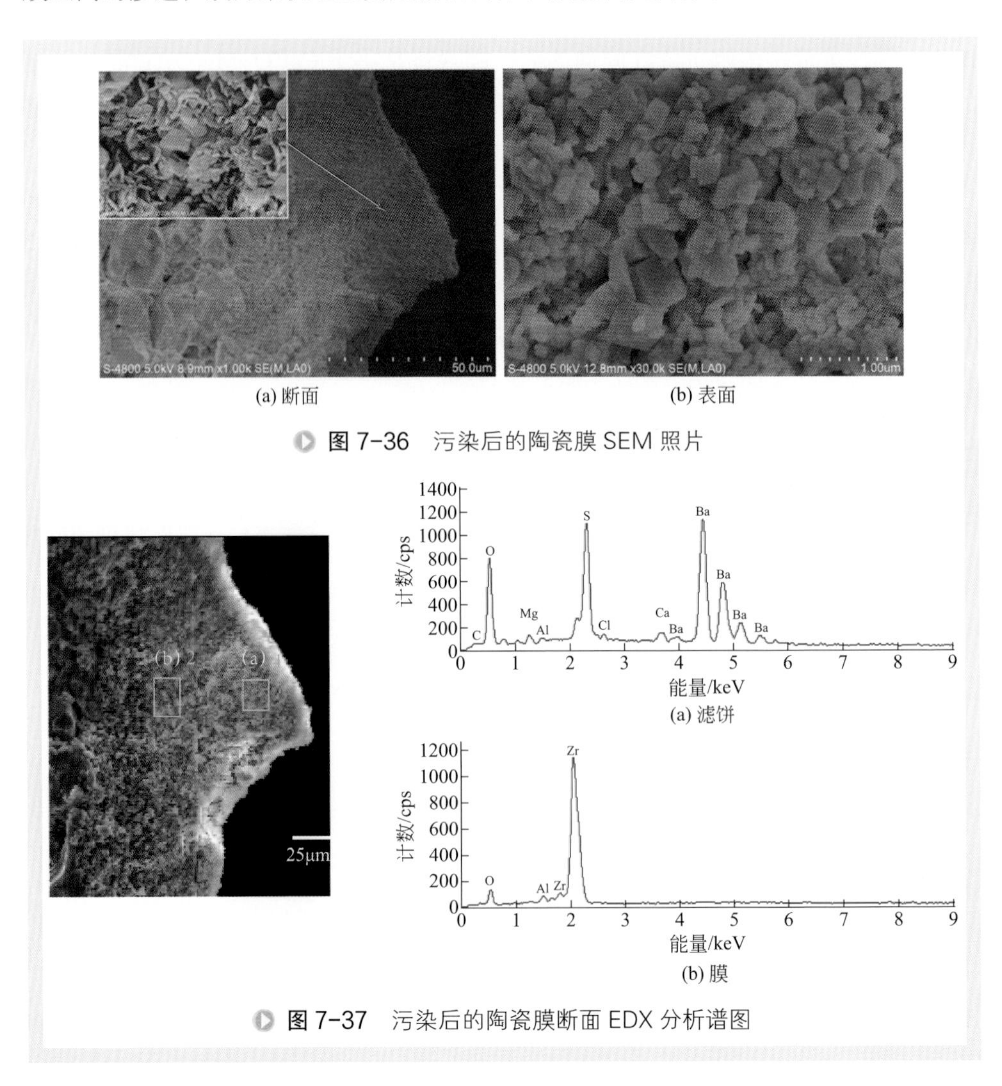

图 7-36 污染后的陶瓷膜 SEM 照片

图 7-37 污染后的陶瓷膜断面 EDX 分析谱图

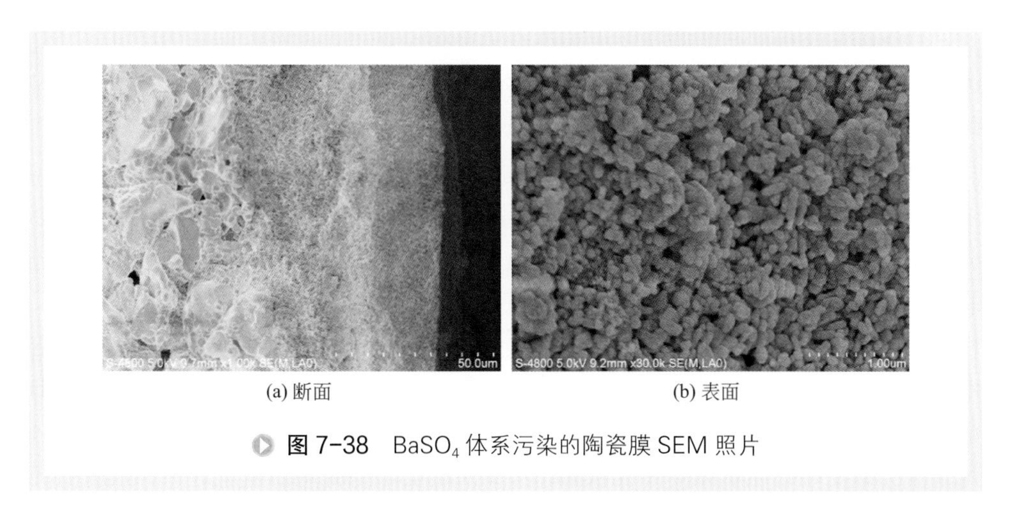

(a) 断面　　(b) 表面

图 7-38　$BaSO_4$ 体系污染的陶瓷膜 SEM 照片

配制仅含有 $BaSO_4$ 沉淀的模拟盐水并进行过滤，用 SEM 和 EDX 表征被 $BaSO_4$ 体系污染的陶瓷膜。图 7-38 是 $BaSO_4$ 体系污染的陶瓷膜 SEM 照片。断面 SEM 照片显示存在滤饼，滤饼厚度超过 20μm；表面 SEM 照片显示仅含有斜方晶型或米粒形的 $BaSO_4$ 晶体颗粒。

对膜层断面与滤饼断面分别进行 EDX 分析，图 7-39 是 $BaSO_4$ 体系污染的陶瓷膜断面与滤饼断面的 EDX 分析谱图，其中（a）是滤饼层 EDX 谱线，（b）是膜层 EDX 谱线。可以看出，滤饼层内含有 Ba 和 S 元素，而膜层则未见 Ba 和 S 元素的响应，所以 $BaSO_4$ 体系污染的陶瓷膜也不存在颗粒向膜层内的渗透。

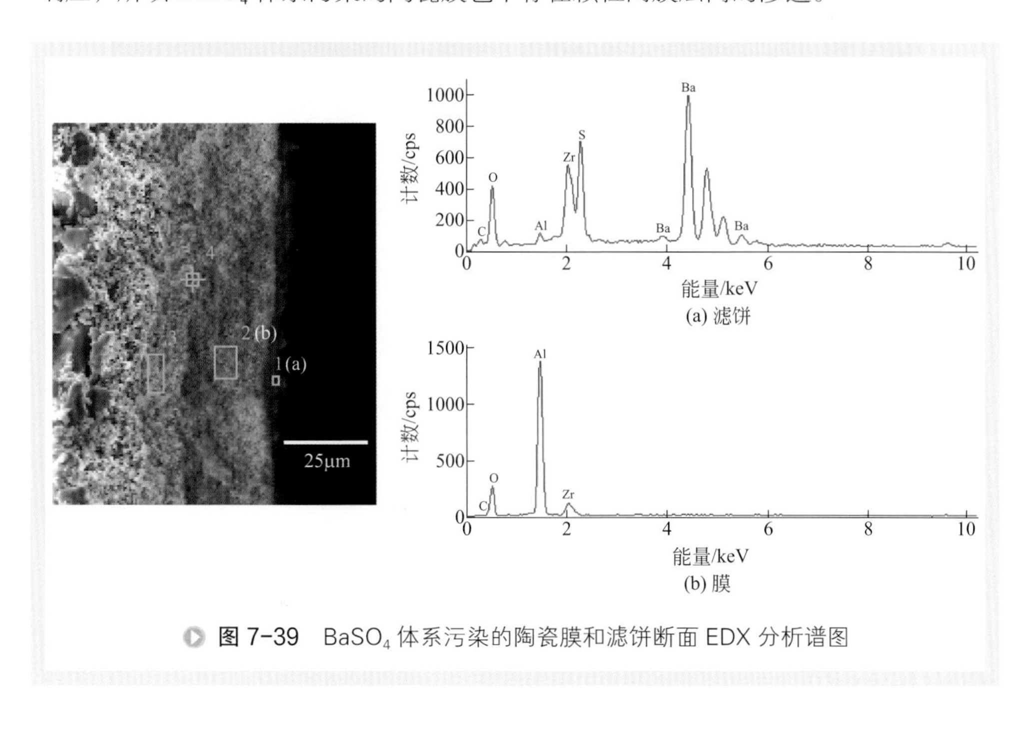

图 7-39　$BaSO_4$ 体系污染的陶瓷膜和滤饼断面 EDX 分析谱图

综合以上两种体系的膜污染的表征结果可以发现，在实验室短时间膜过滤过程中，膜污染机理为滤饼污染，无论是混合沉淀体系还是 $BaSO_4$ 体系都不存在明显的孔内污染。

对混合沉淀体系污染后的陶瓷膜进行反冲，反冲后的膜进行 SEM 表征。图 7-40 是陶瓷膜表面 SEM 照片，可见反冲后膜表面滤饼基本全部脱落，膜层大部分暴露可见，仅有少量污染颗粒残留在膜表面，表明反冲效果优良，能够很好地控制滤饼污染。沉淀反应 - 膜分离耦合连续操作实验结束后，排出装置内的浑盐水，使用去离子水漂洗装置后，加入 1%（质量分数）HNO_3 溶液清洗 60min；排出溶液并再次用去离子水漂洗后，加入 1%（质量分数）NaClO+1%（质量分数）NaOH 溶液清洗 60min；排出溶液后用去离子水漂洗至中性，膜清洗过程结束。图 7-41 是膜清洗重复性的通量恢复率柱状图，可见清洗能够很好地恢复膜通量，且膜清洗重复性良好，清洗效果不随着清洗次数增加而衰减。

(a) 污染前的膜　　(b) 反冲后的膜

图 7-40　陶瓷膜表面 SEM 照片

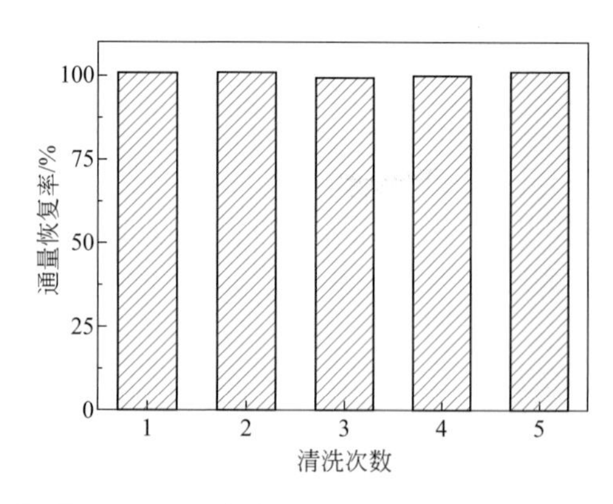

图 7-41　膜清洗重复性对通量恢复率的影响

第五节 陶瓷膜反应器在精制盐水中的工业应用

一、盐水精制工艺的比较

由于所用工业盐中含有大量的 Ca^{2+}、Mg^{2+}、SO_4^{2-} 等无机杂质，以及细菌、藻类残体等天然有机物和泥砂等机械杂质，盐水精制的目的就是要将这些杂质彻底去除，避免这些杂质离子进入离子膜电解槽。

传统的盐水精制工艺是在原盐溶解并经精制反应后，在道尔澄清桶澄清去除大部分悬浮粒子，再经砂滤器粗滤、α- 纤维素预涂的碳素烧结管过滤器精滤，最后获得可进入树脂交换塔的一次精制盐水，见图 7-42。传统的“道尔澄清桶 + 砂滤器”盐水精制工艺因其受原盐质量影响大、工艺流程复杂、盐水质量不稳定、过滤后固体悬浮物（Suspended Solid，SS）超标等缺点已经难以满足离子膜电解的要求。

针对传统盐水精制工艺本身及运行过程中存在的缺陷，近些年来国内出现并推广运行了一种新的有机聚合物膜法盐水精制过滤工艺，其盐水预处理及过滤流程如图 7-43 所示。有机聚合物膜法盐水精制工艺采用分步反应去除杂质离子，饱和粗盐水在反应桶 1 中与 NaOH 发生反应形成 $Mg(OH)_2$ 沉淀，进入预处理器通过浮上澄清法去除大部分的 $Mg(OH)_2$ 沉淀，从预处理器流出的饱和盐水清液在反应桶 2 中与 Na_2CO_3 发生反应形成 $CaCO_3$ 沉淀，再采用膜过滤器去除盐水中的沉淀颗粒，得到的饱和盐水清液经过离子交换螯合树脂塔处理后进入离子膜电解槽。该法与传统工艺相比，从流程上看并没有大的变化，只是以浮上桶取代了道尔桶并取消砂滤器，有机聚合物膜过滤器取代了碳素烧结管过滤器，装置投资相差无几，浮上桶的能力、适应性及操作稳定性等操作方面并不优于道尔桶。

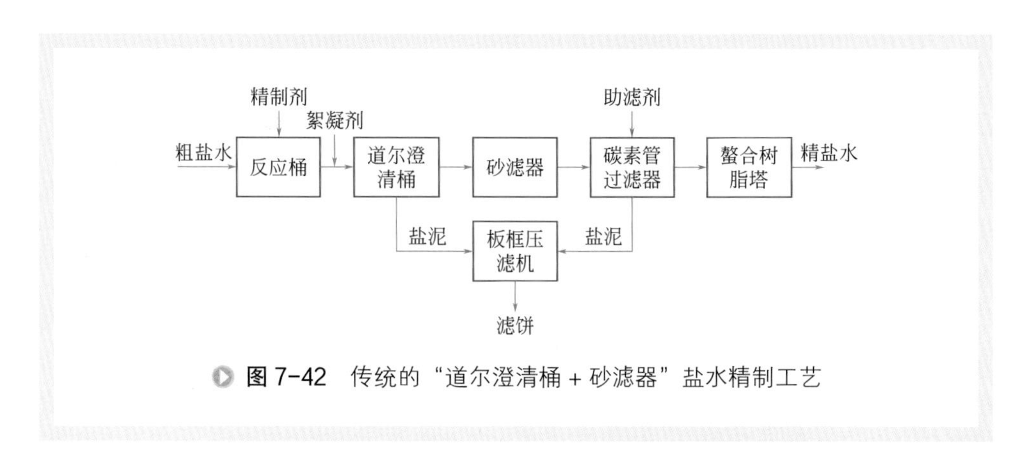

图 7-42　传统的“道尔澄清桶 + 砂滤器”盐水精制工艺

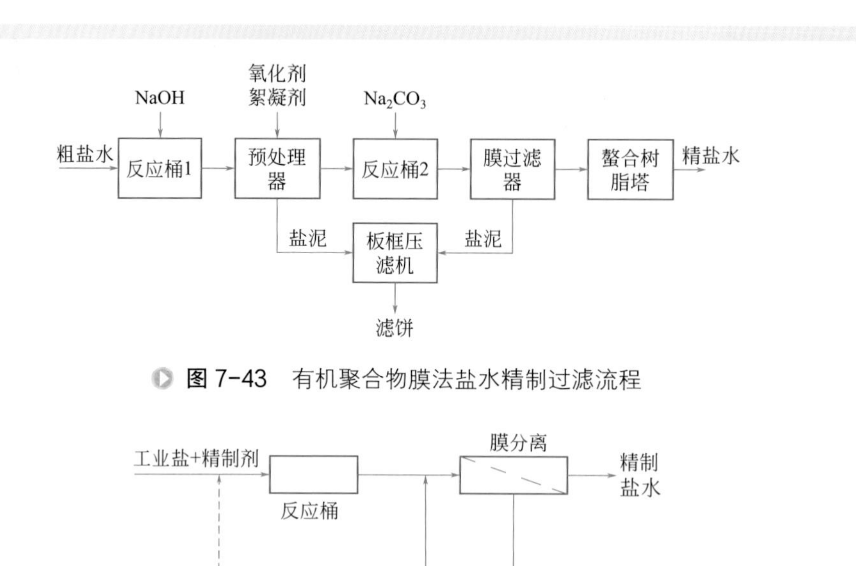

图 7-43　有机聚合物膜法盐水精制过滤流程

图 7-44　陶瓷滤膜反应器盐水精制新工艺

陶瓷膜反应器盐水连续精制技术由简单的两个单元构成：单元 A—溶盐，经配水后的淡盐水调整温度，于化盐桶中加入原盐饱和；单元 B—沉淀反应无机膜反应器。饱和粗盐水和精制剂（碳酸钠、氢氧化钠）同时进入沉淀膜反应器，在反应器中反应的饱和粗盐水通过无机膜过滤器过滤分离，清液即为过滤后的精制盐水，送离子膜电解，浓缩液回到反应桶继续反应或回到过滤器循环过滤，小部分浓缩液连续进入浓水池。该工艺的核心是膜反应器（图 7-44），该反应器的引入实现了精制反应与膜过滤的耦合操作，省略了反应与分离之间的中间处理步骤，简化了工艺流程。由于该过程是边反应边过滤的方式进行的，过滤性质与前两种技术相比有了质的飞跃。

二、工业运行中的膜污染及再生方法

陶瓷膜反应器盐水精制工艺成功应用于工业化生产，膜在过滤过程中的污染物主要是无机盐沉淀颗粒，采用酸液清洗的方法进行膜的再生，但经过了两年多时间的工业化运行之后，陶瓷膜的渗透性能出现显著下降，酸溶解法不能恢复膜通量，这一现象与实验室研究过程中得到的结果不相符合。对此，基于对工业化运行后的陶瓷膜污染进行分析，研究工业化运行条件下的膜污染机理演化过程；进行清洗剂配方的优化，开发合适的膜清洗剂；考察清洗条件对清洗性能的影响，获得优化的清洗条件和清洗动力学方程，解决了工业运行中陶瓷膜的污染问题，保障了陶瓷膜反应器盐水精制工艺的大规模应用[17,18]。

（一）陶瓷膜反应器盐水精制系统

图 7-45 是在氯碱装置上运行的陶瓷膜反应器盐水精制系统（CMSBP）流程图。含有杂质（Ca^{2+}、Mg^{2+}、SO_4^{2-}、有机物、固体悬浮物等）的原盐在化盐槽中溶解制备饱和粗盐水，饱和粗盐水被泵入反应器。向反应器中投加 Na_2CO_3、NaOH 和 $BaCl_2$ 以分别沉淀 Ca^{2+}、Mg^{2+} 和 SO_4^{2-}，并将反应器中的浑盐水泵入陶瓷膜过滤器以去除悬浮颗粒，制备用于离子膜电解的一次饱和盐水。浓液泵入板框压滤机形成滤饼。陶瓷膜在过滤过程中会产生膜污染，为了维持稳定的通量，陶瓷膜过滤器的操作压力会逐渐升高。当操作压力达到一定程度后，通过液体反冲法对膜进行再生。

在经过数天的运行之后，反冲效果逐渐降低，一般需定期采用盐酸溶液对陶瓷膜进行化学清洗。尽管 HCl 处理能有效去除膜污染，操作压力在运行两年后仍然显著上升，如图 7-46 所示，表明 CMSBP 在长期运行中产生了酸不溶性的膜污染累积。

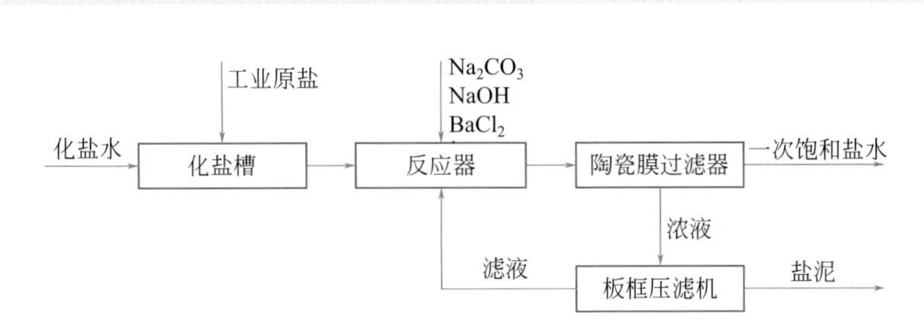

图 7-45 陶瓷膜反应器盐水精制系统（CMSBP）流程图

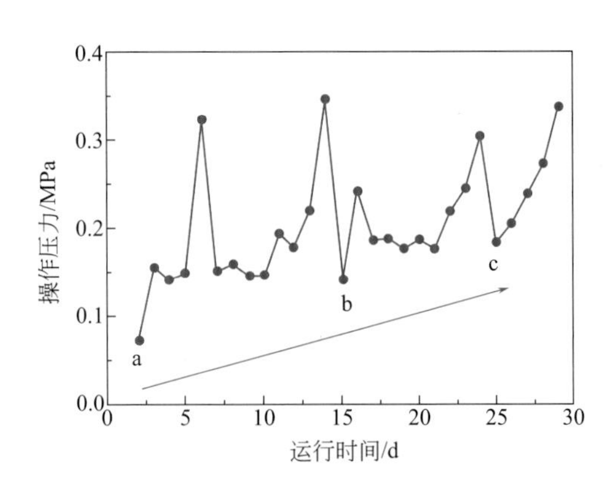

图 7-46 运行两年后的 CMSBP 在 30d 内的操作压力曲线

点a～c是化学清洗后的操作压力，箭头指示操作压力的上升趋势

（二）膜污染的表征

用1.5%（质量分数）的盐酸溶液冲洗污染膜来模拟工业盐酸处理。盐酸处理后，膜的纯水通量值为227L/（m^2•h），大约仅是新膜初始流量［约800L/（m^2•h）］的28.4%。对污染膜的表面进行EDX和XRD分析。列于表7-4的EDX数据说明陶瓷膜表面含有O、S和Ba元素，未显示Zr元素。根据盐水精制工艺中化学沉淀阶段产生的污染物和膜表面检测到的元素成分综合分析，膜表面存在的滤饼污染可能是$BaSO_4$颗粒。图7-47是CMSBP中陶瓷膜表面XRD谱图，可见膜表面滤饼污染的晶体结构为重晶石。因此，推测酸不溶性污染是$BaSO_4$晶体颗粒沉积在膜面。图7-48（a）是污染膜的SEM照片，在膜层外存在一个厚度约为4μm的滤饼层；滤饼层的颗粒形态为斜方晶型或米粒形，尺寸为0.05～0.30μm，与文献报道的$BaSO_4$晶体的典型形貌一致[19]。

表7-4　膜表面的EDX分析数据

元素	质量分数/%	
	污染膜	再生膜
C	0.00	31.44
O	44.35	37.03
Al	0.00	0.39
S	13.12	0.00
Zr	0.00	31.15
Ba	45.52	0.00

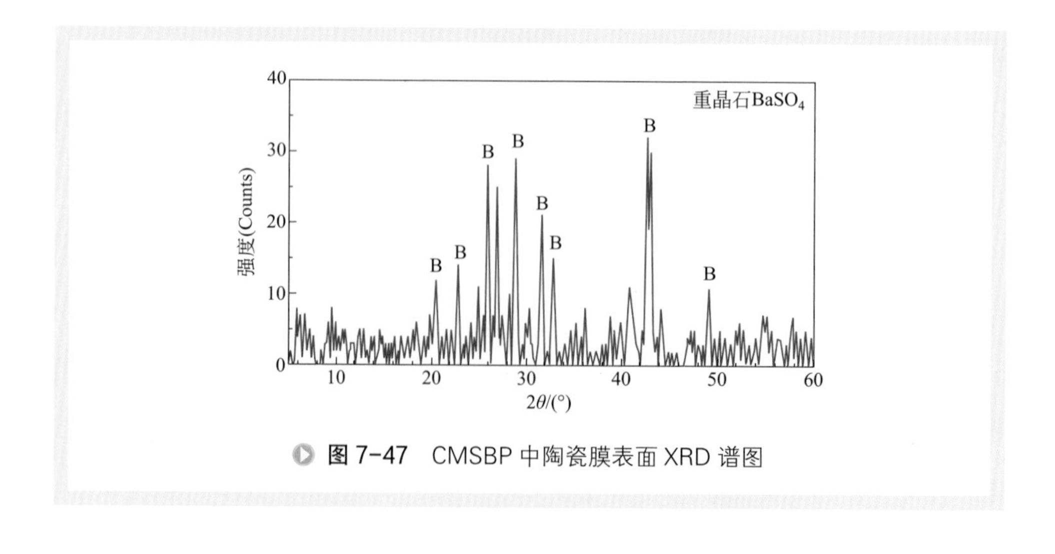

图7-47　CMSBP中陶瓷膜表面XRD谱图

(a) 污染膜(δ为滤饼厚度)

(b) 再生膜

图 7-48　不同放大倍数下陶瓷膜的断面和表面 SEM 照片

（三）膜清洗剂开发

含有羧基官能团的金属螯合剂是一类常用的膜污染清洗剂，主要用于移除被有机物络合的二价金属阳离子，从而促进膜污染的清除[20,21]。二乙基三胺五乙酸（DTPA）是一种常见的螯合剂，多用于螯合 Ba^{2+}、Ca^{2+}、Sr^{2+} 等金属离子，避免这些金属离子在各种工业过程中结垢。DTPA 也可用于促进低溶解度的无机盐的溶解，广泛用于油井和钻探设备中的硫酸钡结垢的控制[21]。陶瓷膜盐水精制工艺中的膜污染主要是低溶解度的无机盐颗粒，此处将 DTPA 用于此系统中控制膜污染，优化清洗剂配方，开发合适的膜清洗剂。

1. pH对二乙基三胺五乙酸（DTPA）清洗性能的影响

草酸是一种典型的二羧基酸螯合促进剂，被选为清洗促进剂。DTPA 在 pH 大于 12 时有很强的螯合能力，因此，采用 NaOH 调节清洗溶液的 pH 值。将 DTPA 和草酸混合溶解在去离子水中配制成一定浓度的清洗剂溶液，该溶液的 pH 值用氢氧化钠调节。配制 $C_{DTPA}=1.0\times10^{-3}$mol/L 的 DTPA 溶液，调节 DTPA 溶液的 pH 分别为 3.09、8.35、10.58 和 12.45，并用于污染膜的化学清洗。清洗实验条件如下：

T=50℃，CFV=3.0m/s，TMP=0.10MPa。每个 pH 的清洗实验均进行 10min，并测定实验前后的纯水通量以计算污染膜通量的初始恢复速率。

图 7-49 是 pH 对 CMSBP 膜通量恢复速率的影响曲线。pH 越高，膜通量的恢复速率越大。pH 从 8.35 上升到 12.45 时，膜通量恢复速率由 0.15%/min 增大到 0.44%/min，表明溶液的碱性对 DTPA 的清洗能力存在有利影响。在中性或弱碱性的溶液环境里，DTPA 对膜的清洗作用不明显，这是因为 DTPA 对 Ba^{2+} 的螯合活性受 pH 影响显著。pH=7 时，溶液中的 DTPA 组分全部以 H_2DTPA^{3-} 的形式存在。随着 pH 的上升，DTPA 逐渐失去质子，溶液中的活性离子组分显负电性。当 pH=12，溶液中的 DTPA 则以 $DTPA^{5-}$ 形式存在。螯合分子 $BaDTPA^{3-}$ 的稳定性比螯合分子 Ba_2DTPA^- 的稳定性高很多，所以 $DTPA^{5-}$ 具有很强的与暴露在 $BaSO_4$ 晶体表面的 Ba^{2+} 发生螯合反应的趋势[22]。因此，图 7-49 中膜通量的恢复速率，即 $BaSO_4$ 晶体污染的溶解速率，在 pH=12.45 时最大。在一些研究重晶石结垢溶解的文献中也曾报道过 DTPA 的反应亲和性在 pH=12 时较强的现象。基于以上分析，开发的以 DTPA 为活性成分的膜清洗剂的 pH 应在 12 ～ 13 的范围内。

图 7-49 中还出现一个有趣的现象，pH=3.09 时的 DTPA 溶液不仅对膜污染没有清洗的效果，其清洗恢复速率反而为负值，即进一步恶化了膜的渗透通量，加剧了膜的污染程度。pH=3.09 的溶液是未添加氢氧化钠进行 pH 调节的 DTPA 纯溶液，pH=3 表明该溶液中的 H^+ 浓度与 DTPA 浓度相同，即溶液中的 DTPA 组分均以 H_4DTPA^- 的形式存在。膜污染加剧的原因可能是 H_4DTPA^- 在 $BaSO_4$ 晶体或膜材料上产生吸附，导致滤饼或膜的孔隙率进一步降低。

采用 pH=3，$C_{DTPA}=1.0\times10^{-3}$mol/L 的 DTPA 溶液，在 T=50℃，CFV=3.0m/s，TMP=0.10MPa 的条件下处理新膜和污染膜，测定实验过程中的渗透通量。图 7-50 为膜渗透通量曲线，可见新膜的渗透通量在实验过程中始终保持稳定，而污染膜的

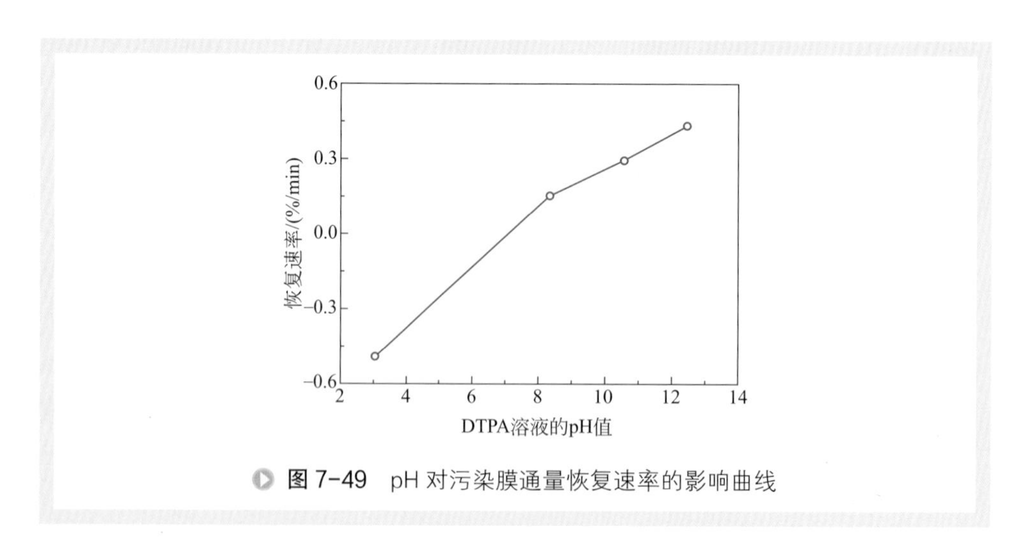

图 7-49　pH 对污染膜通量恢复速率的影响曲线

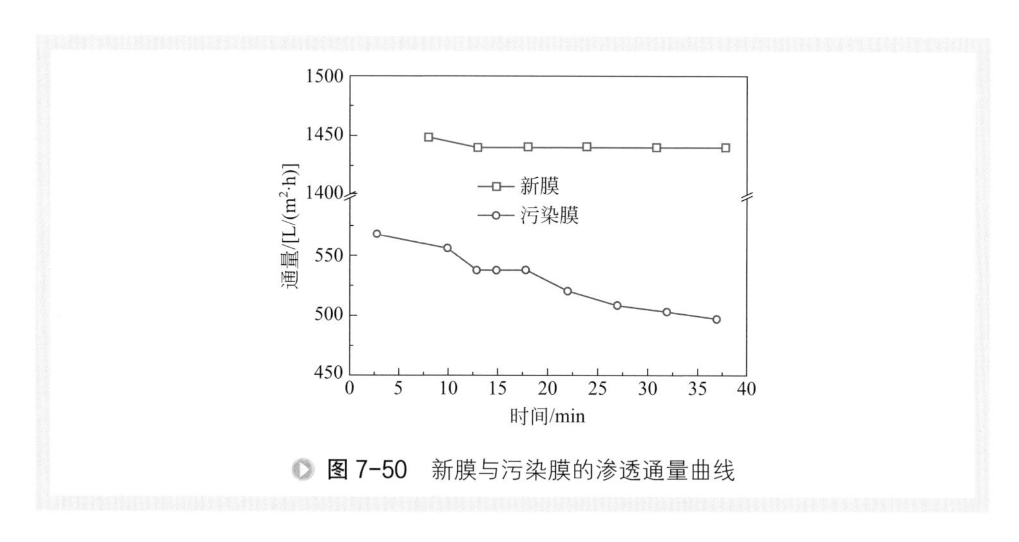

图 7-50　新膜与污染膜的渗透通量曲线

渗透通量则持续下降。说明在污染膜上出现了 H_4DTPA^- 的吸附污染现象，而不含有 $BaSO_4$ 晶体污染的新膜则不被 H_4DTPA^- 影响。因此 pH=3 时的 DTPA 溶液对污染膜污染的恶化机理是 H_4DTPA^- 在 $BaSO_4$ 晶体上发生吸附，导致膜阻力增加。

基于以上分析，pH 对 DTPA 清洗性能影响的机理如下：随着溶液 pH 的升高，DTPA 分子与 $BaSO_4$ 晶体之间的吸附作用减小，DTPA 分子发生去质子化，活性离子组分的负电荷逐渐增加，对 Ba^{2+} 的螯合能力增加，$BaSO_4$ 晶体在 DTPA 溶液中的溶解速率增加，膜清洗性能增强。

2. 草酸对DTPA清洗性能的影响

向 $C_{DTPA}=1.0\times10^{-3}$mol/L 的 DTPA 溶液中添加草酸，使草酸与 DTPA 的摩尔比 $R_{o/d}$ 分别为 0、0.5、1.0、1.5 和 2.0，并用于污染膜的化学清洗。清洗实验条件如下：pH=12.5，T=50℃，CFV=3.0m/s，TMP=0.10MPa。每个 $R_{o/d}$ 的清洗实验均进行 10min，并测定实验前后的纯水通量以计算污染膜通量的初始恢复速率。

图 7-51 是 $R_{o/d}$ 对污染膜通量恢复速率的影响曲线，可见 $R_{o/d}$=0.5 时的通量恢复速率为 0.34%/min，明显高于 $R_{o/d}$=0 时 0.23%/min 的恢复速率数值，表明草酸能够有效促进 DTPA 的清洗性能。草酸的促进作用主要是因为，溶液中的草酸根能够先在 $BaSO_4$ 晶体表面形成一种双螯合分子，这种反应能够催化 DTPA 和 $BaSO_4$ 晶体的表面螯合反应，从而加速 $BaSO_4$ 晶体在 DTPA 溶液中的溶解速率。随着 $R_{o/d}$ 的增加，DTPA 溶液对 CMSBP 膜的清洗性能逐渐增强，直到 $R_{o/d}$=1.0 时达到拐点。$R_{o/d}$=1.5 和 2.0 时的通量恢复速率均比 $R_{o/d}$=1.0 时的恢复速率小，且 $R_{o/d}$ 值越大，恢复速率下降越快。这种现象是由溶液分子之间的位阻效应导致的，尽管草酸根能够先在 $BaSO_4$ 晶体表面发生反应，当溶液中的草酸根过多之后，游离的草酸根分子阻碍了 DTPA 分子向 $BaSO_4$ 晶体表面迁移的路径，使 DTPA 分子与 $BaSO_4$ 晶体表面接触的概率降低，因此 $BaSO_4$ 晶体的溶解速率下降。所以过高的草酸添加量对

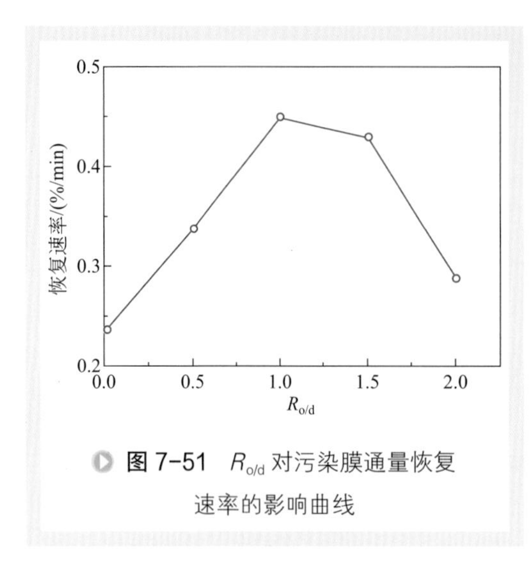

图 7-51 $R_{o/d}$ 对污染膜通量恢复速率的影响曲线

于 DTPA 溶液的清洗性能存在负面影响，$R_{o/d}$=1.0 时的清洗剂具有最优的膜清洗性能。

3. 膜清洗剂的效果

基于上述实验结论，开发了用于盐水精制工艺的复配膜清洗剂，清洗剂由 DTPA 和草酸溶于水配制而成，清洗剂溶液的 $R_{o/d}$=1.0，pH=12.5。以该配方配制了 $C_{DTPA}=1.0\times10^{-3}$mol/L 的溶液对污染膜进行了 100min 的清洗实验，实验条件如下：T=50℃，CFV=3.0m/s，TMP=0.10MPa。清洗后的陶瓷膜纯水通量恢复至 855L/($m^2\cdot h$)，达到新膜的渗透性能水平。再生后的膜表面通过 EDX 分析，结果表明膜面主要的金属元素是 Zr，没有检测到 Ba（表 7-4）。再生后的膜也通过 SEM 进行表征［图 7-48（b）］。再生后的膜断面的 SEM 照片说明滤饼层消失不见了。没有 $BaSO_4$ 晶体出现在膜面上，取而代之的是，暴露出部分膜层上烧结的颗粒。

清洗实验结束后，清洗剂溶液被收集并用 ICP 进行了金属元素浓度的表征。溶液中仅能够检测出 Ba 元素，其浓度为 34.83mg/L。Zr 和 Al 元素均未检出，表明清洗剂对陶瓷膜不存在腐蚀作用。采用该清洗剂在相同的实验条件下对新膜进行了处理（$C_{DTPA}=1.0\times10^{-3}$mol/L，$T$=50℃，CFV=3.0m/s，TMP=0.10MPa），在 180min 的时间内，陶瓷膜通量保持稳定，总衰减率不超过 5%，这个现象表明复配清洗剂溶液中的溶质在膜上的吸附可以忽略，清洗剂本身对陶瓷膜的渗透性和寿命无负面影响。

（四）膜清洗条件的优化

1. DTPA 浓度对清洗性能的影响

配制 C_{DTPA} 分别为 0.5×10^{-3}mol/L、1.0×10^{-3}mol/L、5.0×10^{-3}mol/L 和 10.0×10^{-3}mol/L 的清洗剂溶液对 CMSBP 中陶瓷膜进行清洗实验，实验条件如下：T=50℃，CFV=3.0m/s，TMP=0.10MPa。

图 7-52 是陶瓷膜的清洗通量曲线，可见当 C_{DTPA} 增加时，通量恢复的斜率增加，达到稳定通量的时间缩短，即所需的有效清洗时间缩短。当 $C_{DTPA}=0.5\times10^{-3}$mol/L 时，清洗过程中的通量缓慢增长并在大约 120min 后达到稳定；当 $C_{DTPA}=10.0\times10^{-3}$mol/L，通量迅速增大并在 10min 内达到稳定。这个现象表明清洗速率与 C_{DTPA}

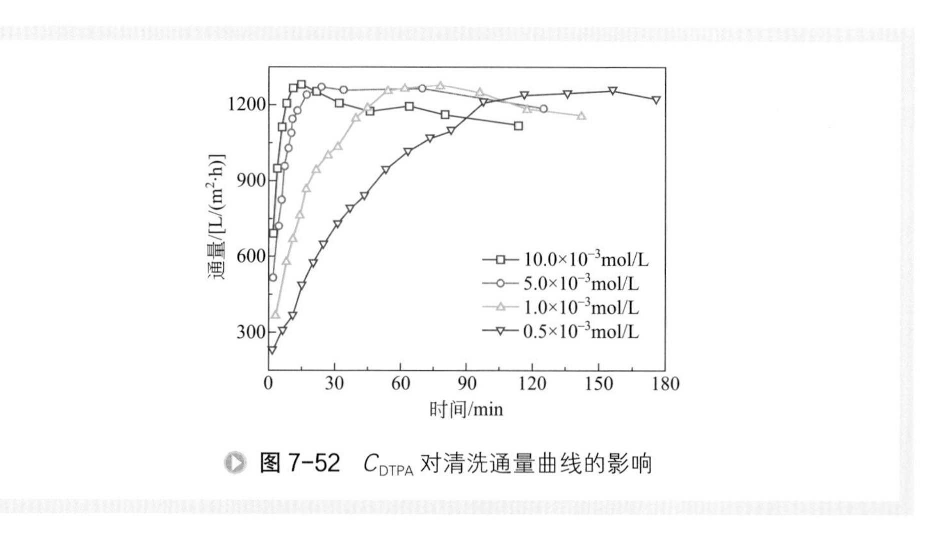

图 7-52 C_{DTPA} 对清洗通量曲线的影响

显著相关，C_{DTPA} 的数值越大，清洗速率越快。清洗速率与 C_{DTPA} 的相关性是由 $BaSO_4$ 晶体在不同浓度的螯合剂作用下的溶解速率变化导致的。综合考虑效率和成本因素，$C_{DTPA}=1.0\times10^{-3}$mol/L 的清洗剂溶液适合用于膜污染的清洗。

尽管清洗速率与 C_{DTPA} 相关，但是不同浓度的清洗液清洗下膜的稳定通量数值最终均相同。实验后不同 C_{DTPA} 的清洗剂中均含有浓度为 34.5mg/L 左右的 Ba 元素。再生后的膜的纯水通量基本上完全恢复。因此，只要保证有效清洗时间，任意 C_{DTPA} 的清洗剂均能够完全清除膜污染。值得注意的是，图 7-52 中不同 C_{DTPA} 的清洗通量在达到峰值之后，随着清洗时间的增加，均有轻微的下降趋势，这可能是由于溶液中的 DTPA 分子或 Ba-DTPA 螯合物在膜表面和膜孔中形成二次污染造成的。一些关于膜清洗过程的文献中也曾报道过溶质的二次污染引起清洗性能降低的现象 [23,24]。因此，过度延长清洗时间对于膜清洗是不利的，清洗过程应该控制在有效清洗时间内完成。

2. 温度对清洗性能的影响

配制 $C_{DTPA}=1.0\times10^{-3}$mol/L 的复配清洗剂溶液，维持 T 分别为 18℃、50℃和 66℃，对 CMSBP 中陶瓷膜进行了清洗实验，实验条件如下：CFV=3.0m/s，TMP=0.10MPa。设定清洗通量的峰值为 100% 的恢复率，将通量曲线转化为恢复率曲线。

图 7-53 是不同温度时的清洗通量恢复率曲线，可见温度升高时，恢复率增大。有文献证实，在流动系统中，Ba-DTPA 螯合物从重晶石表面的脱附是重晶石溶解的速率控制步骤，较高的温度有利于 Ba-DTPA 螯合物的活化和脱附。因此升高温度可以增大清洗速率并获得更短的有效清洗时间。由于工业装置极易获得 50℃的系统环境，因而 50℃可视为较优的工业化清洗条件。

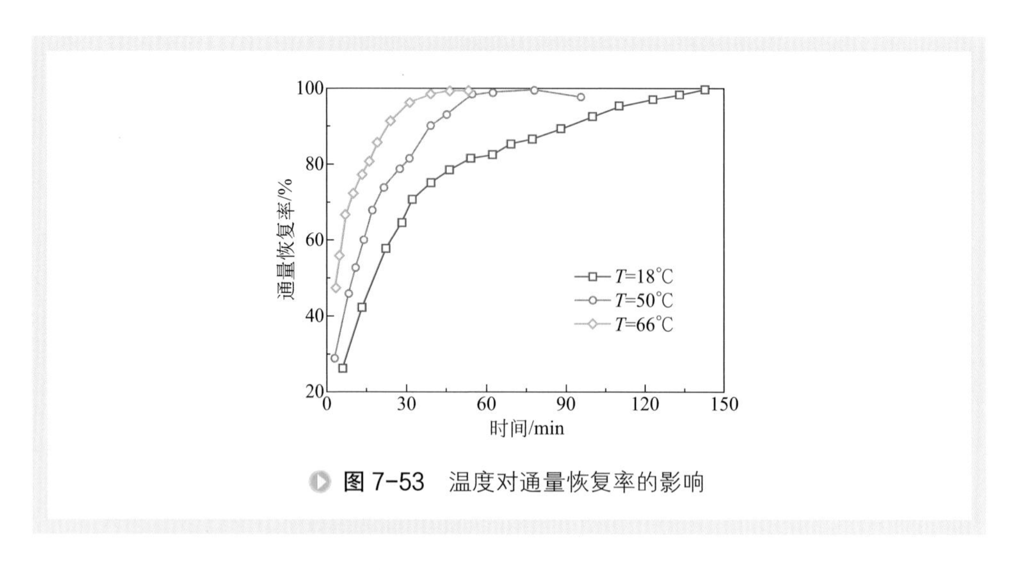

图 7-53　温度对通量恢复率的影响

3. 错流速率对清洗性能的影响

配制 C_{DTPA}=1.0×10^{-3}mol/L 的复配清洗剂溶液，调节 CFV 分别为 1.0m/s、3.0m/s 和 6.0m/s，对 CMSBP 中陶瓷膜进行清洗实验，实验条件如下：T=50℃，TMP=0.10MPa。

图 7-54 是不同 CFV 条件下的清洗通量恢复率曲线，可见各条恢复率曲线的形状非常相似。据文献报道，表面反应是重晶石在流动体系中溶解的速率控制步骤。因此，较高的 CFV，即湍流程度较高的流动条件，所造成的传质阻力的下降对 $BaSO_4$ 晶体污染的溶解速率不产生影响。事实上，图中所示的不同 CFV 的恢复率曲线几乎重合。因此清洗速率与 CFV 无关。用于工业清洗时，CFV 的数值可采用与过滤条件相同的 3.0m/s。

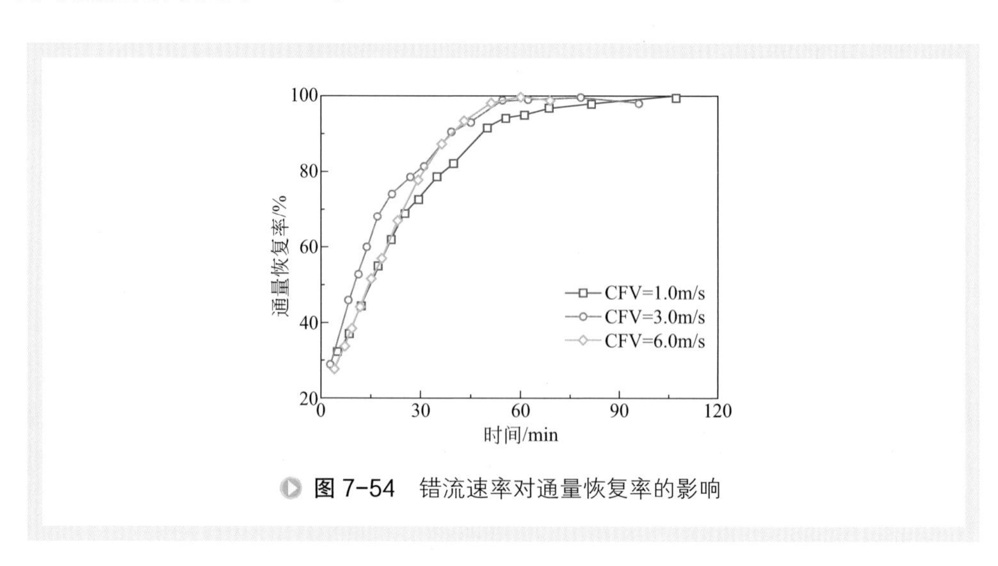

图 7-54　错流速率对通量恢复率的影响

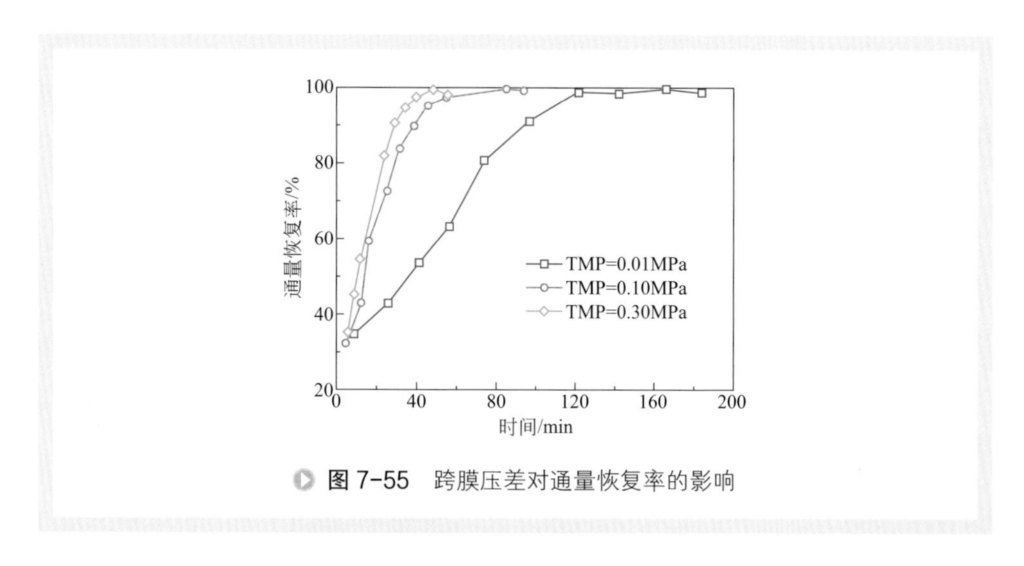

图 7-55 跨膜压差对通量恢复率的影响

4. 跨膜压差对清洗性能的影响

配制 $C_{DTPA}=1.0\times10^{-3}$mol/L 的复配清洗剂溶液，调节 TMP 分别为 0.01MPa、0.10MPa 和 0.30MPa，对 CMSBP 中陶瓷膜进行清洗实验，实验条件如下：T=50℃，CFV=3.0m/s。TMP 的变化仅改变清洗剂溶液在滤饼孔隙和膜孔中的流速，而不改变平行于膜表面的主体溶液流速。图 7-55 是不同 TMP 条件下的清洗通量恢复率曲线，可见 TMP=0.10MPa 和 0.30MPa 的清洗速率几乎相同，相比之下，TMP=0.01MPa 的清洗速率则小很多。这个现象是由低 TMP 条件下 $BaSO_4$ 晶体的溶解速率下降所导致的。膜孔尺寸约为 50nm，膜孔内液体流动的雷诺数小于 1×10^{-4}，流动处于层流状态。层流中的传质速率与流速显著相关。虽然在流动充分的系统中，表面反应步骤控制着重晶石的溶解速率，但是当 $BaSO_4$ 晶体表面的液体流速过小而不足以忽略扩散阻力时，Ba-DTPA 螯合物从 $BaSO_4$ 晶体表面到溶液中的表面扩散步骤将成为反应速率控制步骤。TMP=0.01MPa 时，膜孔内的流速过小，不足以忽略表面扩散阻力，所以清洗速率比 TMP=0.10MPa 和 0.30MPa 的速率小。因此控制 TMP 的值为 0.10MPa。

优化的膜清洗剂配方和清洗条件为：$R_{o/d}$=1.0，pH=12.5，$C_{DTPA}=1.0\times10^{-3}$mol/L，$T$=50℃，CFV=3.0m/s，TMP=0.10MPa。

此处开发的清洗剂已成功用于陶瓷膜法盐水精制工业装置的清洗，被证实能够有效恢复陶瓷膜渗透性能，延长了陶瓷膜使用寿命，降低运行和维护成本。

（五）膜清洗动力学

CMSBP 中膜清洗的通量恢复曲线表示了 $BaSO_4$ 晶体的溶解速率，图 7-52 与图 7-53 的实验结果表明 $BaSO_4$ 晶体的溶解速率与 DTPA 浓度和温度显著相关。有研究者曾开发了基于温度影响的 $BaSO_4$ 晶体在 DTPA 溶液中的溶解动力学模型，但是将 DTPA 浓度和温度同时考虑的溶解动力学模型尚未见报道，也无合适的膜清洗模型能够准确描述本研究的实验结果。因此，研究了基于浓度与温度双参数的 DTPA 溶解 $BaSO_4$ 晶体的膜清洗动力学。

1. 动力学模型假设

$BaSO_4$ 在清洗溶液中溶解并与 DTPA 形成螯合分子的过程可用如下不可逆的化学反应方程式表示：

$$BaSO_4(s) + DTPA^{5-} \Longrightarrow BaDTPA^{3-} + SO_4^{2-} \tag{7-37}$$

基于实验结果，对清洗过程做出如下假设：

a. 膜污染阻力的下降率与 $BaSO_4$ 的溶解率相等；

b. $BaSO_4(s)$ 溶解速率等于清洗剂溶液中 Ba^{2+} 浓度的增加速率，$BaSO_4$ 与 DTPA 的反应为单分子反应，反应级数为 1，反应速率与膜上存在的固体 $BaSO_4(s)$ 含量和溶液中的 DTPA 浓度成正比。$BaSO_4(s)$ 的浓度 $C_s=C_\infty-C_t$，其中，C_∞是清洗完毕后溶液中的 Ba^{2+} 浓度；C_t 是 t 时刻溶液中的 Ba^{2+} 浓度。溶液中 DTPA 的浓度 $C_D=C_0-C_t$，其中 C_0 是溶液中 DTPA 的初始浓度。因此，反应速率可以用下式表示：

$$r_{Ba} = kC_sC_D = k\left(C_\infty - C_t\right)\left(C_0 - C_t\right) \tag{7-38}$$

式中 r_{Ba}——反应速率，即 $BaSO_4(s)$ 的溶解速率，mol/（L • min）；

k——反应速率常数，L/（mol • min）；

C_s——膜上的固体 $BaSO_4(s)$ 浓度，mol/L；

C_D——溶液中的 DTPA 浓度，mol/L；

C_∞——清洗完毕后溶液中的最终 Ba^{2+} 浓度，mol/L；

C_t——t 时刻溶液中的 Ba^{2+} 浓度，mol/L；

C_0——溶液中 DTPA 的初始浓度，mol/L。

反应速率定义式如下：

$$r_{Ba} = \mathrm{d}C_t / \mathrm{d}t \tag{7-39}$$

将式（7-38）和式（7-39）联立得：

$$\int_0^{C_t} \frac{\mathrm{d}C_t}{\left(C_0 - C_t\right)\left(C_\infty - C_t\right)} = k\int_0^t \mathrm{d}t \tag{7-40}$$

式（7-40）积分得：

$$\frac{1}{C_0 - C_\infty}\left(\ln\frac{C_0 - C_t}{C_\infty - C_t} - \ln\frac{C_0}{C_\infty}\right) = kt \tag{7-41}$$

根据清洗实验中 ICP 检测的结果，$C_\infty=0.25\times10^{-3}$mol/L，由图 7-53 中各时刻 t 的通量恢复率可计算对应的 C_t。定义式（7-41）的左式为 S，将 C_t 代入式（7-41）可计算对应的 S 值，对 S 和 t 进行线性拟合可计算得到不同温度的反应速率常数。图 7-56 是速率常数的拟合曲线，拟合得 $k_{18℃}$、$k_{50℃}$和 $k_{66℃}$分别为 46.40L/(mol•min)、108.67L/（mol • min）和 174.96L/（mol • min）。

由图 7-56 中的实验值可以计算获得所对应 t 时刻的 $BaSO_4$ 溶解率，从而获得 t 时刻溶液中的 Ba^{2+} 浓度。图 7-57 是溶液中的 Ba^{2+} 浓度曲线，将 $k_{18℃}$代入动力学模型预测溶液中 Ba^{2+} 浓度，可以发现实验值和模型预测曲线吻合良好，证实动力学模型能够较准确地描述膜清洗过程。

2. 活化能

通常用 Arrhenius 方程表示反应速率常数与温度的关系：

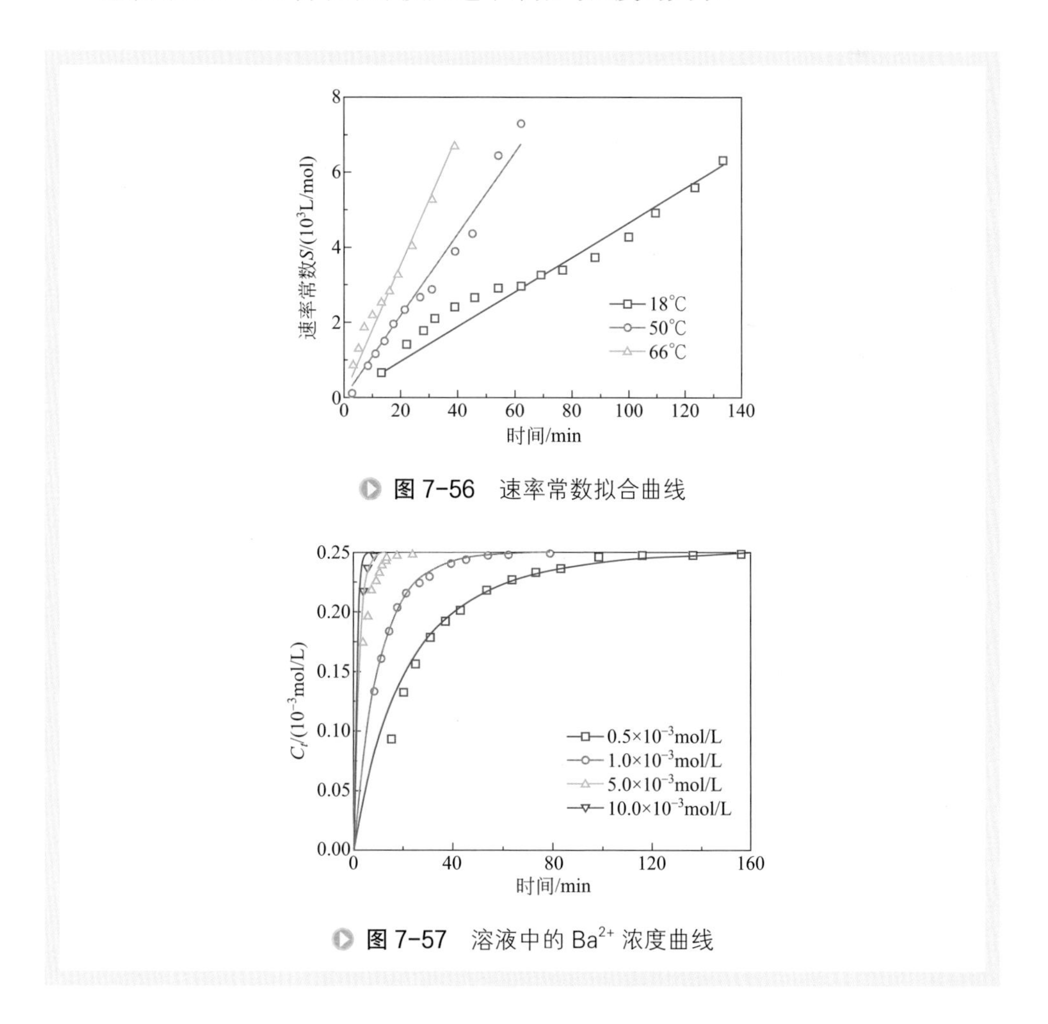

图 7-56 速率常数拟合曲线

图 7-57 溶液中的 Ba^{2+} 浓度曲线

$$k = A\exp\frac{-E_a}{RT} \tag{7-42}$$

式中　k——反应速率常数，L/（mol · min）;

A——指前因子，L/（mol · min）;

E_a——活化能，kJ/mol ;

R——理想气体常数，8.314J/（mol · K）;

T——温度，K。

拟合计算得到 E_a=22.34kJ/mol，即 5.32kcal/mol，A=4.69×10^5L/（mol · min），r^2=0.992。此处确定的 E_a 比文献 [20] 的小很多，说明复配的清洗剂能够降低 $BaSO_4$ 溶解的活化能，这是因为清洗剂中的草酸能够催化 DTPA 和 $BaSO_4$ 晶体的表面螯合反应，增加溶解反应速率。因此，此处开发的复配清洗剂具有比 DTPA 纯溶液更好的清洗性能。

三、工业运行结果

在盐水体系沉淀反应、反应条件对 $CaCO_3$ 沉淀形貌的影响、盐水体系的陶瓷膜过滤性能、化学沉淀 - 陶瓷膜分离耦合过程规律以及工业运行中的膜污染机理与膜清洗研究基础上，成功实现了陶瓷膜反应器技术在氯碱工业中的规模应用，图 7-58 是 12 万吨 /a 离子膜烧碱的盐水精制膜反应器照片。已稳定运行 4 年以上，盐水精制质量优于离子膜电解的需求。

图 7-58　12 万吨 /a 离子膜烧碱盐水精制膜反应器

四、经济性分析

陶瓷膜反应器盐水连续精制技术采用无机陶瓷非对称膜和高效的“错流”过滤方式，解决了有机聚合物膜对有机物、氢氧化镁絮状沉淀敏感的问题，使反应一步完成，简化了工艺流程，可大幅节省投资，且设备操作简单、运行稳定、出水质量无波动。以建设 10 万吨 /a 离子膜烧碱的盐水精制为例（不包括仪表电器费、工艺管线费及施工费、土建费等），进行经济分析。陶瓷膜反应器技术与其他盐水精制工艺的比较，估算三种方法的投资费用分别为：传统盐水精制技术 560 万元左右，聚合物膜过滤技术 500 万元左右，陶瓷膜反应器技术 270 万元左右（表 7-5）；陶瓷膜反应器具有显著的经济优势，投资成本可节约 30% ～ 40%。三种工艺运行费用对比，除共同需要的精制药剂外，陶瓷膜过滤工艺在过滤前取消了絮凝及预涂等各种预处理手段，也无须增加其他精制药剂，故运行费用最低，吨盐水精制可节约运行成本 50% 以上（表 7-6）。

由此可见，陶瓷膜反应器连续盐水精制技术的应用能有力推进氯碱工业节能降耗，该技术已在累计千万吨的盐水精制中成功应用，成为盐水精制的主流技术。

表 7-5　陶瓷膜反应器技术与其他盐水精制工艺的比较

聚合物膜工艺估算投资			传统工艺估算投资			陶瓷膜反应器估算投资		
设备名称	数量	价格 / 万元	设备名称	数量	价格 / 万元	设备名称	数量	价格 / 万元
膜过滤器	3	270	道尔澄清桶	2	140	膜反应器	3	270
加压泵	2	4.5	虹吸砂滤器	2	24	过滤给液泵	3	6
预处理器	1	220	烧结管过滤器	2	400			
加压溶剂罐	1	3.4						
过滤给液泵	3	4.5						
合计		502.4			564			276

表 7-6　运行药剂消耗费用比较（不含共同的精制剂费用、设备折旧费）

名称		消耗 /（kg/t）	单价 /（元 /kg）	吨碱耗 / 元	合计 /（元 /t）
传统工艺	聚丙烯酸钠	0.04	30	1.2	6.47
	α- 纤维素	0.31	17	5.27	
聚合物膜	$FeCl_3$	0.45	2.5	1.13	5.2
	NaClO	2	0.55	1.1	
	Na_2SO_3	0.1	2.1	0.21	
	膜损耗折旧费用			2.76	
陶瓷膜	膜损耗折旧费用			2.18	2.18

第六节 结语

面向沉淀反应的固液分离的应用需求，系统讨论了盐水精制工艺的沉淀反应过程、操作条件对沉淀颗粒微结构影响、盐水体系的陶瓷膜过滤性能、沉淀反应 - 陶瓷膜分离匹配规律，形成了陶瓷膜反应器法连续盐水精制新工艺，建立了盐水精制用成套陶瓷膜反应器装备。针对工业运行过程的膜污染情况，分析了污染形成原因，开发出污染膜清洗策略，保障了陶瓷膜反应器技术在氯碱工业中的大规模应用。陶瓷膜反应器法在盐水精制过程中的成功示范，也为其在其他沉淀反应体系中的应用打下了坚实的基础。未来研究可将陶瓷膜反应器用于水处理中的硬度控制，系统研究水中沉淀物的形成与陶瓷膜的匹配关系，进一步降低陶瓷膜反应器的投资成本，拓展应用领域。

参考文献

[1] Schmittinger P. Chlorine: Principles and industrial practice [M]. Weineheim: Wiley-VCH, 2000.

[2] O'Brien T F, Bommaraju T V, Hine F. Handbook of chlor-alkali technology. Vol. 1 [M]. New York: Springer US, 2005.

[3] Thomas B, Germán G S, Luis D S. Best available techniques in the chlor-alkali manufacturing industry [R]. Seville: European Commission, Joint Research Centre, Institute for Prospective Technological Studies, 2001.

[4] O'Brien T F, Bommaraju T V, Hine F. Brine treatment and cell operation. Handbook of Chlor-alkali technology [M]. New York: Springer US, 2005.

[5] 王开文 , 顾俊杰 , 邢卫红 . 盐水沉淀物对气升式陶瓷膜过滤性能的影响 [J]. 高效化学工程学报 , 2012, 26(5): 775-780.

[6] 李福建 , 顾俊杰 , 仲兆祥 , 等 . 一体式气升陶瓷膜过滤碳酸钙悬浮液的研究 [J]. 化工装备技术 , 2010, 31(5): 6-10.

[7] 张荟钦 , 顾俊杰 , 李卫星 , 等 . 盐浓度对陶瓷膜过滤过程的影响 [J]. 膜科学与技术 , 2010, 30(6): 26-29.

[8] 江文叶 , 胡俭 , 张峰 , 等 . 碳酸钙形貌对陶瓷膜过滤性能的影响 [J]. 膜科学与技术 , 2014, 34(4): 1-5.

[9] 邢卫红 , 王开文 , 顾俊杰 , 等 . 外环流气升陶瓷膜精制盐水研究 [J]. 膜科学与技术 , 2011, 31(3): 256-260.

[10] 梁寅祥 . 陶瓷膜过滤技术在盐水精制中的应用 [J]. 中国氯碱 , 2009(11): 10-12.

[11] 江棂 . 工科化学 [M]. 北京 : 化学工业出版社 , 2003.

[12] Dean J A. Lange's handbook of chemistry [M]. 15th ed. 北京 : 世界图书出版公司 , 1999.

[13] 徐南平 , 李卫星 , 赵宜江 , 等 . 面向过程的陶瓷膜材料设计理论与方法 (Ⅰ) 膜性能与微观结构关系模型的建立 [J]. 化工学报 , 2003, 54(9): 1284-1289.

[14] 李卫星 , 赵宜江 , 刘飞 , 等 . 面向过程的陶瓷膜材料设计理论与方法 (Ⅱ) 颗粒体系微滤过程中膜结构参数影响预测 [J]. 化工学报 , 2003, 54(9): 1290-1294.

[15] 顾俊杰 . 陶瓷膜法连续盐水精制工艺研究 [D]. 南京 : 南京工业大学 , 2001.

[16] Shang C, Blatcheley E R. Chlorination of pure bacterial cultures in aqueous solution [J]. Water Res, 2001, 35(1): 244-254.

[17] Gu J J, Zhang H Q, Zhong Z X, et al. Conditions optimization and kinetics for the cleaning of ceramic membranes fouled by $BaSO_4$ crystals in brine purification using a DTPA complex solution [J]. Ind Eng Chem Res, 2011, 50: 11245-11251.

[18] 邢卫红 , 顾俊杰 , 仲兆祥 , 等 . 一种膜法盐水精制工艺的膜污染清洗方法 [P]. ZL 200910264218. 7. 2012-05-30.

[19] Gupta A, Singh P, Shivakumara C. Synthesis of $BaSO_4$ nanoparticles by precipitation method using sodium hexa metaphosphate as a stabilizer [J]. Solid State Commun, 2010, 150(9-10): 386-388.

[20] Ang W S, Lee S Y, Elimelech M. Chemical and physical aspects of cleaning of organic-fouled reverse osmosis membranes [J]. J Membr Sci, 2006, 272(1-2): 198-210.

[21] Putnis A, Putnis C V, Paul J M. The efficiency of a DTPA-based solvent in the dissolution of barium sulfate scale deposits [C]. International Symposium on Oilfield Chemistry. San Antonio: Society of Petroleum Engineers, 1995.

[22] Putnis C V, Kowacz M, Putnis A. The mechanism and kinetics of DTPA-promoted dissolution of barite [J]. Appl Geochem, 2008, 23(9): 2778-2788.

[23] Putnis A, Junta-Rosso J, Hochella M F. Dissolution of barite by a chelating ligand: An atomic force microscopy study [J]. Geochim Cosmochim Ac, 1995, 59(22): 4623-4632.

[24] Arguello M A, Alvarez S, Riera F A, et al. Enzymatic cleaning of inorganic ultrafiltration membranes fouled by whey proteins [J]. J Agric Food Chem, 2002, 50(7): 1951-1958.

第八章

陶瓷膜反应器用于微纳粉体的制备

第一节 引言

近年来，以陶瓷膜为代表的无机膜材料的发展，为微纳粉体的生产提供了新型的分离、纯化与制备技术。如很多超细氧化物的制备采用湿化学法（如化学沉淀法、溶胶 - 凝胶法、包裹 - 沉淀法、分步沉淀法等），除了要控制其生成和形态，解决其团聚问题，超细粒子的分离与洗涤也是湿化学法超细粉体规模应用的瓶颈之一。一方面，超细粒子的颗粒细小，使其与液相的分离存在难度；另一方面，化学沉淀法制备过程中，反应产生大量的 Cl^- 和 SO_4^{2-} 等酸根离子，这些离子对粉体颗粒大小和性能有很大影响，因此，需要洗涤将体系中的杂质离子浓度降低到限定值。为了避免杂质离子的引入，通常采用去离子水进行洗涤，水量较大，使得废水处理量很大。陶瓷膜独特的错流过滤方式以及筛分功能与湿化学法制备超细粉体结合起来，可有效解决上述两方面问题，且可变间歇过程为连续过程，使生产工艺大为简化，同时提高粉体产品收率[1]。膜乳化和膜分散是近年来发展起来的微纳粉体的制备新技术。膜中无数的纳微尺度的孔道，可以作为控制液相物料输入的媒介，将物料切割成无数细小且均一的液滴，经过一系列处理后获得形貌规整、尺寸可控的微纳粉体[2,3]。

本章主要介绍陶瓷膜集成湿化学法制备超细粉体新工艺，以及陶瓷膜射流乳化法、陶瓷膜分散法等在氧化物、聚合物等微纳粉体制备中的应用研究。

第二节 陶瓷膜集成湿化学法制备超细粉体

湿化学法是制备超细粉体主流技术之一。超细粉体的固液分离与杂质离子的去除是湿化学法超细粉体规模化生产的技术关键。

一、超细粉体制备工艺流程

传统的湿化学法与陶瓷膜集成湿化学法超细粉体制备工艺流程对比见图 8-1。

传统的湿化学法，一般先通过湿化学方法反应生成沉淀物，然后将该固体沉淀物从化学反应生成液中分离出来并洗涤除去固体表面附着的杂质离子，通常离心分离、打浆洗涤和板框过滤等多种手段结合，然后干燥和进一步灼烧后得到超细粉体产品。但是，一般的工业离心机只能分离粒径在微米级的颗粒，且离心机操作复杂、劳动强度大。板框过滤对超细颗粒的截留性能差、产品流失严重，且超细颗粒会在滤板表面形成致密滤饼层，过滤阻力不断加大，过滤速率越来越慢，从而使洗涤操作周期变长，洗涤效果变差，并耗用大量洗涤液。加之，此种分离洗涤过程必须间歇操作，效率低下且劳动强度大，因而难以实现大规模工业化应用。

陶瓷膜错流过滤技术与湿化学法制备超细粉体集成，可将传统工艺的多步过程集成在同一装置中进行，使得超细粉体的制备工艺连续一体化，降低固液分离及洗涤过程的劳动强度，减少粉体流失，提高产品收率。

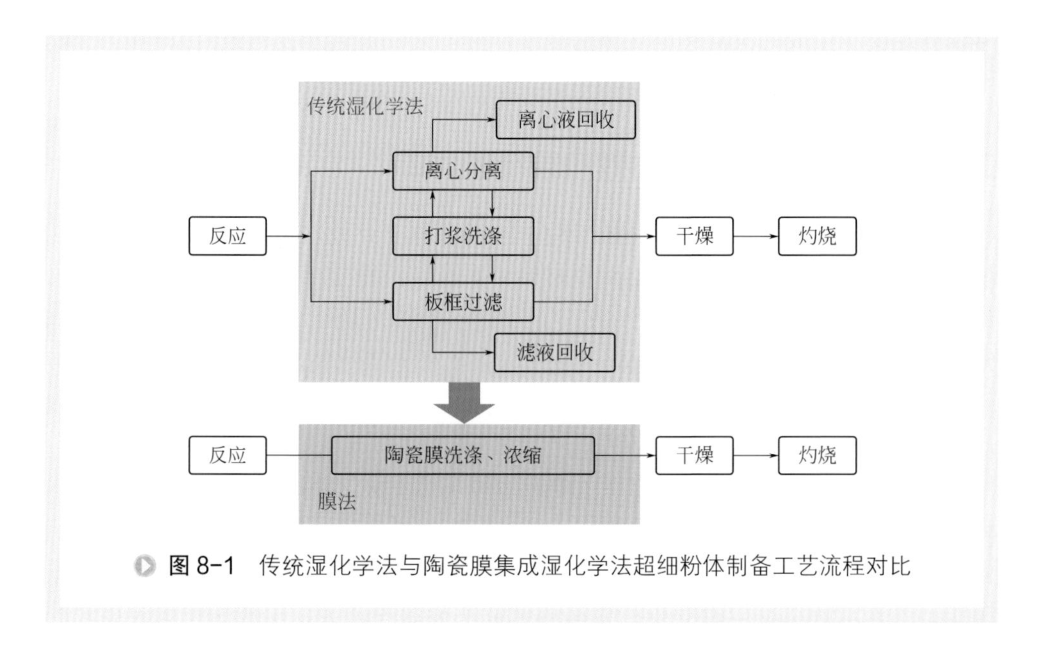

图 8-1 传统湿化学法与陶瓷膜集成湿化学法超细粉体制备工艺流程对比

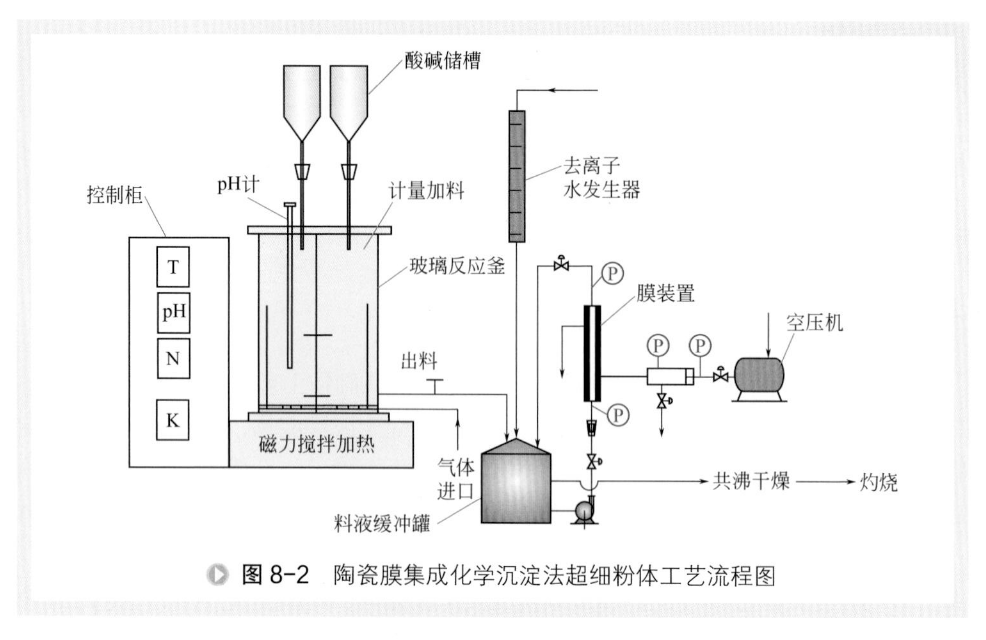

图 8-2 陶瓷膜集成化学沉淀法超细粉体工艺流程图

陶瓷膜集成化学沉淀法超细粉体工艺流程如图 8-2 所示，由四个部分构成一个统一的整体：反应、膜洗涤分离、共沸干燥、灼烧。由于液相化学沉淀反应一般是快速反应，这就要强化物料的混合效果，精确控制加料速率、温度、pH 值等。反应器内壁镶嵌不锈钢的挡板，加强物料的混合均匀，以及消除搅拌产生的旋涡，从底部侧线出料。反应器为磁力强力搅拌并带有可控加热装置，带有 pH 在线检测控制装置。采用蠕动计量泵进行精确加料控制。陶瓷膜分离洗涤装置配有反冲装置，可以满足反应生成的沉淀物的洗涤与浓缩作业。采用旋转蒸发器进行物料的干燥。干燥后样品送灼烧工段。

二、反应条件对超细粉体颗粒粒径的影响

超细粉体一般是指微米、亚微米粒子的集合体。此处以超细氧化钇举例说明。超细氧化钇是一种重要的高性能陶瓷材料，具有高温稳定性，将它分散到合金中，可得到超耐热合金；用超细氧化钇稳定的氧化锆粉末可烧结成高韧性、高强度的陶瓷，它还是激光材料、高亮荧光粉中应用较多的稀土氧化物。另外，它还具有优异的电、磁、光、力学性能，在电子、冶金、化工医药和生物等领域展现出广阔的应用前景[4]。

国内外超细氧化钇的制备方法主要有溶胶 - 凝胶法，氢氧化物沉淀法，醇盐水解法，喷雾热解法，尿素水解法等。溶胶 - 凝胶法成本高、周期长、产率低；氢氧化物沉淀法的无定形凝胶处理成本高；醇盐水解法中醇盐成本高且需在无水气氛下操作；尿素水解法反应时间长；喷雾热分解法设备投资大，生成的粉体收集较困

难。目前氧化钇的工业生产主要是草酸沉淀法，以草酸为沉淀剂，加入表面活性剂，用氨水调节 pH 值，然后将氯化钇溶液加入草酸溶液中，制备出草酸钇沉淀，经过滤、洗涤、干燥灼烧得到氧化钇粉体。本节着重讨论草酸沉淀过程中反应条件对氧化钇粒径的影响[5,6]。考察氯化钇溶液的浓度、pH 值以及表面活性剂的选择和用量、颗粒的表面电位等影响因素，确定反应过程的最优条件。

1. 氯化钇溶液浓度的影响

图 8-3 为不同浓度氯化钇溶液对最终氧化钇平均粒径的影响，反应的 pH 值控制在 2.0。随着氯化钇溶液浓度的增大，氧化钇的平均粒径减小；当浓度超过 1mol/L 时，氧化钇的粒径随浓度增大而增加。要得到超细氧化钇粉体，首先必须得到超细的草酸钇颗粒，根据单分散 Lamer 模型（图 8-4），要使生成的粉体粒径小，就必须在反应过程中使溶液瞬间达到过饱和状态，快速成核，反应液浓度迅速降低，避开晶粒的扩散生长区。浓度过小成核较慢，对反应不利，浓度较大，成核较多，会发生凝并生长而生成较大的草酸钇粒子。在该氯化钇溶液浓度范围内，制备的氧化钇粉体粒径在 1.8 ～ 3μm。

2. 反应中pH值的影响

图 8-5 为 pH 值对氧化钇平均粒径的影响。氧化钇的平均粒径随 pH 值的增大而减小，在 pH 为 3.5 时达到最小，然后随 pH 值的增加而增大。溶液 pH 值和氯化钇溶液浓度对氧化钇平均粒径的影响有相似的趋势。

这是由于草酸是二元弱酸，工业用的草酸通常带有两个结晶水，在水溶液中发生二级电离反应：

$$H_2C_2O_4 \longrightarrow H^+ + HC_2O_4^- \quad K_1=5.38\times10^{-2}$$

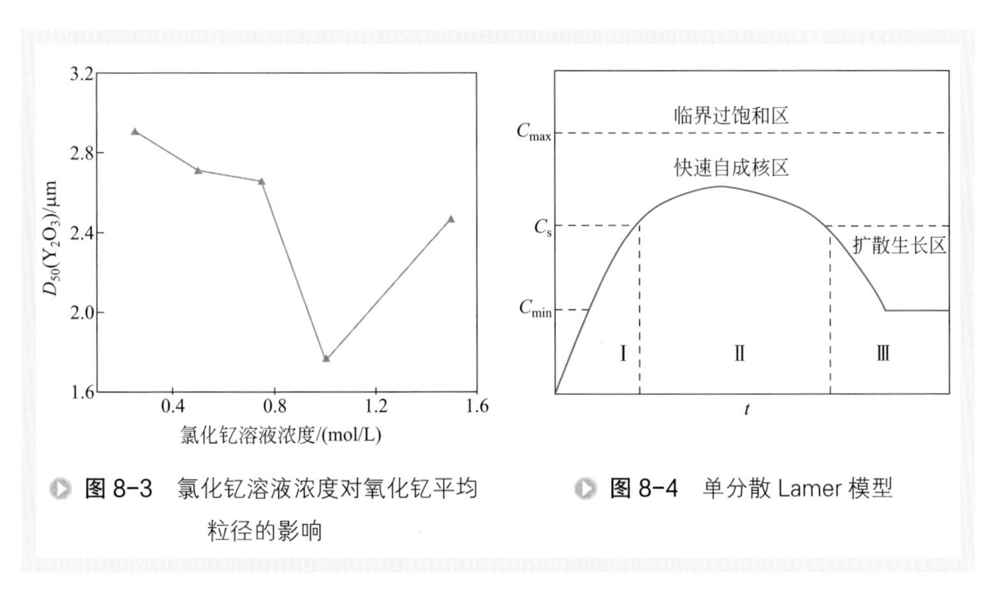

图 8-3　氯化钇溶液浓度对氧化钇平均粒径的影响

图 8-4　单分散 Lamer 模型

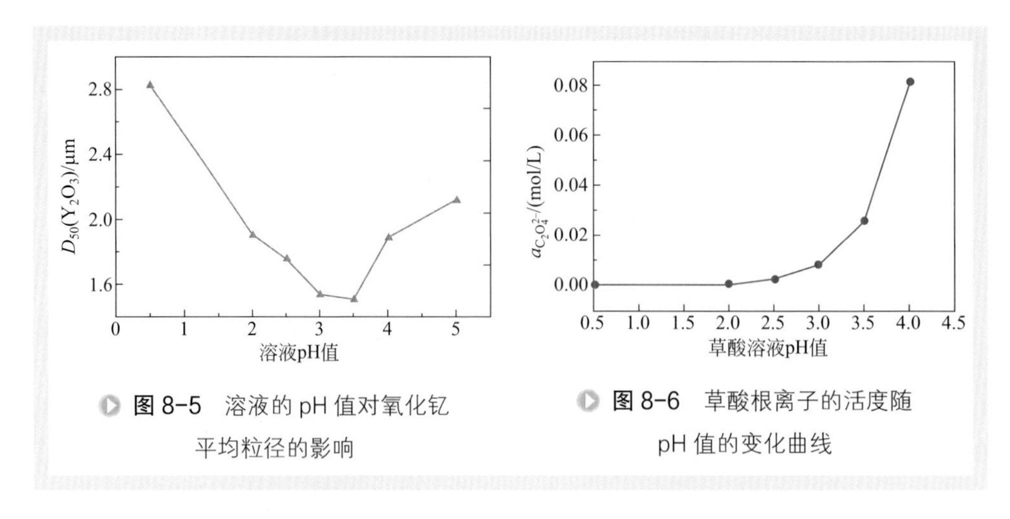

图 8-5 溶液的 pH 值对氧化钇平均粒径的影响

图 8-6 草酸根离子的活度随 pH 值的变化曲线

$$HC_2O_4^- \!=\!=\!= H^+ + C_2O_4^{2-} \quad K_2=5.42\times10^{-5}$$

式中，K_1、K_2 分别为一级、二级电离常数。

图 8-6 为草酸根离子的活度随 pH 值的变化曲线。

从以上电离平衡看出，草酸根离子的活度随 pH 值的增加而增加。因此，在草酸沉淀生成的过程中，调节 pH 值，实质是调节氯化钇溶液的浓度。因而两者的影响趋势相似。

另外，还可以从 Zeta 电位考察溶液 pH 值对氧化钇平均粒径的影响。图 8-7 为草酸沉淀颗粒表面的 Zeta 电位随 pH 值的变化曲线。溶液的 pH 值增加改变了沉淀颗粒表面的带电性质，其 Zeta 电位的绝对值增大，使颗粒间的排斥力增加，抑制颗粒的生长及颗粒间的团聚。但是 pH 值的增大也有一范围，此处是以氨水来调节溶液的 pH 值，pH 值大于 4 时溶液中氨根离子和草酸根离子浓度就会超过草酸铵的饱和溶解度，析出草酸铵晶体，反而降低了草酸根离子的浓度。

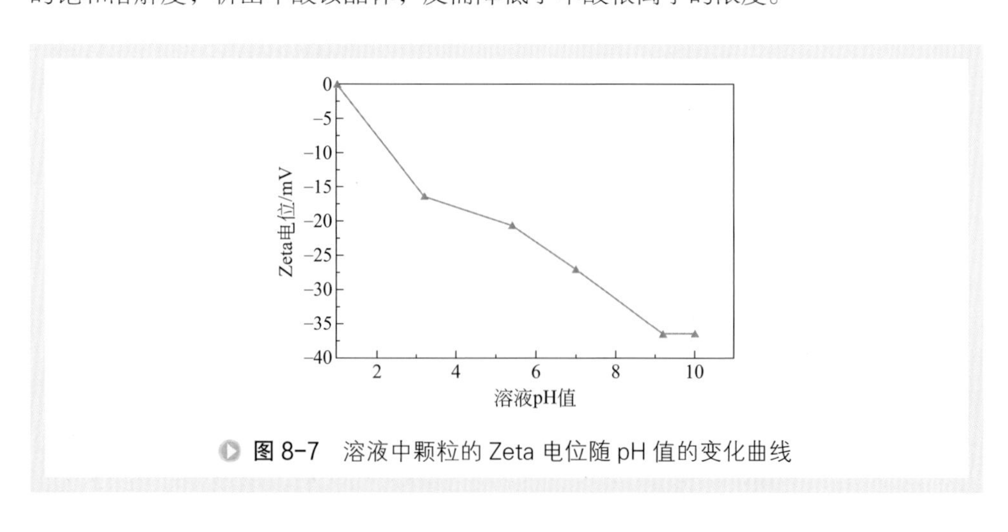

图 8-7 溶液中颗粒的 Zeta 电位随 pH 值的变化曲线

3. 表面活性剂的影响

溶液中晶体的生长是一个自发过程，微晶的比表面非常大，表面自由能高，容易自发团聚、长大变成较大的晶粒以降低表面自由能。表面活性剂，特别是非离子表面活性剂，在水溶液中不电离，其亲水基主要是由一定数量的含氧基（如醚基及羟基）构成，不易受强电解质的影响，水溶性好，在干燥和煅烧过程中又容易挥发而不留下任何杂质，根据 DLVO 理论，它一方面包裹在晶核的表面，形成位阻效应，抑制其长大；另一方面也在一定程度上影响晶粒间的静电效应，从而生成稳定的颗粒。表 8-1 是添加不同的表面活性剂对氧化钇平均粒径的影响，可以看出十二烷基苯磺酸钠与聚乙二醇（PEG）的效果较好。考虑到十二烷基苯磺酸钠含有钠离子，会给最终的氧化钇产品中添加难以除去的杂质，影响其性能及纯度，故采用 PEG 型高分子表面活性剂。

表 8-1　不同的表面活性剂对氧化钇平均粒径 D_{50} 的影响（0.5%，质量分数）

平均粒径	表面活性剂的种类			
D_{50} /μm	聚丙烯酰胺	羧甲基纤维素	十二烷基苯磺酸钠	聚乙二醇
	2.92	2.49	1.68	1.56

图 8-8 为不同分子量的聚乙二醇及其用量对氧化钇平均粒径的影响。图 8-9 为不同分子量的聚乙二醇对沉淀颗粒的表面电位的影响。随表面活性剂的用量增加，颗粒的粒径呈上升趋势，0.5%（质量分数）用量较好；对于不同分子量的 PEG，PEG2000 效果最好，PEG1000 效果其次，PEG6000 和 PEG10000 效果不明显。表面活性剂的添加使其包裹在颗粒的表面，起到空间位阻作用，从而抑制颗粒间的团聚；但是分子量的增大以及添加量太多，使溶液的黏度增大，表面活性剂分子之间相互缠绕，反而会加剧颗粒的团聚。从图 8-9 可以看出，表面活性剂的添加

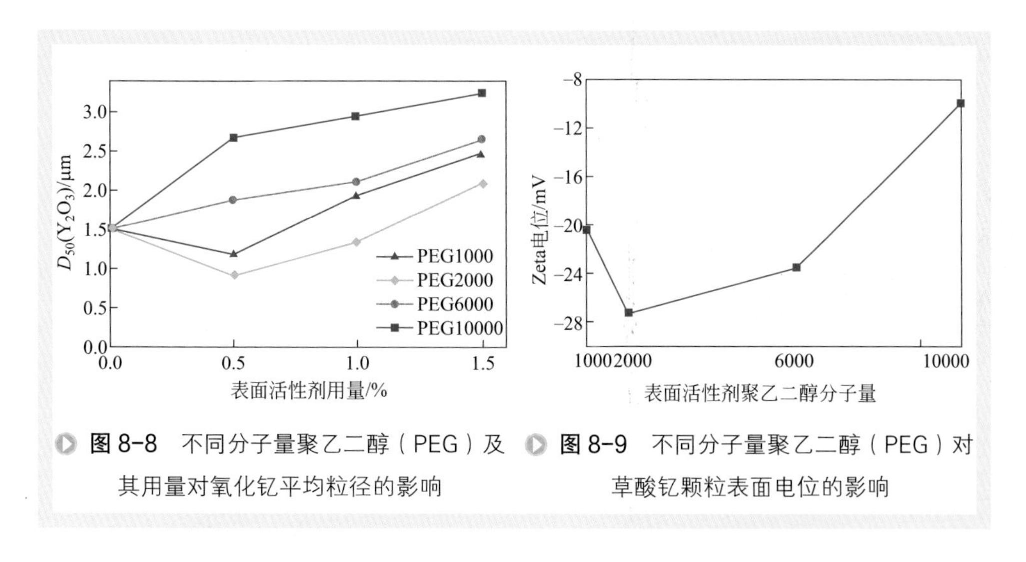

图 8-8　不同分子量聚乙二醇（PEG）及其用量对氧化钇平均粒径的影响

图 8-9　不同分子量聚乙二醇（PEG）对草酸钇颗粒表面电位的影响

对其表面电位也有影响。使用 PEG2000，颗粒表面电位的绝对值最大，有利于颗粒的超细化。

此外，反应温度和搅拌速率对粉体粒径也有显著影响。温度低和搅拌速率快更易制备得到粒径小的颗粒。

三、膜洗涤过程对颗粒表面电位及颗粒粒径的影响

1. 洗涤中 pH 值的影响

为了掌握溶液中颗粒是否随颗粒周围离子环境以及停留时间的变化，以便为无机膜洗涤操作条件的选择作参考，研究了草酸钇在不同的 pH 值下的表面电位以及颗粒的粒径在不同的表面电位下的变化曲线。从图 8-10 可以看出，草酸钇颗粒表面是带负电的，随着 pH 值的增大，其 ξ 电位的绝对值是增大的。颗粒表面 ζ 电位的绝对值越大，颗粒表面的相互排斥力增加，颗粒在溶液中的分散性就越好，从图中可以看出这一趋势，随着溶液 pH 值的增大，颗粒的平均粒径 D_{50} 减小，也就是说颗粒的团聚程度减轻。根据以上结果，在进行草酸钇沉淀的膜洗涤时，可以调整洗涤水的 pH 值，使在洗涤过程中，颗粒的团聚程度减轻，分散性较好，减少颗粒对杂质氯离子的包裹，使氯离子的洗脱较容易 [7]。

2. 停留时间及温度的影响

在膜洗涤过程中，颗粒的粒径是否随着洗涤时间以及洗涤过程中温度的变化而变化，这对于超细粉体的最终性能有很大的影响。设计如下实验考察颗粒的粒径随时间的变化，一是反应后原溶液进行陈化（室温，17℃），陈化过程中颗粒的粒径随时间的变化关系；二是反应后的原溶液稀释一倍后（室温，17℃）进行陈化，颗

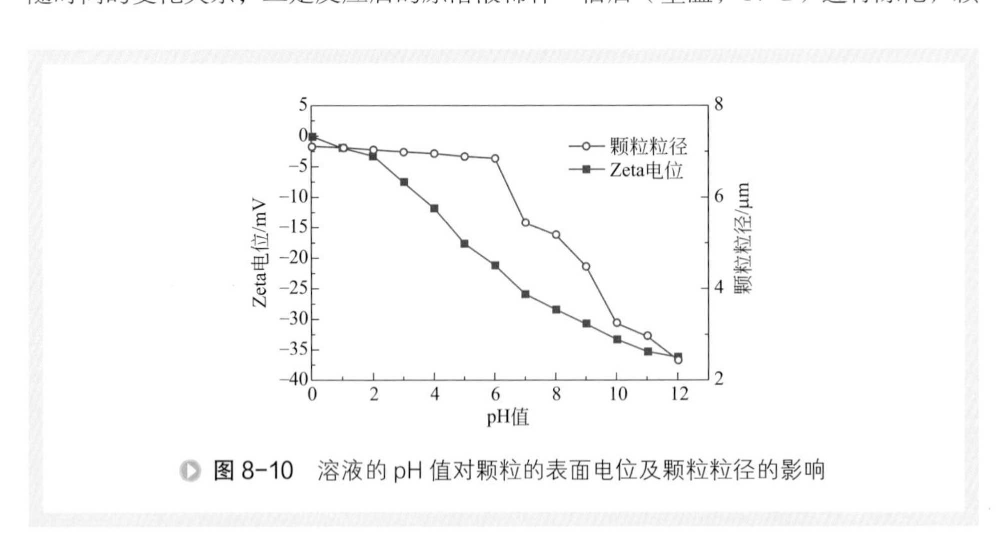

图 8-10 溶液的 pH 值对颗粒的表面电位及颗粒粒径的影响

粒粒径随时间的变化趋势；三是立即将沉淀物进行洗涤，将其中的氯离子洗涤干净，然后将沉淀物在去离子水中搅拌分散后进行陈化（室温，17℃），陈化过程中颗粒粒径随时间的变化趋势。根据图 8-10 草酸钇粒子在 pH 值较高的环境下分散性较好，所有的测量都在 pH 值为 10 的溶液中测量。

从图 8-11 可以看出，随着停留时间的增加，在三种不同的条件下，草酸钇颗粒的粒径基本不变，这说明草酸钇粒子的粒径只与初始的反应条件如反应的温度、反应液的浓度、反应的时间等因素有关；对于快速沉淀反应，颗粒的粒径与陈化时间关系不大，其溶度积常数越小，粒径变化越小，草酸钇的溶度积常数为 5.49×10^{-29}，故其粒径变化不大。

图 8-12 是不同的陈化温度与草酸钇粒径的关系。温度对颗粒粒径的影响也可以忽略。

3. 草酸钇洗涤水量的确定

在膜洗涤过程中，当洗涤液 pH 值一定时，草酸钇颗粒的粒径基本保持不变，在操作过程中可以不考虑洗涤时间与洗涤温度的变化问题，通过控制洗涤液的 pH 值来调节草酸钇颗粒的分散性，从而达到洗涤的目的。

膜洗涤操作参数的确定：选用孔径为 0.2μm 的膜，操作压力 0.2MPa，错流速率 2m/s 来进行过滤洗涤。着重研究洗涤方式的不同对洗涤水用量的影响，对于洗涤过程的膜通量，不同的体系不一样，影响膜通量的因素也不一样，根据需要可以采用调整错流速率、操作压力，设置湍流促进器等方法来增加膜通量 [8,9]。

以氯化钇与草酸反应生成草酸钇 0.663kg，料液中的固含量为 3%，料液的初始体积 22L，料液中氯离子的初始浓度是 0.41mol/L，用陶瓷微滤膜进行洗涤，洗涤至料液中的氯离子浓度小于 50×10^{-6}，用氯离子选择性电极检测氯离子的含量。采用不同的操作方式进行洗涤，一是连续洗涤，二是先浓缩然后再连续洗涤，三是逐

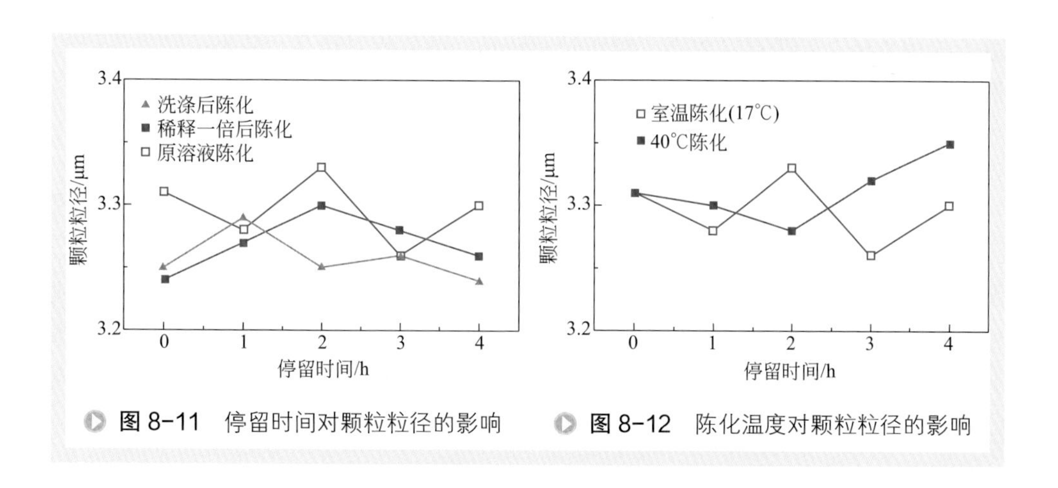

图 8-11 停留时间对颗粒粒径的影响

图 8-12 陈化温度对颗粒粒径的影响

级洗涤，四是先浓缩然后逐级洗涤，目的是寻求好的洗涤方式。连续洗涤过程指的是在某一特定的固含量下，保持料液的体积不变，在膜连续渗透的过程中，添加去离子水以补充渗透出的水，直至料液中杂质离子浓度小于规定值的一种操作方式。逐级洗涤指的是每次将料液浓缩至一定浓度（以相应超细粉固含量计），然后再加水稀释至初始浓度，周而复始，直至料液中杂质浓度小于规定值的一种操作方式。洗涤方式与理论计算用水量的比较如表 8-2 所示。

表 8-2 不同洗涤操作方式对洗涤水量的影响

洗涤方式	实验结果		理论计算	
	洗涤水量 /L	次数	洗涤水量 /L	次数
3% 连续洗涤	223	—	178	—
3% 先浓缩到 6%，连续洗涤	110	—	102	—
3% ～ 10% 逐级洗涤	129	8.29	150	10
3% 先浓缩到 6% ～ 10% 逐级洗涤	86	19.34	92	23

操作方式不同，洗涤水的用量也不同。对于连续洗涤流程，用水量与稀释前氯离子的初始浓度、氯离子的总量、最终的氯离子浓度有关[8]。如果在洗涤之前先浓缩，然后再进行连续洗涤，由于其初始的氯离子的总量变少，洗涤用水量必然减少。对于逐级洗涤流程来说，洗涤水量不仅与初始氯离子的浓度有关，而且还与每次浓缩出的液体量有关。与连续洗涤一样，如果在洗涤之前先将其浓缩到某一固含量，然后在某一固含量下进行逐级洗涤操作，与直接在初始固含量下洗涤操作，其用水量应该不一样。在氯离子总量不变的情况下，先浓缩然后逐级洗涤用水量比直接逐级洗涤的用水量要小。对于此体系，先浓缩后逐级洗涤的操作方式下，用水量最小。工业生产的物料性质差别很大，在膜洗涤操作过程中对膜通量的影响很大，可以考察不同的洗涤方式对膜通量的影响，在保证膜通量的情况下，选用最小的用水量，若膜通量太小，操作时间较长，能耗相对较高，并不一定是最佳的选择。

4. 氧化钇的表征

图 8-13 为制备得到的 Y_2O_3 的 X 射线衍射图（XRD），与 Y_2O_3 的标准谱图（JCPDS 25-1200 卡）相比较，两者的衍射峰的位置与强度相同，均属立方晶系。图 8-14 是所制备 Y_2O_3 的透射电镜（TEM）图，可看出氧化钇粉体为均匀的球形颗粒，颗粒粒径在 50 ～ 100nm，分散性较好。图 8-15 为所制备的氧化钇粉体的粒径分布曲线，D_{10} 为 0.396μm，D_{50} 为 0.521μm，D_{90} 为 0.999μm，具有单分散性趋势（D_{10}、D_{50}、D_{90} 表示颗粒的体积分布达到 10%，50%，90% 时的粒度）。

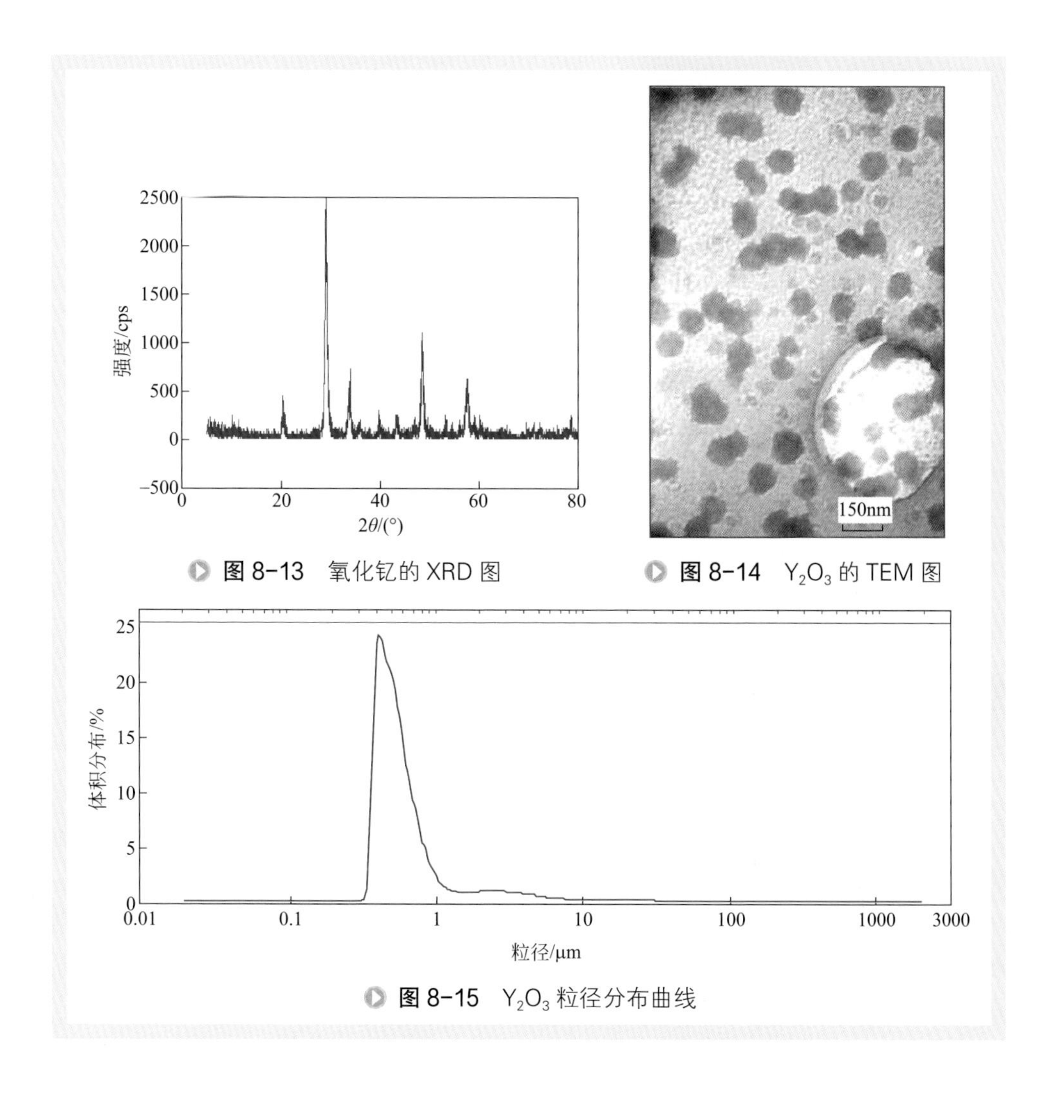

图 8-13 氧化钇的 XRD 图

图 8-14 Y_2O_3 的 TEM 图

图 8-15 Y_2O_3 粒径分布曲线

四、陶瓷膜集成湿化学法在超细粉体制备中的工程应用

陶瓷膜法超细粉体生产新工艺与成套装备已在氧化锆、磷酸铁锂、氧化铝等超细粉体生产过程中推广应用 60 余项工程。图 8-16 为陶瓷膜粉体洗涤装置，用于氧化钛的微细颗粒洗涤处理，可使生产过程中的杂质成分及时脱除，洗涤水用量减少，产品收率提高（表 8-3）。

表 8-3 传统分离工艺与陶瓷膜法新工艺的效果对比

工艺	洗涤用水量（水量：产品量）	粉体收率 /%
传统分离工艺	300 ：1	95
陶瓷膜法新工艺	25 ～ 50 ：1	>99

图 8-16　陶瓷超滤膜粉体洗涤装置

第三节　陶瓷膜二次射流乳化法制备微纳粉体

膜乳化法存在通量与液滴粒径之间的矛盾，为确保液滴粒径的单分散性就必须在较低压力和通量下制备。为解决这一矛盾，提出了在射流条件下用膜乳化法制备单分散乳液[10]。采用一次射流膜乳化制备的乳状液作为分散相，以适当的压力将粗乳在低剪切力的条件下再次压入连续相，该过程与采用膜乳化制备多重乳液的方法类似，因此可被称为二次射流膜乳化过程，原理示意图如图 8-17 和图 8-18 所示。

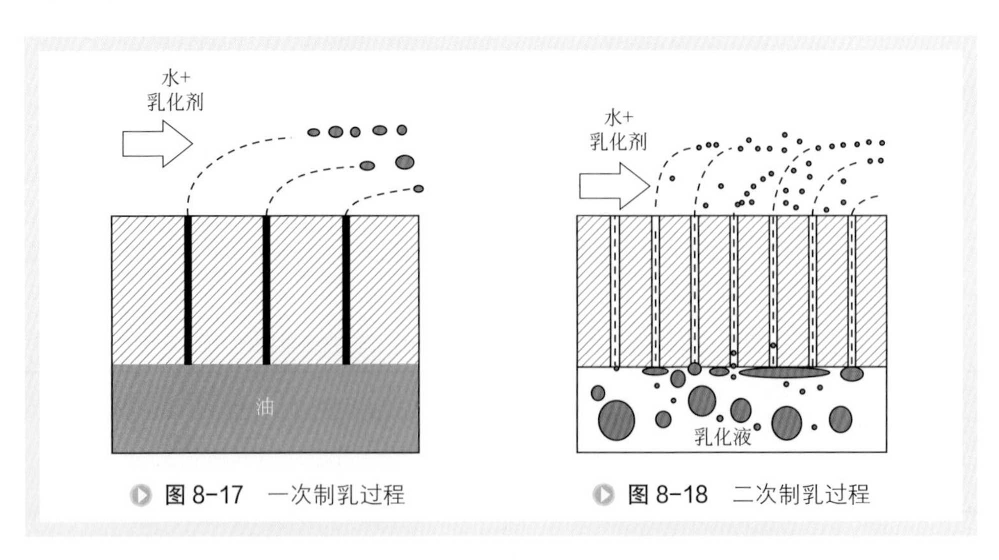

图 8-17　一次制乳过程　　图 8-18　二次制乳过程

由于乳液的尺寸比膜孔径的尺寸大得多，液滴不可能直接透过膜孔。当液滴到达膜表面时，首先被压扁，然后变形，在压力作用下，进入多个膜孔并形成很多细小的油栓，以射流的方式进入连续相，并在剪切力的作用下被破碎成许多细小的颗粒。与一次射流乳化过程相比，由于油相并不是以连续态供给，同时新界面在膜孔入口处开始形成，表面活性剂在新界面的吸附时间较长，因此有利于在低剪切力下形成细小的分散均匀的液滴。利用此液滴可以制备氧化物，如 TiO_2[11,12]、SiO_2[13]，还可以制备获得聚合物微球，如 PS 微球[14]。

一、多孔氧化物的制备

模板技术由于具有丰富的选材和灵活的调节手段，而被广泛应用于材料的孔径结构控制中。模板的种类主要包括表面活性剂、嵌段共聚物、非表面活性剂有机小分子、微乳液、乳液及微球形成的胶体晶等，其中单分散的 SiO_2 和聚苯乙烯（PS）微球作为刚性模板常被用于大孔陶瓷材料的制备。与刚性模板相比，柔性模板的可变形性和易脱除性，使制备无缺陷、较大尺寸的规整孔材料成为可能。其主要原理是在单分散乳液存在的条件下，采用溶胶 - 凝胶路线堆建材料的孔结构。因乳液和溶胶属介稳体系，为避免醇盐水解而导致的溶胶和乳液失稳现象发生，过程中需采用基于极性非水溶胶和非水乳液（非极性有机相 / 极性有极相乳液）的路线。膜乳化法的出现，使通过硬物质结构（膜结构）控制软物质结构（乳液模板）成为可能。因此，通过将陶瓷膜二次射流乳化法和乳液模板技术结合，可以实现大孔陶瓷的结构控制[12,15]。

1. 陶瓷膜二次射流乳化法制备单分散乳状液

一次制乳过程：将质量分数为 2% 的嵌段高分子甲酰胺溶液作为连续相，异辛烷作为分散相，采用平均孔径为 0.16μm 的 ZrO_2 陶瓷膜作为乳化媒介。图 8-19 为跨膜压力 0.09MPa，转速 300r/min 条件下所制得的乳状液显微镜照片。此时的膜通量为 201.4L/（m^2 • h）。通过图像处理软件可知它们的平均粒径为 3.2μm，根据公式（8-1）[16] 计算可得分散度系数 α 为 0.563。

$$\alpha = \frac{S_d}{D_p} \tag{8-1}$$

式中 S_d——液滴粒径的标准偏差，μm；

D_p——乳液的平均粒径，μm。

通常认为分散度系数 $\alpha \leqslant 0.35$ 时，乳液为单分散乳液，可见制得的一次乳液不是单分散型乳液，同时从图 8-19 中也可以看出一次乳液有较大液滴存在，粒径大小不一，分布较宽。

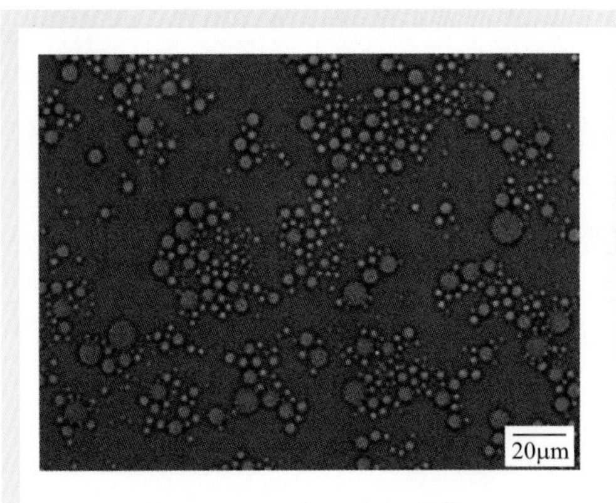

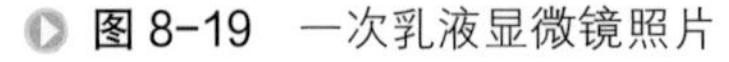
图 8-19　一次乳液显微镜照片

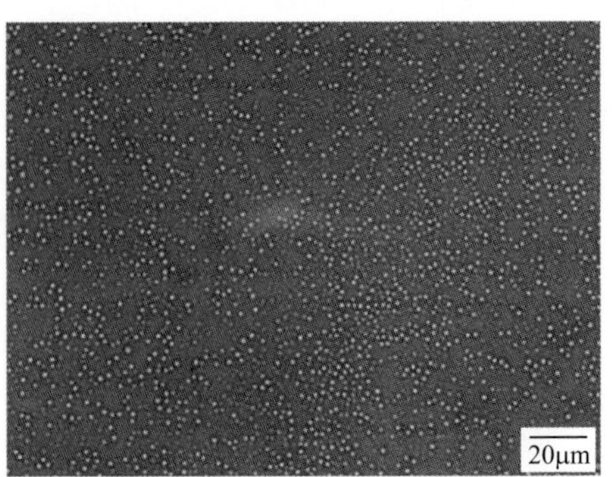

图 8-20　二次乳液显微镜照片

二次制乳过程：以一次乳液作为分散相，连续相仍然是质量浓度为 2% 嵌段高分子的甲酰胺溶液，采用平均孔径为 1.5μm 的 α-Al_2O_3 陶瓷膜作为乳化介质。跨膜压力为 0.15MPa，转速为 300r/min，此时的膜通量为 176.4L/（m^2 • h），第二次射流制得的乳状液显微镜照片如图 8-20 所示。

通过图像处理软件分析可得它们的平均粒径为 1.6μm，分散度系数 α 为 0.22，低于 0.35，因此第二次射流制得的乳液为单分散乳液，同时从图 8-20 中也可以看出第二次乳液无较大液滴存在，粒径大小均一、分布较窄。

乳液的稳定性如图 8-21 所示。乳液的平均液滴粒径随时间线性增大，这符合熟知的奥氏熟化理论 [17]。分散度系数 α 的变化范围为 0.22 ～ 0.24，说明乳液在 960min 内一直保持单分散状态。因此，乳液的稳定性可以满足溶胶 - 凝胶过程的需求。

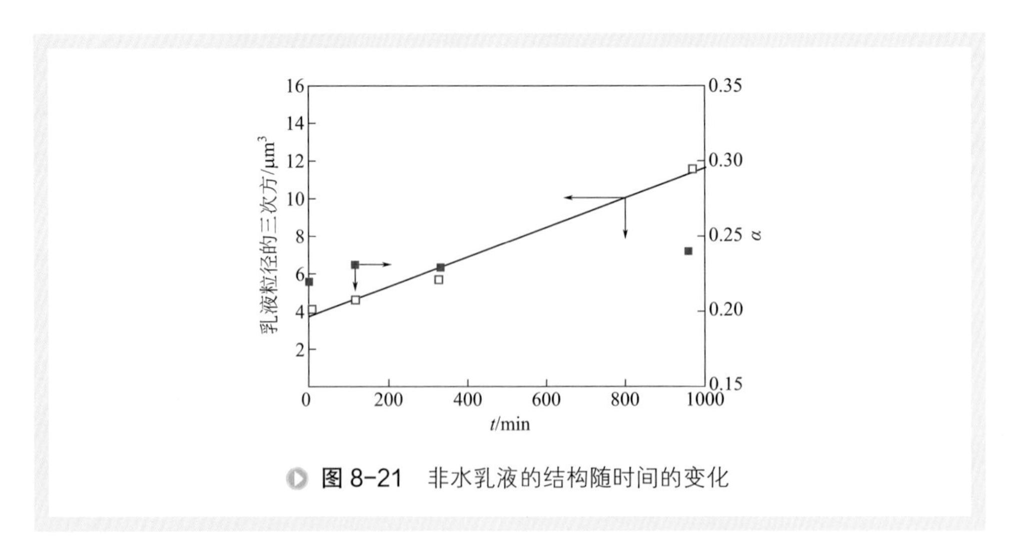

图 8-21　非水乳液的结构随时间的变化

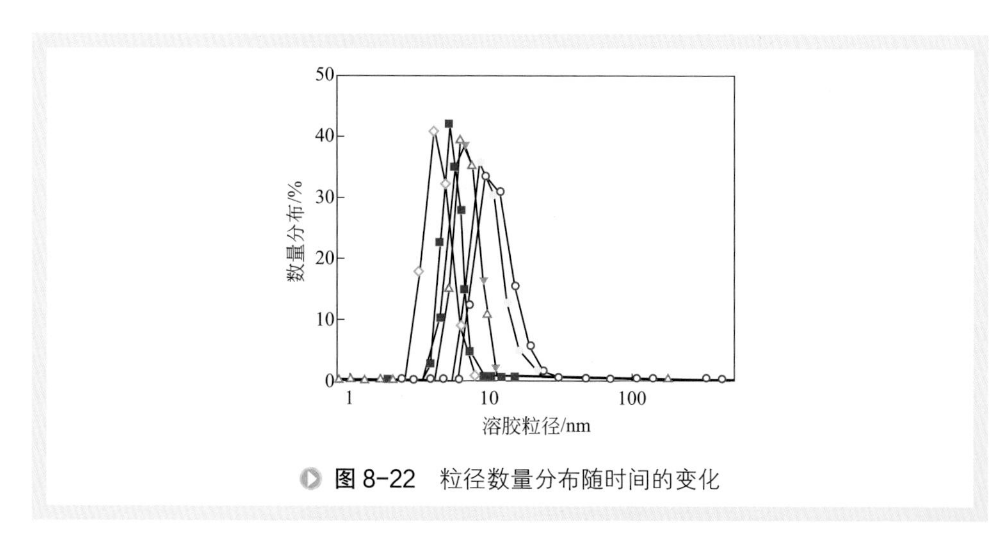

图 8-22　粒径数量分布随时间的变化

用光散射粒度仪（Zetasizer 3000，马尔文，英国）检测溶胶的粒径。溶胶的粒径随时间的变化如图 8-22 所示。初始时，溶胶的粒径约为 4nm，10d 后变为大于 10nm。此结果说明由于聚并现象的发生，溶胶的粒径随时间而变大。一般来说，溶胶是稳定的，在若干周内没有沉淀出现，但是，为了获得有序的多孔材料，建议使用 3d 内的溶胶。

2. TiO_2 多孔陶瓷的制备

溶胶采用钛酸四丁酯水解方法制得，在制得的溶胶中加入质量分数为 2% 的甲酰胺作为表面活性剂，在其溶解完之后加入等体积的单分散乳液作为模板，混合均匀，然后加入浓度为 30% 的氨水以获得稳定的凝胶，在 40℃下经过 24h 熟化，然后在室温下干燥，并在熔炉内 400℃有氧煅烧 4 ～ 6h，得到规整的 TiO_2 多孔陶瓷材料。

图 8-23　乳液模板的显微镜照片（D=2.0μm）

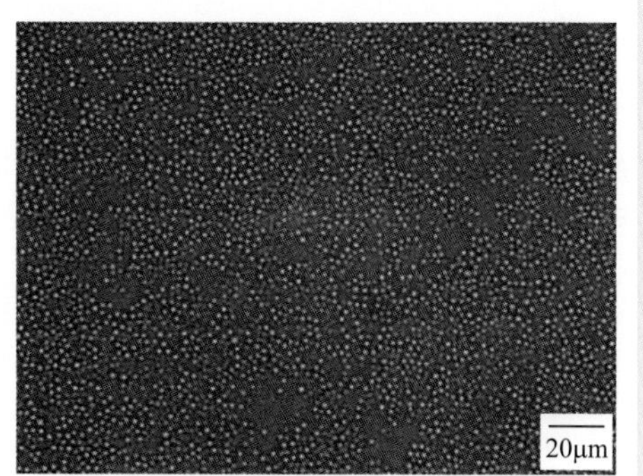

图 8-24　乳液模板的显微镜照片（D=1.5μm）

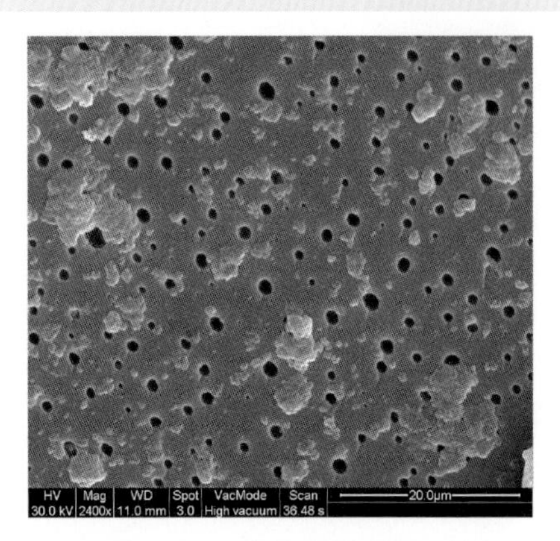

图 8-25　多孔陶瓷 SEM 照片

（D=2.0μm）

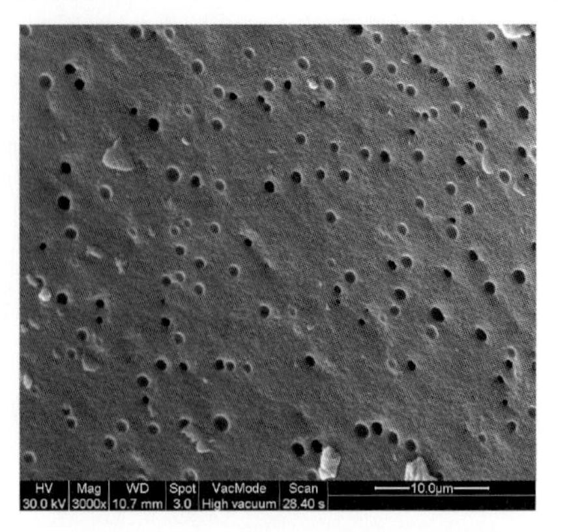

图 8-26　多孔陶瓷 SEM 照片

（D=1.5μm）

图 8-23 为乳液液滴平均粒径为 2.0μm 的乳液模板，图 8-25 为使用该乳液模板制备的多孔陶瓷；图 8-24 为乳液液滴平均粒径为 1.5μm 的乳液模板，图 8-26 为使用该乳液模板制备的多孔陶瓷。通过软件计算得使用平均粒径为 2.0μm 的乳液作为乳液模板制备的多孔陶瓷的平均孔径为 1.1μm，而使用平均粒径为 1.5μm 的乳液作为乳液模板制备的多孔陶瓷的平均孔径为 0.98μm；因此认为不同平均粒径的乳液作为乳液模板可以制备出不同孔径的多孔陶瓷，乳液平均粒径较大所制备出的多孔陶瓷孔径较大。

从表 8-4 可以得出该多孔陶瓷具有介孔的存在，其孔径分布如图 8-27 所示。孔径分布呈现单峰且分散比较均匀。通过表 8-4 可以得到该多孔陶瓷具有较高的比表面积，分别为 $99.326m^2/g$ 和 $120.82m^2/g$，同时又具备规整的大孔和介孔结构。

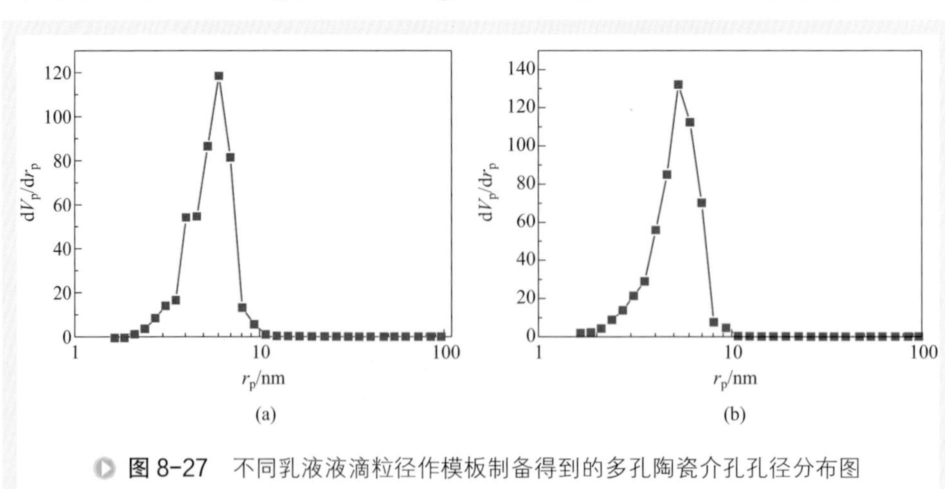

图 8-27　不同乳液液滴粒径作模板制备得到的多孔陶瓷介孔孔径分布图

（a）乳液液滴平均粒径为2.0μm；（b）乳液液滴平均粒径为1.5μm

表 8-4　多孔陶瓷的 BET 数据

模板粒径 /μm	大孔孔径 /μm	孔容 / (cm^3/g)	比表面积 / (m^2/g)	介孔孔径 /nm
2.0	1.10	0.3481	99.326	6.05
1.5	0.98	0.3893	120.820	5.28

采用乳液液滴平均粒径为 2.0μm 的单分散乳液，分别加入 2mL、3mL、4mL 和 5mL 作为模板，可制备得到四种规整的 TiO_2 多孔陶瓷材料。多孔材料孔隙率、BET 数据如表 8-5 所示。阿基米德法测定的孔隙率与理论值相差较大，这是因为该多孔陶瓷中存在介孔；介孔孔径随着乳液加入量的增加而增大，比表面积随着乳液的加入逐渐变小，这是因为介孔孔径变大；孔容随着乳液的加入量增大而呈现增大趋势。因此可以通过控制加入乳液模板体积来控制多孔陶瓷的孔隙率，从而制备出不同孔隙率的多孔陶瓷。

表 8-5　多孔陶瓷基本数据

乳液加入量 /mL	孔隙率理论值 /%	阿基米德法测孔隙率 /%	孔容 / (cm^3/g)	比表面积 / (m^2/g)	介孔孔径 /nm
2	28.6	52.6	0.3330	195.43	3.52
3	37.5	58.2	0.3388	137.03	4.60
4	44.4	50.0	0.3595	118.53	4.60
5	50.0	64.9	0.3893	120.82	5.28

二、聚合物微球的制备

单分散聚合物微球具有球形度好、尺寸小、比表面积大、吸附性强及功能基在表面富集、表面反应能力强等特异性质，用途涉及显微学、色谱学、细胞测量学、组织分离技术、癌症医治和 DNA 技术等。单分散聚苯乙烯微球，更因其高度的单分散性、理想的球状外形及易控制的粒径大小和表面电性而在胶体科学研究中有着非常广泛的应用。

乳液聚合是制备聚合物的一种重要方法。膜二次射流乳化法可以制备获得单分散乳液。基于此法，我们制备获得苯乙烯（St）乳液，然后将乳液加热聚合制得纳米级聚苯乙烯微球。采用孔径为 0.5μm 的陶瓷膜管作为一次射流乳化介质，孔径为 1.6μm 的陶瓷膜管作为二次射流乳化介质。在 N_2 压力作用下，将分散相通过陶瓷膜膜管压入连续相，制得一次乳液。再采用第一次制乳过程制得的粗乳作为分散相，通过陶瓷膜膜管压入到连续相中，制得二次乳液。其中一次制乳所用连续相为十二烷基硫酸钠（SDS）的水溶液，分散相为溶入十二醇（LA）的苯乙烯，二次制乳所用连续相为 SDS、聚乙烯醇（PVA）的水溶液。通过在水中添加 Na_2SO_4 改变其离子强度，电荷在 St/H_2O 界面层相互作用对界面张力产生影响。本节侧重于讨论制乳过程中界面性质对乳液和PS微球的影响，主要考虑表面活性剂SDS浓度、稳定剂 PVA 浓度、离子（Na_2SO_4）强度三个参数[14]。

1. 表面活性剂和稳定剂对界面张力的影响

SDS 水溶液与 PVA 水溶液对苯乙烯的界面张力的影响分别如图 8-28 和图 8-29 所示。随 SDS 浓度的增加，苯乙烯与 SDS 水溶液的界面张力先迅速下降，再略有上升，后基本保持平衡。当活性剂在溶液中的浓度达到一定值以后，如果其浓度进一步增加，整个体系的能量达到最低，此时活性剂分子中的长链亲油基缔合在一起，形成胶束，而胶束的存在破坏了油水界面的混合界面膜，因此溶液界面张力又略有回升。SDS 的临界胶束质量分数为 0.086%，SDS 的最佳质量分数为 0.065%。PVA 浓度对界面张力的影响不大，作为稳定剂，起到一定助乳化剂的作用。

因此，作为表面活性剂的 SDS 和作为稳定剂的 PVA，在制乳过程中起着不同的作用。SDS 主要起乳化作用，对界面张力的影响很大，而 PVA 主要作为稳定剂，对界面张力的影响较小。

2. 离子强度对St/H_2O界面张力和乳液的影响

图 8-30 是离子强度与 St/H_2O 界面张力的关系图。离子强度与 St/H_2O 界面张力的关系也存在一个拐点。这是因为随着盐度增大水相中大量存在的 Na^+ 促使 $Na^+ + A^- \longrightarrow (NaA)_w \longrightarrow (NaA)_o$（式中：w 代表水相；o 代表油相），平衡向右移动，显著减少了界面层中的活性物 A^-，而导致产生界面张力先下降后回升的现象。根

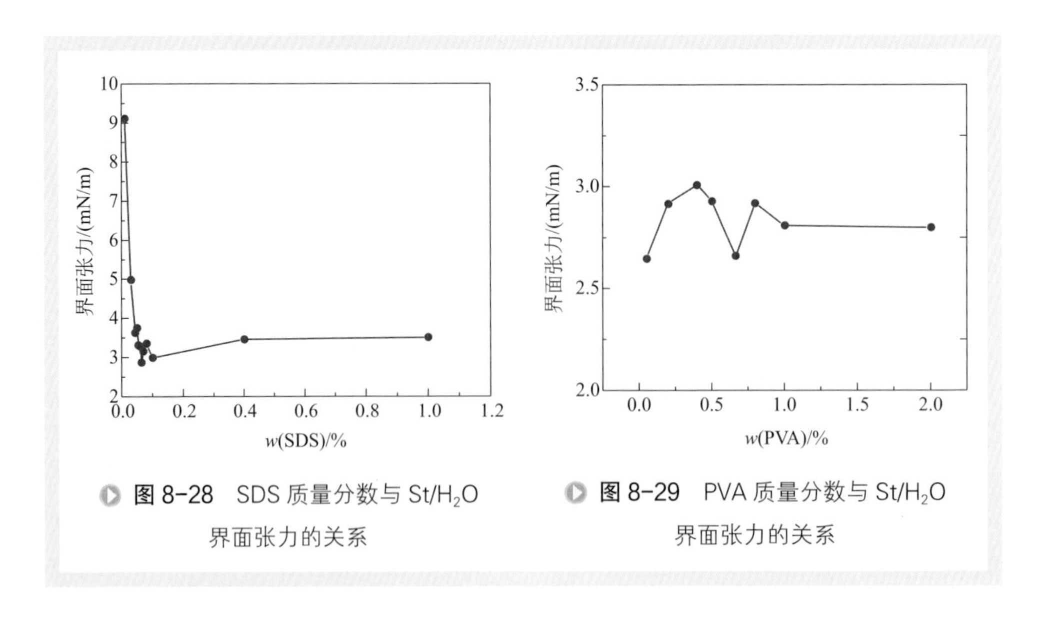

图 8-28 SDS 质量分数与 St/H_2O 界面张力的关系

图 8-29 PVA 质量分数与 St/H_2O 界面张力的关系

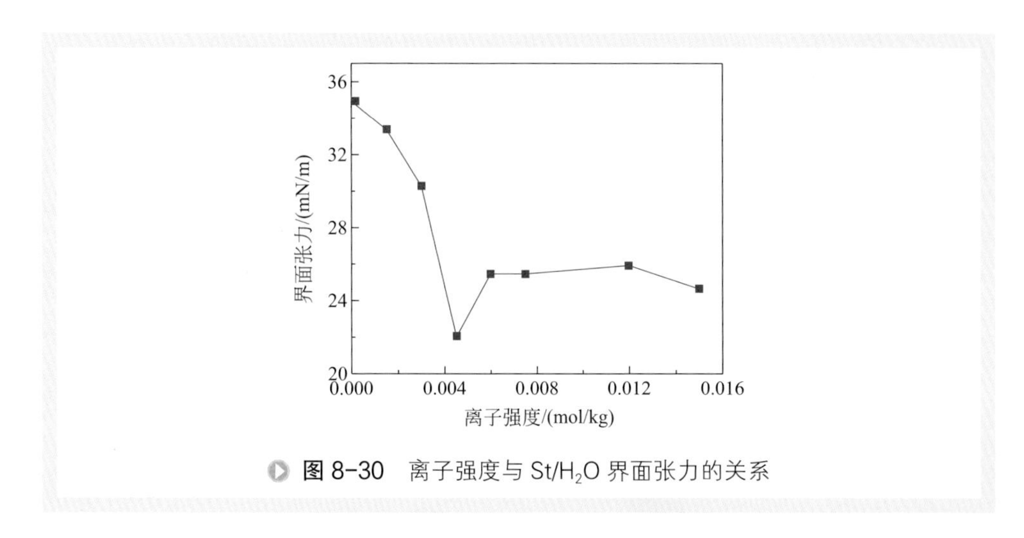

图 8-30 离子强度与 St/H_2O 界面张力的关系

据界面张力最低值为最佳浓度原则，选择 Na_2SO_4 质量摩尔浓度为 0.0045mol/kg。还可以发现，St/H_2O 界面张力比图 8-28 中 St/SDS 水溶液界面张力和图 8-29 中 St/PVA 水溶液界面张力都大。这是因为 Na_2SO_4 在水中只能单纯地提供 Na^+ 和 SO_4^{2-}，而 SDS 作为一种阴离子表面活性剂，分子的一端提供了亲水基，PVA 由于其羟基作用，也起到了助乳化作用，故界面张力较小。

用电子显微镜观察不同离子强度下的乳液情况。图 8-31 为离子强度对一次乳液的影响，图 8-32 为离子强度对二次乳液的影响。由图可知，在离子强度为 0 的条件下，界面张力大，所以制得的乳液粒径也较大且大小不均一。离子强度为 0.0045mol/kg 时，界面张力最小，所以乳化效果较好，制得的乳液液滴粒径最小，大小也比较均一。离子强度为 0.0060mol/kg 时，随离子强度的增大，界面张力先降低后又回升，所以乳液液滴也增大，而且也没有离子强度为 0.0045mol/kg 时制备的乳液均一。随离子强度的变化，一次乳液和二次乳液平均粒径的变化是相同的，如图 8-33 所示。

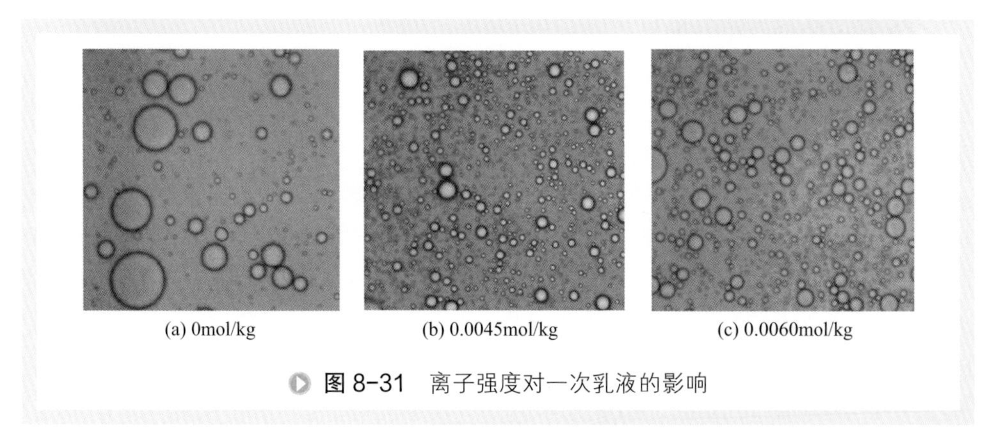

图 8-31 离子强度对一次乳液的影响

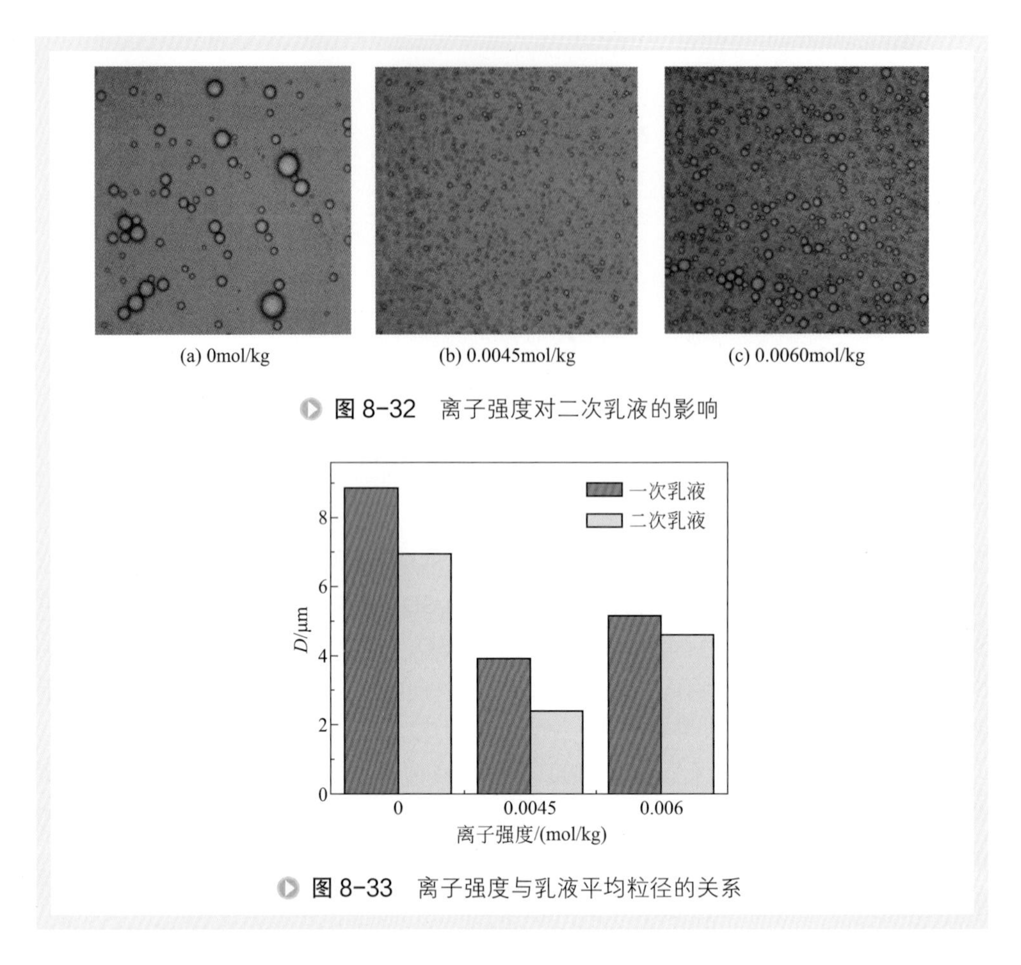

图 8-32 离子强度对二次乳液的影响

图 8-33 离子强度与乳液平均粒径的关系

3. PS微球的制备

采用二次射流的方法制备苯乙烯乳液，加热至 70℃，加入过氧化苯甲酰（BPO）作为引发剂，反应 24h。反应结束后用乙醇洗涤样品，50℃烘干。用 SEM 观察 PS 微球形态，如图 8-34 所示。

当离子强度为 0 时，微球大小不均一，且球形度不好，有破损，表面不光滑。这是因为静电作用是乳液稳定的一个重要因素，离子强度低容易造成乳液的不稳定，反应不完全。离子强度大，大球上会有很多小球，产生这一现象是由于本体系乳液聚合是多次成核机理，在此可以用母体离子凝聚成核机理来解释，先均相成核，形成初始粒子，而后由于大量离子存在，使部分初始离子稳定下来，部分凝聚成乳胶粒。在最佳离子强度 0.0045mol/kg、界面张力最小的条件下制备的 PS 微球大小均一，大小约 200nm。这是因为当界面张力最小时，此时静电平衡，有利于形成大小均一的粒子。与图 8-31 和图 8-32 乳液显微镜照片相比较可以发现，乳液液滴均一可以制备出大小均一的 PS 微球。

(a) 0mol/kg

(b) 0.0045mol/kg

(c) 0.0060mol/kg

图 8-34 PS 微球的 SEM 照片

第四节 膜分散技术制备微纳粉体

在液相法合成纳米颗粒的过程中，需要将各反应组分互相混合在一起，尽可能成为均匀体系，促成晶体的一次成核，使其粒度分布呈现单分散。若在沉淀之前，反应物间仅达到部分混合或混合程度极低，就会造成目标产物的粒径形貌不均。因此，混合在纳米材料的液相合成中有重要的作用[2]。

膜分散属于分散混合，其过程包括两个连续的过程：①分散相粒子尺寸的减小；②分散相粒子均匀地分散到另一溶液中。膜分散一般以微孔膜或微滤膜为分散介质，在压力差作用下，将透过膜的液体分散成膜孔尺度水平的微小液滴，从而实现快速高效的分散混合，达到强化相际传质的目的。

膜分散基本原理如图 8-35 所示，与膜乳化过程相似，待混合的两股流体分别在膜两侧流动，分散相一侧的压力大于连续相一侧的压力，在压差的作用下，分散相一侧的流体透过膜孔，以小液滴的形式与连续相一侧的流体相混合。由于膜具有大量的微孔道，类似成千上万个微通道混合器的并联操作，因此膜分散混合还具有处理量大、能耗小的特点。

通过膜分散法构建的微结构反应器具有传质速率快和效率高的特点。因此，采用膜分散反应器进行纳米颗粒制备，可以达到传统反应器所不能达到的效果，实现纳米颗粒制备过程的可控、高效和连续化操作。目前，膜分散技术被越来越多地应用到纳米结构粉体制备过程中[18～20]，如用于制备介孔 ZnO、锐钛矿型 TiO_2 粉体、$CaHPO_4$ 颗粒、多孔 Al_2O_3 等粉体，展示出良好的应用前景。本节以超细碳酸锌、

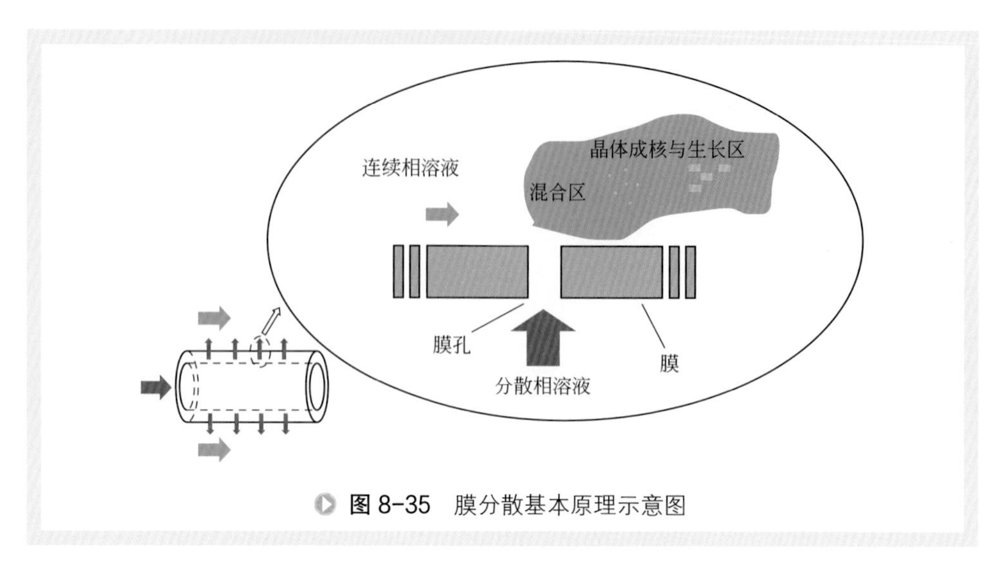

图 8-35　膜分散基本原理示意图

氯化亚铜、氧化亚铜颗粒为例，介绍陶瓷膜分散技术结合直接沉淀法在微纳米颗粒制备中的应用。

一、超细碳酸锌的制备

碱式碳酸锌是一种重要的功能精细无机化工产品，国内外学者对其制备方法进行了深入研究，获得粒径均一、形貌可控的颗粒是其研究的重要方向。三维纳米结构碱式碳酸锌，是制备三维结构氧化锌最主要的前驱体，具有高比表面积及特殊的三维结构，显示了许多优异的性能，得到了研究者广泛的关注。

目前三维纳米结构碱式碳酸锌的合成方法主要是水热合成法，水热法中往往需要长时间的高温高压过程，能耗大，耗时长。相对于水热法，直接沉淀法具有过程简单、易于放大及原料廉价的优点。但在直接沉淀法过程中，碱式碳酸锌晶体的生长易受到溶液过饱和度的影响，难以得到粒径和形貌结构均一的颗粒。因此，此处以陶瓷膜为分散介质，将膜与沉淀反应器耦合构成一体式膜反应器，通过对膜参数及反应条件的优化制备具有花瓣状三维结构的碱式碳酸锌粉体[21,22]。

图 8-36 是膜分散反应器及分散原理示意图。其中作为分散介质的微孔膜是平均孔径为 50nm 的单管陶瓷外膜，其有效膜面积为 15cm^2。分别配制一定浓度的 NH_4HCO_3 和 $Zn(CH_3COO)_2 \cdot 2H_2O$ 溶液，在搅拌的作用下将 $Zn(CH_3COO)_2 \cdot 2H_2O$ 溶液作为分散相，通过输液泵以一定的速率透过膜管孔道并以微小液滴的形式进入 NH_4HCO_3 溶液，并与其发生反应，反应方程式如式（8-2）所示。反应温度通过水浴控制，加料完毕后继续陈化反应一段时间，然后使用粒径为 0.22μm 的平板滤膜进行抽滤并用去离子水洗涤 3 次。将抽滤产品在 70℃下干燥 12h 得到固体粉末。

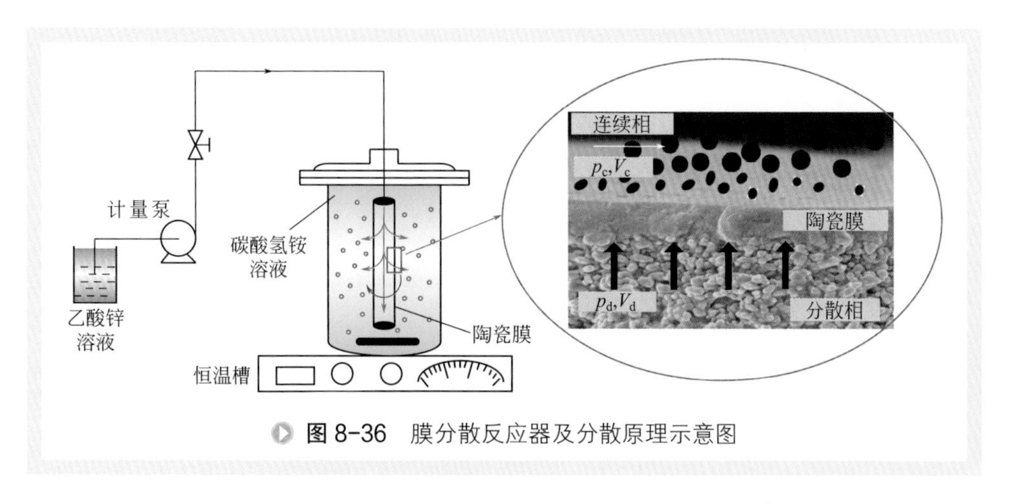

图 8-36 膜分散反应器及分散原理示意图

$$5Zn(CH_3COO)_2+10NH_4HCO_3 = Zn_5(CO_3)_2(OH)_6\downarrow + 10CH_3COONH_4+8CO_2\uparrow +2H_2O \quad (8\text{-}2)$$

1. 膜孔径及膜分散速率对颗粒形貌的影响

图 8-37 是陶瓷膜孔径对碱式碳酸锌形貌的影响。由图可见，陶瓷膜分散法制备的颗粒与直接滴加法制备得到的颗粒相比，颗粒形貌规整且粒径均一。随着膜孔径的减小，颗粒粒径略减小。这是因为陶瓷膜具有丰富的微孔道，乙酸锌在一定的压力下会以微小液滴的形式透过膜管，在搅拌剪切力的作用下微小液滴迅速被分散出去，进入碳酸氢铵溶液中发生反应。相比于直接滴加过程，从膜孔透出的液滴尺寸显著减小，传质过程得到强化，反应体系的过饱和度趋于均一，晶体的生长环境相同，有利于得到粒径及形貌结构均一的颗粒。

粒径分析结果表明，孔径为 3μm 的陶瓷膜制备得到的颗粒平均粒径约为 4μm，孔径为 50nm 时颗粒平均粒径为 2μm。膜孔径减小，有利于增强乙酸锌的分散效果，得到粒径更小的球形颗粒。由于反应过程为间歇反应，生成的晶体颗粒在体系中会不断生长，并发生碰撞，形成更稳定的微球，因此得到的微球粒径较大。

(a) 直接滴加　(b) 膜孔径3μm　(c) 膜孔径50nm

图 8-37 陶瓷膜孔径对碱式碳酸锌形貌的影响

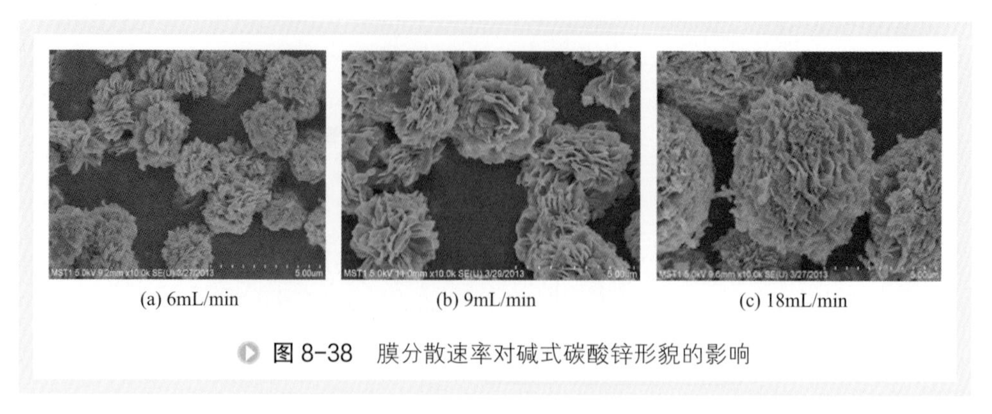

(a) 6mL/min　(b) 9mL/min　(c) 18mL/min

图 8-38　膜分散速率对碱式碳酸锌形貌的影响

采用孔径为 50nm 的陶瓷膜作为分散介质，考察膜分散速率对碱式碳酸锌形貌的影响，如图 8-38 所示。颗粒粒径随分散速率增大而增大，这是因为增大反应液乙酸锌的分散速率，液滴在膜表面由于表面张力的作用发生并聚现象，导致液滴粒径变大，降低了传质效果。

2. 搅拌速率对颗粒形貌的影响

在 NH_4HCO_3 与 $Zn(CH_3COO)_2$ 的摩尔比为 2 时，考察搅拌速率的影响，图 8-39

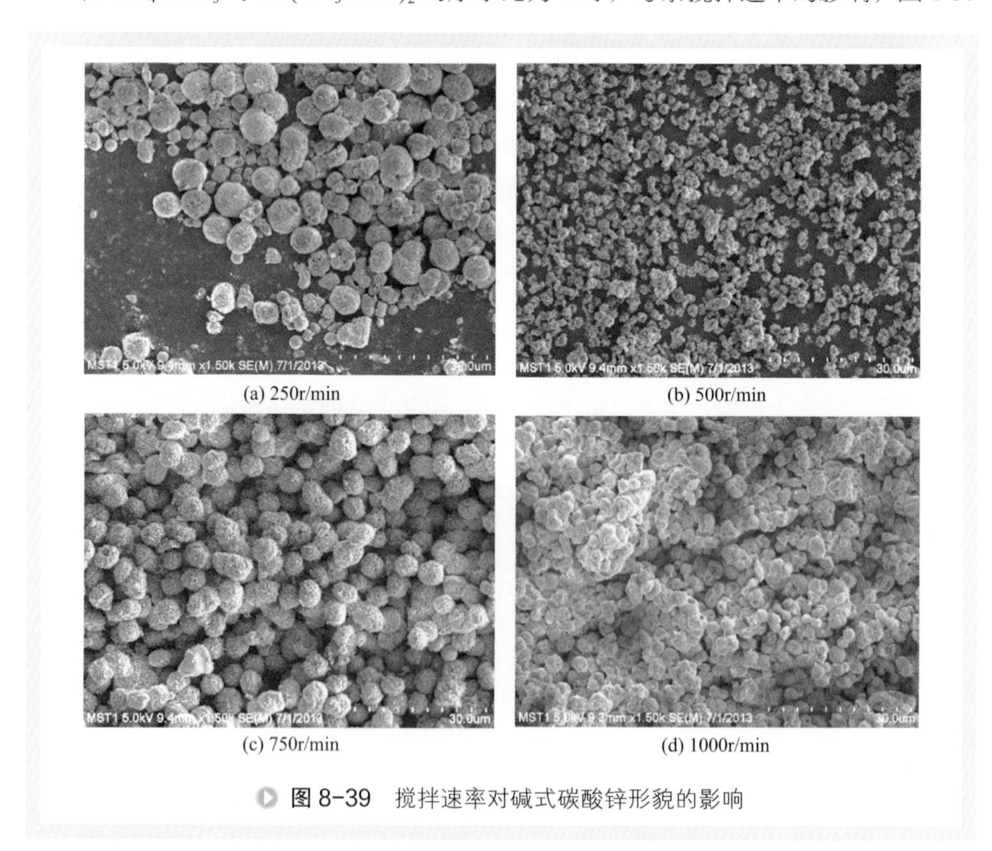

(a) 250r/min　(b) 500r/min　(c) 750r/min　(d) 1000r/min

图 8-39　搅拌速率对碱式碳酸锌形貌的影响

是搅拌速率为250r/min、500r/min、750r/min、1000r/min下得到的碱式碳酸锌颗粒的电镜照片图。随着搅拌速率的增大，颗粒粒径先减小后增大。当搅拌速率为250r/min时，颗粒大小不均，说明搅拌速率过低，透过膜管的液滴没有及时分散出去，混合效果差。当搅拌速率增加到500r/min时，颗粒粒径显著减小且粒径形貌较为均一，说明此条件下分散效果较好，有利于爆发性的成核。当搅拌速率为750r/min时，粒径略有所增加，这是由于随着搅拌速率的增加，颗粒之间的碰撞机会增多，发生了颗粒间的团聚现象。再进一步增加搅拌速率到1000r/min时，搅拌过于激烈，颗粒之间的团聚现象更为严重，无法得到均匀分散的颗粒。

图8-40为不同搅拌速率下碱式碳酸锌的颗粒粒径分布图。搅拌速率为250r/min和1000r/min时，颗粒为多峰分布，平均粒径在10μm以上；搅拌速率为500r/min和750r/min时，得到的颗粒为单峰分布，平均粒径在2μm左右。

3. 反应物摩尔配比的影响

设定搅拌速率为500r/min，考察反应物摩尔比R（$n_{NH_4HCO_3}/n_{Zn(CH_3COO)_2}$）对颗粒形貌的影响，结果如图8-41所示。当$R$为8时，得到杂乱的块状固体，说明反应体系的过饱和度过大，无法得到规整结构。当R为4时，得到较为规整的条状结构的前驱体；当R为2时，前驱体具有非常有趣的三维花瓣状结构，且颗粒的粒径非常均一。Yang等[23]认为，在铵盐与锌盐生成碱式碳酸锌的反应中，未参与反应的NH_4^+会吸附在生成的晶体表面，由于NH_4^+之间的氢键作用，进而可以诱导晶体的生长。当反应体系的过饱和度达到临界值后发生成核，NH_4^+吸附在晶核表面，晶核在氢键的诱导作用下生长形成二维纳米片状结构，纳米片通过组装会形成三维的花瓣状结构。

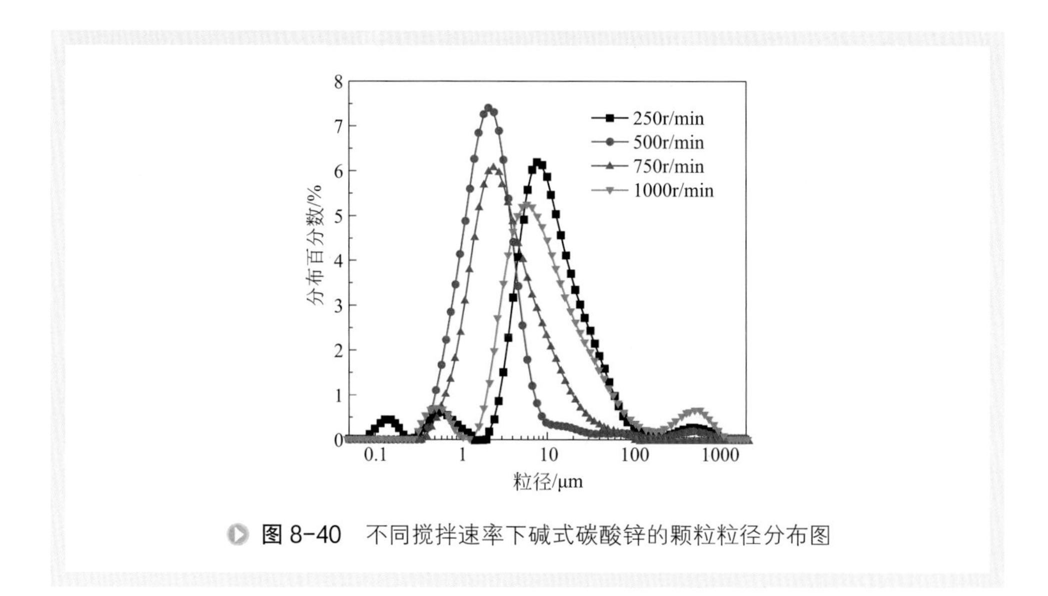

图8-40　不同搅拌速率下碱式碳酸锌的颗粒粒径分布图

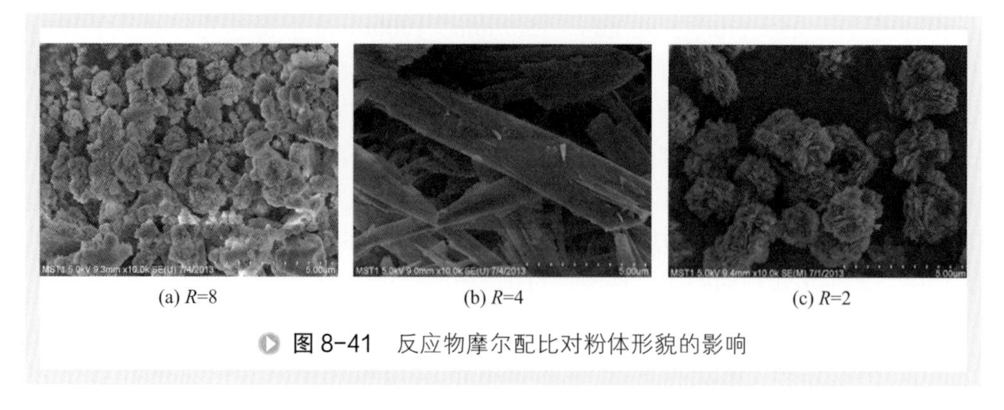

(a) R=8　　(b) R=4　　(c) R=2

图 8-41　反应物摩尔配比对粉体形貌的影响

4. 乙酸锌浓度对颗粒的影响

在 NH_4HCO_3 与 $Zn(CH_3COO)_2$ 的摩尔比为 2 时，考察了乙酸锌浓度对碱式碳酸锌颗粒形貌的影响，结果如图 8-42 所示。当乙酸锌浓度由 0.25mol/L 增大到 1.0mol/L 时，碱式碳酸锌的形貌由片状到哑铃状再到完整的花瓣状，其中花瓣状结构具有明显的层状结构。

图 8-43 为花瓣状碱式碳酸锌在不同放大倍数下的 SEM 照片。由图 8-43（a）可见，颗粒粒径均一，颗粒间无团聚现象；图 8-43（b）显示球形粉体粒径为 3μm，呈花瓣状；从图 8-43（c）可看出，微球由厚度为 20nm 的纳米片组装而成，纳米片之间相互交错，形成三维立体结构。

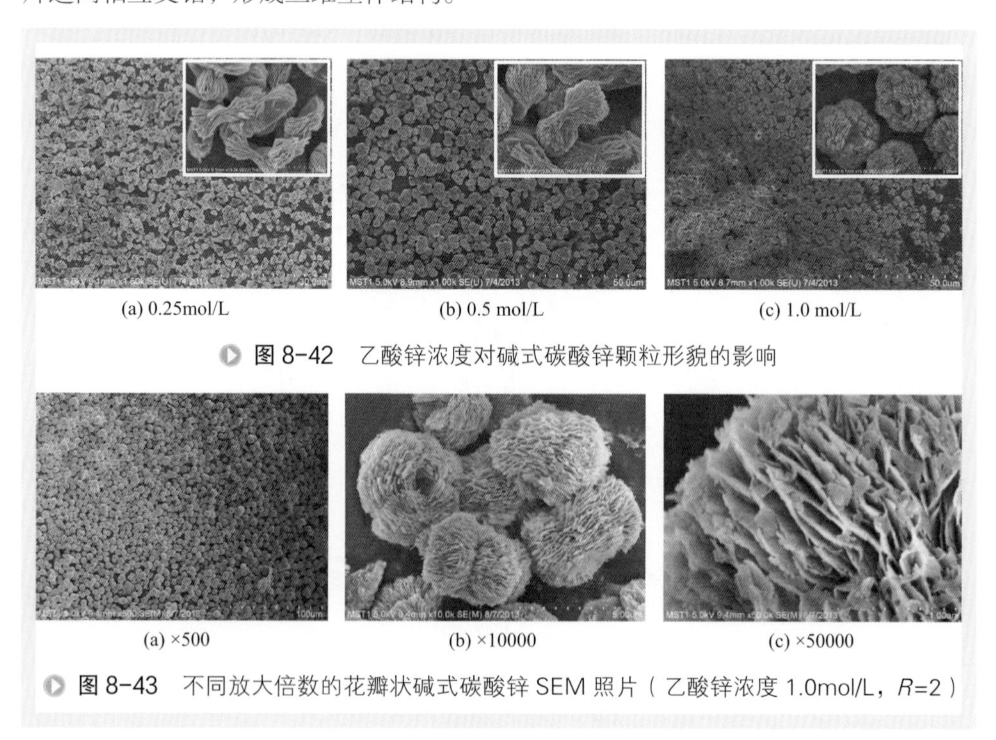

(a) 0.25mol/L　　(b) 0.5 mol/L　　(c) 1.0 mol/L

图 8-42　乙酸锌浓度对碱式碳酸锌颗粒形貌的影响

(a) ×500　　(b) ×10000　　(c) ×50000

图 8-43　不同放大倍数的花瓣状碱式碳酸锌 SEM 照片（乙酸锌浓度 1.0mol/L，R=2）

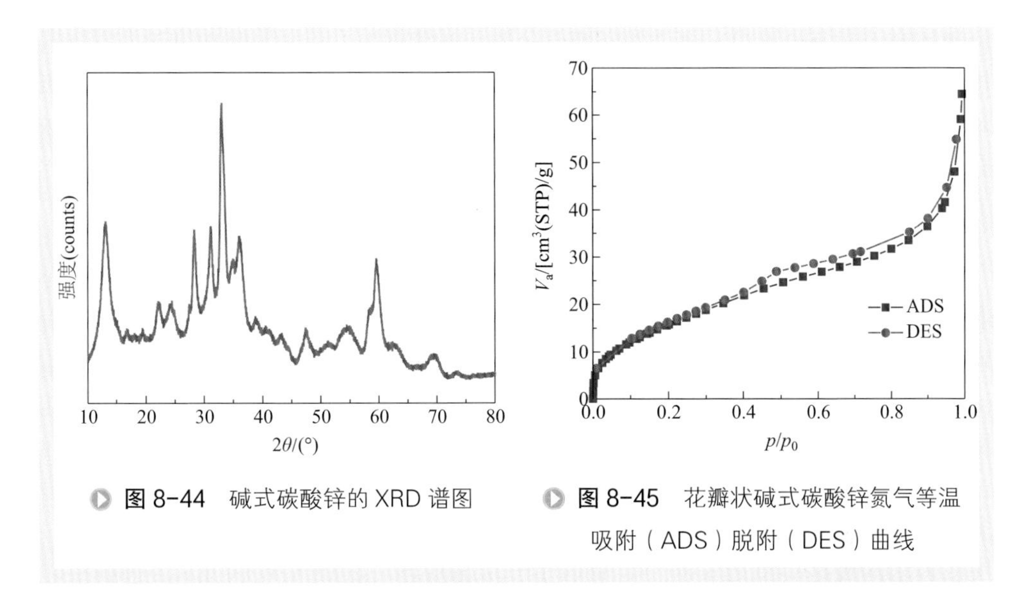

图 8-44　碱式碳酸锌的 XRD 谱图

图 8-45　花瓣状碱式碳酸锌氮气等温吸附（ADS）脱附（DES）曲线

图 8-44 和图 8-45 分别为花瓣状碱式碳酸锌粉体的 XRD 谱图及氮气等温吸附脱附曲线。图 8-44 的谱线特征峰与标准卡片上 $Zn_5(CO_3)_2(OH)_6$(JCPDF:11-0287) 的特征峰完全一致，为单斜晶的碱式碳酸锌。由图 8-45 计算得到其比表面积为 $61.62m^2/g$。由于其组成单元为厚度约 20nm 的纳米片，丰富的比表面积使其可能具有纳米材料的表面效应及量子尺寸效应。

二、超细氯化亚铜的制备

氯化亚铜是直接法生产二甲基二氯硅烷（M2）常用的催化剂之一，大量的研究表明氯化亚铜的表面形貌和粒径分布对催化剂活性有着重要的影响，粒径小、分布均一以及形貌规整的催化剂活性较高。目前，粒径小、分布均一和形貌规整的氯化亚铜颗粒的制备方法主要是溶剂热法，但该方法存在一些问题，例如制备过程高温高压、能耗大、耗时长以及需要大量有机溶剂。直接沉淀法是目前工业上制备氯化亚铜的常用方法，该方法具有过程简单、原料易得和易放大等优点。但直接沉淀法制备氯化亚铜的过程中氯化亚铜晶体的生长易受到局部过饱和度的影响，难以形成粒径和形貌均一的颗粒 [24]。

采用陶瓷膜反应器制备氯化亚铜催化剂，考察分散相加入方式、稳定剂、进料速率和进料浓度等对 CuCl 粒径和形貌的影响，从而制备出不同形貌和粒径的催化剂，通过二甲基二氯硅烷合成反应表征 CuCl 颗粒的催化性能，以期获得高催化活性的氯化亚铜催化剂 [25]。

采用连续相为 $CuSO_4$、NaCl 和稳定剂的混合溶液，分散相为 Na_2SO_3 和稳定剂的混合溶液，稳定剂在连续相和分散相中的浓度相同，并且 3 种反应物的摩尔比关系为：$n(CuSO_4):n(NaCl):n(Na_2SO_3)=1:1.1:0.65$。$Na_2SO_3$ 通过计量泵以一定的进料速率通入陶瓷膜管中，通过陶瓷膜孔分散到连续相中，利用恒温加热磁力搅拌器控制反应温度，使反应温度为85℃，无搅拌。反应时间为90min，包括进料反应时间和进料结束后的反应陈化时间。产物通过抽滤、去离子水洗涤和无水乙醇洗涤后，放入80℃的真空干燥箱中干燥2h，得到氯化亚铜颗粒。

1. 分散相加入方式的影响

在 Cu^{2+} 浓度为0.05mol/L、分散相进料速率20mL/min的条件下，考察了直接滴加、平均孔径为4μm和平均孔径为0.05μm陶瓷膜分散 Na_2SO_3 溶液对氯化亚铜颗粒形貌的影响，电镜照片、粒径分布和XRD图分别如图8-46～图8-48所示。

从图8-46可以看出，3种加入方式制备的氯化亚铜均呈三角形，这是由于沉淀反应为扩散生长过程，生长过程中易聚结，形成三角形平面结构的大颗粒[26]。通过陶瓷膜分散 Na_2SO_3 溶液制备氯化亚铜，颗粒外形有明显的变化，小颗粒数量增多，这是因为通过膜孔分散 Na_2SO_3 溶液，液滴尺寸显著减小，传质过程得到强化，反应体系的过饱和度趋于均一，有利于一次性成核。由图8-47可见，3种颗粒的

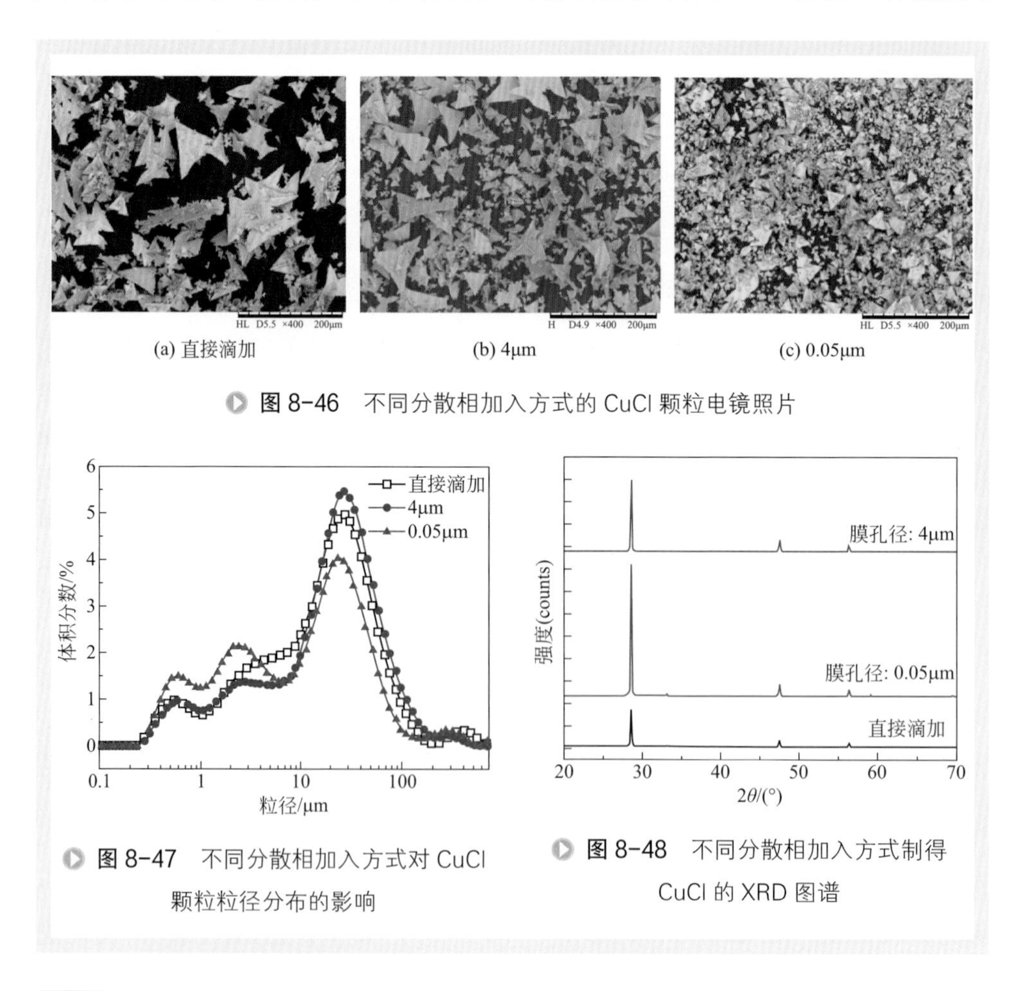

(a) 直接滴加　(b) 4μm　(c) 0.05μm

图8-46　不同分散相加入方式的CuCl颗粒电镜照片

图8-47　不同分散相加入方式对CuCl颗粒粒径分布的影响

图8-48　不同分散相加入方式制得CuCl的XRD图谱

粒径分布均较宽，呈多峰分布。直接滴加制备的氯化亚铜平均粒径为28.3μm，而通过平均孔径为0.05μm陶瓷膜加入Na_2SO_3溶液制备的氯化亚铜在3μm处有个明显的分布峰，颗粒的平均粒径（D_{50}）仅为8.6μm。这是由于沉淀反应制备颗粒时，反应过程产生的晶体小颗粒会发生碰撞并聚结生长形成较大的颗粒，使得颗粒的粒径分布范围较宽。

从图8-48看出，3种加入方式制备的氯化亚铜XRD谱图衍射峰与标准谱图（JCPDS卡片号为6-344）的特征峰完全一致，表明得到的氯化亚铜具有立方晶型硫化锌结构，3个明显特征峰分别是28.5°、47.4°和56.3°，对应的晶面分别是111、220和311。孔径0.05μm陶瓷膜分散Na_2SO_3溶液，制得的氯化亚铜的峰强度最大，颗粒的结晶度高。这是因为沉淀反应过程中会发生颗粒的聚结生长现象，大颗粒多为聚结体，降低了晶化程度，呈现出颗粒粒径增大、XRD峰强减小的现象。因此采用孔径为0.05μm陶瓷膜分散Na_2SO_3溶液进行沉淀反应条件最优。

2. 稳定剂的种类对氯化亚铜颗粒的影响

通过加入非离子型稳定剂能在颗粒之间形成屏障，阻止颗粒的聚结是防止颗粒聚结生长常用的一种方法。为进一步提高氯化亚铜颗粒形貌的规整度，在Cu^{2+}浓度为0.05mol/L、Na_2SO_3进料速率20mL/min和稳定剂的浓度为1μg/mL条件下，考察不同稳定剂对氯化亚铜颗粒形貌的影响。稳定剂分别为聚乙二醇（4000）、聚乙烯吡咯烷酮（PVP）和聚山梨酯（吐温80），结果如图8-49和图8-50所示。

从图8-49和图8-50可以看出，稳定剂对CuCl颗粒形貌和粒径分布影响显著，加入聚乙二醇（4000）、聚山梨酯得到的CuCl颗粒主要呈三角形，粒径分布宽，平均粒径较大；加入PVP后得到的颗粒主要呈球形，大小比较均匀，该球形颗粒由许多纳米颗粒团聚而成，呈现单分散分布，平均粒径（D_{50}）14.6μm。这是因为PVP分子具有较高的表面能，能够产生成核位置，使得CuCl的成核能力提高；另外，PVP分子中羰基具有较高的极性，能够和CuCl颗粒结合，促进CuCl小颗粒团聚形成大的球形颗粒[27]。

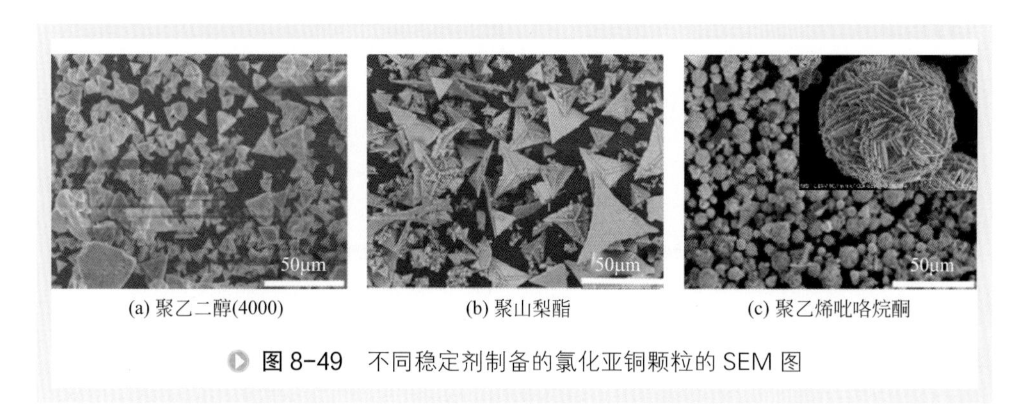

(a) 聚乙二醇(4000)　(b) 聚山梨酯　(c) 聚乙烯吡咯烷酮

图8-49　不同稳定剂制备的氯化亚铜颗粒的SEM图

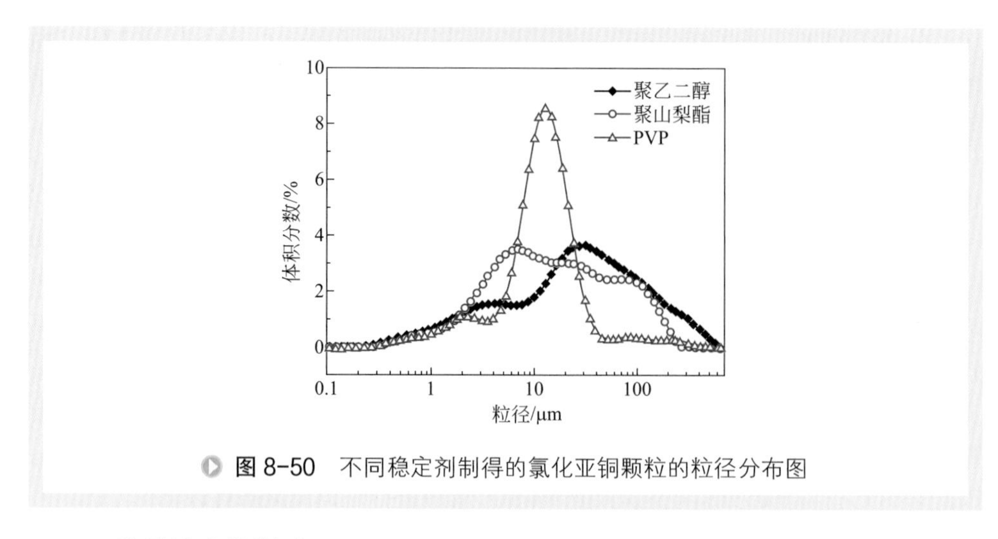

图 8-50　不同稳定剂制得的氯化亚铜颗粒的粒径分布图

3. 进料速率的影响

在 PVP 浓度为 1μg/mL，Cu^{2+} 浓度为 0.05mol/L 的条件下，考察了进料速率对氯化亚铜颗粒的影响，如图 8-51 和图 8-52 所示。

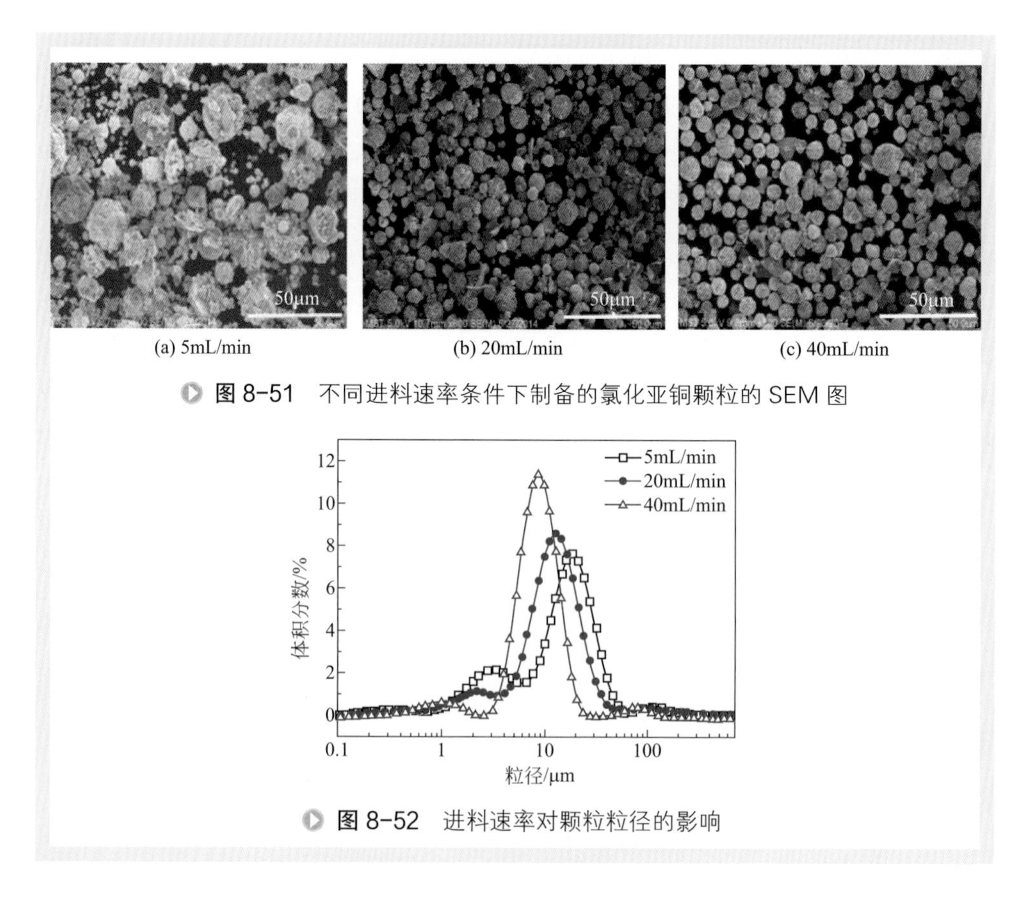

图 8-51　不同进料速率条件下制备的氯化亚铜颗粒的 SEM 图

图 8-52　进料速率对颗粒粒径的影响

从图 8-51 和图 8-52 可以看出，随着进料速率的增大，CuCl 颗粒的平均粒径减小且颗粒均一性提高，当进料速率达到 40mL/min 时，制备的氯化亚铜颗粒的平均粒径（D_{50}）为 8μm。这主要是因为进料速率是由膜的操作压力控制的，进料速率增大，膜的操作压力也增大，促使分散相 Na_2SO_3 溶液快速离开膜表面进入到反应体系中，反应体系的过饱和度趋于均一，颗粒的一次性成核数增加，有效地把颗粒的成核阶段和生长阶段分开，从而使得颗粒的均一性提高。

4. 铜离子浓度对氯化亚铜颗粒的影响

在 PVP 浓度为 1μg/mL，进料速率 40mL/min 的条件下，考察铜离子浓度对 CuCl 颗粒的影响，如图 8-53 和图 8-54 所示。由图 8-53 和图 8-54 可以看出，随着铜离子浓度增大，氯化亚铜颗粒平均粒径先减小后增大。这是由于反应物浓度升高，有利于体系形成较高的过饱和度，导致爆炸性成核，晶核的生成速率大于生长速率，有利于形成小颗粒沉淀。但随着反应物浓度的进一步提高，晶核的浓度与溶液之间存在一种平衡。晶核浓度增加，晶核之间有形成团聚体以降低表面能的趋势，使形成颗粒的粒径增大。

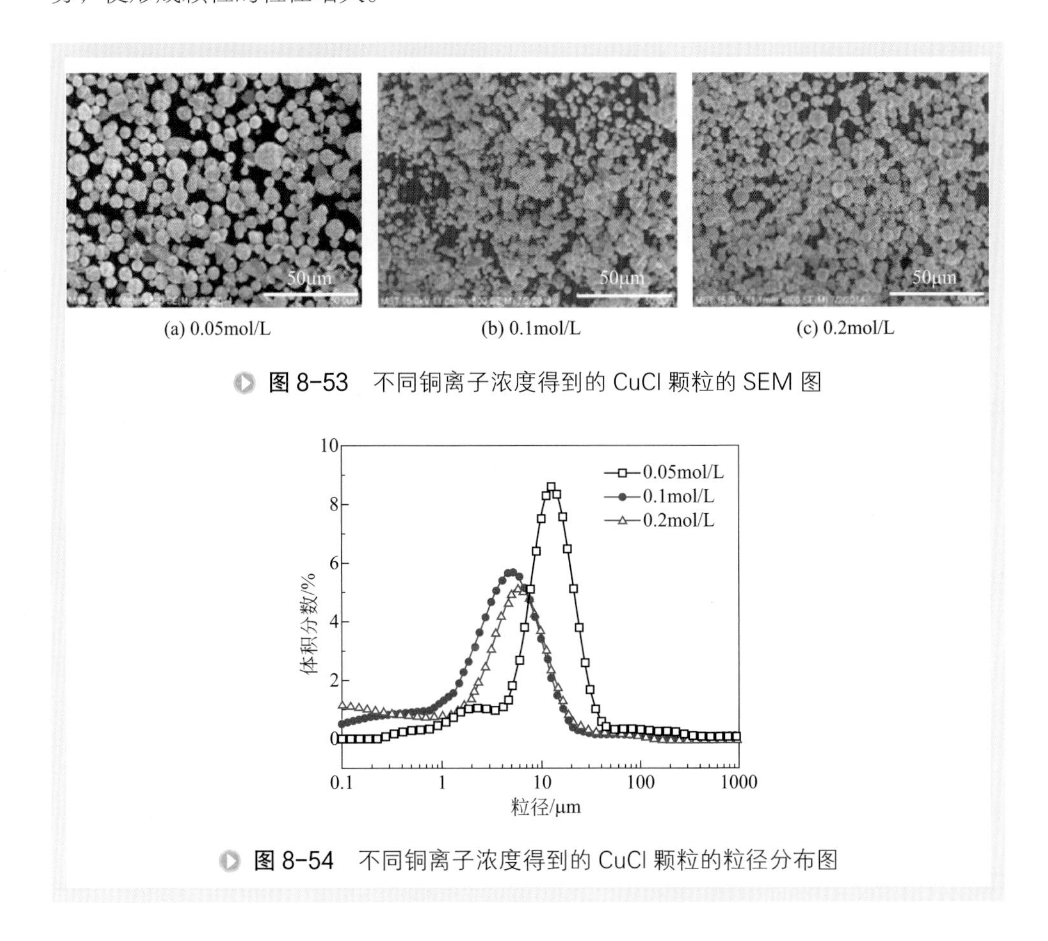

图 8-53　不同铜离子浓度得到的 CuCl 颗粒的 SEM 图

图 8-54　不同铜离子浓度得到的 CuCl 颗粒的粒径分布图

5. 氯化亚铜催化性能的比较

选取 4 种自制 CuCl 颗粒以及购买的商业 CuCl 催化剂，通过直接法制备甲基氯硅烷的合成反应，考察 5 种催化剂的催化性能。结果见表 8-6。自制的 4 种氯化亚铜催化剂对 M2 的选择性在 94.0% ～ 95.7% 之间，远高于商业催化剂的 74.9%，这是因为商业催化剂的粒径分布宽，呈多峰分布（图 8-55），外形不规则（图 8-56）；自制催化剂粒径和形状对 M2 的选择性影响不大，但对硅粉转化率的影响较大，这是因为催化剂的粒径越小，越有利于形成硅铜合金，从而提高硅粉的转化率[28]。球形颗粒较三角形颗粒有更高的 M2 收率，这主要是由于球形颗粒的形貌规整、分散性高，能与硅粉形成更多的活性中心；而三角形颗粒的形貌不规整、分散性低，铜催化剂易聚集形成单质铜，导致催化剂失活。

图 8-55 商业 CuCl 催化剂的粒径分布　图 8-56 商业 CuCl 催化剂的 SEM 图

表 8-6 几种催化剂的催化性能比较

催化剂类型	进料速率 /（mL/min）	Cu^{2+} 浓度 /（mol/L）	D_{50} /μm	形状	M2 的选择性 /%	M1 的选择性 /%	M3 的选择性 /%	硅粉的转化率 /%	M2 的产率 /%
市售 CuCl	—	—	6.4	不规则	74.9	24.3	0.8	30.5	22.8
滴加方式制备的催化剂	20	0.05	28.3	三角形	94.0	4.6	1.3	16.3	15.3
膜分散制备的催化剂（0.05μm）	20	0.05	8.6	三角形	95.7	3.4	0.9	30.2	28.9
膜分散制备的催化剂（0.05μm）	40	0.05	8.9	球形	95.0	3.7	1.7	33.5	31.8

续表

催化剂类型	进料速率/(mL/min)	Cu^{2+}浓度/(mol/L)	D_{50}/μm	形状	M2的选择性/%	M1的选择性/%	M3的选择性/%	硅粉的转化率/%	M2的产率/%
膜分散制备的催化剂(0.05μm)	40	0.1	5.1	球形	94.8	3.6	1.5	38.4	36.4

注：M1为甲基三氯硅烷；M3为三甲基氯硅烷。

三、超细氧化亚铜的制备

氧化亚铜（Cu_2O）是一种禁带宽度约为2.0～2.2eV的p型半导体，在轮船防污抗菌涂料、陶瓷着色剂、催化剂、传感器、光电转换器等方面有较为广泛的应用。低毒性、良好的安全性和低成本，使其适宜规模化生产。氧化亚铜的制备方法主要有液相沉淀法、水热/溶剂热法、电化学法等，其中液相沉淀法具有操作简单与可扩大化生产的优势。但是，采用沉淀法实现氧化亚铜的可控制备仍然存在以下问题：①在二价铜还原成一价铜的制备过程中往往会用到有毒或昂贵的还原剂；②形貌的调控过程中往往会用到一些昂贵的表面活性剂；③在沉淀法制备粉体过程中，由于反应体系的混合不均及局部过饱和度的影响会导致产物的粒径及形貌杂乱，难以形成均一规整的颗粒。

本团队结合膜分散技术提出一条绿色的氧化亚铜合成路径，以廉价安全的葡萄糖为还原剂，与班氏试剂反应（主要成分为五水硫酸铜$CuSO_4 \cdot 5H_2O$、碳酸钠Na_2CO_3及柠檬酸钠Na_3Cit混合溶液），在不添加表面活性剂的情况下调控产物的形貌，获得不同形貌的氧化亚铜，并研究其催化性能[29～31]。

1. 进料方式和进料速率的影响

对比了直接和间接混合进料对葡萄糖与班氏试剂反应制氧化亚铜颗粒的影响。商业和自制Cu_2O的SEM照片如图8-57所示。商业氧化亚铜颗粒形貌不规则，颗粒大小分布不均，粒径尺寸较大。直接混合法制备的氧化亚铜颗粒有多种形貌出现，如球形、立方体形、星形等。间接混合法中，采用陶瓷膜以进料速率为5～30mL/min分散葡萄糖溶液。制备的氧化亚铜颗粒在形貌与粒径上均优于直接混合所得产物。均匀的混合环境对于成核生长和晶体形成至关重要。陶瓷膜丰富的微孔道结构使得葡萄糖溶液的均匀分散成为可能。大量分散出来的微小液滴有效强化了沉淀反应过程中的液-液传质。

图8-58是不同进料方式与进料速率条件下的氧化亚铜粒径分布图，采用激光粒度分析仪进行测定，粒径分布图中包含了一次粒径及二次粒径（团聚粒径）。

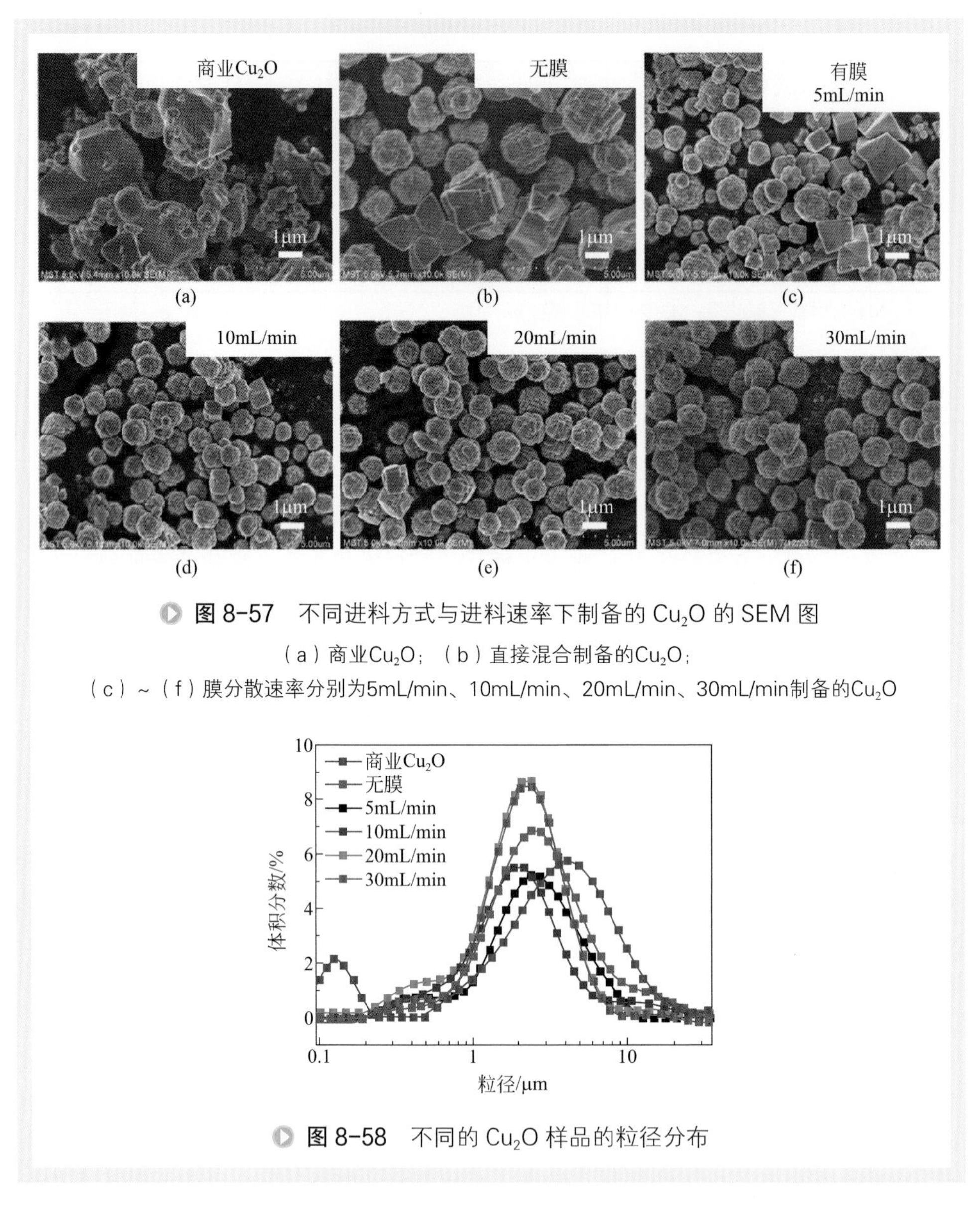

图 8-57 不同进料方式与进料速率下制备的 Cu_2O 的 SEM 图

(a) 商业Cu_2O；(b) 直接混合制备的Cu_2O；

(c) ~ (f) 膜分散速率分别为5mL/min、10mL/min、20mL/min、30mL/min制备的Cu_2O

图 8-58 不同的 Cu_2O 样品的粒径分布

表 8-7 列出了 Cu_2O 二次粒径、体积分数与半高宽（FWHM）。结果表明：商业 Cu_2O 粒径分布较宽。膜分散进料制备的 Cu_2O 的粒径分布比直接进料的窄。无膜时制备的 Cu_2O 颗粒中有粒径大于 10μm 的颗粒存在。膜分散进料有效提高了粒径的均一性。膜分散进料速率大小对产物的粒径分布、形貌规整度有较大影响。当进料速率为 5mL/min 时，产品的 FWHM 与直接进料的相当（约 4.2μm）；进一步增大进料速率至 10mL/min 时，FWHM 降至 2.7μm，二次粒径为 2.1μm，但是仍然发现有 10μm 的大颗粒存在；再次增大进料速率至 20mL/min 和 30mL/min 时，可以

发现粒径分布变窄，且体积分数提高，也没有发现大颗粒存在。当反应体系的过饱和度低，且成核和结晶步骤分不开时，将会产生粒径分布较宽且形貌杂乱的沉淀固体[32]。采用膜作为分散媒介，在更高的进料速率下，可以提升液相环境的均匀性，传质过程和饱和过程得到强化。后续分散相流速被定为20mL/min。

表8-7 不同进料条件下 Cu_2O 的二次粒径、体积分数及半高宽

进料方式	二次粒径/μm	体积分数/%	FWHM/μm
商业 Cu_2O	4.5	5.74	7.6
无膜	2.6	6.67	4.2
5mL/min	2.5	5.23	4.2
10mL/min	2.1	5.49	2.7
20mL/min	2.3	8.48	2.9
30mL/min	2.3	8.65	3.1

图8-59为膜分散速率为20mL/min时制备的 Cu_2O 的XPS谱图。由XPS总谱图图8-59（a）可知，样品表面主要有Cu、O、C三种元素。由图8-59（b）可知，在932.3eV和952.1eV处的2个峰对应Cu 2p的特征峰，未发现二价Cu（Ⅱ）的结合能峰（934.4eV与954.0eV）。无法通过图8-59（b）的Cu 2p谱图判断Cu（Ⅰ）和Cu（0）的存在，这是因为特征峰结合能值相差不到0.1e V，但可通过俄歇峰进行判断［图8-59（c）］。结合能位于570.1eV的Cu LMM峰证明Cu（Ⅰ）的存在。从C 1s图谱图8-59（d）可以看出，C元素存在于284.6eV、286.3eV、288.1eV三处峰对应的C—C/C—H、C—O、C═O键中。C主要来源于制备所需的葡萄糖中。同时，分析O 1s图谱图8-59（e）可知，O的存在形式主要为晶格氧（结合能位于530.6eV）和表面吸附氧（结合能位于531.7eV）。

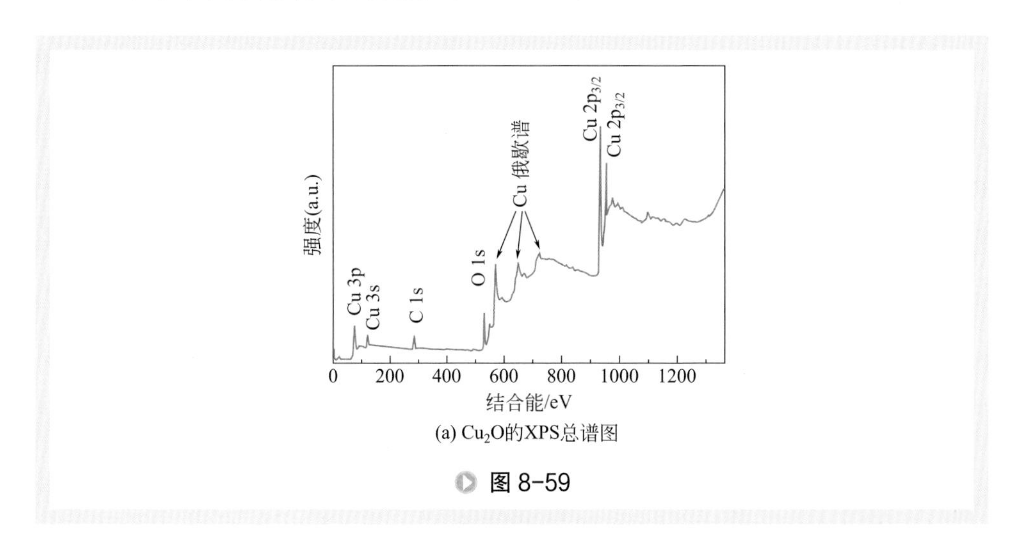

(a) Cu_2O的XPS总谱图

图8-59

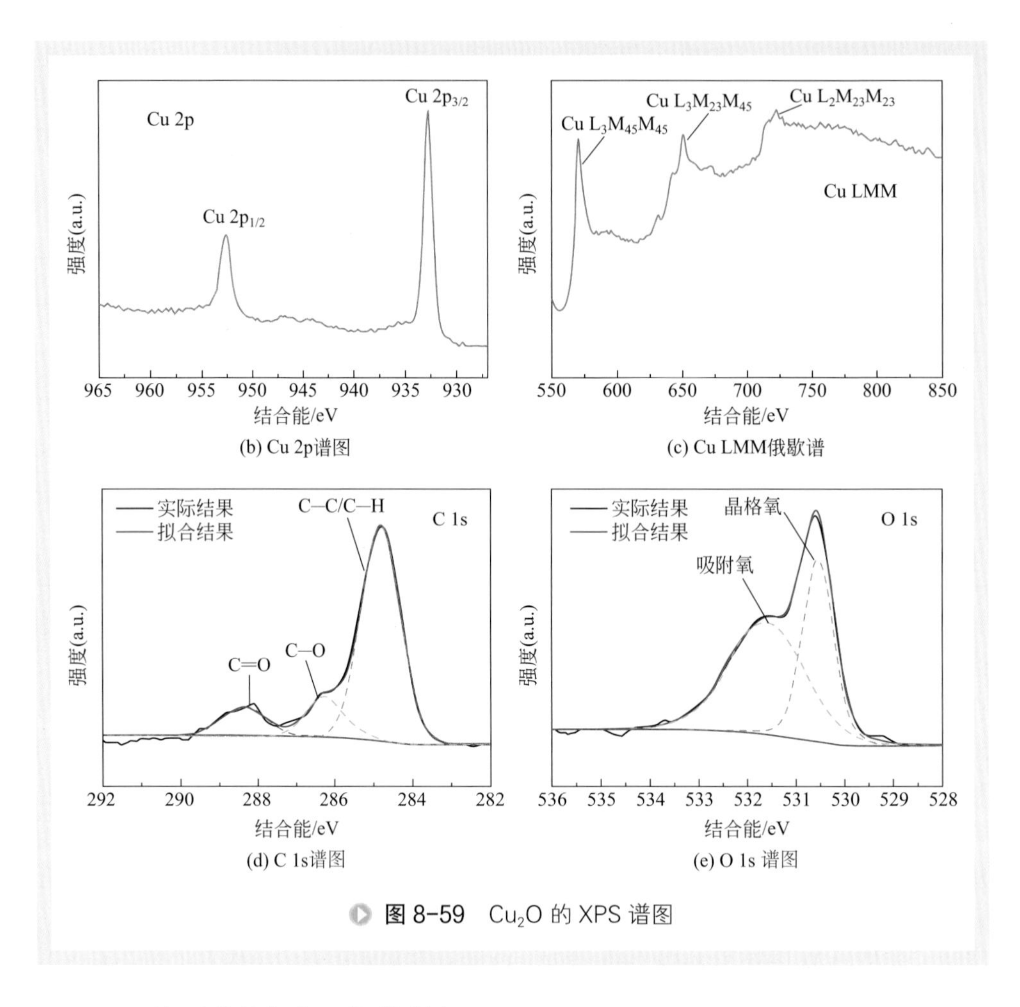

图 8-59 Cu_2O 的 XPS 谱图

2. 可控形貌的氧化亚铜的制备

图 8-60 为采用膜分散法制备得到的不同形貌氧化亚铜的 XRD 谱图。对比标准图谱（JCPDS 卡片号为 5-667），可以发现所制备样品没有出现杂峰，产物为纯 Cu_2O 晶型。通过衍射宽度和谢乐公式计算得到，球形晶体的尺寸约为 18.5nm。在 Cu_2O 的结构中，每个 Cu 原子连接两个 O 原子，每个 O 原子位于由 4 个 Cu 原子构成的正四面体的中心。因此，拥有不同 Cu 和 O 原子密度的特定晶面将影响电子结构、表面能和催化活性。

衍射峰在 2θ=36.5°和 42.4°的位置分别对应氧化亚铜的（111）和（200）晶面。（111）与（100）晶面衍射峰强度之比 R=（111）/（100）可以给出很多主要晶面的信息。形貌的生成也发现与 R 相关。为了更好地理解类球体、立方体、八面体和八角状几种形貌的转变，对 R 值进行了分析。

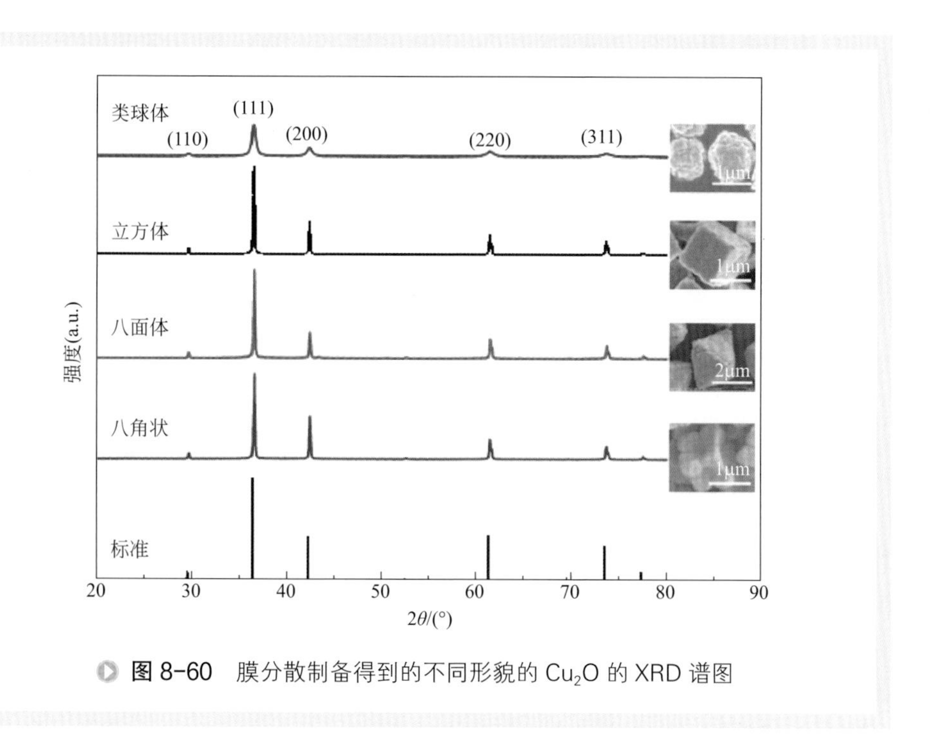

图 8-60　膜分散制备得到的不同形貌的 Cu_2O 的 XRD 谱图

在反应过程中，二价化合物（Cu^{2+}）在碱性条件下被糖分子还原成不可溶的单价化合物（Cu^{+}）。在此之前，研究了前驱体 Cu^{2+} 浓度对 Cu_2O 形貌的影响。当 $CuSO_4 \cdot 5H_2O$ 水溶液的初始浓度从 0.017mol/L、0.034mol/L 变化到 0.068mol/L 时，Cu_2O 的形貌从八角状、立方体变为类球体。高的前驱体浓度导致各向同性的成核生长。在研究 Na_2CO_3、Na_3Cit 和 $CuSO_4 \cdot 5H_2O$ 进料速率的影响时，Cu^{2+} 浓度定为 0.034mol/L。

一般情况下，特定的离子或者无机添加物可以作为晶体修饰剂来控制 Cu_2O 的形貌演变。由 $CuSO_4 \cdot 5H_2O$、Na_2CO_3 和 Na_3Cit 组成的班氏试剂作为制备 Cu_2O 沉淀的前驱体，溶液中的 OH^- 浓度可以通过 Na_2CO_3 的水解反应来调节，浓度的高低对颗粒的形貌有着重要的影响。若制备溶液中不含 Na_2CO_3，无法形成 Cu_2O 沉淀。由表 8-8 可以看出，Na_2CO_3 浓度从 0.03mol/L 升高至 0.30mol/L，使得反应体系的 pH 由 7.4 升高至 10.4，产物的结构也由立方体经过一系列变化演变成八面体的结构。通过计算，（111）/（100）晶面比也是逐渐增加的。理想的（111）晶面是非极性的，其中包含的 Cu^{+} 易与具有高电荷密度的阴离子如 OH^- 结合[33]。因此，在高碱度的溶液中，由于吸附了更多的 OH^-，使得（111）晶面更稳定。高 pH 值下（111）/（100）晶面比的增加很好地解释了晶体中更多暴露的（111）晶面。

表 8-8　Na_2CO_3 溶液浓度对 Cu_2O 的（111）/（100）晶面比和形貌的影响

Cu_2O 样品	葡萄糖进料速率 /（mL/min）	Na_2CO_3 浓度 /（mol/L）	pH	（111）/（100）	形貌
a	20	0.03	7.4	2.7	立方体
b	20	0.06	9.5	2.7	立方体
c	20	0.12	10	3.0	类球体
d	20	0.18	10.2	3.2	截角八面体
e	20	0.24	10.3	3.3	八面体
f	20	0.30	10.4	3.3	八面体

不同浓度 Na_2CO_3 溶液中制备得到的 Cu_2O 的 SEM 图如图 8-61 所示。当 Na_2CO_3 浓度为 0.03mol/L 时，Cu_2O 呈立方体状，由 6 个（100）晶面组成；当 Na_2CO_3 浓度加倍，立方体变大；当 Na_2CO_3 浓度为 0.12mol/L 时，形成了由子立方体组成的类球形团聚体；当 Na_2CO_3 浓度为 0.18mol/L 时，Cu_2O 呈截角八面体状；进一步增加溶液碱度，（100）晶面逐渐消失，（111）晶面逐渐生成，最终在 0.24 ～ 0.30mol/L 的 Na_2CO_3 浓度范围内，形成了由 8 个（111）晶面组成的完整的八面体。图 8-62 为碱度（如 Na_2CO_3 浓度）对 Cu_2O 结构影响的演变机理图。在高碱度溶液中，旋转对称的（111）晶面取代了正方形对称的（100）晶面。

图 8-61　不同浓度 Na_2CO_3 溶液中制备得到的 Cu_2O 的 SEM 图

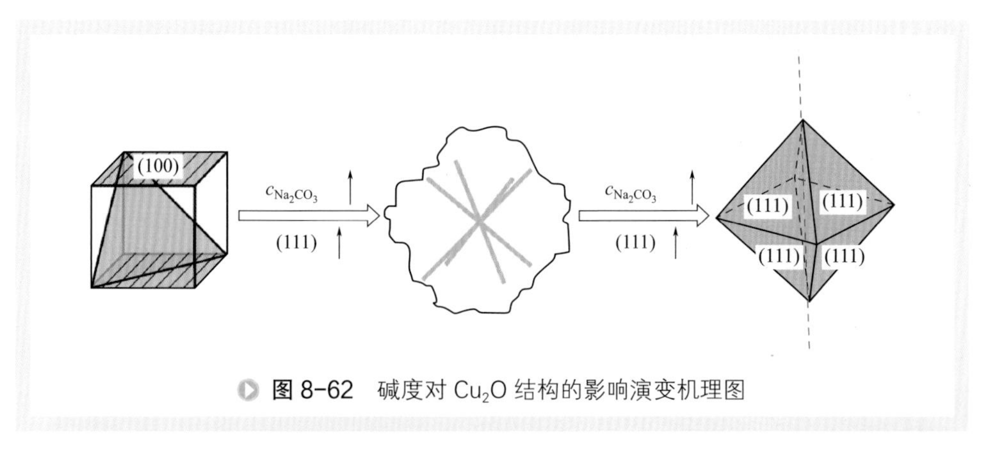

图 8-62 碱度对 Cu_2O 结构的影响演变机理图

在制备溶液中，柠檬酸盐提供柠檬酸根离子，其作为缓冲剂用于氧化亚铜的制备过程中。柠檬酸根离子优先与（100）晶面结合，导致该晶面的生长速率变慢[33]。与 Na_2CO_3 溶液浓度的影响不同，Na_3Cit 用量的提高导致（111）/（100）晶面比下降（表 8-9）。在同样的碱度条件下（pH ≈ 9.5），（100）晶面随着柠檬酸根离子用量的增加而更稳定。当溶液 pH 值不变时，Na_3Cit 溶液浓度最高时，Cu_2O 呈八角状，（111）/（100）晶面比最低。

不同浓度 Na_3Cit 溶液中制备得到的 Cu_2O 的 SEM 图如图 8-63 所示。在没有加入 Na_3Cit 时，Cu_2O 呈类球体。随着 Na_3Cit 浓度的提高，产物的形貌由类球体向立方体结构转变。这主要是由于柠檬酸根离子易选择性吸附在（100）晶面，导致该晶面的生长速率较慢，进而稳定该晶面的生长[33]，其他晶面由于生长较快而消失得早，继而形成暴露 6 个（100）晶面的立方体结构。继续增加柠檬酸钠浓度至 0.072mol/L 和 0.108mol/L 时，（100）晶面生长速率较慢，同时伴随着生长速率较快的八个角方向的（111）晶面的不断生长，最终出现中心凹陷的八角状结构。

表 8-9 Na_3Cit 溶液浓度对 Cu_2O 的（111）/（100）晶面比和形貌的影响

Cu_2O 样品	葡萄糖进料速率 /（mL/min）	Na_3Cit 浓度 /（mol/L）	pH	（111）/（100）	形貌
a	20	0	8.8	3.4	球体
b	20	0.018	9.2	3.2	类球体
c	20	0.027	9.3	2.9	立方体（缺陷）
d	20	0.036	9.5	2.7	立方体
e	20	0.072	9.4	2.0	八角状
f	20	0.108	9.5	2.0	八角状

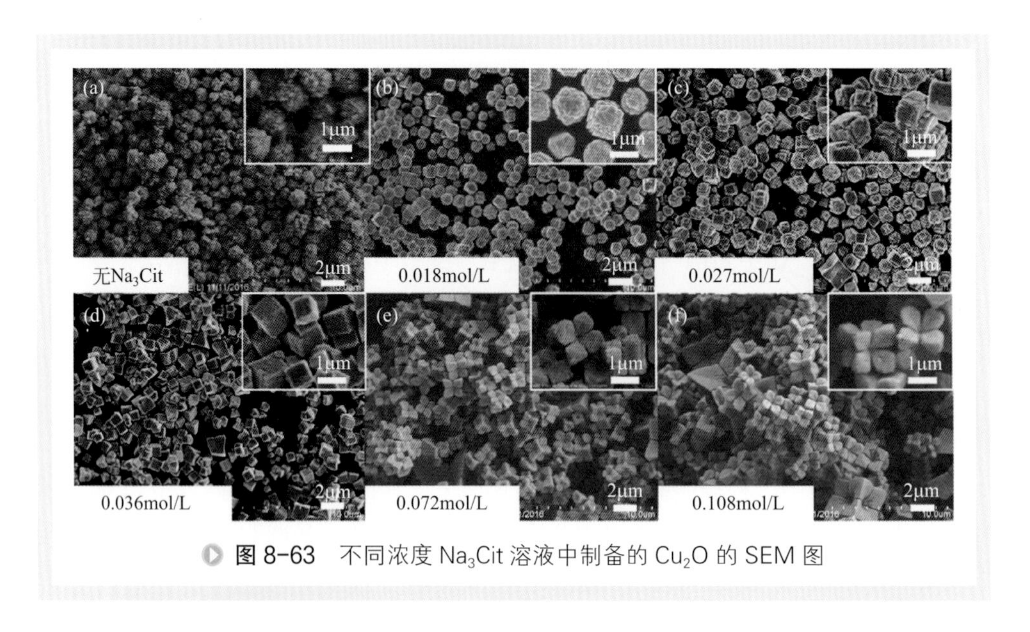

图 8-63　不同浓度 Na_3Cit 溶液中制备的 Cu_2O 的 SEM 图

3. 氧化亚铜在类芬顿工艺中的应用

将商业和自制的不同形貌 Cu_2O 用于处理工业造纸废水中的有机污染物，结果如图 8-64 所示。在空白实验中，当添加 H_2O_2 后，无催化剂时，120min 内废水中的 COD 降解率为 15%。商业 Cu_2O 的 COD 降解率为 32%。当加入膜分散制备的 Cu_2O 时，COD 降解率有明显提升。立方体、八角状、类球体和八面体的 Cu_2O 对应的 COD 降解率分别为 71%、74%、73% 和 81%。八面体的催化剂在非均相类芬顿反应中具有最好的活性，这与其较多的（111）晶面有关。废水中含有很多有机组分，且碱度高。不饱和 Cu 和（111）晶面上的氧空位是催化剂形貌不同导致活性

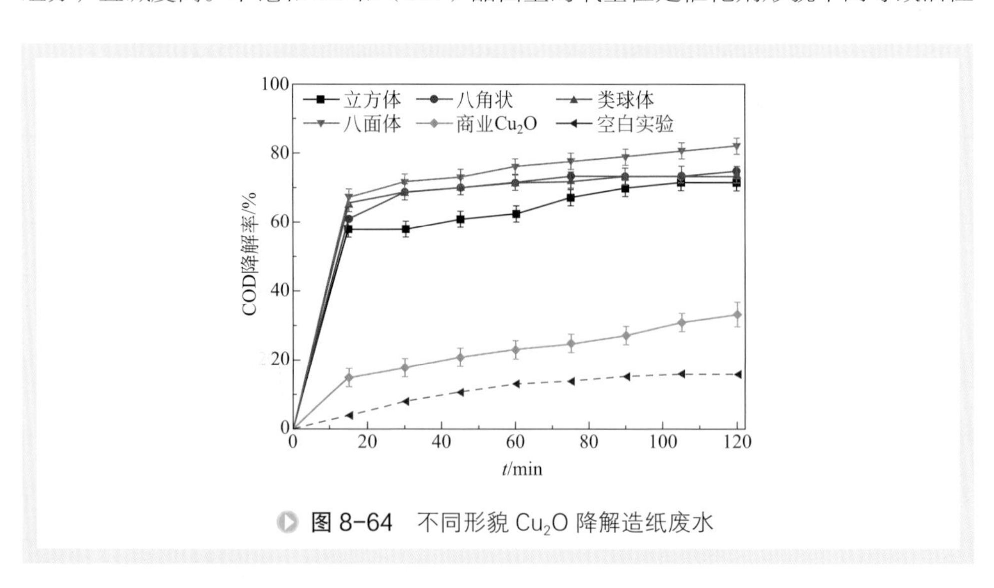

图 8-64　不同形貌 Cu_2O 降解造纸废水

变化的原因。

图 8-65 和图 8-66 为催化剂处理制浆废水前后的 XRD 和 SEM 图。催化剂降解 COD 后，不同类型的氧化亚铜的晶型均未出现变化，同时颗粒的形状与表面的粗糙度也未发生明显变化，说明在该废水体系中催化剂的结构相对稳定。膜分散制备的不同形貌 Cu_2O 用于废水处理中，检测到处理过后的水中溶解的 Cu 浓度均低于 0.7mg/L，优于工业废水的国家排放标准（GB 25467—2010）。而商业化 Cu_2O 使用后，水中溶解的 Cu 浓度为 1.3mg/L。说明自制的 Cu_2O 催化剂是非均相类芬顿反应过程用催化剂的有力备选。

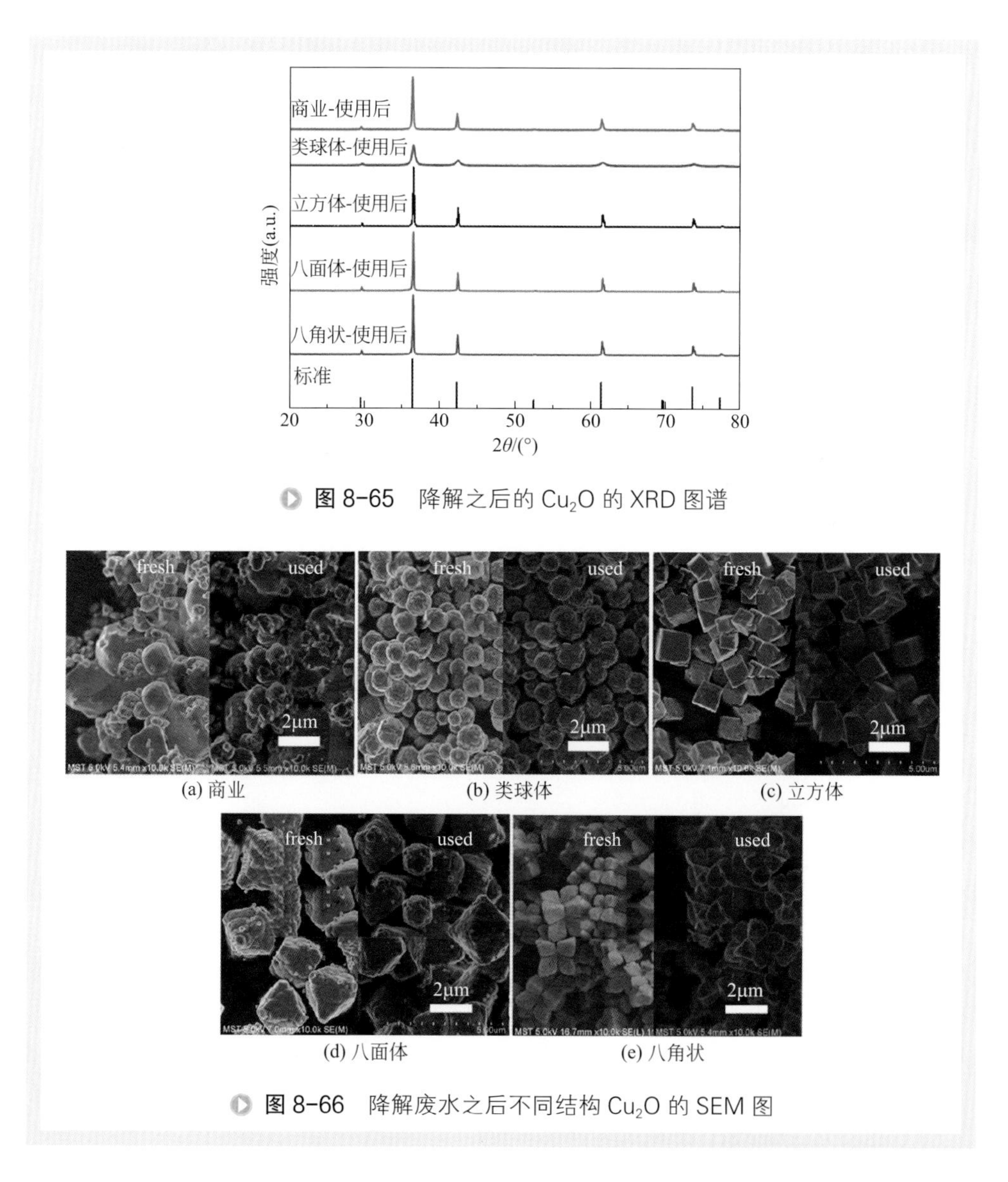

图 8-65　降解之后的 Cu_2O 的 XRD 图谱

(a) 商业　(b) 类球体　(c) 立方体　(d) 八面体　(e) 八角状

图 8-66　降解废水之后不同结构 Cu_2O 的 SEM 图

第五节 结语

基于膜孔作用机理的不同，可将陶瓷膜与湿化学法集成用于超细粉体的制备，有效实现固液分离和溶液中杂质离子的去除，将间歇生产变为连续生产过程；采用陶瓷膜乳化过程，利用乳液模板方法可制备出介孔材料，通过调节乳液粒径即可制备出不同孔径分布的多孔材料；采用陶瓷膜分散反应液，控制反应速率，可以制备出不同形貌的超细催化剂。通过构筑不同结构的陶瓷膜用于超微粉体的制备，可以有效控制颗粒的尺寸大小和形貌，也有助于拓宽微纳米材料在不同领域的应用。膜材料微结构，如膜孔径的大小、均匀性、孔隙率等有待进一步精准调控，以满足不同纳微粉体制备的应用需求。

参考文献

[1] 徐南平，范益群，向柠．无机膜集成技术超细粉体的制备方法 [P]. ZL00119077. 6. 2003-8-20.

[2] 徐南平，景文珩，邢卫红，等．一种多孔陶瓷材料的制备方法 [P]. ZL200610037611. 9. 2006-7-12.

[3] 邢卫红，康琳，徐南平．膜分布器绿色制备形貌可控的氧化亚铜的方法 [P]. 201810387800. 1, 2018-4-26.

[4] Bounds C O. The rare earths: Enablers of modern living [J]. J Miner Met Mater Soc, 1998, 50(10): 38-42.

[5] 向柠．无机膜集成技术超细氧化钇制备工艺研究 [D]. 南京：南京工业大学，2001.

[6] 向柠，陈洪龄，徐南平．超细氧化钇粉体的制备 [J]. 高校化学工程学报，2002, 16(1): 48-52.

[7] 钟憬．陶瓷微滤膜过滤微米、亚微米级颗粒体系的基础研究和应用开发 [D]. 南京：南京工业大学，1998.

[8] 徐南平．面向应用过程的陶瓷膜材料设计、制备与应用 [M]. 北京：科学出版社，2005.

[9] 陈日志，张利雄，邢卫红，等．湍流促进器对液固一体式膜反应器中膜过滤性能影响的研究 [J]. 现代化工，2005, 25(7): 56-60.

[10] Jing W H, Wu J, Xing W H, et al. Emulsions prepared by two-stage ceramic membrane jet-flow emulsification [J]. AIChE J, 2005, 51(5): 1339-1345.

[11] Jing W H, Wang W G, Wu S H, et al. Preparation of meso-macroporous TiO_2 ceramic based on membrane jet-flow emulsification-Influences of triblock copolymers on the processes [J]. J Colloid Interface Sci, 2009, 333(1): 324-328.

[12] Jing W H, Wu S H, Xue Y J, et al. Preparation of macroporous TiO_2 ceramic based on membrane jet-flow emulsification [J]. Chin J Chem Eng, 2007, 15(4): 66-618.
[13] 景文珩 . 一体式陶瓷膜乳化装置的研究和应用 [D]. 南京 : 南京工业大学 , 2004.
[14] 徐敏 . 基于二次膜射流乳化法制备单分散聚苯乙烯微球的研究 [D]. 南京 : 南京工业大学 , 2007.
[15] 薛业建 . 二次射流陶瓷膜法制乳及多孔陶瓷的制备 [D]. 南京 : 南京工业大学 , 2006.
[16] Asano Y, Sotoyama K. Viscosity change in oil/water food emulsions prepared using a membrane emulsification system [J]. Food Chem, 1999, 66: 327-331.
[17] Binks B P. Modern aspects of emulsion science [M]. Cambridge: The Royal society of chemistry, 1998.
[18] Chen G G, Luo G S, Yang X R, et al. Preparation of ultra-fine TiO_2 particles using micro-mixing precipitation technology [J]. J Inorg Mater, 2004, 19(5): 1163-1167.
[19] Wang Y, Xu D, Sun H, et al. Preparation of pseudoboehmite with a large pore volume and a large pore size by using a membrane-dispersion microstructured reactor through the reaction of CO_2 and a $NaAlO_2$ solution [J]. Ind Eng Chem Res, 2011, 50(7): 3889-3894.
[20] Zhang C, Wang Y, Bi S, et al. Preparation of mesoporous ZnO microspheres through a membrane-dispersion microstructured reactor and a hydrothermal treatment [J]. Ind Eng Chem Res, 2011, 50(23): 13355-13361.
[21] 邢卫红 , 许志龙 , 徐南平 , 等 . 一种膜反应器连续制备纳米氧化锌的方法 [P]. ZL 201410173015. 8. 2015-09-02.
[22] 许志龙 , 张峰 , 仲兆祥 , 等 . 陶瓷膜分散法制备花瓣状碱式碳酸锌 [J]. 膜科学与技术 , 2015, 35(2): 7-13.
[23] Yang W, Li Q, Gao S, et al. NH_4^+ directed assembly of zinc oxide micro-tubes from nanoflakes [J]. Nano Res Lett, 2011, 6(1): 1-10.
[24] Jia Z Q, Liu Z Z. Membrane-dispersion reactor in homogeneous liquid process [J]. J Chem Technol Biotechnol, 2013, 88(2): 163-168.
[25] 饶辉 , 张峰 , 仲兆祥 , 等 . 陶瓷膜反应器用于氯化亚铜催化剂的制备 [J]. 化工学报 , 2015, 66(8): 3029-3035.
[26] 张昭 , 彭少方 , 刘栋昌 . 无机精细化工工艺学 [M]. 北京 : 化学工业出版社 , 2005.
[27] Zhao B, Li S C, Zhang Q F, et al. Controlled synthesis of Cu_2S microrings and their photocatalytic and field emission properties [J]. Chem Eng J, 2013, 230: 236-243.
[28] Harada K, Yamada Y. Process for producing trialkoxysilanes [P]. US 5362897. 1994-11-08.
[29] Kang L, Zhou M, Zhou H J, et al. Controlled synthesis of Cu_2O microcrystals in membrane dispersion reactor and comparative activity in heterogeneous Fenton application [J]. Powder Technol, 2019, 343: 847-854.
[30] 周虹佳 , 刘飞 , 周明 , 等 . 双膜强化类 Fenton 工艺处理制浆废水的研究 [J]. 化工学报 ,

2018, 69(1): 490-498.

[31] Zhou H J, Kang L, Zhou M, et al. Membrane enhanced COD degradation of pulp wastewater using Cu_2O/H_2O_2 heterogeneous Fenton process [J]. Chin J Chem Eng, 2018, 26(9): 1896-1903.

[32] Cai C, Zhu T, Li D, et al. Spherically aggregated Cu_2O-TA hybrid submicroparticles with modulated size and improved chemical stability [J]. Cryst Eng Comm, 2017, 19: 1888-1895.

[33] Susman M D, Feldman Y, Vaskevich A, et al. Chemical deposition of Cu_2O nanocrystals with precise morphology control [J]. ACS Nano, 2014, 8: 162-174.

第九章 气相催化无机膜反应器

第一节 引言

化学工业中许多重要反应涉及高温下的平衡反应，常规的反应器无法打破化学平衡的限制，须对反应物与产物进行分离，实现反应物的回收循环使用。此过程对大量反应物进行反复冷却、加热，能量消耗大，且反应转化率低，产率也低。例如，许多重要的工业化气相催化脱氢反应，其转化率常常由生成的氢气量控制，生产中多采用通入空气氧化法，但由此产生的热量将造成体系温度升高，有可能导致反应物的分解和催化剂的失活。此外，对于平行反应或连串反应，如何抑制副反应，获得更多的目的产物，成为人们关注的热点。无机膜反应器的出现，也许能为这些问题的解决提供可行的技术途径。

本章重点介绍分子筛膜、碳化硅膜、钙钛矿膜等无机膜材料及其制备方法与功能，以及以无机膜为核心构建的气相催化膜反应器的研究进展。

第二节 分子筛催化膜反应器

分子筛膜是分子筛晶体交互生长形成的致密薄膜，它不仅具有无机膜的一般特性，满足苛刻的化学反应条件，还具有孔径均一、孔道结构规整、传质效率高等优点。运用多种方式进行膜修饰从而调节其孔道结构，即可实现特定分子的高选择性分离；有些分子筛本身具有酸性位，通过离子交换和骨架原子同晶取代等方法，可使分子筛膜具有优异的催化功能[1]。

本节主要介绍面向异构化反应、水煤气变换反应、选择性氧化反应等三类反应过程的需求，制备三种分子筛催化膜，设计并构建不同构型的分子筛催化膜反应器，评价了膜催化反应效果[2～8]。

一、Silicalite-1分子筛膜与间二甲苯异构化反应

对二甲苯的生产主要来自石脑油的催化重整和甲苯歧化反应，反应产物主要为对二甲苯（PX）、邻二甲苯（OX）、间二甲苯（MX）、乙苯（EB）等混合物。工业上通常对所制得的 C_8 芳烃混合物中的二甲苯进行异构化反应，以获得更多的PX。受热力学平衡的限制，二甲苯异构化反应产物中 PX 含量大约在 25%，经 PX 分离后仍需返送至异构化反应器作进一步转化处理。另外，由于二甲苯异构体的性质非常接近，采用普通的蒸馏技术难以对其进行分离，目前工业上主要采用多级深冷结晶或分子筛模拟移动床吸附分离技术。提高 PX 的反应效率和降低分离成本一直是国内外研究者关注的焦点。

基于分子筛分和吸附扩散机理，MFI 分子筛膜对于二甲苯异构体混合物具有良好的选择分离性能，其分离过程如图 9-1 所示。理论上，无缺陷 MFI 分子筛膜应具有相当高的 PX 分离选择性，但在早期工作中，由于制膜技术及条件的限制，所制备的 MFI 分子筛膜的二甲苯异构体分离性能较差。因此制备高效分离的分子筛膜是实现对二甲苯异构化反应的前提。

1. 中空纤维silicalite-1分子筛膜的制备

采用原位水热合成法在自制的 α-Al_2O_3 中空纤维支撑体上制备 silicalite-1 分子筛膜。支撑体直径为 1.7mm，壁厚为 0.45mm，孔径为 500 ～ 600nm，孔隙率约为30%。首先，将 NaOH 溶于四甲基氢氧化铵（TPAOH）水溶液，置于 80℃水浴中，搅拌均匀后加入 SiO_2，剧烈振荡直至溶液澄清，静置 3 ～ 4h 陈化，制膜液摩尔比

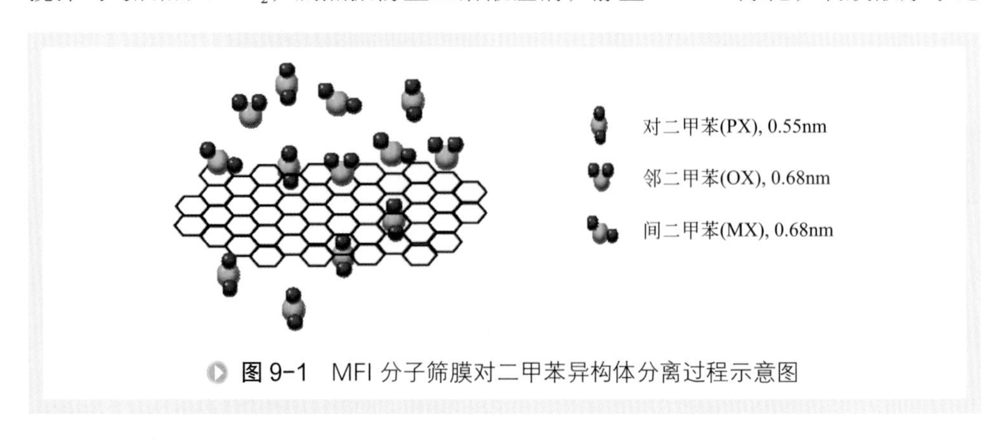

图 9-1　MFI 分子筛膜对二甲苯异构体分离过程示意图

为 $(TPA)_2O$: SiO_2 : Na_2O : H_2O=1 : 6.66 : 0.35 : 92.2。然后，将打磨抛光处理过的支撑体置于不锈钢合成釜的聚四氟乙烯内衬中，倒入母液进行水热合成，180℃下晶化 5h。然后用蒸馏水洗涤，放入烘箱内干燥，最后在马弗炉中 450℃焙烧 8h 以去除模板剂，焙烧时升温和降温速率均为 1 ～ 2℃ /min。由于支撑体孔径较大，为了提高分子筛膜层的致密度，减少缺陷，在中空纤维支撑体上对 silicalite-1 分子筛膜进行了三次重复合成，每次 5h。

2. 中空纤维 silicalite-1 分子筛膜反应器

此处采用中空纤维 silicalite-1 分子筛膜对二甲苯异构体进行分离，分离性能及填充床膜反应性能测定的装置见图 9-2，二甲苯异构体混合物分离实验的具体流程如图 9-3 所示。通过该装置测试即可获得所制备分子筛膜对二甲苯异构体的分离系数及各组分的渗透性。

图 9-2　膜分离与催化反应实验装置图

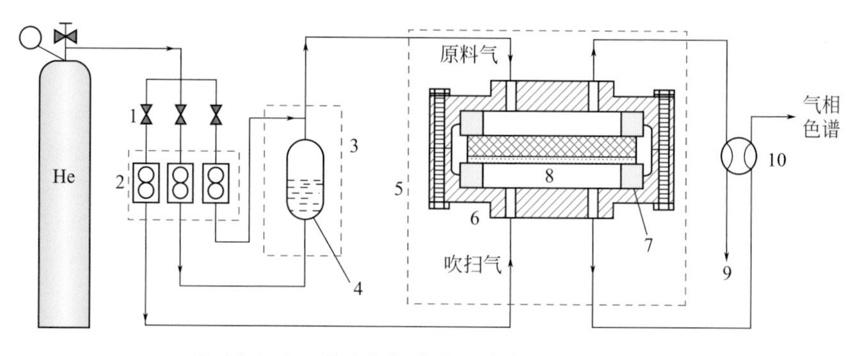

图 9-3　膜分离与催化反应实验流程示意图

1—阀门；2—质量流量控制器；3—烘箱；4—原料罐；5—电炉；6—不锈钢组件；7—石墨垫圈；8—分子筛膜；9—排空；10—四通阀

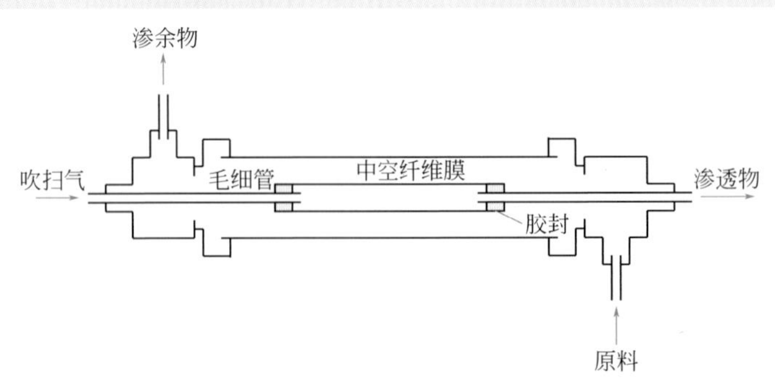

图 9-4　中空纤维膜分离渗透器与填充床膜反应器结构示意图

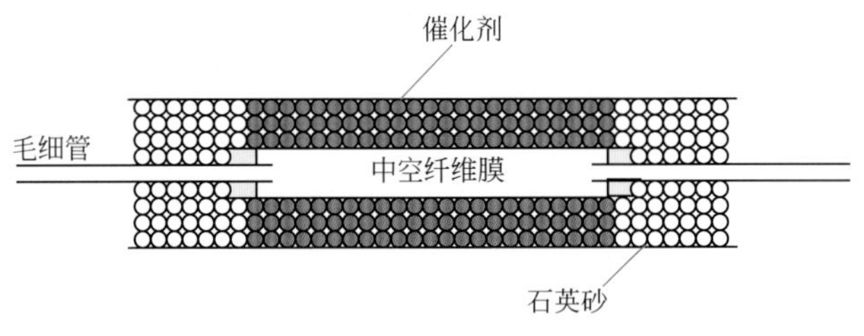

图 9-5　中空纤维膜填充床反应器催化剂装填方式示意图

装载中空纤维分子筛膜的渗透器与膜反应器的组件如图 9-4 所示。中空纤维膜通过毛细管与装置上的管线相连接，而中空纤维膜与毛细管之间采用密封胶进行密封。对于二甲苯异构体膜分离性能的测量，壳程通入以 He 气为载气的原料气，管程通 He 气作为吹扫气。对于填充床膜反应器，在中空纤维膜外侧壳程中需填充 0.3g H-ZSM-5 分子筛催化剂颗粒（硅铝比为 50，20 ～ 40 目），两端均装填上 20 ～ 40 目石英砂用于固定催化剂床层，如图 9-5 所示。

中空纤维 silicalite-1 分子筛膜分离性能、填充床膜反应性能实验均在常压下进行，分离测试的渗透物以及二甲苯异构化反应的产物均通过气相色谱（GC2014，岛津）进行在线分析，该气相色谱上装有毛细管分析柱（KR-B34，Keepring）。根据气相色谱分析的结果可对膜分离以及异构化反应的结果进行计算，具体计算方法如下：

填充床反应过程中 MX 转化率 C_{MX}（%）的计算方法如式（9-1）所示：

$$C_{MX}=\frac{n_{products}}{n_{feed}}\times 100 \tag{9-1}$$

式中　C_{MX}——二甲苯转化率；

$n_{products}$——反应物生成产物的物质的量，mol；

n_{feed}——反应原料 MX 的物质的量，mol。

填充床反应过程中 PX 选择性 S_{PX}（%）的计算方法如式（9-2）所示：

$$S_{PX}=\frac{n_{PX\ in\ products}}{n_{products}}\times 100 \tag{9-2}$$

式中　S_{PX}——二甲苯选择性；

$n_{PX\ in\ products}$——MX 异构化反应生成产物中 PX 的物质的量，mol，即是渗透侧与渗余侧 PX 物质的量之和；

$n_{products}$——生成物的物质的量，mol。

填充床反应过程中 PX 收率 Y_{PX}（%）的计算方法如式（9-3）所示：

$$Y_{PX}=\frac{n_{PX\ in\ products}}{n_{feed}}\times 100 \tag{9-3}$$

式中　Y_{PX}——二甲苯收率；

$n_{PX\ in\ products}$——MX 异构化反应生成产物中 PX 的物质的量，mol；

n_{feed}——进料中反应物的物质的量，mol。

为了评价中空纤维 silicalite-1 分子筛膜填充床膜反应的性能，分析了对各种操作参数（包括操作温度、进料流量、吹扫气流量）对 MX 转化率、PX 收率以及 PX 选择性的影响。

3. 操作温度对中空纤维填充床膜反应效果的影响

操作温度对中空纤维填充床膜反应结果的影响如图 9-6 所示。H-ZSM-5 分子筛催化剂装填量为 0.3g，两端以 20 ～ 40 目的石英砂固定，进料流量设定为 10mL/min，吹扫气流量为 20mL/min，进料分压为 0.32kPa。考虑到密封胶的耐温性能，考察的温度设定在 200 ～ 300℃。由图 9-6 可以看出，在考察的温度范围内，MX 转化率和 PX 收率均随温度的升高而升高，而 PX 选择性的变化规律则与前两者相反，随着反应温度的升高而降低。

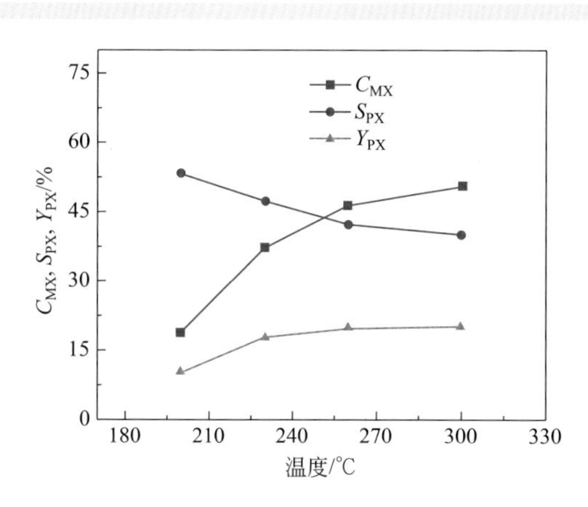

图 9-6　中空纤维填充床膜反应结果随温度变化情况

C_{MX}—间二甲苯转化率；S_{PX}—对二甲苯选择性；Y_{PX}—对二甲苯收率

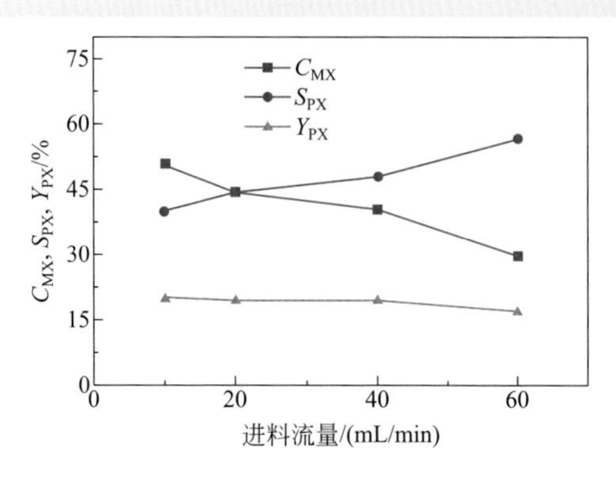

图 9-7　中空纤维填充床膜反应结果随进料流量变化情况

C_{MX}—间二甲苯转化率；S_{PX}—对二甲苯选择性；Y_{PX}—对二甲苯收率

4. 进料流量对中空纤维填充床膜反应效果的影响

在 300℃，吹扫气流量为 20mL/min 时，改变进料流量考察 MX 在中空纤维 silicalite-1 分子筛膜填充床反应器中的异构化反应，结果如图 9-7 所示。结果表明，随着进料流量的提高，MX 转化率和 PX 收率均下降，而 PX 选择性则有所提高。

5. 吹扫气流量对中空纤维填充床膜反应效果的影响

吹扫气流量的影响如图 9-8 所示。膜反应的操作温度为 300℃，进料流量为 10mL/min。PX 选择性随吹扫气流量的提高而升高，MX 转化率和 PX 产率则随之先略微升高而后降低。这主要是因为在改变吹扫气流量的情况下，分子筛膜对产物分离的变化规律不同。另外，在膜反应过程中，不同形式的分子筛膜起到的作用也有所不同。

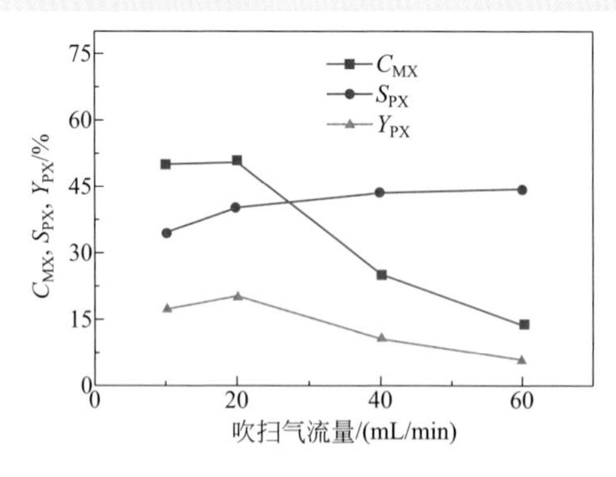

图 9-8　中空纤维填充床膜反应结果随吹扫气流量变化情况

C_{MX}—间二甲苯转化率；S_{PX}—对二甲苯选择性；Y_{PX}—对二甲苯收率

6. 膜反应器与固定床反应效果的比较

与装载相同质量分子筛催化剂的固定床反应结果比较见表 9-1。通过对比可以发现，膜反应的结果均高于固定床反应结果。其中 PX 产率由 9.6% 提高到 19.6%；中空纤维填充床膜反应器中的 PX 选择性则提高了 7.1%，这主要与所使用的分子筛膜的分离性能有关，另外，所使用的中空纤维膜较短，其有效膜面积较小；对于反应中 MX 的转化率，也是中空纤维填充床膜反应器的结果最高，从固定床的 23.5% 提高到 44.6%，这可能是由于中空纤维分子筛膜的渗透性较小导致的，因为在中空纤维支撑体的指状孔中堆满了分子筛颗粒，使得反应物及产物透过的速率变慢，这也就增加了反应物在催化剂上的停留时间。

表 9-1　不同操作模式反应器反应结果对比情况

反应器	温度 /℃	间二甲苯转化率 /%	对二甲苯选择性 /%	对二甲苯收率 /%
固定床反应器	300	23.5	41.0	9.6
中空纤维填充床膜反应器	300	44.6	43.9	19.6

二、MFI分子筛膜与高温水煤气变换反应

工业上通常利用合成气经水煤气变换（WGS，$CO+H_2O \rightleftharpoons CO_2+H_2$，$\Delta H=-41.4kJ/mol$）反应获得氢气。该反应属可逆放热反应，通常采用两步法实现，即首先在高温（HT-WGS，300 ~ 450℃）下反应获得高反应速率，然后在低温（LT-WGS，150 ~ 300℃）下反应获得高转化率。该方法工艺复杂，投资成本高，需要消耗大量的高低温催化剂和循环水。利用氢分离膜和传统的固定床反应（PBR）耦合形成膜反应器，能够在反应的同时选择性地透过氢气促进反应，提高反应转化率[9,10]。

Mendes 等[9]利用 Pd-Ag 合金膜反应器填充 $CuO/ZnO/Al_2O_3$ 催化剂进行水煤气变换膜反应，反应温度为 180 ~ 320℃。在 300℃时，获得了接近 100% 的转化率和氢气回收。Bi 等[10]利用高性能的 Pd/ 多孔陶瓷复合膜装填 $Pt/Ce_{0.6}Zr_{0.4}O_2$ 催化剂用于高温水煤气变换反应。模拟工业合成气作为进料气，当反应温度大于 300℃时反应效果获得了明显的提升。和 Pd 类致密膜相比，Pd/ 多孔陶瓷复合膜在合成成本及耐 H_2S 和 CO 性能方面具有明显的优势。二氧化硅膜尽管能够表现出较高的 H_2/CO_2 分离选择性[11]，但用于水含量较多的水煤气变换反应体系的水热稳定性问题亟待解决。

全硅型 MFI 分子筛膜因具有规格均一的孔道结构、良好的化学和水热稳定性，近些年来在氢气分离方面得到了众多的关注和研究[12 ~ 15]。MFI 分子筛膜的

孔道约为 0.55nm，比水煤气变换反应体系中的气体分子动力学直径大，因此需要对其进行孔道调变。Masuda 等 [12] 预先在分子筛孔道内加入硅烷至饱和，550℃时空气气氛下硅烷催化裂解，通过 SiO_2 在孔道中的沉积减小了孔道大小，改性后的膜对 H_2/N_2 的分离因子增大至 100，但 H_2 的渗透性因过量 SiO_2 的沉积而明显降低。为避免过量沉积，利用甲基二乙氧基硅烷催化裂解沉积的方法对 MFI 分子筛膜进行在线孔道调变 [10]。经过 H^+ 交换后的 MFI 分子筛膜提供了更多催化裂解的活性位，500℃时 H_2/CO_2 的分离因子达 42.1[15]。我们将氢分离膜填充 $CuO/ZnO/Al_2O_3$ 用于低温水煤气变换膜反应，获得了比传统固定床反应更加高的反应转化率 [16]。

1. 中空纤维MFI分子筛膜孔道调变

图 9-9 所示为中空纤维 MFI 分子筛膜及其气体渗透组件，分子筛膜有效膜面积 $5.18cm^2$。中空纤维 MFI 分子筛膜孔道调变流程如图 9-10 所示。将中空纤维分子筛膜装载在不锈钢渗透器中，膜两端采用石墨环密封。修饰源为甲基二乙氧基硅烷（MDES）。修饰过程中，一股氦气（5mL/min）通过鼓泡方式流经硅烷饱和器与等摩尔比的 H_2/CO_2 混合气（40mL/min）汇合后进入膜侧。与此同时，支撑体侧采用

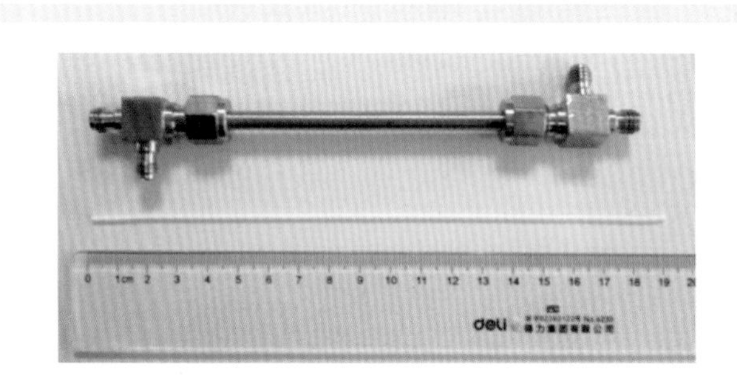

图 9-9　中空纤维分子筛膜及其组件

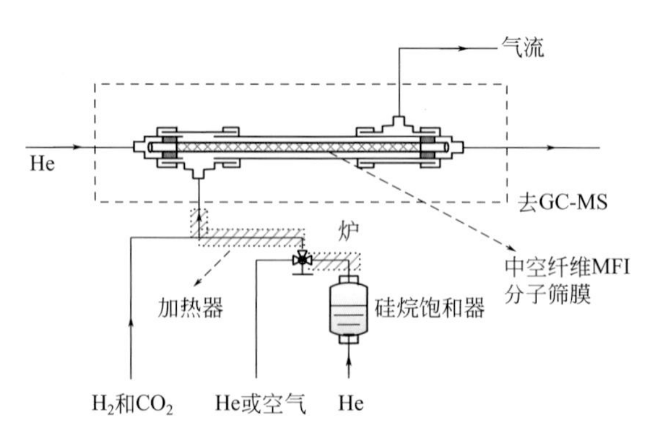

图 9-10　中空纤维分子筛膜孔道调变流程图

He 吹扫（30mL/min）。膜两侧总压均为 1atm，在线修饰的操作温度为 500℃。原料气与渗透气经由安捷伦 7820A 型气相色谱 TCD 检测器进行在线分析，其色谱填充柱为 Hayesep（Alltech）。中空纤维分子筛膜孔道调变效果通过膜对 H_2/CO_2 的分离结果进行判断。此外，为了避免修饰源在不锈钢管线中冷凝，修饰源气体流经管线均采用温度为 120℃的加热带包裹[17]。

采用原位水热法在 α-Al_2O_3 中空纤维支撑体上制备 MFI 分子筛膜，并通过甲基二乙氧基硅烷催化裂解沉积（MDES CCD）的方法对分子筛膜进行在线孔道调变，制备了三种 MFI 分子筛膜（标记为 M0、M1、M2）。

2. 高温水煤气变换MFI分子筛膜反应器

高温水煤气变换膜反应器的流程如图 9-11 所示。中空纤维 MFI 分子筛膜的有效膜长为 6cm，有效膜面积为 3.4cm^2。膜反应器组件中的膜外侧均匀地填充高温商用催化剂（$Fe_2O_3/Cr_2O_3/Al_2O_3$，20 ～ 40 目，比表面积为 88.12cm^2/g），催化剂的量保持在 0.5g，通过调变进料流量改变进料空速。进料气为 H_2+CO（2：1）混合气，由双柱塞微量泵注入。采用可耐高温的石英毛细管伸入中空纤维内侧通入 N_2（10 ～ 40mL/min）进行吹扫。进料压力范围在 0.1 ～ 0.2MPa（绝压），反应温度为 300 ～ 450℃。反应侧和渗透侧的气体经由干燥管除去水汽进入气相色谱仪（GC2014，岛津），由热导检测器（TCD）进行在线分析，色谱填充柱为 Hayesep DB（Alltech），检测后的残余气体进行排空。

水煤气变换膜反应中的 CO 转化率（X_{CO}）由式（9-4）计算得出：

$$X_{CO}=\left(1-\frac{F_{CO,p}+F_{CO,r}}{F_{CO,in}}\right)\times 100\% \tag{9-4}$$

式中 $F_{CO,p}$——渗透侧的 CO 流量，mL/min；

$F_{CO,r}$——反应侧剩余的 CO 流量，mL/min；

$F_{CO,in}$——初始进料气中的 CO 总流量，mL/min。

反应的平衡转化率（$X_{CO,e}$）与平衡常数（K_e）和进料水气比（$R_{H_2O/CO}$）相关，由式（9-5）计算得出：

$$\frac{X_{CO,e}(2+X_{CO,e})}{(1-X_{CO,e})(R_{H_2O/CO}-X_{CO,e})}=K_e \tag{9-5}$$

其中 K_e 是关于温度的函数，如式（9-6）计算得到：

$$K_e=\exp\left(\frac{4577.8}{T}-4.33\right) \tag{9-6}$$

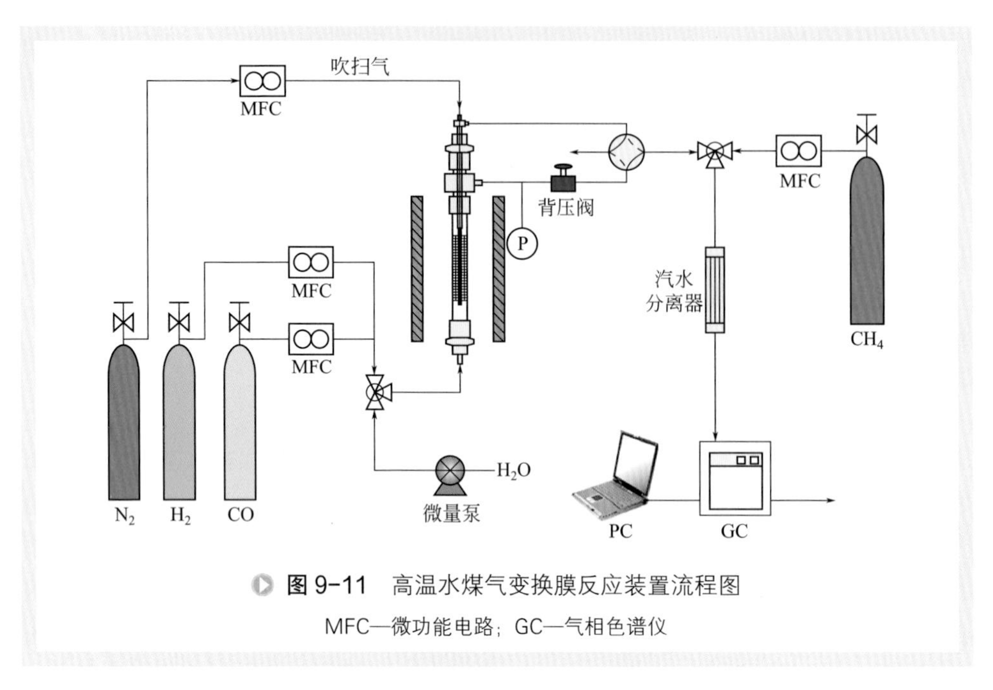

图 9-11　高温水煤气变换膜反应装置流程图

MFC—微功能电路；GC—气相色谱仪

将制备的中空纤维 MFI 分子筛膜用于高温水煤气变换膜反应，反应条件如表 9-2 所示。系统考察了膜性能、反应温度、进料空速［GHSV= 进料气的体积流量 / 催化剂质量，单位 L/（kg cat • h）］、进料水气比、N_2 吹扫气流量和进料压力等条件对膜反应转化率的影响，催化剂为高温商用水煤气变换催化剂。

表 9-2　高温水煤气变换膜反应操作条件

变量	数值
温度 /℃	300 ～ 450
进料压力 /MPa	0.1 ～ 0.2
水气（H_2O/CO）比	1.25 ～ 5
空速 GHSV/［L/（kg cat • h）］	1800 ～ 5400
催化剂质量 /g	0.5
吹扫气流速 /（mL/min）	10 ～ 40

3. MFI 分子筛膜性能对反应效果的影响

膜性能是影响膜反应效果的重要因素之一，采用不同分离性能的膜用于高温水煤气变换反应进行研究。图 9-12 为将 M0、M1 和 M2 三根中空纤维 MFI 分子筛膜用于高温水煤气变换膜反应获得的性能变化图，并与相同条件下的固定床反应进行比较。进料压力为 0.1MPa，空速为 1800L/（kg cat • h），进料水气比为 1.25，N_2 吹扫气流量为 20mL/min，温度范围为 300 ～ 450℃。首先，由图 9-12（a）可以看出，未修饰过的膜M0的反应效果要比固定床差。这是因为M0的H_2/CO分离选择性差，反应时H_2大量渗透的同时也伴随较多的CO渗透，如图9-12（b）和（c）所示。众所周知，反应物的转移不利于反应的进行。因此，具有优良的H_2/CO分离选择性的膜有利于强化膜反应的效果。修饰后的膜M1和M2的反应效果要明显优于固定床反应PBR，在350℃时，PBR的CO转化率为63.4%，M1和M2的CO转化率分别达到81.5%和72.6%，其中M1的CO转化率突破了平衡转化率（77.7%）。图9-12（a）显示，尽管M1的H_2/CO和H_2/CO_2分离选择性要低于M2，但其在较低温度下的CO转化率高于M2，这是因为对于修饰过的膜，M1和M2均具有良好的氢分离选择性，能够有效地阻止CO_2和CO的渗透，但是M1较M2具有更高的H_2通量，更有利于反应侧H_2的迅速转移，从而促进水煤气变换反应的进行。同时发现在较低温度下，膜反应器MR的CO转化率相比PBR提高的幅度更大，相似的现象同样出现在了SiO_2膜、片式MFI分子筛膜及钯合金膜中[9,10]。另外，随着温度的升高，H_2和CO_2的通量逐渐增大，而CO的通量却没有明显的变化，因此，

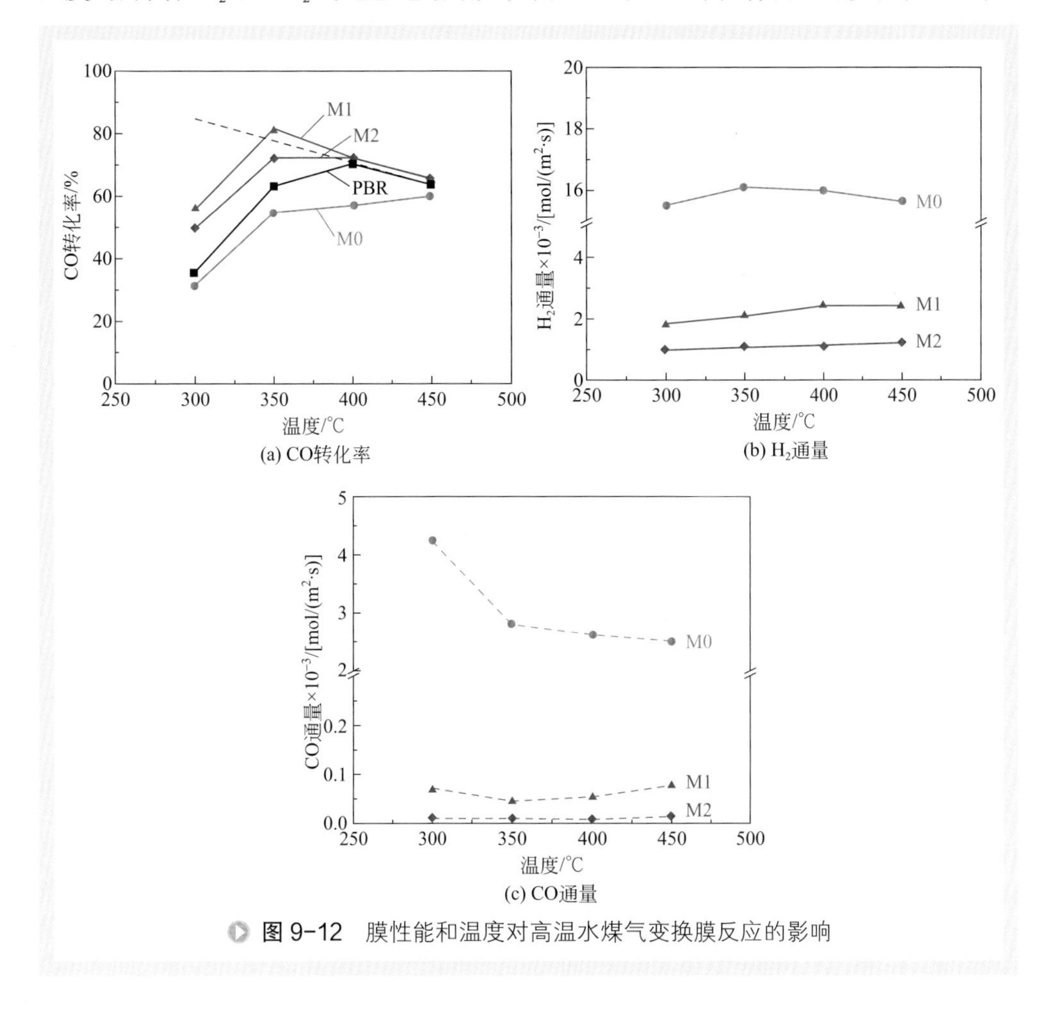

图9-12 膜性能和温度对高温水煤气变换膜反应的影响

对于类似MFI分子筛膜的多孔膜材料，温度的提高一方面能够加快反应产物的转移，另一方面对反应物的转移又会产生不利影响。Dong等[18]测试了H_2和H_2O的单组分气体渗透，发现高温下H_2/H_2O的分离选择性很低，所以在进行水煤气变换膜反应时，水气的渗透对于膜反应结果的影响无法忽视。

4. 进料空速对膜反应效果的影响

图9-13显示的是350℃和400℃时进料空速（GHSV）对高温水煤气变换M1膜反应结果的影响。保持催化剂装填量不变，通过改变进料气体流量调节进料空速。水气比为1.25，N_2吹扫气流量为20mL/min，空速变化范围为1800～5400L/（kg cat·h）。膜反应器（MR）和固定床反应器（PBR）中的CO转化率随着进料空速的提高而逐渐降低，这是由于空速提高，进料气体的停留时间变短，不利于H_2的生成和渗透。如图9-13（a）所示，350℃时，当进料空速从1800L/（kg cat·h）增大到5400L/（kg cat·h），MR中的CO转化率由81.5%降至51%。

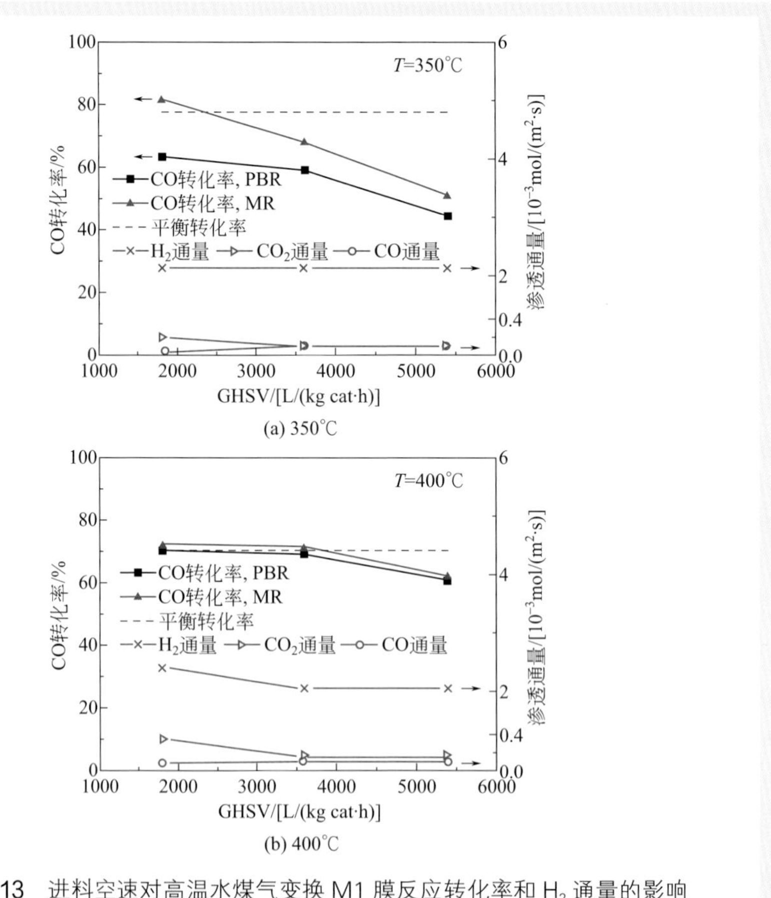

图9-13 进料空速对高温水煤气变换M1膜反应转化率和H_2通量的影响

操作条件：$R_{H_2O/CO}$=1.25，N_2吹扫气流量为20mL/min

Mendes 等 [9] 采用 Pd-Ag 合金膜进行水煤气变换反应时也发现了类似的规律，当空速由 1200L/（kg cat・h）增大至 11000L/（kg cat・h），膜反应的 CO 转化率从 99% 降至 75.9%。同时，在低空速条件下，MR 中的 CO 转化率较 PBR 优势更加明显。随着空速的提高，H_2 和 CO 的通量略微减小，因此在高空速条件下转化率的降幅更主要归因于水气渗透的影响。空速越大，反应侧的水气含量越高，透过分子筛膜的水气越多，越不利于反应。图 9-13（b）显示，当温度升至 400℃时，由于高温下水气渗透的增强，膜反应的强化效果减弱。

5. 进料水气比对膜反应效果的影响

H_2O 作为水煤气变换反应的反应物之一，其进料量直接影响反应的效果。进料水气比影响水煤气变换反应的反应速率和平衡转化率。为了获得高 CO 转化率，在固定床反应中需要提供高的进料水气比，这意味着更高的能耗。图 9-14 是在 350℃和 400℃时，进料水气比对 MR 和 PBR 中 CO 转化率的影响。

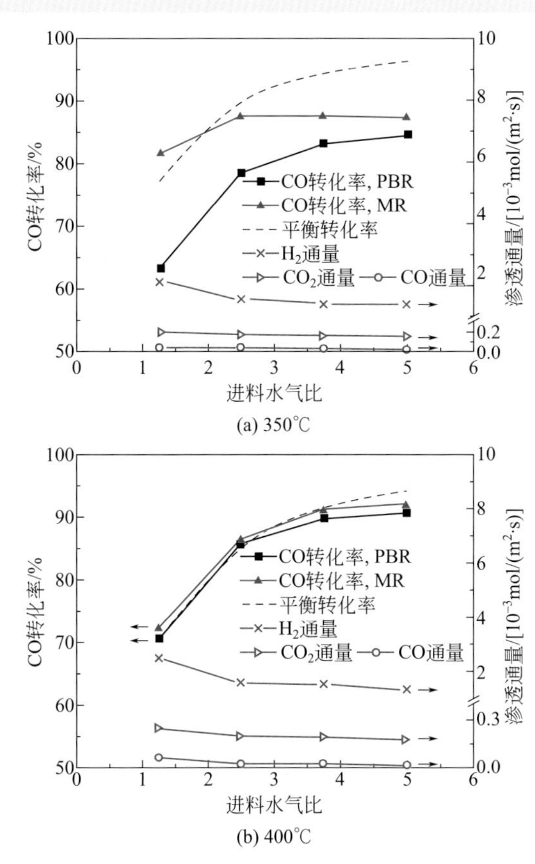

图 9-14 进料水气比对高温水煤气变换 M1 膜反应的转化率和 H_2 通量的影响

操作条件：GHSV=1800L/(kg cat・h)，N_2吹扫气流量为20mL/min

MR 和 PBR 中的 CO 转化率随着进料水气比的提高而增大，在 350℃，进料水气比为 1.25 时，MR 中的 CO 转化率较 PBR 提高幅度更加明显（约 20%）。同时，发现随着进料水气比的提高，生成的 H_2 增加，而 H_2 的通量降低，这是由于反应侧水气的增加，降低了 H_2 的分压，且 H_2O 与 H_2 在分子筛膜孔道中存在竞争渗透[14]。随着进料水气比的提高，H_2O 的渗透增加，致使 MR 中的 CO 转化率提高幅度减小。

6. N_2 吹扫气流量对膜反应效果的影响

图 9-15 显示的是进料水气比为 1.25 和 5 时，N_2 吹扫气流量对高温水煤气变换膜反应结果的影响。反应温度为 350℃，进料空速为 1800L/（kg cat • h），N_2 吹扫气流量范围为 10 ～ 40mL/min。如图 9-15（a）所示，当进料水气比为 1.25 时，随着 N_2 吹扫气流量的增大，MR 中的 CO 转化率呈先增大后减小趋势，N_2 吹扫气流量为 20mL/min 时，CO 转化率最大为 81.5%。这是因为，当 N_2 吹扫气流量由

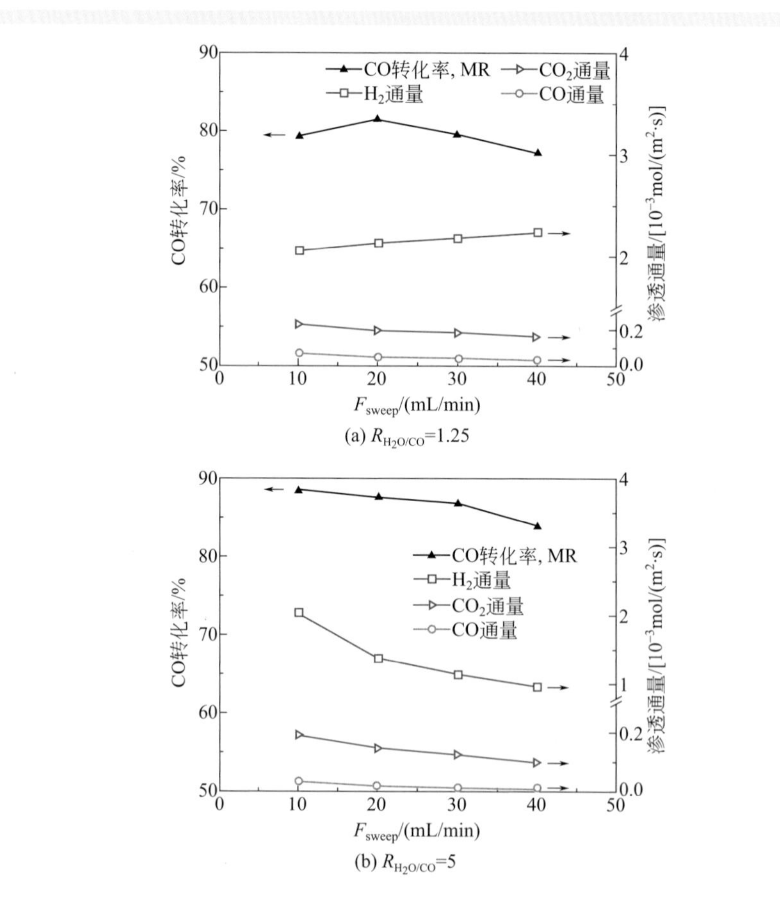

图 9-15 N_2 吹扫气流量（F_{sweep}）对高温水煤气变换 M1 膜反应的影响

操作条件：T=350℃，GHSV=1800L/（kg cat • h）

10mL/min 增至 20mL/min 时，渗透侧 H_2 的快速转移能够加快反应侧 H_2 的渗透，从而促进反应；而当 N_2 吹扫气流量进一步由 20mL/min 增大至 40mL/min 时，吹扫气流量的增大同时促进了 H_2O 在膜孔内的渗透，反应物的转移不利于反应进行。如图 9-15（b）所示，当进料水气比为 5 时，N_2 吹扫气流量增大，MR 中的 CO 转化率持续减小。此时，进料气中大量的 H_2O 随吹扫气流量的增加渗透作用更加明显，从而抑制了 H_2 的渗透，致使 H_2 的通量持续下降，水煤气变换膜反应的效果不断减弱。

7. 进料压力对膜反应效果的影响

水煤气变换反应体系反应前后分子物质的量相同，因此反应的平衡转化率不受进料压力的影响[19]，然而进料压力的提高能够促进 H_2 的渗透，有利于提高反应转化率。图 9-16 显示的是进料压力对高温水煤气变换膜反应中 CO 转化率和 H_2 渗透通量的影响。进料水气比为 1.25，进料空速为 1800L/（kg cat • h），进料压力控制在 0.1 ～ 0.2MPa（绝压）。随着进料压力的增加，H_2 的渗透通量显著提高，而膜反应中的 CO 转化率略微提高。这是由于增大进料压力，伴随 H_2 渗透通量增大的同时 CO 和 H_2O 的渗透也更加明显，反应物的转移不利于反应的进行[18]。在 350℃、压力为 0.2MPa 时，膜反应的 CO 转化率达 85%，H_2 通量为 6×10^{-3}mol/（m^2 • s）。

8. 高温水煤气变换膜反应的长期稳定性

水煤气变换反应体系中含有大量的 CO 和 H_2O，在实际的反应体系中还包含 H_2S 和 CH_4 等杂质气体，因此，能够用于水煤气变换反应体系的氢分离膜材料要求具有良好的稳定性能。改性后的中空纤维 MFI 分子筛膜对含有 H_2O 和 H_2S 的 H_2/

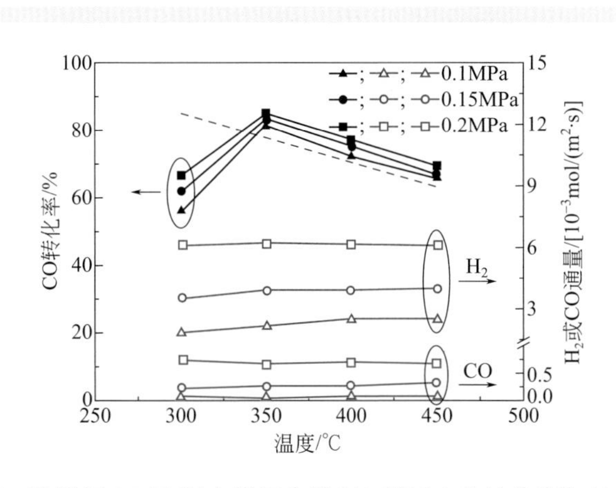

图 9-16　进料压力对高温水煤气变换 M1 膜反应的转化率和 H_2 通量的影响

操作条件：$R_{H_2O/CO}$=1.25，GHSV=1800L/（kg cat • h）

【横坐标：温度；纵坐标：一氧化碳转化率】

CO_2 混合组分分离具有好的稳定性，故进一步考察了中空纤维 MFI 分子筛膜用于高温水煤气变换反应中的长期稳定性。反应温度为 350℃，进料水气比为 1.25，进料空速为 1800L/（kg cat・h）。反应侧和渗透侧的 H_2 和 CO 流量通过色谱在线实时监测。图 9-17 显示，经过三个周期循环共计 760h 的连续反应，反应侧和渗透侧的 H_2 和 CO 流量变化幅度较小，膜反应的 CO 转化率维持在 81% 左右，表明中空纤维 MFI 分子筛膜在长时间的高温水煤气变换反应中表现出良好的稳定性能。

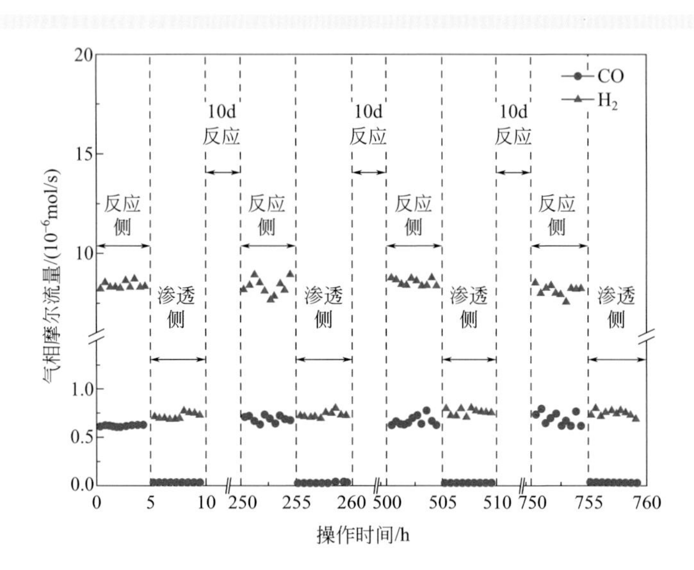

图 9-17　改性中空纤维 MFI 分子筛膜用于高温水煤气变换反应的长期稳定性

操作条件：T=350℃，GHSV=1800L/（kg cat・h）

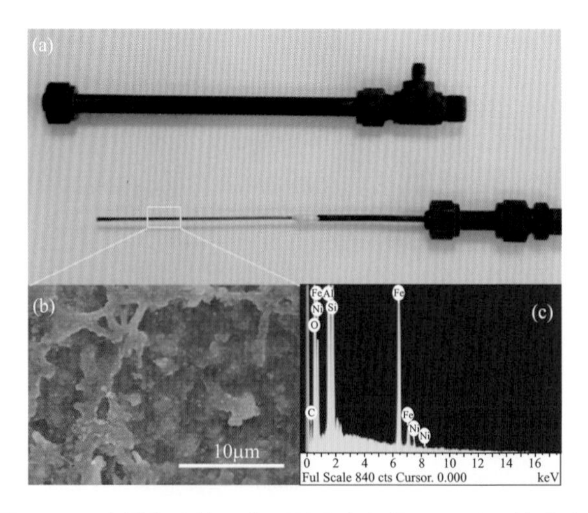

图 9-18　水煤气变换反应后的中空纤维 MFI 分子筛膜的表征

（a）实物图；（b）膜表面电镜照片；（c）膜表面能谱表征

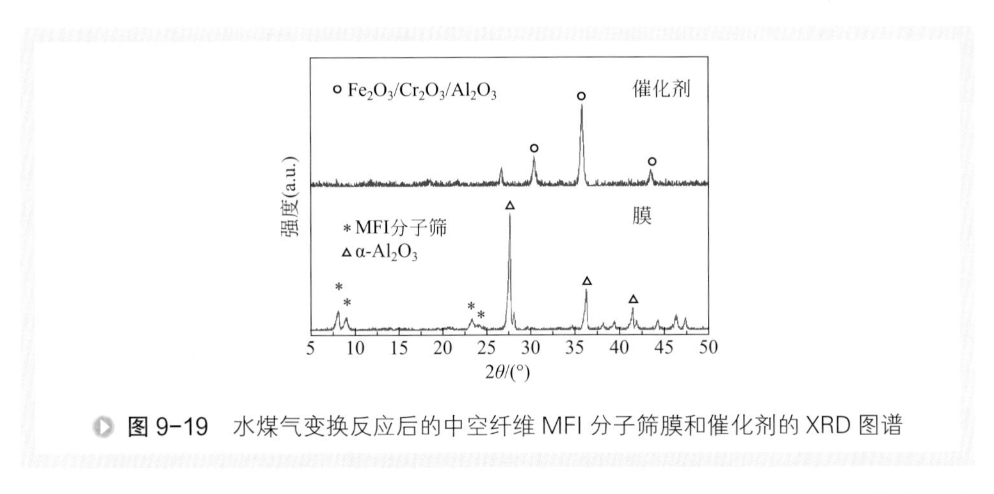

图 9-19 水煤气变换反应后的中空纤维 MFI 分子筛膜和催化剂的 XRD 图谱

图 9-18 显示了经过长期高温水煤气变换反应后的中空纤维 MFI 分子筛膜的表征。可以看到一些类似指状结构的覆盖物附着于膜表面，EDS 能谱表明这些附着物可能为水煤气变换催化剂的细小颗粒。指状附着物下交联的分子筛膜层仍然保持良好的完整性。反应后的分子筛膜的 XRD 表征结果如图 9-19 所示。经过长时间反应后的中空纤维膜仍然具有典型的 MFI 分子筛晶型结构。

三、Au-Zr/FAU 催化膜与 CO 选择性氧化反应

近年来，具有较低工作温度（80℃）的质子交换膜燃料电池（PEMFC）已作为一种清洁和高效能源供应方案得到广泛应用。PEMFC 中的氢燃料通常为甲烷催化重整反应制得，然后通过 CO 选择性氧化反应净化脱除其中的 CO 杂质，以保护 Pt 阳极免受中毒导致的失活现象 [20]。自从发现纳米金负载型催化剂在 CO-PROX 反应中具有优异的 CO 催化氧化活性和选择性 [21]，该类材料受到了研究者们的广泛研究。对于负载型金催化剂的催化性能，最主要的影响因素有载体的性质，Au 颗粒尺寸效应和掺杂助剂的强化作用 [22]。

分子筛由于具有较高的比表面积及其特殊的骨架结构能够对 Au 颗粒提供稳定作用，被广泛用作金催化剂的载体。通过合适的金属助剂对分子筛进行改性是开发高效稳定的 Au 催化剂的方法之一。Zr 的掺杂可以通过增强金 - 载体间相互作用，提高活性金的分散性和稳定性 [23]。

1. 中空纤维 Au-Zr/FAU 催化膜的制备

采用预涂晶种的二次水热合成法来制备中空纤维 FAU 型分子筛膜 [24]。首先制备 FAU 分子筛晶种，其中合成液的摩尔比为：$n(SiO_2):n(Al_2O_3):n(Na_2O):n(H_2O)=12.8:1:17:675$。按照此配比先称取一定量 NaOH，加去离子水溶解后，加入 $NaAlO_2$ 搅拌 30min，然后加入 Na_2SiO_3，水浴 25℃搅拌老化 12h，倒入带不

锈钢套壳的聚四氟乙烯反应釜中，放置于烘箱中90℃合成12h。取出后使用离心机反复多次离心，用去离子水洗涤至上层清液呈中性，60℃干燥12h即制得FAU分子筛晶种。以无水乙醇作为分散剂，配制1%（质量分数）的FAU分子筛晶种液。选用实验室自制的α-Al_2O_3中空纤维支撑体，外径=1.8mm，内径=0.9mm，平均孔径=0.65μm，孔隙率约48%。将支撑体两端用聚四氟乙烯生料带包裹，采用浸渍提拉的方式在支撑体外表面涂覆晶种，烘干备用。

FAU分子筛膜的合成：合成母液的摩尔比为$n(SiO_2):n(Al_2O_3):n(Na_2O):n(H_2O)=10.7:1:18.8:875$。按照此配比先称取一定量NaOH，加去离子水溶解后，加入$NaAlO_2$搅拌30min，随后加入Na_2SiO_3，水浴25℃搅拌老化12h。将涂覆有晶种层的支撑体垂直置于反应釜中，放入烘箱中90℃ 4.5h水热合成两次，取出后用去离子水洗涤，用脱脂棉球擦拭除去表面无定形物质，60℃烘干12h备用。

称取一定质量的$Zr(NO_3)_4 \cdot 5H_2O$用去离子水溶解配成溶液，分别配制2.5×10^{-3}mol/L，5.0×10^{-3}mol/L，7.5×10^{-3}mol/L，10.0×10^{-3}mol/L四种浓度的前驱体溶液，以获得不同Zr掺杂量的膜。配制1mol/L的Na_2CO_3溶液，在室温下将以上$Zr(NO_3)_4 \cdot 5H_2O$溶液的pH调节至3.5，稳定30min。再将制备好的中空纤维FAU分子筛膜两端用聚四氟乙烯薄膜包裹，置于上述混合溶液中，然后在80℃水浴中进行离子交换10h。得到的Zr/FAU膜用去离子水洗涤，60℃烘干，置于马弗炉中450℃焙烧4h，升/降温速率均为1℃/min，取出备用。配制浓度为2.04×10^{-3}mol/L的$HAuCl_4$溶液，用1mol/L的NaOH溶液将其pH调至6.0，稳定24h。将制备好的Zr/FAU膜两端用聚四氟乙烯薄膜包裹，置于上述混合溶液中，在80℃水浴中进行离子交换12h。得到的Au-Zr/FAU膜用去离子水洗涤至检测不出Cl^-，60℃烘干，放在干燥、密闭的环境中保存。催化膜预处理条件为空气和氢气气氛两步焙烧，焙烧温度分别为100～400℃和100～300℃，焙烧时间分别为4h与1h，以考察最佳的预处理操作条件。使用不同Zr前驱体溶液浓度制备的催化膜命名为Au-*x*Zr/FAU-A*y*H*z*，其中*x*表示制备时所用的$Zr(NO_3)_4$溶液浓度为$x\times10^{-3}$mol/L，*y*表示空气气氛活化温度，*z*表示氢气气氛活化温度。例如Au-7.5Zr/A1H3表示以7.5×10^{-3}mol/L $Zr(NO_3)_4$溶液进行制备，在空气气氛100℃和氢气气氛300℃依次进行焙烧活化得到的催化膜。使用不同浓度（0、2.5×10^{-3}mol/L、5.0×10^{-3}mol/L、7.5×10^{-3}mol/L、10.0×10^{-3}mol/L）的$Zr(NO_3)_4$前驱体溶液进行离子交换并在100℃空气和300℃氢气气氛焙烧活化得到的Au-Zr/FAU催化膜，分别标记为M1～M5。

2. 中空纤维Au-Zr/FAU催化膜反应器

通过CO选择性氧化反应测试制备的中空纤维Au-Zr/FAU催化膜的反应活性。催化膜反应装置如图9-20所示，中空纤维催化膜一端采用密封胶密封，另一端插入0.5mm外径的不锈钢毛细管导气，毛细管与中空纤维连接处同样用密封胶密封。不

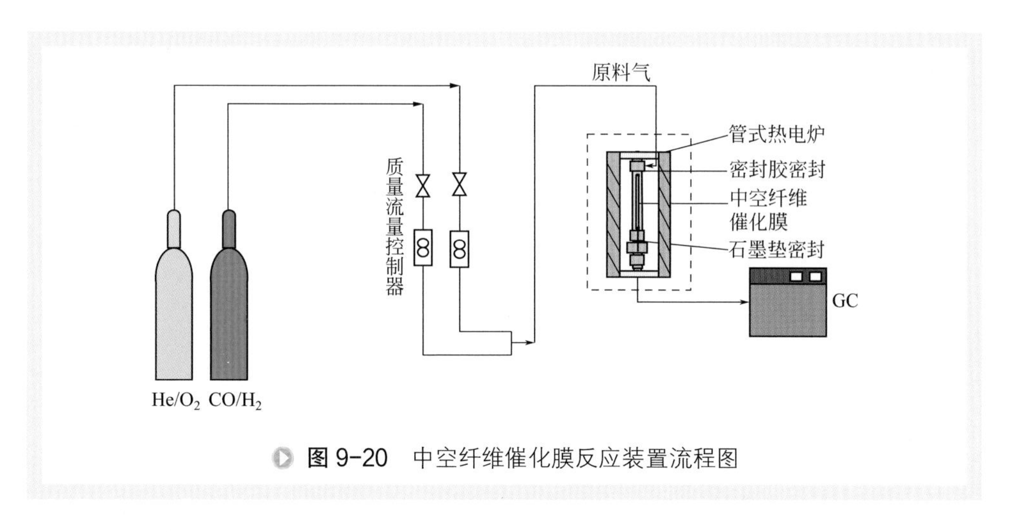

图 9-20　中空纤维催化膜反应装置流程图

锈钢毛细管与不锈钢反应器组件之间通过石墨垫密封。常规测试条件下，进入反应器的原料混合气摩尔比为 $n(CO):n(H_2):n(O_2):n(He)=0.67:32.67:1.33:65.33$，总进料流量为 75mL/min。在 25 ～ 120℃温度区间内进行反应性能测试，经过催化反应后的混合气体采用安装有 TCD 检测器的安捷伦 GC 7820A 气相色谱仪进行在线分析。每个数据点用色谱重复测试三次，以获得更可靠的结果。

CO 转化率计算如下：

$$X_{CO}=\frac{F_{CO}^{Feed}-F_{CO}^{Outlet}}{F_{CO}^{Feed}} \tag{9-7}$$

O_2 的选择性定义为与 CO 反应的 O_2 与总消耗 O_2 的比：

$$S_{O_2}=\frac{0.5\left(F_{CO}^{Feed}-F_{CO}^{Outlet}\right)}{F_{O_2}^{Feed}-F_{O_2}^{Outlet}} \tag{9-8}$$

式中　X_{CO}——CO 转化率；

S_{O_2}——O_2 选择性；

F_{CO}^{Feed}——进料气中 CO 的摩尔流量，mol/s；

F_{CO}^{Outlet}——反应产物中 CO 的摩尔流量，mol/s；

$F_{O_2}^{Feed}$——进料气中 O_2 的摩尔流量，mol/s；

$F_{O_2}^{Outlet}$——出口气中 O_2 的摩尔流量，mol/s。

3. Zr 离子掺杂的影响

图 9-21 显示了 5 种 Au-Zr/FAU 催化膜的 CO 选择性氧化反应性能。其中 M4 表现出最好的反应活性，80℃以下最高 CO 转化率达到 99%，O_2 选择性为 79%。M2 ～ M5 的最佳反应温度区间均在 60 ～ 80℃之间，而没有进行 Zr 掺杂的 M1 则

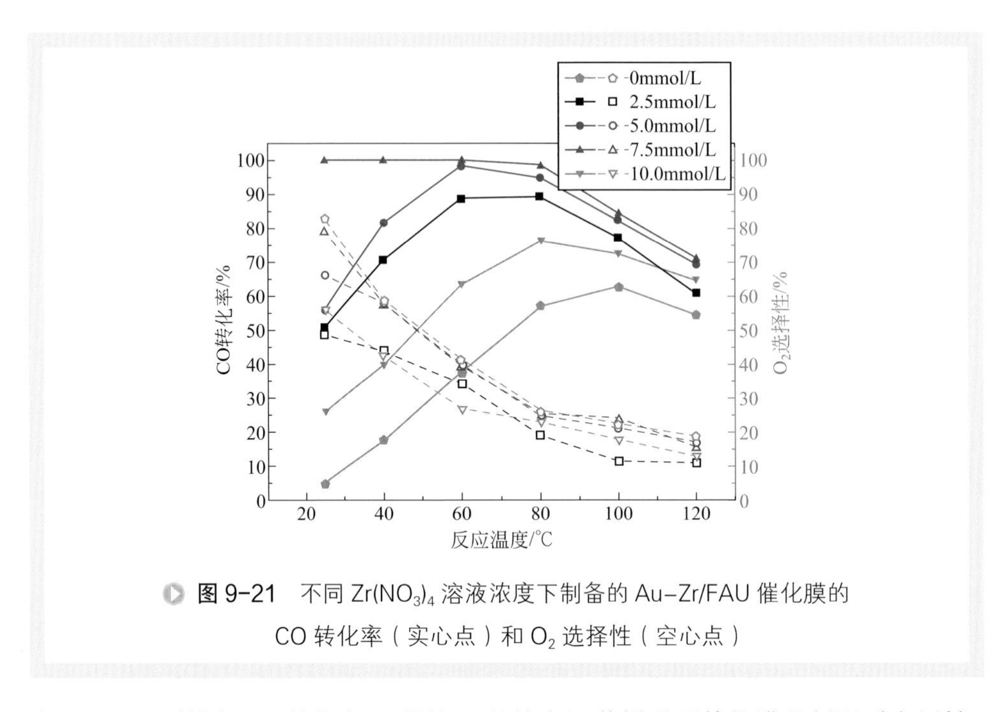

图 9-21　不同 $Zr(NO_3)_4$ 溶液浓度下制备的 Au-Zr/FAU 催化膜的 CO 转化率（实心点）和 O_2 选择性（空心点）

在 100℃达到最高 CO 转化率，说明 Zr 的掺杂显著增强了催化膜的低温反应活性。通过比较 80℃下的 CO 转化率 M4>M3>M2>M5>M1，分别为 99%、95%、89%、77% 和 57%；O_2 选择性 M1 ≈ M4>M3>M5>M2，分别为 26%、26%、25%、23% 和 19%。Zr 掺杂量的增加不仅可以提高 Au 的负载量，还能增强 Au-Zr 间相互作用，形成表面活性氧物种，增强催化反应活性。但过度的 Zr 离子交换过程会对分子筛膜层造成破坏，CO 氧化性能的变化趋势也反映了这一点，随着 $Zr(NO_3)_4$ 前驱体溶液浓度的升高，催化膜的反应性能先升高后下降，7.5mmol/L 浓度条件为最优制备条件。

4. 空气焙烧气氛对膜反应效果的影响

预处理气氛显著影响 Au-Zr/FAU 催化膜在 CO-PROX 反应中的催化性能。为了更好地了解控制 CO-PROX 反应的影响因素，详细研究了热处理焙烧过程对催化膜性能的影响。首先，在空气气氛中焙烧合成的催化膜能够将离子交换过程中形成的 Au 的络合物分解成高度分散的 Au 纳米颗粒，并且增强金属 - 载体界面处的结合力。但是，Au 颗粒在高温下易发生团聚现象，造成颗粒尺寸的增加，所以需要严格控制空气焙烧过程的温度。图 9-22 显示了不同空气焙烧温度制备的 Au-7.5Zr/FAU 催化膜的 CO 选择性氧化性能。其中，M6 为仅在空气气氛 100℃焙烧的 Au-7.5Zr/FAU 膜；M7 ～ M10 分别为 100℃、200℃、300℃和 400℃空气焙烧后在氢气气氛中 300℃还原的 Au-7.5Zr/FAU 膜。M6 与 M7 的实验结果对比表明，用氢气活化得到催化膜性能（CO 转化率提高 30% 以上）要明显优于仅仅用空气焙烧的样品。

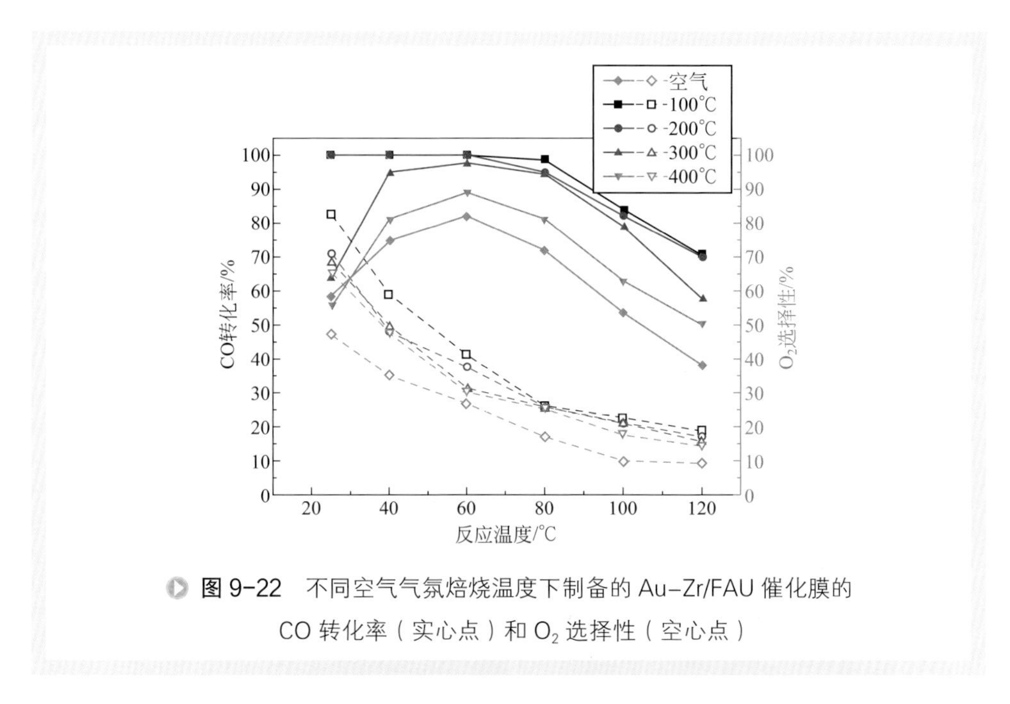

图 9-22 不同空气气氛焙烧温度下制备的 Au-Zr/FAU 催化膜的 CO 转化率（实心点）和 O_2 选择性（空心点）

M7 ～ M10 的反应结果显示，随着空气气氛焙烧温度的升高，CO 转化率逐渐下降，而且即使通过氢气气氛的再次焙烧也无法使其重新活化。

催化膜性能下降的可能解释为：在较高的空气焙烧温度下，Au 颗粒生成更大的颗粒，由于尺寸效应的影响，反应活性急剧下降。这可以通过 HRTEM 对 Au 颗粒的粒径和分布情况进行进一步表征来证明。图 9-23 显示了 M7 ～ M10 的 HRTEM 照片，其中相对较暗的圆形区域为纳米 Au 颗粒。所有样品的 Au 颗粒平均粒径均小于 7.5nm，如图中直方图所示，随着温度的升高逐渐增大。平均粒径由 2.2nm 增至 7.4nm，对应分散度由 53.1% 减少至 17.4%。因此 300℃和 400℃下焙烧的 Au-7.5Zr/FAU 膜的催化活性的急剧下降可以解释为 Au 颗粒粒径的逐渐增大，导致活性中心数量减少，对 CO 氧化反应的催化性能下降。

5. 氢气焙烧温度对膜反应效果的影响

图 9-24 为使用不同氢气焙烧温度制备的 Au-7.5Zr/FAU 催化膜的 CO 选择性氧化反应性能。用于测试的催化膜先在空气气氛中 100℃焙烧，然后在氢气气氛中 100℃、200℃和 300℃下焙烧，标记为 M11 ～ M13。随着氢气焙烧温度的升高，催化活性也逐渐提升。M13 在 80℃以下表现出较为优异的 CO 催化氧化性能，在室温下可以实现 100% 的 CO 转化率和 85% 的 O_2 选择性。利用 XPS 分析 M11 ～ M13 中各元素的存在状态。图 9-25（a）为 Au-7.5Zr/FAU-A1H3 中全范围谱图，其中 Au、Zr、Si、Al、O 元素的特征峰都可以清楚地在谱图中找到。图 9-25（f）显示 Zr 3d 的峰分别位于 182.4eV 和 184.8eV，其中前者为 Zr $3d_{5/2}$ 轨

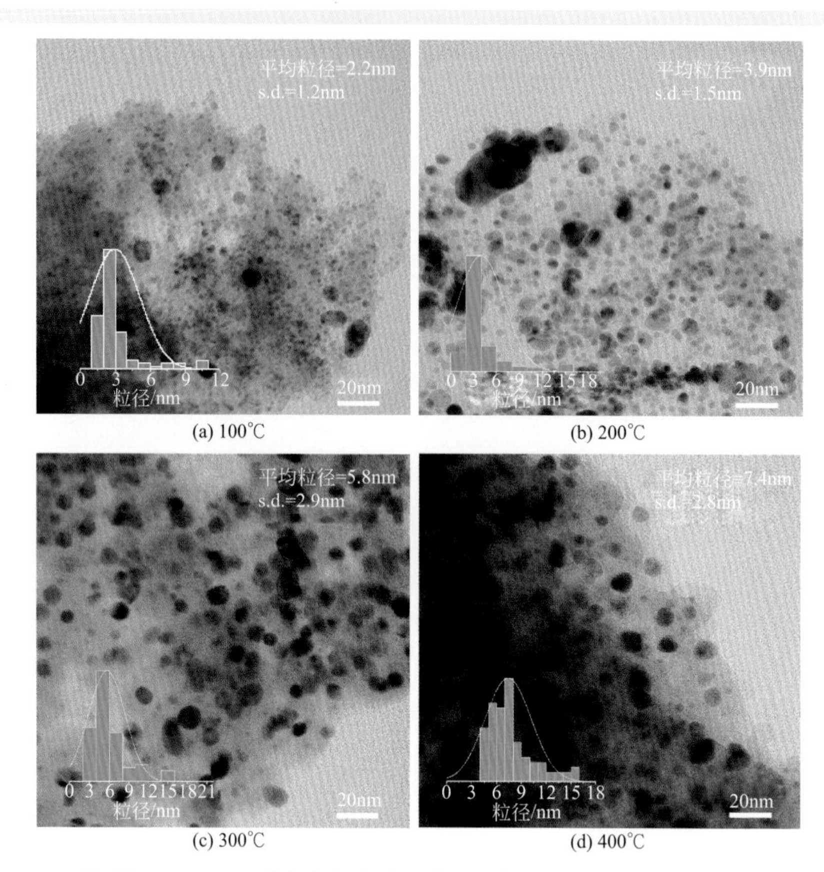

图 9-23 不同空气气氛焙烧温度下制备的 Au-Zr/FAU 催化膜的 HRTEM 照片和 Au 颗粒粒径分布情况

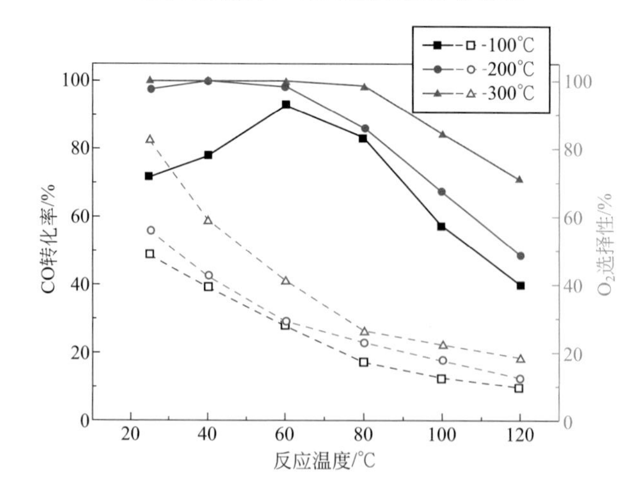

图 9-24 不同氢气焙烧温度下制备的 Au-Zr/FAU 催化膜的 CO 转化率（实心点）和 O_2 选择性（空心点）

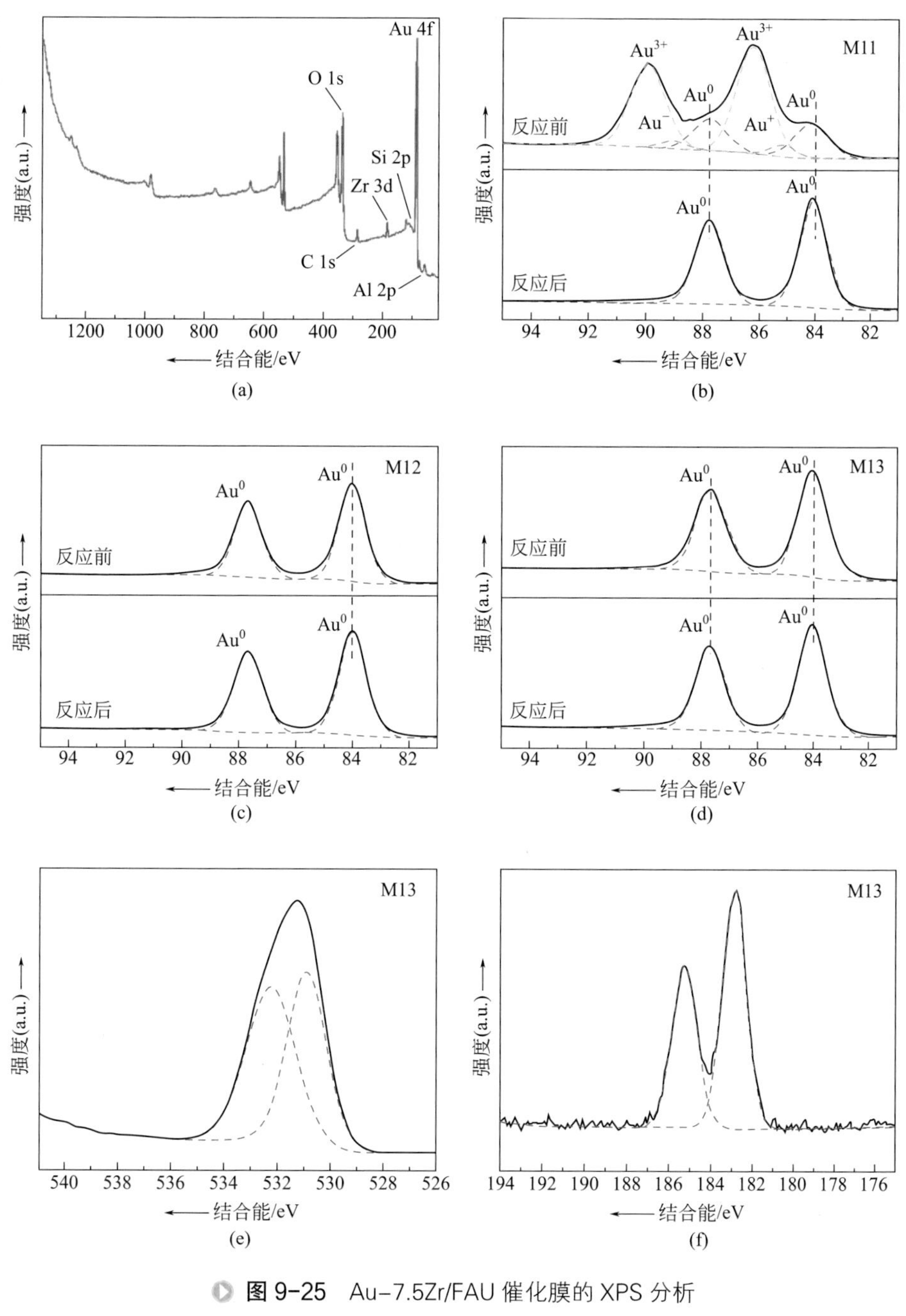

图 9-25 Au-7.5Zr/FAU 催化膜的 XPS 分析

（a）全范围谱图；不同氢气气氛下焙烧的样品的Au 4f谱图：

（b）100℃、（c）200℃、（d）300℃；（e）O 1s谱图；（f）Zr 3d谱图

道结合能，正好处于 ZrO_2（183.5eV）和金属态 Zr（179.0eV）的结合能之间，说明 Zr 元素以 Zr^{4+} 的状态存在于 Au-Zr/FAU 催化膜中。图 9-25（e）显示 O 元素的谱图可以分解为两个峰，对应结合能位置分别在 530.8eV 和 532.2eV，前者为表面活性氧成分 O_2^-（ad）和 O^-（ad），后者归属于催化膜表面羟基或吸附的水。Au 元素的状态如图 9-25（b）～（d）所示，M11［图 9-25（b）］中 Au 元素的价态较为复杂，Au $4f_{7/2}$ 在 84.5eV、85.6eV、86.6eV 均有峰出现，对应 Au 元素状态为 Au^0、Au^+、Au^{3+}，通过峰面积计算含量分别为 22.6%、5.8%、71.6%。而当氢气气氛还原温度高于 200℃时，催化膜中仅出现金属态 Au 的特征峰（83.6eV）。高度还原的金属态 Au 具有最强的 CO 吸附能力，与离子态 Au 相比，是 CO 选择性氧化反应中更为关键的活性位点。

6. 热循环性能和长期稳定性测试

催化膜的热循环性能对于其实际应用十分重要，因为实际操作过程通常包含反复的加热和冷却过程。图 9-26 显示了 Au-7.5Zr/FAU-A1H3 催化膜在 25 ～ 120℃之间的热循环性能。6 个测试温度点（25℃、40℃、60℃、80℃、100℃和 120℃）分别保持 100min 以得到稳定的 CO-PROX 反应结果。可见，第一个循环测试区间呈现出最高的 CO 转化率。随后 10 个循环在相同温度点下 CO 转化率的变化不超过 5%，没有明显降低现象。为了评估 Au-Zr/FAU 催化膜的长期稳定性，使用新焙烧活化得到的样品在 80℃的 PEMFC 工作温度下进行 450h 的连续反应测试（图 9-27）。经过 450h 后，催化膜性能略微下降，但是仍能够保持 90% 以上的 CO 转化率。为了避免催化剂过量导致转化率过高无法有效反映稳定性的变化趋势，又在更高温度 100℃和更低 CO 转化率 87% 下测试了同一样品的稳定性。在 100h 测试过程中 CO 转化率未出现下降趋势。另外又模拟实际反应体系

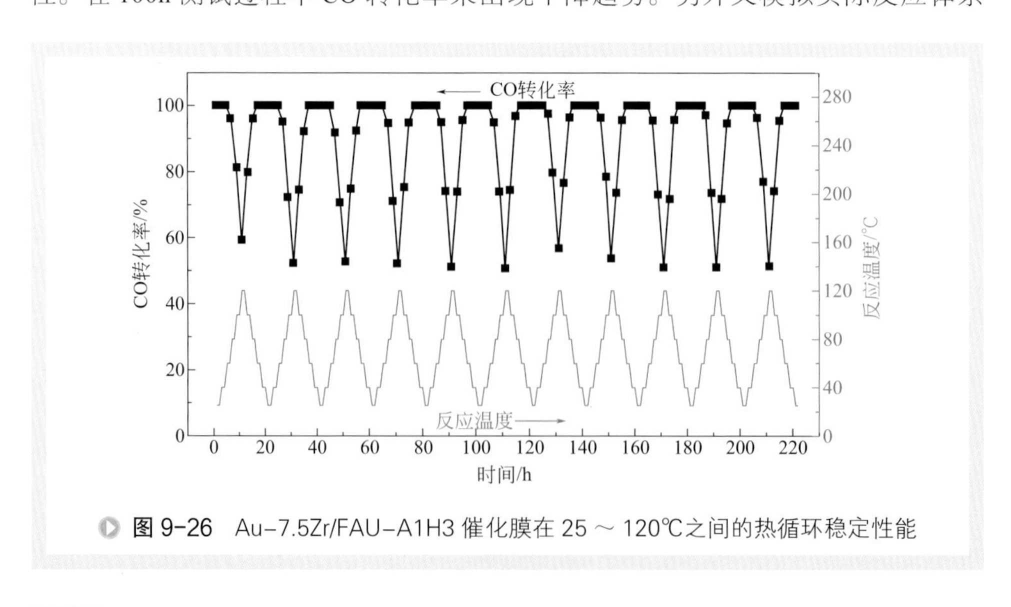

图 9-26 Au-7.5Zr/FAU-A1H3 催化膜在 25 ～ 120℃之间的热循环稳定性能

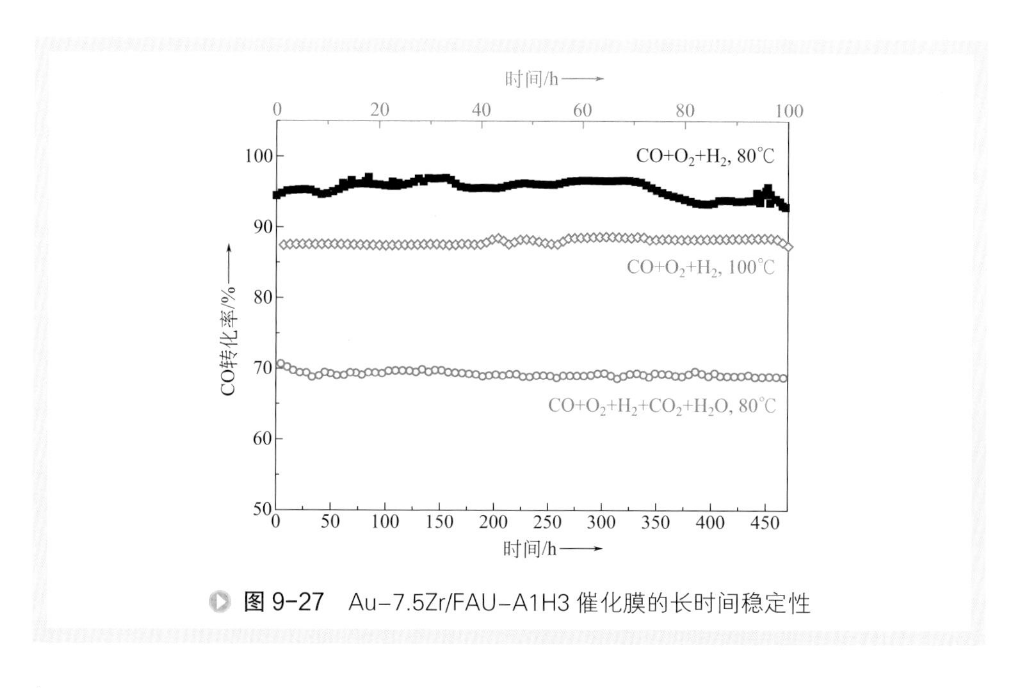

图 9-27　Au-7.5Zr/FAU-A1H3 催化膜的长时间稳定性

加入 25.00% CO_2 和 3.02% H_2O，同样在 100h 内能够稳定保持 70% 的 CO 转化率。以上这些稳定性测试表明，Au-Zr/FAU 催化膜在实际操作过程中具有良好的适应性。

第三节　碳化硅催化膜反应器

工业尾气包含粉尘颗粒物以及气体污染物。目前针对各种气相污染物的治理技术相对独立，如除尘和催化降解 NO_x、SO_x、VOCs（挥发性有机物）等多个功能单元分别进行，导致环保治理流程长、设施投资巨大、运行成本居高不下。特别是在高温气体处理过程中，采用先过滤除尘后催化的方式，气体需重新升温，能耗大；采用先催化后过滤的方式，由于粉尘会沉积在催化剂表面，覆盖催化剂活性位点，导致催化剂快速失活。因此，需要构建一种新型的催化膜反应器，实现在一个操作单元中，同时治理多个气相污染物，简化大气净化流程。

气固催化膜反应器（catalytic membrane reactor）是将催化和气固分离膜耦合，利用气固分离膜材料的选择筛分与渗透性能，将分离功能与催化功能一体化，同时完成微纳颗粒物截留与气体传质反应。气固催化膜反应器主要由以下几个部件构成：箱体、气包、反吹管、花板、仓盖、催化膜、卸灰阀、支柱等，其结构示意图如图 9-28 所示。催化膜垂直放入反应器中，催化膜的顶部的法兰端与反应器接触

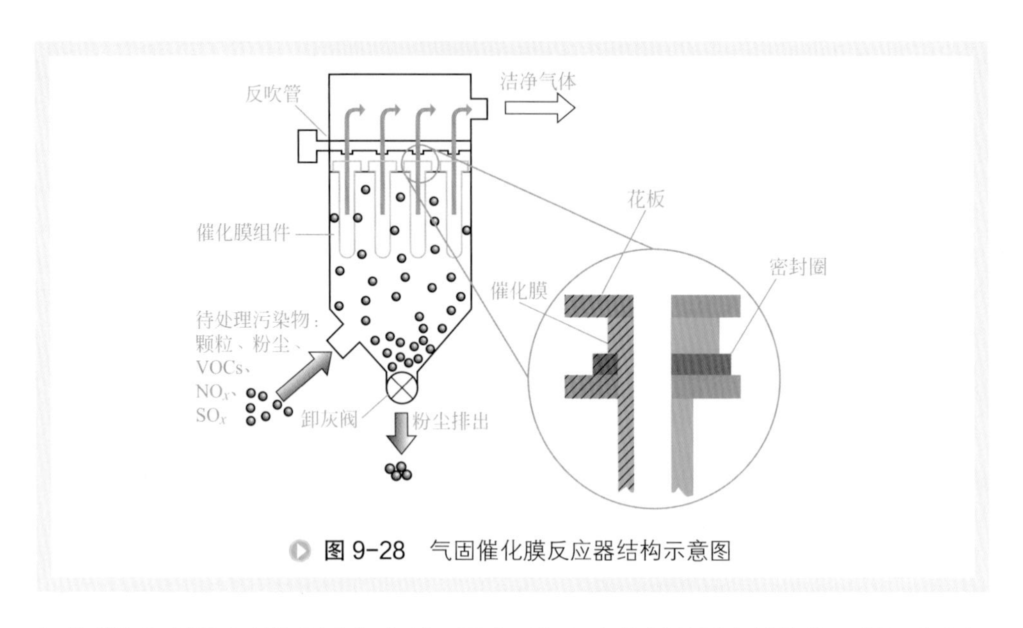

图 9-28　气固催化膜反应器结构示意图

部分以陶瓷纤维密封垫圈进行密封，再在顶部加个花板以固定催化膜。烟气由底部的进气口进入反应器，粉尘颗粒被催化膜表面的膜层拦截，去除了粉尘的气态污染物进入催化膜支撑体孔道后在催化剂作用下发生反应，得到洁净气体，最后洁净气体由催化膜顶部排出。截留在催化膜表面的粉尘，通过反吹管吹出的气流从催化膜表面分离，由反应器底部的卸灰阀收集后排出。

一、碳化硅催化膜的制备

针对复杂的工业尾气污染治理，构建一体化催化膜反应器，其核心是开发出如图 9-29 所示的催化膜材料。污染气体进入催化膜组件中，首先经过膜层的精密过滤作用，超细粉尘（如 $PM_{2.5}$）被截留；随后，污染气体从膜层进入具有催化功能

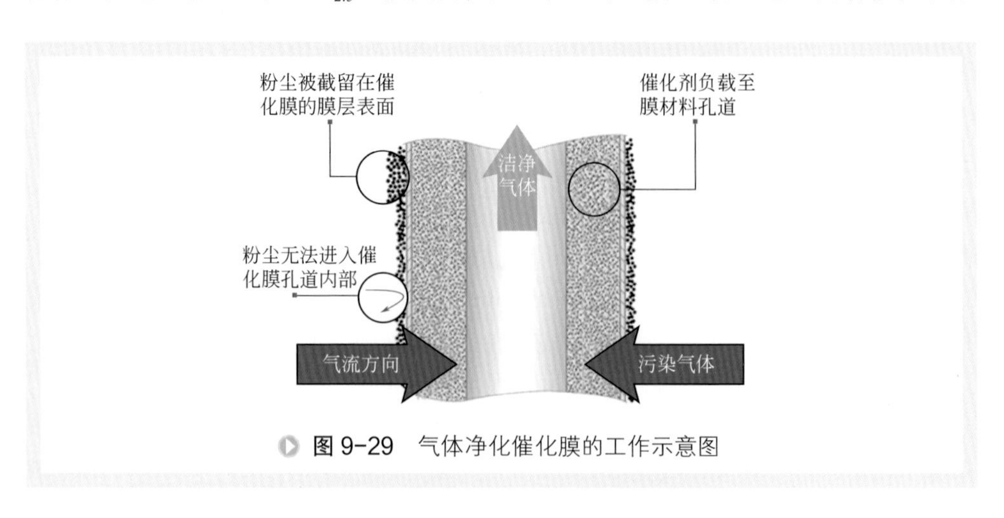

图 9-29　气体净化催化膜的工作示意图

的支撑层，有毒有害气体（如 NO_x，SO_x，VOCs）在支撑体孔道表面负载的催化剂的作用下被催化降解，到达膜管内侧后成为洁净气体[25]。催化膜要求在较低的推动力下，同时完成微纳颗粒物截留与气体传质反应功能，如何调整这两者的关系，以最小的压降取得最佳的催化性能，是气体净化催化膜顺利实施的关键。

1. 气固催化膜的基本要求

气固催化膜是将支撑体与催化剂耦合在一个操作单元，前提是要求在压降尽可能低、通量尽可能高的情况下，保持优良的催化性能。这就对支撑体和催化剂本身性质与参数提出了要求：

① 支撑体材料具有高孔隙率和气体渗透性；

② 多孔支撑体材料具有大比表面积，高催化剂负载量；

③ 催化剂具有小粒径、大比表面积，高催化活性。

多孔陶瓷过滤材料因其较高的机械强度、较好的化学稳定性和抗热震性能并且耐高温高压、耐腐蚀等优势，常用于催化膜的支撑体，而被广泛应用于气体污染物的处理领域。多孔陶瓷主要分为两种类型：氧化型陶瓷材料（堇青石、氧化铝等）和非氧化型陶瓷材料（碳化硅、氮化硅等）。几种典型高温陶瓷材料的性能参数如表 9-3 所示。

表 9-3　几种典型高温陶瓷材料的性能参数

陶瓷过滤膜	强度 /MPa	平均孔径 /μm	孔隙率 /%	气通量 /[m^3/(m^2·h·kPa)]	过滤效率 /%	参考文献
碳化硅	31	4.7	30	40	99.9	沈等[26]
碳化硅/氧化铝	22.8	2.4	43.4	79	99.9	刘等[27]
碳化硅/莫来石	8.95	7.5	44.2	—	98	雷等[28]
Pall F20	>20	15	38	—	98.7	Heidenreich 等[29]
堇青石	25	10	35	—	99.8	王等[30]
刚玉/锆硅铝酸纤维膜	38.4	9.8～29.6	38.3	—	99.9	薛等[31]

2. 碳化硅催化膜支撑体的制备

催化膜的支撑体需具有高孔隙率和气体渗透性，并且将纳米催化剂引入到支撑体中还不能影响透气性能。碳化硅（SiC）有诸多优点：①孔隙率高，具有较大的连续性通孔；②耐热性能高，可达 1500℃；③强度高，易于加工；④质地较轻，耐腐蚀性能好；⑤其结构为三维网状结构，流体过滤时与 SiC 表面具有较大的接触面积。这些特性使得 SiC 可广泛应用于催化剂的载体[32]。

碳化硅支撑体的高强度是碳化硅催化膜稳定运行的重要保证，同时碳化硅支撑体的高烧成温度和低渗透性能又是制约其大规模应用的主要原因。因为碳化硅具有很强的 Si—C 共价键，烧结温度高（>2100℃），制备成本大，直接导致使用成本高居不下。原位反应烧结法可以实现低温烧结制备高强度的碳化硅催化膜支撑体，即采用低熔点的无机材料与碳化硅反应，在颗粒颈部形成新结合相，从而实现低温制备 SiC 多孔陶瓷[33,34]，是一种适合工业化放大的碳化硅支撑体低温烧结技术。

采用 SiC、Al_2O_3 和 MgO 为原料，石墨为造孔剂，在空气气氛下原位反应烧结生成堇青石，反应步骤如下：

$$2SiC+3O_2 \longrightarrow 2SiO_2+2CO \tag{9-9}$$

$$MgO+Al_2O_3 \longrightarrow MgO \cdot Al_2O_3(\text{尖晶石}) \tag{9-10}$$

$$2MgO+2Al_2O_3+5SiO_2 \longrightarrow 2MgO \cdot 2Al_2O_3 \cdot 5SiO_2(\text{堇青石}) \tag{9-11}$$

$$2(MgO \cdot Al_2O_3)+5SiO_2 \longrightarrow 2MgO \cdot 2Al_2O_3 \cdot 5SiO_2 \tag{9-12}$$

首先 SiC 表面发生氧化生成玻璃态的 SiO_2，然后在 1200 ～ 1400℃下反应合成堇青石，SiC 颗粒颈部主要成分是 SiO_2 和堇青石。研究发现通过添加 CeO_2 可以抑制尖晶石的出现而促进堇青石的形成，当 SiC 骨料为 10μm、烧结温度 1250℃时，制备的 SiC 多孔陶瓷孔隙率和强度分别为 42.1% 和 35.3MPa，平均孔径 3.33μm，气体渗透系数为 $0.710 \times 10^{-13}m^2$。为了提升碳化硅陶瓷的抗热震性能，采用锆英石作为颈部结合相，并引入 SiC 晶须和莫来石纤维作为增强材料（示意图如图 9-30 所示），研究发现锆英石的引入可提高陶瓷的抗热震性能，而莫来石纤维的加入加强了颗粒颈部的联结，阻碍了烧结过程颗粒颈部的收缩，同时提高了陶瓷的孔隙率和强度，气体渗透性能得到进一步提高；并采用冷等静压法一次成型制备碳化硅催化膜管（如图 9-31 所示）[35～37]。因此，原位反应烧结制备碳化硅催化膜支撑体具有烧结温度低、成本小、制备工艺简单、易于工业化生产等特点，在 SiC 骨料粒

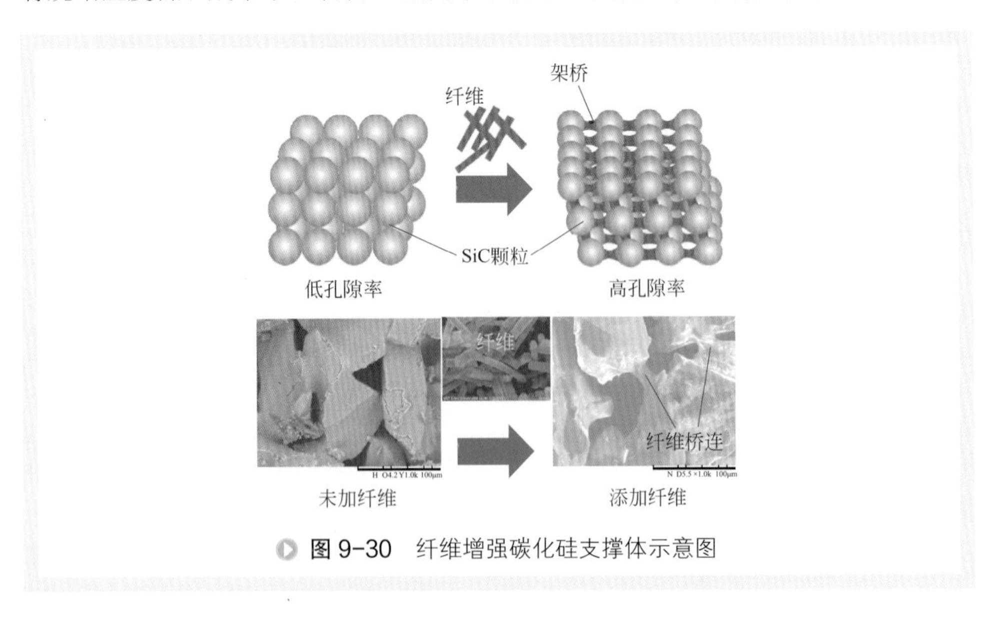

图 9-30　纤维增强碳化硅支撑体示意图

图 9-31　冷等静压法制备的碳化硅支撑体

径、烧助剂种类、造孔剂含量和烧结工艺等优化条件下，反应烧结法烧结温度的范围在 950 ～ 1550℃，可制备出多种碳化硅支撑体，孔隙率范围为 17% ～ 55%，弯曲强度 10 ～ 133MPa。

3. 碳化硅膜的制备

碳化硅催化膜须同时具备催化脱除污染物气体和截留粉尘的功能，膜层结构对微纳颗粒的截留作用起到主导作用，因此制备低阻力、分离效率高的碳化硅膜是催化膜制备的前提。以氧化锆为烧结助剂，碳化硅晶须作为加强结构的助剂，炭粉作为造孔剂，平均孔径为 14.6μm，孔隙率为 44.2%，气体通量为 $270m^3/(m^2 \cdot h \cdot kPa)$，在 0 ～ 800℃进行 18 次循环后（空冷），碳化硅支撑体仍然保持较好的机械强度[36]。在此支撑体上，通过配制分散稳定的碳化硅制膜液，采用喷涂法在多孔碳化硅支撑体上进行涂膜，膜层厚度约为 90μm，1300℃下烧结，平均孔径约为 2.85μm，气体渗透系数为 $1.03 \times 10^{-14} m^2$[38]，制备的膜层微结构如图 9-32 所示。

通过增加表面碳化硅晶须修饰层（如图 9-33 所示），采用旋转喷涂的方法进一步制备了性能更好的碳化硅膜层，膜孔径 2.5μm，并通过气氛烧结的方式降低了膜层中 SiO_2 含量，提高了膜层的耐腐蚀和抗热震性能[39]。利用旋转喷涂的方式制备了管状碳化硅膜层（如图 9-34 所示），膜厚度 250μm，膜层无缺陷，膜材料对 $PM_{2.5}$ 的截留率达到 99.99%。

图 9-32　通过喷涂法制备的碳化硅分离膜微结构图

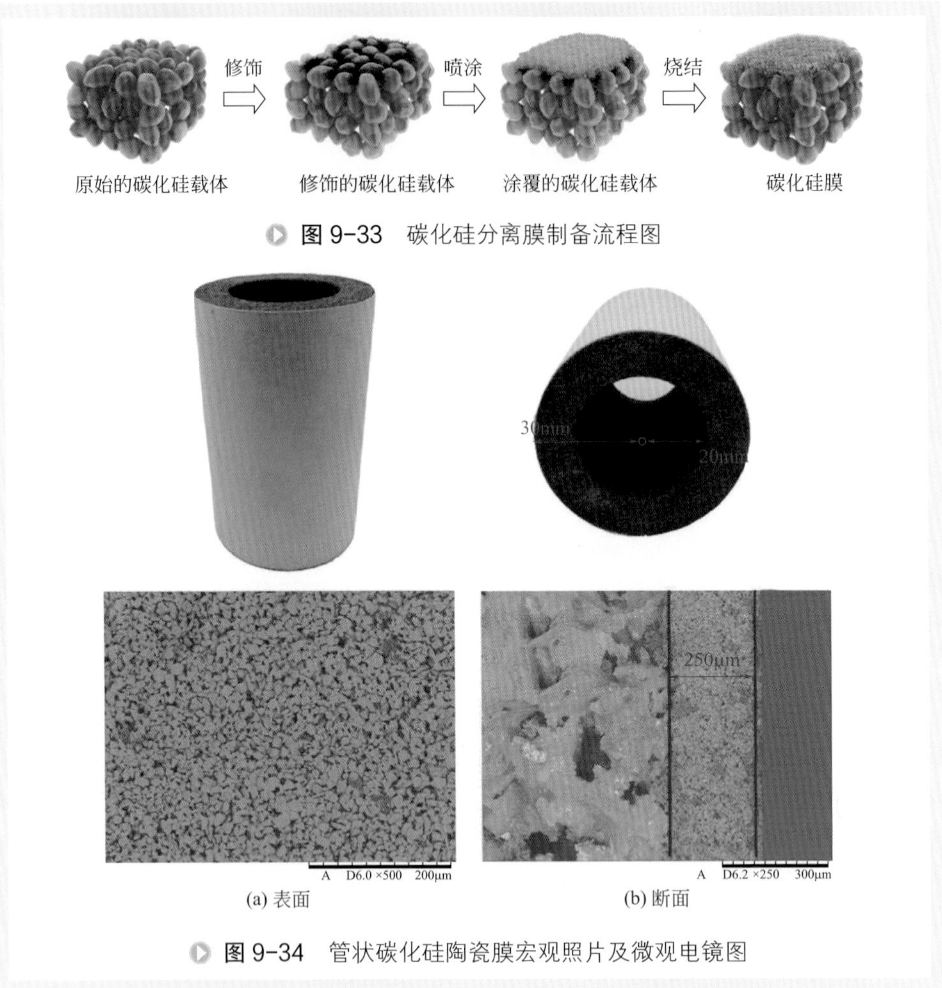

图 9-33 碳化硅分离膜制备流程图

(a) 表面　(b) 断面

图 9-34 管状碳化硅陶瓷膜宏观照片及微观电镜图

4. 催化剂在支撑体孔道中的负载

催化膜需同时达到催化反应和粉尘过滤的性能，因此过滤材料和催化剂之间需有较好的结合，使催化性能达到最佳，同时催化剂的负载不影响膜材料的气通量。由于 SiC 膜材料是由高温烧结制备的，若直接将催化剂负载至 SiC 膜材料表面，催化剂的负载量较少，且难以控制，因此需要在 SiC 膜材料表面引入一层过渡层材料。对于过渡层材料来说要有以下三点要求：①可以很好地将催化剂和 SiC 膜材料黏合在一起；②具有较好的热稳定性，在高温下不会发生固相转变而影响催化效果且具有一定的抗中毒性能；③经济、绿色、环保，可以工业化生产。

（1）二次载体层的制备　Pt@MO/SiC 催化膜制备的流程见图 9-35。

图 9-36 为 ZnO 和 TiO_2 溶胶制备的二次载体层的电镜照片。采用 12% 的 TiO_2 溶胶负载到 SiC 支撑体上所得的二次载体层结构如图 9-36（a）所示，纳米 TiO_2 颗

粒均匀地平铺于 SiC 孔道表面，结构比较规整。采用 ZnO 溶胶负载到 SiC 支撑体上所得的二次载体层结构如图 9-36（b）所示，纳米 ZnO 不规则生长在 SiC 孔道表面，形成三维结构。

图 9-37 是两种二次载体的 XRD 谱图。负载 TiO_2 出现的新的结晶峰与锐钛矿型和金红石型的 TiO_2 的标准图谱吻合，证明负载物为 TiO_2。负载 ZnO 之后，出现

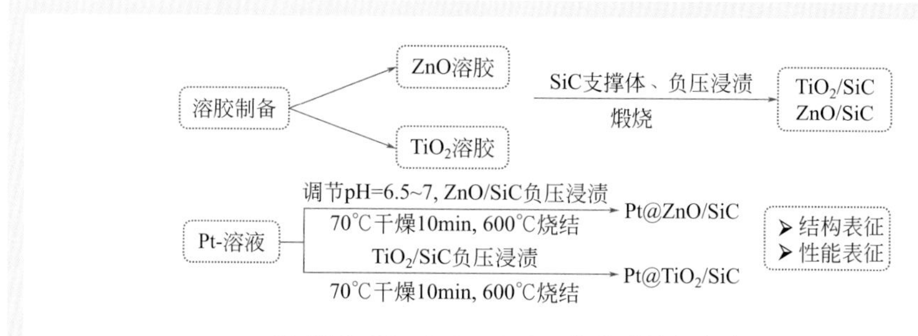

图 9-35　Pt@MO/SiC 催化膜的制备流程图

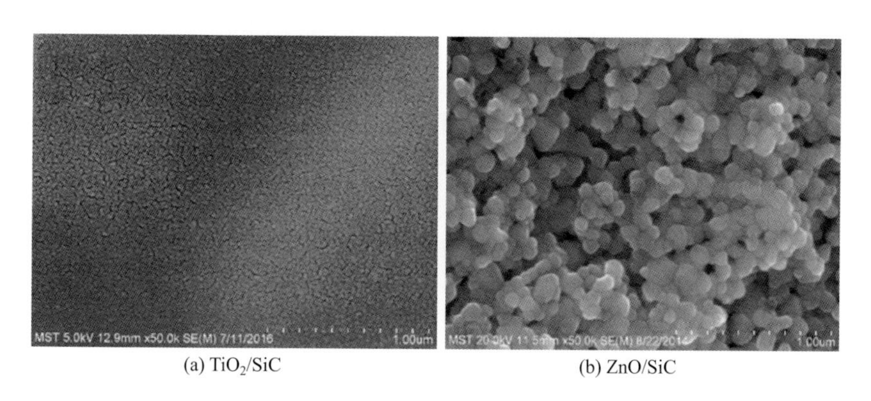

(a) TiO_2/SiC　　(b) ZnO/SiC

图 9-36　不同溶胶负载于 SiC 孔道所得二次载体层的 SEM 图

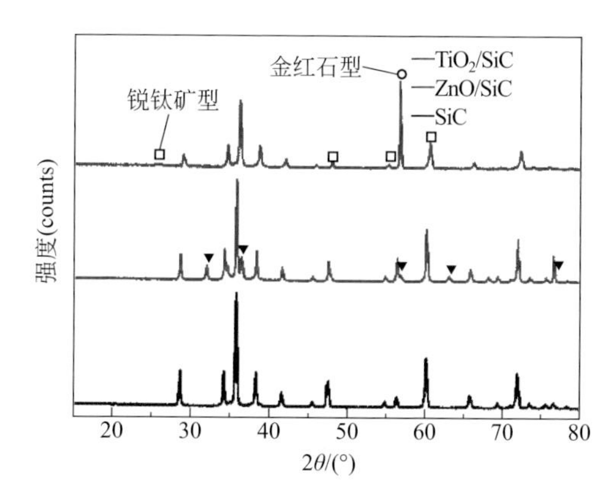

图 9-37　不同溶胶负载于 SiC 表面所得二次载体层的 XRD 图

的新结晶峰与六方纤锌矿 ZnO 的标准图谱吻合，证明负载物确实是 ZnO。

对 SiC，TiO_2/SiC 和 ZnO/SiC 三种样品进行分析，结果如表 9-4 所示。相对于 SiC 支撑体而言，负载了 TiO_2 和 ZnO 后，比表面积分别增加 8.5 倍和 8.1 倍，TiO_2 和 ZnO 的负载量分别为 1.92% 和 4.8%。由于负载物负载于支撑体的表面以及孔道内表面上，且均为纳米粒子，所以对支撑体的平均孔径影响较小，所以气体的气通量几乎不变。

（2）催化剂Pt的负载　图 9-38 为 SiC 和 MO/SiC 以及 Pt@MO/SiC 的 XRD 谱图。由图谱可知，金属氧化物成功地负载到了 SiC 支撑体上。以 MO/SiC 为载体，负载 Pt 之后，XRD 图谱中并未出现 Pt 相关物质的结晶峰，可能的原因包括：①负载量少，达不到检测的精度；②负载的 Pt 的纳米粒子很小；③贵金属 Pt 的分散度非常好。

图 9-39 为不同二次载体层负载 Pt 前后的 SEM 表征图。对比可知，负载 Pt 纳米粒子后，并没有影响纳米 MO 颗粒层的结构和形态，但是由于 Pt 纳米粒子尺寸太小，因此在电镜分辨率下不能清晰看到。

负载二次载体层金属氧化物前后分别负载纳米 Pt，其负载量、比表面积、平均孔径、气通量的表征结果如表 9-4 所示。直接在 SiC 支撑体上负载纳米 Pt 颗粒，Pt 的负载量为 0.017%，而负载了 ZnO 和 TiO_2 后，Pt 的负载量为 0.03% 和 0.032%，这主要是因为负载的二次载体层增加了 SiC 支撑体的比表面积，为 Pt 的负载提供了更多的接触点，从而增加了纳米 Pt 的负载量。负载催化剂后，对 SiC 支撑体的平均孔径而言，没有发生明显变化。负载前 SiC 平均孔径为 586μm，负载了铂和金属氧化物后，其平均孔径为 529μm，这主要是因为纳米催化剂晶粒尺寸很小，负载于支撑体孔道表面，负载层比较薄。所以催化剂的负载对支撑体的平均孔径影响不大，气通量几乎不变。

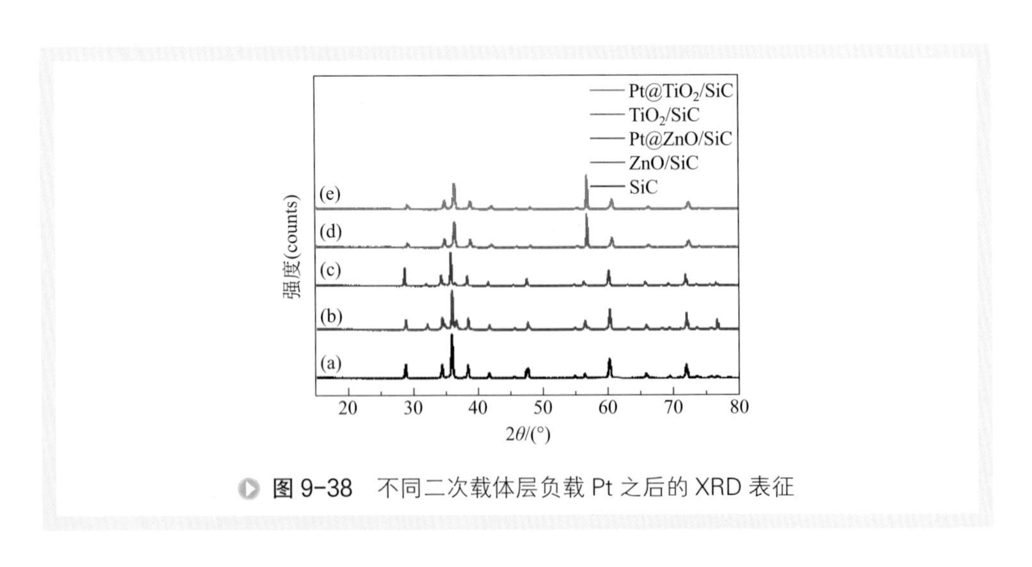

图 9-38　不同二次载体层负载 Pt 之后的 XRD 表征

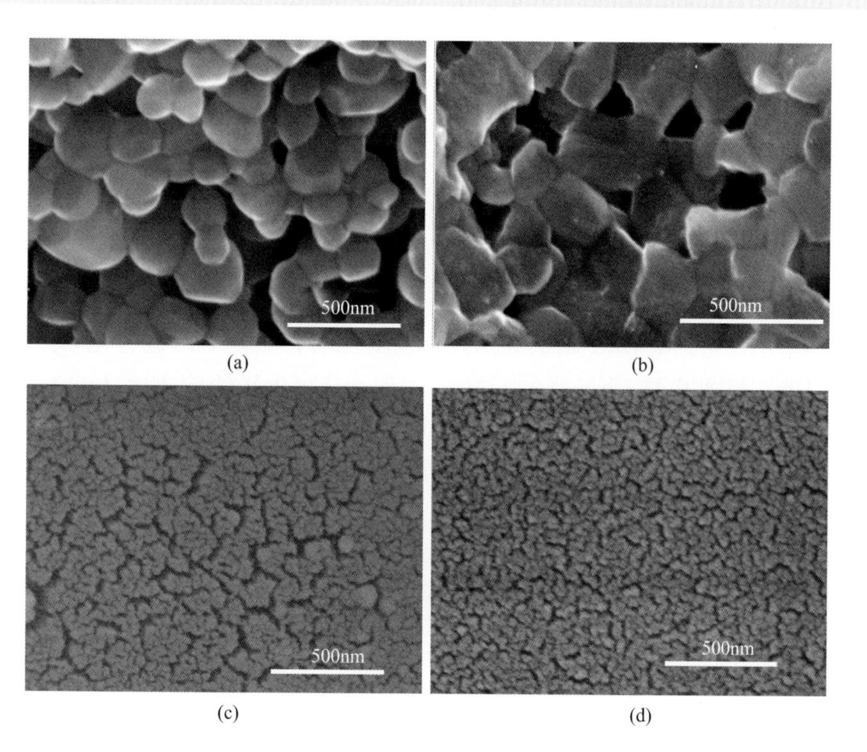

图 9-39 不同二次载体层负载 Pt 前后的 SEM 表征图

(a) ZnO/SiC; (b) $Pt@ZnO/SiC$; (c) TiO_2/SiC; (d) $Pt@TiO_2/SiC$

表 9-4 催化剂负载前后的负载量、比表面积、平均孔径和气通量测试

样品名称	MO 负载量 /%	比表面积 /(m^2/g)	Pt 负载量 /%	平均孔径 /μm	气通量 /[m^3/(m^2·h·kPa)]
SiC	—	0.20	—	586	20.53
ZnO/SiC	4.8	1.62	—	537	20.44
TiO_2/SiC	1.92	1.7	—	541	20.47
Pt@SiC	—	0.29	0.017	577	20.49
Pt@ZnO/SiC	4.8	—	0.03	529	20.43
Pt@TiO_2/SiC	1.92	—	0.032	533	20.45

对 Pt@MO/SiC 催化膜进行 XPS 分析，其结果如图 9-40 与图 9-41 所示。由 XPS 表征可知，Pt@TiO_2/SiC 样品中包含 Si、C、Ti、O、Pt，其质量分数分别为 4%、13.78%、18.81%、61.72%、1.68%；Pt@ZnO/SiC 样品包含 Si、C、Zn、

O、Pt，其质量分数分别为2.86%、16.84%、37.81%、39.97%、2.52%，如表9-5所示。

使用XPS peak分峰软件对Pt@TiO_2/SiC样品Ti 2p进行分峰处理（见图9-40），其结合能位于464.3eV和458.5eV，主要来自TiO_2；对Pt@ZnO/SiC中的Zn 2p进行分峰处理（见图9-41），其结合能位于1022eV，主要是来自生成的ZnO；对Pt 4f分峰处理，不同信号处的结合能分别对应不同价态Pt的$4f_{7/2}$和$4f_{5/2}$的电子能级（如表9-6所示）。同时可以分析得到Pt@ZnO/SiC中Pt的三种价态所占比例分别为23.63%、28.30%、48.07%。Pt@TiO_2/SiC中的Pt分析得到三种价态的比例为32.4%、22.9%、44.7%。对两种材料的O1s进行分峰处理，如图9-40（b）和图9-41（b）所示，结合能位于529.9eV处的主峰为晶格氧，而结合能位于531.9eV处的次峰则来自表面的化学吸附氧（C—O，C═O）或者是表面吸附的羟基基团，晶格氧与吸附氧质量比例约为3，表明表面负载物的晶格氧的比例远大于吸附氧，这是由于表面负载有大量的纳米MO颗粒层以及Pt的氧化物。

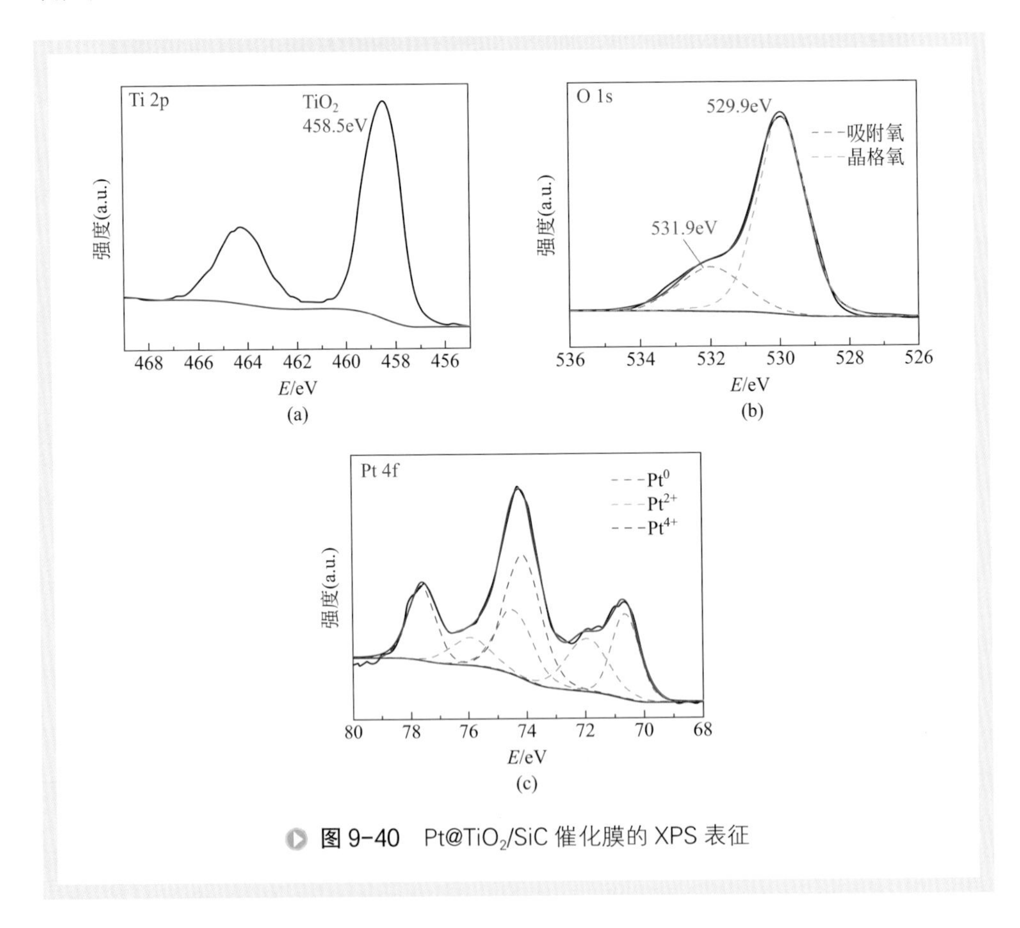

图9-40 Pt@TiO_2/SiC催化膜的XPS表征

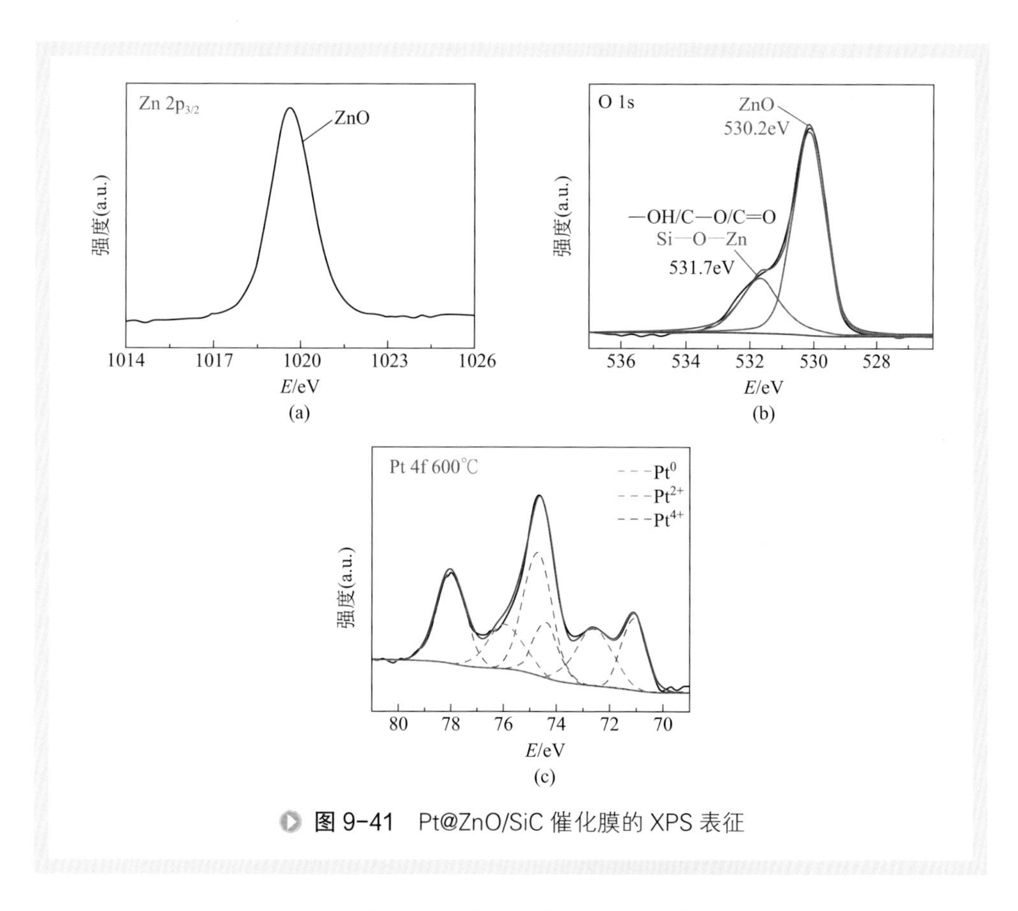

图 9-41　Pt@ZnO/SiC 催化膜的 XPS 表征

表 9-5　$Pt@TiO_2/SiC$ 孔道表面元素质量分数

元素	Si	C	Ti	Zn	O	Pt
$Pt@TiO_2/SiC/\%$	4	13.78	18.81	—	61.72	1.68
Pt@ZnO/SiC/%	2.86	16.84	—	37.81	39.97	2.52

表 9-6　$Pt@TiO_2/SiC$ 中 Pt 的各个化学价态及结合能

Pt 的价态	Pt^0/eV		Pt^{2+}/eV		Pt^{4+}/eV		比值
	$4f_{7/2}$	$4f_{5/2}$	$4f_{7/2}$	$4f_{5/2}$	$4f_{7/2}$	$4f_{5/2}$	$Pt^0/Pt^{2+}/Pt^{4+}$
$Pt@TiO_2/SiC$	70.61	74.4	71.9	75.9	74.1	77.6	32.4/22.9/44.7
Pt@ZnO/SiC	71.08	74.4	72.6	75.9	74.7	78	23.63/28.30/48.07

二、碳化硅催化膜用于大气中VOCs的降解

以甲苯、三甲苯等为模拟体系，研究 Pt@ZnO/SiC 和 $Pt@TiO_2/SiC$ 两种催化膜的催化氧化效果。催化氧化反应流程如图 9-42 所示，主要包括定制的标准气体钢

瓶、气体质量流量计、气体混合器、管式电阻炉、六通阀及气相色谱仪等器件，催化膜组件为不锈钢材质，采用内压终端操作模式。

1. 反应温度对催化氧化性能的影响

图 9-43 为反应温度对 Pt@MO/SiC 催化膜降解甲苯、三甲苯效果的影响，气体中甲苯系物的浓度为 300×10^{-6}，气体流速为 0.72m/min，即反应停留时间为 1s。随着反应温度升高，甲苯的转化率增加，当温度达到 210℃时，Pt@ZnO/SiC 膜实现对甲苯的 100% 转化。当温度升高至 240℃时，$Pt@TiO_2/SiC$ 催化膜可以实现对三甲苯的 100% 转化。这是因为随着反应温度的升高，反应物分子更易达到活化态，催化反应速率加快，因此转化率随着温度升高而升高。

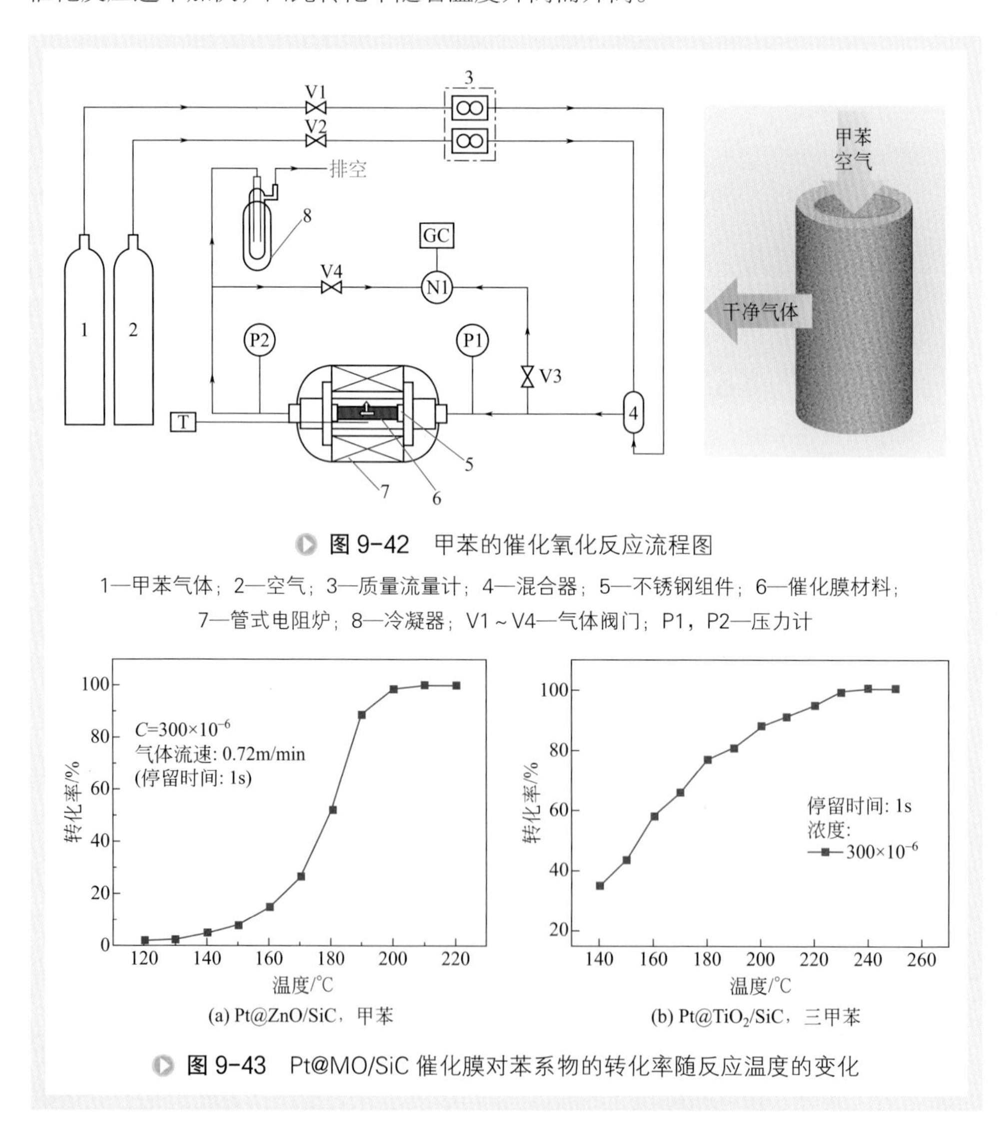

图 9-42 甲苯的催化氧化反应流程图

1—甲苯气体；2—空气；3—质量流量计；4—混合器；5—不锈钢组件；6—催化膜材料；7—管式电阻炉；8—冷凝器；V1～V4—气体阀门；P1，P2—压力计

(a) Pt@ZnO/SiC，甲苯　(b) $Pt@TiO_2/SiC$，三甲苯

图 9-43 Pt@MO/SiC 催化膜对苯系物的转化率随反应温度的变化

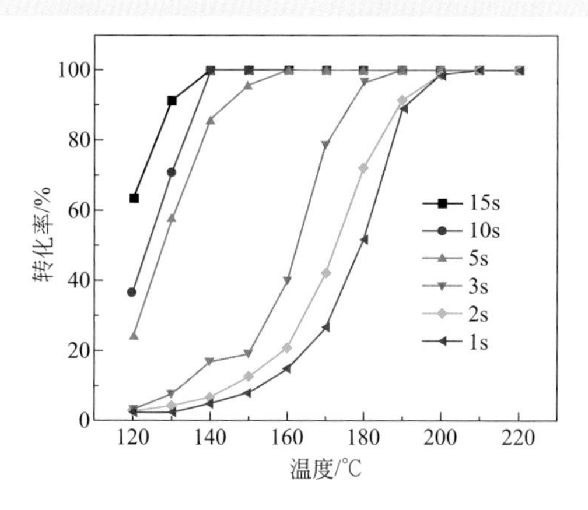

图 9-44　不同停留时间下甲苯转化率随反应温度的变化关系图（Pt@ZnO/SiC）

2. 停留时间对催化氧化性能的影响

图 9-44 为停留时间对 Pt@ZnO/SiC 催化膜降解甲苯效果的影响，气体中甲苯浓度为 300×10^{-6}。不同停留时间下甲苯转化率随反应温度的变化关系均为反应温度升高，甲苯转化率增大，均能 100% 降解甲苯；同一反应温度下，随着停留时间的延长，甲苯的转化率升高，更易实现甲苯的完全转化。当停留时间为 15s 时，140℃即可实现甲苯的完全转化。停留时间延长，意味着催化膜的气体渗透通量小，所需膜面积增大。因此应针对需要处理气体的状况，综合考虑停留时间和反应温度，以获取有机物的完全转化。

3. 进气浓度对催化氧化性能的影响

工业尾气净化过程中，气体流速比较快，一般为 0.6 ～ 1.2m/min，因此在气体流速为 0.72m/min、反应温度为 210℃的条件下，考察两种催化膜对甲苯的转化率随甲苯浓度的影响，如图 9-45 所示。当甲苯初始浓度低于 300×10^{-6} 时，均可实现甲苯的完全转化；随着甲苯浓度的增加，甲苯的转化率有略微的下降趋势，当初始浓度为 500×10^{-6} 时，甲苯的转化率为 99%，Pt@TiO_2/SiC 催化膜残留气体中甲苯浓度为 4.65×10^{-6}，Pt@ZnO/SiC 催化膜残留气体中甲苯浓度为 4.5×10^{-6}。仍然在《大气污染物综合排放标准最高允许排放浓度》（GB 16297—1996）中规定的甲苯排放不超过 9.74×10^{-6} 的范围内。这也说明了两种催化膜对甲苯气体具有良好的催化氧化性能。

4. Pt@ZnO/SiC 催化膜的动力学研究

（1）内扩散和外扩散影响的消除　甲苯催化氧化过程包含气相和固体催化剂，反应过程中可能存在传质阻力。因此进行本征动力学之前要首先消除反应物扩散产

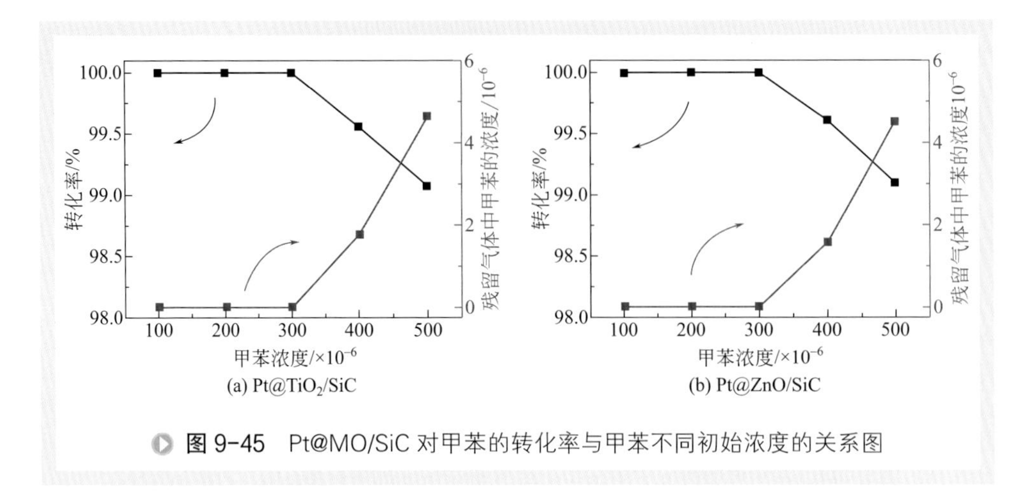

图 9-45 Pt@MO/SiC 对甲苯的转化率与甲苯不同初始浓度的关系图

生的影响。

根据 Perego 等 [40] 提出的检验外扩散的方法，在反应器内装填不同质量（m）的催化膜（90g，45g；催化剂负载量均为 0.03%）。改变物料流量（以 F_0 表示），选取的物料流量分别为 0.725mL/min、1.45mL/min、2.89mL/min。甲苯转化率以 x_0 表示，对 x_0-m/F_0 作图，如图 9-46 所示，各点基本处于同一曲线上，说明虽然线速率有差别，但是对反应速率没有影响，在这样的气流速率下，已不存在外扩散的影响。

催化剂的颗粒形状及粒度是影响内扩散的主要因素，由 SEM、TEM 对催化剂粒径进行分析，TEM 结果如图 9-47 所示，负载到支撑体上的催化剂分布比较均匀，其粒径大小约为 2～3nm，催化剂 Pt 包括 0 价、2 价和 4 价，Pt 负载于支撑体表面，即催化活性中心直接位于支撑体表面。当气体穿过大孔的碳化硅的孔道，与孔道表面接触时，就直接接触催化活性中心参与反应，不存在内扩散的影响，所以可以消除内扩散。

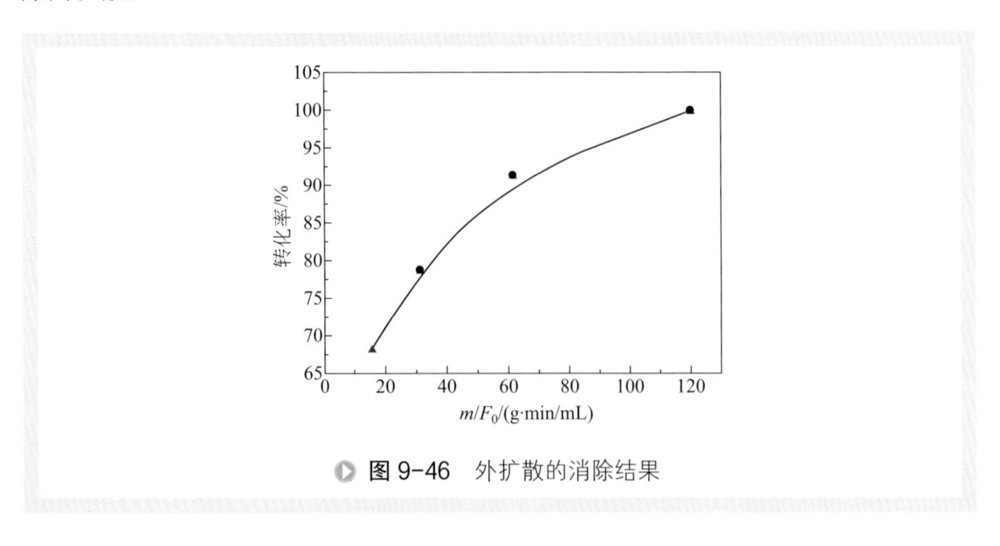

图 9-46 外扩散的消除结果

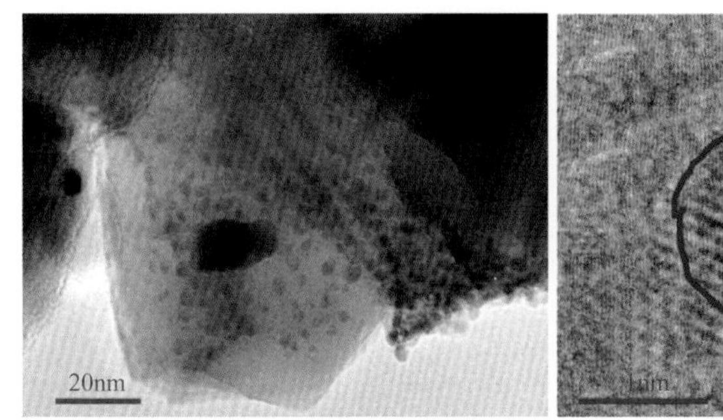

(a) Pt@SiC

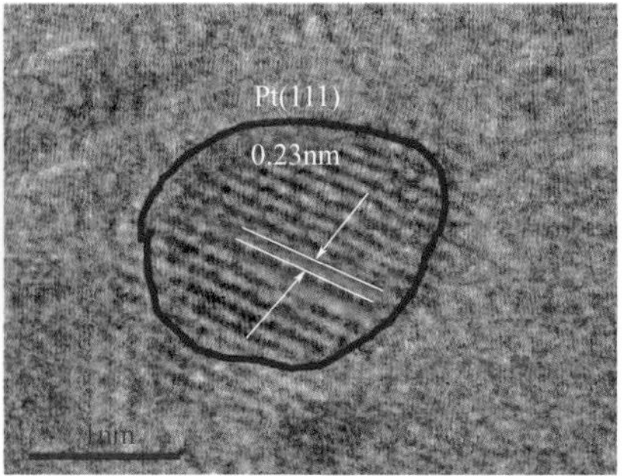

(b) Pt@ZnO/SiC

图 9-47 催化剂 Pt 的 TEM 图

（2）反应物浓度对初始反应速率的影响 为了计算反应的初始速率 r，实验考察甲苯浓度对初始反应速率 r 的影响。采用初始速率法，在甲苯浓度为 4.1mmol/m^3、空气过量的条件下进行反应，在不同的时刻取样进行分析，测定甲苯浓度随反应时间的变化，其中反应温度为 143℃。由于 $r=-dC/dt$，使用经验方程式（9-13）对 C-t 数据进行拟合，当 t 趋于零时得到的数值即为甲苯的初始反应速率，甲苯浓度随反应时间的变化及拟合结果如图 9-48 所示。由拟合结果可知 $r=-\frac{dC}{dt}\Big|_{t=0}=3.43$。

$$C=A+a\exp(t/b) \tag{9-13}$$

式中 t——反应时间，s；

C——反应物中甲苯浓度，mmol/m^3；

A，a 和 b——常量。

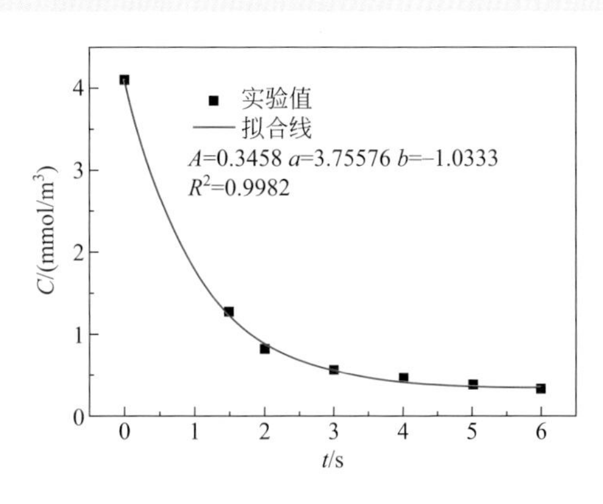

图 9-48 甲苯浓度随反应时间的变化关系图

采用相同的实验方法，改变甲苯的初始浓度并测定其随时间的变化，采用经验方程式（9-13）拟合并计算得到各浓度下的初始反应速率，结果如表 9-7 所示。

表 9-7　反应物的初始浓度和初始反应速率

C/（mmol/m³）	r/［mmol/（m³·s）］
4.1	3.43
8.2	4.74
12.3	5.40

在实验考察的范围内初始反应速率随甲苯的初始浓度的增加而增加。为了拟合出反应级数 α，对方程式 $r=kC^{\alpha}$ 两边分别取对数可得：

$$\ln r=\ln k+\alpha\ln C \tag{9-14}$$

从式（9-14）可知 $\ln r$ 与 $\ln C$ 呈直线关系且直线斜率为 α。因此将表 9-7 中的数据带入式（9-14）并以 $\ln r$-$\ln C$ 作图，结果如图 9-49 所示。拟合线与实验数据的拟合度较好，拟合直线的斜率为 0.35，所以甲苯催化氧化反应中甲苯的反应级数为 0.35。

将计算所得的 α 代入 $r=kC^{\alpha}$ 可得：

$$r=kC^{0.35} \tag{9-15}$$

（3）反应活化能的计算　为了计算出反应所需的活化能 E_a，在甲苯初始浓度为 8.2mmol/m³ 的条件下考察了温度对初始反应速率的影响，结果如表 9-8 所示。

表 9-8　不同温度下的初始反应速率

T/K	416	426	436
r/［mmol/（m³·s）］	4.74	6.01	9.28

表 9-8 可知，升高反应温度，初始反应速率也将增加。将表 9-8 的数据代入式（9-15）并计算出相应温度下的速率常数 k，结果如表 9-9 所示。

表 9-9　不同温度下的反应速率常数

T/K	416	426	436
k/［$mmol^{0.6499}$/（$m^{3\times0.6499}$·s）］	2.3	2.9	4.4

工业生产中常采用经验方程式——阿伦尼乌斯公式研究温度与反应速率的关系，因此将公式 $k=k_0\exp\left(-\dfrac{E_a}{RT}\right)$ 两边分别取对数得：

$$\ln k=\frac{-E_a}{R}\frac{1}{T}+\ln k_0 \tag{9-16}$$

则 $\ln k$ 与 $1/T$ 呈线性关系，直线的斜率为 $-E_a/R$，截距为 k_0。将表 9-9 中的数据

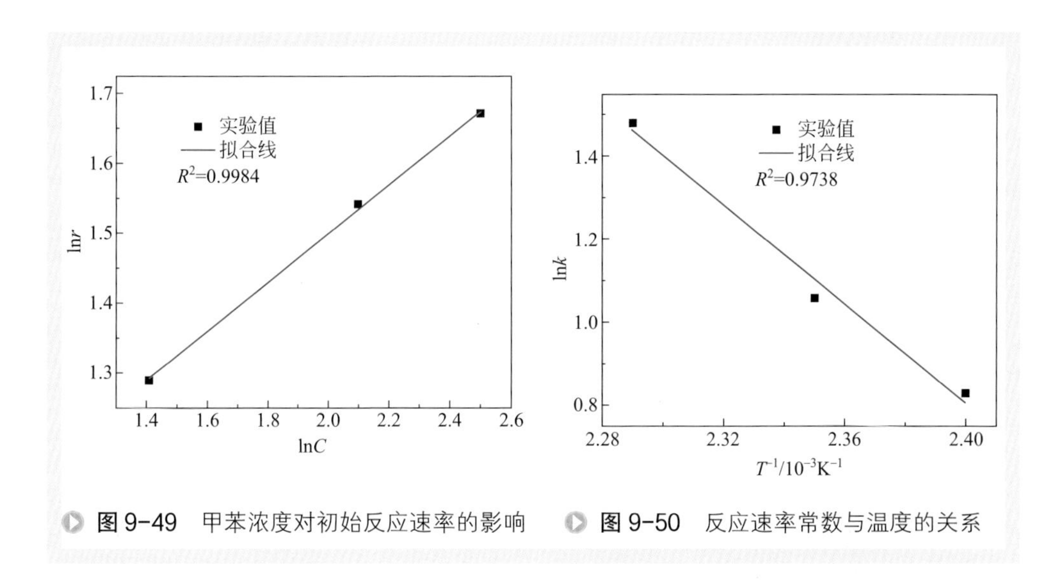

图 9-49 甲苯浓度对初始反应速率的影响　图 9-50 反应速率常数与温度的关系

分别代入式（9-16）中并对 ln$k$-1/T 作图，结果如图 9-50 所示。

回归得该反应的活化能 E_a=49.43kJ/mol，指前因子 k_0=3.52×10^6mmol$^{0.6499}$/（m$^{3\times0.6499}$·s）。以上实验可得甲苯催化氧化反应的动力学方程为：

$$r = 3.52\times10^6 \exp\frac{-4.943\times10^4}{RT} C_A^{0.35} \quad (9\text{-}17)$$

表 9-10 总结了不同催化剂对甲苯催化氧化的活化能。Pt 作为催化剂时，甲苯催化氧化的活化能更低，Masui 等 [41] 制备的 9% Pt/CeO_2-ZrO_2-Bi_2O_3/Al_2O_3 用于甲苯的催化氧化，计算得到其活化能最低为 42kJ/mol，但是当 Pt 的含量降至 7% 时，其活化能为 62kJ/mol；自制的 0.03%Pt@ZnO/SiC 用于甲苯的催化氧化，得到其活化能仅为 49.43kJ/mol。

表 9-10　甲苯降解反应活化能的比较

催化剂	E_a/（kJ/mol）	参考文献
75%CeO_2/γ-Al_2O_3	70±8	Saqer 等 [42]
CeO_2	65±12	Delimaris 等 [43]
Iron-doped ZrO_2	109.1	Choudhary 等 [44]
7% Pt/CeO_2-ZrO_2-Bi_2O_3/Al_2O_3	62	Masui 等 [41]
9% Pt/CeO_2-ZrO_2-Bi_2O_3/Al_2O_3	42	Masui 等 [41]
$Cu_{1.5}Mn_{1.5}O_4$	159.9	Behar 等 [45]
0.03%Pt@ZnO/SiC	49.43	本工作

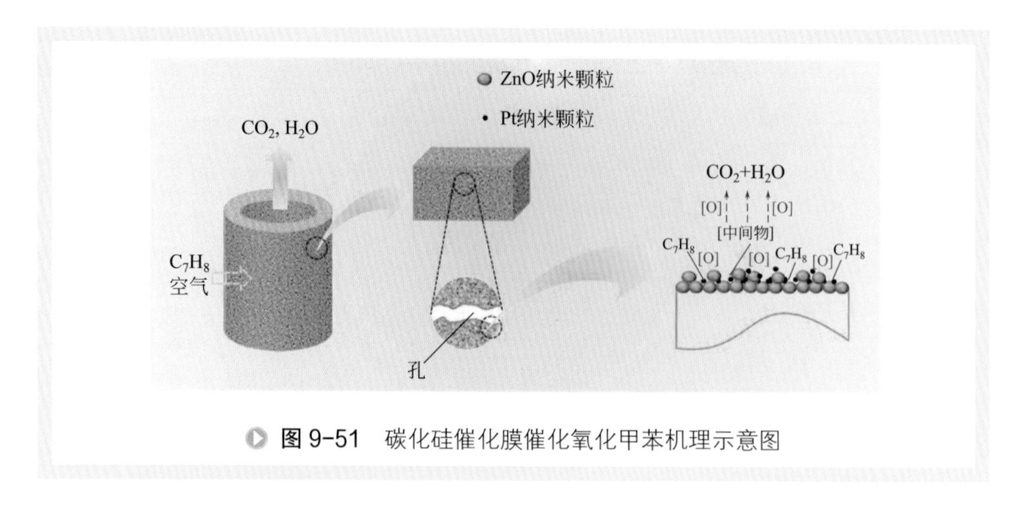

图 9-51 碳化硅催化膜催化氧化甲苯机理示意图

5. Pt@MO/SiC 催化膜降解有机物的机理

Pt-MO 的组合有利于甲苯及氧气的快速吸附和氧化，同时加快了化学吸附氧与晶格氧之间的迁移和转化速率，晶格氧大量迁移到催化活性中心表面，大大提高催化氧化甲苯的性能。同时 Pt 与 MO 之间形成强的金属 - 金属氧化物间相互作用力[46]，金属氧化物表面大量的化学吸附氧以及自身存在的氧空位为整体催化活性中心提供了大量的活性氧源，二者的协同效应也使得金属氧化物中的金属离子更易发生氧化还原，活性氧在催化体系中流动性增加，从而有效地提升 Pt@MO/SiC 催化氧化甲苯的性能；MO 表面大量的羟基基团与催化活性组分 Pt 之间的强相互作用也可以大大提高催化剂的稳定性[47]。大量的研究表明，Pt 基催化剂催化氧化甲苯的过程主要包括甲苯和氧气在催化剂表面大量吸附，催化活性中心将化学吸附氧转化为活性氧基团，活性氧基团对甲苯起到氧化作用，经过一系列可能产生的中间产物，最终甲苯在一定温度下被催化氧化为 CO_2 和 H_2O，反应机理示意图如图 9-51 所示。

三、催化膜的粉尘脱除性能

1. 过滤速率对粉尘截留性能的影响

图 9-52 为不同过滤速率下压降和截留率随时间的变化关系图，粉尘的进气浓度为 240mg/m^3，过滤时间为 30min，设定过滤速率分别为 0.5m/min、1.0m/min、1.5m/min。在不同的过滤速率下，粉尘截留率始终接近于 100%，而过滤压降则随着时间的延长而增大。当气体过滤速率为 0.5m/min 时，过滤压降在过滤开始的 7min 上升较快，然后增加缓慢。当气体过滤速率为 1.5m/min 时，过滤压降在过滤开始的 3min 升高速率较快，然后趋于平缓增长。这主要是由于在过滤开始时，粉尘迅速在催化膜表面形成一层致密的滤饼层。随着时间的延长，由于气体的冲刷作用和颗粒自身的重力作用，压降上升得较为缓慢。

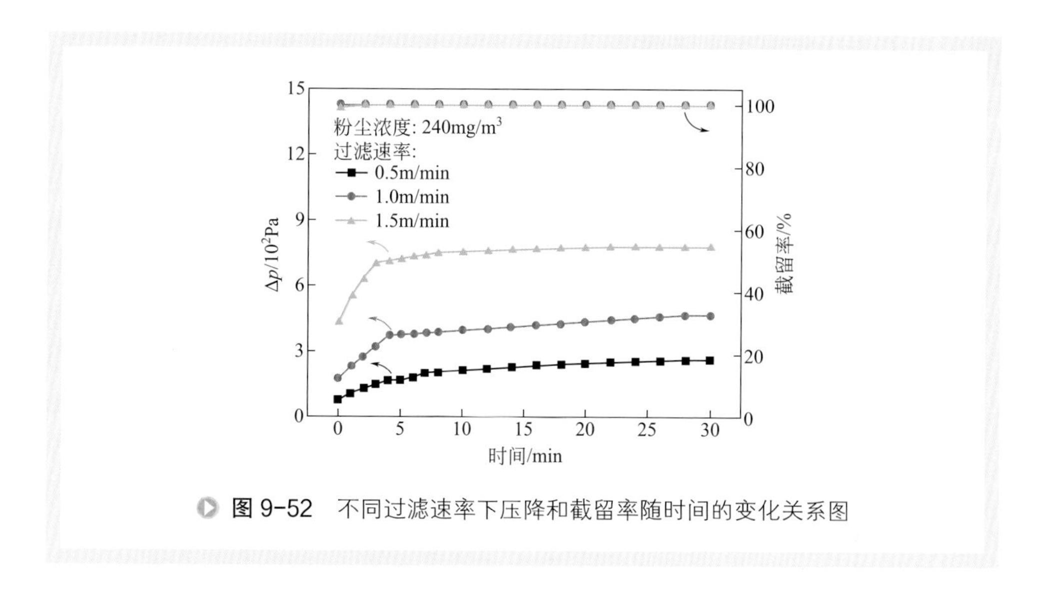

图 9-52 不同过滤速率下压降和截留率随时间的变化关系图

2. 粉尘浓度对截留性能的影响

图 9-53 为不同粉尘浓度下压降和截留率随时间的变化关系图，过滤速率为 1.0m/min，设定粉尘浓度分别为 120mg/m³、180mg/m³、240mg/m³。在不同的粉尘浓度下，粉尘截留率均等于 99.97%，而过滤压降则随着时间的延长而增大。当粉尘浓度为 120mg/m³ 时，过滤压降在过滤开始的 7min 上升较快，然后趋于平缓。当粉尘浓度为 240mg/m³ 时，过滤压降在 4min 前，增长较快。这主要是由于在过滤开始时形成了致密的滤饼层，导致压降急剧上升；而后压降的增长趋于平缓，是因为在催化膜表面形成了疏松的滤饼层。

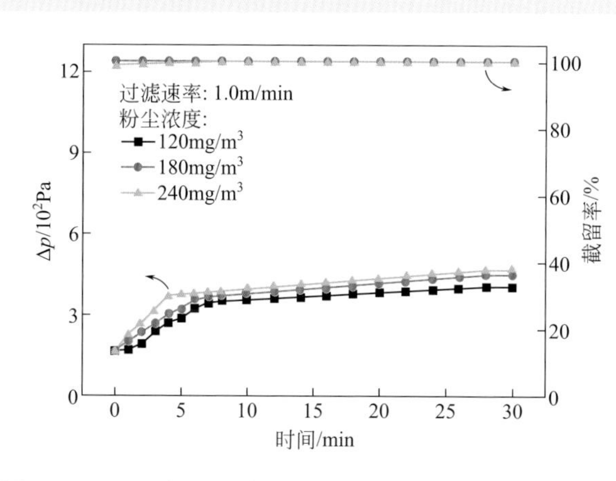

图 9-53 不同粉尘浓度下压降和截留率随时间的变化关系图

四、催化膜协同脱除性能

1. 三甲苯与粉尘的协同脱除

为研究催化膜对有机物和粉尘协同处理的性能，以三甲苯含尘混合气作为模拟气，考察催化膜的协同处理性能。设定过滤流速为 1.6m/min，三甲苯进气浓度为 300×10^{-6}，粉尘浓度为 $240mg/m^3$（粉尘为平均粒径为 300nm 的氧化铝粉），结果如图 9-54 所示。催化膜能够在有效降解三甲苯的同时截留粉尘。在 262℃时，三甲苯转化率达到 100%，粉尘截留率达到 99.98%。由图 9-54（b）可以看出，出口的粉尘浓度基本稳定在 $0.3mg/m^3$。初始过滤压降为 171Pa，经过 600min 过滤，过滤压降仅上升至 185Pa。由此可以看出 $Pt@TiO_2/SiC$ 催化膜能够将三甲苯和粉尘同时去除，且经过反吹后仍可保持较低的过滤压降。

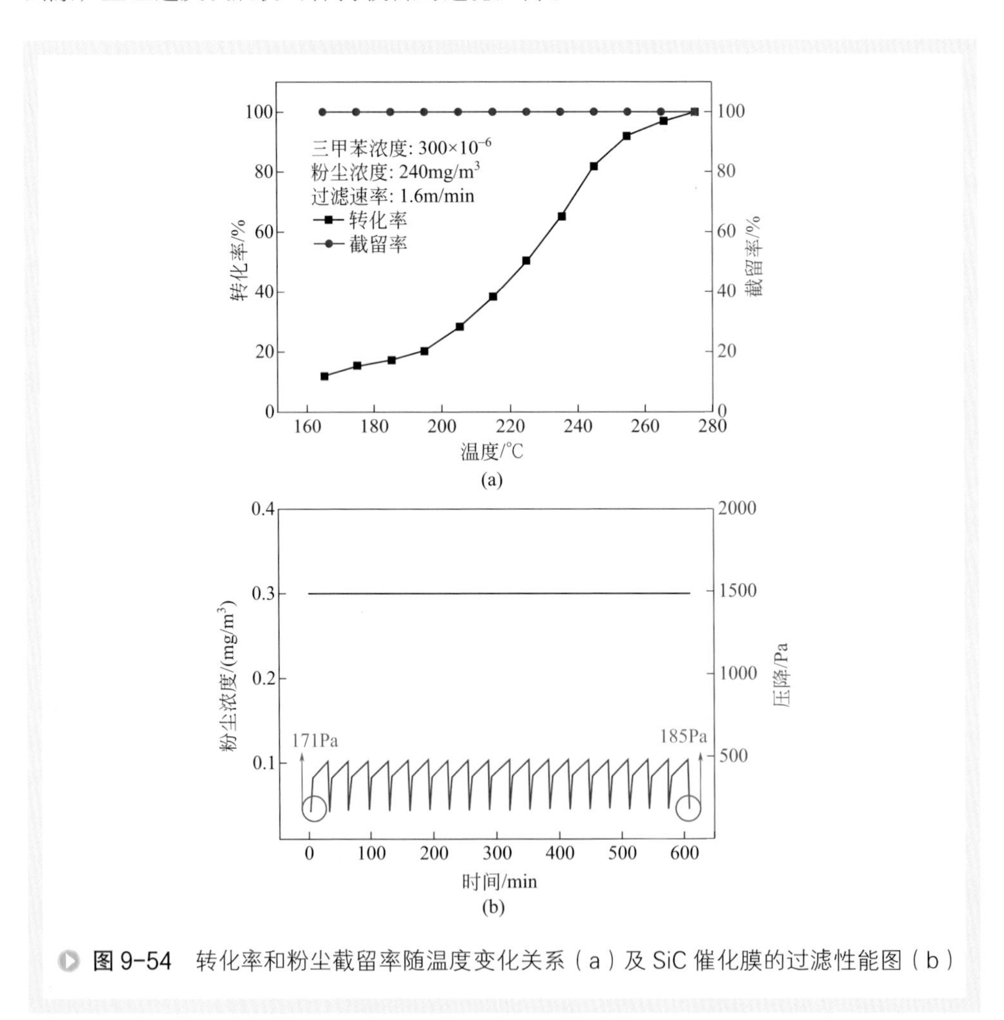

图 9-54 转化率和粉尘截留率随温度变化关系（a）及 SiC 催化膜的过滤性能图（b）

2. 三甲苯、NO、粉尘的协同脱除

考察催化膜对多种污染物的处理性能，实验选择三甲苯、NO以及含尘的混合气体，考察催化膜协同处理三种污染物的性能。设定气体流速为1m/min，NO浓度为180×10^{-6}，三甲苯浓度为300×10^{-6}，结果如图9-55所示，进气中粉尘浓度增大时，在150℃下，催化膜的截留率降低了1.92%。三甲苯、NO的转化率随着温度的升高而升高，三甲苯的完全降解温度为262℃。NO气体在400℃下，其转化率为20.1%，粉尘浓度对催化膜的催化氧化性能影响不大。

催化膜协同处理三甲苯、NO及粉尘时，压降和出口浓度随时间的变化，如图9-56所示。催化膜对粉尘截留和三甲苯、NO的催化氧化具有较好的效果，其除尘效率基本可以达到99.98%，在400℃时，三甲苯可以完全降解，NO转化率可以达到20.1%。初始过滤压降为169Pa，经过620min过滤后，过滤压降仅上升至184Pa。因此催化膜具有同时去除三甲苯、NO及粉尘的性能。

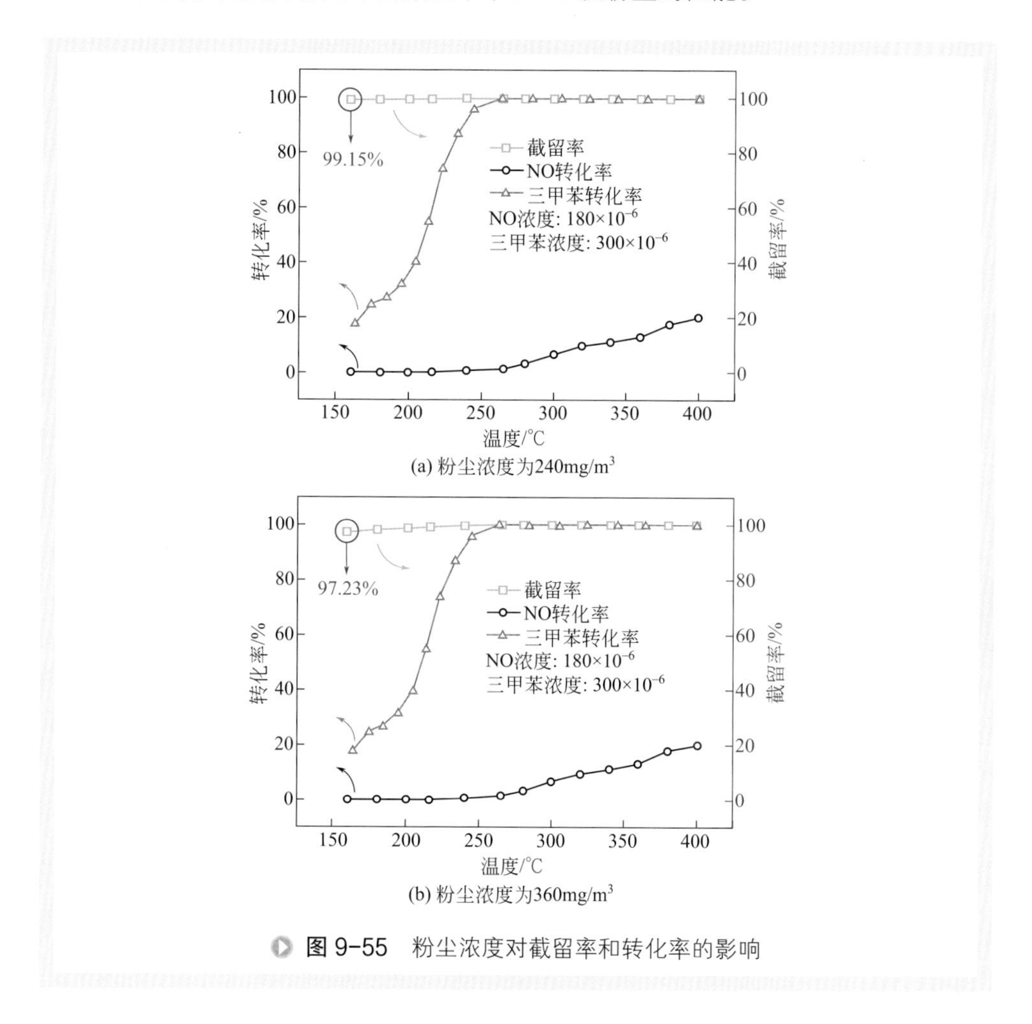

图9-55 粉尘浓度对截留率和转化率的影响

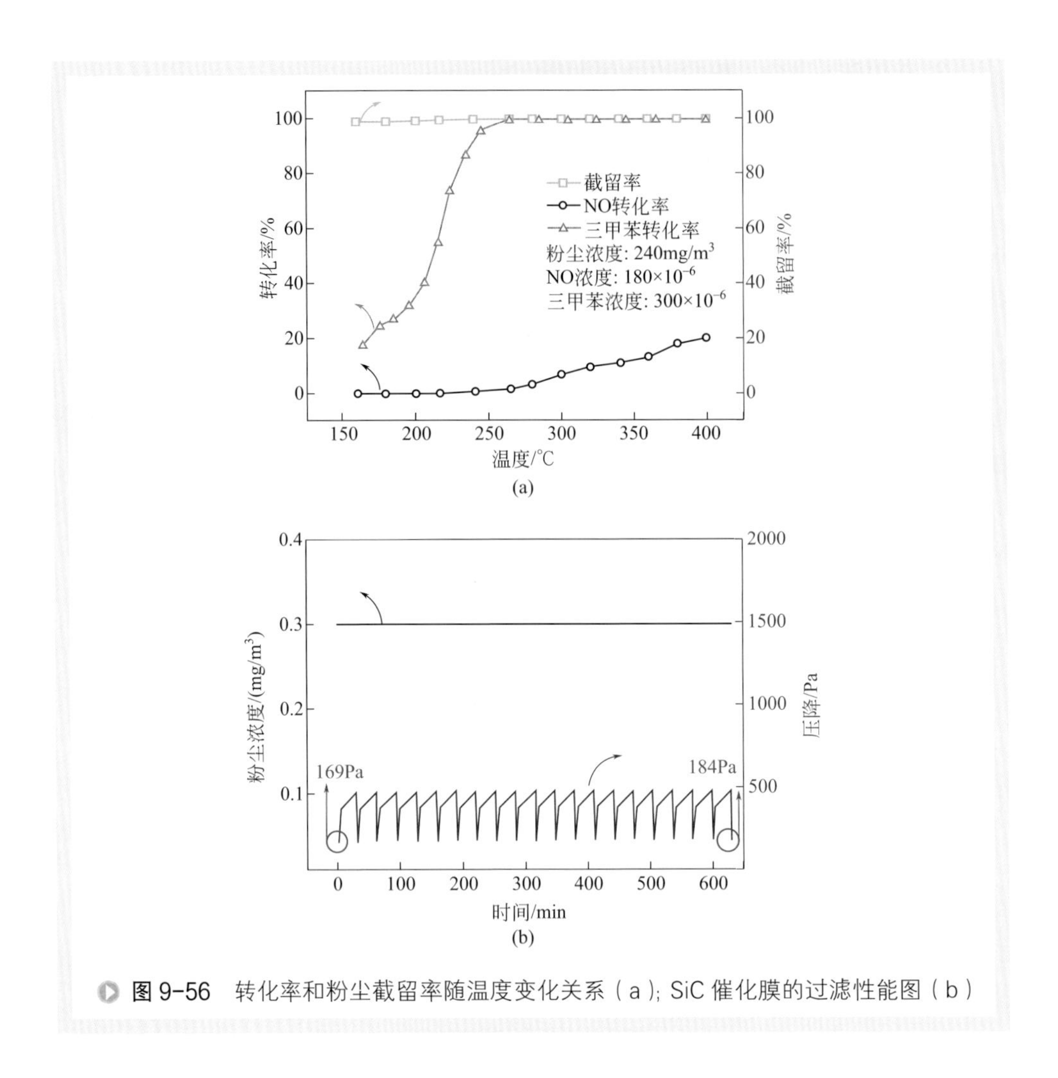

图 9-56　转化率和粉尘截留率随温度变化关系（a）；SiC 催化膜的过滤性能图（b）

第四节　钙钛矿膜反应器

混合氧离子电子导体（mixed ionic electronic conductor，MIEC）致密氧渗透膜是一类同时具有氧离子导电性能和电子导电性能的陶瓷膜。此类膜在高温下（尤其在温度高于 973K 时），当膜两侧存在氧化学势梯度时，氧以氧离子的形式通过晶格中动态形成的氧离子缺陷由高氧分压区向低氧分压区传导，同时电子通过在可变价金属离子之间的跳跃朝相反的方向传导。由于同时具有电子导电能力与氧离子导电能力，此类膜不需要外加电路就可以实现氧传递过程连续不断的进行，而且由于是通过晶格振动的形式来传导氧，理论上其对氧的选择性为100%。对混合导体氧渗透膜的研究经历了一个从萤石型（fluorite-type）氧化物到钙钛矿（perovskite）氧化物的发展历程。20世纪80年代中期至90年代初，主要集中在以掺杂CaO或Y_2O_3的ZrO_2和CeO_2为代表的萤石型氧化物，此类混合传导型氧化物的缺点是操作温度高（一般为1173K以上）且透氧速率低。日本科学家Teraoka[48]在1985年对$La_{1-x}Sr_xCo_{1-y}Fe_yO_{3-\delta}$钙钛矿型系列氧渗透膜材料的电导率、氧渗透通量等进行了研究，发现该类膜材料同时具有相当高的电子传导（10^2～10^3S/cm）和离子传导能力，在相同的操作条件下，钙钛矿膜的渗透速率及离子传导率比稳定的ZrO_2快离子导体膜高出1～2个数量级。其后更涌现出大量性能好的混合导体氧渗透膜材料，也使得其应用从最初的氧分离扩展到膜反应器及化工产品合成。

钙钛矿膜反应过程被认为是影响化工与石油化工未来的重要前沿技术，在我国能源、环境等领域均具有重要的应用前景。在天然气的转化利用中膜反应过程可以直接以空气作为氧源，将纯氧分离与甲烷部分氧化（POM）反应集成在一个反应器中进行，预计比传统的氧分离设备降低操作成本30%以上，并且能够控制反应进程，防止放热反应引起的飞温失控。因此，该技术的成功开发对天然气资源的优化利用将具有重要的战略意义。膜反应技术在未来氢能领域也将发挥重要作用，将其应用于POM反应过程，再结合水煤气变换（WGS）反应制氢，以及应用于生物乙醇制氢被认为是比较有潜力的制氢工艺。同时，膜反应技术也为CO_2、NO_x等温室气体的治理提供新的方法。利用混合导体氧渗透膜与催化反应过程相耦合，可以将CO_2、NO_x分解的氧气移出反应区，提高反应的转化率和选择性。目前，针对混合导体氧渗透膜及膜材料的研究主要集中于材料的设计与制备，材料结构与性能的关系，氧传输机理研究，以及针对能源环境等领域具体问题的膜反应器应用与开发。

一、混合导体氧渗透膜的制备

1. 粉体的制备

混合导体氧渗透膜材料的合成方法有很多种，其目的是使得样品在压制成型前形成完整的钙钛矿型结构，避免膜在烧结和致密化过程中因为材料的固相反应或相变而引发微观结构的变化，进而导致缺陷的产生。不同的材料合成方法中物质的变化过程存在差异，因此会影响材料的性质并最终影响膜的性质。

固相反应法、溶胶-凝胶法和湿化学法这三类钙钛矿型混合导体材料的制备方法的区别主要在于前驱体或原料中金属元素的混合方式，其共同点在于目标产物的晶体结构都需要通过长时间的高温焙烧过程来实现。不同的材料制备方法中前驱体金属离子的混合方式和程度的不同导致晶型形成温度和时间的差异，但究其焙烧过程并没有本质的区别。高温焙烧过程不仅能耗高，还容易引发材料晶粒的长大和颗粒的团聚，从而影响到材料的成型、烧结性能以及混合导体氧渗透膜的完整性，因此一些研究希望通过利用其他材料的制备方法制备钙钛矿型混合导体材料，如水热合成、燃烧合成、微波合成等。

燃烧合成是一种制备超细氧化物粉体的方法，该类方法通过将前驱体（气体、液体或固体）引入高温火焰中，利用火焰提供的高温环境使材料形成完整的晶型，同时样品在火焰中极短的停留时间避免了材料晶粒的长大和颗粒之间的团聚现象。气溶胶火焰法是一种典型的燃烧合成的方法，该方法最早在20世纪中期就用于炭黑的生产。传统的制备工艺通常需要比较复杂的工艺并且需要经历一个焙烧过程来获得具有理想晶型结构的材料。在焙烧过程中材料的晶粒容易长大，粉体颗粒容易团聚，这对于制备在特殊领域使用的超细粉体或者对于材料的烧结来讲都是不利的。而采用燃烧合成法用于钙钛矿陶瓷材料的制备，从前驱体的分解到干凝胶的形成在高温火焰中瞬间完成，从而缩短了材料制备周期，而且制得的粉体粒径较小[49,50]。

2. 膜的制备

混合导体氧渗透膜的制备通常需经历成型和烧结两个过程。常用的两种成型方法是等静压法和塑性挤压法。等静压法成型是利用外部压力使得颗粒在模具内相互靠近并牢固地结合，获得一定形状的坯体。成型过程中需要控制的条件为成型压力和保压时间。由于过程简单，易于控制，片状膜基本上都是用这种方法制备。管式膜一般采用塑性挤压法[51～54]，而中空纤维膜采用相转化的方式成型[55,56]。此外，担载型非对称膜也有其特殊的制备方法。担载混合导体膜由一致密膜薄层和多孔支撑体构成。薄的致密膜层起分离氧的作用，各国学者普遍认为分离层厚度的降低不但可以提高膜的氧通量，而且可能会有助于膜稳定性的提高，因此担载混合导体膜的制备成为膜领域的一个研究热点。然而，要制备担载混合导体膜面临着关键技术挑战，即在高温时①膜层材料和支撑体材料之间的热膨胀系数匹配及化学相容性；②膜层和支撑体之间的界面结合；③膜层的致密完整性。

对于膜的烧结，主要研究的是烧结条件（包括温度、保温时间、气氛等），虽然对膜的烧结的研究相对较少，但是由于烧结过程直接影响膜的微结构及性能，所以对于制备性能优异的混合导体膜而言烧结的研究也是十分重要的。由于钙钛矿材料的烧结通常是在空气气氛中进行，因此一般很少考虑烧结气氛对膜性能的影响。在烧结初期，主要是添加剂的挥发，此阶段的升温速率不能过快，以避免因添加剂挥发速率过快而导致膜产生裂纹、气孔等缺陷，此阶段之后升温速率可以适当提高；烧成温度过高将导致材料熔化；保温时间要适当，时间过长材料会发生二次结晶，时间过短晶体可能发育不完全。图9-57为$SrCo_{0.4}Fe_{0.5}Zr_{0.1}O_{3-\delta}$混合导体氧渗透膜由成型到致密过程的烧结曲线及其断面微观结构变化示意图。可以看出$SrCo_{0.4}Fe_{0.5}Zr_{0.1}O_{3-\delta}$混合导体氧渗透膜的烧结过程主要可以分为4个阶段

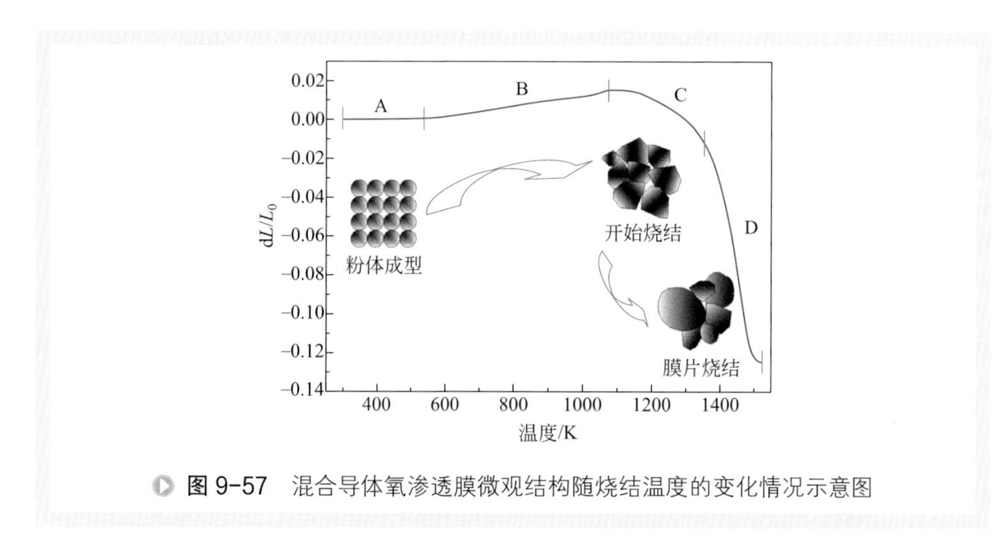

图 9-57 混合导体氧渗透膜微观结构随烧结温度的变化情况示意图

（A ～ D）：①成型过程使得粉体颗粒之间形成紧密的堆积结构，此时膜片生坯内部存在大量的由颗粒堆积所形成的孔结构（气孔率大约为 25% ～ 60%）。在此阶段由于温度相对较低，膜片微观结构的变化并不明显，且收缩率（dL/L_0）基本保持不变。②随着温度的升高，膜片内部的传质、传热过程逐渐显著，膜片应该开始出现收缩。但此时材料的热膨胀效应更为显著，其综合效应导致该阶段膜片出现轻微的膨胀现象。③伴随着传质、传热过程的进一步加剧，晶界开始发生明显的移动，膜片内部的颗粒逐渐变形，颗粒之间逐渐融合并形成二次晶粒。该阶段晶界的不断运动逐渐减少了膜片内部的孔体积，膜片的体积显著减小且致密度逐渐增加，此阶段膜片仍为多孔结构。④该阶段膜片致密度迅速增加并开始迅速收缩，膜片趋向致密。对于钙钛矿型混合导体材料而言，通常膜片的致密度高于 90% 以上可以认为已经形成致密的烧结体，此时膜的收缩率一般在 15% 左右。膜片内部仍可能存在一定数量的孔结构，但这些孔并非通孔，因而整个膜片仍是致密的。由于经过烧结过程后，膜片断面的晶粒（二次晶粒）之间紧密地结合在一起，气固界面显著降低，不仅有效降低了氧离子和电子传递的阻力，同时保证了烧结温度条件下材料内部热膨胀性质的均一性，一定程度上提高了氧渗透膜的稳定性。

膜的组成不同，其烧结行为也会有很大的差异。Kleveland 等 [56] 的研究就表明用 Co 部分取代 $SrFeO_{3-\delta}$ 中 A 位的 Sr 会显著地提高材料的烧结速率，因此可以看出控制烧结过程是获得预期膜性能很重要的一个方面 [56]。烧结对膜性能的影响主要体现为烧结得到的膜的微观结构对膜性能的影响 [57]。

二、甲烷部分氧化膜反应过程

近年来，采用混合导体氧渗透膜反应器进行甲烷部分氧化（POM）制合成气受

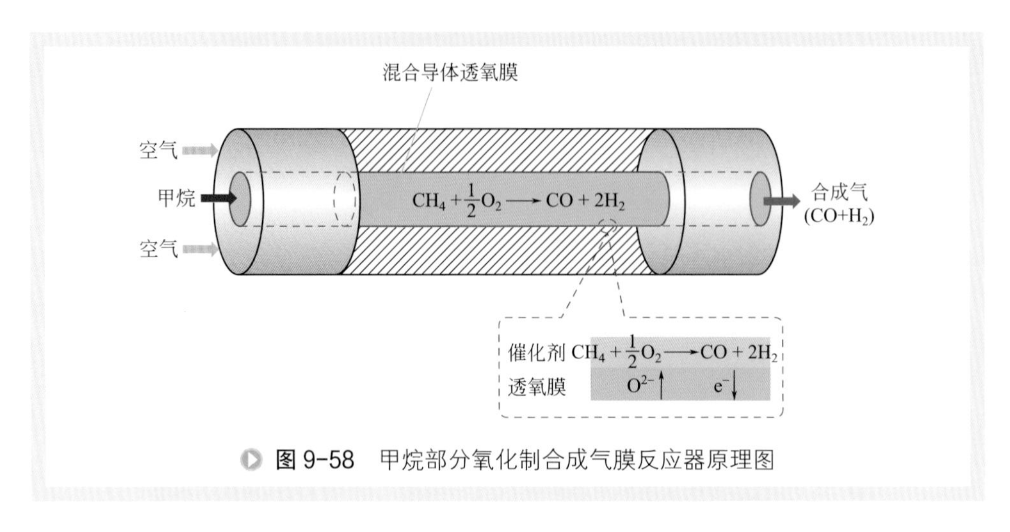

图 9-58 甲烷部分氧化制合成气膜反应器原理图

到广泛关注。该类膜反应器的工作原理图如图 9-58 所示，进料甲烷从膜管管程入口引入，而进料空气从反应器壳程入口引入，反应所需要的氧气由氧渗透膜管分离空气来提供。该反应器操作有望解决常规固定床反应器所面临的一些问题，主要体现在如下几个方面：①反应原料甲烷和氧气没有经过预混合，有利于提高产物的选择性和反应过程的安全性；②反应需要的氧气由膜分离获得，该分离方式无须外部提供电能，节约了大量的操作费用；③反应过程中产生的热量用于加热氧分离膜，构成了自热反应系统；④利用膜管壁控制反应进料量，能够有效控制反应进度，同时通过膜表面缓和供应氧气，避免放热反应可能带来的飞温失控。

由于 POM 反应体系存在大量的强还原性气体（H_2、CO 以及 CH_4），提高混合导体膜反应器在高温、还原性气氛下的稳定性是该领域目前研究的焦点问题。通常，混合导体膜反应器在还原性气氛下的稳定性受两方面因素的影响：①膜材料在还原性气氛下的化学分解；②膜材料由于失去晶格氧而产生晶格膨胀，引起膜内部应力的变化。因此，开发性能优越的膜材料对该类反应器稳定性的提高至关重要。理想的氧渗透膜材料应具有高氧渗透性能、良好的热化学稳定性、在存在氧分压梯度时能够保持稳定的晶格结构。以下对甲烷部分氧化反应器的工艺过程、膜在反应气氛下的微结构演变规律、稳定性和使用寿命，及膜反应器的反应数学模型等方面做重点介绍。

1. 膜反应器中POM反应过程研究

以 $La_{0.6}Sr_{0.4}Co_{0.2}Fe_{0.8}O_{3-\delta}$（LSCF）和 ZrO_2 掺杂的 $SrCo_{0.4}Fe_{0.6}O_{3-\delta}$(SCFZ) 两种膜材料为例，在片式膜反应器和管式膜反应器装置上考察了膜材料、反应过程的操作参数（如反应温度、甲烷的进料分压、吹扫气速率等）、催化剂装填量、进料方式等对膜反应过程及膜微观结构的影响。

（1）ZrO_2 掺杂的 $SrCo_{0.4}Fe_{0.6}O_{3-\delta}$(SCFZ) 膜反应器　膜反应器在前 60h 甲烷转

化率和 CO 选择性的变化可能与反应过程中 NiO/Al_2O_3 催化剂的还原和膜透氧量的变化有关。POM 膜反应过程稳定后，通过调节甲烷进料浓度发现：提高甲烷进料浓度，SCFZ 膜的氧渗透通量明显增加，即甲烷进料浓度是影响膜反应器透氧量的关键因素之一。

为了进一步了解反应气氛对 SCFZ 膜（1.8mm）氧渗透性能的影响，进一步设计了三种实验条件（氧渗透实验、空白膜反应和填充催化剂膜反应），如图 9-59 所示。通过固定甲烷流量、调节渗透侧 He 流量对 SCFZ 膜的氧渗透机理进行研究。实验结果表明：He 流量增加，氧渗透实验过程的出口氧分压下降，透氧量增加；He 流量增加，空白膜反应器中出口氧分压提高，透氧量下降；He 流量增加，膜反应实验体系出口氧分压下降，透氧量也下降。结合膜反应器中传质过程和反应动力学理论，通过对不同设计实验条件下膜表面反应机理的研究，表明：在空白膜反应器和填充催化剂的膜反应器中，当氦气流量变化时，存在两种相互竞争的现象，即①提高氦流量倾向于在反应侧维持低的氧分压环境；②提高氦流量同时降低了甲烷分压，导致膜表面的氧化反应速率和催化剂床层中甲烷部分氧化反应速率下降，从而减少了膜反应侧分子氧的消耗。两种相互竞争的现象，导致反应侧的氧分压可能提高，也可能下降。空白膜反应器中，氧分压的变化主要由反应速率的改变引起的（过程②），而在填充催化剂的膜反应器中，氧分压的变化主要与氦气的稀释有关（过程①）。

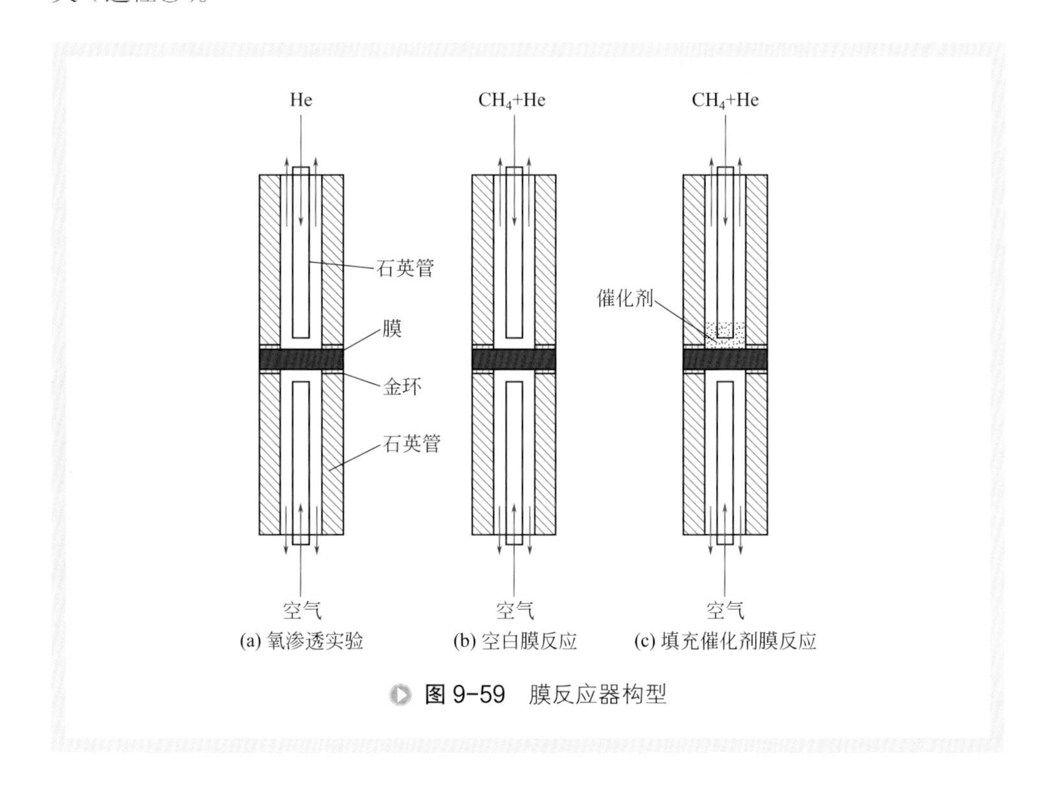

图 9-59 膜反应器构型

（2）催化剂填充量对膜反应器 POM 膜反应的影响　SEM 表征发现，不同的膜反应实验条件对渗透侧膜表面材料的结构影响显著。结合渗透侧膜表面 POM 反应机理，发现膜反应器中催化剂不仅影响反应产物的组成，对 POM 反应过程、膜材料结构也有重要的作用。选取 $SrCo_{0.4}Fe_{0.5}Zr_{0.1}O_{3-\delta}$ 混合导体氧渗透膜，通过改变催化剂（质量分数为 4.7% 的 NiO/Al_2O_3）装填量（0.11g、0.09g、0.06g）、固定其他条件（甲烷、氦气和空气的进料流速等），考察 POM 反应过程中甲烷转化率、一氧化碳选择性以及氧渗透通量变化情况[51]。由于 POM 反应过程中渗透侧膜表面的反应速率通常是氧传递过程的速率控制步骤，而催化剂的填充显著增加了膜反应的表面交换反应速率，因此氧渗透通量随催化剂填充量的增加而增大，且 POM 反应中甲烷转化率及一氧化碳选择性也存在相同的变化趋势。

膜反应器中的进料空速对 POM 反应过程有重要的影响，过高的进料空速会导致 CH_4/O_2 比例的升高，进而影响甲烷转化率以及一氧化碳选择性。催化剂装填量为 0.11g 时，甲烷转化率随着进料空速的增加而降低，而一氧化碳选择性变化不大，因此 POM 反应适合在低空速条件下进行操作。

（3）进料模式对 POM 膜反应性能的影响　由于片式膜反应器提供的有效氧渗透膜面积有限，适于在实验室内对材料性能进行研究，难以满足大规模的工业生产的需要，因此相对而言，管式膜反应器更具有工业应用前景。在管式氧渗透膜反应器内采用了价廉的 NiO/Al_2O_3 催化剂进行 POM 反应实验。采用 $La_{0.6}Sr_{0.4}Co_{0.2}Fe_{0.8}O_{3-\delta}$（LSCF）和 SFCZ 两种混合导体膜材料，对 LSCF 膜材料在 POM 反应中的稳定性进行了考察；针对 SFCZ 膜反应器中 POM 反应过程随时间的变化特性，通过改进进料模式有效提高了膜反应性能和膜的稳定性。膜反应器内甲烷部分氧化制合成气的过程非常复杂，实验过程中发现：LSCF 管式膜反应器进行 3 ～ 7h 后，膜管即发生断裂，而相同的 LSCF 管式膜在氧渗透实验中可以连续操作 110h 以上。SEM（图 9-60）、XRD 和 EDS 等分析表明：POM 反应引发膜管两端的

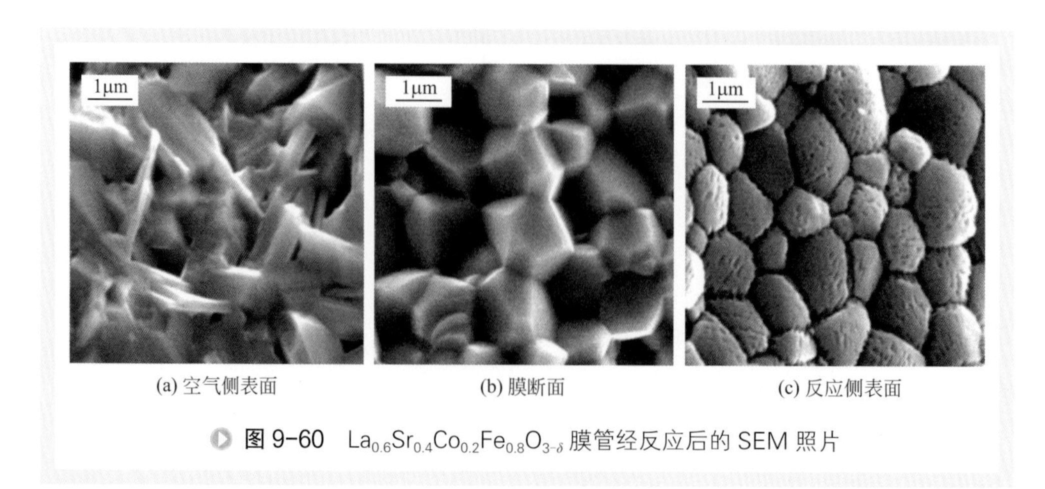

(a) 空气侧表面　(b) 膜断面　(c) 反应侧表面

图 9-60　$La_{0.6}Sr_{0.4}Co_{0.2}Fe_{0.8}O_{3-\delta}$ 膜管经反应后的 SEM 照片

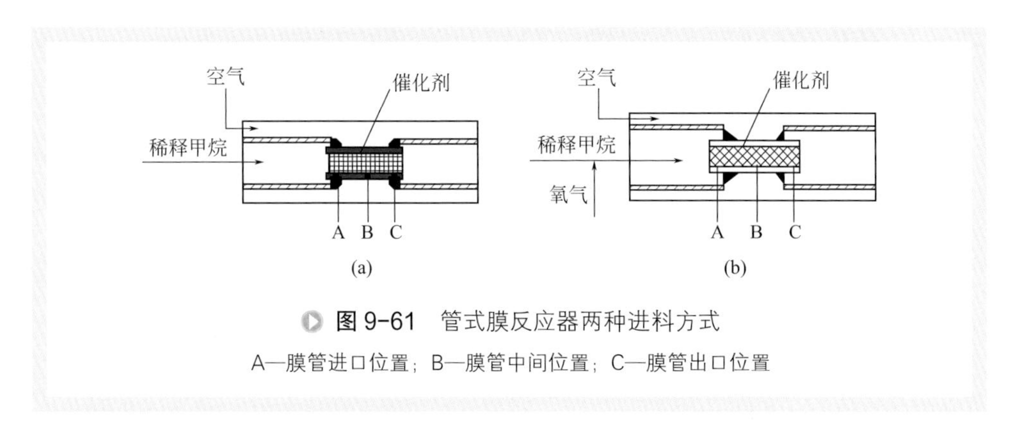

图 9-61 管式膜反应器两种进料方式

A—膜管进口位置；B—膜管中间位置；C—膜管出口位置

元素偏析，且还原性气氛对反应器出口端造成的影响更为严重。膜的微观结构的变化与膜两侧的气氛密切相关，且微观结构在 POM 反应过程中的变化是导致 LSCF 膜破裂的主要原因。

SCFZ 片式膜反应器进行甲烷部分氧化制合成气反应时能连续操作 200h 以上，且膜材料表现出良好的热化学稳定性。在此基础上进一步采用该膜材料制备出管式膜用于 POM 膜反应器的研究，结合 POM 反应过程对管式膜微观结构的影响，通过改进膜反应器进料方式（图 9-61）提高其操作的稳定性。

2. POM膜反应器数学模型研究

利用数学模型对膜反应器进行模拟，对膜反应研究和工程放大具有重要意义。由于无机催化膜反应器的实验操作复杂，利用数学模型对膜反应器进行模拟，深入了解膜反应器内的传质和反应的机理及过程，能够从理论上对实验进行指导并为工程放大提供必要的参考数据。在 $La_{0.6}Sr_{0.4}Co_{0.2}Fe_{0.8}O_{3-\delta}$(LSCF) 管式膜氧渗透及膜反应实验研究的基础上，开展了 POM 管式膜反应器的模型研究，建立了一维等温数学模型，对膜反应过程的操作参数进行了模拟预测。

在不同温度下，模拟了甲烷转化率和一氧化碳选择性的变化，发现甲烷转化率随温度的升高而增加，而产物的选择性下降，说明对于某一进料状态，选择合适的温度对同时取得较好的转化率和选择性很重要。模拟表明 1123K 是甲烷部分氧化制合成气膜反应的最佳操作温度，此温度下，甲烷转化率及一氧化碳选择性均达到最高。用模型对膜管长度影响进行了考察。对于确定的进料量，选择合适的管长，对反应转化率和选择性提高也很重要。与固定床反应器不同，致密膜反应器中氧气沿反应器轴向方向均匀分布。对于一定的反应物进料量，若致密膜反应器过长，易导致反应产物深度氧化，即存在一最佳反应器长度（即存在最佳空速）。从另一个角度来讲，达到同一甲烷转化率和选择性指标，膜管越长，处理的甲烷量越多。

三、二氧化碳分解耦合甲烷部分氧化膜反应研究

近几年来，由于二氧化碳过量排放所导致的“温室效应”使得全球气候变暖，已引起了各国科学家越来越多的关注。国内外众多研究项目都在试图转化或固定CO_2。但把CO_2作为能源产生技术还面临着重大的挑战，其中一种可行的方法是将CO_2直接高温分解为一氧化碳和氧气。

分解产生的CO可以作为原材料用以合成一些重要的基础化工原料。然而，该反应是一个强吸热过程，反应必须要在高温下才能实现，并且还要受到热力学平衡的限制。因此，在传统的固定床反应器中难以实现CO_2分解制CO和O_2。把混合导体氧渗透膜用于CO_2高温分解反应，将为其提供新的研究思路。该技术把膜分离与化学反应耦合起来，可以打破反应热力学平衡的限制，以提高CO_2转化率。

利用陶瓷氧渗透膜反应器来实现CO_2的高温分解反应。在化学反应器中使用氧渗透膜技术可以使反应平衡发生移动，从而提高反应的转化率与选择性。首次将CO_2热分解（TDCD）与甲烷部分氧化（POM）制合成气耦合，期望在同一氧渗透膜反应器中同时进行CO_2高温分解反应以及POM反应[58]。利用混合导体氧渗透膜同时具有氧离子导电和电子导电的性能，可以在高温下选择性透氧，将TDCD与POM反应过程耦合，使CO_2在高温下在致密氧渗透膜表面发生分解反应，生成CO和O_2，为下游侧POM反应提供氧源：$2CO_2 \rightleftharpoons 2CO+O_2$，氧气通过氧渗透膜以氧离子的形式传导到氧渗透膜的另一侧：$\frac{1}{2}O_2 + 2e^- \longrightarrow O^{2-}$，在膜的透过侧，氧与$CH_4$在催化剂存在下进行POM反应，产生氢气和一氧化碳：$CH_4 + O^{2-} \longrightarrow CO + 2H_2 + 2e^-$。由于该侧的甲烷与氧发生反应使透过的氧不断被移走，从而打破了CO_2分解反应的平衡，促使CO_2不断向CO转化。与此同时，在下游侧POM反应生成的H_2与CO的比例接近于2∶1，这是进行后续的Fischer-Tropsch反应以及制备甲醇等燃料的理想比例[59]。膜反应流程及机理如图9-62所示。

采用$SrCo_{0.4}Fe_{0.5}Zr_{0.1}O_{3-\delta}$(SCFZ)[60]和SCFA［掺杂3%（质量分数）Al_2O_3的$SrCo_{0.8}Fe_{0.2}O_{3-\delta}$］[61]对TDCD耦合POM反应进行了基础研究，在片式膜和管式膜反应器上考察了表面修饰、反应过程的操作参数（如反应温度、甲烷的进料浓度、二氧化碳的进料浓度等）的影响，重点考察该反应过程中膜材料微结构的演变，同时提出了自催化混合导体氧渗透膜反应器，并在此基础上研究氧渗透膜反应器中CO_2分解机理。

1. 膜反应器中二氧化碳分解耦合甲烷部分氧化膜反应

（1）SCFA膜反应器中CO_2分解耦合POM　对管式SCFA膜反应性能随温度的变化［TDCD侧，CO_2流量为6mL/min（STP），He流量为24mL/min（STP）；POM侧，CH_4流量为1mL/min（STP），Ar流量为19mL/min（STP）］进行考察。

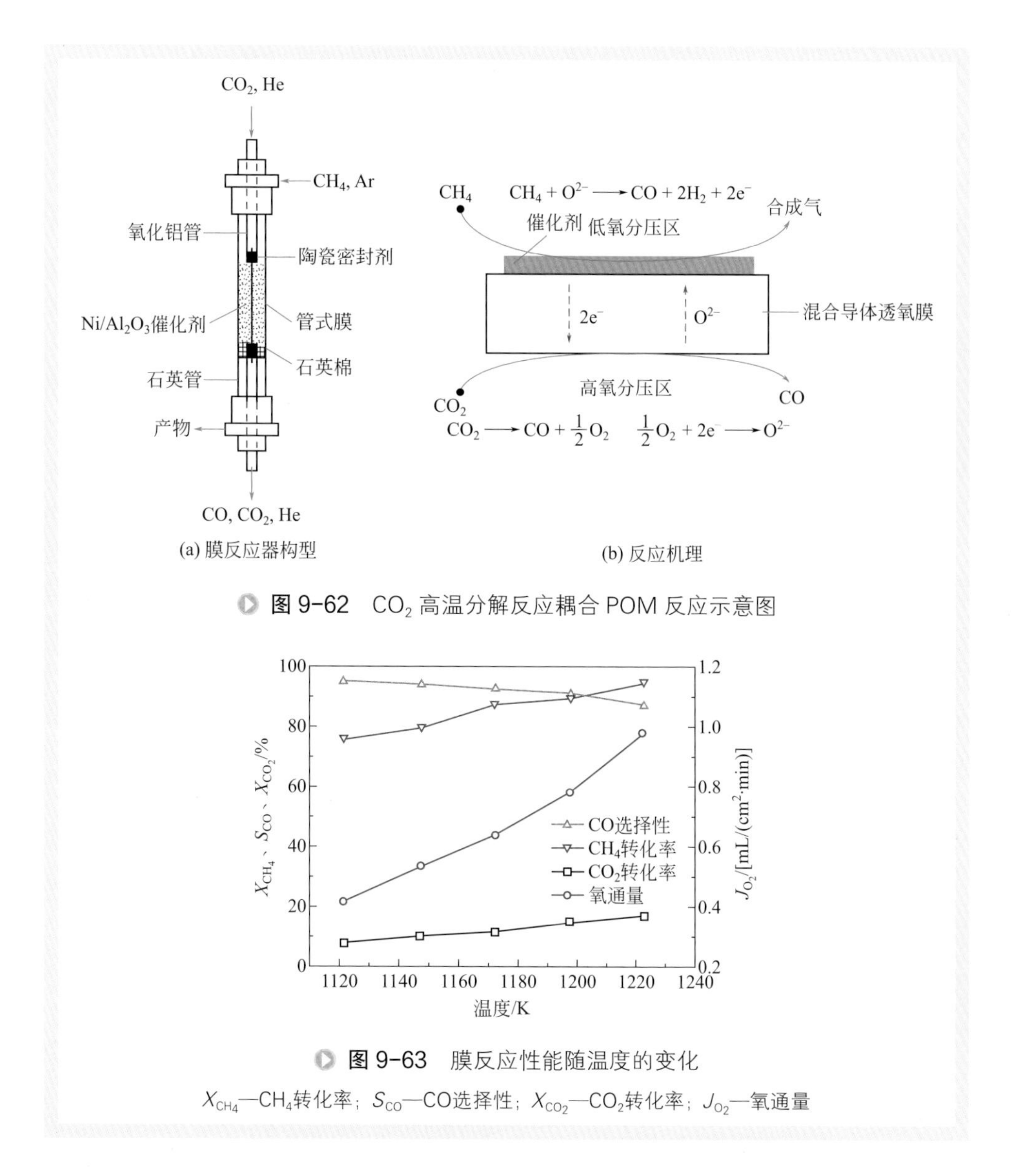

图 9-62　CO_2 高温分解反应耦合 POM 反应示意图

图 9-63　膜反应性能随温度的变化

X_{CH_4}—CH_4转化率；S_{CO}—CO选择性；X_{CO_2}—CO_2转化率；J_{O_2}—氧通量

如图 9-63 所示，CO_2 和 CH_4 的转化率以及透氧通量随温度的升高而升高。一般而言，混合导体致密氧渗透膜的氧通量取决于膜的氧扩散速率和氧表面交换速率。一方面，根据 Wagner 方程 [62]，随着温度的升高，SCFA 氧渗透膜的氧渗透速率增大；另一方面，在膜的一侧发生的 CO_2 分解反应为吸热反应，另一侧发生的甲烷部分氧化反应，催化剂的活性随温度的升高而增大。因此，SCFA 氧渗透膜的氧渗透性能随温度的升高而增大。从热力学平衡角度而言，氧扩散速率的增大同时也有利于 CO_2 的分解（CO_2 的转化率从 1123K 的 8.4% 上升到 1223K 的 17.2%）。根据热力学平衡，1173K 时，CO_2 的转化率仅为 0.00052%。此处 1173K 时，CO_2 的转化率为 12.4%，同时，CH_4 的转化率为 86%，CO 的选择性为 93%，H_2/CO 为 1.8。

随后考察了 1173K 时甲烷的进料流量对膜反应器性能的影响［膜管内侧：CO_2 为 6mL/min（STP），He 为 24mL/min（STP）；膜管外侧：甲烷的进料流量从 1mL/min（STP）变化到 3mL/min（STP）］。结果表明：CO_2 转化率随着甲烷进料流量的增大而增大，CH_4 的转化率随着甲烷进料流量的增大而降低。同时，CO 的选择性和氧渗透通量随着甲烷进料流量的增大而增大。基于以上现象，在有 Ni/Al_2O_3 催化剂的细管式氧渗透膜内甲烷转化机理类似于燃烧重整机理。也就是说，在这个过程中，所有渗透过来的氧首先用于甲烷的完全氧化，然后剩余的甲烷与水、二氧化碳发生重整生成一氧化碳和氢气。当甲烷进料流量增加时，增加的甲烷与二氧化碳和水发生反应生成合成气，因此一氧化碳的选择性提高。同时，由于 POM 反应侧氧分压的降低，透氧通量提高，从而更有利于二氧化碳的分解。随后对 1173K 时二氧化碳进料流量对膜反应性能的影响进行考察［膜管内侧：CO_2 流量从 6mL/min（STP）变化到 15mL/min（STP），CO_2 和 He 的总流量保持在 30mL/min（STP）；膜管外侧：甲烷为 1mL/min（STP），氩气为 19mL/min（STP）］。结果表明：随着二氧化碳进料浓度的增大，二氧化碳的转化率降低，甲烷的转化率先缓慢增加后维持在 96%。对于某一膜材料而言，当其在固定的温度，吹扫气固定时，透氧通量应该是确定的。换句话而言，由于受本身膜材料氧通量的限制，由二氧化碳分解得来的氧只有部分透过氧渗透膜，从而二氧化碳的转化率会降低。

图 9-64 为 1173K 时 TDCD 耦合 POM 反应的长期稳定性。在开始的前 4h，二氧化碳、甲烷的转化率和透氧通量急速上升直至达到平衡。稳定后，甲烷的转化率为 86%，一氧化碳的选择性为 93%，二氧化碳的转化率为 12.4%。62h 后，膜片发生断裂。

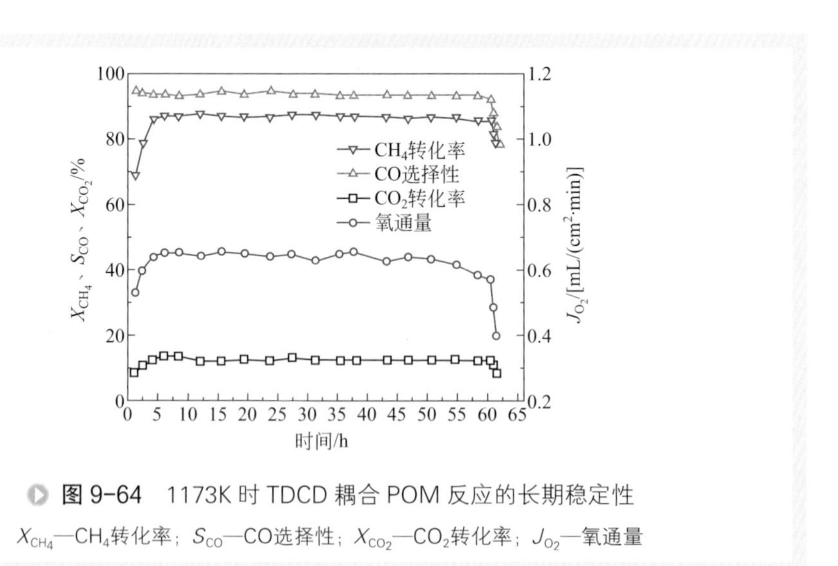

图 9-64　1173K 时 TDCD 耦合 POM 反应的长期稳定性

X_{CH_4}—CH_4转化率；S_{CO}—CO选择性；X_{CO_2}—CO_2转化率；J_{O_2}—氧通量

（2）表面修饰对膜反应性能的影响　混合导体氧渗透膜的稳定性不仅取决于温度和氧分压梯度，还受膜片两侧所处的气氛影响。在 SCFZ 片式膜上考察了 TDCD 耦合 POM 反应时膜反应器的性能，发现 SCFZ 膜在还原气氛中操作了 28h 以后，膜材料出现分解，最终产生裂纹。

为了调查膜材料在还原性气氛下的结构稳定性，对使用前和反应后的 SCFZ 膜进行了表面形貌分析（SEM），结果如图 9-65 所示。图 9-65（a）显示，新鲜膜的表面层存在明显的晶界。经过反应后，在膜体的中间部分仍然保持有较为明显的晶界［图 9-65（b）］。经过长时间操作后两侧的膜表面发生了明显刻蚀，膜表面形成一层多孔层，已看不出完整的晶界［图 9-65（c）和（d）］，而且暴露于 CO_2 侧膜片表面的刻蚀程度要高于暴露于 CH_4 侧的膜片。

同时通过 XRD 分析发现：反应膜两侧钙钛矿的特征峰明显减弱。如图 9-66 所示，CO_2 侧除了微弱的钙钛矿特征峰以外还有很强的 $SrCO_3$ 特征峰。$SrCO_3$ 主要是 CO_2 和膜材料发生反应生成的，说明在 CO_2 侧除了反应生成的还原性气体 CO 能够腐蚀氧渗透膜材料，酸性气体 CO_2 也破坏了膜材料的微结构。CH_4 侧含有少许的金属 Fe 的特征峰，主要是 CH_4 和反应产生的还原性气体 CO 和 H_2 还原 SCFZ 材料产生的。膜材料微结构在还原气氛和 CO_2 气氛中发生了变化，最终影响膜的稳定性。

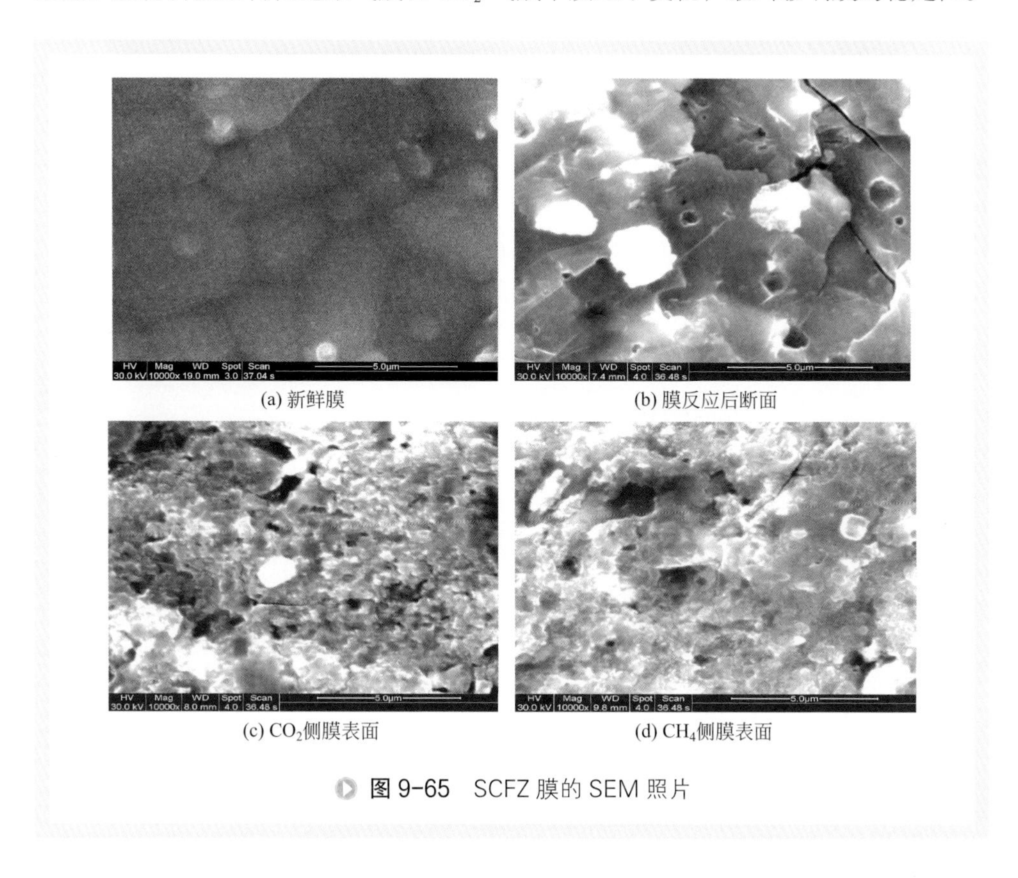

(a) 新鲜膜　(b) 膜反应后断面

(c) CO_2侧膜表面　(d) CH_4侧膜表面

图 9-65　SCFZ 膜的 SEM 照片

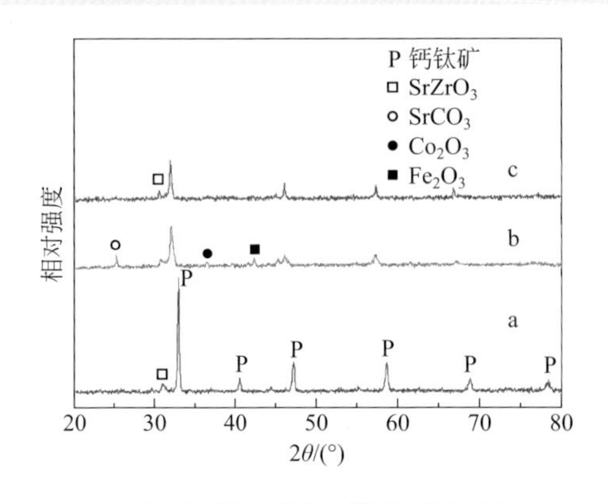

图 9-66 SCFZ 膜的 XRD 图

a—新鲜膜；b—CO_2侧膜表面；c—CH_4侧膜表面

在实际操作过程中应该尽量地避免膜与腐蚀性的气体直接接触。期望通过表面修饰来减少气体对膜材料微结构的破坏作用，达到提高氧渗透膜稳定性的目的。在1.5mm 的 SCFZ 片式膜上负载一层厚度约为 10μm（如图 9-67 所示）的多孔层，多孔层的材料也为 SCFZ。

为了考察修饰层对膜反应性能的影响，在三种膜反应器上进行了 CO_2 分解耦合 POM 反应，如图 9-68 所示。首先在空白膜反应器［图 9-68（a）］上完成了 CO_2 分解实验。膜反应条件：TDCD 侧，CO_2 为 6mL/min（STP），He 为 24mL/min（STP）；POM 侧，CH_4 为 1mL/min（STP），Ar 为 19mL/min（STP）。反应结果见图 9-69，由于甲烷侧没有装填 Ni/Al_2O_3 催化剂，CO_2 的转化率比上述装填 Ni/Al_2O_3 催化剂反应过程中的 CO_2 转化率低，而且氧渗透膜稳定操作 36h 后破裂。

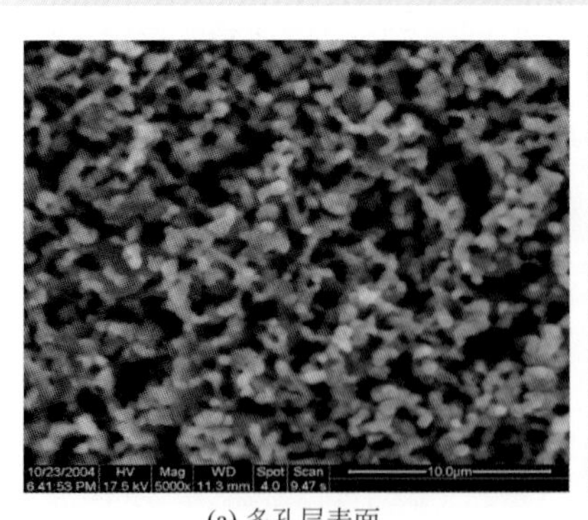

(a) 多孔层表面

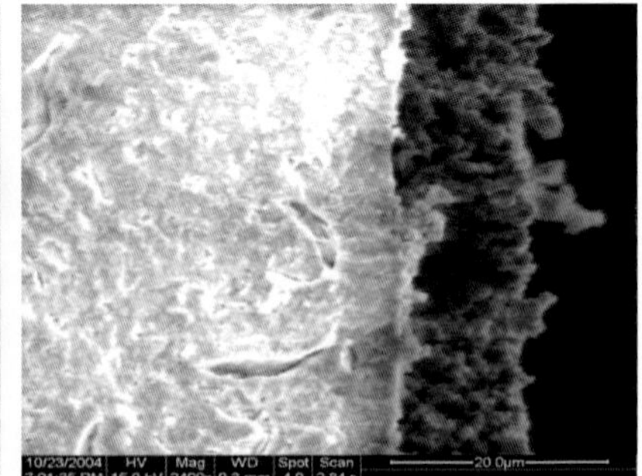

(b) 多孔层断面

图 9-67 表面修饰层的 SEM 照片

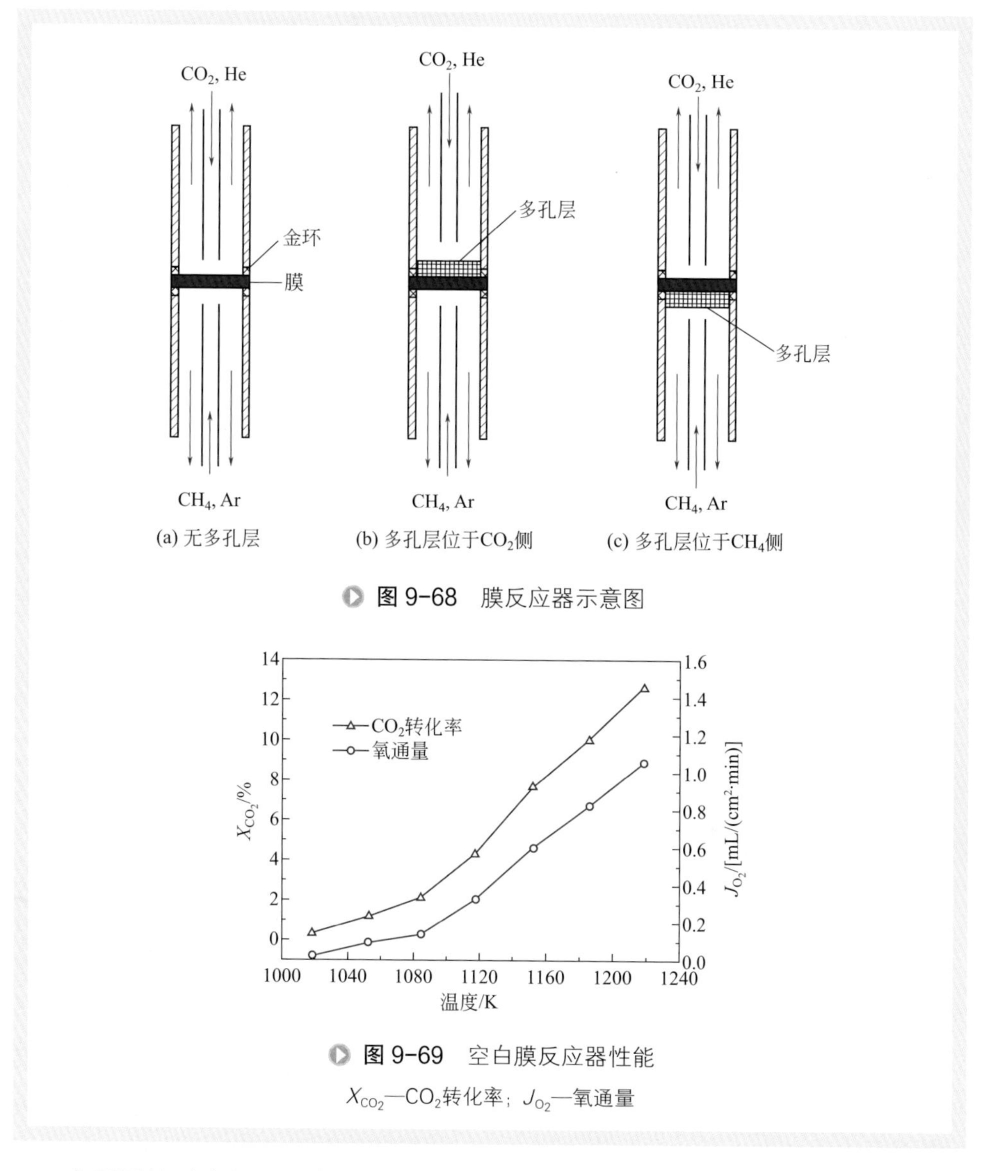

图 9-68　膜反应器示意图

图 9-69　空白膜反应器性能

X_{CO_2}—CO_2转化率；J_{O_2}—氧通量

在不同的反应侧经过表面修饰后［见图 9-68（b）和（c）］膜反应性能随温度的变化，反应条件同空白膜反应器中一致。如图 9-70 和图 9-71 所示，在 CH_4 侧表面修饰后，1173K 条件下 CO_2 的分解率达到了 8.7%，而且氧渗透膜能够稳定地操作 68h 以上。同时，在 CO_2 侧进行表面修饰后 CO_2 的转化率达到了 9.2%，膜反应器的稳定性提高了三倍，达到了 120h 以上。结果证明，在 CO_2 侧进行表面修饰对提高膜反应器性能更有利。根据有关文献资料，一般在氧渗透膜的渗透侧（也就是低氧分压侧）进行表面修饰对提高氧渗透膜性能更有利 [63,64]，然而此处 CO_2 分解过程中得到相反的结果，因而有必要研究氧渗透膜反应器中 CO_2 分解机理。

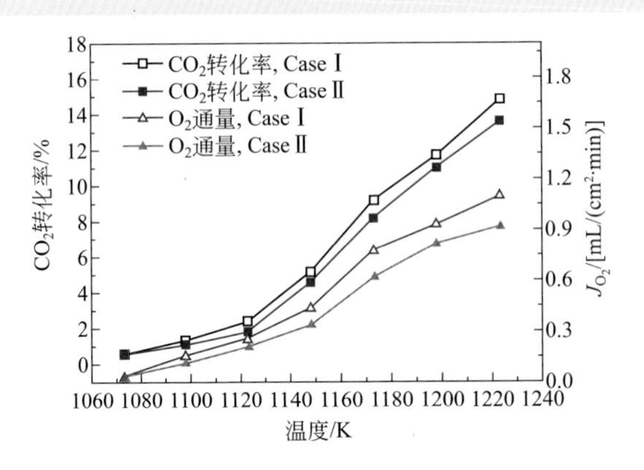

图 9-70 经过表面修饰后膜反应器性能

Case Ⅰ—在CO_2侧修饰；Case Ⅱ—在CH_4侧修饰

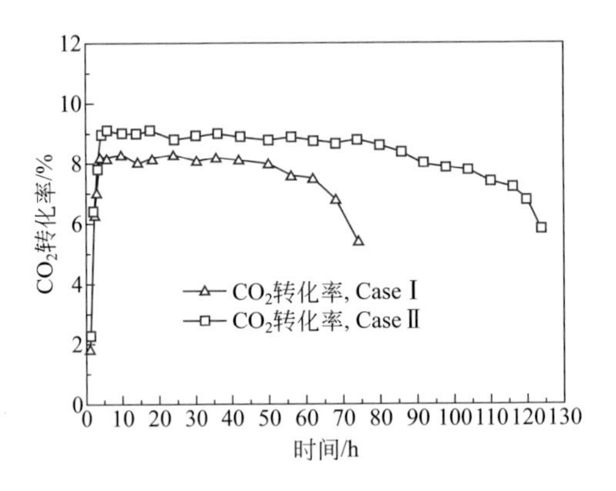

图 9-71 表面修饰后膜稳定性考察

Case Ⅰ—在CH_4侧修饰；Case Ⅱ—在CO_2侧修饰

CO_2在混合导体氧渗透膜反应器中存在两种可能的分解途径。一种是CO_2直接在气相主体分解，反应生成的氧气通过氧渗透膜传递到膜的渗透侧，从而打破CO_2分解的热力学平衡，提高CO_2的转化率。另外一种可能的途径是CO_2在膜面发生分解，反应生成的氧气与膜表面的氧空位结合生成晶格氧后透过氧渗透膜。此处通过设计实验研究CO_2的分解途径，膜的一侧通入CO_2和He的混合气体［CO_2和He的流速分别为6mL/min（STP）和24mL/min（STP）］，而氧渗透膜的另一侧仅使用Ar作吹扫气［Ar的流量为20mL/min（STP）］。由于Ar不能够提供足够低的氧分压，CO_2的转化率仅为0.3%，氧通量为0.023mL/（cm^2·min）（STP）。经过计算发现，反应生成的氧气有超过70%透过氧渗透膜。也就是说，CO_2侧的氧分压低于CH_4的氧分压。在以前的研究中发现，如果采用空气作氧源，空气气相主体的氧化学势最高，而渗透侧的氧化学势最低。如图9-72（a）所示，从进料侧气相

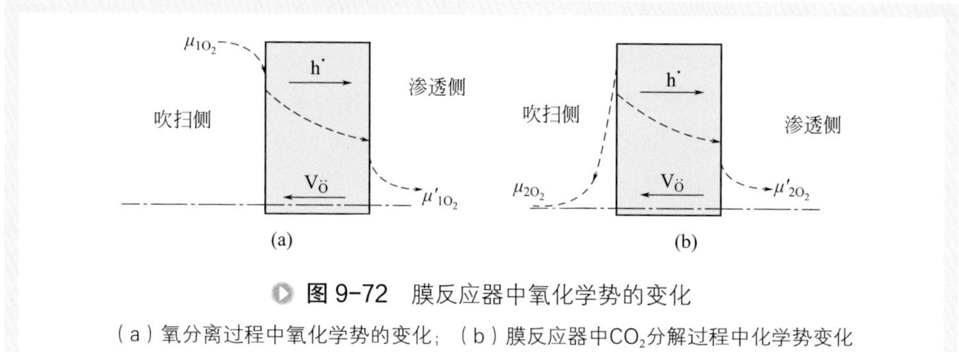

图 9-72 膜反应器中氧化学势的变化

(a) 氧分离过程中氧化学势的变化；(b) 膜反应器中CO_2分解过程中化学势变化

$V_{\ddot{o}}$=氧离子空位；h˙=电子空穴；μ=化学势

主体到渗透测主体氧化学势依次降低；对于膜反应器中 CO_2 分解来说，渗透侧气相主体的氧化学势比反应侧高，也就是反应器中氧化学势最高点在反应侧膜表面，如图 9-72（b）所示。如果 CO_2 分解发生在气体主相，气体主相中的氧化学势将比渗透侧氧化学势高，否则没有推动力使氧透过氧渗透膜。这与实验结果相反，因而可以推断 CO_2 主要在膜表面发生分解反应。正是由于 CO_2 分解反应主要发生在膜表面，CO_2 以及反应生成的 CO 与膜面直接接触，严重破坏膜的稳定性。在 CO_2 侧进行表面修饰以后，CO_2 主要在多孔层的内孔表面分解。多孔层显著增加了反应的有效面积，因而有助于提高氧交换速率，提高 CO_2 的分解率。另外，多孔层能够有效地阻碍 CO_2 气体与膜面直接接触，降低气体对膜材料的腐蚀，从而延长膜反应器的操作时间。

2. 二氧化碳分解耦合甲烷部分氧化自催化混合导体氧渗透膜反应器

在 $SrCo_{0.4}Fe_{0.6}Zr_{0.1}O_{3-\delta}$(SCFZ) 膜反应器中 CO_2 热分解耦合甲烷部分氧化制合成气反应的研究发现，尽管 SCFZ 氧渗透膜能够及时地移走 CO_2 分解产生的氧气，从而打破 CO_2 分解平衡，提高其分解率，但是 CO_2 分子是碳的最高氧化态，其生成热极高，分子结构十分稳定，是一种低“化学势”分子。因此，要建立 CO_2 资源转化过程，CO_2 分子的活化是关键问题之一。因而需要开发一种有效的催化剂活化 CO_2 分子，降低 CO_2 分解的活化能。

二氧化碳分子的活化研究已有几十年的历史，并取得了显著的进步。目前，国内外研究人员开发的 CO_2 分解催化剂已有数十种，主要包括铁酸盐类化合物、过渡金属、过渡金属氧化物以及碱土金属。过渡金属 Fe、Ni 等对 CO_2 分子有很高的催化活性，CO_2 的分解率也很高，但一氧化碳在 Fe 和 Ni 表面容易发生分解（活化能分别为 105kJ/mol 和 144kJ/mol），因而 CO_2 在 Fe、Ni 的表面较容易发生深度分解而导致 CO 的选择性很低。目前的催化剂主要存在以下两个方面的缺点：① CO_2 分解的主要产物是炭和氧气，CO 的选择性非常低，而且炭很容易沉积在催化剂表面使催化剂失活；②催化剂在反应的过程中很快被 CO_2 氧化，必须边使用边还原，因而不能实现 CO_2 的连续催化分解。

不能实现 CO_2 连续催化分解主要是因为 CO_2 催化分解产生的氧气氧化催化剂，使催化剂失去催化活性，催化剂使用后必须经过还原才能恢复其催化活性，因而此类催化剂只能适用于间歇操作或者脉冲操作，若 CO_2 催化分解产生的氧物种能够及时被消耗或者移走，那么催化剂催化活性不需要经过还原就能自动恢复。其中一种有效的办法就是将 CO_2 的催化分解反应与氧渗透膜分离技术相结合，CO_2 催化分解产生的氧气通过氧渗透膜转移到膜的渗透侧，使催化剂无需经过还原就能恢复其催化活性，从而实现催化剂催化活性的自再生。

CO_2 分解催化剂的活性组分主要包括过渡态金属，催化剂的活性太高容易使 CO_2 分解产生炭，比如过渡金属、Fe、Ni 等。过渡金属 Pd、Cu 对 CO_2 分解具有良好的催化活性，此处选用 Pd 作催化剂活性组分，另外，催化剂载体的研制对于催化剂的研究至关重要。在反应的过程中，若 CO_2 催化分解生成的氧不能及时消耗或者移走，催化剂就会很快失活。因而催化剂载体必须具有氧空位和晶格氧的传递能力，确保反应生成的晶格氧能及时转移，使催化分解反应连续进行。选用 SCFZ 混合导体氧渗透膜考察 CO_2 的催化分解率。考虑到催化剂和氧渗透膜之间的匹配性，选用厚度为 1.5mm 的 SCFZ 氧渗透膜进行 CO_2 分解催化剂性能的评价。CO_2 催化分解反应装置与 CO_2 分解耦合甲烷部分氧化制合成气反应装置类似，如图 9-73 所示。催化剂的装填量约为 0.02g Pd/SCFZ[65]。后续 POM 侧表面均装填 0.09g 17.7%（质量分数）NiO/γ-Al_2O_3 催化剂。

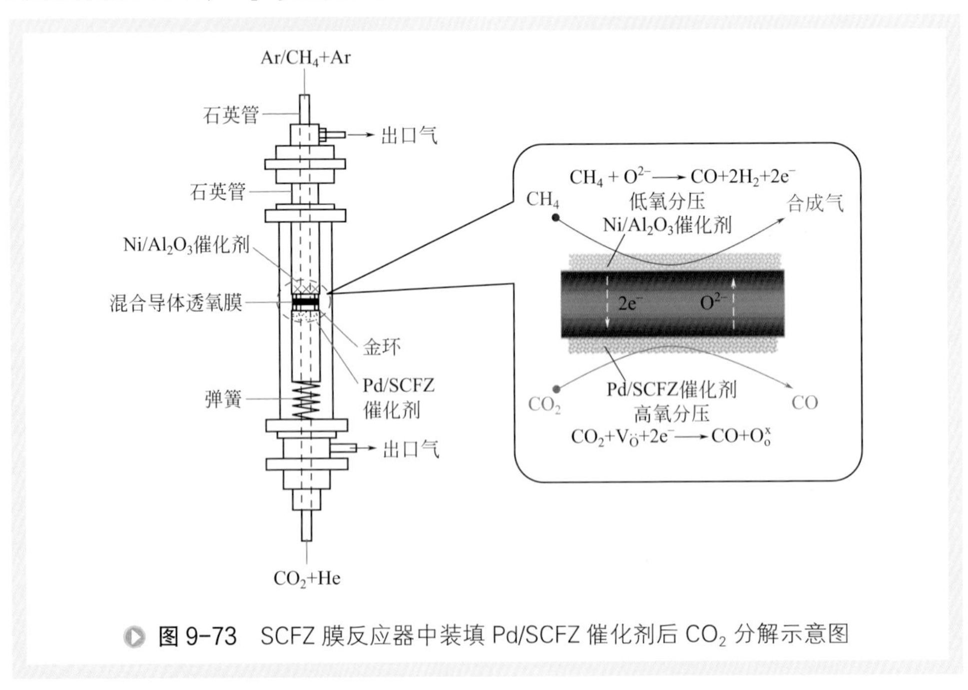

图 9-73　SCFZ 膜反应器中装填 Pd/SCFZ 催化剂后 CO_2 分解示意图

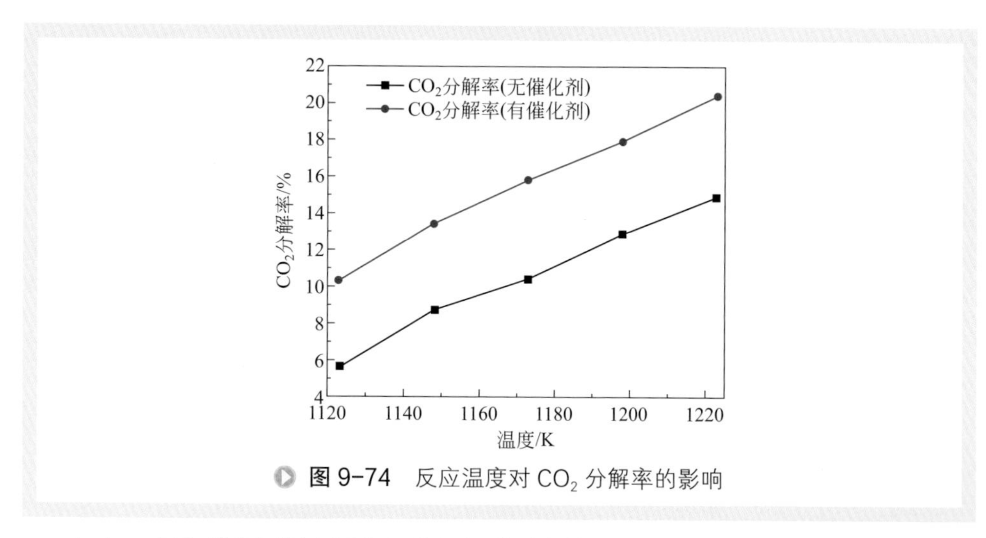

图 9-74　反应温度对 CO_2 分解率的影响

（1）二氧化碳分解耦合甲烷部分氧化膜反应性能　在未负载和负载 Pd/SCFZ 催化剂的两种混合导体氧渗透膜反应器中将 TDCD 耦合 POM，详细地考察 Pd/SCFZ 催化剂对 CO_2 分子的活化性能。膜反应条件：TDCD 侧，CO_2 为 6mL/min（STP），He 为 24mL/min（STP）；POM 侧，CH_4 为 2mL/min（STP），Ar 为 28mL/min（STP）。如图 9-74 所示，CO_2 的分解率随反应温度的升高而显著增加。装填 Pd/SCFZ 催化剂后 CO_2 的分解率从 1123K 的 10.3% 提高到 1223K 的 20.4%，同时，CH_4 的转化率和氧渗透通量在 1223K 条件下分别提高到 52.2% 和 1.84mL（STP）/（cm^2•min），如图 9-75 所示，CH_4 转化率和氧渗透通量的提高主要是因为装填 Pd/SCFZ 催化剂后 CO_2 的分解率显著提高有利于氧渗透和进行 POM 反应。另外，POM 反应中 CO 的选择性和产物的 H_2/CO 比分别为 94% 和 1.9。为对比，图 9-74 中也列出了未装填催化剂下 CO_2 的分解率。结果表明，在 SCFZ 氧渗透膜的 CO_2 侧装填 Pd/SCFZ 催化剂后，CO_2 的分解率得到显著提高，且氧渗透膜下端 POM 反应中 CH_4 的转化率和氧渗透通量也显著提高。

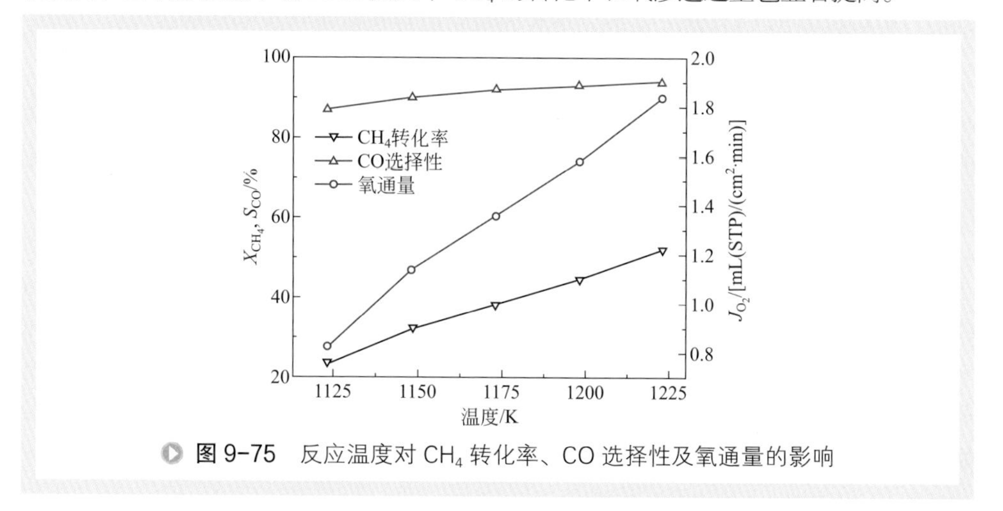

图 9-75　反应温度对 CH_4 转化率、CO 选择性及氧通量的影响

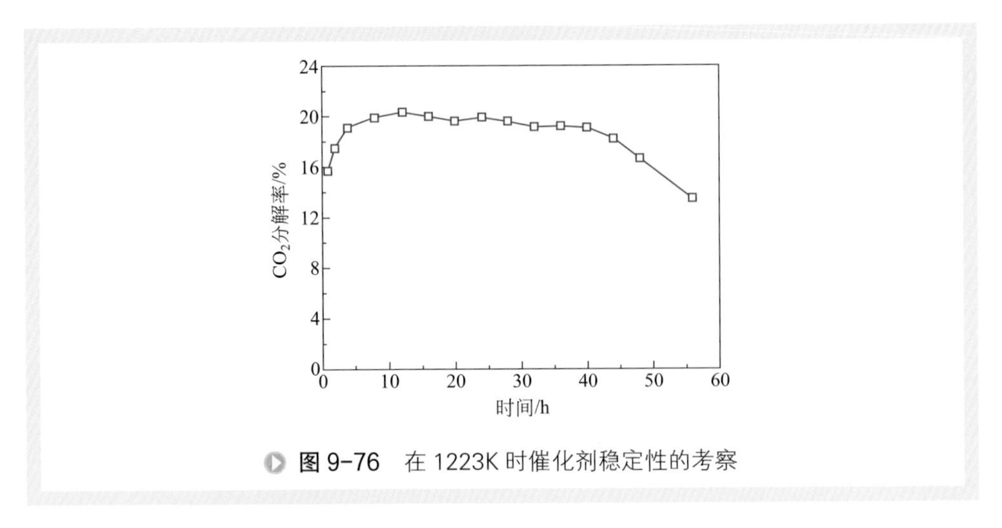

图 9-76　在 1223K 时催化剂稳定性的考察

在 1223K 时催化剂的稳定性如图 9-76 所示，CO_2 催化分解反应经过 3 ～ 4h 到达稳定，经过约 42h 的稳定操作后催化剂催化活性显著下降。Pd/SCFZ 催化剂催化活性的下降主要原因可能是 CO_2 和还原性气体对氧渗透膜材料有较强的腐蚀作用[66,67]。正是由于 CO_2 气体在高温下与氧渗透膜材料反应降低了催化剂载体中的氧空位浓度和离子 - 电子传导性能，CO_2 分解产生的氧不能及时与氧空位结合并转移，从而影响了催化剂的活性。

（2）二氧化碳分解耦合甲烷部分氧化反应机理　通过原位红外光谱研究了 CO_2 分子在 Pd/SCFZ 催化剂表面的吸附及活化行为。图 9-77 为 393K 时 6.67kPa 压力下 CO_2 分子在催化剂表面的吸附红外光谱图。为了更清楚地显示 CO_2 吸附在催化剂表面的红外特征图，图中同时也列出了 Pd/SCFZ 固体红外光谱图。CO_2 在 Pd/SCFZ 催化剂表面吸附后的主要的振动峰位于 $1962cm^{-1}$、$1590cm^{-1}$、$1038cm^{-1}$ 和 $907cm^{-1}$。其中 $1962cm^{-1}$ 峰起源于 CO_2 在催化剂表面离解产生的 Pd—CO 的振动峰。因而，可以推断出 CO_2 分子在催化剂表面吸附后存在以下可逆的离解过程：

$$CO_2(gas) \rightleftharpoons CO_{ads}+O_{ads}$$

另外两个振动峰（$1590cm^{-1}$ 和 $1038cm^{-1}$）可能是 CO_2 在催化剂表面吸附生成的具有二齿结构的碳酸盐产生的振动峰，CO_2 在碱性的金属氧化物表面往往很容易产生此类的特征振动峰。

图 9-78 为 CO_2 在 Pd/SCFZ 催化剂表面吸附后的脱附 TPD-MS 结果。CO_2 分子在 393K 开始从催化剂表面脱附出来，在 393 ～ 473K 温度范围内有两个主要的 CO_2 脱附峰，它们分别起始于 419K 和 435K。脱附出的 CO_2 主要是在催化剂表面有二齿结构的 CO_2 脱附产生的。另外，研究发现在 483K 处有 CO 的脱附峰（其他两个 CO 特征峰可能是 CO_2 的碎片）。CO 的产生起源于 Pd—CO 的解离，CO 脱附峰的存在进一步证明了 Pd/SCFZ 催化剂能够有效地活化 CO_2 分子。

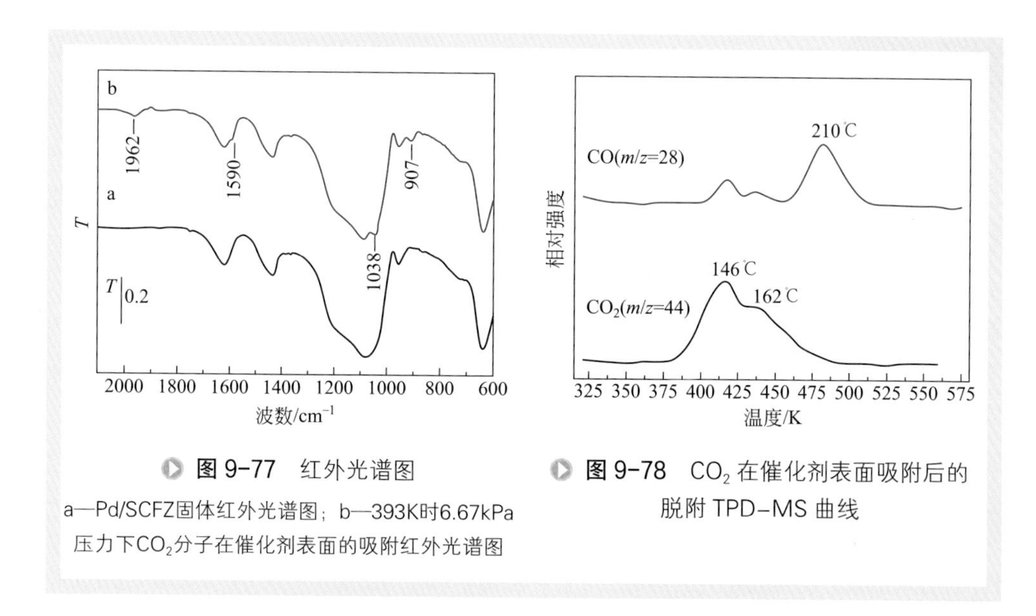

图 9-77　红外光谱图

a—Pd/SCFZ固体红外光谱图；b—393K时6.67kPa压力下CO_2分子在催化剂表面的吸附红外光谱图

图 9-78　CO_2在催化剂表面吸附后的脱附 TPD-MS 曲线

推断的混合导体氧渗透膜反应器中CO_2催化分解的机理模型图，如图 9-79 所示。CO_2在 Pd/SCFZ 催化剂表面的活化过程可以分为三个步骤。步骤 1：CO_2分子吸附在催化剂表面，存在一种典型的桥式羰基吸附结构（Pd—CO），此类结构的吸附是由于CO_2在催化剂表面吸附分解产生的。而且，通过CO_2-TPD-MS 表征发现脱附产物中既有CO_2也有 CO，暗示了CO_2在催化剂表面的吸附过程中经历了离解过程。步骤 2：CO_2分解产生的氧原子和 SCFZ 中的氧空位（$V_{\ddot{o}}$）结合产生晶格氧（O_o^x）。步骤 3：Pd—CO 分解生成 CO 和 Pd，O_o^x在氧化学势的推动下透过氧渗透膜，同时在催化剂载体中形成新的氧空位。由于催化剂载体 SCFZ 氧化物自身是一种混合电子 - 离子导体，反应产生的晶格氧能够从催化剂载体向氧渗透膜表面扩散。然后晶格氧在化学势的推动下透过氧渗透膜，同时在催化剂载体中形成新的氧空位，原位恢复催化剂的催化活性，实现CO_2的连续催化分解反应。在该催化分解过程中，CO_2分解的动力学障碍和热力学限制能够打破，在氧渗透膜反应器中实现CO_2催化分解为 CO 和O_2，而且通过氧渗透膜转移分解生成的氧实现催化剂催化性能的自再生。

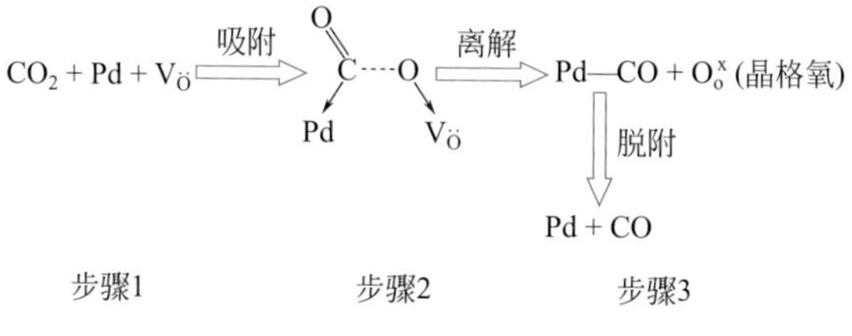

$CO_2 + Pd + V_{\ddot{o}}$ ⟹(吸附) O=C(Pd)····O($V_{\ddot{o}}$) ⟹(离解) Pd—CO + O_o^x (晶格氧) ⟹(脱附) Pd + CO

步骤1　　步骤2　　步骤3

图 9-79　CO_2在 Pd/SCFZ 催化剂表面活化机理

第五节 结语

过程工业中很多气相反应是可逆反应，受热力学平衡的限制使得反应的能耗高和收率低。无机膜及无机膜催化反应器的出现有可能引起化学工业某些工艺的变革或者突破性的进展。然而，要使该技术具有工业使用价值，高选择性、高透过性、高分离度、持久耐用的膜材料的制备是首要考虑的问题。根据不同催化反应体系和膜分离性能的要求，高效、实用的膜反应器构型设计也有待大力开发。多行业、多学科之间的互相渗透和借鉴，是加快气相催化无机膜反应器工程化的捷径。

参考文献

[1] 徐如人，庞文琴，霍启升．分子筛与多孔材料化学 [M]. 第 2 版．北京：科学出版社，2004.

[2] 顾学红，洪周，蔡超．一体式多根陶瓷中空纤维分子筛膜制备方法 [P]. ZL 201610256294. 3. 2018-03-30.

[3] 顾学红，刘德忠，时振洲，等．一种高强度的中空纤维分子筛膜及其制备方法 [P]. ZL 201310754315. 0. 2016-06-01.

[4] 顾学红，陈圆圆，王学瑞，等．一种陶瓷中空纤维膜的微观结构调变方法 [P]. ZL 201310066504. 9. 2016-02-10.

[5] 顾学红，时振洲，陈园园，等．一种制备多通道陶瓷中空纤维膜的方法 [P]. ZL 201310244094. 2. 2015-11-11.

[6] 顾学红，何勇，王学瑞，等．一种中空纤维分子筛膜的批量化制备方法 [P]. ZL 201210064435. 3. 2015-04-22.

[7] 顾学红，朱自萍，徐南平．一种用于低温 CO 氧化反应的纳米金 - 分子筛催化膜及其制备方法 [P]. ZL 201010167673. 8. 2012-05-30.

[8] 顾学红，王学瑞，蒋翼，等．一种中空纤维分子筛膜组件及其工艺 [P]. ZL 201310091581. X. 2015-02-18.

[9] Mendes D, Chibante V, Zheng J, et al. Enhancing the production of hydrogen via water-gas shift reaction using Pd-based membrane reactors [J]. Int J Hydrogen Energy, 2010, 35(22): 12596-12608.

[10] Bi Y, Xu H, Li W, et al. Water-gas shift reaction in a Pd membrane reactor over Pt/$Ce_{0.6}Zr_{0.4}O_2$ catalyst [J]. Int J Hydrogen Energy, 2009, 34: 2965-2971.

[11] Qi H, Chen H, Li L, et al. Effect of Nb content on hydrothermal stability of a novel ethylene-bridged silsesquioxane molecular sieving membrane for H_2/CO_2 separation [J]. J Membr Sci, 2012, 421-422: 190-200.

[12] Masuda T, Fukumoto N, Kitamura M, et al. Modification of pore size of MFI-type zeolite by catalytic cracking of silane and application to preparation of H_2-separating zeolite membrane [J]. Micropor Mesopor Mater, 2001, 48: 239-245.

[13] Gu X H, Tang Z, Dong J H. On-stream modification of MFI zeolite membranes for enhancing hydrogen separation at high temperature [J]. Micropor Mesopor Mater, 2008, 111: 441-448.

[14] 顾学红，孔晴晴，张春，等. 一种高稳定性全硅 MFI 型分子筛膜的制备方法 [P]. ZL 201410152031. 9. 2016-02-10.

[15] Zhang Y, Wu Z, Hong Z, et al. Hydrogen-selective zeolite membrane reactor for low temperature water gas shift reaction [J]. Chem Eng J, 2012, 197: 314-321.

[16] Hong Z, Sun F, Chen D, et al. Improvement of hydrogen-separating performance by on-stream catalytic cracking of silane over hollow fiber MFI zeolite membrane [J]. Int J Hydrogen Energy, 2013, 38: 8409-8414.

[17] 张春. MFI 沸石分子筛膜反应器用于二甲苯异构化反应的研究 [D]. 南京：南京工业大学，2012.

[18] Dong J, Lin Y S. Multicomponent hydrogen/hydrocarbon separation by MFI-type zeolite membranes [J]. AIChE J, 2000, 46(10): 1957-1966.

[19] Kim S, Xu Z, Reddy G K, et al. Effect of pressure on high-temperature water gas shift reaction in microporous zeolite membrane reactor [J]. Ind Eng Chem Res, 2012, 51: 1364-1375.

[20] Steele B C, Heinzel A. Materials for fuel-cell technologies [J]. Nature, 2001, 414(6861): 345-352.

[21] Sanchez R M T, Ueda A, Tanaka K, et al. Selective oxidation of CO in hydrogen over gold supported on manganese oxides [J]. Journal of Catalysis, 1997, 168(1): 125-127.

[22] Park E D, Lee D, Lee H C. Recent progress in selective CO removal in a H_2-rich stream [J]. Catalysis Today, 2009, 139(4): 280-290.

[23] Thevenin P O, Alcalde A, Pettersson L J, et al. Catalytic combustion of methane over cerium-doped palladium catalysts [J]. Journal of Catalysis, 2003, 215(1): 78-86.

[24] 朱峰. 纳米金负载型中空纤维催化膜反应器的制备与性能研究 [D]. 南京：南京工业大学，2012.

[25] 仲兆祥，武军伟，张峰，等. 烟气脱硫脱硝除尘一体化装置及工艺 [P]. ZL 201510071121. X. 2017-05-17.

[26] 沈云进，卞强，漆虹，等. 多孔碳化硅及氧化铝 / 碳化硅复合膜的制备与性能 [J]. 膜科学与技术，2013, 33(1): 22-26.

[27] 刘有智，石国亮，郭雨，等. 新型多孔碳化硅陶瓷膜管的制备与性能表征 [J]. 膜科学与技术，2007, 27(1): 32-34.

[28] 雷国元，余雄奎，刘巍，等. 无机陶瓷膜去除废气中微尘的试验研究 [J]. 武汉科技大学学报，2007, 30(4): 376-378.

[29] Heidenreich S, Haag W, Salinger M. Next generation of ceramic hot gas filter with safety fuses integrated in venturi ejectors [J]. Fuel, 2013, 108: 19-23.

[30] 王耀明，薛友祥，孟宪谦，等. 孔梯度陶瓷纤维复合膜管的制备及特性 [J]. 人工晶体学报，2007, 36(5): 1079-1084.

[31] 薛友祥，李拯，王耀明，等. 陶瓷纤维复合微滤膜制备工艺及性能表征 [J]. 硅酸盐通报，2004, 23(3): 10-13.

[32] 李琳琳. Pt@MOSiC 催化膜的制备及对甲苯催化氧化性能研究 [D]. 南京：南京工业大学，2017.

[33] 仲兆祥，邢卫红，杨怡，等. 一种低温制备多孔碳化硅支撑体的方法 [P]. ZL 201610442510. 3. 2018-04-13.

[34] Liu Q, Ye F, Hou Z P, et al. A new approach for the net-shape fabrication of porous Si_3N_4 bonded SiC ceramics with high strength [J]. J Eur Ceram Soc, 2013, 33: 2421-2427.

[35] 邢卫红，仲兆祥，韩峰，等. 一种晶须增强 SiC 多孔陶瓷材料及其制备方法 [P]. ZL 201410456770. 7. 2016-08-24.

[36] Han F, Zhong Z X, Zhang F, et al. Preparation and characterization of SiC whisker-reinforced SiC porous ceramics for hot gas filtration [J]. Ind Eng Chem Res, 2015, 54(1): 226-232.

[37] Han F, Zhong Z X, Yang Y, et al. High gas permeability of SiC porous ceramics reinforced by mullite Fibers [J]. J Eur Ceram Soc, 2016, 36: 3909-3917.

[38] 卞强，张晗宇，范益群. 凝胶注模法制备多孔碳化硅支撑体 [J]. 膜科学与技术，2014, 34(1): 29-33.

[39] Wei W, Zhang W Q, Jiang Q, et al. Preparation of non-oxide SiC membrane for gas purification by spray coating [J]. J Membr Sci, 2017, 540: 381-390.

[40] Perego C, Peratello S. Experimental methods in catalytic kinetics [J]. Catal Today, 1999, 52: 133-145.

[41] Masui T, Imadzu H, Matsuyama N, et al. Total oxidation of toluene on Pt/CeO_2-ZrO_2-Bi_2O_3/gamma-Al_2O_3 catalysts prepared in the presence of polyvinyl pyrrolidone [J]. J Hazard Mater, 2010, 176: 1106-1109.

[42] Saqer S M, Kondarides D I, Verykios X E. Catalytic oxidation of toluene over binary mixtures of copper, manganese and cerium oxides supported on gamma-Al_2O_3 [J]. Appl Catal B-Environ, 2011, 103: 275-286.

[43] Delimaris D, Ioannides T. VOC oxidation over CuO-CeO_2 catalysts prepared by a combustion method [J]. Appl Catal B-Environ, 2009, 89: 295-302.

[44] Choudhary V R, Deshmukh G M, Mishra D P. Kinetics of the complete combustion of dilute

propane and toluene over iron-doped ZrO_2 catalyst [J]. Energy & Fuels, 2005, 19: 54-63.
[45] Behar S, Gomez-Mendoza N A, Gomez-Garcia M A, et al. Study and modelling of kinetics of the oxidation of VOC catalyzed by nanosized Cu-Mn spinels prepared via an alginate route [J]. Applied Catalysis A-General, 2015, 504: 203-210.
[46] Checa M, Auneau F, Hidalgo-Carrillo J, et al. Catalytic transformation of glycerol on several metal systems supported on ZnO [J]. Catalysis Today, 2012, 196: 91-100.
[47] Moon S Y, Naik B, Jung C H, et al. Tailoring metal-oxide interfaces of oxide-encapsulated Pt/silica hybrid nanocatalysts with enhanced thermal stability [J]. Catalysis Today, 2016, 265: 245-253.
[48] Teraoka Y, Zhang H M, Furukawa S, et al. Oxygen permeation through perovskite-type oxides [J]. Chem Lett, 1985: 1743-1746.
[49] Wu Z T, Dong X L, Jin W Q, et al. A dense oxygen separation membrane deriving from nanosized mixed conducting oxide [J]. J Membr Sci, 2007, 291(1-2): 172-179.
[50] Dong X L, Wu Z T, Chang X F, et al. One-step synthesis and characterization of $La_2NiO_{4+\delta}$ mixed-conductive oxide for oxygen permeation [J]. Ind Eng Chem Res, 2007, 46(21): 6910-6915.
[51] Li S G, Qi H, Xu N P, et al. Tubular dense perovskite type membranes. Preparation, sealing, and oxygen permeation properties [J]. Ind Eng Chem Res, 1999, 38(12): 5028-5033.
[52] Li S G, Jin W Q, Huang P, et al. Tubular lanthanum cobaltite perovskite type membrane for oxygen permeation [J]. J Membr Sci, 2000, 166(1): 51-61.
[53] 金万勤，刘郑堃，张广儒，等. 一种管式非对称混合导体致密膜的制备方法 [P]. ZL 201210137396. 5. 2015-06-03.
[54] 金万勤，张广儒，姜威，等. 一体式管式陶瓷透氧膜分离反应器 [P]. ZL 201210074519. 5. 2014-02-26.
[55] Li K. Ceramic membranes for separation and reaction [M]. UK: Wiley-VCH, 2007.
[56] Kleveland K, Einarsrud M A, Grande T. Sintering behavior, microstructure, and phase composition of $Sr(Fe, Co)O_{3-\delta}$ ceramics [J]. J Am Ceram Soc, 2000, 83(12): 3158-3164.
[57] Mori M, Sammes N M, Tompsett G A. Fabrication processing condition for dense sintered $La_{0.6}AE_{0.4}MnO_3$ perovskite synthesized by the coprecipitation method(AE=Ca and Sr)[J]. J Power Sources, 2000, 85(1-2): 395-400.
[58] Jin W Q, Zhang C, Zhang P, et al. Thermal decomposition of carbon dioxide coupled with POM in a membrane reactor [J]. AIChE J, 2006, 52: 2545-2550.
[59] Wu Z T, Jin W Q, Xu N P. Oxygen Permeability and stability of Al_2O_3-doped $SrCo_{0.8}Fe_{0.2}O_{3-\delta}$ mixed conducting oxides [J]. J Membr Sci, 2006, 279: 320-327.
[60] Zhang C, Chang X F, Fan Y Q, et al. Improving performance of a dense membrane reactor for thermal decomposition of CO_2 via surface modification [J]. Ind Eng Chem Res, 2007,

46(7): 2000-2005.

[61] Yi J X, Feng S J, Yi J X, et al. Oxygen permeability and stability of $Sr_{0.95}Co_{0.8}Fe_{0.2}O_{3-x}$ in a CO_2 and H_2O-containing atmosphere [J]. Chem Mater, 2005, 17: 5856-5861.

[62] Kleinert A, Feldhoff A, Schiestel T, et al. Novel hollow fibre membrane reactor for the partial oxidation of methane [J]. Catal Today, 2006, 118: 44-51.

[63] Kharton V V, Kovalevsky A V, Yaremchenko A A, et al. Surface modification of $La_{0.3}Sr_{0.7}CoO_3$ ceramic membranes [J]. J Membr Sci, 2002, 195: 277-287.

[64] Laitar D S, Müller P, Sadighi J P. Efficient homogeneous catalysis in the reduction of CO_2 to CO [J]. J Am Chem Soc, 2005, 127: 17196-17197.

[65] Jin W Q, Zhang C, Chang X F, et al. Efficient catalytic decomposition of CO_2 to CO and O_2 over Pd/Mixed-conducting oxide catalyst in an oxygen-permeable membrane reactor [J]. Environ Sci Technol, 2008, 42: 3064-3068.

[66] Jin W Q, Zhang C, Zhang P, et al. Thermal decomposition of carbon dioxide coupled with POM in a membrane reactor [J]. AIChE J, 2006, 52: 2545-2550.

[67] Zhang C, Chang X F, Dong X L, et al. The oxidative stream reforming of methane to syngas in a thin tubular mixed-conducting membrane reactor [J]. J Membr Sci, 2008, 320: 401-406.

第十章

无机膜生物反应器

第一节 引言

膜生物反应器（membrane bioreactor，MBR），是 20 世纪 70 年代后期在生物技术和膜分离技术的基础上发展起来的新技术。从广义上说，膜过程与生物反应耦合而形成的新型反应器，可统称为膜生物反应器。其优点在于：可实现连续生物反应操作，微生物、酶可重复利用；通过反应分离过程的耦合可降低反应液中产物浓度，从而消除产物抑制。膜生物反应器按所用膜材料的不同，可分为有机膜生物反应器、无机膜生物反应器；按膜的几何形状不同，又可分为中空纤维膜生物反应器、平板膜生物反应器等。

有机膜生物反应器（MBR）是在活性污泥法基础上发展起来的一种高效污水生化处理设备，以膜分离装置取代二次沉淀池，从而取得高效的固液分离效果。与传统的二级生物处理方法相比，具有固液分离效率高、选择性高、出水水质好、操作条件温和、无相变、适用范围广、装置简单、操作方便等优点，在废水处理领域已实现规模化应用。处理对象已从生活污水扩展到高浓度的有机废水和难降解的工业废水，如石油化工废水、制药废水、染料废水、食品废水、烟草废水、造纸废水等。已有众多研究者发表了相关的综述文章和出版了专著[1～5]，20 世纪 80 年代末期，化学稳定性好、热稳定性高、机械性能优异、通量大、寿命长、易清洗的陶瓷膜被引入 MBR 中，为 MBR 的工业应用开辟了新途径[6]。本章主要介绍无机膜生物反应器及其在废水处理和生物反应过程中的研究和应用情况，探讨膜与生物转化过程的结合用于燃料乙醇、乳酸等生产过程的可行性。

第二节 陶瓷膜生物反应器用于废水处理

陶瓷膜生物反应器（CMBR）分类方法很多。根据膜组件在处理过程中所起的作用可分为透氧式、萃取式和液固分离式膜生物反应器[7]。其中，透氧式膜生物反应器中膜组件主要起到改善氧气分布的作用，实现无泡曝气，提高曝气效率；萃取式膜生物反应器中膜组件的作用是把废水中有毒有害的有机物提取出来，然后在膜组件的渗透侧利用微生物进行生物降解；液固分离式膜生物反应器中膜组件主要起到液固分离的作用，根据组件放置位置的不同，可分为一体式和外置式膜生物反应器。在液固式膜生物反应器中，还可以根据生物反应器的类型分为厌氧型和好氧型膜生物反应器，其中厌氧型膜生物反应器适用于处理浓度较高的有机废水。根据微生物的生长方式分为悬浮型和固定型膜生物反应器。根据操作方式不同分为恒压型和恒通量型膜生物反应器。尽管 CMBR 的分类繁多，但是整个系统是由生物反应器与陶瓷膜组件两部分组成，大量的污泥与基质在反应器内充分接触，通过新陈代谢来维持污泥的生长繁殖，同时使有机污染物无害化、资源化。膜组件通过筛分作用对污泥混合液进行液固分离，通过膜产出净化水，同时将活性污泥浓缩后循环回反应器，从而避免微生物流失，延长活性污泥的停留时间。

本节主要比较了陶瓷膜与聚偏氟乙烯（PVDF）有机膜用于生物反应器的处理效果，优化了陶瓷膜构型，考察了陶瓷膜污染的控制方法和给出了污染膜的清洗策略。

一、膜材质及膜孔径对膜生物反应器的影响

有机膜和陶瓷膜生物反应器的性能因膜材质的不同而有差异。对比了曝气量和产水通量等对陶瓷膜和 PVDF 中空纤维膜构成的气升式膜生物反应器运行过程及其膜污染的影响[8]。从图 10-1 可以看出，在恒通量变压差的操作模式下，两种膜的污染速率都随着膜通量的升高而加快，但是 PVDF 膜的污染速率对于通量条件的变化显得更加敏感，而陶瓷膜的污染速率受到通量变化的影响则比较小，变化比较平缓。陶瓷膜相对于 PVDF 膜可以在更高的通量下稳定运行，并具有较强的抗污染性能，这是因为陶瓷膜比有机膜具有更优良的亲水性能，这种较强的亲水性使得陶瓷膜与活性污泥混合液中的溶质、微生物细胞之间产生排斥作用，从而比有机膜更抗污染，并且具有更大的渗透通量[9]；另外，带负电荷的陶瓷膜与活性污泥混合液中带负电荷的胶体之间存在较强的斥力，因此在相同的条件下更耐污染[10,11]。陶瓷

膜的渗透通量、抗污染性能均优于 PVDF 膜，且具有比有机膜更长的使用寿命，所以其更适合应用于 MBR 体系中。曝气量对于 PVDF 膜跨膜压差（TMP）平均增长率的影响很显著，而对于陶瓷膜 TMP 平均增长率的影响是最不显著的（图 10-2）。可以从膜的构型分析其原因。PVDF 膜的构型为帘式，但该膜组件并非是由一排中空纤维膜丝封装，而是由多排中空纤维膜封装而成，这就导致少量的气泡只能冲刷到外层膜丝，接受不到冲刷的内层膜丝很容易通过泥饼的积聚而黏附在一起[12]（由使用后的膜组件可见内层膜丝由于附着大量厌氧菌而变黑）。PVDF 膜生物反应器的 TMP 平均增长率随曝气量的增大而减小，但曝气量的进一步增大并不能更有效地降低有机膜污染速率。因此系统需要较大的曝气量产生内层膜丝的抖动来减缓膜污染的形成，从而使得曝气量成为制约该 PVDF 膜污染速率的主要因素。陶瓷膜的构型为多通道管式，曝气头垂直放置于反应器中的膜管正下方，曝气头产生的小气泡有一部分通过膜管通道，在通道中形成的气液两相流，产生对通道内膜面的剪切力，另外一部分气泡从通道外上升，起到冲刷膜管外侧膜面的效果，这两个部分综合使得整个膜管各处的膜面都可以接受到比较平均的气液两相流冲刷效果，并且由于通道的导向作用，使气泡的利用率很高，体现了一体式气升陶瓷膜生物反应器优越的流体力学性能，所以可以在很小的曝气量下即可保持系统的稳定运行，从而可降低 CMBR 系统运行的能耗。

陶瓷膜孔径对污水的处理效果、膜的通量以及截留率会造成影响。在操作压差 0.1MPa、膜面流速 2.8m/s、温度 30 ～ 32℃、pH 值 7.0 ～ 7.5 的条件下，研究膜孔径对过滤性能的影响[13]。从图 10-3 中可以看出，孔径为 50nm 的 19 通道陶瓷膜的通量大于孔径为 200nm 的 7 通道陶瓷膜通量，膜通量在 110 ～ 150L/（m^2·h），两种膜对 COD 的去除率均大于 90% 以上[14]。

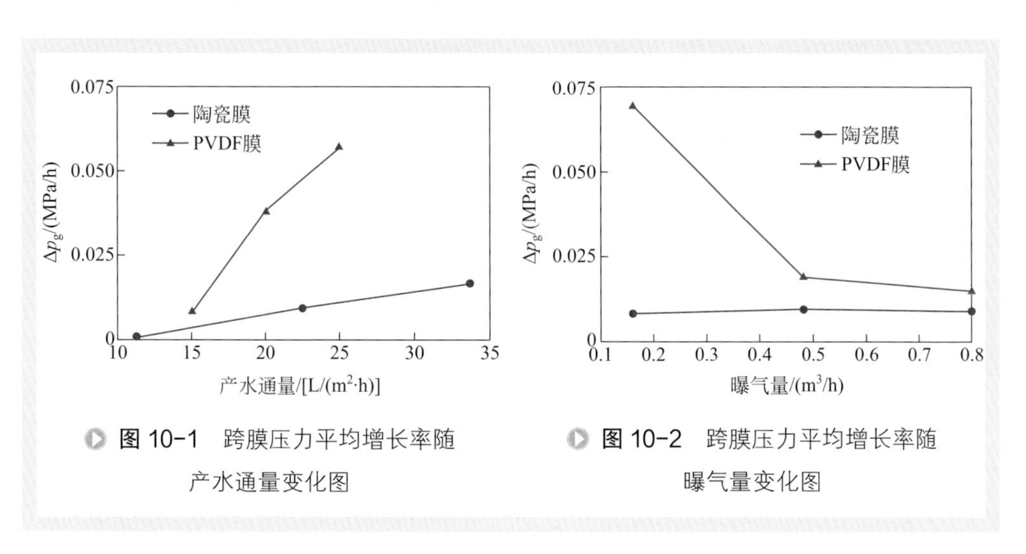

图 10-1 跨膜压力平均增长率随产水通量变化图

图 10-2 跨膜压力平均增长率随曝气量变化图

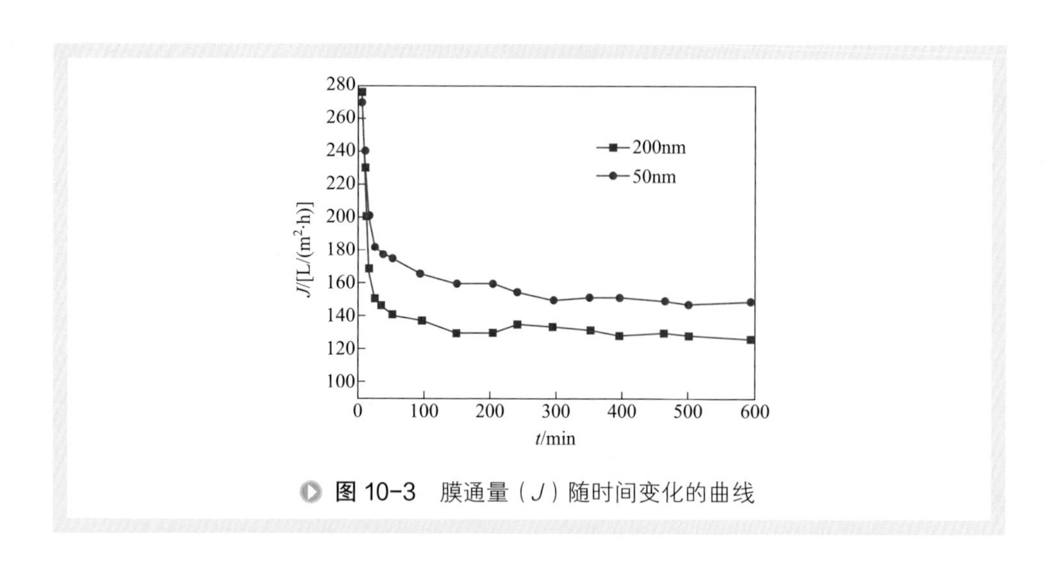

图 10-3　膜通量（J）随时间变化的曲线

二、陶瓷膜构型对膜生物反应器的影响

将 6 种构型的多通道陶瓷膜用于一体式陶瓷膜生物反应器中，进行了通量和运行稳定性的比较 [15,16]。陶瓷膜具体几何尺寸列于表 10-1。这种多通道陶瓷膜在不改变膜管外形和总表面积的情况下，通过调整渗透侧面积和原料侧面积的比例提高膜面积的利用率，并且在制成膜组件时不需要附加封闭式外壳，可降低组件的制造成本 [17]。可以内置于生物反应器内，组成一体式膜生物反应器，以避免外置式膜生物反应器因高错流流速产生的高能耗问题。

表 10-1　陶瓷膜几何尺寸

编号	膜长 /mm	通道数 / 个	通道直径 /mm	膜管直径 /mm	膜面积 /m^2	外壁是否涂膜	渗透侧、原料侧面积比	截面示意图②
1	500	19	4	32	0.163	是	0.038	
2	500	19	4	32	0.157	是	0.080	
3	500	19	6	41	0.234	是	0.040	
4	500	19	6	41	0.225	是	0.084	

续表

编号	膜长/mm	通道数/个	通道直径/mm	膜管直径/mm	膜面积/m^2	外壁是否涂膜	渗透侧、原料侧面积比	截面示意图②
5	500	19	4	41	0.253	是	0.174	
6	500	19	6	41	0.160	否①	0.118	

①外壁用胶密封。

②叉号处为未涂膜的产水通道，即为渗透侧。

1. 渗透侧与原料侧面积比对过滤性能的影响

从图 10-4 中可以发现，随着构型中渗透侧、原料侧面积比的增大，膜渗透通量也增大。这是因为当膜管的渗透侧面积和原料侧面积比较小时，即产水通道体积较小，导致渗透侧产水无法及时排出，产水通道的体积成为限制通量的主要因素；随着膜管的渗透侧面积和原料侧面积比的增大（产水通道的体积增大），渗透产水迅速排出，故显示出水通量也增大。产水通道排布位置也会造成通量的差异，主要是由于相邻通道之间存在的“干扰效应”造成的[18]，这一因素导致了图中的纯水通量与膜管渗透侧和原料侧面积比的非线性关系。

2. 膜管通道直径对过滤性能的影响

虽然选择渗透侧面积和原料侧面积比较大的膜管可以获得较大的纯水通量，但是在实际过滤活性污泥混合液体系时，多通道陶瓷膜的构型对分离性能影响不同。

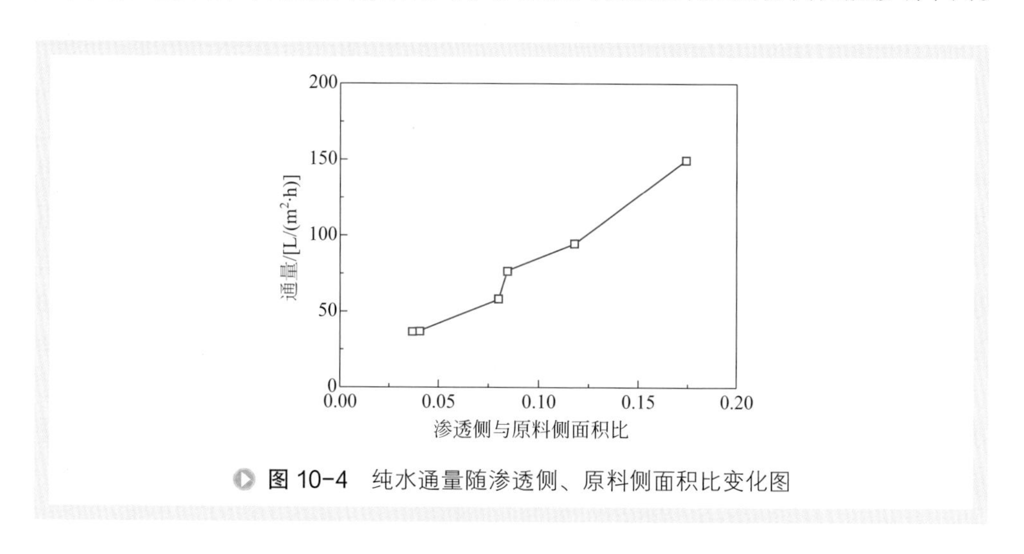

图 10-4　纯水通量随渗透侧、原料侧面积比变化图

控制产水量为 5.0L/h、温度为 25℃、曝气量为 $0.4m^3/h$、污泥浓度在 4g/L 左右，用 6 种构型的多通道陶瓷膜过滤活性污泥混合液 5h，结果见表 10-2。通道直径为 4mm 的膜管在较短时间的运行后就发生通道堵塞现象，导致膜面积的减小，系统稳定运行的时间短；而通道直径为 6mm 的膜管均运行良好，5h 的运行过程中没有出现通道堵塞现象，这是因为在相同条件下，雷诺数 *Re* 与膜管通道直径成正比，即膜管通道直径越大，通道内流体的湍流程度越高。

表 10-2　陶瓷膜过滤活性污泥混合液情况

膜管编号	通道是否发生堵塞	膜管编号	通道是否发生堵塞
1	是	4	否
2	是	5	是
3	否	6	否

3. 通道排布对过滤性能的影响

临界通量是指在恒通量过滤中存在的一个临界值，当膜通量大于这个值时，TMP 迅速上升，膜污染急剧发展；当膜通量小于这个值时，膜污染不发生或者发展非常缓慢[19]。因此采用“通量阶式递增法”。

测定了 3 号和 4 号膜管在活性污泥混合液体系中的初始通量和临界通量，负压抽吸压力为 0.02MPa，结果见表 10-3。3 号膜管的初始通量略高于 4 号膜管，但其临界通量却低于 4 号膜管。这是因为在过滤初始，过滤总阻力取决于膜阻，膜阻仅与膜的微观结构有关，因此两种构型的膜阻一样，表现出的初始渗透性能也就变化不大。

表 10-3　陶瓷膜初始通量和临界通量

膜管编号	初始通量 / [$L/(m^2 \cdot h)$]	临界通量 / [$L/(m^2 \cdot h)$]
3	31.6	13.7 ～ 16.7
4	30.4	17.3 ～ 18.6

在临界通量方面，4 号膜管的临界通量比 3 号的大，这是因为在过滤过程中起主要作用的通道数量不同导致。在多通道陶瓷膜过滤过程中，存在着一种“壁厚效应”[18]，即渗透侧壁面到原料侧壁面的距离越小，则渗透阻力越小，渗透通量就越大。这是因为与产水通道相邻的渗透通道在通量的贡献中起着主要作用。对比 3 号和 4 号膜管的构型差异可以看出，3 号膜管有 6 个渗透通道与产水通道相邻，而与 4 号膜管产水通道相邻的渗透通道有 13 个。所以，在相同的通量下运行，4 号膜管能够承担主要工作负荷的膜面积约为 3 号膜管的 2 倍，从而具有更高的临界通量。

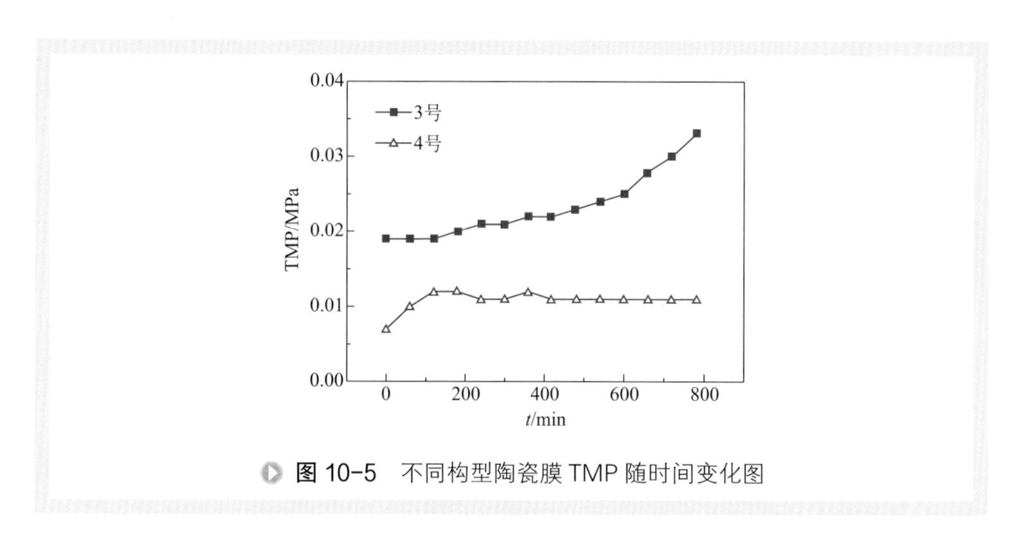

图 10-5 不同构型陶瓷膜 TMP 随时间变化图

控制产水量为 3.6L/h、曝气量为 $0.4m^3/h$、污泥浓度为 4g/L 左右、温度为 20℃左右，分别考察 3 号和 4 号膜管恒通量连续运行的 TMP 变化情况，结果见图 10-5。在 13h 的运行期间，4 号膜管 TMP 最终稳定在 0.01MPa，而 3 号膜管的 TMP 一直处于上升状态，最终上升至 0.033MPa 左右。从这一现象也可以看出 4 号膜管能够更好地分散工作负荷，从而能在长时间内维持 TMP 的稳定。

4. 外膜对渗透性能的影响

测量 4 号和 6 号膜管在活性污泥混合液体系中的通量（6 号膜管的外壁用胶涂成致密，不参与过滤），从而计算外膜对通量的贡献率。控制曝气量为 $0.4m^3/h$、污泥浓度为 4g/L 左右，结果见图 10-6。4 号和 6 号两种膜管在活性污泥混合液体系中的通量都随 TMP 增加呈抛物线形态，这主要是由于污染物在膜表面的吸附造成的 [20]。由图 10-6 的数据计算外壁膜面对通量的贡献与 TMP 的关系，结果见图 10-7。污泥混合液体系中，外膜对通量的贡献率随 TMP 增大而近似线性增长。当 TMP 为 0.04MPa 时，外膜对通量的贡献率可达 12.2%。对 4 号膜而言，外膜的膜面积占过滤膜面积的 28%，根据 Fick 定律，应该对通量的贡献率也应该是 28%，且不会随 TMP 变化，实验结果与此不一致，这是因为壁面效应的存在，使得远离渗透通道的膜面积对渗透通量的贡献率降低 [18]。对于不同孔径的 19 通道陶瓷膜，不同位置通道对于陶瓷膜渗透通量的贡献不同，而随着多孔陶瓷膜平均孔径从 3μm 减小到 0.8μm、0.2μm 和 50nm，原先对纯水通量贡献较小的通道对纯水通量贡献也逐步增大 [21]。TMP 的增大导致活性污泥颗粒在膜面沉积，形成污染层。随着 TMP 的增大，污染层颗粒进一步压实，导致污染层的孔径进一步减小，而外膜上的污染比内膜的污染轻（相当于外膜孔径大于内膜孔径），从而使原先对纯水通量贡献较小的外壁膜面的作用逐步体现出来。

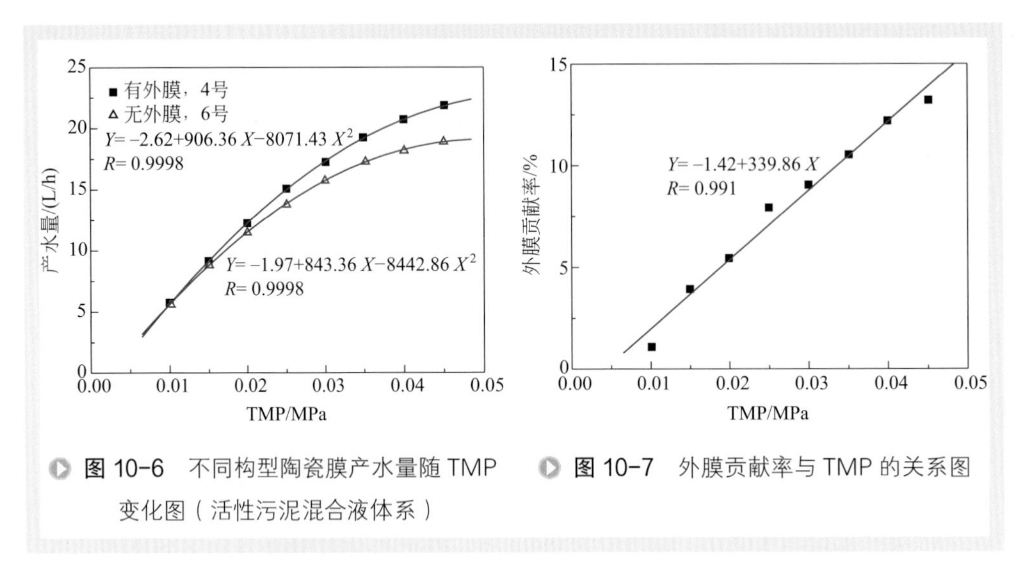

图 10-6 不同构型陶瓷膜产水量随 TMP 变化图（活性污泥混合液体系）

图 10-7 外膜贡献率与 TMP 的关系图

以恒流量为操作模式的一体式膜反应器，在运行过程中 TMP 逐渐增大，外膜对通量的贡献也会逐渐增大，因此在通量不变的情况下，外膜存在可抑制 TMP 的快速增长。对于恒压差操作模式的膜过滤过程，由于外膜的存在，可适当提高 TMP，以提高渗透通量。因此对于一体式气升陶瓷膜生物反应器而言，外膜的存在是有意义的。

三、膜污染控制及污染膜清洗策略

就陶瓷膜生物反应器而言，由于采用错流过滤的固液分离方式，操作中容易发生膜通道堵塞，主要是由于活性污泥体系中细小纤维、杂物、菌胶团等折叠缠绕并相互叠加，在陶瓷膜管进流的一端聚集并慢慢变厚，然后向膜通道内延伸，直至某个通道完全阻塞。发生通道堵塞时，轻则部分通道阻塞、通量下降；重则完全阻塞、流量为零、通量为零，整个系统的操作运行停止。

通过添加絮凝剂可以吸附系统内的微小颗粒和有机大分子，减轻膜的污染，强化过程传质。在膜面流速为 1.6m/s、操作压差为 0.1MPa、操作温度 30 ～ 33℃、污泥浓度 8.3g/L、曝气量 80 ～ 85L/h 的条件下，选用孔径 0.2μm 的氧化锆陶瓷膜构建膜生物反应器，用于生活污水的处理 [22]。从图 10-8 可以看出，不加絮凝剂时，500min 后通量趋于稳定，1950min 时突然出现断流现象，且过程中膜的轴向压差随时间不断增加，最高达 0.33MPa，这表明多通道在该条件下出现严重堵塞。低膜面流速下，膜管内的流体成层流状态，污泥中的颗粒和杂物易于沉淀，形成架桥现象，造成了膜孔甚至多通道的严重阻塞，最终出现断流的现象。添加絮凝剂 $FeCl_3$ 后，使膜通量显著提高，运行时间为 1800min 时，未加絮凝剂的膜稳定通

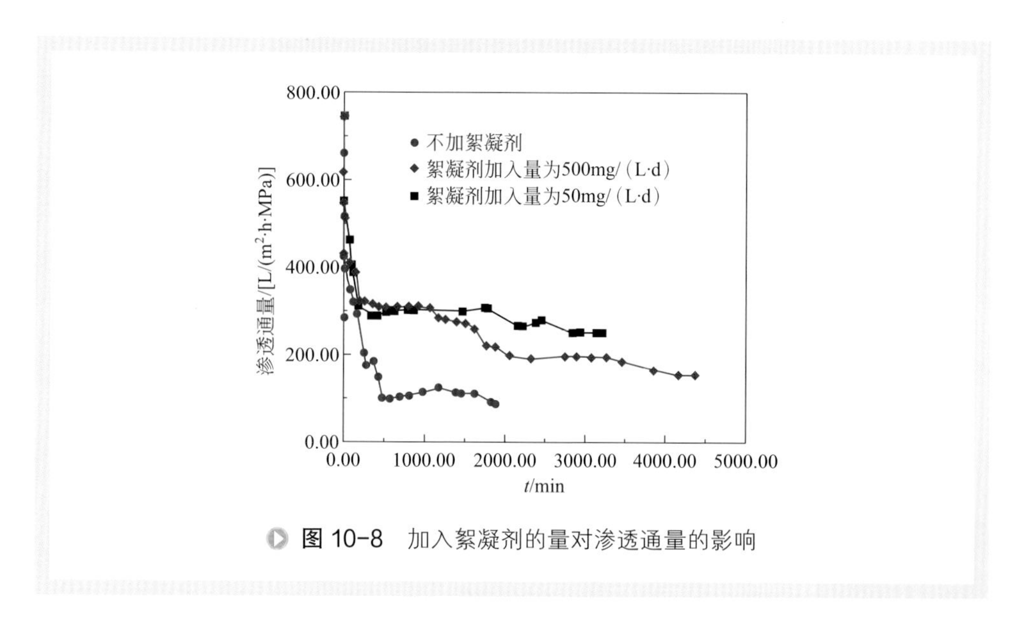

图 10-8　加入絮凝剂的量对渗透通量的影响

量为 89.2L/（m^2・h・MPa），絮凝剂加入量为 50mg/（L・d）时，膜稳定通量为 301.5L/（m^2・h・MPa），比未加时提高 238.0%；絮凝剂加入量为 500mg/（L・d）时，膜稳定通量提高了 122.9%。絮凝剂的添加量应适中，过量加入不仅难以提高膜的渗透通量，而且会造成污泥的生长状况恶劣，影响反应器的处理能力和处理效果。此外，还发现絮凝剂加入后，出水的 pH 值能维持在 6 ～ 7，生物相观察和污泥沉降性能的测定表明，污泥的颜色明显发黄，沉降性能得到明显改善；细菌的量和活性受到限制，菌胶团受到一定程度破坏，使污泥变得松散。

采用载体将微生物固定化，以便形成一层生物膜用于污水处理。我们在膜生物反应器处理生物污水过程中发现，无载体时易发生通道堵塞，选用载体后就不易发生 [23]。载体介入后，使得微生物固定化成为可能，减少了循环回流的活性污泥量，从而降低了发生通道堵塞的可能性，提高了陶瓷膜生物反应器整个系统的运行稳定性。

建立有效的污染膜清洗方法。考察了 NaOH、HNO_3 和 NaClO 三种常用的膜恢复剂及其组合对于污染后的膜进行恢复，应用效果如表 10-4 所示 [22]。NaOH 对于该体系的膜恢复效果不好，HNO_3、NaClO 均能有效地恢复膜通量，单独使用时 HNO_3 效果比 NaClO 好。膜清洗时温度不宜过高，以 30℃左右适宜，温度过高会导致药剂分解或挥发使得清洗效果变差。先 NaClO 洗再 HNO_3 洗能够较好地恢复膜通量。工业生产中，化学清洗的周期 1 个月以上，同时由于清洗用水量极少，不需额外增加处理清洗废水的工序与设备；当稳定通量小于初始通量的 1/10 或改变实验条件时进行化学清洗。

表 10-4　不同清洗方法对于膜通量恢复的影响

清洗方法	清洗前通量 /［L/（m^2·h·bar）］	清洗后通量 /［L/（m^2·h·bar）］
1%NaOH 洗 2h	17 ～ 18	43.9
1%（体积分数）HNO_3 洗 2h	17 ～ 18	287.3
1%（体积分数）NaClO 洗 2h	17 ～ 18	225.6
1%（体积分数）NaClO 洗 30min+ 1%（体积分数）HNO_3 洗 2h	17 ～ 18	655.0

注：1bar=10^5Pa。

第三节　膜法生物发酵制燃料乙醇

燃料乙醇属于可再生能源，不仅能够弥补化石燃料的短缺，而且有助于保护生态环境。渗透汽化作为一种新型的膜分离技术，在分离近沸点、恒沸点有机混合物和有机物脱水、水溶液中高价有机组分的回收方面具有明显的技术上和经济上的优势。渗透汽化膜应用于发酵法制备生物质燃料乙醇，可以原位分离乙醇，减小乙醇对细胞的抑制作用，提高基质转化率和乙醇产率，实现连续化操作。采用气升式膜生物反应器进行发酵制乙醇，可以有效地将发酵过程中产生的乙醇等物质移出反应器，减缓抑制作用，实现连续发酵。本节介绍膜生物反应器在燃料乙醇生产中的应用。

一、发酵-渗透汽化耦合制燃料乙醇工艺

采用渗透汽化技术制备高纯度燃料乙醇的关键就是制备高性能的膜材料。根据膜的性质不同，渗透汽化膜可分为透水膜和透醇膜，其对应的渗透过程在发酵法制备燃料乙醇中发挥着不同的作用：①采用渗透汽化透水技术，取代传统共沸精馏，节约了能耗。无机的渗透汽化透水膜材料有微孔二氧化硅膜和沸石分子筛膜，根据硅铝比的不同，沸石膜可分为高硅铝比沸石膜［如 MFI 型（ZSM-5、silicalite-1）］、低硅铝比沸石膜［如 LTA 型（NaA、ZK-4）和 FAU 型（NaX、NaY）］以及硅铝比适中的沸石膜（如 T 型分子筛和丝光沸石 MOR 型）[24～32]。②将渗透汽化透醇技术与发酵耦合，进行原位分离乙醇，可以减小产物对发酵过程的抑制作用，实现连续发酵。无机的渗透汽化透醇膜，大多数工作是基于聚二甲基硅氧烷（PDMS）的改性及其复合膜的制备来开展的[33～40]。

1. PDMS/陶瓷复合透醇膜

有机硅聚合物中PDMS具有疏水性、低表面张力，较好的延展性、耐热性、耐氧化性能，较低的反应性以及可燃性。此外，PDMS材料的自由体积较大，因此将其开发为渗透汽化和气体分离膜材料能够具有较好的渗透性能。PDMS作为膜材料主要的缺点是机械强度低，因此适合于实际应用的PDMS分离膜都是以复合膜的结构存在，即在具有支撑能力的多孔支撑体上制备具有分离功能的PDMS皮层。有机/陶瓷复合膜不但可以兼顾有机膜和陶瓷膜各自的优点，弥补单一膜材料的缺陷，而且还可以发展单一膜材料原先没有的综合性能，扩大应用范围，满足特定的应用要求。在ZrO_2/Al_2O_3陶瓷支撑体上交联PDMS分离层制备的有机无机复合膜，在333K下，乙醇含量为3.12%～10.32%的乙醇/水溶液中，通量为12～20kg/(m^2·h)，远高于文献报道的PDMS复合膜[35～37]。在大孔陶瓷支撑体上，通过一步浸渍-提拉法制备出无缺陷的PDMS/陶瓷复合膜，并考察了PDMS分子量对PDMS/陶瓷复合膜渗透汽化以及“受限”效应的影响[38]。发现用较高分子量的PDMS（Mw=117962）制备的复合膜无缺陷，具有较高的分离因子和稍小的渗透通量。PDMS/陶瓷复合膜的PDMS膜分离层为5μm，在40℃分离5%（质量分数）的乙醇/水溶液时，总通量和分离因子分别为1.60kg/(m^2·h)和8.9。和聚合物支撑体相比，陶瓷支撑体对分离层尤其是高分子量的PDMS的溶胀有着很好的约束作用，高分子量的PDMS膜受限程度比低分子量的PDMS膜大。刚性支撑体的存在抑制了聚合物分离层的溶胀，并提高了膜的稳定性。

有机/无机复合膜应用中，有机分离层与无机支撑层之间良好的粘接是保证复合膜满足力学、物理和化学等使用性能的基本前提，更有利于提高膜的长期稳定性。采用纳米压痕和纳米刮痕测试研究了PDMS/陶瓷复合膜的机械和结合性质[39,40]。陶瓷支撑体粗糙度的增加和PDMS溶液黏度的降低，均可使PDMS/陶瓷复合膜的界面结合强度增加，但是对PDMS分离层的力学性质无明显影响。增大支撑体粗糙度及孔径有利于提高复合膜的界面结合强度，但过大的粗糙度及孔径，会影响膜层的完整性。陶瓷支撑体能够有效增强复合膜的机械性能，且过渡层的存在能够促进PDMS膜层的弹性恢复。当PDMS分离层厚度从3μm增加到14μm，复合膜的界面结合力从10mN增加到50mN。

基于无机支撑层与有机分离层微结构的优化设计，解决了有机-无机复合膜的放大瓶颈，实现了PDMS/陶瓷复合膜的规模化制备（2000m^2/a，图10-9），可满足燃料乙醇制备的应用需求。

2. 乙醇连续发酵-渗透汽化耦合工艺

发酵所产生的代谢产物通常会影响发酵的效率，采用发酵-渗透汽化耦合技术原位分离乙醇可减小产物抑制作用。随着渗透汽化的进行，反应器内的老化细胞浓

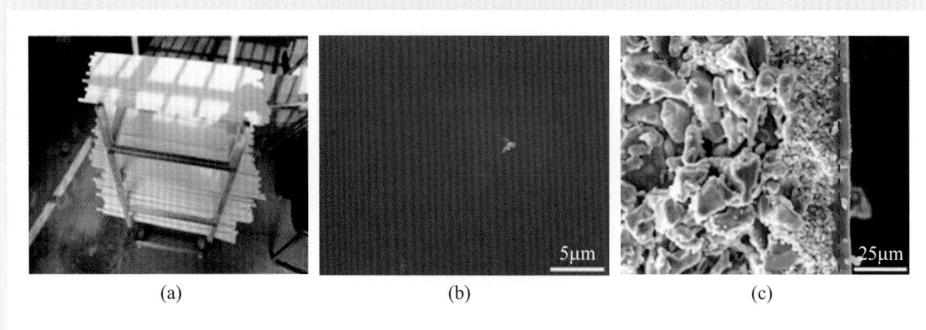

图 10-9 PDMS/ 陶瓷复合膜产品（a）和膜表面（b）与断面（c）SEM 照片

度增加，会影响活性细胞的浓度，可以通过添加新鲜基质和移走部分反应料液来提高发酵强度。

与传统发酵、发酵 - 渗透汽化耦合（无采出液）两种方式相比，发酵 - 渗透汽化耦合（采出部分料液）工艺获得的乙醇产率和活性细胞数最高，这是由于渗透汽化和采出部分料液可以减少乙醇、难挥发副产物和盐溶液引起的渗透压对细胞的影响，使得活性细胞数增多，有利于乙醇产率的提高[41]。我们研究了 PDMS/ 陶瓷复合膜在发酵真实体系中的性能[42]。发现经长时间操作，膜的性能稳定；且随着渗透汽化的进行，乙醇会不断被移走，从而减少了乙醇对细胞的抑制作用。在连续发酵过程中，耦合阶段乙醇生成速率达 2.69g/（L•h），高于间歇发酵的 1.53g/（L•h）和分批补料发酵的 1.69g/（L•h）；当发酵罐乙醇浓度控制在 2% ～ 4%（质量分数）时，乙醇的生成速率为 4.24g/(L•h)；当乙醇浓度控制在 6% ～ 7%(质量分数)时，生成速率为 3.17g/（L•h），分别是分批补料发酵的 2.5 倍和 1.95 倍。

微滤可以用来分离料液和细胞，这对连续发酵过程中保持生物最佳发酵状态具有很重要的作用。一般将微滤和渗透汽化过程同时集成于发酵过程，截留细胞等大分子物质，进行细胞循环，也可以增加发酵过程中的细胞浓度，提高发酵强度。将 7% 的乙醇料液经微滤膜微滤，未渗透微滤膜的酵母和发酵液循环返回发酵罐，透过微滤膜的滤出液预热至 60℃送入无机透醇膜 PV 装置，未渗透的液体与新鲜培养基热交换后返回原料罐再循环。渗透液中乙醇浓度为 40% ～ 60%，预热后进入蒸馏塔，得到浓度为 90% ～ 95% 的塔顶蒸馏气，蒸馏气再预热至 100 ～ 150℃后进入 PV 透水膜装置，最后得到≥ 99.5% 的无水乙醇，如图 10-10 所示。当发酵液中乙醇浓度为 15% 时，料液经微滤膜后预热至 60℃，送入透醇膜 PV 装置，渗透液乙醇浓度为 90% ～ 95%，同样将渗透液预热至 100 ～ 150℃后进入 PV 透水膜装置，最后达 99.5% 的无水乙醇，如图 10-11 所示。采用该过程可以提高 15 ～ 80 倍的生产能力，节约能耗 50%[43]。

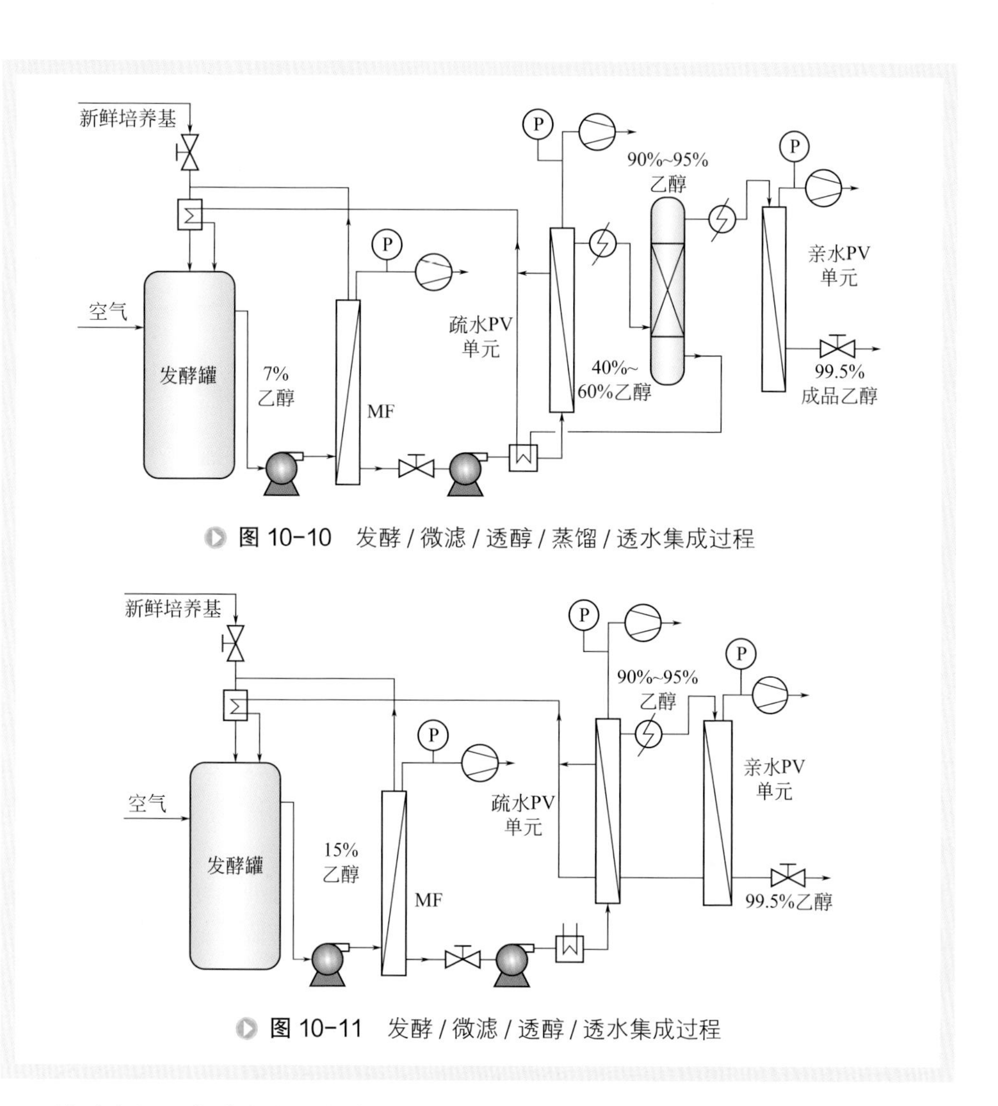

图 10-10　发酵 / 微滤 / 透醇 / 蒸馏 / 透水集成过程

图 10-11　发酵 / 微滤 / 透醇 / 透水集成过程

针对大量的发酵废水，微滤还可以对其进行有效处理，将滤液回用于发酵工艺中，降低废水排放量。我们提出将陶瓷膜与渗透汽化膜耦合有效移出乙醇，经陶瓷膜处理后的废水循环使用到发酵过程的膜集成过程，如图 10-12 所示[44]。由 4 个部分组成：发酵液进入微滤系统 2 进行过滤，又回到发酵罐中；发酵废水进入微滤系统 1 进行过滤，回到发酵罐中，粗糟渣排出；发酵液直接进入渗透汽化系统；发酵液经微滤系统 2，澄清液再进入渗透汽化系统。

实际发酵体系复杂，无机盐、糖类、有机酸等的存在对膜的渗透汽化性能有着不同程度影响[45,46]。此外，还要考虑到发酵细胞、黏度、pH 值等因素的影响。我们进行了真实发酵液的陶瓷膜净化及膜清洗研究，比较了发酵液陶瓷膜处理前后，渗透汽化膜的分离性能[44]。

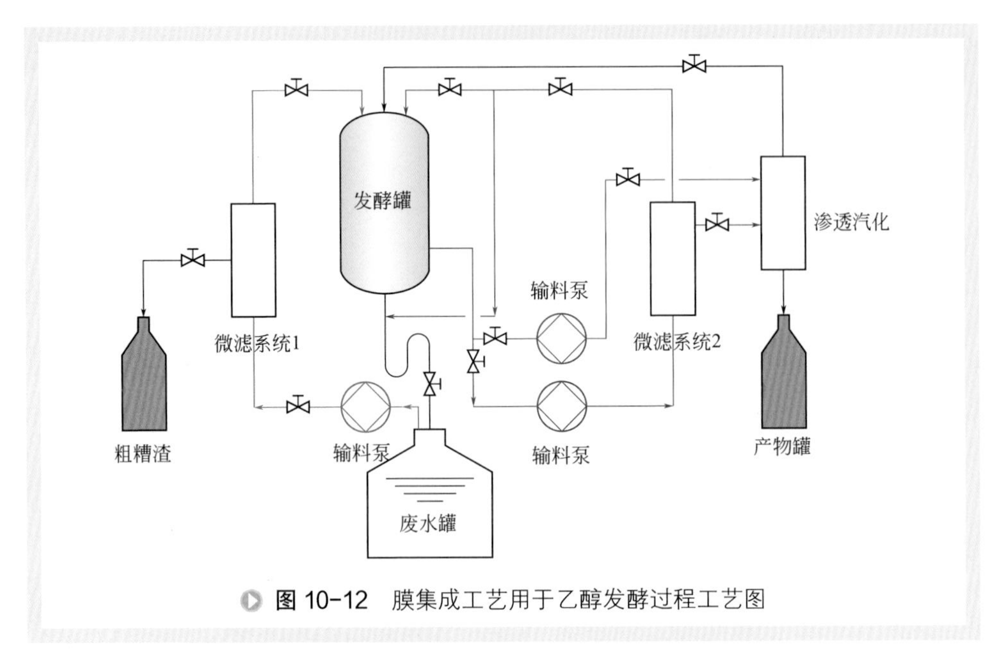

图 10-12 膜集成工艺用于乙醇发酵过程工艺图

（1）膜孔径对膜过滤过程的影响　考察了膜孔径分别为 20nm、50nm、200nm、500nm 的陶瓷膜管对乙醇发酵液的膜过滤净化效果。在操作压力 0.1MPa、膜面流速 3.4m/s、温度为 25℃的条件下，四种孔径陶瓷膜过滤发酵液，渗透液的浊度均小于 1NTU。

图 10-13 是四种孔径陶瓷膜过滤乙醇发酵液膜通量随时间的变化图。陶瓷膜过滤过程刚开始通量衰减速率都较快，但 30min 以后，通量下降开始趋缓。四种孔径的陶瓷膜对膜过滤通量的影响为 200nm ＞ 50nm ＞ 500nm ＞ 20nm，渗透通量与膜孔径之间存在最优值的关系。这是由于乙醇发酵液的胶粒粒径分布比较宽，较小分子胶粒平均粒径在 450nm 左右，大分子胶粒平均粒径在 11μm 左右，采用孔径为

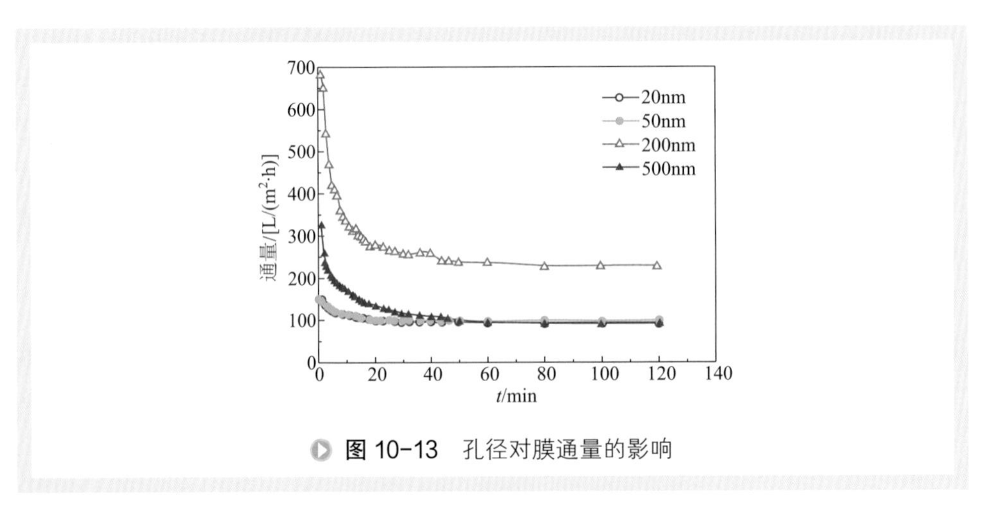

图 10-13 孔径对膜通量的影响

200nm 以下的陶瓷膜过滤，膜污染以表面滤饼层为主，当滤饼层稳定后，膜通量也趋于稳定，同时由于膜孔径减小，膜自身阻力增大，表现出随着膜孔径减小，膜渗透通量减小；而采用孔径为 500nm 膜管时，膜通量出现持续下降，尽管 30min 后下降缓慢，但 120min 还没有进入拟稳态区，这是由于持续不断发生膜孔内堵塞所致。综合膜渗透通量和出水水质两方面因素，膜孔径为 200nm 的陶瓷膜更适合处理乙醇发酵液。

（2）操作条件对膜过滤过程的影响　不同操作压力下乙醇发酵液膜通量的变化如图 10-14 所示。较高操作压力的初始通量远高于低压的初始通量，但在初始阶段，较高操作压力的渗透通量衰减比低压力要快得多，之后变化趋于缓和。随着操作压力的增大，膜的拟稳定通量先增大后减小。这可能是双重因素作用的结果，一方面过滤推动力增大，使膜通量增大；另一方面也引起凝胶层的压实导致极化现象严重，使过滤阻力增大，这个现象在胶粒浓度更大一些的乙醇发酵液的过滤过程中更显著。在低压力部分时，前一因素起主要作用，压力升高则膜通量增大；在高压力部分时，后一因素逐渐起主要作用，压力升高则膜通量下降。采用操作压力为 0.10MPa 有利于提高乙醇发酵液的渗透通量。

不同膜面流速下发酵液膜通量随时间的衰减情况如图 10-15 所示。随着膜面错流速率增加，膜通量逐渐增大。较高错流速率的初始通量远高于低错流速率下的初始通量，同样在初始阶段，较高错流速率的渗透通量衰减比低错流速率要快得多，之后变化均趋于缓和。由于增大膜面错流速率，膜管内流体的剪切力增加，使膜表面的沉积和堵塞膜孔的大分子被带走，从而有效地减小膜表面的凝胶层厚度和降低膜孔污染。膜面错流速率越大，膜的通量越高，但是过高的膜面错流速率也意味着较高的能耗。陶瓷膜处理乙醇发酵液的主要膜污染是膜面滤饼层，错流速率增大，膜面污染层减薄。因此综合考虑能耗及膜通量，发酵液膜过滤选择的膜面错流速率为 4m/s 左右。

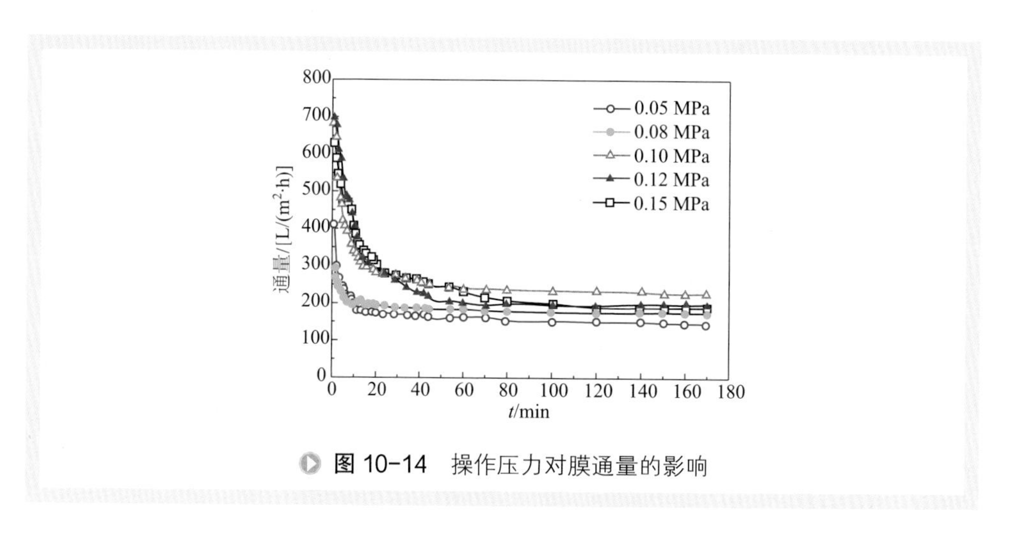

图 10-14　操作压力对膜通量的影响

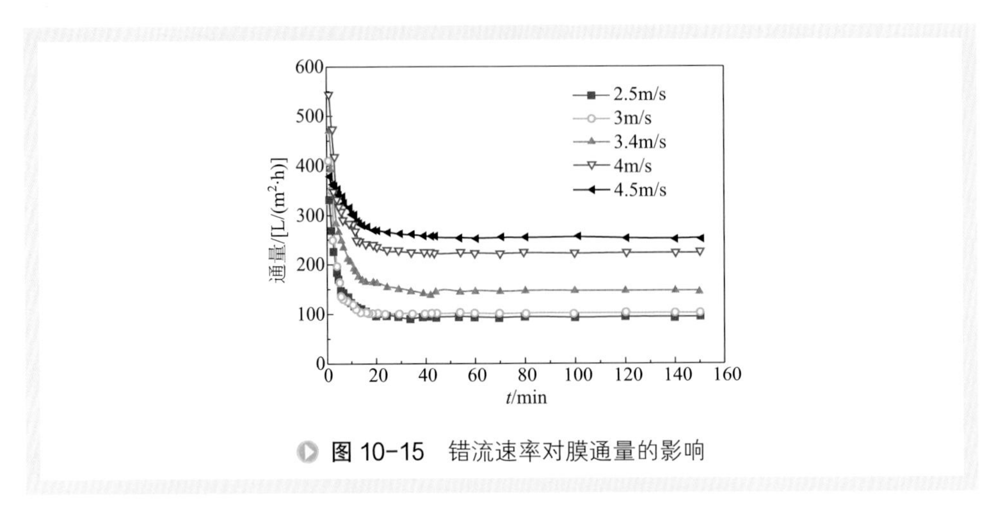

图 10-15 错流速率对膜通量的影响

采用膜孔径为200nm的陶瓷膜管，跨膜压差为0.1MPa，膜面错流速率为3.4m/s，考察温度对乙醇发酵液过滤性能的影响，如图10-16所示。乙醇发酵液的膜通量随温度的增加而增大。操作温度越高膜通量越大，但温度的增加也意味着能耗的增加。不同温度下，经过30min左右的过滤运行，膜渗透通量均趋于稳定。由于发酵时的温度为30℃，综合能耗以及膜通量，乙醇发酵液的膜过滤温度选择30℃比较合适。

在错流速率为4m/s、温度为30℃、跨膜压差（TMP）为0.10MPa条件下操作，陶瓷膜通量大于200L/（m^2·h）。

（3）电导率对乙醇发酵液过滤性能的影响 溶液中的无机离子会对膜过滤（特别在蛋白质过滤过程中）产生重要影响。采用膜孔径为200nm的陶瓷膜管，在优化操作条件下对不同电导率的水质发酵所得的发酵液进行过滤实验，结果如图10-17所示。随着电导率的增加，乙醇发酵液的拟稳态通量下降。料液中无机盐对

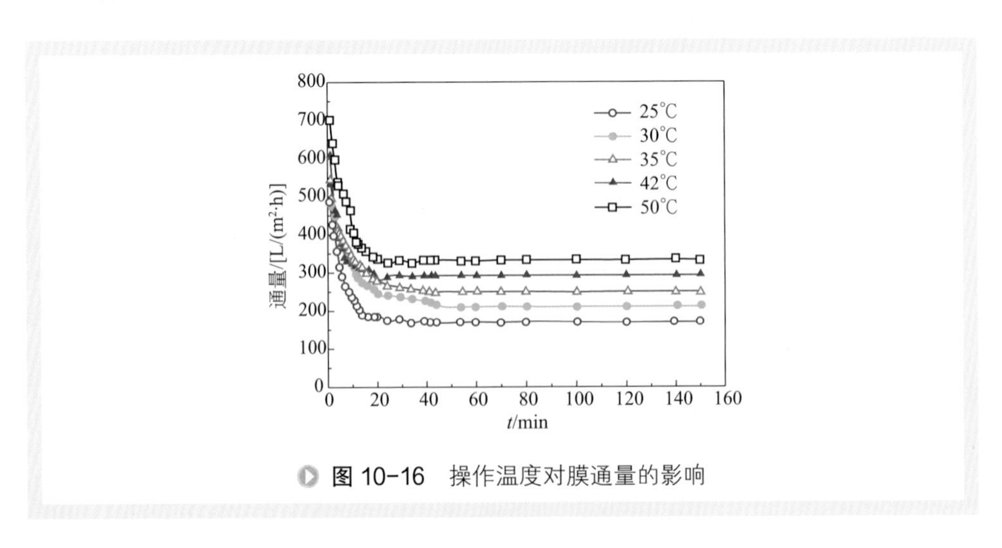

图 10-16 操作温度对膜通量的影响

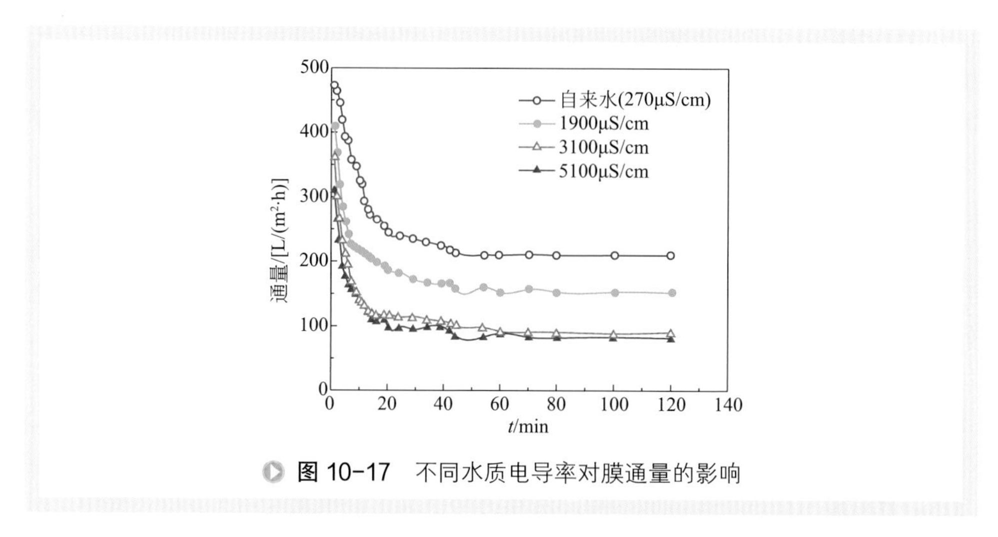

图 10-17 不同水质电导率对膜通量的影响

膜过滤的影响主要有以下两个方面：一方面，一些无机盐复合物会在膜表面或膜孔内直接吸附与沉积，或使膜对蛋白质的吸附增强而污染膜；另一方面，无机盐改变了溶液离子强度，影响到蛋白质溶解性、构型与悬浮状态，使形成的沉积层疏密程度改变，从而对膜过滤性能产生影响[46]。因此，这可能是随着水质电导率的增加，即盐浓度的增加使得体系中的一些蛋白质不能溶解而使膜污染加剧的结果所致。

研究发现，采用 1%（m/V）NaClO 溶液浸泡 6h 的清洗方法能有效去除膜污染，膜通量可恢复到 90% 以上，且清洗方法的重复性好。

（4）渗透汽化过程　在 30℃下进行渗透汽化，膜的上游为常压，下游侧保持 500Pa 的真空度。实验室发酵所得的乙醇发酵液和经陶瓷膜微滤处理后的发酵液，其 PDMS/陶瓷复合膜渗透汽化性能变化曲线如图 10-18 所示。陶瓷复合膜在 3h 内均保持相当稳定的渗透汽化性能，两者分离因子相近约为 6.0，膜通量分别为 1.3kg/（m^2·h）和 1.6kg/（m^2·h），陶瓷膜处理后的发酵液具有更高的渗透通量。

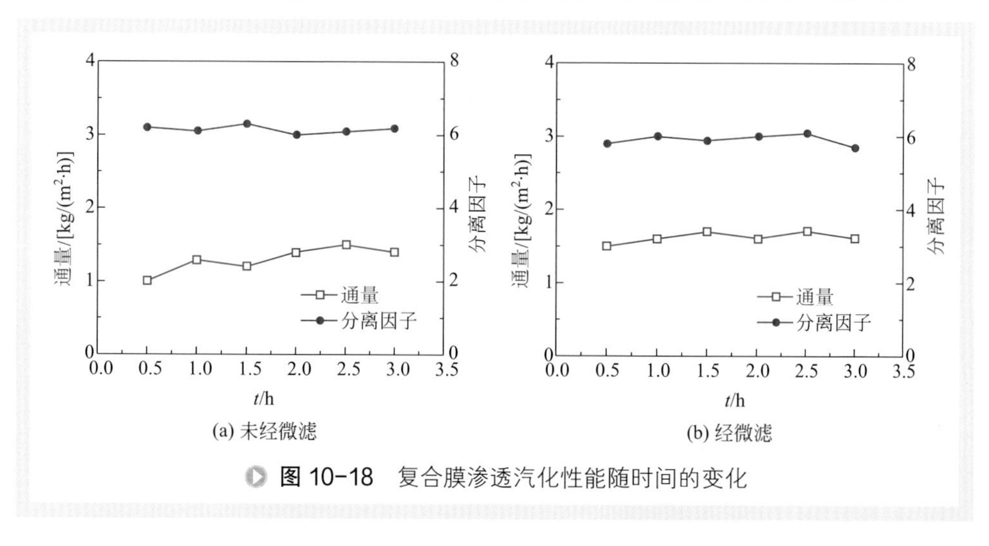

图 10-18 复合膜渗透汽化性能随时间的变化

这是由于在无微滤情况下，发酵液中存在抑制物质，对透有机物膜有一定的污染。酵母细胞以及其他大分子物质会吸附在膜表面而减小渗透汽化膜的有效面积，进而降低了渗透膜通量。与 Brien 等[47]做的分析进行比较，尽管渗透侧乙醇质量分数未达到 0.55，但是渗透通量则远超过 0.2kg/（m^2 • h），基本上可达到及时将乙醇移出实现连续发酵的目标。

（5）陶瓷膜处理乙醇发酵废水及回用到发酵过程的研究　孔径为 200nm 的陶瓷膜在 pH 值为 8.0、错流速率为 5m/s、温度为 50℃、操作压力为 0.15MPa 条件下处理发酵废水，膜通量大于 700L/（m^2 • h），化学需氧量（COD）去除率达 80%，浊度和固体悬浮物（SS）的去除率均在 99% 以上[48]。但是，对无机盐和残糖几乎无截留效果。渗透液中 COD 含量较高，还不能直接进行排放，但是这部分 COD 主要是由发酵废水中的残糖引起的，可以考虑将糖分回用于发酵。因此，基于节能节水、降低废水处理成本，我们提出将渗透液作为工艺用水回用于发酵过程中。对乙醇发酵废水膜分离滤液以不同回流比（发酵用水中滤液所占的比例）回用于发酵系统进行研究，并针对发酵废水滤液回用于发酵过程中电导率累积的情况，进行了不同电导率水质的乙醇发酵过程研究[44]。

图 10-19 是发酵用水参与发酵过程中乙醇浓度、细胞干重及糖含量随发酵时间的变化趋势图。随着发酵时间的增加，乙醇含量不断上升，葡萄糖含量不断下降。初期，酵母细胞干重随着对葡萄糖的不断吸收而逐渐增加；在 22h 后，乙醇含量的增加抑制了酵母细胞的繁殖导致其浓度减小；在 33h 后，由于葡萄糖的流加，酵母细胞得到充分的营养使其浓度又开始回升；经过 60h 发酵，乙醇含量大于 8%。将陶瓷膜过滤后的渗透液以 20%、50% 及 100% 的回流比回用于乙醇发酵过程中，即用于发酵的水中渗透液分别占 20%、50% 及 100%，发现滤液回流比的增加对产乙醇浓度、糖的利用及酵母细胞的生长影响不大。水电导率的增加对产乙醇浓度、糖的利用及酵母细胞的生长影响也不大[44]，表明废水滤液回用工艺具有可行性。

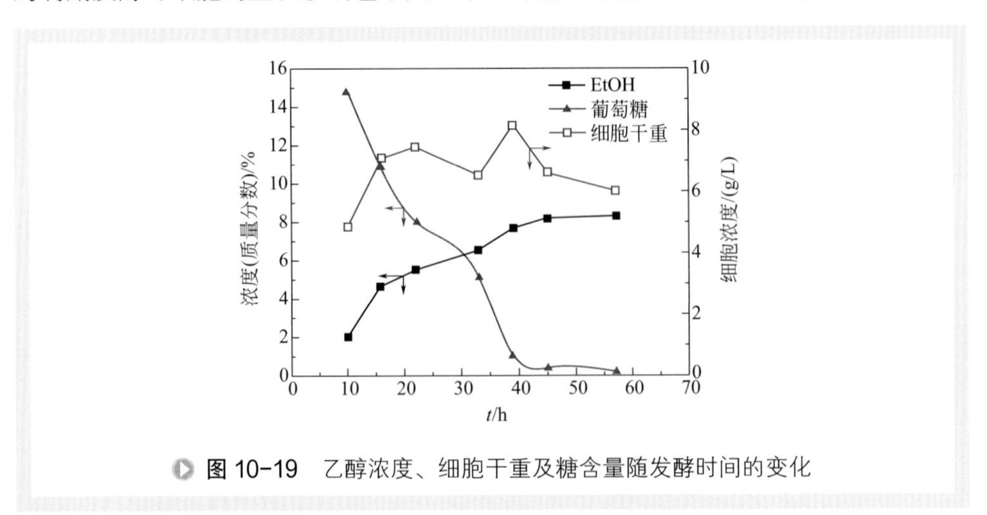

图 10-19　乙醇浓度、细胞干重及糖含量随发酵时间的变化

二、气升式膜生物反应器用于发酵法制燃料乙醇

气提是一个物理过程，它采用一种气体介质打破原气液两相平衡而建立起来一种新的气液平衡状态，使溶液中的某一组分由于分压降低而解吸出来，从而达到分离物质的目的。但是单纯的气提发酵不能及时有效移出难挥发副产物，进行连续发酵时将会对酵母菌产生抑制，阻碍发酵的进行。此外，单纯进行气提，乙醇的移出效果受到限制。

气升式膜反应器是在气升式反应器的升液区或降液区引入膜组件而形成的反应分离可同步进行的新型反应器。同气升式反应器一样，气升式环流膜反应器也是利用升液区与降液区的流体密度差实现流体循环的。该新型反应器在不改变气升式反应器结构的基础上引入膜分离，主要优点有：①供气效率高、有效接触面积大、传质传热效果好，有利于反应物之间的混合、扩散、传质传热，促进反应的进行；②由压缩气体提供循环动力，剪切力小，条件比较温和，有利于细胞培养以及发酵等生化过程的进行；③结构简单、造价低、易清洗维护。引入膜组件进行膜分离，使得反应与分离能够同步进行，有利于反应实现连续化；鼓入的气体提供了膜过滤时所需的压力差，这显著减少了能耗；形成气液两相流，有利于减轻膜污染；另外，对于有易挥发物质生成的反应，气体在反应器内循环的过程就是一个气提的过程，通过气提、冷凝，便可得到纯度较高的产物。

将气升式膜反应器与发酵耦合，可以及时将发酵过程中产生的乙醇等易挥发产物移出发酵罐，减缓抑制作用，提高发酵效率，从而实现连续发酵。介绍连续发酵过程中膜过滤通量、细胞浓度、糖补加量等对乙醇生产速率及糖利用率的影响，通过膜渗透通量与流加糖量的关系研究，获得反应器体积与面积的匹配关系，从而开发气升式膜反应器与发酵耦合制乙醇连续工艺[49,50]，如图 10-20 所示。

1. 膜通量的影响

在发酵过程中，除了温度、pH 值由细胞生长要求来确定之外，其他可以控制的参数有：曝气量，压力，补加糖浓度，补加速率，膜过滤速率。对于这五个参数，曝气量由细胞生长情况以及气提效果等确定。在实际运行过程中，为了维持反应器内料液的液位平衡，补料的速率必须与膜过滤速率一致。因此在该过程中，需要控制的参数就只有流加糖浓度与膜过滤速率。主体液中的乙醇可以通过气提以及膜分离移出，而气提速率一定时，通过膜分离来调节，因此，膜过滤速率的调整以主体液中乙醇浓度为指标。进而，流加糖浓度则主要由细胞消耗速率来决定。

图 10-21 给出了不同膜过滤速率下主体液中乙醇浓度变化曲线图。随着膜过滤速率的增大，主体液中乙醇浓度减小。这说明增大膜过滤速率可以有效调节发酵罐

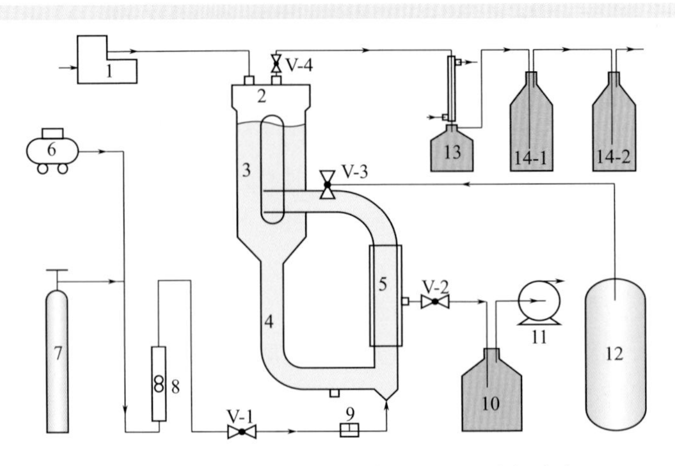

图 10-20　气升式膜生物反应器用于乙醇发酵流程图

1—蠕动泵；2—反应器扩大段；3—反应器主体；4—降液管；5—升液管；6—空气压缩机；
7—氮气钢瓶；8—气体流量计；9—气体过滤器；10—储罐；11—真空泵；
12—蒸汽发生器；13—冰水浴；14—水浴；V-1 ~ V-4—阀门

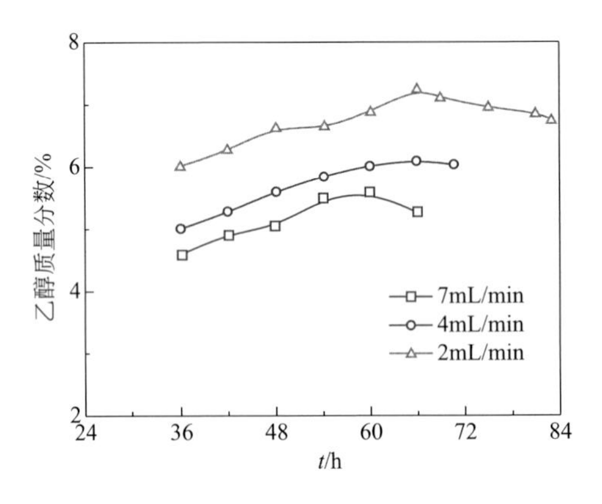

图 10-21　陶瓷膜通量对主体液中乙醇浓度的影响

中乙醇的浓度。但是在乙醇发酵过程中，滤液在回用之前，必须要将其中的乙醇等产物移出，膜过滤速率过大，则会使滤液量过大，增大后续处理成本。同时维持较大的膜通量，所需要的能耗也较高，在膜面积一定的条件下，单纯依靠增大跨膜压差来提高通量的作用是有限的，要想维持长时间的较高的膜通量，必须增大膜面积，这势必带来较高的成本。因此，对于膜通量存在一个最佳值。对于初始细胞浓度为 1.7g/L、平衡时细胞浓度约为 17g/L、发酵罐有效体积为 7L 的发酵过程，采用 5mL/min 左右的过滤速率即 15L/（m^2 • h）的膜通量比较合适。在曝气量一定的情况下，主体液中的乙醇主要通过膜分离移出，而产醇量与发酵罐的有效体积以及发酵罐内细胞浓度具有直接关系，所以将正常发酵状况下，所需要的膜通量与反应器有效体积以及反应器内细胞浓度进行关联，得到膜通量的估算关系：

$$\frac{膜通量}{细胞浓度 \times 有效体积} = \frac{膜通量}{细胞量} = \frac{15}{17 \times 7} \approx \frac{15}{120} \qquad (10\text{-}1)$$

即

$$J = 0.125CV_e \qquad (10\text{-}2)$$

式中 J——膜通量，L/（$m^2 \cdot h$）；

C——细胞浓度，g/L；

V_e——反应器有效体积，L。

根据该关系进行相同条件下的发酵试验，平衡时细胞浓度约为 19g/L，有效体积为 6.7L，膜过滤速率为 5mL/min［膜通量为 15L/（$m^2 \cdot h$）］时得到的主体液中的乙醇数据如图 10-22 所示。发酵进行到 100h 后，主体液中乙醇质量分数始终维持在 6% 左右，这有效减缓了乙醇的抑制效应，促进了反应的进行。

2. 流加糖量的影响

在发酵过程中，乙醇生产速率是衡量发酵效果好坏的主要指标，但是从经济角度看，葡萄糖的利用率也是一个重要的考察因素。此处主要从乙醇平均发酵速率以及葡萄糖利用率来考察流加糖量。表 10-5 给出了不同流加糖量，发酵液中乙醇浓度都维持在 6% 左右的发酵实验数据。在第 1 组实验中，葡萄糖的补加速率约为 111g/h，乙醇的平均生产速率为 2.62g/（L・h），葡萄糖利用率只有 62%。这说明，流加糖量过大，这不仅造成了葡萄糖的浪费，同时带来了后续处理的困难。在第 2 组实验中，葡萄糖的补加速率为 21g/h，在该过程中，发酵消耗的糖量和补加的糖量近似平衡，主体液中葡萄糖都能够被消耗掉，发酵结束时计算葡萄糖的利用率，可以达到 100%，但是其平均生产强度只有 1.37g/（L•h）。这说明葡萄糖浓度过小，能够提高葡萄糖的利用率，减小后续处理的难度，但是会限制发酵过程的进行。

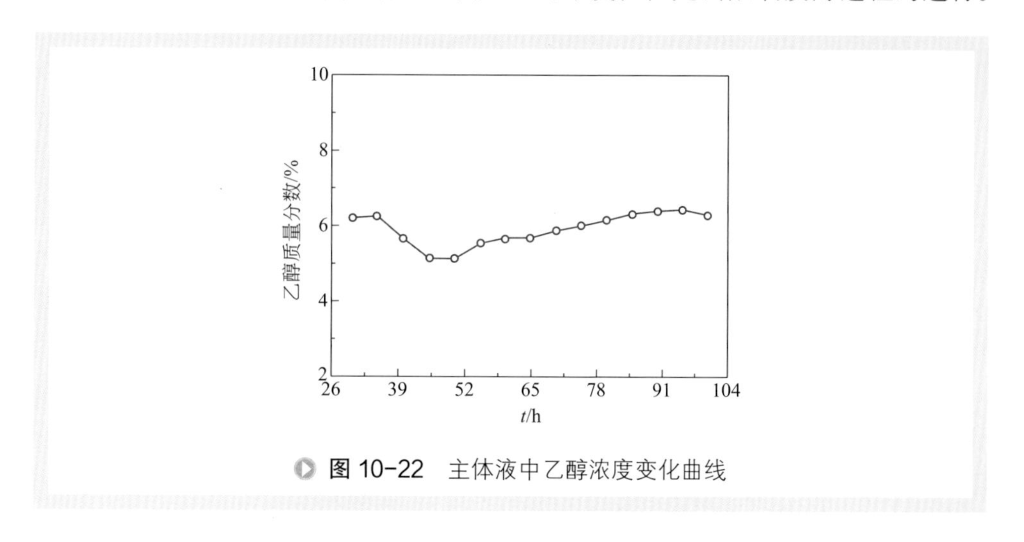

图 10-22 主体液中乙醇浓度变化曲线

第 3 组实验给出了葡萄糖补加速率为 54g/h 的相关数据。在该条件下的平均发酵速率为 2.85g/（L·h），葡萄糖的利用率为 86%，均高于间歇发酵过程。对于细胞浓度约为 12g/L 的发酵试验，选择 54g/h 的葡萄糖补加速率相对比较合适。

表 10-5　不同流加糖量的考察

实验组数	1	2	3
补加糖浓度 /（g/L）	500	100	325
糖液补加速率 /（mL/min）	3.7	3.6	2.7
糖补加速率 /（g/h）	111	21	54
发酵液中最小糖含量 /（g/L）	27	0.6	17
发酵液中最大糖含量 /（g/L）	255	0.6	74
产生乙醇量 /g	1121.8	685.8	1588.3
发酵时间 /h	66	70.7	81
平均发酵速率 /［g/（L·h）］	2.62	1.37	2.85
糖利用率 /%	62	100	86

葡萄糖的消耗速率与酵母菌的量具有直接关系，采用的酵母菌，在乙醇浓度为 6% 左右的状况下，葡萄糖的补加速率与细胞量的关系为：

$$\frac{\text{葡萄糖流加速率}}{\text{酵母菌干重}}=\frac{\text{葡萄糖流加速率}}{\text{酵母菌浓度}\times\text{反应器有效体积}}=\frac{54}{12\times6.9}\approx\frac{54}{83} \quad (10\text{-}3)$$

结合膜通量的选择，便可根据发酵罐中细胞浓度估算出流加糖的浓度。在该关系式的指导下进行发酵实验，得到图 10-23 所示结果。图 10-23 为补加糖浓度为 258g/L，补加速率为 5mL/min 下的发酵数据。在发酵过程中，主体液中葡萄糖浓度维持在一定水平，没有造成积累，从而有利于连续发酵过程的进行。

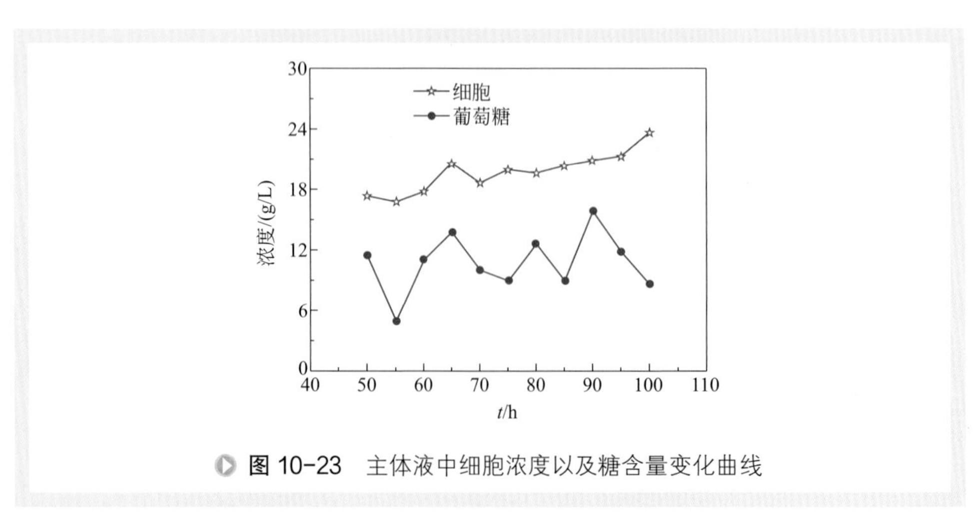

图 10-23　主体液中细胞浓度以及糖含量变化曲线

3. 细胞浓度的影响

发酵速率随细胞浓度增大而增大。图 10-24 给出了曝气量为 6L/min，初始细胞浓度为 1.7g/L，流加糖浓度在发酵进行 20 ～ 40h 后为 120g/L、在发酵进行 40h 后为 258g/L，膜过滤速率为 5mL/min 时的发酵结果。图 10-25 为酵母菌的初始浓度为 3g/L，在膜过滤速率为 6mL/min，流加糖浓度平均为 230g/L 下进行发酵实验的结果。在发酵过程中不断调节压力来维持恒通量过滤。发酵进行 90h 后恒通量难以维持下去，膜过滤速率下降，相应葡萄糖的流加量减小，发酵液中糖含量减小。由于对发酵过程中细胞浓度估计偏小，且在实际操作中存在压力调节迟滞等问题，膜通量较小，导致发酵液中乙醇浓度偏高，有可能对发酵过程产生一定抑制，补加的葡萄糖浓度小于估算值 250g/L。由图 10-24 和图 10-25 的结果，计算相关数据如表 10-6 所示。提高初始细胞浓度可以有效提高乙醇平均发酵速率和发酵液中的细胞浓度。

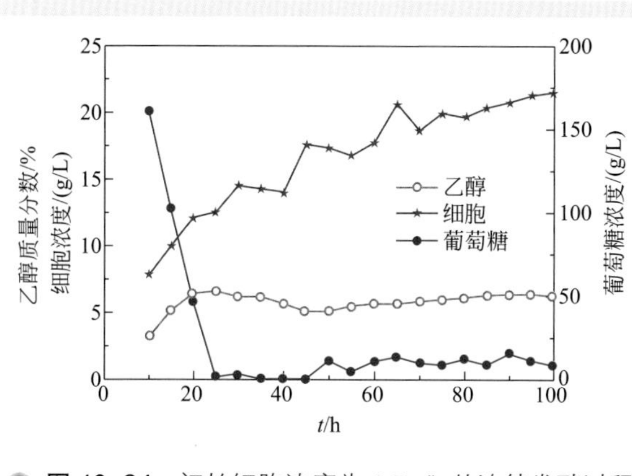

图 10-24　初始细胞浓度为 1.7g/L 的连续发酵过程

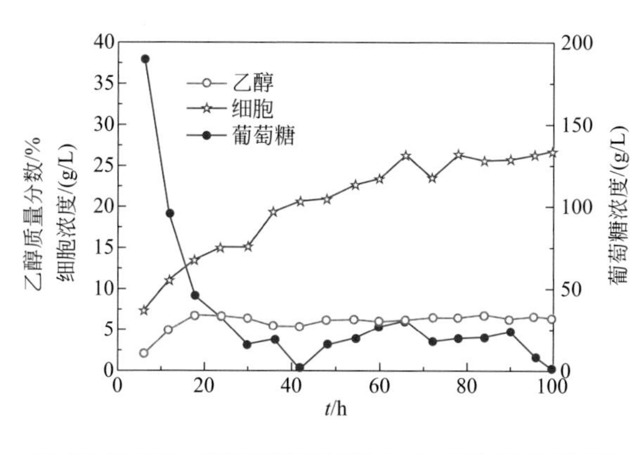

图 10-25　初始细胞浓度为 3g/L 的连续发酵过程

表 10-6　细胞浓度对发酵过程的影响结果

初始细胞浓度 /（g/L）	乙醇量 /g	发酵时间	平均发酵速率 /［g/（L·h）］	葡萄糖利用率 /%
1.7	1925.60	100	2.90	97
3	2436.88	100	3.48	90

第四节　膜法生物发酵制乳酸

聚乳酸是一种环境友好材料，被认为是最有前途的可生物降解的高分子材料。工业上生产乳酸主要采用微生物发酵法，成熟的发酵液中通常还含有菌体、蛋白质、色素、残糖和无机盐等杂质。如何将乳酸从发酵体系中提取出来是制约乳酸工业发展的重要因素，也是研究者关注的热点[51]。

一、发酵法乳酸生产工艺

工业乳酸的生产一般采用糖类物质发酵法，即采用发酵→钙盐中和→酸解→乳酸的工艺（如图 10-26 所示）。首先淀粉类物质经过糖化、发酵，同时加入碳酸钙进行中和，发酵完毕后采用板框过滤得到较为澄清的乳酸钙溶液，接着采用浓硫酸分解乳酸钙得到乳酸和硫酸钙沉淀，再次进行过滤得到粗乳酸溶液，最后采用活性炭吸附脱色和离子交换去除体系中的杂质离子而得到乳酸。该工艺存在固体废渣和二氧化碳的排放问题等，而且后提取采用的吸附和离子交换技术制得的乳酸产品质量不高，一般用作饲料级和食用级，无法满足聚乳酸生产需求。

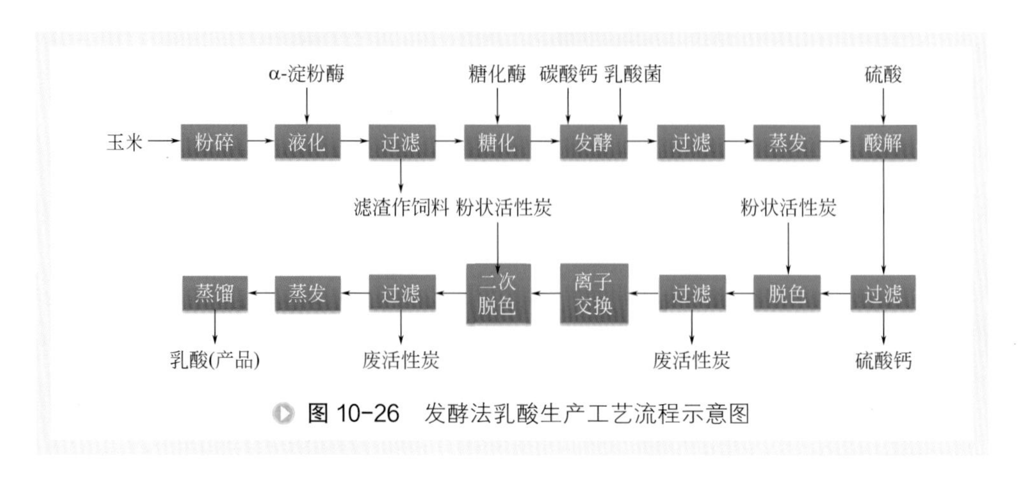

图 10-26　发酵法乳酸生产工艺流程示意图

二、膜法乳酸生产新工艺

尽管乳酸工业已成规模，但从发酵液中分离纯化的“下游工程”，仍存在提取流程长、分离成本高、乳酸回收率低、产品纯度不高、产品存放不稳定的问题，从而影响乳酸的成本和市场竞争力。因此提出了膜法乳酸生产新工艺[52,53]，如图 10-27 所示。

该工艺的特点是：对发酵工艺进行改良，用钠盐法发酵替代钙盐法，即在发酵的过程中，用 NaOH 中和发酵液而不是 $Ca(OH)_2$，这样产出的发酵液为乳酸钠，其中没有微溶的钙盐，并且可以免去酸解过程；用超滤代替板框过滤、沉淀过程，可去除体系中固体悬浮物、菌体和大分子蛋白质；用纳滤代替传统的活性炭脱色工艺，去除二价以上金属离子、小分子蛋白以及大部分糖，可以免去离子交换步骤；电渗析处理乳酸钠将其变为乳酸和 NaOH，前几步过滤后的残液以及此时产出的 NaOH 又可以回到发酵步骤中再利用，整个过程零排放，无污染。膜分离技术在乳酸发酵生产过程中的应用主要包括两大部分：发酵液的澄清除杂和乳酸精制。前者主要采用超滤和微滤膜过程，后者则采用纳滤、反渗透或电渗析等过程。

1. 陶瓷膜用于发酵液的澄清除杂

陶瓷膜在乳酸精制过程中的应用，影响其分离性能主要有三个方面的因素[54]：①膜本身的性能，包括膜孔径、分离层的厚度、微观结构及膜的表面性质等；②原料液性质，包括料液的黏度、pH 值、污染物的性质等；③过程的操作参数，包括超滤过程的操作压差、膜面流速、料液温度、料液浓度等。

（1）陶瓷膜孔径对乳酸发酵液过滤过程的影响　陶瓷膜过滤乳酸钠液体混合物时，水、无机盐及乳酸钠等在压力推动下通过膜孔，而料液中的悬浮物、胶体、蛋白质和微生物等大分子物质则被截留，从而达到分离纯化乳酸钠的目的。一般认为：渗透通量与膜孔径成指数函数关系，膜孔径越大，渗透通量越大，反之则越小。但与此同时，随着膜孔径的增大，滤液的截留率会有所降低，反之则截留率提高[55]。采用了不同孔径的陶瓷膜对乳酸钠发酵液进行过滤，结果见表 10-7 和图 10-28。

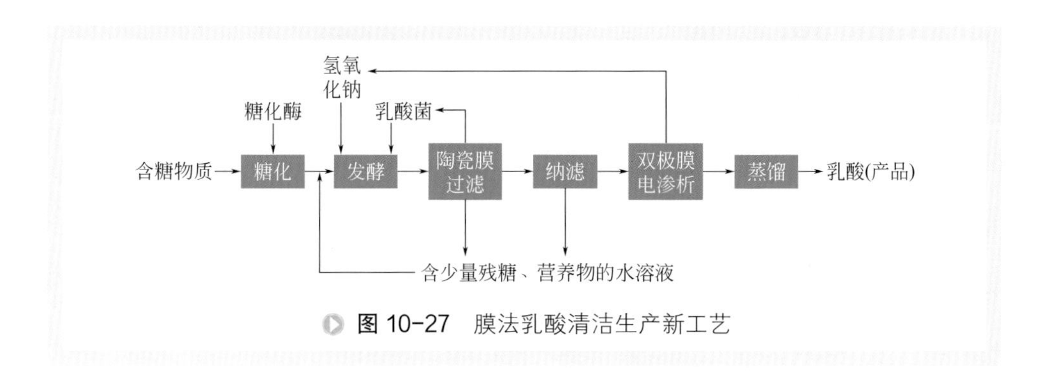

图 10-27　膜法乳酸清洁生产新工艺

表 10-7　超滤后乳酸溶液的各项指标的结果

膜孔径		20nm	50nm	200nm	500nm
总糖 /%	原液	2.09	2.13	2.05	2.11
	滤液	2.09	2.11	2.05	2.11
浊度 /NTU	原液	56	56	56	56
	滤液	0.12	0.37	0.38	0.37
固含量 /%	原液	12.15	11.94	11.86	11.56
	滤液	11.44	11.57	11.13	11.36
乳酸钠 /%	原液	7.66	7.66	7.66	7.66
	滤液	7.58	7.61	7.55	7.62
蛋白质 /%	原液	1.12	1.12	1.12	1.12
	滤液	0.36	0.44	0.66	0.68

采用陶瓷膜过滤乳酸钠溶液，主要去除固体悬浮物，使过滤后的料液澄清透明。对于相同的料液而言，四种孔径的陶瓷膜对浊度的去除率均达到 99% 以上。对总糖的含量几乎没有影响，这是因为发酵液基本发酵完全，其中的残糖大部分为葡萄糖，因分子量比较小的原因，不可能在超滤的时候去除。对乳酸钠的含量不产生影响，从工业的大批量角度来考虑，几乎没有损耗。虽然透过孔径为 20nm 膜的滤出液最澄清（浊度只有 0.12NTU），蛋白质含量最少，但是它在实验开始的 5min 内通量就达到稳定，且它的稳态通量也是最小的，说明膜孔很快就被悬浮物堵住了，不利于工业生产。对于孔径为 50nm 和 200nm 的膜，通量在 10min 左右达到稳定，并且可以维持一个相对较高的状态，孔径为 50nm 的膜渗透通量和蛋白质去除率略高于孔径为 200nm 的陶瓷膜；对于孔径为 500nm 的膜，通量在前 10min 有大幅度的下降，通量值比较高，在接下来的 20min 内仍有少量的下降，此时是浓差

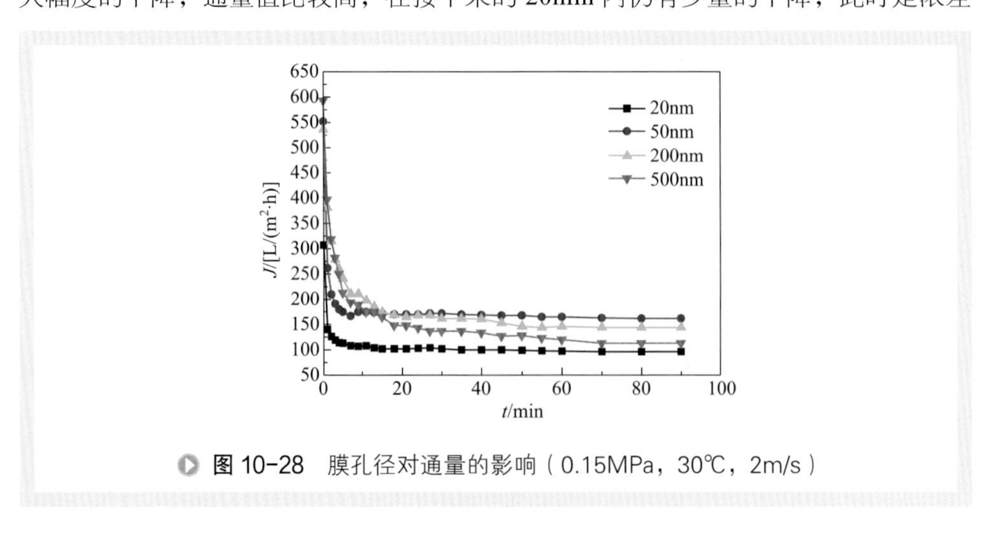

图 10-28　膜孔径对通量的影响（0.15MPa，30℃，2m/s）

极化的作用导致通量降低，最终的稳态通量低于孔径为 50nm 和 200nm 的膜。

（2）操作条件对陶瓷膜分离性能的影响　温度的影响分为正效应和反效应：一方面，温度的提高不仅使料液的黏度下降，同时导致分子透过膜的传质系数变大，符合 Fick 扩散定律，膜渗透通量增加；另一方面，由于膜通量的增大导致了膜表面大分子浓度增大，使得超滤过程的浓差极化和膜污染更为严重。图 10-29 给出了孔径为 20nm、50nm、200nm 以及 500nm 陶瓷膜在温度由 30 ～ 48℃之间变化时通量的变化情况。随着温度的升高，不同孔径陶瓷膜的通量均呈上升的趋势，说明随着温度的上升，前者的正效应占有主导地位。

膜面流速是影响膜通量的主要因素之一。由图 10-30 可见，随着膜面流速的增加膜通量随之增大，这是由于高的膜面流速产生较大的剪切作用带走了膜面悬浮颗粒等组分使膜面滤层减薄，同时减轻了极化的影响使过滤阻力减小。因此，增大流速有利于提高膜的通量，但较高的膜面流速使得单位时间循环量增大而致动力消耗增大。并不是提高了相应的膜面流速就能得到大的通量，比如对孔径为 200nm 的膜而言，增加膜面流速得到通量的提高就不明显；同时，也发现流速过高，发酵液

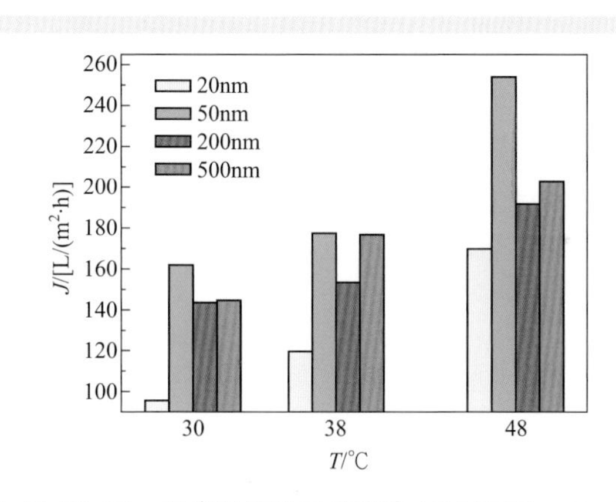

图 10-29　温度对膜通量的影响（0.15MPa，2m/s）

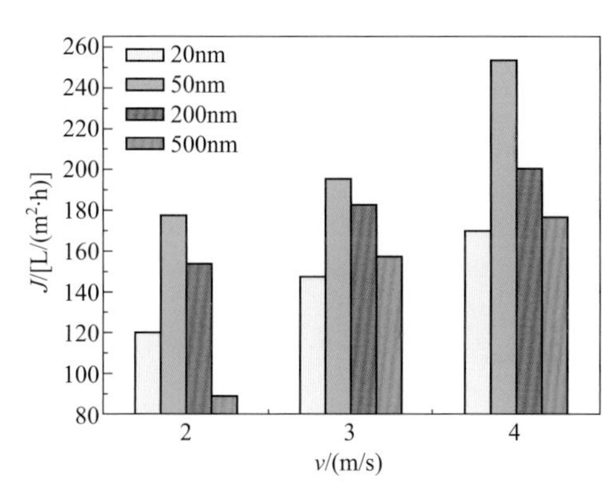

图 10-30　膜面流速对膜通量的影响（38℃，0.15MPa）

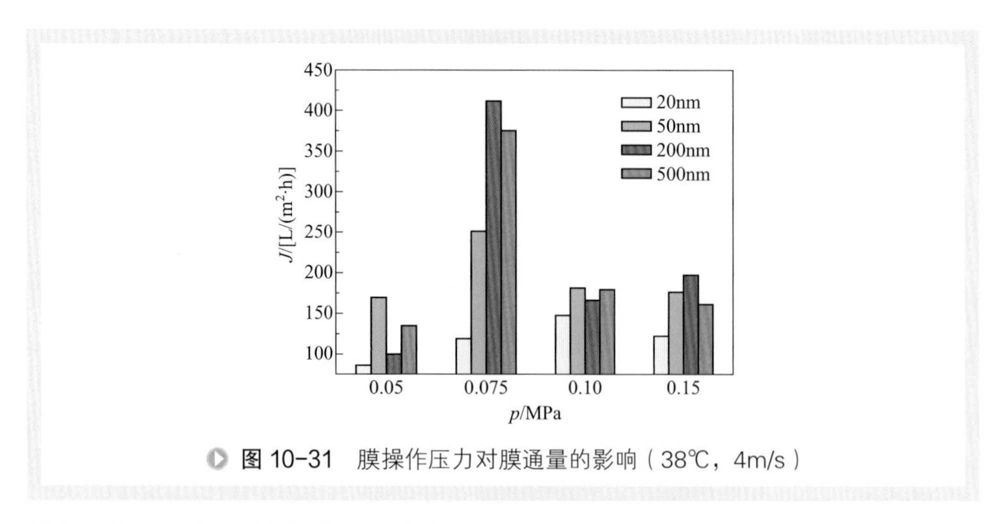

图 10-31　膜操作压力对膜通量的影响（38℃，4m/s）

易产生大量泡沫，引起操作的不稳定，导致通量值的不稳定。

图 10-31 给出的是不同操作压力下四种孔径陶瓷膜的膜通量变化。随着压力的增大，膜渗透通量先增大，当压力超过一定值后，膜通量随压力的变化趋于平缓。对于孔径为 20nm 陶瓷膜，压力拐点为 0.1MPa，其他均在 0.075MPa。对于此类发酵液体系的过滤，体系中的固形物颗粒在膜面形成滤饼层，而且呈现可压缩性，因此在一定的压力下，滤饼具有松散的结构，当压力继续增大时，滤饼层变得致密，渗透性降低。孔径 50nm 的陶瓷膜，在温度 38℃，膜面流速 4m/s，操作压力为 0.075MPa 下，膜通量达到 285L/（m^2・h）。

2. 纳滤用于脱糖过程

采用纳滤技术对发酵体系中的多糖、色素等杂质进行去除，替代传统活性炭脱色——板框过滤，提高渗透液澄清度和纯度。采用纳滤技术对发酵体系中的多糖、色素等杂质进行去除，一级纳滤使糖去除率达到 70%，色素去除率达到 90%（图 10-32 和表 10-8）。

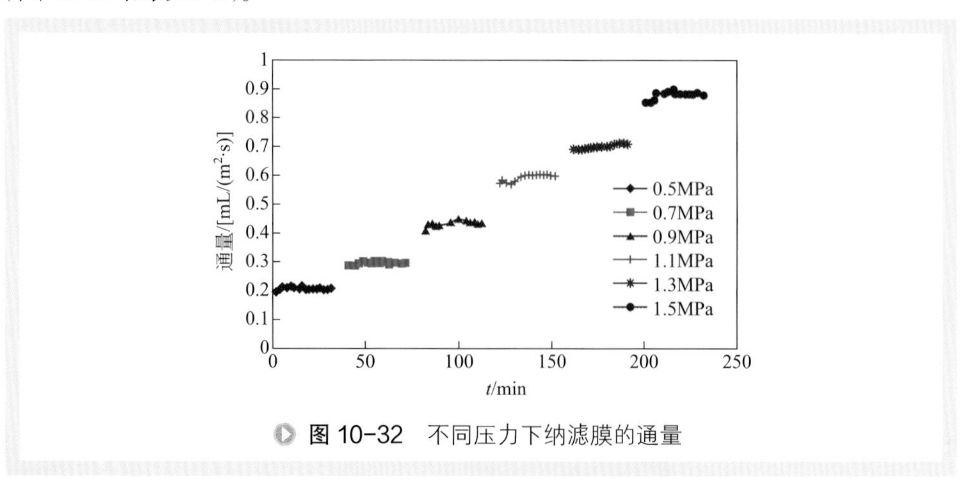

图 10-32　不同压力下纳滤膜的通量

表 10-8　不同压力下纳滤膜过滤性能

项目	固含量 /%	糖含量 /%	UV400nm 吸光度
原液	19.147	0.1125	0.576
0.5MPa	11.655	0.059	0.088
0.7MPa	11.750	0.058	0.075
0.9MPa	11.663	0.050	0.074
1.1MPa	11.194	0.043	0.073
1.3MPa	10.535	0.036	0.066
1.5MPa	10.851	0.034	0.057

3. 双极膜电渗析法乳酸精制工艺

乳酸钠溶液进入双极膜电渗析系统制备乳酸，此步主要是利用双极膜在直流电场下，水解产生 H^+ 和 OH^-，把盐转化为相应的酸和碱，且不需要引入新的组分。与此同时，产生的碱液返回利用，最后采用真空蒸馏对乳酸溶液进行浓缩，制得成品乳酸。在此过程中，电流密度、乳酸钠溶液初始浓度和极室盐溶液浓度对两双极膜电渗析过程有重要的影响[56]。

（1）电流密度对电渗析过程的影响　乳酸钠初始浓度 1.24mol/L，流速 80L/h，极室 Na_2SO_4 质量浓度 10g/L 时，选择电流密度为 300A/m²、400A/m²、500A/m² 和 600A/m² 进行试验，对应的平均操作电压分别为 12.84V、15.14V、16.66V 和 18.05V，即操作电压随电流密度增大而增大。不同电流密度下乳酸和 NaOH 的浓度随时间变化如图 10-33 所示。乳酸和 NaOH 的浓度随时间的变化趋势一致，但乳酸的浓度大于 NaOH 的浓度，因为在此电渗析过程中，除水解离外，最

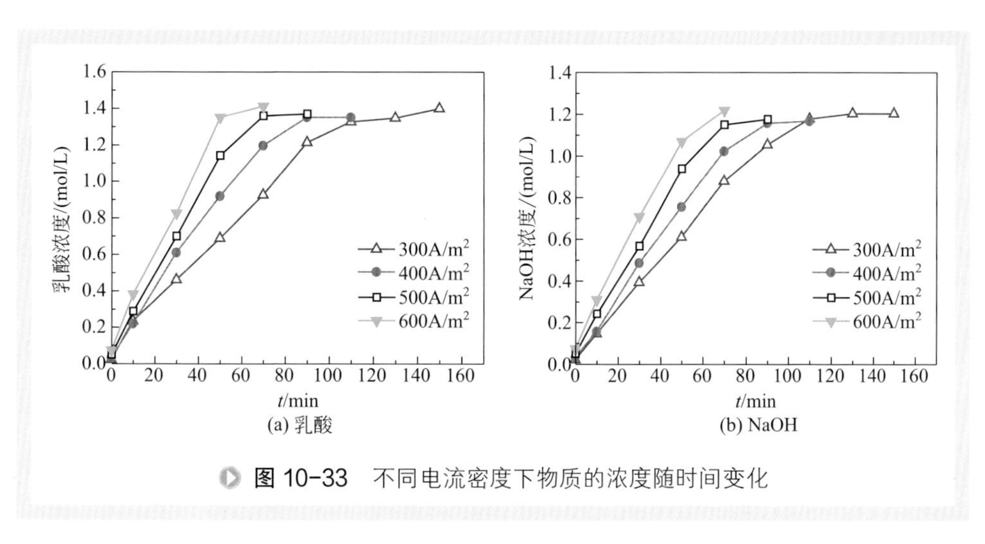

图 10-33　不同电流密度下物质的浓度随时间变化

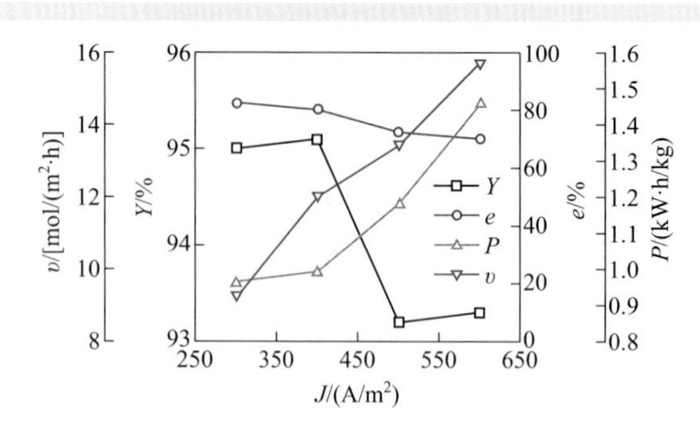

图 10-34　电流密度对收率、电流效率、能耗、乳酸生产速率的影响

J—电流密度；*Y*—收率；*e*—电流效率；*P*—能耗；*υ*—乳酸生产速率

主要的是 Na^+ 从盐室迁移到碱室，离子迁移以水合离子的方式进行，随电渗析的进行水从盐室迁移到碱室，碱室体积增大，因而溶液浓度低于盐室。电能是电渗析过程最主要的传质推动力，增大电流密度，酸碱浓度迅速增大，前期乳酸和 NaOH 浓度的增加基本呈线性，随后浓度因盐室 Na^+ 的减少增加逐渐变慢，直至趋于定值。电流密度较大时，得到的乳酸和 NaOH 的最终浓度也略大，因为电流密度增大，所需要的处理时间缩短，同离子渗漏和浓差扩散的量较少，产物浓度略有增加。

电流密度对电渗析各指标的影响如图 10-34 所示。收率随电流密度增大而从 95.0% 降至 93.2%，电流效率随电流密度增大由 82.5% 下降至 70.1%。电流密度增大，电渗析过程后期极化现象更严重，电流效率下降。随电流密度增大，水解离速率加快，产酸速率增大，能耗也迅速增大，该工艺选择 500A/m² 的电流密度。

（2）极室盐溶液浓度对电渗析过程的影响　在乳酸钠浓度 1.24mol /L、流量 80L/h、电流密度 500A/m² 时，选择质量浓度分别为 10g/L、30g/L、50g/L 和 70g/L 的 Na_2SO_4 溶液进行试验，对应的平均操作电压分别为 16.66V、13.54V、13.38V 和 13.40V，增大 Na_2SO_4 溶液浓度可降低操作电压。极室的盐溶液浓度对乳酸和 NaOH 的浓度几乎没有影响，图 10-35 显示了极室溶液浓度对电渗析各指标的影响。

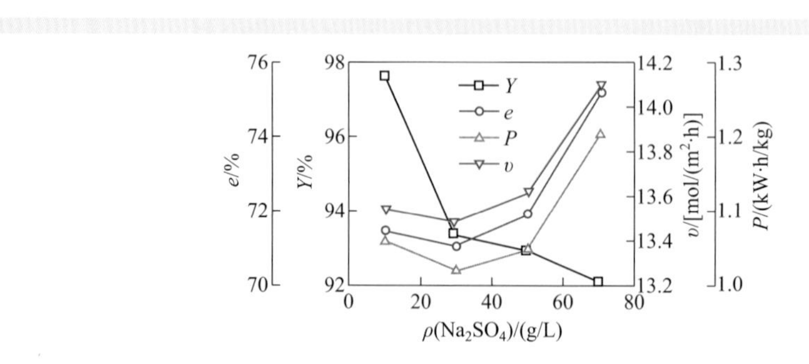

图 10-35　不同极室溶液浓度对收率、电流效率、能耗、乳酸生产速率的影响

随极室溶液浓度的增大，乳酸收率降低；能耗、电流效率、产酸速率增大；极室盐浓度对电渗析过程有一定影响，但浓度提高到 50g/L 以后变化不大。因为如果浓度太高，需要的 Na_2SO_4 量较大。Na_2SO_4 溶液浓度选用 50g/L，此时收率为 93%。

（3）乳酸钠溶液初始浓度对电渗析过程的影响　当流量 80L/h、电流密度 $500A/m^2$、极室溶液浓度 50g/L 时，选择初始浓度分别为 0.94mol/L、1.24mol/L 和 1.57mol/L 的乳酸钠进行试验，3 种浓度下的平均操作电压分别为 13.57V、13.38V 和 13.42V。图 10-36 显示了不同乳酸钠初始浓度下乳酸和 NaOH 的浓度随时间的变化。乳酸和 NaOH 最终浓度随初始乳酸钠浓度的增大而增大，最终得到的乳酸浓度分别为 1.12mol/L、1.42mol/L 和 1.76mol/L。初始浓度较大的由于前期浓差扩散对电渗析过程有利，且导电电解质较多，在近似线性阶段产物浓度略高于初始浓度低的。不同乳酸钠初始浓度对电渗析各指标的影响如图 10-37 所示。随电解质浓度的增大，收率由 97.2% 降低至 89.6%，因为随浓度增大，膜的选择性下降，致使同离子渗漏增加，因而收率降低，电流效率也略有降低。

实际生产过程的发酵罐中得到的乳酸钠折合乳酸为 12% 左右，1.24mol/L 乳酸钠浓度下，流量 80L/h，Na_2SO_4 浓度 50g/L 时，乳酸收率 93%、浓度 1.42mol/L，电流效率 72.5%，能耗 1.05kW・h/kg。

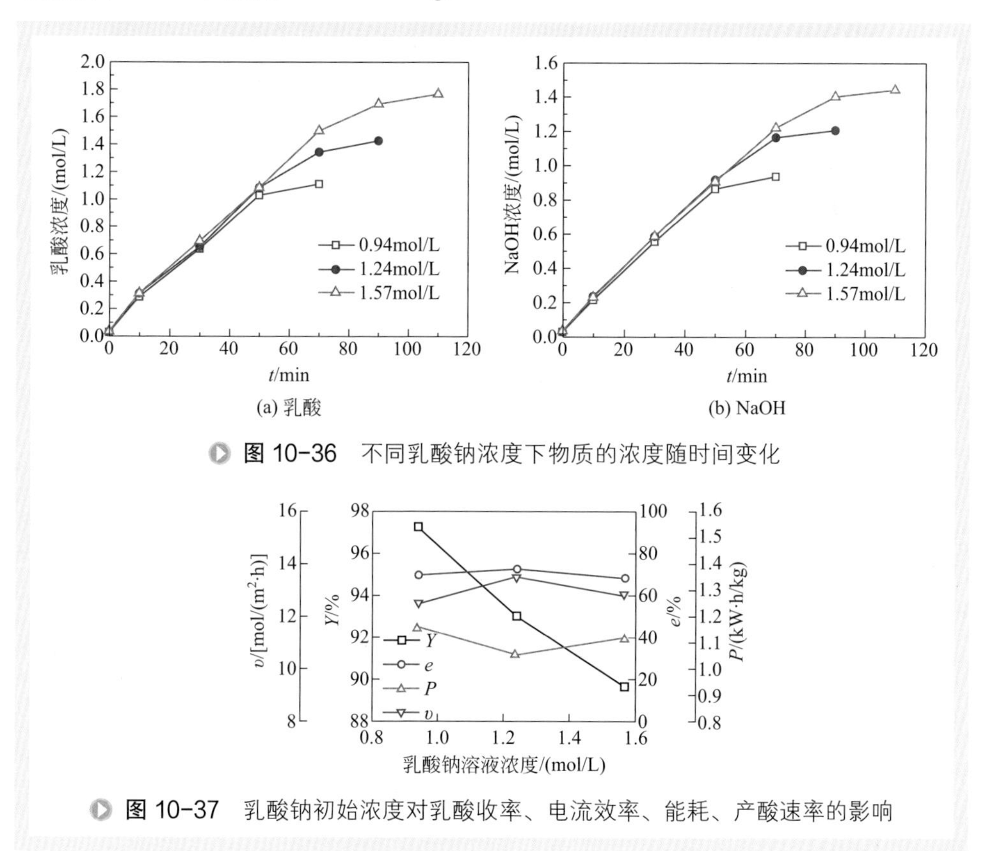

图 10-36　不同乳酸钠浓度下物质的浓度随时间变化

图 10-37　乳酸钠初始浓度对乳酸收率、电流效率、能耗、产酸速率的影响

4. 千吨级膜法生物发酵制乳酸的应用结果

千吨级膜法生物发酵制乳酸发酵示范装置如图 10-38 所示。主要包含发酵、超滤、纳滤和电渗析四个部分。

在温度 40℃和膜进 / 出口压力为 2.5MPa/2.0MPa 的条件下，采用孔径为 50nm 的陶瓷膜过滤除去发酵液中的菌体。陶瓷膜通量高于 150L/（m^2·h）。对发酵液、陶瓷膜浓缩液、陶瓷膜初始清液和结束时清液进行取样分析，结果列于表 10-9。孔径为 50nm 的陶瓷膜对小分子葡萄糖、钙镁基本没有截留，但具有一定的脱色效果；乳酸钠透过率达到 100%；对菌体具有较高的截留率，由于在过滤过程中菌体浓度不断升高，菌体截留率小幅度的下降，但是总体保持在 97.2% ～ 97.5% 之间。

(a) 30m^3连续发酵系统

(b) 18m^2陶瓷超滤膜装置

(c) 136m^2纳滤膜装置

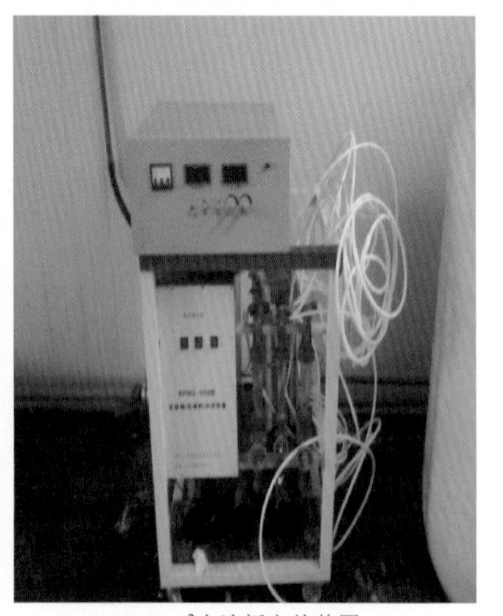

(d) 10m^2电渗析主体装置

图 10-38　千吨级膜法生物发酵制乳酸发酵示范装置照片

表 10-9　陶瓷膜过滤指标

溶液	菌体含量（OD）	钙 /（g/L）	镁 /（g/L）	乳酸钠 /（g/L）
发酵液	5.02	1.008	0.707	85
浓缩液	22.7	0.991	0.855	85
初始清液	0.129	0.951	0.700	85
结束清液	0.142	1.101	0.799	85

将陶瓷膜渗透液作为纳滤过程的原料液进行过滤操作。控制纳滤膜进 / 出口压力为 2.1MPa/2.0MPa 的条件下进行乳酸钠的进一步精制，对纳滤的原料液、浓缩液、初始清液和结束时清液进行取样分析（表 10-10）。发现菌体和大分子多糖截留率在 99% 以上；具有良好的脱色效果，纳滤渗透液的色度小于 50APHA（具体色度对比见图 10-39）；钙和镁 2 价离子的截留率为 90% 和 95%；然而对乳酸钠的透过率为 72.9% ～ 78.8%，乳酸钠被截留会严重影响整个乳酸的收率，使用对浓缩液进行多次洗滤的方式可以提高乳酸钠的回收率。

表 10-10　纳滤过滤指标

溶液	菌体含量（OD）	乳酸钠 /（g/L）	葡萄糖 /（g/L）	钙 /（g/L）	镁 /（g/L）	色度（APHA）
陶瓷膜清液	0.134	85	26	1.021	0.799	800
浓缩液	0.242	92	38	1.491	1.167	—
初始清液	—	67	8	0.101	0.03	<50
结束清液	—	62	22	0.115	0.04	<50

在 400A/m^2 的电流密度和 0.45m^3/h 的流量条件下进行电渗析操作。电渗析设备的产酸速率：5.6kg/（m^2 • h），电流效率达到 86.4%，单批次料液中乳酸钠的转化率达到 96.4%。双极膜电渗析生产的稀乳酸在浓缩后，钙离子、镁离子、铁离子的含量均达到要求。

图 10-39　发酵液、陶瓷膜渗透液、纳滤渗透液产品（由左至右）

千吨级的中试实验结果表明，采用钠盐发酵与多膜集成可以获得高品质的乳酸产品，且无固体废物和 CO_2 的排放，满足清洁生产的需求。

第五节 结语

无机膜生物反应器在废水处理和生物发酵过程中的应用已展现出强劲的发展态势，既可在传统生物转化工艺基础上实现发酵产物的高效反应和连续分离，也可与生物转化过程直接偶联，协同提高生物转化效率。为了提高陶瓷膜生物反应器的应用效率和水平，特别是针对工业生产的膜与反应器耦合方法、生物过程设计、高效固定化技术、膜污染机理及控制等方面，仍然需要开展大量的研究工作。膜法燃料乙醇、膜法乳酸清洁生产等工艺均已展现出工业化应用前景，值得工程化推广应用。

参考文献

[1] 邵嘉慧，何义亮，顾国维．膜生物反应器—在污水处理中的研究和应用．第2版 [M]. 北京：化学工业出版社，2012.

[2] 黄霞，文湘华．水处理膜生物反应器原理与应用 [M]. 北京：科学出版社，2012.

[3] 李安峰，潘涛，骆坚平．膜生物反应器技术与应用 [M]. 北京：化学工业出版社，2013.

[4] Judd S, Judd C. 膜生物反应器：水和污水处理的原理与应用 [M]. 北京：科学出版社，2009.

[5] Meng F G, Zhang S Q, Oh Y, et al. Fouling in membrane bioreactors: An updated review [J]. Water Res, 2017, 114: 151-180.

[6] Lee S J, Dilaver M, Park P K, et al. Comparative analysis of fouling characteristics of ceramic and polymeric microfiltration membranes using filtration models [J]. J Membr Sci, 2013, 432: 97-105.

[7] Gander M, Jefferson B, Judd S. Aerobic MBRs for domestic wastewater treatment: A review with cost considerations [J]. Sep Purif Technol, 2000, 18(2): 119-130.

[8] 王毅，王龙耀，邢卫红．操作条件及膜材质对膜生物反应器的影响 [J]. 南京工业大学学报（自然科学版），2008, 30(2): 6-10.

[9] Yu H Y, Xie Y J, Hu M X, et al. Surface modification of polypropylene microporous membrane to improve its antifouling property in MBR: CO_2 plasma treatment [J]. J Membr Sci, 2005, 254(1-2): 219-227.

[10] Shimizu Y, Uryu K, Okuno Y I, et al. Effect of particle size distributions of activated sludges on crossflow microfiltration flux for submerged membranes [J]. J Ferment Bioeng, 1997, 83(6): 583-589.
[11] Le-Clech P, Chen V, Fane T A G. Fouling in membrane bioreactors used in wastewater treatment [J]. J Membr Sci, 2006, 284(1-2): 17-53.
[12] Shimizu Y, Okuno Y, Uryu K, et al. Filtration characteristics of hollow fiber microfiltration membranes used in membrane bioreactor for domestic wastewater treatment [J]. Water Res, 1996, 30(10): 2385-2392.
[13] 徐农，邢卫红．陶瓷膜 - 生物反应器中微生物载体的应用研究 [J]. 膜科学与技术，2002, 22(6): 65-68.
[14] 徐农，范益群，徐南平．陶瓷膜生物反应器出水水质及回用范围 [J]. 水处理技术，2002, 28(4): 213-216.
[15] 王毅，张峰，刘学文，等．一体式陶瓷膜生物反应器操作条件的研究 [J]. 水处理技术，2008, 34(7): 25-28.
[16] 王毅，彭文博，邢卫红．一体式陶瓷膜生物反应器膜构型的选择 [J]. 膜科学与技术，2009, 29(4): 80-84.
[17] 徐南平，王龙耀，邢卫红，等．一种多通道膜管及其应用 [P]. ZL 200610039324. 1. 2009-07-08.
[18] 彭文博，漆虹，李卫星，等．陶瓷膜通道相互作用的实验分析及 CFD 优化 [J]. 化工学报，2008, 68(3): 602-606.
[19] Field R W, Wu D, Howell J A, et al. Critical flux concept for microfiltration fouling [J]. J Membr Sci, 1995, 100(3): 259-272.
[20] 徐南平，邢卫红，赵宜江．无机膜分离技术及应用 [M]. 北京：化学工业出版社，2003.
[21] 彭文博，漆虹，陈纲领，等．19 通道多孔陶瓷膜渗透过程的 CFD 模拟 [J]. 化工学报，2007, 58(8): 2021-2026.
[22] 马洪宇，范益群，马三剑，等．陶瓷膜 - 生物反应器处理生物污水的研究 [J]. 南京：南京化工大学学报，2000, 22(2): 39-42.
[23] 徐农，邢卫红．陶瓷膜 - 生物反应器中微生物载体的应用研究 [J]. 膜科学与技术，2002, 22(6): 65-68.
[24] Ji M M, Gao X C, Wang X R, et al. An ensemble synthesis strategy for fabrication of hollow fiber T-type zeolite membrane modules [J]. J Membr Sci, 2018, 563: 460-469.
[25] 杨占照，刘艳梅，顾学红，等．管式支撑体内表面 NaA 分子筛膜的合成和表征 [J]. 化工学报，2011, 62(3): 840-845.
[26] Yang Z Z, Liu Y M, Yu C L, et al. Ball-milled NaA zeolite seeds with submicron size for growth of NaA zeolite membranes [J]. J Membr Sci, 2012, 392: 18-28.
[27] Shu X J, Wang X R, Kong Q Q, et al. high-flux mfi zeolite membrane supported on YSZ

hollow fiber for separation of ethanol/water [J]. Ind Eng Chem Res, 2012, 51(37): 12073-12080.

[28] Wang X R, Yang Z Z, Yu C L, et al. Preparation of T-type zeolite membranes using a dip-coating seeding suspension containing colloidal SiO_2 [J]. Microporous Mesoporous Mater, 2014, 197: 17-25.

[29] Liu D Z, Zhang Y T, Jiang J, et al. High-performance NaA zeolite membranes supported on four-channel ceramic hollow fibers for ethanoldehydration [J]. RSC Adv, 2015, 5(116): 95866-95871.

[30] Wang X L, Zhang Y T, Gao B, et al. preparation and characterization of NaA zeolite membranes on inner-surface of four-channel ceramic hollow fibers [J]. J Inorg Mater, 2019, 33(3): 339-344.

[31] Wu Z Q, Zhang C, Peng L, et al. Enhanced stability of MFI zeolite membranes for separation of ethanol/water by eliminating surface Si-OH groups [J]. ACS Appl Mater Interf, 2018, 10(4): 3175-3180.

[32] Wang X R, Jiang J, Liu D Z, et al. Evaluation of hollow fiber T-type zeolite membrane modules for ethanol dehydration [J]. Chin J Chem Eng, 2017, 25(2): 581-586.

[33] Liu G P, Wei W, Jin W Q, et al. Polymer/ceramic composite membranes and their application in pervaporation process [J]. Chin J Chem Eng, 2012, 20(1): 62-70.

[34] Chen Y W, Xiangli F J, Jin W Q, et al. Organic-inorganic composite pervaporation membranes prepared by self-assembly of polyelectrolyte multilayers on macroporous ceramic supports [J]. J Membr Sci, 2007, 302(1-2): 78-86.

[35] Xiangli F J, Chen Y W, Jin W Q, et al. Polydimethylsiloxane(PDMS)/ceramic composite membrane with high flux for pervaporation of ethanol-water mixtures [J]. Ind Eng Chem Res, 2007, 46: 2224-2230.

[36] Xiangli F J, Wei W, Chen Y W, et al. Optimization of preparation conditions for polydimethylsiloxane(PDMS)/ceramic composite pervaporation membranes using response surface methodology [J]. J Membr Sci, 2008, 311(1-2): 23-33.

[37] 徐南平，金万勤，相里粉娟，等．一种有机无机复合膜及其制备方法 [P]. ZL200510038719. 5. 2007-02-07.

[38] Wei W, Xia S S, Liu G P, et al. Effects of polydimethylsiloxane(PDMS)molecular weight on performance of PDMS/ceramic composite membranes [J]. J Membr Sci, 2011, 375: 334-344.

[39] Wei W, Xia S S, Liu G P, et al. Interfacial adhesion between polymer separation layer and ceramic support for composite membrane [J]. AIChE J, 2010, 56: 1584-1592.

[40] Hang Y T, Liu G P, Huang K, et al. Mechanical properties and interfacial adhesion properties of composite membranes probed by in-situ nano-indentation/scratch technique [J]. J Membr

Sci, 2015, 494: 205-215.
[41] Nakao S I, Saitoh F, Asakura T, et al. Continuous ethanol extraction by pervaporation from a membrane bioreactor [J]. J Membr Sci, 1987, 30: 273-287.
[42] 徐玲芳 . PDMS 陶瓷复合膜的渗透汽化性能研究 [D]. 南京 : 南京工业大学 , 2007.
[43] 徐南平 , 林晓 , 仲盛来 . 生物质发酵和渗透汽化制备无水乙醇的方法 [P]. ZL03113440. 8. 2005-1-26.
[44] 申屠佩兰 . 膜技术用于乙醇发酵过程的实验研究 [D]. 南京 : 南京工业大学 , 2009
[45] 徐玲芳 , 相里粉娟 , 陈祎玮 , 等 . 模拟的发酵液组分对 PDMS/ 陶瓷复合膜渗透汽化性能的影响 [J]. 化工学报 , 2007, 58(6): 1466-1472.
[46] 侯丹 , 卫旺 , 夏珊珊 , 等 . 无机盐对聚二甲基硅氧烷 / 陶瓷复合膜渗透汽化性能的影响 [J]. 化工学报 , 2009, 60(2): 389-393.
[47] Brien D J, Roth L H, Mcaloon A J. Ethanol production by continuous fermentation pervaporation: a preliminary economic analysis [J]. J Membr Sci, 2000, 166: 105-111.
[48] 申屠佩兰 , 张峰 , 仲兆祥 , 等 . 陶瓷膜处理乙醇发酵废水的工艺条件研究 [J]. 食品与发酵工业 . 2009, 35(4): 78-81.
[49] 李国玲 . 气升式膜生物反应器用于发酵法制乙醇的研究 [D]. 南京 : 南京工业大学 , 2010.
[50] 邢卫红 , 景文珩 , 李国玲 , 等 . 一种外环流气提式膜生物反应器 [P]. ZL200910026442. 2. 2012-02-15.
[51] 李卫星 , 邢卫红 . 发酵法乳酸精制技术研究进展 [J]. 化工进展 , 2009, 28(3): 491-495.
[52] 张喜 . 膜集成技术精制乳酸工艺研究 [D]. 南京 : 南京工业大学 , 2008.
[53] 李卫星 , 邢卫红 , 范益群 , 等 . 一种乳酸的清洁生产工艺 [P]. ZL200810195297. 6. 2013-02-06.
[54] Bhave R R. Inorganic membrane: synthesis, characteristics and application [M]. New York: Van Nostrand Reinhold, 1991.
[55] Hsieh H P. Inorganic membranes for separation and reaction [M]. The Netherlands: Elsevier Science, 1996.
[56] 张才华 . 双极膜电渗析提取乳酸研究 [D]. 南京 : 南京工业大学 , 2011.

索　　引

K

L

M

N

P

Q

Y

Z

其他